U0382489

国家社科基金
GUOJIA SHEKE JIJIN HOUQI ZIZHU XIANGMU
后期资助项目

清代东北地区
生态环境变迁研究

A Study on the Change of Ecological Environment in
Northeast China in Qing Dynasty

陈　跃　著

中国社会科学出版社

图书在版编目（CIP）数据

清代东北地区生态环境变迁研究/陈跃著.—北京：中国社会科学
出版社，2017.5
ISBN 978-7-5203-0271-5

Ⅰ.①清… Ⅱ.①陈… Ⅲ.①区域生态环境—变迁—研究—东北
地区—清代 Ⅳ.①X321.23

中国版本图书馆 CIP 数据核字（2017）第 094579 号

出 版 人	赵剑英
责任编辑	刘志兵
特约编辑	张翠萍等
责任校对	周　昊
责任印制	李寡寡

出　　版	中国社会科学出版社
社　　址	北京鼓楼西大街甲 158 号
邮　　编	100720
网　　址	http://www.csspw.cn
发 行 部	010-84083685
门 市 部	010-84029450
经　　销	新华书店及其他书店

印刷装订	北京君升印刷有限公司
版　　次	2017 年 5 月第 1 版
印　　次	2017 年 5 月第 1 次印刷

开　　本	710×1000　1/16
印　　张	28
字　　数	488 千字
定　　价	118.00 元

国家社科基金后期资助项目

出 版 说 明

后期资助项目是国家社科基金设立的一类重要项目，旨在鼓励广大社科研究者潜心治学，支持基础研究多出优秀成果。它是经过严格评审，从接近完成的科研成果中遴选立项的。为扩大后期资助项目的影响，更好地推动学术发展，促进成果转化，全国哲学社会科学规划办公室按照"统一设计、统一标识、统一版式、形成系列"的总体要求，组织出版国家社科基金后期资助项目成果。

全国哲学社会科学规划办公室

目　　录

图 目 录

表 目 录

绪　　论

一　选题意义

　　生态环境是自然界中的水、土、气候、植被、动物等各种生态要素和人类共同组成，并维持着动态平衡状态的有机系统。其中，各种生态要素与人类相互联系、相互依存、相互作用、相互制约，在双向互动中不断协调演进，以维持生态环境系统的平衡与稳定。生态诸要素在很大程度上影响了人类各种活动，而后者则发挥主观能动性不断影响前者自身规律的正常运转。一旦人类对自然生态的影响超过了生态系统所能承受的极限，就可能导致生态系统的弱化或衰竭，从而产生生态环境问题。由于人口的迅猛增长，人类活动增大了向自然索取资源的速度和规模，加剧了自然生态失衡，带来了一系列灾害。水土流失、草原沙漠化、植被覆盖率下降、物种减少、自然灾害增加等，这些生态环境恶化及其导致的生态灾害已经成为人类饱受的苦难之一。而生态环境的变迁在很大程度上是人类开发不当导致的。故此，从人地关系（人类社会及其活动与自然地理环境的关系）出发，考察人类活动（包括政府管理和民众开发）对生态环境的影响以及人类对自我行为的调整，对研究生态环境变迁很有意义。

　　清代生态环境是我国数千年生态环境演变的结果，而清代在近300年的发展中，对生态环境的影响巨大而深远。清代作为距离当今较近的历史时期，其生态环境演变的结果更是对现在的生态环境产生直接影响。故此，对清代生态环境变迁研究就具有重要的现实意义。

　　东北地区位于我国东北部，经历了从地理方位概念到具体行政区划的演变过程。本书所论的清代东北地区即为二者的统一，主要是我国东北方向的辽宁、吉林、黑龙江三省，以及内蒙古东四盟和热河地区，相当于今天的辽、吉、黑三省和内蒙古自治区的呼伦贝尔市、通辽市、赤峰市、兴安盟辖区和河北省承德市。该区在地理上山环水绕，海陆相连，高山平原同在，草原林地并存，诸多生态要素浑然一体，俨然构成一个完整的生态系统。清初的东北地区，人口稀少，物种繁多，生态环境良好。经过清代近 300 年开发，清末东北人口增加至 2000 多万，人口大幅增长，开垦草场，砍伐林木，野生动植物数量锐减，环境变化较大。晚清以后，俄、日等外国列强的疯狂掠夺，更加剧了东北生态资源的消耗，大大破坏了东北的生态环境。清代东北地区不仅是清朝统治者的"龙兴之地"，还是中国的东北边疆，清朝统治者制定对该区的管理政策时，在维护满族旗人利益和皇室贵族利益一体化与国家资源民众享有二者之间徘徊往复，故此，清政府的资源管理政策在招垦、封禁、弛禁和解禁之间变化，这在很大程度上影响到东北资源的开发范围和力度，从而对当地生态环境产生或多或少的影响。该区内地理形态完整，生态环境变化幅度大，影响因素多，选择东北地区进行研究，就具有区域生态环境变迁的典型而独特的意义。

今天的东北地区面临着严重的生态环境问题：黑土沃壤的水土流失、森林生态的严重退化、生物资源的大量减少、草原沙漠化已经严重影响到当地经济的可持续发展，而这些生态问题正是从清代开始的东北生态环境长期变迁的结果。同时，清代东北地区生态环境变迁研究不仅是历史地理研究的重要内容，也是边疆史研究、东北地方史研究、清史研究和生态环境史研究等学科研究的有机组成部分。所以，开展清代东北地区生态环境变迁研究的学术价值不言而喻，其现实意义也非常重要。

二　研究现状

从当前学术界的研究历史来看，国内外学者对清代东北生态环境变迁的研究走过了不断发展和进步的三十年历程，主要可以分为 20 世纪 80 年代、90 年代和 21 世纪前十年三个阶段。

第一阶段，20 世纪 80 年代是清代东北生态环境研究的初始期。该时期的研究主题是对清代东北西部农牧交错带的草原沙漠化问题，主要集中在围场和蒙地草原的开垦及植被破坏两大内容，并取得一系列成果。景爱长期致力于沙漠研究，他对东北西部草原的沙漠化研究是这一时期成就最大和最具影响力的。他先后发表《呼伦贝尔草原的地理变迁》[①]《平地松

①《历史地理》第 4 辑，1986 年版。

林的变迁与西拉木伦河上游的沙漠化》① 等文章深入研究了木兰围场、科尔沁草原和呼伦贝尔草原生态演变的过程，认为清代人口大量拥入上述地区进行垦殖，破坏了原有生态的平衡，从而导致沙漠化的出现。此外，田志和《清代科尔沁蒙地开发述略》②，钮仲勋、浦汉昕《历史时期承德、围场一带的农业开发与植被变迁》③ 和《清代狩猎区木兰围场的兴衰和自然资源的保护与破坏》④，袁森坡《塞外承德森林历史的变迁的反思》⑤ 等文章也对此进行了有益探讨。关于明清时期东北森林的研究主要有凌大燮《我国森林资源的变迁》⑥《近百年来我国森林破坏的原因初探》⑦，朱士光《全新世中期中国天然植被分布概况》⑧ 等文章，上述论文论述了清代特别是近代以来东北森林植被的变迁，并对其原因进行了探究。熊一善《明清之际辽西森林的变迁》⑨ 论述了明清之际的锦州、朝阳和阜新地区森林变迁，认为经过 18 世纪和 19 世纪的毁林开荒和乱砍滥伐，到 20 世纪初，该地区森林已经基本被砍伐殆尽。

东北河流水系的变化也成为该时期学者研究的内容之一。林汀水和陈连开合著《辽河平原水系的变迁》⑩ 对明清以来的三江口以下的辽河水系、浑河水系、绕阳河和大凌河水系的演变进行了细致的考察，总结辽河平原水系变迁的特点，并认为人类活动也加速了水系演变。陶炎在《营口开港与辽河航运》⑪ 一文中论述了辽河河道变迁对辽河运输的灾害性影响。

动植物资源研究。丛佩远著《东北三宝经济简史》⑫ 首次论述了清代对东北人参、紫貂、鹿、东珠、鲟鳇鱼、海东青等珍稀生物资源的经济开发利用。

综合来看，该时期从事清代东北生态环境变迁研究主要集中在东蒙古的草原沙漠化和森林等方面，对东北珍稀生物资源的利用研究和水系变迁研究也开始兴起，但尚处于实证描述的阶段。总体而言，该时期的研究对

---

① 《中国历史地理论丛》1988 年第 4 期。
② 《社会科学战线》1982 年第 2 期。
③ 《地理研究》1984 年第 1 期。
④ 《自然资源》1983 年第 1 期。
⑤ 《河北学刊》1986 年第 2 期。
⑥ 《中国农史》1983 年第 2 期。
⑦ 《中国农史》1982 年第 2 期。
⑧ 中国林学会林业史学会编《林史文集》第 1 辑，1989 年版。
⑨ 同上。
⑩ 《历史地理》第 2 辑，1982 年版。
⑪ 《社会科学战线》1989 年第 1 期。
⑫ 农业出版社 1989 年版。

清代东北生态环境研究的开展作出了筚路蓝缕的贡献。

第二阶段，进入90年代，伴随着全国生态环境研究的快速发展，清代东北生态环境研究也步入了快速发展时期。主要体现为在继续发展前十年研究的基础上，进一步研究拓展范围，并对一些问题的研究更加深入，还出版一些相关的著作。

首先，前一阶段研究的继续发展。景爱继续关注科尔沁沙漠化问题，他在《科尔沁沙地的形成及影响》① 一文中综合考古资料和文献资料，认为科尔沁沙漠化在辽代和清代后期较为显著，而这恰恰与当时的农业耕种普遍化有关，是人类的生产生活等活动破坏了原来的生态平衡，从而导致了沙漠化的扩大。他在《木兰围场的破坏与沙漠化》② 一文中则对木兰围场的生态环境变迁进行了深入论述，特别关注了森林砍伐和垦荒活动。朱士光《历史时期东北地区的植被变迁》③ 首次对东北地区从全新世以来到新中国成立前的天然植被、人工栽培植被和草原植被进行了详细论述。认为天然植被类型的变迁，主要是因从中全新世进入晚全新世时全球性气候变化造成的；而人工栽培植被的扩大与天然森林、草原植被的缩小，主要是因为西周王朝建立以来，特别是清代后期弛禁放垦以来，随着人口的不断增加，滥垦滥伐与俄、日帝国主义对森林资源的疯狂掠夺造成的。

其次，研究范围进一步拓展。人口迁移与土地利用研究是生态环境研究的重要内容，在前一阶段对东北西部地区农牧交错带研究的基础上，学者们认识到清代农垦的发展是影响东北生态变迁的重要因素，故此，广大学者便围绕清代农业发展问题展开研究，或多或少涉及该时期清代生态环境变迁研究。孔经纬主编《新编中国东北地区经济史》④ 第一编《清代东北地区经济史》和衣保中所著《东北农业近代化研究》⑤ 是这一时期东北经济史研究的重要著作。虽然两部著作的研究时段不尽一致，但都较为系统地论述了清代东北农垦发展状况。此外，景爱《清代科尔沁的垦荒》⑥、李宾泓《历史时期松花江流域的农业开发与变迁》⑦、李令福《清代前期

① 《历史地理》第7辑，1990年版。
② 《中国历史地理论丛》1995年第2期。
③ 《中国历史地理论丛》1992年第4期。
④ 吉林教育出版社1994年版。
⑤ 吉林文史出版社1995年版。
⑥ 《中国历史地理论丛》1992年第3期。
⑦ 《历史地理》第10辑，1992年版。

东北农耕区的恢复和扩展》① 和《清代黑龙江流域农耕区的形成与扩展》②、许淑明《清末吉林省的移民与农业开发》③、张杰《清代鸭绿江流域的封禁与开发》④、陶勉《清代鸭绿江右岸荒地开垦经过》⑤ 等文章也对此进行了论述。

东北地区灾疫研究开始出现。自然灾害方面以李文海的四部著作《近代中国灾荒纪年》⑥《灾荒与饥馑：1840—1919》⑦《近代中国灾荒纪年续编》⑧《中国近代十大灾荒》⑨ 为代表，上述论著对近代以来我国自然灾害进行了细致整理，为本研究提供了宝贵借鉴。此外，吴滔《明清雹灾概述》⑩ 对清代前期的冰雹灾害进行了统计，涉及东北地区仅有五次，对其分析也较少。他在《关于明清生态环境变化和农业灾荒发生的初步研究》⑪一文中论述了明清时期的生态环境变化与农业灾荒的关系。吴彤、包红梅《清后期内蒙古地区灾荒史研究初探》⑫ 以《清实录》为据，整理 1800—1911 年内蒙古灾荒记载，分析了灾荒存在类型、发生特征及对内蒙古地区社会演化的不良影响，其中涉及东北地区的呼伦贝尔草原、吉林西北部和辽西地区。郭蕴深《哈尔滨 1910—1911 年的大鼠疫》⑬ 论述了此次鼠疫在黑龙江省传播的情况。

海岸变迁研究。林汀水《辽东湾海岸线的变迁》⑭ 首次论述了山海关至天桥场一线的海岸、小凌河口三角洲以及大凌河、绕阳河和辽河下游三角洲、盖县以南的海岸的变迁，认为从地段上看：辽东湾海岸在今锦州以西和盖县以南的变迁不大，盘锦附近的海岸则扩展很迅速；从时间上看，各段海岸线在明以前发育缓慢，而明清以后特别是清后期以来才发生巨变。

① 《中国历史地理论丛》1991 年第 2 期。
② 《中国历史地理论丛》1999 年第 3 期。
③ 《中国边疆史地研究》1992 年第 4 期。
④ 《中国边疆史地研究》1994 年第 4 期。
⑤ 《中国边疆史地研究》1999 年第 1 期。
⑥ 湖南教育出版社 1990 年版。
⑦ 高等教育出版社 1991 年版。
⑧ 湖南教育出版社 1993 年版。
⑨ 上海人民出版社 1994 年版。
⑩ 《古今农业》1997 年第 4 期。
⑪ 同上。
⑫ 《内蒙古社会科学》（汉文版）1999 年第 3 期。
⑬ 《黑龙江史志》1996 年第 5 期。
⑭ 《中国历史地理论丛》1991 年第 2 期。

再次，研究进一步深入。塞外东北围场是清代特殊的区域，它既是演练军队的场所，也是清廷特殊贡品的采集地，还是清朝统治者加强与蒙古等其他民族上层情感联系的纽带。塞外东北围场主要包括木兰围场、盛京围场、吉林围场和黑龙江围场四大围场。由于围场具有特殊的性质和地位，长期以来，清朝统治者对围场实行封禁政策，设置封堆，划定界线，建置卡伦，派遣兵弁，严禁民人进入围场居住、私垦、采伐和狩猎。由于种种原因，各个围场先后开禁，民人进入定居开垦，从而促进了地区经济的开发，并导致了该区生态和社会环境的变化。围场研究是该时期一个热点问题。学者们主要从人地关系的角度对木兰围场进行了深入研究。韩光辉在《清初以来围场地区人地关系演变过程研究》① 一文中从复原清初本区环境入手，运用历史文献记录和田野考察收获，系统探索了木兰围场地区人地关系演变过程及其影响机制。此外，还有崔海亭《清代木兰围场的兴废与自然景观的变化》、张宝秀《清代开辟木兰围场的地理条件》、邓辉《清代木兰围场的环境变迁研究》、赵中枢《从地名学角度管窥木兰围场的环境变迁》也分别从不同角度对清代围场的环境变迁进行了探讨。② 刁书仁《清代东北围场论述》③ 则首次从整体上对东北的盛京围场、吉林围场和黑龙江围场的地域范围、设置目的与管理、围场制度的地位进行了论述，认为围场制度作为清代国家政治制度重要的组成部分，是首崇满洲既定国策的重要体现。

林汀水《辽河水系的变迁与特点》④ 在进一步研究的基础上，总结出了辽河平原水系变迁的特点，即是在演变中不断自东向西摆动。究其原因，除了地转偏向力的影响外，还与该区地质构造运动有关，而人类活动也加速了这一西移过程。

上阶段的生物资源研究主要是注重开发与利用，尚未对其分布变迁进行研究，赫俊峰等合著《东北虎分布区的历史变迁及种群变动》⑤ 的刊布则弥补了这方面空白。该文首次研究了近代东北动物分布变迁，进一步深化了东北生态环境研究。

关于科尔沁沙地形成因素的研究。任国玉《科尔沁沙地东南缘近

---

① 《北京大学学报》（哲学社会科学版）1998 年第 3 期。
② 《北京大学学报·历史地理学专刊》1992 年版，第 118—157 页。
③ 《满族研究》1991 年第 4 期。
④ 《厦门大学学报》（哲学社会科学版）1992 年第 4 期。
⑤ 《林业科技》1997 年第 1 期。

3000 年来植被演化与人类活动》①通过对该区乔木花粉和草本植物花粉的分析，认为原来的固定沙丘有一部分首先转化为半固定沙丘，半固定沙丘后来又转变成半流动和流动沙丘，并认为人类定居和农牧业活动可能是本区沙地疏林减少的基本原因，也是近 3000 年沙丘演化或沙漠化过程持续增强的主要因子。

最后，相关学术著作开始出版。冯季昌在《东北历史地理研究》②一书的第三章"东北名山大川的变迁"概述了长白山、医巫闾山、千山的名称沿革和辽河、浑河、太子河的历史演变情况；第六章"科尔沁沙地的历史变迁"则按时序研究了该地沙化的全部过程；第七章"东北地区森林的利用与变迁"探讨了渤海国以降东北地区森林的开发、利用、砍伐、恢复、破坏、保护状况，考述了近代初期 48 处窝集（大森林）分布，揭露了沙俄和日本对我国东北森林资源的侵略和掠夺，研究了近代东北的林业发展及其对森林的影响，并对东北森林变迁的未来态势作了必要的展望。此外，王长富编著《东北近代林业经济史》③论述了清朝对东北森林的管理与开发制度、民国时期的东北森林开发与管理、沙俄和日本对我国东北森林资源的掠夺、民族森林工业等问题，为研究清代东北森林演变的第一部专著。

第三阶段，是 21 世纪的前十年。现实环境恶化的警示和生态环境研究的大力推动，促使大量研究人员把精力投入清代东北生态环境变迁研究中来，由此形成了清代东北生态环境变迁研究的兴盛时期。

首先，研究人员增加。从研究人员的国别来看，不仅国内学者投入更大的热情和精力进行清代东北生态环境变迁研究，国外学者也把眼光投向该领域；从研究者的学术背景来看，不仅有从事人文社科研究的学者，还有从事自然科学研究的学人；从研究人员的年龄来看，不仅有长期从事该领域的老学者、老专家，一些年轻的学者也参加研究队伍，这有利于该领域研究的长期发展。特别是一些硕士论文的选题也开始涉及该领域，这为研究提供了强大的后备力量。

其次，研究内容多样化。从森林资源研究到动植物资源变迁、从土地利用到人口增殖、从水土流失到河流淤浅导致的航运停滞、从单一围场研究到对围场整体研究以及东北四大官牧场，都在学者们的研究视野之内。

①《地理科学》1999 年第 1 期。
② 香港同泽出版社 1996 年版。
③ 中国林业出版社 1991 年版。

代表文章有曲晓范《近代辽河航运业的衰落与沿岸早期城镇带的变迁》①、李为等《清代东北地区土地开发及其动因分析》②、张士尊《清代东北南部地区移民与环境变迁》③、关亚新《试析清代东北养息牧牧场的变迁及影响》④、黄松筠《清代吉林围场的设置与开放》⑤、赵珍《清代塞外围场土地资源环境变迁》⑥ 和《清代塞外围场格局与动物资源盛衰》⑦、叶瑜等《过去300年东北地区林地和草地覆盖变化》⑧ 等专题论文。

河流变迁研究。张士尊《明清两代辽河下游流向考》⑨ 认为明清两代辽河下游河道与今天辽河下游河道大体一致，并没有发生河流大规模改道。曲晓范、周春英合著《近代辽河航运业的衰落与沿岸早期城镇带的变迁》认为造成辽河航运衰落的首要原因就是19世纪末辽河流域水土流失加剧，泥沙淤积造成航道阻塞及河岸变形。而19世纪中期以来西辽河流域大量安置移民造成的大规模农垦和东辽河沿岸大量的森林砍伐导致了水土流失和森林涵水功能的下降，最终直接影响了辽河河道的淤浅。类似文章还有韩文利《辽河河道演变及治理》⑩。吉林大学王艳艳的硕士学位论文《近代东北水资源开发与利用研究》（2007年）重点论述近代晚清政府、民国政府、伪满政府及广大人民对东北地区水资源的开发与利用。吉林大学吴蓓的博士学位论文《近代松花江水利开发研究》（2008年）通过对近代松花江水利开发过程的考察，从社会—灾害—水利三者互动关系出发，探索自然灾害对社会发展的影响及水利活动对流域自然环境的作用，但其论述的时间重点是民国时期，缺乏对有清一代的整体论述。

人口与生态环境研究。张士尊《清代东北移民与社会变迁（1644—1911）》⑪ 一书论述了有清一代东北移民的变化及相应的社会变迁。《清代东北南部地区移民与环境变迁》⑫ 一文认为随着移民的进入，东北南部地区的土地接连被开发，人口对环境的压力越来越大，从而导致了该区环境

① 《东北师大学报》（哲学社会科学版）1999年第4期。
② 《地理科学》2005年第1期。
③ 《鞍山师范学院学报》2005年第3期。
④ 《史学集刊》2008年第3期。
⑤ 《东北史地》2007年第3期。
⑥ 《中国人民大学学报》2007年第6期。
⑦ 《中国历史地理论丛》2009年第1辑。
⑧ 《中国科学》D辑《地球科学》2009第3期。
⑨ 《东北史地》2009年第3期。
⑩ 《东北水利水电》2002年第12期。
⑪ 吉林人民出版社2003年版。
⑫ 《鞍山师范学院学报》2005年第3期。

的变化。孙春日《中国朝鲜族移民史》①一书的第一编专题论述了清代朝鲜移民，对自明末清初到清末的不同时期朝鲜族移民的历史做了详细论述，并论述了朝鲜族人民在中国境内的经济活动。

灾疫研究。论文方面有李春华《记黑龙江省一次特大鼠疫》②、田阳《1910 年吉林省鼠疫流行简述》③、焦润明《1910—1911 年的东北大鼠疫及朝野应对措施》④、管书合《1910—1911 年东三省鼠疫之疫源问题》⑤ 和《清末营口地区鼠疫流行与近代辽宁防疫之殇滥》⑥ 均对清末东北鼠疫进行了论述。曹树基与李玉尚在合著《鼠疫：战争与和平——中国的环境与社会变迁（1230—1960 年）》⑦ 一书的第九章中对清末民初时期东北地区的鼠疫发生地和传播方式做了较为细致深入的探讨。认为东北鼠疫来源主要是呼伦贝尔草原的旱獭和松辽平原的达乌尔黄鼠，东北鼠疫传播的模式是"铁路与城市"，对此次鼠疫后的东北社会变迁也做了一定研究。然而，当前对有清一代东北灾疫进行整体研究的专文专著尚付阙如，且当前研究多是进行一般性描述或者进行了鼠疫传播机制研究，对鼠疫暴发起源的社会和生态环境原因尚需深入分析。另外，东北师范大学王燕的硕士学位论文《清末松花江流域的农业开发与自然灾害研究》（2005 年）探讨了清末松花江流域的农业开发与自然灾害情况。

沼泽变迁研究。肖忠纯《论古代"辽泽"的地理分界线作用》⑧认为下辽河平原"辽泽"，因其恶劣的自然环境，影响了东北南部的历史进程。他在《古代"辽泽"地理范围的历史变迁》⑨中对历史时期"辽泽"地理范围的演变脉络进行梳理，认为沼泽湿地的逐渐消亡主要是人为治理和开发所致。张士尊《辽泽：影响东北南部历史的重要地理因素》⑩ 则认为辽泽是东北南部特定的地理区域，从史前到清初，一直对东北南部的历史变迁有重要影响。

最后，研究向深入化发展。学者们进一步深入分析了清代东北生态环

① 中华书局 2009 年版。
② 《黑龙江史志》2003 年第 4 期。
③ 《社会科学战线》2004 年第 1 期。
④ 《近代史研究》2006 年第 3 期。
⑤ 《历史档案》2009 年第 3 期。
⑥ 《兰台世界》2009 年第 10 期。
⑦ 山东画报出版社 2006 年版。
⑧ 《黑龙江民族丛刊》2009 年第 5 期。
⑨ 《中国边疆史地研究》2010 年第 3 期。
⑩ 《鞍山师范学院学报》2009 年第 1 期。

境的破坏因素及资源消减导致的环境效应。衣保中等合著《区域开发与可持续发展——近代以来中国东北区域开发与生态环境变迁的研究》① 以区域开发与生态代价为研究视角主要从地区经济开发的历史进程、区域资源开发的生态环境代价、产业开发及其生态环境代价和城市化对生态环境的影响等方面进行论述,对近代以来东北的经济开发与环境变迁做了有益探讨。他在《清末以来东北森林资源开发及其环境代价》② 一文中论述了东北森林资源开发的环境代价,认为清末以来的林业开发使东北森林资源遭到破坏,主要表现为森林资源的消损和枯竭危机、水土流失的加剧和洪水泛滥、环境恶化和物种危机等环境灾害。熊梅《清代东北森林消减与环境效应》③ 认为清代前期由于封禁政策的实施,东北地区的森林状况基本得到了保护。咸丰后由于内忧外患的加深,封禁政策日趋无力,大批流民进入东北,在政府放任乃至鼓励的政策引导下,该区森林遭到过度垦伐。森林的削减带来了一系列的环境效应,引发了生物危机和诸多自然灾害。张传杰、孙静丽《日本对我国东北森林资源的掠夺和》④ 和饶野《20 世纪上半叶日本对鸭绿江右岸我国森林资源的掠夺》⑤ 论述了日本掠夺我国东北和鸭绿江右岸森林资源的过程。何凡能、葛全胜、戴君虎等《近 300 年来中国森林的变迁》⑥ 以清代以来的史料为依据,通过对森林变迁大体趋势及主要过程的客观把握,重新校订了 1949 年和 1700 年前人的估算数据,分析 1700—1998 年近 300 年来中国森林变迁的时空特征。认为在 1700—1949 年的锐减期中,东北、西南和东南三区是森林面积缩减最为严重的地方,黑龙江覆盖率下降达 50 个百分点,吉林达 36 个百分点。叶瑜、方修琦、张学珍、曾早早等《过去 300 年东北地区林地和草地覆盖变化》⑦ 采用历史文献分析、原始潜在植被恢复等方法,结合驱动力分析,重建了过去 300 年东北地区林地、草地覆盖变化。认为东北地区林地、草地所占比例分别减少了约 15%、10%;18—19 世纪,东北的天然植被覆盖几乎处于原始状态,林地、草地减少的地区主要集中在辽东、辽西等农垦区;1900—1950 年为林地、草地减少最为迅速的时期,辽东、辽西的天然植被

---

① 吉林大学出版社 2004 年版。
② 《中国农史》2004 年第 3 期。
③ 《东北史地》2008 年第 4 期。
④ 《世界历史》1996 年第 6 期。
⑤ 《中国边疆史地研究》1997 年第 3 期。
⑥ 《地理学报》2007 年第 1 期。
⑦ 《北京林业大学学报》2009 年第 5 期。

几乎被破坏殆尽，鸭绿江流域、长白山地区森林减少十分显著，草地界线已明显向西退缩。此外，伍启杰先后发表《从森林面积的考释看近代黑龙江森林的变迁》①《对近代黑龙江省森林面积和蓄积量变化的考释》②《近代黑龙江森林的变迁及原因探微——以森林面积和蓄积量的变化为视角》③等多篇论文，从黑龙江森林面积和蓄积量变化入手，论述了近代黑龙江森林的变迁，并分析了变化的原因。

东北地区生态环境的变迁，在很大程度上是土地、动物等资源利用方式改变的结果。赵珍就是从这一研究视角出发，开展对东北地区围场的系列研究，先后发表《清代塞外围场土地资源环境变迁》④《清代塞外围场格局与动物资源盛衰》⑤《光绪时期盛京围场捕牲定制的困境》⑥《清嘉道以来伯都讷围场土地资源再分配》⑦四篇文章。她通过研究围场内土地开发格局的演变来探讨围场内动物资源的变迁以及国家权力对土地资源分配的影响。另外，衣保中《近代以来东北平原黑土开发的环境代价》⑧和《清代以来东北草原的开发及其生态环境代价》⑨则分别论述了清代特别是近代以来东北的土壤和草原资源的开发及其生态环境的恶化。

台湾学者蒋竹山通过论述嘉庆朝的"秧参案"探讨了生态环境、人参采集与国家权力的关系。⑩认为18世纪末至19世纪初东北的人参采集对生态环境影响的主要因素不是自然因素而是官方的政策，尤其是国家权力对人参采集的介入。该观点把国家权力纳入生态环境变迁的研究框架中，很有创见，但尚未进一步深入国家政策对资源的管理对生态环境影响的层面。

该时期此项研究工作的重要亮点就是国外学者的加入，代表作主要是刘翠溶、伊懋可主编《积渐所至：中国环境史论文集》⑪一书中收录了荷兰莱顿大学（University of Leiden）费每尔教授（Eduard B. Vermeer）《清

① 2006 年全国博士生论坛优秀论文，北京，2006 年。
② 《林业经济》2007 年第 3 期。
③ 《学习与探索》2007 年第 3 期。
④ 《中国人民大学学报》2007 年第 6 期。
⑤ 《中国历史地理论丛》2009 年第 1 辑。
⑥ 《中国边疆史地研究》2011 年第 3 期。
⑦ 《历史研究》2011 年第 4 期。
⑧ 《吉林大学社会科学学报》2003 年第 5 期。
⑨ 《中国农史》2003 年第 4 期。
⑩ 参见蒋竹山《生态环境、人参采集与国家权力》，王利华主编《中国历史上的环境与社会》，三联书店 2007 年版。
⑪ "中央研究院经济研究所" 2000 年版，中文本，第 409—410 页。

代中国边疆地区的人口与生态》谈及吉林围场和木兰围场的森林与动物减少，清朝中国人口大量增长的诸多因素，以及其带来的种种环境变化。美国威斯康星大学赵冈《中国历史上生态环境之变迁》是一部专论中国历史生态环境变迁的著作，但仅少量涉及清代东北地区。美国学者孟泽思著、赵珍译《清代森林与土地管理》①一书是对清朝对森林和土地管理研究的一部重要学术专著，然而对东北森林只是简要提及，对皇家狩猎的木兰围场则高度关注，专列一章论述。其内容主要为木兰围场设立的特殊目的、对围场的管理以及围场的衰败等。此外，美国乔治城大学的帕特里克·卡佛莱博士 2002 年撰写的博士论文《中国东北的森林，1600—1953：环境、政治和社会》②是一篇专门研究我国东北森林史的学术论文。该文在第三、第四两章论述了清朝、俄罗斯、日本对东北森林资源的管理和掠夺。

　　综合前述可见，清代东北生态环境研究范围从小到大，从描述过程到分析原因，层次不断深入；研究人员从少到多，由国内到国外，从老专家到年轻学者，队伍不断壮大；总而言之，该领域不断发展进步，走过了令人欣喜的历程，呈现出良好的发展局面。

　　通过回顾三十年来研究的历程可以看到，经过学者们的辛勤努力，该研究已取得了可喜进展，硕果累累，无论是研究材料的积累还是研究内容的拓展，学界对清代东北地区生态环境变迁研究的学术积累为今后的研究打下了基础。然而，冷静观之，不足之处，亦需弥补，特别是研究中还存在进一步研究的空间。

　　第一，加强从人地关系的角度来研究东北地区生态环境变迁。应从人与自然互动的角度论述之，既不能单纯以人为中心，也不能单纯以自然为中心，而应把政府管理、民众开发、自然灾害与自然生态纳入生态环境变迁研究中来。

　　第二，研究需要精确化和理论提升。生态环境研究应在实证的基础上，对文字描述的同时，也应尽量做到量化分析，并进行理论性总结和提升。

　　第三，全局性和整体性的宏观研究尚待深入。清代的东北地区是一个范围辽阔的地理区域，地理和生态上具有整体和系统性，故此在生态环境变迁研究中不应分割化、条块化研究，而应进行全局性和整体性的宏观研

---

① 中国人民大学出版社 2009 年版，第 19 页。

② Patrick J. Caffrey, "The forests of Northeast China, 1600 - 1953: Environment, politics, and society", Ph. D. Dissertation, Georgetown University, 2002, 国家图书馆微缩中心。

究，以反映东北地区生态环境变化的整体面貌。另外，还须从全国的角度看待东北地区的资源开发与环境变迁，走出从东北看东北的"手电筒光照"局限，而应看到更大的历史场景。

第四，进一步加强从环境保护视角研究政府对资源的管理政策。政府对资源的管理政策是影响生态环境的重要因素。清政府的封禁政策虽不利于边疆地区的开发与发展，却在很大程度上保护了当地的植被和生态环境。同时，清廷和地方官员对人参和东珠等珍稀野生资源的掠夺式采取，对上述两种野生资源造成了严重破坏。

第五，需要从边疆治理的角度审视清代东北生态环境变迁。清代是我国统一多民族国家发展的重要时期，也是我国古代疆域版图最后奠定阶段和近代以降变化较大的历史时期，同时还是我国政府对东北边疆开发的重要阶段。东北是清朝的"龙兴之地"，特殊的地理区位和民族心理促使清政府在开发东北边疆问题上采用封禁政策，严禁内地民人进入东北进行资源开发，从而在一定程度上保护了原生态。随着内地民人不断进入，辟田垦壤，砍伐森林，开发资源，在书写东北边疆开发新篇章的同时，也导致了草原和森林范围缩小等生态恶化的后果。特别是近代以来，俄国和日本对东北资源的疯狂掠夺，更是对该区生态造成严重破坏。将清代东北生态环境变迁放诸中国清代边疆开发的大背景下加以考察，使其具有成为中国疆域理论构建的重要组成部分之内涵。

第六，对清代东北生态环境变迁的价值评价需要客观对待。从前文对学术史的回顾不难看出，20世纪的研究，更注重资源开发对当地经济的促进；21世纪以来，学术界则主要强调了经济开发对环境的破坏。笔者认为，对清代东北生态环境变迁不能简单地以好或坏的二元化评价，应该客观、辩证地进行综合评价，以全面认识经济开发和环境演变的关系。我们固然需要从生态环境变迁的角度反思经济开发模式，但也不能削弱甚至抹杀东北边疆经济开发的贡献。

三　研究思路及方法

（一）研究思路

本研究主要从时间、空间和价值三个维度进行。首先是时间维度。本书依据清代东北史发展的特点，将其分为五大阶段：一是清初时期，包括顺治朝及康熙七年（1668年）以前；二是封禁前时期，从康熙八年（1669年）至乾隆十三年（1748年）；三是封禁时期，从乾隆十四年（1749年）至道光末年（1850年）；四是弛禁时期，从咸丰朝至光绪二十一年（1895年）；五是解禁时期，从光绪二十二年（1896年）至清灭亡。

其次是空间维度。东北是清代特殊的区域，它既是清朝的"龙兴之地"，也是中国的边疆。所以，本研究一是从区域史研究的角度，既把东北放在全国开发的大空间中论述，也把东北分为奉天、吉林、黑龙江、热河及东蒙古四个亚区，具体分析各区在东北经济开发及其生态效应方面的差异。二是从首崇东北的角度，论述清政府为维护皇室和满洲贵族利益而实行的资源垄断，如修建柳条边和围场、实行封禁政策以及划定若干禁江禁河和禁山，对人参、貂皮等珍稀资源垄断。三是从边疆的角度，论述清政府在晚期为保卫疆土、保护国家资源而进行的努力，以及朝鲜人、俄国人、日本人对中国东北生态的破坏。

最后是价值维度。探求人类在获取经济价值与生态价值之间的抉择及其原因，是生态史学研究的重要内容。本书就着重从政府管理和民众开发的角度，论述清政府对东北的资源管理、广大民众对东北的资源开发以及外国列强对东北的资源掠夺对东北生态环境的影响。正是因为人类对东北资源开发力度上的加强和开发范围的扩展，东北的资源才被大量消耗，生态环境才会发生重大变化。清政府曾颁布一些保护环境和资源的举措，如人参采挖的歇山制度、东珠和貂鼠的停采养育制度、禁止伐树采松子的规定，这在一定程度上起到保护生态环境的作用。

另外，环境变化的很多方面或直接或间接地与自然灾害联系在一起，而有些环境变化则主要通过自然灾害反映出来，甚至有些环境问题本身就是自然灾害，如水土流失、草原沙漠化等。故此，把自然灾害纳入生态环境变迁的研究范围，探讨资源开发与自然灾害的关系以及社会应对自然灾害的举措，人类社会调整原来的开发政策，从人地互动关系的角度来看，这也是生态环境变迁研究的应有之义。这样，"自然生态—自然灾害—政府管理—民众开发"就构成了密切相关的有机体，其核心就是资源开发与利用。

在此人地互动关系中，自然环境是生态环境系统的基础。政府管理是生态环境变迁的主导因素。政府通过权力实现对生态资源的管理和控制，它既可限定资源开发与保护的空间范围，也可划分资源使用者的类型。民众开发是生态环境变迁的主要因素。广大民众既可以在政府的允许下，取得合法的资源使用权利，也可以通过各种手段避开或利用政府管理及其漏洞实现对资源的实际占有，这就是政府认为的私垦、偷猎、偷采盗挖等非法行为，这是政府与民众的利益博弈。同时，作为生态环境变化的原因和结果表现的自然灾害，也是生态环境变迁的重要因素，对人文环境和自然生态环境均产生较大影响。

诚如著名历史地理学家朱士光先生对学者们寄予的希望：清代生态环境问题研究，既得注重自然本身的变化，又要考虑人为因素的影响，更需注意研究清代人民和官员保护自然环境和资源的理论思想。要动静结合研究生态环境问题，因果联系分析变迁现象，辩证客观看待造成的影响，全方位跨区域地加以把握和论证，并注意总结相关的学术理论问题，更好地推动清代生态环境研究工作向前发展。① 故此，本书以清代东北地区为地域范围，以整个清代为时间段，运用历史地理学的理论，采用统计学、区域比较、图表分析等研究方法，按照清代东北历史发展和清代治理东北政策演变的阶段为序，以"自然生态—自然灾害—政府管理—民众开发"四个相关层面的研究视角，着重对清政府和普通民众的经济活动、人口增长与分布、俄国与日本对中国东北的资源掠夺、自然灾害和生态环境本身的演变进行一次全面而系统的探讨与论述，以期阐明人类对生态资源的开发与区域生态环境演变的关系，总结经验教训，为当今生态文明建设提供一些经验与借鉴。

（二）研究方法

中国历史悠久，保存至今的大量史籍、档案、考察笔记、游记和地方志等文献是研究生态环境变迁的宝贵资料，而当代学者撰写的有关经济史、人口史、环境学等方面的论著也提供了许多有益的研究成果，因此注意文献的征引和考证就成为生态环境变迁研究必不可少的重要方法。故此，笔者深入挖掘和广泛使用清朝档案资料、东北地方志、考察笔记等大量原始材料，以史学实证研究手段进行研究，以弥补当前研究之不足。

野外考察不仅可以订正和补充历史文献的误漏，还可了解自然环境的变化及其对经济开发的影响。因此，笔者通过对长春市、吉林市及松花江上游地区实地考察，对东北地理状况和社会经济情况有了感性认识。

尝试采用统计学、区域比较、图表分析方法研究清代东北人口迁移分布、土地利用方式变化、自然灾害发生频率等，对历史资料进行定量分

---

① 参见朱士光《清代生态环境研究刍论》，《陕西师范大学学报》（哲学社会科学版）2007年第1期。

析，以期做到尽可能的精细化。

　　总之，本书在尽可能占有档案、方志、实录、调查报告和游记等第一手史料的基础上，立足于史学的实证考察，引用统计方法，分析有清一代清政府对东北地区管理政策变化、东北人口的变迁、东北农耕经济的发展、东北生态资源的利用、自然灾害发生等因素对东北地区生态环境的影响，力争做到史论结合，论从史出，务求史料真实，结论客观可信。

四　基本史料和文献评介

　　研究生态环境变迁不仅是描绘出自然生态的演变，更要从人类活动对生态资源的开发与利用的角度审视人类对生态环境的影响，进而科学而合理地阐释人与自然之间的互动影响。笔者在论述人类经济活动时不免要涉及人口分布与变迁、土地利用与开发、政府与民众对资源开发的态度和举措、自然灾疫对人类的影响以及民众与政府对灾异的应对以及对生态资源开发政策的调整。总之，研究清代东北地区生态环境变迁需要查阅的资料非常庞大，大致而言，主要含纳了历史档案、典籍类、方志类、游记纪实类和报刊资料等诸多方面，兹择要述之。

（一）历史档案

　　中国第一历史档案馆编《上谕档》和《光绪朝朱批奏折》是清朝皇帝对国家重大事务的批示，具有重要的史料价值，其中乾隆、嘉庆、道光、咸丰诸朝对东北封禁的上谕，乾隆帝、光绪帝等对围场管理的上谕和朱批奏折，对深入研究清代最高统治者对东北封禁与解禁、流民管理、土地垦殖和人参的采挖等项政策实施有着重要作用。

　　作为国家清史纂修工程"档案丛刊"之一，《吉林省档案馆藏清代档案史料选编》是从吉林省档案馆藏清代档案中按专题整理的7000件档案，包括吉林将军奏折、打牲乌拉总管衙门档案以及吉林教育、金融、实业、禁烟及荒务档案等九个档案全宗，为清史研究提供了重要的第一手资料。本书选编的《吉林将军奏折档案》《吉林荒务档案》《打牲乌拉总管衙门档案》等档案是吉林档案馆藏件中最具特色的地方文献。比如，打牲乌拉总管衙门档案主要形成于清康熙年间至宣统三年（1911年），比较全面、系统地反映了打牲乌拉总管衙门的机构设置、人员任免、调查统计材料，包括历史概况、区域演变及变更情况、打牲丁管理、每年上贡品种和数量情况等。这对研究清朝朝贡制度和皇室贡品经济以及东北地区的封禁政策有重要参考价值。《吉林荒务档案》则详细记载了吉林省从同治年间到宣统三年间的放垦情况，是清代吉林土地利用方式和生态景观演变研究的原始资料。

中国第一历史档案馆、中国边疆史地研究中心、吉林省延吉档案馆三家合作整理出版《珲春副都统衙门档》收录了中国第一历史档案馆和吉林省延边朝鲜族自治州档案馆所藏的珲春协领和副都统衙门的档案。该档案所具有的原始性、客观性、可靠性和系统性，对历史研究更具有其他任何史料都无法替代的重要价值。

中国第一历史档案馆和承德市文物局合作整理出版《清宫热河档案》为国家清史编纂委员会档案史料出版项目，是清宫所藏关于热河档案的专题汇集。其中，对围场的设置与管理、围场地区农垦和树木采伐与使用等记载尤为翔实可靠，史料价值重大。

中国第一历史档案馆翻译整理的《乾隆朝满文寄信档译编》是清代军机处专门抄载乾隆帝寄信上谕的重要档簿，收录了乾隆十五年（1750 年）至二十一年（1756 年）、二十六年（1761 年）至六十年（1795 年）的满文寄信上谕 4289 件，加上附件 22 件，共计 4311 件。寄信档史料弥足珍贵，内容丰富，多属密不宜宣之事，大部分内容从未公布于世，对乾隆朝的一些重要史事的记录较之汉文史料更为详细、真实，为《清高宗实录》《乾隆朝上谕档》等所不载。这些珍贵史料，涉及政治、军事、民族、外交、宗教、经济、文化等诸多方面，尤以边疆事务、军务、民族宗教事务及外交事务等居多，反映了清政府对边疆地区的治理政策与方式，为研究清代乾隆时期的政治史、民族史、军事史、外交史、经济史及乾隆帝本人提供了新颖而翔实的参考资料。

中国第一历史档案馆满文部和黑龙江省社会科学院历史研究所合编《清代黑龙江历史档案选编》，按时间顺序从黑龙江将军衙门档、宁古塔副都统衙门档、阿勒楚喀副都统衙门档和珲春副都统衙门档中选辑了光绪年间黑龙江地区政治、经济、军事、文化、外交等方面内容的档案资料。其中，关于农垦和清查各地流民的汇报清册是研究光绪年间黑龙江人口和土地利用的翔实资料。

吉林省档案馆与吉林省社会科学院历史所合编《清代吉林档案史料选编（上谕奏折）》是从吉林省档案馆现存的清代档案中选辑的，共选辑史料 145 件，分为建置、政治、经济、军事以及学校教育五大类别。其中，《东三省总督徐世昌奏为遵旨覆陈三十内蒙垦务及预筹办法折》真实记录了光绪三十三年（1907 年）徐世昌计划开垦蒙荒的内容。《吉林将军铭安奏朝鲜民人有易服越界种地一律编入民籍片》则记录了光绪八年（1882年）吉林将军处理按照越界到我国种地的朝鲜人的办法。

东北师范大学明清史研究所和中国第一历史档案馆合编《清代东北阿城汉文档案选编》选编了上自同治五年（1866 年）下讫光绪二十五年（1899 年）的 200 余件文档，其中《阿勒楚喀副都统衙门右司为札饬拉林协领派员采捕按年应进贡鲜事呈稿》和《阿勒楚喀副都统衙门右司为札饬拉林协领围场须依限捕鹿呈进事呈稿》真实地记录了清末围场垦荒造成动物减少而影响地方进贡的情况。

辽宁省档案馆整理出版《清代三姓副都统衙门满汉文档案选编》收录了辽宁省档案馆所藏三姓副都统衙门部分档案，其中的官庄、流民垦荒、台站卡伦等部分内容对研究该区土地利用和资源开发提供了第一手资料。

水电部水管司科技司和水电部研究院合作整理《清代辽河、松花江、黑龙江流域洪涝档案史料》为《清代江河洪涝档案史料丛书》之一部，辑录了清代东北辽河、松花江、黑龙江流域洪涝档案史料，为研究三大流域的洪涝灾害提供了原始资料。

中国科学院地理科学与资源研究所和中国第一历史档案馆合作整理《清代奏折汇编——农业·环境》从中国第一历史档案馆中的宫中及军机处的上谕档、朱批奏折、录副奏折等文件和簿册等资料中筛选出与各地农业生产概况相关的记载汇编而成，其中相当一部分涉及清代东北地区。该资料汇编是研究清代东北农业生产发展演变和农业气象变迁不可或缺的参考资料。

辽宁省档案馆编译《盛京内务府粮庄档案汇编》选自辽宁省档案馆馆藏的《黑图档》和《盛京内务府档案》，起于嘉庆元年（1796 年），截至民国四年（1915 年），所选的档案史料，绝大部分为第一次公布，这些档案文件的公布为研究清代皇室经济、东北地区经济及物产资源等提供了参考资料。

赵焕林主编《盛京参务档案史料》以时间为序，精选了从康熙三年（1664 年）到光绪三十一年（1905 年）有关盛京采参的档案资料，涉及参场国有、设立职官专门管理挖参活动、发放参票、处罚官员、刨夫借银、征收参税等内容，再现了当时盛京的采参活动，展示了清代经济活动的一个侧面，是研究清代东北地区土贡历史的珍贵资料。

郑毅主编《东北农业经济史料集成》共五册，从清代典籍、方志、清廷奏折等历史档案中精心钩稽有关东北农业经济的原始记载，客观地反映了清代东北农业发展，为清代东北农业及相关的林业研究提供了珍贵史料。

国际会议编辑委员会编辑，张士尊译，苑洁审校《奉天国际鼠疫会议报告》和奉天防疫总局张元奇等编的《东三省疫事报告书》是研究清末东北鼠疫最基本的史料。前者是 1911 年 4 月 3 日开始为期 26 天的奉天国际鼠疫会议的报告，这是会议编辑委员会编辑并于 1911 年 10 月在马尼拉以英文出版，该报告详细收录了会议的报告、讨论记录、会议记录以及总结。后者则是中国奉天防疫局官员对这次鼠疫疫情出现、流行、防疫和善后事宜，以及奉天国际鼠疫会议的相关文献汇总。这两大文献是研究清末东三省鼠疫最基本和最重要的史料。

陈嵘《中国森林史料》辑录了历代关于森林的言论、著述、政策、法令等资料，其中收录的《黑龙江省铁路公司与东省铁路公司订立伐木原合同》《中日合办鸭绿江采木公司章程》《中日合办鸭绿江森林合同》和《中日采木公司事务章程》对研究清末沙俄和日本对我国东北森林资源的侵夺有重要意义。

中国科学院历史研究所第三所编辑《锡良遗稿》收录了锡良任职热河都统和东三省总督期间的奏折，其中关于热河和东三省放荒垦殖和增设治理的内容是研究清末热河地区经济社会变迁的重要资料。

朱启钤编《东三省蒙务公牍汇编》收录了清末关于东三省蒙务的奏议、条陈，其中关于东蒙古地区的土地丈放是研究清末东蒙古地区经济变迁的重要资料。

东三省蒙务局编撰《哲里木盟十旗调查报告书》包括《科尔沁部调查意见书》《科尔沁左翼中达尔汉亲王旗调查书》《科尔沁左翼前宾图郡王旗调查书》《调查科尔沁左翼后旗报告书》《科尔沁右翼中图什业图亲王旗调查书》《科尔沁右翼前扎萨克图郡王旗调查书》等内容，这些调查是东三省蒙务局应理藩部推行蒙藩要政的要求在宣统二年（1910 年）进行的，内容有垦务、木植、牧畜、渔业、盐务、学务、巡警、矿产、外交、出产、商务等项，该书是重要的史料。

邢玉林主编《光绪朝黑龙江将军奏稿》（上、下册）为中国边疆史地资料东北卷选目之一，按照时间顺序分别录入了光绪朝黑龙江将军的奏稿，内容丰富而宏大，涉及光绪年间黑龙江地区政治、经济、军事、文化、外交等诸多方面内容，是研究晚清时期黑龙江地区历史的必备档案资料，其史料价值和重要性不言而喻。

南满洲铁道株式会社调查课是满铁于 1907 年 3 月设立的调查机构，其工作任务是"着手一般经济调查以及满蒙旧惯调查"。调查活动以调查员实地勘察为主,进行民商事习惯、法制、商工、交通、地方经济的调查等。《满铁调查报告书》是南满洲铁道株式会社情报调查部门直接派人深入我国各地城乡进行情报收集而形成的文字材料。其中第三辑(1909—1925年)含有调查课于1909年至1912年进行的南、北满洲地区及满蒙交界地方经济情况的调查报告等,是研究我国东北近代史最原始、珍贵的素材。《满洲旧惯调查报告》是日本南满洲铁道总务部事务局调查课在我国东北及蒙地进行详细调查的资料,由蒙地、一般民地、内务府官庄、皇产、典习惯、押习惯六部分组成。其中的蒙地、一般民地和内务府官庄是研究晚清东北土地利用和生态环境变迁的重要资料。

(二) 典籍类

《清实录》是清代历朝的官修编年体史料汇编。举凡政治、经济、文化、军事、外交及自然现象等众多方面的内容皆包罗其中,是研究清代历史的基本史料,也是本文清代东北生态环境变迁研究的基本史料之一。

乾隆朝官修《清朝文献通考》和刘锦藻所撰《清朝续文献通考》材料丰富。其中关于人口和田赋的记载,是清代经济史的重要史料,对于本书东北人口和土地开发研究有着十分重要的价值。

《钦定理藩部则例》不仅是理藩院这一机构的行政法规,也是研究清代东北边疆地区生态环境史的重要资料,其中保留的大量东蒙古地区农垦开垦、东蒙古行政管辖人员设置、围场土地和动植物保护的相关规定,对我们考察当时的土地利用和动植物资源的开发情况具有重要价值。

徐世昌《东三省政略》为徐世昌任东三省总督时期的奏折、公牍、章程和制度等文件的汇编,记载有清末东三省的边务、蒙务、民政、实业等情况,是研究清末东三省经济的重要资料。

此外,徐世昌《退耕堂政书》和姚锡光《筹蒙刍议》记载有清末东三省和东蒙人口的状况及土地开发情况,是研究清末东北地区经济开发与生态环境演变的重要资料。

蒙藏院编《理藩部第一次统计表》,记录了光绪三十三年(1907年)对东蒙古地区人口和农垦面积的记载,是研究清代东蒙古地区人口和农垦的第一手资料。蒙藏院编《蒙藏院调查内蒙古及沿边各旗统计报告书》是光绪三十四年(1908年)理藩部对内蒙古调查的报告,其中关于农垦的记载是研究清末东蒙古地区经济的重要资料。

张穆著,何秋涛补续《蒙古游牧记》中对东蒙古地区哲里木盟、卓索图盟和昭乌达盟的论述对研究清代东蒙古地区环境演变提供了宝贵资料。

（三）方志类

清代东北地区的方志以董秉忠等修《盛京通志》为最早，刊于康熙二十三年（1684年），其中的户口和田赋记载对今日研究康熙二十三年之前奉天地区经济状况具有最直接的参考价值。

《钦定盛京通志》是乾隆四十三年（1778年）阿桂奉敕所修。其中，《建置沿革》《疆域形胜》《杂志》《风俗》《土产》《户口》《田赋》《职官》《兵防》是研究顺康雍乾时期东北历史的重要史料。

长顺修，李桂林纂修《吉林通志》，是清代末叶吉林省第一部官修的全省通志，《食货志》中的户口、田赋、屯垦和蠲缓部分对研究清代吉林地区人口增长、土地垦殖和自然灾害具有十分珍贵的史料价值。

王树楠、吴廷燮、金毓黻等纂修《奉天通志》全面记录了辽宁历史沿革，山川地貌，天文气象，风土人情，物产资源及政治、经济、文化等各方面情况，是研究辽宁历史的一部资料总汇。

张伯英总纂《黑龙江志稿》是黑龙江省第一部系统通志。全书分地理、经政、物产、财赋、学校、武备、交涉、交通、职官、选举、人物、艺文12门类，其中的《地理志》对当地生态的记载，《经政志》中关于垦丈、户籍、灾赈的记述，《物产志》中对当地动植物的记载，《财赋志》中对当地森林林区和面积以及林商公司的记述对研究清代黑龙江的经济开发、生态演变有着重要史料价值。

和珅、梁国治等撰《钦定热河志》是承德地区第一部地方志，分天章、巡典、徕远、行宫、围场、疆域、建置沿革、山、水、寺庙食货、物产、古迹、艺文等24个部分，《天章》中乾隆帝的御制诗中记录了该区农牧业和围场生态的情况，《围场》记录了围场建立、范围，日常管理等内容，《食货》中赋税、户口记录了承德地区农垦和人口的情况，《物产》部分记录当地特别是围场中的动植物资源，这些对研究围场地区的经济开发与生态环境史有重要意义。

海忠修，林从炯等撰《承德府志》分为谕诏、天章、巡典、山庄、行宫、围场、图说、建置、疆域、山川、寺观、田赋、风土、物产纪事、外纪、艺文、杂志等34门类。其中收录的上谕和御制诗注对研究承德人口发展和农牧业经营有珍贵的史料价值。《田赋》中的人口部分则记录了乾隆四十七年（1782年）和道光七年（1827年）的人口数字。

查美荫等修纂《围场厅志》是清代围场地区的第一部地方志。该书的史料价值在于有木兰围场的范围、同治以来围场的开围放荒以及生态环境恶化的记载。

云生监修，英喜纂，金恩晖、梁志忠校释《打牲乌拉志典全书》是吉林打牲乌拉地区最早的方志。该书对打牲乌拉地方有清二百多年以来采珠、捕捕鲟鱼、蜂蜜和采松子等物产情况以及打牲乌拉衙门的管理，记载十分详细。此后，赵东升把《志典全书》缺失的第三卷补上，使得我们对打牲乌拉的贡山、贡河和贡江以及该区的官地分布等内容有详细了解。总之，该书是我们研究打牲乌拉的机构设置和具体经济运作的第一手资料。

（四）游记纪实类

《绝域纪略》，又名《宁古塔志》，是方拱乾根据其顺治末年（1661年）在宁古塔流放期间见闻汇编。包括流传、天时、土地、宫室、树畜、风俗、饮食等内容。文简意深，为清代内地文人对东北自然与人文景观的第一次论述，加之是作者亲历，资料尤其弥足珍贵。

《宁古塔山水记》和《域外集》是顺、康时期张缙彦在宁古塔流放期间所著关于宁古塔自然与人文地理的著述。作为清朝早期被流放东北的内地文人，他以写实手法真实记录了清初宁古塔地区的自然地理和人文风情，为研究当时该区的自然和人文生态提供了宝贵资料，比如记载宁古塔"夏不伐青，以养材也"，说明时人对当地植被采伐与保护有度。

方式济《龙沙纪略》是其在随父流寓卜魁（今齐齐哈尔）时的见闻记录。全书分方隅、山川、经制、时令、风俗、饮食、贡赋、物产和屋宇9门类，是一部康熙时期黑龙江地方的百科全书，其中对当地人口、官庄、流人、物产的记载展现了当时黑龙江的风土人情。

吴桭臣《宁古塔纪略》是其年轻时在宁古塔生活的记录，生动而真实地记录了康熙年间宁古塔地区的自然地理和风土人情，为研究康熙年间该区历史提供了第一手资料，其中对气候的记述和东山人参的记述反映了当地自然生态的变迁，如"当我父初到时，其地寒苦……近来汉官到后，日向和暖，大异向时"。这与热河地方志中的记载相似，反映出康乾时期北方气候的回暖。宁古塔东山"向出参、貂，今则取尽矣"。这条记载充分反映了当地人参资源的锐减和分布演变。

《柳边纪略》是杨宾在康熙年间去宁古塔侍奉其父时对当地自然人文地理所见所闻的记述，是研究康熙二十八年（1689年）东北地区历史和社会的重要资料。其中对清政府在山海关对出入东北人员的管理、柳条边的设置、东北流人的状况、东北物产和各地生态资源的记述为研究康熙时期东北人口管理、经济开发和生态环境提供了宝贵资料，宁古塔"惜四山树木，为居人所伐，郁葱佳气，不似昔年耳"。这真实记录了东北城镇人口增加对周边资源的消耗和环境变化。

西清《黑龙江外记》是其在黑龙江为吏、教书期间根据当地官府资料和亲身调查所见所闻而写成的一部黑龙江地方史志著作。该书成于嘉庆十五年（1810 年），共八卷，对当地物产和地理形势的记述为研究当地生态环境演变提供了宝贵资料，如卷八所记"齐齐哈尔用木……然较二十年前，贵已三倍，伐木日多，入山渐远故也"。

英和《卜魁纪略》是其道光年间在卜魁流放期间对当地疆域、建置、风俗、物产等方面的记载。由于作者得之亲身见闻与实地考察，故其所记多可征信。

魏震等《南满洲旅行日记》是其在光绪三十年（1904 年）考察东北林业的日记。内容涉及从庚子事变到日俄战争时，日俄双方侵略我国东北的情况，对日俄的侵略行径有较为具体的叙述，对日俄战争后我国东北社会情况和东北林业有一定参考价值。

《张诚日记》，张诚是法国耶稣会传教士热比雍（Gerbillon，Jean Franois）的汉文名字。他在 1688 年受法国国王路易十四的派遣到中国传教，因参加中俄边界谈判的翻译工作而受到康熙帝的重视，从而有机会随同康熙帝出塞巡行，他将所经过的热河地区和蒙古的山川地势、生产生活等情况记载下来，具有一定的史料价值。

〔日〕小越平隆著，克斋译《满洲旅行记》是日本人小越平隆在光绪二十四年（1898 年）和二十五年（1899 年）两次探察我国东北的记录。他两次探察东北，历时六个多月，几乎游历了中国东北的城镇，记录了当时东北社会生活和自然生态的诸多方面，为研究当时东北地区的历史提供了较为翔实的材料。

〔英〕杜格尔德·克里斯蒂（Dugald Christie）著，伊泽·英格利斯（IzaInglis）编，张士尊、信丹娜译《奉天三十年（1883—1913）》，该书是作者杜格尔德·克里斯蒂长期在中国东北进行医疗和传教的回忆录。她以一名参加防疫和治疗的医生视角详细记录清末东北鼠疫在奉天的传播和政府及社会对鼠疫的防治情况，为今人研究奉天鼠疫提供了第一手资料。

限于篇幅，本书只是对资料择要论述，同类的其他资料不一一举例。研究清代东北地区生态环境变迁的资料除了以上方面外，一些当时的报纸也有诸多内容涉及该研究，本书在论述时也会加以利用。

五　研究创新点

清代是东北地区经济开发史上又一个高峰时期，并开启了此后东北生态资源高速开发的历史进程，同时也肇始了东北生态环境巨变的演进历程。虽然学界已取得诸多成果，但仍存在可以进一步研究的空间，故此，笔者在尽可能充分吸收和借鉴前贤研究成果的基础上，力求在以下几个方面做出探索性研究：

第一，在清政府对东北边疆治理与民众开发的历史背景下，对清代东北地区资源开发和生态环境变迁进行整体性宏观研究，全面展现了清代东北地区生态环境演变的面貌。

第二，尝试提出"自然生态—自然灾害—政府管理—民众开发"四个相关层面的研究视角，特别是深入剖析清政府与民众在东北资源分配与开发过程中的博弈，突出政府资源管理制度的生态影响，为当今经济开发与环境保护的良性互动提供借鉴。

第三，运用统计学方法，探求清代东北地区人口增长、土地垦殖的规模、人参采挖数额和貂皮进贡数额的连续数列，以求数据的准确，力求做到精细化研究。

第四，在大量统计的基础上，力求全面系统论述清代东北地区的自然灾害次数、暴发频率、类型和分布，并较为全面地论述社会应对举措。

第一章　东北地理区位与清代以前生态环境概述

第一节　东北地理区位

一　清代东北地区的范围

（一）学界对东北地区范围的界定

东北地区，即为中国的东北部疆域。东北的含义，诸位学者中以东北史大家金毓黻先生考证为详。他在《东北通史》开篇中即设立《东北之涵义以及异名》，旁征博引，考诸典籍，进行了深入考证。他指出"东北之名，本由方位而起，其后复画分一定之区域，亦从而名之曰东北。对中央则为其国土之一部，对地方则示以方位之所在，立名之允，涵义之当，称说之便，宜无有逾于此者"①。这明确指出了地理区域概念与地理方位概念、地名之于中央与地方的关系。值得注意的是，他还把辨方位与政治区划及其建置有机结合起来，所谓："方位之称，原有辨方位之义；区域之设，更为建官施政之准。"②而行政区划及其建置则与国家对地方的行政管理密切相关。随着各个朝代对东北地方行政管辖和区划范围的不同，东北地区的范围也随之变动。换言之，东北地区，"作为一个区域，历经千百年之演变，其疆域屡经变革，或扩大，或缩小"③，处于不断变动之中，但同时还具有在一段时期内的相对稳定性。

目前，关于东北地区的范围，学术界大致有三大观点。

首先，视东北为中国之一部，"广狭伸缩，因时而异，记事之范围，

---

① 金毓黻：《东北通史》，年代出版社1941年版，第8页。
② 同上书，第7页。
③ 李治亭主编：《东北通史》，中州古籍出版社2003年版，第7页。

因之而有不同"①。此观点以金毓黻《东北通史》为代表。

其次，主要包括了民国时期的黑龙江、吉林和辽宁以及热河四个省份。持此观点者以纪经明编辑《东北地理》②、张宗文编著《东北地理大纲》③、许逸超著《东北地理》④、王华隆著《东北地理总论》⑤ 为代表。纪经明认为"东北地方包括辽东、辽西、吉林、松江、黑龙江、热河等六省和内蒙古自治区的大部分。……他的四周：北方、东方有黑龙江和乌苏里江为界，东南以图们江和鸭绿江为界，西方和西南与内蒙古自治区和察哈尔、河北二省的北部相连，南边面临黄海和渤海"⑥。张宗文指出"世所称东北者，是指辽宁、吉林、黑龙江、热河四省而言"⑦。王华隆也认为"辽宁、吉林、黑龙江、热河四省为中国领土之东北部，故简称东北"⑧。

最后，以今天的辽宁、吉林和黑龙江三省为东北的范围。此观点以李治亭主编《东北通史》为代表。他认为"今天，我们所说的东北，主要是指辽宁、吉林、黑龙江三省所辖之地的总称。这是历史上的东北经千百年的演变而形成的结果。对过去应属于东北范畴的地区，如内蒙古东部，与辽、吉、黑相邻地区（邻黑龙江省的呼伦贝尔盟、邻吉林省哲里木盟、邻辽宁省的昭乌达盟等），论文化本属于蒙古族文化，与东北地区形同一体，但行政上已划归内蒙古，自然就不应划到东北区域"⑨。

虽然上述三种观点不甚一致，但我们如果注意到上述论著出版的时代，就会发现，上述论著基本上都是考虑当时社会环境的实际情况，从而确定了研究的东北地区范围。金毓黻先生和李治亭先生的观点在前面引文中已经明晰。就第二种观点而言，诸多学者也是考虑到了当时的实际情况，诚如许逸超指出："1860 年《北京条约》，乌苏里江以东之地割让于俄，至是，东北范围只有三省。到了民国十三年奉直战后，热河入奉派之手，热河省反与北平政府脱离关系，而并与东三省。"⑩

---

① 金毓黻：《东北通史》，第 34 页。
② 参见东北人民政府教育部中等教育处 1950 年版。
③ 参见中华人地舆图书社 1933 年版。
④ 参见中正书局 1935 年版。
⑤ 参见上海商务印书馆 1934 年版。
⑥ 纪经明编辑：《东北地理》，第 1—2 页。
⑦ 张宗文编著：《东北地理大纲》，第 17 页。
⑧ 王华隆：《东北地理总论》，第 1 页。
⑨ 李治亭主编：《东北通史》，第 8 页。
⑩ 许逸超：《东北地理》，第 5 页。原书写"1820 年"，错误，此予更正。

（二）清代东北地区的范围

清代是我国封建时期的最后一个王朝，使得清代的东北疆域集历代东北疆域之大成，同时又因遭受了前所未有的外敌入侵，而导致了疆域大变局。就清代而言，金毓黻认为东北地区的范围则是指奉天省（盛京）、吉林省、黑龙江省、直隶省之承德府和朝阳府，以及内蒙古哲里木盟、卓索图盟和昭乌达盟。[①] 笔者认同并使用此观点。

本书所论的清代东北地区是指我国疆域中东北方向的盛京将军辖区、吉林将军辖区、黑龙江将军辖区、内蒙古东三盟和热河北部的承德市。近代以来，列强对我国领土鲸吞蚕食，东北地区的黑龙江以北、乌苏里江以东的广大地区被割让给俄国。近代以后的东北地区范围远小于清代康熙朝签订《中俄尼布楚条约》时期的疆域。故此，本书限定的东北地区，相当于今天的辽宁、吉林、黑龙江三省和内蒙古自治区的呼伦贝尔市、通辽市、赤峰市、兴安盟辖区和河北省承德市。考虑东北疆域在清代的变动，笔者在论述清代前期的历史时，兼及外兴安岭以南和乌苏里江以东地区；该地区被割让以后，则不论及。

二　自然地理条件的整体性

东北地区是我国纬度最高、气候最寒冷的地区，区位独特，地理单元相对完整，东北平原广袤且贯通南北，东、北、西三面环山，南邻大海的地貌结构形成了东北地貌的总体特征。

从山脉形势来看，该区东部是长白山脉和辽东的千山山脉，呈南北走向；北部为外兴安岭和小兴安岭，呈东西走向；西部是大兴安岭，呈南北走向；西南部是燕山山脉的余部和辽西七老图山，呈东西走向。诸多山系环列东北四周，大致形成一个三面环山、开口向南的马蹄形地貌结构。

从河流来看，受到山脉地势的影响，东北地区的河流也呈现出环绕之势。东部的鸭绿江南流入黄海，乌苏里江北流汇合黑龙江流入鞑靼海峡，图们江则呈西南一东北走势，流入日本海，三条大江形成了东北东部的环绕；西部的额尔古纳河及北部黑龙江自南向北再转而向东，形成了东北西北部和北部的环绕形势。从大兴安岭发源的嫩江、长白山脉发源的松花江和从蒙古高原发源的辽河萦绕于东北大平原之上，滋润着森林、草地和农田。

在众多山系的包裹之中，蜿蜒曲折的河流孕育了广袤的东北平原，从北向南依次是三江平原、松嫩平原和辽河平原。大兴安岭西侧则是平坦的

[①]　参见金毓黻《东北通史》，第39页。原书写作"乌昭达盟"，错误，此予更正。

蒙古高原。

　　东北地区地理环境，山水相依，外有山水环绕，内含广袤原野，对内呈聚拢之势，对外则高屋建瓴，可控制东北亚之陆海。虽然东北山环水绕，但陆地通过大兴安岭进入蒙古高原，通过辽西走廊进入中原；水路通过黑龙江和图们江进入太平洋，通过鸭绿江和辽河进入黄海、渤海。东北地区与区域外部紧密相连，又呈现出开放之态。总之，东北地区的东部是山林河川，南部濒临大海，西部是广阔无垠的蒙古草原，北部是冻土平原，与四周地理环境的差异和相对隔绝，使其在地理上形成了一个相对独立和完整的地域空间，从而构成一个不可分割的整体。

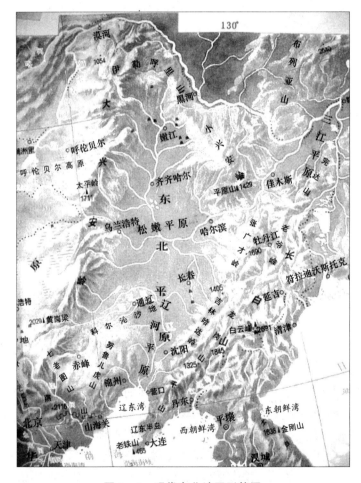

图 1-1　现代东北地区形势图

资料来源：李孝聪：《中国区域历史地理》，北京大学出版社 2004 年版，第 402 页。

三　自然气候的多样性

东北地区纬度南北相差大，面积辽阔，加之地势起伏，故使本区的气候不但具有独特的特点，而且各地也有很多差异，从而形成了自然气候的多样性。

东北地区在气候上相当于我国的寒温带、温带湿润与半湿润地区，以冷湿的森林和草甸草原环境为主，兼及暖温带夏绿林景观。可以分为东北中北部的大陆性气候和辽东半岛地区的海洋性气候，但以大陆性气候为主。

以大兴安岭为界，其东西两侧的自然条件和气候显著不同。大兴安岭以西的呼伦贝尔平原在地貌上与蒙古高原连成一体，气候干旱，降水较少，地表径流少，水系不发达，属于内流区，草原粟钙土分布广泛，以畜牧业为主，农业多取决于灌溉，属于半干旱半草原环境。而大兴安岭以东地区，地貌以平原和山地为主，气候相对湿润，降水较多，地表径流丰富，水系发达，属于外流区。黑土、黑钙土和暗棕壤广泛分布，农牧业稳定，属于湿润、半湿润的森林和森林草原、草甸草原环境。

以彰武、康平、昌图、铁岭、抚顺和宽甸为界，南部的辽河下游平原和辽东半岛气候比较温暖，全年积温较高，生长期超过 150 天，农作物可以实现两年三熟，水文特征与华北的黄河和海河相似，冰期在 3 个月以下。土壤类型属于暖温带落叶阔叶林褐土和棕色森林土地带，海洋性季风特征明显，年温差较小，与华北地区气候相似。此界以北地区冬季漫长而寒冷，夏季短促而湿热，年温差较大，降水量小于南部地区，大陆性季风气候特征显著，土壤为有机质和腐殖含量很高的黑土，土壤肥沃，为温带针叶阔叶混交林环境。

该区年均气温从南向北、自东向西依次递减，从旅大的 10℃以上到海拉尔的 -2℃以下，从延吉的 5℃以上到嫩江的 -1℃以下。

东北地区的降水主要来源于太平洋的东南季风，其降雨形式有地形雨和锋面雨两种，前者受到地形的抬高作用影响，后者受海洋暖湿气团和大陆干冷气团的互动影响，故此，该区年均降水量的分布从东南向西北递减，山地多于平原、迎风坡多于背风坡。长白山东坡的安东、集安和凤凰城等地年均降水量可达 1000 毫米以上，为东北降水量最多的地区。从此地向西北，降水量逐渐减少，到海拉尔则减至 330 毫米。总体而言，东北地区是南温北寒、东湿西干的气候。

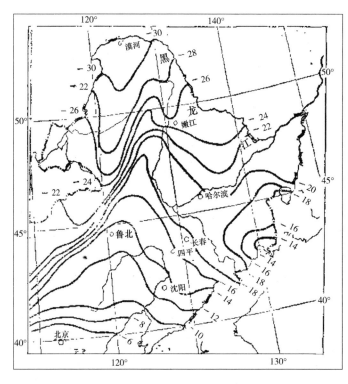

图 1 - 2 现代东北地区 1 月份平均气温分布图

资料来源：李祯等编：《东北地区自然地理》，高等教育出版社 1993 年版，第 76 页。

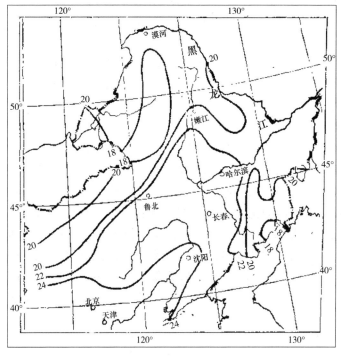

图 1 - 3 现代东北地区 7 月份平均气温分布图

资料来源：李祯等编：《东北地区自然地理》，第 77 页。

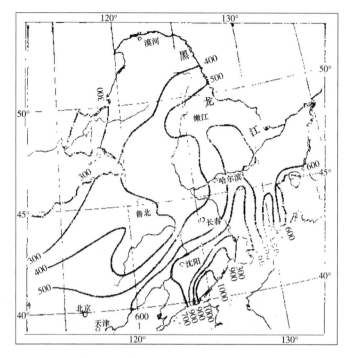

图 1-4　现代东北地区年均降水分布图

资料来源：李祯等编：《东北地区自然地理》，第 86 页。

四　生物资源的丰富性

多样的气候环境，为众多动植物的生长和繁衍提供了优越的条件。东北林区的树种主要是针叶林，以落叶松居多，红松次之；阔叶树约占40%，以杨、桦、栎为主；其中大兴安岭和小兴安岭北坡是针叶林区，小兴安岭南坡和长白山是针阔混交林区。红松、白桦、兴安落叶松和野生人参等珍稀植物成为当地最宝贵的资源。

在长白山和大兴安岭的大森林中，繁衍生息着东北虎、豹、棕熊、野猪、狼、马鹿、驯鹿、驼鹿、梅花鹿、紫貂、獐、狍、雪兔、天鹅、野鸡等各种珍禽异兽 400 余种，成为我国高纬度地区不可多得的野生动物乐园。在千山万岭间纵横流淌着的黑龙江、松花江、乌苏里江中盛产鲟鳇鱼、哲罗鱼、细鳞鱼、江雪鱼等珍贵冷水鱼类，有"棒打狍子瓢舀鱼，野鸡飞到饭锅里"之俗语，种类众多的野生动物成为东北又一项珍贵生物资源。呼伦贝尔草原、松嫩草原和科尔沁草原，不仅孕育了牛、羊、马等游牧民族赖以生存的财产，同时也为旱獭的繁衍生息提供了广阔的栖息地。

受到降雨、气温和土壤分布的影响，该区形成了东部动植物种类丰富、植被和动物类型较多，中部和西部平原动植物种类较少、动植物类型较为简单的分布特点。植被自东向西呈现出从森林到草甸草原再到草原；从北向南呈现出由落叶针叶林，向南过渡到落叶阔叶林的分布特征。与之相应的是，野生动植物，如东北虎的栖息地和野生人参也随着森林分布的变化而发生改变。

总之，东北地区自然条件的多样性，孕育了丰富的动植物资源；这些生物资源的丰富多样又为人类的发展提供了绚丽多姿的生活方式，渔猎、农耕、游牧三种不同经济形态和生产方式各自发展、相互依存，则成为东北地区在经济上的显著特征之一。

第二节 清代以前东北地区的生态环境及特点

东北地区的历史经历了千百年来的沧桑演变，同样，东北地区的生态环境也在千百年的历史发展中不断变化。原始社会时期，金牛山人、庙后山人、鸽子洞人和红山人等远古人类就在东北大地上繁衍生息，不断影响着东北地区的生态环境，创造了辉煌的远古文化，迸发出璀璨的文明之光。秦汉以降，我国古代中央王朝对东北的管理不断加强，人口不断聚集，经济活动日益频繁，在创造了宝贵的物质财富和精神财富的同时，对该区生态环境的影响也不断加大。清代以前东北地区不断演变的生态环境，为清代该区生态环境的形成奠定了基础；清代的生态环境，是历史时期生态环境发展演变的遗存与积淀。

一 清代以前东北地区生态环境演变概述

夏、商、周时期，东北诸民族已经生活在东北大地，向中原的王朝纳贡，成为中国的一部分。战国时的燕国控制了东北的南部地区，设立上谷、渔阳、右北平、辽西、辽东五郡，进行有效行政管理。秦汉时的东北南部地区主要居住着汉族人口，当地农业发展较好，东北南部多处地区出土的大量铁质农具充分说明了该时期当地农业已有一定规模。① 西汉时，右北平、辽西、辽东、玄菟、乐浪郡的人口是 302933 户，1574237 口。②

---

① 参见衣保中《中国东北农业史》，吉林文史出版社 1993 年版，第 50—51 页。
② 参见《汉书·地理志》。这里的玄菟郡和乐浪郡人口实际包括了真番、临屯、乐浪、玄菟四个郡的人口。

东汉时，东北南部人口略有下降，约 150560 户，517116 口①，农业景观较为明显。魏晋南北朝时，东北西部地区生活着乌桓、鲜卑、契丹、奚等游牧民族，逐水草而牧，为草原环境。东北东部、中部和北部广大地区，生活着挹娄、夫余、沃沮、高句丽、靺鞨等渔猎民族，为森林环境。隋唐时，东北中部的渤海国农业发展迅速，形成了新的农业区，其中以上京龙泉府（今黑龙江省宁安市渤海镇）、中京显德府（今吉林省和龙县西古城）和东京龙原府（今吉林省珲春市八连城）所在地区的农业最为发达。② 东北中北部农垦区的兴起，改变了原来的自然生态环境，而形成了新的农业生态环境。

辽、金时期东北生态环境变化最大的地区是西辽河流域。辽、金统治者把大量人口特别是善于农耕的汉人和渤海人安置在西辽河流域，当地人口压力倍增，其经济形态也从游牧经济转变为农耕经济。辽朝末年的西辽河流域约有 120 万人口，金代则有 150 万人口。金代的大凌河流域人口约有 16.2 万户。③ 上京、中京等城镇建筑所耗木材也砍伐了当地很多森林资源，原来的"平地松林"也不断消退。总之，辽金时期西辽河地区的开发引起草原沙化和水土流失，加之该期气候转向冷干，该区生态环境大大恶化。④ 由于大批猛安谋克从东北部南迁入中原；契丹、奚、渤海等东北民族的人民也随之进入中原，形成了中国古代又一次边疆民族的内迁高潮。东北中北部民族的内迁，使当地人口大减，其经济也逐渐衰落，自然生态则得到恢复。元朝东北人口大量集中在东北南部的大宁路、辽阳路、广宁府路和沈阳路⑤，经济开发获得一定发展，中部则是人烟稀少，基本上保持着较为原始的自然生态环境。北部的开元路和水达达地区人口较为稀少，特别是水达达地区基本上处于"土地旷阔，人民散居"的状态。⑥ 辽、金、元时期，初步形成了东北地区三种不同生态环境分布格局。东北南部

① 据《后汉书·郡国志》记载，东汉时期，右北平郡有 9170 户，53475 口；辽西郡有 14150 户，81714 口；辽东郡有 64158 户，81714 口；玄菟郡有 1594 户，43163 口；乐浪郡有 61492 户，257050 口。

② 参见魏国忠、朱国忱、郝庆云合著《渤海国史》，中国社会科学出版社 2006 年版，第 363—364 页。

③ 参见韩茂莉《草原与田园——辽金时期西辽河流域农牧业与环境》，三联书店 2006 年版，第 78、79 页。

④ 同上书，第 162 页。

⑤ 《元史·地理志》记载，辽阳路有 3708 户，33231 人。广宁府路，至顺年间（1330—1333 年）有 4595 个钱粮户。大宁路有 46006 户，448193 人。沈阳路，有 5183 个钱粮户。开元路有 4367 个钱粮户。合兰府、水达达等路则有 20906 个钱粮户。

⑥ 参见《元史》卷 59《地理志》，中华书局 1976 年点校本，第 1400 页。

的辽河流域和中北部松嫩平原的局部地区，是当时农业较集中地区，为农业生态环境；东北西部，从呼伦贝尔草原到科尔沁草原的广袤草原地区是蒙古族的游牧场所，为草原生态环境；东部地区为森林山区，当地"无市井城郭，逐水草为居，以射猎为业"①，是为森林生态环境。

元明之际，辽东地区在明军与元朝军队的反复厮杀中，社会经济惨遭破坏。"元季，兵寇残破，居民散亡，辽阳州郡鞠为榛莽，生灵之所存者，如在焚溺。"② 经此战火洗劫，幸存民众改以猎为业，而农作次之，辽东大地，鞠为榛莽。统一东北后，明政府招徕人口向辽东地区聚集，广建军卫，推广屯田，鼓励农业发展。该区人口和屯垦均有很大发展。明初，辽东仅有屯田 12386 顷。③ 嘉靖十六年（1537 年），辽东已有 275155 人，额田增至 31620 顷。④ 嘉靖四十四年（1565 年），辽东人口增至381496 人，额田也增至38415 顷。⑤ 明朝中期的东北南部"数千里内，阡陌相连，屯堡相望"⑥，一派繁荣昌盛的农业景象！

随着明朝后期东北蒙古诸部和女真人的兴起，区域间矛盾增多，人口逃亡日增，东北南部地区在整体上已经再次陷入了经济萧条、人口减少的不良境地，而生态环境则出现了土地荒芜、野草丛生的自然环境。额尔古纳河、嫩江、大兴安岭和西辽河流域主要生活着蒙古兀良哈部，基本上是狩猎和游牧经济。黑龙江中游及其精奇里江流域和小兴安岭地区生活着达呼尔人。黑龙江以北和外兴安岭之间生活着被称为"北山野人"的民族。⑦黑龙江下游、松花江、乌苏里江流域的广大地区则是海西女真的生活区域。此外，库页岛上还生活着苦兀人。长白山、鸭绿江、图们江和绥芬河流域是建州女真的活动地区。虽然建州女真具有一定规模的农业，但总体而言，上述广大地区的经济基本以渔猎与游牧为主，对当地环境影响较小，基本保持了良好的自然生态环境。

二 清代以前东北地区生态环境演变特点

清代以前，东北地区的各族人民在长期的历史发展中，相互交流，发

---

① 参见《元史》卷 59《地理志》，中华书局 1976 年点校本，第 1400 页。
② （明）李辅等修：《全辽志》卷 6《外志·史考》，辽海丛书，辽沈书社 1985 年影印本。
③ 参见《明会典》卷 18《户部五·屯田》，中华书局 2007 年版，第 120 页。
④ 参见（明）毕恭等修，任洛等重修《辽东志》卷 3《兵食志》，辽海丛书，辽沈书社 1985 年影印本。
⑤ 参见（明）李辅等修《全辽志》卷 2《赋役志》。
⑥ 同上书，卷 6《外志》。
⑦ 参见《辽东志》卷 9《外志》。

展进步，发挥人类的主观能动性，在适应自然环境之时也改造着大自然，创造了光辉灿烂的农耕、游牧和渔猎文明，同时也不断影响着当地的生态环境。我们从以上对清代以前东北生态环境发展演变的论述中，可以清晰地看到它诸多鲜明的特点。

（一）东北南部地区的农业开发与其他地区自然生态环境并存

东北南部地区气候温暖湿润，有利于农业种植；在地理上与内地紧密相连，便于中原深谙农耕的汉人进入该地进行农垦，所以，该区在历史上一直是东北农业开发较早和较为成熟的地区，也一直是汉族在东北的聚集区，还是历代中原王朝在东北统治的核心区。南部地区农耕经济的持续开发，使得该区成为东北典型的农业生态环境。东北西部广袤的草原地带，一直是游牧民族的乐园，从东胡、鲜卑、乌桓到契丹、奚族，再到蒙古族，诸多游牧民族在这里繁衍生息，过着逐水草而居的游牧生活。在大兴安岭林地，狩猎是当地民族经济不可或缺的一部分。历史上东北西部地区的草原生态基本上保持着良好发展势态。东北中北部和东部的广大地区，林密草深，野生动植物资源极为丰富，基本上保持着以渔猎经济为主的复合型经济形态，对自然环境的影响力度较小，从而维护了当地生态环境的良性发展。俯察东北生态环境的地域分布，不难看出，东北南部地区的农业开发与其他地区自然生态环境并存是清代以前东北环境的重要特征之一。

（二）生态环境改变与恢复交错进行，呈现间歇性和反复性

清代以前的东北地区历史，在长期的发展中，并非一帆风顺，有高峰也有低谷，跌宕起伏。伴随着每一次历史发展的动荡起伏，当地的生态环境发展也同样在改变与恢复中交错进行，呈现出间歇性和反复性。在社会稳定和人口增加时期，城镇日益繁荣，经济日臻昌盛，人类对自然的影响也就日渐增多，当地生态环境也随之而改变。辽金时期，西辽河流域作为当时的经济政治重镇，聚集了大量人口，村屯增加，牧群遍野，农田垦殖大规模兴起，经济甚是繁荣。然而，这严重加大了当地生态环境的压力，开始出现草原沙化、水土流失严重、河流淤塞等诸多环境恶化的现象。在蒙元时期，当地又恢复到游牧状态，生态环境基本得到恢复。同样，辽东地区在西汉、唐代、明前期等阶段是社会稳定和经济发展时期，当地农业发展迅速，成为农田生态环境。但在魏晋南北朝、元末明初等时期，当地在遭受兵乱之后，人口减少，村落稀少，农田荒芜，当地生态环境则逐渐恢复到原始状态。

（三）生态环境随着人口流动而变化

人口是影响生态环境的重要因素。人口流动造成了地区人口的聚集、散离，从而形成了人口分布的疏密有别，而人口分布的疏密状况对当地生态环境产生很大影响。人口密集地区，当地生态环境的承载力加大，容易受到改变和破坏；人口稀疏地区，当地生态环境基本上处于原始状态，基本上保持着生态环境系统自身的稳定状态。清代以前，东北地区多次发生大规模的人口流动。就东北地区内部而言，总体上呈现出从中北部向南部汇集和从东、西两部的山区向中部平原迁移的特征。此外，东北地区的人口还多次向中原地区流动。辽、金、蒙元都是最初发源于东北中北部的民族和政权，在发展壮大后，都不约而同地向南发展，随之而来的就是人口的南迁。此外，契丹在征服渤海国后，也把大量渤海民众南迁至辽西和辽东地区。金朝的东北政治重镇也都位于东北中部平原和南部辽河流域，上京会宁府、咸平府、东京辽阳府和大定府等地聚集了大量人口。上述历史，都是东北人口从中北部向南汇聚和东西部向中间聚集的典型。此外，在曹操灭乌桓、唐灭高丽和蒙古灭金等历史时期，东北人口或被动或主动地向中原迁移，从而造成整个东北人口的削减。在每次人口流动后，人口散离地的经济基本上均有所衰落，而生态环境则逐渐恢复到原始状态；与之相反，在人口聚集区，经济发展较快，人对自然的影响加大，当地原有的生态环境逐渐变成了人类改造后的环境。

（四）战争对当地生态环境影响重大

战争是人类对文明破坏性最大的灾难之一。兵燹之中，生灵惨遭涂炭，建筑被付之一炬，人口锐减，田地荒芜，文明甚至被摧毁一空。东北地区，特别是辽东地区"北拒诸胡，南扼朝鲜，东控夫余、真番之境，负山阻海，地险而要，中国得之则足以制胡，胡得之亦足以抗中国，故其离合，实关乎中国之盛衰焉"①。这一战略重地，自然就成为东北诸族和中原王朝之间的必争之地。此外，东北还是多民族聚居地区，也是农业、游牧和渔猎等多元经济并存之地。在历史发展长河中，该区无论是民族间的掠夺、地方政权间的争夺，还是中央王朝与地方政权间的厮杀，东北这块土地已经承受了太多的战争。曹操及曹魏政权对东北乌桓、公孙氏的征伐、隋唐两朝征战高丽，辽灭渤海国、金灭辽、蒙古灭金、明元之战……连绵不断的战争，使多年积累起来的财富毁于一旦，造成了经济发展的中断，更对当地生态环境产生了重大影响。战争过后，原有的农业生态往往是消

---

① （明）李辅等修：《全辽志》卷首《序》。

失无存，而当地因为无人开发而陷入自然环境原始发展状态。比如"元季，兵寇残破，居民散亡，辽阳州郡鞠为榛莽"①。

除战火的破坏外，在各种势力对峙时期，双方所采取的种种手段也会对生态环境造成严重危害。作为防范北方游牧民族入侵的一种措施，明代北方守边将士秋日纵火焚烧野草，使入侵骑兵缺乏水草，无从取得给养。《日知录》卷二十九《烧荒》引《英宗实录》："御卤（虏）莫善于烧荒，盖卤（虏）之所恃者马，马之所恃者草。近来烧荒，远者不过百里，近者五六十里，卤（虏）马来侵，半日可至。乞敕边将，遇秋深，率兵约日同出，数百里外纵火焚烧，使卤（虏）马无水草可恃。如此则在我虽有一时之劳，而一冬坐卧可安矣。"《辽东志》卷三《兵食志》亦载："烧荒：每岁冬，镇守会同都理军务都御史太监奉兵部奉敕移文各路副、参、游击、守备、御、提、调、守堡等官，遵照会同行日期，各统所部兵马出境，量地广狭，或分三路、五路，首尾相应而行，预定夜不收，分投哨探，放火沿烧野草尽绝。"

---

① （明）李辅等修：《全辽志》卷6《外志·史考》。

第二章　清初的东北生态环境

16 世纪后期，中国东北大地上逐渐兴起了一股新的势力，这就是以努尔哈赤为代表的建州女真。在此后的六十余年里，建州女真逐步征服了周边势力，发展强大起来，并以雷霆万钧之势，入关南下，进军京师（今北京市），一统全国，建立了我国封建社会的最后一个朝代——清朝。从兴起（1583 年）到入关定都北京（1644 年），历时 61 年，这是清（后金）政权在东北地区发展的重要时期。为了集中人口、发展经济和壮大军事力量，努尔哈赤和皇太极多次收服东北北部和东部地区人口，向浑河流域和辽东地区聚集。清军入关，大量人口也随之内迁入关，致使东北地区出现了人口锐减，土地荒芜，村落破败的荒凉情景。为尽快恢复和发展东北农业经济、构建东北的国防体系，顺治、康熙帝采取了一系列举措，积极招徕人口，发展生产，建立行政和军事建制等，取得一定效果。东北地区的生态环境也在此过程中发生了新的变化。需要解释的是，本书的清初主要指顺治年间和康熙七年（1668 年）以前。但是考虑到历史发展的继承和延续，也为了论述的需要，笔者在第一节论述东北地区的人口流动和农业开发状况时追述了清军入关前，个别地方论述到了乾隆朝初期。

第一节　清入关前东北地区人类活动与生态环境变化

明朝后期的东北女真社会，正经历着一场各种势力角斗纷争和重新洗牌的阶段。这是一个时局动荡的时期，也是杰出人才涌现的阶段。正是在此时期，建州女真的努尔哈赤和皇太极先后走上了历史大舞台，开始了我国东北历史发展新阶段。此后，他们在不断征服东北各种势力中壮大；同时，也在不断壮大中进一步征服其他势力，最终顺利完成了对我国东北地区的统一。他们在不断征服中，把东北北部和东部地区的大量人口内迁到其统治核心区——辽河东岸地区，形成东北人口聚集区。东北的北部和东部地区因为人口被大量迁出，人口锐减，人类对当地生态环境的影响力度大大减少，生态环境逐渐恢复到自然原始状态。与之相对，东北南部地区，特别是辽河东岸地区，人口增加，土地资源得到一定程度地开发，农业经济获得发展，形成了新的农业生态景观。

一 东北北部、东部和辽东半岛的人口向辽河东岸地区集中

清朝从兴起到入关的这段时间，是清朝发展的初始时期。按照历史发展，大致可以分为努尔哈赤统治时期和皇太极统治时期，前者是女真统一和后金建立时期，后者则是后金统一东北时期。

（一）努尔哈赤统治时期的人口内迁

明朝万历年间，东北女真各部几经分合，逐渐形成了新的分布格局。建州女真主要有两支：一支是王杲占据抚顺以东的浑河流域一带，控制西部建州女真诸部；另一支是王兀堂占据佟家江流域一带，控制东部建州女真。扈伦女真（海西女真）四部：开原以东的哈达部由王台控制；开原以北的叶赫部由逞加奴、仰佳奴控制；居住在辉发河流域的辉发部，由王机奴控制；吉林附近的乌拉部，由伯颜控制。这些强酋趁明朝衰落之机，称雄称霸，向明朝进攻。经过明朝的征剿，相继强势逞强的王杲、王兀堂、逞加奴、仰佳奴等人退出历史舞台。但各部之间依然征战不休，势力此消彼长，处于混战和分散的阶段。史载："时诸国纷乱，满洲国之苏克苏浒河部、浑河部、王甲部、董鄂部、哲陈部，长白山之讷殷部、鸭绿江部，东海之渥集部、瓦尔喀部、库尔喀部，扈伦国之乌喇部、哈达部、叶赫部，群雄蜂起，称王号，争为雄长。各主其地，互相攻战，甚或兄弟自残。强凌弱，众暴寡，争夺无已时。"① 万历十一年（1583 年），建州女真的努尔哈赤以十三副铠甲起兵攻击苏克苏浒河部的尼堪外兰，开始了统一东北的历史征程。

1. 统一建州女真

在追杀尼堪外兰的战争中，努尔哈赤先后征服了苏克苏浒河、浑河、王甲、董鄂和哲陈诸部，并在赫图阿拉建城，作为统治中心。经过一系列征战，努尔哈赤统一了建州女真各部，形成了以赫图阿拉为中心②，囊括苏子河、浑河及浑江流域大部的新的势力范围。这一范围大致相当于今天辽宁新宾全部、清原南部，抚顺东部，桓仁、宽甸北部，东西长约 200

---

① 《清太祖实录》卷 1，癸未年，中华书局 2008 年版，第 455 页。

② 赫图阿拉，在今天的辽宁省新宾满族自治县永陵镇老城村。

里，南北宽约 150 里。新的统治区形成后，努尔哈赤又"招徕各路，归附益众"，并以当地珍异特产与明朝互市贸易，势力进一步增强。①

2. 统一扈伦四部

努尔哈赤势力的崛起和迅速壮大，引起了原本势力强大的扈伦诸部的警觉，双方的矛盾也随之产生。万历二十一年（1593 年）六月，叶赫、乌拉、哈达和辉发扈伦四部合兵进攻努尔哈赤所辖之户布察寨，但以失败告终。九月，不甘失败的扈伦四部联合蒙古科尔沁、锡伯诸部加上长白山讷殷、朱舍里等部，号称九部联军，再次大举进攻努尔哈赤，然再次惨败。史载："是役也，（努尔哈赤）斩级四千，获马三千匹，铠胄千副，以整以暇，而破九部三万之众。自此军威大震，远迩慑服矣。"② 此次战役，努尔哈赤部以少胜多，以弱胜强，打开了向北、向东征服的大道。

聚居于开原东南清河流域的哈达部是努尔哈赤的首个攻击目标。哈达部曾经是扈伦四部中实力最强的一部，在首领王台统治时期，"叶赫、乌拉、辉发及满洲之浑河部，俱属之"。然而，由于王台的统治残暴无道，其部属多转投叶赫等部，哈达部的势力逐渐衰落下去。万历二十七年（1599 年）九月，努尔哈赤利用哈达与叶赫互相争斗而内耗之时，派兵进攻哈达，生擒哈达主孟格布禄，"尽服哈达属城，器械财物无所取，室家子女完聚如故，悉编入户籍，迁之以归"③。

继哈达之后，聚居于松花江上游辉发河流域的辉发部成为努尔哈赤进攻对象。万历三十五年（1607 年）九月，努尔哈赤以辉发部首领拜因达里负约为借口，出兵辉发，"围攻并占领了辉发城，捕杀了城主拜音达里父子。这样世世代代在呼尔奇哈达地方生活的辉发人，便被带走了，国灭亡了"④。

聚居在松花江两岸的乌拉部实力强大，其首领布占泰也是一位雄心勃勃之人。他不断向周边扩展自己的势力，并对东海女真垂涎三尺；而努尔哈赤也开始了对东海女真的征服，乌拉部和努尔哈赤部之间的矛盾就不可避免了。万历三十五年正月，东海女真瓦尔喀部首领因无法忍受乌拉部对其的欺凌，而请求举部内迁归附努尔哈赤。努尔哈赤的军队在护送时，遭遇乌拉部一万人的截击。努尔哈赤的将士奋勇抗击，以少胜多，重挫乌拉

---

① 参见《清太祖实录》卷 1，乙酉年四月甲寅朔，第 465—466 页。
② 《清太祖实录》卷 2，乙酉年九月壬子，第 471 页。
③ 《清太祖实录》卷 3，己亥年九月丁未，第 475 页。
④ 辽宁大学历史系编：《重译满文老档》第 1 分册，1978 年，第 10 页。《清太祖实录》卷 3，丁未年九月辛卯，第 479 页。

军队，最终以斩首三千级、获马五千匹和盔甲三千副的战绩获得巨大胜利。① 此次战斗表明，乌拉部和努尔哈赤部的矛盾已经上升到了严重的军事冲突。次年三月，努尔哈赤派兵围攻乌拉部的宜罕阿麟城，"克之，斩千人，获甲三百，俘其众以归"②。万历四十一年（1613 年）努尔哈赤亲率大军出征乌拉。乌拉首领布占泰也率军抵抗，结果大败。布占泰仅以身免，逃往叶赫部，其兵将损失十之六七，余部也丢盔弃甲而逃。战后，"乌拉败兵来归者，悉还其妻子、仆从，编户万家。其余俘获，分给众军"③。

努尔哈赤对叶赫部的征服最早始于万历三十二年（1604 年）。是年正月，努尔哈赤率兵攻克张、阿气兰二城，"取其七寨，俘二千余人而还"④。由于万历四十一年在征服乌拉之战中，乌拉首领布占泰逃往叶赫部，叶赫部也就成了努尔哈赤要征服的下一个目标。同年九月，努尔哈赤率军四万征讨叶赫，招抚了叶赫的兀苏城所属张城、吉当阿城、兀苏城、呀哈城、黑儿苏城等大小十九个城寨的三百户人口而还。⑤ 万历四十七年（天命四年，1619 年）正月，努尔哈赤再次率兵进攻叶赫部，目的是深入其境，掠夺人口和财物，"自克亦特城、粘罕寨，略至叶赫城东十里，俘获其人民畜产，焚其十里以外庐舍。又取大小屯寨二十余及蒙古游牧畜产，整兵而还"⑥。在攻取明开原和铁岭后，努尔哈赤继续进攻叶赫部。最后攻灭叶赫部，把该部落人口全部带回。⑦

从 1593 年到 1619 年，经过 26 年的征战，努尔哈赤终于征服和统一了扈伦四部，把当地人口迁移到自己统治核心区的浑江流域。上述四部落的人口，史籍中并没有明确记载。努尔哈赤在灭乌拉部后，把该部人口编户一万家，若按照每户五人计算，则乌拉部被南迁的人口大致是五万。根据

---

① 参见《重译满文老档》第 1 分册，第 8—9 页。《清太祖实录》卷 3，丁未年正月乙丑，第 478 页。

② 《重译满文老档》第 1 分册，第 10 页。《清太祖实录》卷 3，戊申年三月戊子，第 480 页。

③ 《重译满文老档》第 1 分册，第 14—17 页。《清太祖实录》卷 4，癸丑年正月己未，第 485 页。

④ 《清太祖实录》卷 3，甲辰年正月己未，第 477 页。

⑤ 参见《重译满文老档》第 1 分册，第 21—22 页。《清太祖实录》卷 4，癸丑年九月丙辰，第 486 页。

⑥ 《重译满文老档》第 1 分册，第 58 页。《清太祖实录》卷 6，天命四年正月丙戌，第 507 页。

⑦ 参见《重译满文老档》第 1 分册，第 87 页。《清太祖实录》卷 6，天命四年八月己巳，第 518 页。

张士尊研究可知,哈达、辉发和叶赫三部的人口大致有五万①。如此,努尔哈赤至少把四部约十万人口南迁到浑河流域。

3. 征服长白山诸部

努尔哈赤在完成建州女真的统一后,势力不断增强,开始了对其他部族的征服和人口掠夺。早在万历十九年(1591年),他"遣兵略长白山之鸭绿江路,尽收其众"②。

由于长白山讷殷、朱舍里两部在万历二十一年(1593年)参加了扈伦联军对努尔哈赤的进攻,努尔哈赤在粉碎扈伦联军的进攻后,接连出兵征服了这两个部落。③ 至此,努尔哈赤已经完全征服了长白山女真诸部,该区人口也被迁移到浑江流域。史籍中没有记载这两部落的人口,考虑到两部落势力较弱,若按每部落一千人计,则浑江流域又增加了二千人。

4. 对东海窝集诸部的人口掠夺

随着势力进一步增强,努尔哈赤在完成对建州女真、长白山诸部和海西女真扈伦诸部的统一后,其对外征服的视野也向东延伸到东海窝集诸部。

万历二十五年(1597年)正月,乌拉和叶赫部联合起来企图招诱东海女真瓦尔喀部的安褚拉库、内河二路。次年正月,努尔哈赤派兵征讨东海女真瓦尔喀部的安褚拉库。④《满洲实录》卷二载:"其布占泰亦因与叶赫通……将满洲所属瓦尔喀部内安楚拉库、内河二处路长罗屯、噶什屯、旺吉努三人许献叶赫,请其使而招服之。戊戌年正月,太祖命幼弟巴雅喇台吉、长子褚英台吉与噶盖、费英东扎尔固齐等领兵一千征安楚拉库,星夜驰至,取其屯寨二十处,其余尽招服之,获人畜万余而回。"⑤

---

① 参见张士尊《清代东北移民与社会变迁(1644—1911)》,吉林人民出版社2003年版,第10页。

② 《清太祖实录》卷3,辛卯年正月戊戌,第466页。

③ 参见《清太祖实录》卷2,癸巳年十月辛巳、闰十一月辛巳,第471页。

④ 关于安褚拉库的具体地点,学术界的意见不甚一致。乾隆时绘制的《盛京、吉林、黑龙江等处标注战迹舆图》,将安褚拉库标注在阿拉楚喀(今黑龙江阿城)附近,刘选民和苏联的麦利霍夫沿用此说。(参见刘选民《清开国初征服诸部疆域考》,《燕京大学学报》第23期。〔苏〕格·瓦·麦利霍夫《满洲人在东北》,黑龙江省哲学社会科学研究所第三室译,商务印书馆1976年版,第43页附图。)辽宁出版的《清史简编》则置安褚拉库于松花江上游二道江一带。(参见鄂世镛等著《清史简编》上编,第19页,辽宁人民出版社1980年版。)董万仑通过考察黑龙江省富裕县三家子屯《他塔喇氏家谱》以及《满洲实录》《李朝实录》等文献资料,认为安褚拉库、内河二路在邻近朝鲜的图们江上游左岸地区。(参见董万仑《清初瓦尔喀部安褚拉库、内河二路考异》,《黑龙江文物丛刊》1983年第3期。)笔者认为,董氏之说稍有妥当。

⑤ 《清实录》对此事的记载与之稍有差异:一是征服地点只有安褚拉库而没有内河;二是对掠夺的人口没有记载,只写"所属人民尽招徕之"。

万历三十五年（1607年），东海瓦尔喀部首领蜚悠城长策穆特黑请求归附。虽然归附途中遭到乌拉部截击，但在努尔哈赤军队的保护下，该部500户顺利到达努尔哈赤辖区。[①] 同年五月，努尔哈赤派兵一千，往征东海窝集部，掠取赫席黑、俄漠和苏鲁、佛讷赫托克索三路，俘获2000人而归[②]。

万历三十七年（1609年），努尔哈赤向明朝请求让朝鲜归还在朝鲜边境附近居住的瓦尔喀部民众。同年二月，朝鲜被迫归还了瓦尔喀部人1000户。[③] 同年十二月，努尔哈赤派兵千人征服东海窝集部所属滹野路，俘获2000人而还。[④] 次年十一月，努尔哈赤又派兵千人征服了东海窝集部的那木部鲁、绥分、宁古塔、尼马察四路，把当地人口编户带来。之后，再次回师攻取雅兰路，把夺取的俘虏10000余人全部带回。[⑤]

万历三十九年（1611年），努尔哈赤两次派兵征服东海窝集的虎尔哈部。第一次是七月份，努尔哈赤遣兵一千征服了东海窝集部的乌尔古宸和木伦二路，获得俘虏1000人。[⑥] 第二次是同年十二月，努尔哈赤派兵二千，征服窝集部的虎尔哈路，包围库塔城，招抚不下后攻城，斩首1000余人，俘虏2000人。并把该城附近各路人民招抚，"令土勒伸、额勒伸二人，卫其民五百户而还"[⑦]。

万历四十二年（1614年）十一月，努尔哈赤派兵五百征服了东海窝集部的雅兰、西临二路，俘获1000人，编成200户而还。[⑧]

万历四十三年（1615年）十一月，努尔哈赤派兵二千出征东海窝集部的东额黑库伦。在招抚不成后，攻克顾纳喀库伦城，斩杀800人，俘获

---

① 参见《重译满文老档》第1分册，第8、9页。《清太祖实录》卷3，丁未年正月乙丑，第478页。

② 参见《重译满文老档》第1分册，第9页。《清太祖实录》卷3，丁未年五月癸亥，第479页。

③ 参见《重译满文老档》第1分册，第11页。《清太祖实录》卷3，己酉年二月癸丑，第481页。

④ 参见《重译满文老档》第1分册，第12页。《清太祖实录》卷3，己酉年十二月戊申，第481页。原文无量词，从上下文语义分析，应为2000人，而不是2000户。

⑤ 参见《重译满文老档》第1分册，第12页。《清太祖实录》卷3，庚戌年十一月壬寅，第481页。

⑥ 参见《重译满文老档》第1分册，第13页。《清太祖实录》卷3，辛亥年七月戊戌，第481页。《清实录》中没有记载具体的俘获数字，1000人是《满文老档》中的记载。

⑦ 《重译满文老档》第1分册，第14页。《清太祖实录》卷3，辛亥年十二月丙寅，第482页。

⑧ 参见《重译满文老档》第1分册，第24页。《清太祖实录》卷4，甲寅年十一月己酉，第488页。

10000人，收抚其居民而还。①

万历四十四年（天命元年，1616年）七月，努尔哈赤派兵二千，远征东海萨哈连部，俘获了兀尔简河南北两岸36处村寨。②

万历四十五年（天命二年，1617年）二月，努尔哈赤以日本海沿边散居部落多未归附，派兵四百去招抚，"悉收其散处之民。其岛居负险不服者，乘小舟尽取之而还"。此次出征，俘获3000人，编成百户。③

万历四十六年（天命三年，1618年）二月，黑龙江下游地区的使犬部、诺洛部、石拉忻路路长率领妻子和部众百余户归附了努尔哈赤。④ 同年十月，东海虎尔哈部首领纳喀答率民百户主动归顺。⑤

次年（天命四年，1619年）正月，努尔哈赤派兵千人，"尽收东海虎尔哈部散处遗民"⑥。同年六月，努尔哈赤再次出兵东海虎尔哈部，"收所遗居民千户，丁壮二千以还"⑦。

天启五年（天命十年，1625年）正月，努尔哈赤派兵征服了东海瓦尔喀部，俘获370人。⑧ 三月，又俘获并带回了330人。⑨ 同年四月，努尔

---

① 参见《重译满文老档》第1分册，第28—29页。《清太祖实录》卷4，乙卯年十一月癸酉，第491页。

② 参见《重译满文老档》第1分册，第39—40页。《清太祖实录》卷5，天命元年七月丁亥，第496页。

③ 参见《重译满文老档》第1分册，第41页，记载了俘获的人数。《清太祖实录》卷5，天命二年二月丙申，第497页。

④ 参见《重译满文老档》第1分册，第43页。《清太祖实录》卷5，天命三年二月辛卯，第497页。

⑤ 参见《重译满文老档》第1分册，第56—57页。《清太祖实录》卷5，天命三年十月丁卯，第506页。

⑥ 《重译满文老档》第1分册，第58页。《清太祖实录》卷6，天命四年正月庚戌，第507页。

⑦ 《清太祖实录》卷6，天命四年六月己未，第515页。对此次征服，《重译满文老档》记载与之稍有差异，"六月初八到达了，带来千户，男二十人，六千口"。笔者认为，《重译满文老档》记载得更为具体可信，特别是人口数字是六千人，较为可信。至于"男二十人"，可能是印刷错误，应是"男二千人"，这就与《清实录》记载的"丁壮二千"相符合了。中国第一历史档案馆、中国社会科学院历史研究所译注，中华书局1990年版。《满文老档》第90页记载：六月初八日往东方收取呼尔哈部遗民之穆哈连一千兵返回。携户一千，男丁二千，宗口六千。即印正前文推测重译版面印刷错误。

⑧ 参见《重译满文老档》第3分册，第135页。

⑨ 参见《清太祖实录》卷9，天命十年三月庚午，第557页。《重译满文老档》第3分册，第137页。《重译满文老档》对此的记载不仅更为详细，且多出二人。其中，虎尔哈部男子112人，瓦尔喀部男子120人。

哈赤再次派兵一千五百人征服东海瓦尔喀部，俘获甚众。① 八月，努尔哈赤又派兵征服"东海南路虎尔哈部，降其五百户而归"。"东海北路卦尔察部，获其人二千以归。"② 十月，努尔哈赤再次派兵远征东海北路的虎尔哈部，"俘其众千五百人归"。③ 其中，男子600人。④

天启六年（天命十一年，1626年）十月，往征卦尔喀部落的达朱户，掠夺了当地人口。⑤

由上述史籍中俘虏人口后的编户可知，每户人口大致为3—5人，以平均每户4人计算，则上述记载中的4600户，人数为18400。加上史料中一些具体的人数记载，我们可以统计出，努尔哈赤带回浑河流域的东北北部和东部的人口数至少有48600人。

5. 对明边墙内人口的掠夺

努尔哈赤在万历四十四年（1616年）称汗，建立"金"政权，建元天命，史称"后金"，东北大地上产生了一个新的政治势力。经过几年准备后，努尔哈赤把发展的重点由统一东北转为反对明朝统治。万历四十六年（天命三年，1618年）正月，宣布"今岁征明"，开始了征明的战争准备。是年四月，努尔哈赤以"七大恨"起兵反明，向明朝在辽东地区的军事城堡发动进攻，开始了对明朝辽东边墙内人口的掠夺。

在攻占抚顺、清河两座重镇和周边500余处村堡后，除了在战争中被杀掉的和外逃的人外，上述地区的人口被后金军队俘获带回。史载，抚顺城被攻占后，"以俘获人口三十万分给之，其归降人民编为一千户"。另外，后金军队在清河地区"获得俘虏三千"⑥。九月，后金军队在攻占抚顺北的会安堡后，俘获1000人，杀戮了300人，把剩下的700人带回去了。⑦

万历四十七年（天命四年，1619年）四月，后金骑兵千人"入铁岭地方，到距铁岭城十五里处，掠夺奔驰，获得俘虏一千"⑧。六月，努尔哈

① 参见《重译满文老档》第3分册，第138—139页。《清太祖实录》卷9，天命十年四月己卯，第557页。
② 《清太祖实录》卷9，天命十年八月丁丑，第558页。
③ 《清太祖实录》卷9，天命十年十月丙子，第560页。
④ 参见《重译满文老档》第3分册，第147页。
⑤ 参见《清太宗实录》卷1，天命十一年十月癸丑，第601页。
⑥ 参见《重译满文老档》第1分册，第52—53页。
⑦ 同上书，第55页。
⑧ 同上书，第69页。

赤攻占辽东重镇开原，"籍所俘获，举之不尽"①。七月，努尔哈赤又攻占铁岭。②虽然史籍和档案没有记载俘获的人数，但是《辽东志》卷三《武备》记载铁岭卫有户口9620人，虽然在萨尔浒之战后，已有部分当地百姓逃走，但是我们可以估计被后金俘获的人畜当不在少数。

万历四十八年（天命五年，1620年）八月，后金军队进攻沈阳，兵锋抵达北门，俘获汉族8000人。③

天启元年（天命六年，1621年）三月，后金军队先后攻占沈阳和辽阳。沈阳和辽阳是明朝在辽东的重镇，城市里聚集有大量人口。《辽东志》卷三《武备》记载沈阳中卫有户口5643人，辽阳所属的定辽左、右、中、前、后五卫有户口38156人，都是人口众多之地，虽然有的人在战争中被杀，可以猜测被俘虏的人口也不在少数。辽阳失守后，辽东的三河、东胜等大小七十余城向后金投降。辽东广大地区为后金所有。

同年六月，努尔哈赤派兵三千将镇江沿海居民1000人掠至辽阳。同月，还将金州的百姓迁移到复州。④《辽东志》卷三《武备》记载复州有户口7648人，金州有户口46625人。八月，把金州到旅顺口沿海的居民全部带回了沈阳。⑤九月，又把长山岛的10000人俘虏并带回沈阳。⑥十一月，努尔哈赤派兵袭击了毛文龙部，俘虏了5440人。⑦

天启二年（天命七年，1622年）正月，后金军队再次进攻毛文龙部，俘虏10000人畜。⑧三月，努尔哈赤派兵攻取广宁城。除了义州外，辽西地区的小凌河、松山、杏山、盘山驿等四十余城向后金投降，大量人口和物资被后金运往辽东，仅锦州城就被迁徙了妇幼7634人、男子6150人，总共13784人。⑨右屯卫城内被迁徙走男子2850人，人口总计5578人。右屯卫城西被迁徙走男子1687人，人口总计3286人。右屯卫属下被迁徙走男子4537人，人口总计8864人。⑩

---

① 参见《重译满文老档》第1分册，第73页。
② 同上书，第79—80页。
③ 同上书，第115页。
④ 同上书，第31页。
⑤ 同上书，第46页。
⑥ 参见《重译满文老档》第2分册，第51页。《重译满文老档》记载：本月初三日"汗出城，把从海岛带来的一万俘虏、全都平均赏给都堂、总兵官以下，守备以上"。
⑦ 同上书，第85页。
⑧ 同上书，第97页。
⑨ 同上书，第109页。
⑩ 同上书，第112页。

同年二月，"达海迫使戚家堡投降，带来了四百人、牛马七十头、驴四十头。带来白土厂的户口二万人，住在广宁。……带魏家岭、双台二堡一万五千口来，住在广宁"①。同时，还带回了锦州卫的 8728 个男人、总共 20550 人。② 三月，后金军队又从镇江俘虏了 700 个汉人。③

综合上述史料记载，我们可以得知，努尔哈赤军队大致俘获并带回辽东的汉族人口至少是四十三万。在努尔哈赤对明朝的战争中，后金军队在攻占明朝辽东边墙里的城镇和村堡后，除了杀戮以外，还把俘获的大量汉人迁徙到辽东地区，这无疑大大增加了辽东地区的人口数量，为恢复辽东地区的农业起到了积极作用。

6. 蒙古人向辽东地区的聚集

努尔哈赤在对外征服过程中，不断通过招诱和军事征服等手段把蒙古地区人口聚集到辽东地区。

蒙古人民第一次向辽沈地区迁移是在天启元年（天命六年，1621 年）。《清太祖实录》卷 8 载，是年十一月，北蒙古五部落喀尔喀台吉古尔布什、莽果尔，率民 600 户，并驱畜产归降后金，受到了努尔哈赤的热情款待。④

天启二年（天命七年，1622 年）正月，喀尔喀的囊努克贝勒 114 人，带着牛、马、羊、骆驼归附而来。⑤ 此后，不断有巴哈达尔汉贝勒、色楞贝勒、杜楞贝勒和巴林的人带着畜产前来归附，但每次都是小规模的。⑥ 同年二月，蒙古兀鲁特部落明安、兀尔宰图、锁诺木等十七贝勒及喀尔喀各部落台吉，各率所属军民，3000 余户，并驱其畜产归附。当时还有蒙古喀尔喀五部落民 1200 户，一并来归。⑦

---

① 参见《重译满文老档》第 2 分册，第 114 页。
② 同上书，第 118 页。
③ 同上书，第 139 页。
④ 参见《清太祖实录》卷 8，天命六年十一月乙卯，第 544 页。我们查核《重译满文老档》，却发现两者差异很大。《重译满文老档》第 2 册第 85 页记载："巴约特地方的额塞贝勒的儿子古尔布什台吉带八十户，男一百一十五人，马二百六十头、牛一千头，羊二千头叛逃来了。"
⑤ 参见《重译满文老档》第 2 分册，第 91 页。
⑥ 同上书，第 91、94、99、104 页。
⑦ 参见《清太祖实录》卷 8，天命七年二月丁丑，第 546 页。我们对照《重译满文老档》的记载，两者的差异依然很多。《重译满文老档》第 2 册第 118 页记载：兀鲁特部落明安、锁诺木、吹尔扎尔等"十贝勒率子女们、男人千人，逃到广宁城来了"。卷 37 第 120 页在列举各贝勒所带的户口数、男人数、马牛羊骆驼的数字后记载"总计九百一十五家，男一千五百二十三人、人口三千二百二十四、骆驼三十八头、马四百十三头、牛二千三百七十二头、羊四千六百六十只"。

天启三年（天命八年，1623 年）正月，"蒙古喀尔喀五部落台吉拉巴西希璧、索诺木、塔布囊蟒古、鄂博和及台吉达赖等，各带所属人民畜产，并他处蒙古，凡五百户来归"①。五月，努尔哈赤派兵远征蒙古喀尔喀扎鲁特部落的昂安贝勒，俘获了 1280 人以及大量马、牛、羊、骆驼等财物。②

天启四年（天命九年，1624 年）正月，蒙古喀尔喀把岳忒部落台吉恩格德尔率领该部 200 余户归顺，受到努尔哈赤的热情款待。③

天启六年（天命十一年，1626 年）四月，努尔哈赤派兵远征蒙古喀尔喀部落的巴林部。大军进至西拉木伦河地区，"所获人畜五万六千五百"④。

同年五月，蒙古喀尔喀巴林部落的塔布囊喇班和弟弟得尔格尔率领属下 100 户归降。⑤ 同年十月，后金出兵蒙古喀尔喀扎鲁特部，擒获了该部 14 个贝勒，"尽其子女人民牲畜而还"⑥。出兵巴林地区的后金军队也大获全胜，获人口 271 人以及大量马、牛、羊、骆驼等财物。⑦ 十一月，察哈尔阿拉克绰忒部落贝勒图尔济率领 100 户人口前来归顺。⑧

仅从上述资料有关具体的人数记载可知，内迁的蒙古人数有 5500 户。《重译满文老档》卷 37 记载各贝勒所带的户口数、男人数、马牛羊骆驼的数字，"总计九百十五家，男一千五百二十三人，总人口是三千二百二十四人"。依据这个数据，我们可知，蒙古每户约为 4 个人。依据这个比例估算，我们就可以知道，内迁的蒙古人至少有 22000 多人。再加上记载具体的人数和人畜总数中的人口数，努尔哈赤统治时期，内迁的蒙古人至少在 25000 人。

（二）皇太极统治时期的人口内迁

皇太极对人口极其重视，他在崇祯三年（天聪四年，1630 年）四月，

---

① 《清太祖实录》卷 8，天命八年正月壬辰，第 548 页。笔者检索《重译满文老档》第 2 册卷 43 第 158、160 页的记载，只有两条蒙古归顺的信息。"正月初二日，喀尔喀的蒙古僧格塔布囊的弟蟒古塔布带领四十户逃来了。""正月初八日，蒙古国的喀尔喀的拉巴希卜台吉，带他属下的四十户和畜群，叛逃来了。"两处记载也只有 80 户人口归顺后金，这与《清太祖实录》的记载悬殊很多。
② 参见《重译满文老档》第 3 分册，第 45 页。
③ 同上书，第 112 页。《清太祖实录》卷 9，天命九年正月辛酉，第 553 页，《清太祖实录》中没有记载具体数字，户数是《重译满文老档》中的记载。
④ 参见《清太祖实录》卷 10，天命十一年四月癸酉，第 566 页。
⑤ 参见《清太祖实录》卷 10，天命十一年五月壬寅，第 566 页。
⑥ 《清太宗实录》卷 1，天命十一年十月甲子，第 601 页。
⑦ 参见《清太宗实录》卷 1，天命十一年十月丙寅，第 601 页。
⑧ 参见《清太宗实录》卷 1，天命十一年十一月甲戌，第 602 页。

曾说:"金银币帛虽多得不足喜,惟多得人为可喜耳。金银币帛用之有尽,如收得一二贤能之人,堪为国家之助,其利赖宁有穷也?且将来休养生息,我国人民日益繁庶矣。"① 由此可见,皇太极已经把俘获人口作为一项重要的任务。故此,他在位时期多次派兵向周边地区掠夺人口,集中于辽沈地区。

1. 蒙古地区人口继续向辽沈地区聚集

随着后金与明朝的战争前线逐渐推移到辽西走廊一带,后金对蒙古草原诸部落的影响力也逐渐加大,一些蒙古部落或是主动向后金归降,或是被后金强制迁移到辽东地区,从而导致蒙古草原人口继续向辽东聚集。

天启七年(天聪元年,1627 年)六月,蒙古敖汉部落和奈曼部的贝勒"举国来附"。此后的八月、九月、十一月和十二月间,不时有察哈尔阿拉克绰忒部落四贝勒、奈曼部落、察哈尔管旗大贝勒等率所部来归顺。

崇祯元年(天聪二年,1628 年)二月,皇太极亲率大军征讨蒙古多罗特部。大军进至敖木轮地方,俘获该部 11200 人,后又俘获察哈尔200 户居民。五月,后金大军又征讨蒙古贝勒济尔哈朗和豪格部,俘获人口驼牛羊等以万计。② 八月,大军再次出征察哈尔阿拉克绰忒部落,俘获人口 700 人。九月,大军又追击蒙古到兴安岭,"获人畜无算"。十二月,扎鲁特部落的色本和马尼两贝勒率本部人民前来归附。崇祯二年(天聪三年,1629 年)二月,蒙古喀尔喀扎鲁特的戴青、桑土、桑古尔、桑噶寨等贝勒率属部来归。③ 十月,察哈尔有 5000 人归顺后金。④ 崇祯五年(天聪六年,1632 年)五月,后金军队俘获蒙古 1000 人。⑤ 崇祯六年(天聪七年,1633 年)正月,喀尔喀所属蒿齐忒部落额林臣台吉和巴特玛塔布囊率领壮丁 239 人、妇女幼丁 697 人及大量畜产归顺了后金。⑥ 崇祯七年(天聪八年,1634 年)二月,后金军队在蒙古席尔哈、席伯图地方俘获妇女幼丁 217 名而还。⑦ 四月,后金军队再次往掠上述二地,俘获 100 余人。⑧ 六月,皇太极率兵出征蒙古察哈尔林丹汗,先后有 1100 户和 2700 多蒙古人

① 《清太宗实录》卷 6,天聪四年四月乙卯,第 669 页。
② 参见《清太宗实录》卷 4,天聪二年二月丁未,第 631 页。
③ 参见《清太宗实录》卷 5,天聪三年正月己亥,第 642 页。
④ 参见《清太宗实录》卷 5,天聪三年十月庚申,第 647 页。
⑤ 参见《清太宗实录》卷 11,天聪六年五月丙寅,第 735 页。
⑥ 参见《清太宗实录》卷 13,天聪七年正月己酉,第 754 页。
⑦ 参见《清太宗实录》卷 17,天聪八年二月丙子,第 805 页。
⑧ 参见《清太宗实录》卷 18,天聪八年四月丙子,第 811 页。

归降，并俘获了噶尔珠塞特尔、海赖等蒙古部落的户口。① 七月，又有察哈尔部落的 1200 户前来归降。② 十一月，蒙古察哈尔诸部 5400 户，21600人归顺。③ 崇祯八年（天聪九年，1635 年）正月，察哈尔壮丁 3211 人前来归顺。④ 二月，后金编审内外喀喇沁蒙古壮丁，共有 16953 名，分为十一旗。⑤ 六月，察哈尔索诺木台吉衰落本部男子 1395 人、家口 5438 人归顺后金，受到皇太极的热情款待。⑥ 崇祯九年（崇德元年，1636 年）二月，清军进至阿禄喀尔喀地方⑦，俘获蒙古 230 户，421 人；喀木尼汉 35户，110 人；席达里 5 户，16 人，总共 270 户，547 人。⑧

上述记载中有些只记载了户数而无具体人数，这就需要我们进行估算。1634 年，蒙古察哈尔诸部 5400 户，21600 人归顺，平均每户为 4 人。除了没有具体人口数字和户数外，通过对史料的梳理和统计，我们可以知道，1627 年到 1636 年，至少有 63196 人或主动或被动集中到辽沈地区。

2. 继续征服和迁移东部和北部地区人口

皇太极统治时期，继续沿袭努尔哈赤对东北东部和北部地区人口的掠夺，把其中的大部分南迁到辽河东岸地区，这个政策一直持续到顺治年间。

崇祯二年（天聪三年，1629 年）七月，皇太极命令孟阿图率兵征服瓦尔喀部，并告诫道："归附之众，皆编为民户携还。"⑨ 崇祯四年（天聪五年，1631 年），孟阿图从瓦尔喀俘获男子 1219 人，妇女 1284 人，幼丁603⑩ 人。崇祯五年（天聪六年，1632 年）十二月，后金军队征服兀扎喇，俘获男妇幼稚共 700 名以及马牛貂皮等。⑪ 崇祯六年（天聪七年，1633年）正月，后金军队又在兀扎喇俘获并带回来 565 人。⑫ 九月，后金军队在瓦尔喀俘获当地土著 190 人，杀了 40 人，余下带回。⑬ 十一月，皇太极

---

① 参见《清太宗实录》卷 19，天聪八年六月癸亥、乙亥，第 820、821 页。
② 参见《清太宗实录》卷 19，天聪八年七月己酉，第 824 页。
③ 参见《清太宗实录》卷 21，天聪八年十一月戊辰，第 851 页。
④ 参见《清太宗实录》卷 22，天聪九年正月癸酉，第 860 页。
⑤ 参见《清太宗实录》卷 22，天聪九年二月丁亥，第 865 页。
⑥ 参见《清太宗实录》卷 23，天聪九年六月壬寅，第 884 页。
⑦ 公元 1636 年，皇太极改国号为"清"，故此，笔者在此年后称该政权的军队为清军。
⑧ 参见《清太宗实录》卷 27，崇德元年二月庚子，第 927 页。
⑨ 《清太宗实录》卷 5，天聪三年七月甲午，第 645 页。
⑩ 参见《清太宗实录》卷 8，天聪五年二月甲戌，第 686 页。
⑪ 参见《清太宗实录》卷 12，天聪六年十二月乙亥，第 750 页。
⑫ 参见《清太宗实录》卷 13，天聪七年正月乙卯，第 754 页。
⑬ 参见《清太宗实录》卷 15，天聪七年九月乙巳，第 781 页。

又派兵征服与朝鲜接壤的虎尔哈部落。① 次年五月，俘获了虎尔哈部男子550 人，妇女幼丁 1500 人，还有马牛和裘皮等其他物资。② 九月，又俘获虎尔哈部男子 566 人，妇女幼丁 924 人。③ 崇祯八年（天聪九年，1635年）四月，出征虎尔哈的军队俘获当地土著壮丁 2483 人，人口共 7302人。出征瓦尔喀的军队则收服该地壮丁 560 人、妇女 566 人、儿童 90 人，总共 1216 人。五月，再次俘获人口 116 人。④ 同年十月，后金军队兵分四路前往瓦尔喀掠夺人口，在额黑库伦和厄勒约锁二处俘获壮丁 750 人；在雅兰、细林、户野三地俘获壮丁 757 人；在阿库里和尼满二处俘获壮丁480 人；在诺垒和阿湾地区俘获壮丁 1014 人，总共 3001 人。⑤ 崇祯九年（崇德元年，1636 年）三月，清军在瓦尔喀俘获了壮丁 1160 人、妇女 140人，共计 1300 人。⑥ 四月，又俘获壮丁 785 人，妇女幼丁 1933 人，共计2718 人。⑦ 五月，再次在瓦尔喀俘获男子 361 人、妇女 362 人、儿童 147人，共计 870 人。同时在使鹿部喀木尼汉地方俘获 29 人。⑧ 六月，又在额黑库伦和厄勒约锁等地俘获大量人口⑨。

崇祯十年（崇德二年，1637 年）十二月，清军兵分多路前往瓦尔喀地方掠夺人口，其中在兀尔格陈地方俘获男子 30 人、家口 80 人；在绥芬地方俘获男子 28 人、家口 65 人；在雅兰地方俘获男子 130 人、家口 330人，共计获得男子 188 人，家口 475 人。⑩ 崇祯十一年（崇德三年，1638年）四月，清军在萨哈尔察地区俘获男子 640 名，家口 1720 人。⑪ 在瓦尔喀地方俘获男子 692 人、妇人 577 人、儿童 300 人。⑫

崇祯十三年（崇德五年，1640 年）三月，清军征服了黑龙江流域的索伦部落，共俘获男子 3154 人、妇女 2713 人、儿童 1089，共计 6956人⑬。此后，有 337 户、男子 481 人前来投降，被安排于“蒙古郭尔罗斯

① 参见《清太宗实录》卷 16，天聪七年十一月戊申，第 790 页。
② 参见《清太宗实录》卷 18，天聪八年五月甲辰，第 815 页。
③ 参见《清太宗实录》卷 20，天聪八年九月戊辰，第 841 页。
④ 参见《清太宗实录》卷 23，天聪九年四月癸巳、甲辰，五月丙午，第 874、875 页。
⑤ 参见《清太宗实录》卷 25，天聪九年十月癸未，第 902—903 页。
⑥ 参见《清太宗实录》卷 28，天聪十年三月庚申，第 929 页。
⑦ 参见《清太宗实录》卷 28，崇德元年四月庚辰、己丑，第 942、946 页。
⑧ 参见《清太宗实录》卷 29，崇德元年五月乙巳、丙午，第 948、949 页。
⑨ 参见《清太宗实录》卷 30，崇德元年六月丁酉，第 956 页。
⑩ 参见《清太宗实录》卷 39，崇德二年十二月癸丑，第 1092—1093 页。
⑪ 参见《清太宗实录》卷 41，崇德三年四月甲午，第 1112 页。
⑫ 参见《清太宗实录》卷 41，崇德三年四月戊午，第 1119 页。
⑬ 参见《清太宗实录》卷 51，崇德五年三月乙巳，第 1251 页。

部落，于吴马库尔、格伦额勒苏、昂阿插喀地方，驻扎耕种，任其择便安居"。把当中"有能约束众人，堪为首领者，即授为牛录章京，分编牛录"，分编为八牛录。① 这说明当地的索伦人已经被南迁到了嫩江中下游地区，而被编为索伦牛录。② 同月，清军在虎尔哈俘获和招降了男子 485 人，家属 1277 人，只把其中 127 人带回辽东，其余人口留居原地。同时还带回归降的赖图库等部 158 人和索伦克尔特密等部的 50 户。③ 同年六月，清军在兀扎喇地方俘获并带回 110 人。④ 同年十二月，清军再次前往索伦地方搜掠人口，共俘获男子 231 人、妇女儿童 725 人。⑤

崇祯十六年（崇德八年，1643 年）正月，清军把在松阿里江附近的虎尔哈部落俘获的 1619 人带回沈阳。⑥ 同年七月，清军从黑龙江处俘获并带回了虎尔哈部落 2817 人。⑦ 顺治元年（1644 年）六月，清军还从黑龙江等处俘获并带回男妇 1956 人，分隶属八旗。⑧ 顺治年间，库力甘曾多次奉旨往赴黑龙江下游招徕未附边民。顺治十年（1653 年）招抚了副使哈喇十姓 432 户。⑨

为招抚乌苏里江以东未附之人，清廷委任赍达库为"库雅喇总管"，总领其事。顺治十三年（1656 年），他奉宁古塔昂邦章京沙尔虎达之命，由珲春出发分赴阿库里、尼满、厄勒、约索等处，招回边民 397 户，壮丁 860 人，全部被编入八旗。⑩ 直到顺治十六年（1659 年），清政府还往招东海费雅喀，"温屯村以内九村人民，皆愿归顺"⑪。

通过对史料的爬梳整理，我们可以统计出皇太极和顺治时期，东北北

---

① 《清太宗实录》卷 51，崇德五年五月戊戌，第 1260 页。

② 麻秀荣、那晓波认为，这是八旗索伦的编旗设佐的最初形式，详见麻秀荣、那晓波《清初八旗索伦编旗设佐考述》，《中国边疆史地研究》2007 年第 4 期。

③ 参见《清太宗实录》卷 51，崇德五年五月甲辰，第 1261 页。

④ 参见《清太宗实录》卷 52，崇德五年六月癸酉，第 1164—1165 页。

⑤ 参见《清太宗实录》卷 53，崇德五年十二月己未，第 1287 页。

⑥ 参见《清太宗实录》卷 64，崇德八年正月辛亥，第 1453 页。但是崇德七年闰十一月己酉，往征虎尔哈的将领沙尔虎达奏报的俘获人口数字是 1458 人，比带回去的人口少，可能是在奏报之后又俘获了一些人口。

⑦ 参见《清太宗实录》卷 65，崇德八年七月戊戌，第 1471 页。

⑧ 参见《清世祖实录》卷 5，顺治元年六月丁巳，第 1552 页。

⑨ 参见中国第一历史档案馆编《清代中俄关系档案史料选编》第 1 编上册，第 2 卷，中华书局 1981 年版，第 7—8 页。

⑩ 参见中国第一历史档案馆藏《军机处满文月折档》（简称《月折》）卷 28—32，乾隆七年二月二十二日宁古塔将军奏。载刘小萌《关于清代"新满洲"的几个问题》，《满族研究》1987 年第 3 期，第 30 页。

⑪ 《清世祖实录》卷 124，顺治十六年三月辛丑，第 2450—2451 页。

部和东北土著被集中到辽沈地区的人口至少是 44642 人。

3. 南下掠夺明朝境内的人口

皇太极时期为了进一步削弱明朝势力，不断在辽西、华北、辽东半岛南部以及海岛俘掠人口，并集中到辽沈地区。

崇祯二年（天聪三年，1629 年）八月，后金军队在锦州、广宁境地俘获 3000 人。①

崇祯六年（天聪七年，1633 年）正月，后金军队从鹿岛俘获人口 173 人。②六月，孔有德、耿仲明等投降后金，带来了 13888 人。③ 七月，后金军队攻占辽东半岛南端的旅顺口，俘获了 5302 人。④ 崇祯七年（天聪八年，1634 年）二月，后金军队在广鹿岛和长山岛共俘获男子 1405 人，妇女儿童 2466 人。⑤

随着后金对蒙古地区的征服，从辽西蒙古草原南下就成为后金进入中原的重要通道。后金军队多次从此通道进入长城，掠夺人口和财物，削弱明朝而壮大自己。

崇祯九年（崇德元年，1636 年）六月，大将阿济格和阿巴泰率清军入关，在北京延庆地区俘获人畜共计 15230 人。⑥ 九月，在河北保定等地再次俘获人畜 179820 人。⑦ 崇祯十一年（崇德三年，1638 年）十一月，清军在锦州和宁远之间的明朝诸多屯堡中先后俘获 1363 人，以及大量牲畜。⑧ 崇祯十二年（崇德四年，1639 年）二月，清军进攻大凌河，俘获当地人口 700 人和大量牲畜。⑨ 再加之在锦州外围所俘获的散落明朝兵丁和人口，清军总共在锦州、松山和大凌河地区俘获人口 2320 人。⑩ 同年三月，多尔衮指挥清军毁关而入明境，分兵两路，一路沿太行山南下，一路沿运河南下，在河北、山西和山东境内大肆掠夺。多尔衮部俘获人口 257880 人；杜度部俘获人口 204423 人，共计 462303 人，给明朝造成了巨大损失。⑪ 崇祯十四

① 参见《清太宗实录》卷 5，天聪三年八月癸未，第 647 页。
② 参见《清太宗实录》卷 13，天聪七年正月庚申，第 754 页。
③ 参见辽宁大学历史系编《天聪朝臣工奏议》，辽宁大学历史系 1980 年版，第 61 页。
④ 参见《清太宗实录》卷 14，天聪七年七月甲辰，第 773 页。
⑤ 参见《清太宗实录》卷 17，天聪八年二月辛酉，第 804 页。
⑥ 参见《清太宗实录》卷 30，崇德元年六月辛酉，第 958 页。
⑦ 参见《清太宗实录》卷 31，崇德元年九月己酉，第 965 页。
⑧ 参见《清太宗实录》卷 44，崇德三年十一月庚申、己巳，第 1156、1157 页。
⑨ 参见《清太宗实录》卷 45，崇德四年二月乙卯，第 1172 页。
⑩ 参见《清太宗实录》卷 46，崇德四年五月辛未，第 1186 页。
⑪ 参见《清太宗实录》卷 45，崇德四年三月丙寅，第 1174 页。五月己巳，皇太极敕谕朝鲜国王时，也说是俘获计 462300 有奇。

年（崇德六年，1641 年）三月，锦州的蒙古部诺、木齐塔布囊和吴巴什台吉率领其部落的蒙古男子 1573 人、汉人 139 人和妇女儿童 2655 人，共计4367 人归降清，被编为九牛录。① 同年四月，清军在锦州俘获 4838 人。②崇祯十五年（崇德七年，1642 年）二月，清军攻破松山，俘获男子妇幼3112 人。③ 四月，清军攻占杏山，俘获男子 2576 人，妇幼 4262 人，共计6838 人。④ 七月，清军把在锦州、松山和杏山俘获的2000 多人"编发盖州为民"⑤。崇祯十六年（崇德八年，1643 年）五月，皇太极派阿巴泰为大将军率军进入长城，搜掠明境的人口财物。据前线奏报可知，此次入关共俘获人口 369000 人，各种畜产 321000 有奇。⑥

上述记载中，有些记录没有把俘获人口和畜产区分开来，这就需要我们把人口数字从人畜总数中区分出来。崇德八年的记载，"人口三十六万九千人，畜产三十二万一千"，人口占到人畜总数的 40%。据此次比例，我们可以大致推导出崇德元年后金俘获的人口数字约是 78020。通过对史料的整理，我们可以大致统计出，皇太极统治时期，后金（清）军队从辽西地区、华北地区和辽东半岛南部及附近岛屿集中到辽东地区的人口大致是 951557 人。

综合上文的论述，我们可以统计得知，从努尔哈赤到皇太极，后金（清）军队先后从东北北部、东部、辽东半岛南部以及华北等地区向辽东地区汇集了至少 1664995 人。

（三）东北人口迁出地的生态环境变化

努尔哈赤和皇太极统治时期，通过多次对东北北部、东部以及辽东半岛南部的人口掠夺，把当地人口向辽东地区大规模集中，造成了人口迁出地人口锐减，当地基本上变成了人去房空、地旷人稀、榛莽遍野的景象。以哈达部原居住地为例，《开原图说》记载，自从哈达部被努尔哈赤灭亡之后，当地人口锐减，"南关旧寨二三百里内杳无人迹"⑦。

长白山以东和日本海以西的广大地区，本来就是森林茂密、人口稀少的景象，经过后金的多次搜掠，当地人口更加稀少，基本上处于荒芜状

---

① 参见《清太宗实录》卷 55，崇德六年三月乙巳，第 1313 页。
② 参见《清太宗实录》卷 59，崇德七年三月丙戌，第 1379 页，多尔衮给皇太极的俘获数目册籍。崇德六年四月己酉记载俘获人数是"四千三百七十四人"。
③ 参见《清太宗实录》卷 59，崇德七年二月辛酉，第 1372 页。
④ 参见《清太宗实录》卷 60，崇德七年四月丙寅，第 1394—1395 页。
⑤ 参见《清太宗实录》卷 61，崇德七年七月己巳，第 1411 页。
⑥ 参见《清太宗实录》卷 65，崇德八年五月癸卯，第 1462 页。
⑦ （明）冯瑗：《开原图说》卷下，明万历年间刻本。

态。万历四十七年（天命四年，1619 年），朝鲜使臣李民寏看到"自会宁以至奴城（指赫图阿拉城），路过白头山外，亡虑数千余里，期间人烟断绝，行者露宿屡日，云：北方部落尽移至建州，只有若干种类"①。这一荒芜的景象直到顺治元年也没有改变。顺治元年（1644 年），日本人在图们江以北的海岸与当地人发生冲突，幸存的人被当地瓦尔喀部送到沈阳，后又被送到北京。在其从大海边到达沈阳的途中，他们所走的"沿途都是山路，大部分是高山峻岭。山上也有像日本那样的大树，可是那里的松树是五叶松，也有在日本看不到的树木。除高山峻岭之外，就是起伏的山冈，两山之间，也有些田地。我们从受害地出发，走了五天，根本没有道路，而是披荆斩棘地慢慢前进。……距鞑靼都城约有三天路程的时候，在道旁也看到一些住家"②。

从这些日本人的记述中，我们可知顺治元年时，长白山以东至日本海的广大地区基本上还是人烟稀少的荒芜之区。日本学者稻叶君山也认为，后金为了全力与明朝争夺政权，把大量东北东部人口内迁，从而造成了人口迁出地的荒芜。他指出，豆满江边茂山的鸡谷在明朝晚期是女真瓦尔喀的领地，又叫老土。此部落不仅势力强大而且士兵作战勇猛，让朝鲜在咸镜北道受到很大损失。但是在清太祖努尔哈赤时期，该地区忽然变成空无人居之地，朝鲜人不费一刀一剑，安然占有该地。他分析认为，"此无他因，其间之居民为太祖驱之，以就兵役故也。满洲区域内之处女地，其在昔时，未尝为人迹所不到，乃因人为之结果，遂还归未辟之天荒焉"③。

综上，努尔哈赤和皇太极时期，把东北东部和北部的人口集中到辽东地区，造成了人口迁出地人口稀少、土地荒芜、开发滞后，同时也造成了国防的虚弱，间接导致了国土的丧失。

二　东北南部的经济开发与生态环境新变化

（一）以浑江流域为中心的辽东边墙外地区经济开发

明朝中叶，建州女真已经南迁到苏子河和浑河流域。这是一个灌溉便捷、土壤肥沃、气候温暖湿润的河谷，非常适宜农业生产。在与辽东汉族的贸易交往中，建州女真购买耕犁和耕牛，从事农耕。经过一段时间的发展，浑江两岸的土地得到有效垦殖。万历二十三年（1595 年），朝鲜使臣

---

① 李民寏：《建州闻见录校释》，辽宁大学历史系译，辽宁大学历史系 1978 年版，第 41 页。
② 刘星昌：《鞑靼漂流记》，徐恒晋译，辽宁大学历史学 1979 年版，第 54 页。
③ 〔日〕稻叶君山：《满洲发达史》，杨成能译，奉天萃文斋书店 1940 年版，第 266 页。

申忠一渡过鸭绿江前往建州卫拜见努尔哈赤，途中他见到苏子河一带"无野不耕，至于山上，亦多开垦"①。婆猪江（今浑江）两岸，也均是农田，农人与耕牛遍布于野。

　　为与叶赫部争夺势力范围，努尔哈赤也积极发展农业，积蓄力量。他曾对部下说："惟及是时，抚辑吾国，固疆圉，修边备，重农积谷，为先务耳。"并下令各牛录派出十人、牛四头，"于旷土屯田，积贮仓廪"②。经过一段时间的发展，取得了一定效果。万历四十七年（1619 年）朝鲜使臣李民寏看到浑江河谷"土地肥饶，禾谷丰茂，旱田诸种，无不有之"③。经过女真人的努力，辟荒壤成良田，庄稼获得丰收，粮食也自给有余，甚至与辽东汉人交换贸易。这反映出努尔哈赤时期的浑河流域经济已有很好发展。

　　随着努尔哈赤对建州女真、扈伦四部和长白山诸部的统一，大量东北北部和东北人口被集中到浑河流域，辽东边墙外的很多地方已成为努尔哈赤属下人民的农田。史载万历四十六年（天命三年，1618 年）九月，努尔哈赤派四百人到浑河和界凡河交汇之处的嘉木湖地区收获成熟的庄稼。④

　　（二）辽河东岸地区的经济开发

　　继努尔哈赤攻破抚顺、清河等城后，后金军队接连攻克了明朝开原、铁岭、沈阳、辽阳等辽东重镇以及大小七十余座城堡，俘获大量汉族人口。随后，努尔哈赤把其行政中心迁移到了辽阳，再迁至沈阳。随着新政治中心在辽东的确立，集中到辽河东岸地区的人口不断增加，努尔哈赤实施农业发展计划的时机已经成熟。

　　1. "计丁授田"政策的颁布与庄田在辽东大地的确立

　　万历四十九年（天命六年，1621 年）七月，努尔哈赤颁布"计丁授田"的命令。"收取海州地方十万日、辽东地方二十万日，共计三十万日之田地，分与我军队之人马。……如果不足，可从松山起，铁岭、懿路、蒲路、和托和、沈阳、抚西、东州、马根单、清河，直到孤山等地播种。"同时还规定，"一男丁种粮之田五垧，种棉之田一垧……今后乞讨者不许乞讨。乞丐、僧侣皆分给田地，应在自己田地上勤勉耕作。男丁三人共耕

---

① 〔朝〕申忠一：《建州纪程图记》，徐恒晋译，辽宁大学历史系 1979 年版，第 10 页。

② 《清太祖实录》卷 4，乙卯年六月丙子，第 490 页。

③ 《建州闻见录校释》，第 43 页。

④ 参见《清太祖实录》卷 6，天命三年九月丙戌，第 505 页。

贡赋之田一垧，男丁二十征兵一人，出公差一人"①。

通过"计丁授田"，后金不仅把辽东绝大部分土地纳入国家统一管理和分配的轨道，还把大量辽东的女真和汉族人口依附在土地上，成为庄田的劳动者。庄田（拖克索）是女真社会中一种特设的农业生产组织形式。虽然庄田早在15世纪30年代就已经出现了，但是它在女真生活中大量出现是在努尔哈赤兴起以后。自女真人进入辽东后，原在浑河流域和辽东边墙外的庄田开始南迁到广阔的辽沈地区。"计丁授田"颁布四个月后，努尔哈赤就命令部下莽阿图、莽古和萨勒古里等官员在辽东"勘查田地，料理房屋"②，为安置广大庄田人户做好准备。辽东大地上由此分布了很多规模大小不一的庄田。

2. 皇太极时期庄田的发展

明朝天启六年（天命十一年，1626年），皇太极即位。面对汉人的不断反抗和逃亡，为维护统治稳定，皇太极不得不采取新的统治措施以改善和提高汉人低下的地位。

首先，限制杀戮、提倡接纳汉人。努尔哈赤统治后期，对汉人采取过严厉的统治，特别是对待逃亡和反抗的汉人杀戮得很多。皇太极即位后，认识到这一政策的弊端，于是他发布命令："治国之要，莫先安民。我国中汉官、汉民从前有私欲潜逃，及令奸细往来者，事属以往，虽首告亦不置不论。嗣后惟已经在逃，而被获者论死；其未行者，虽首告亦不论。"这得到了辽东广大汉人的欢迎。"汉官、汉民皆大悦。"③

其次，限制女真人随意欺压汉人。皇太极在即位的当年就下令"禁止诸贝勒大臣属下人等，私至汉官家，需索马匹鹰犬，或勒买器用等物，及恣意行游，违者罪之"④。这一政策的颁布，在一定程度上限制了女真官员对汉人的肆意欺压，也缓解了汉人的经济压力，有利于提高汉人劳动生产的积极性。

最后，"分屯别居、编为民户"。努尔哈赤进入辽东后，通过"计丁授田"和汉人编庄的政策，使得汉人处于奴人的地位，而女真人与汉人同住、同耕、同食的规定，又使得汉人多遭到女真人的欺凌，从而导致了大

---

① 《重译满文老档》第2册，第41页。一日即一垧，即一天的耕作量。熊廷弼《修复屯田疏》曰："辽俗五亩为一日。"参见《筹辽硕画》卷5。《盛京通志》："一日可为五、六亩。"

② 《重译满文老档》第2册，第64页。

③ 《清太宗实录》卷1，天命十一年八月甲戌，第599页。

④ 《清太宗实录》卷1，天命十一年八月丁丑，第599—600页。

量汉人逃亡。皇太极针对此弊端，他"洞悉民隐，务裨安辑，仍按品级，每备御只给壮丁八，牛二，以备使令。其余汉人，分屯别居，编为民户，择汉官之清正者辖之"①。皇太极这一新政策的颁布，通过限定和减少每庄壮丁的数目，把另外五名壮丁编为民户，从而在一定程度上减轻了女真人对汉人的直接剥削，提高了汉人参加农业生产的积极性。此外，皇太极还把汉人"独立屯住"，实行汉官管辖汉人的政策。史载，崇德三年（1638年），皇太极下令，"命诸多王等以下，及民人之家，有以良民为奴者，俱著察出，编为民户"②。这在一定程度上缓和了民族矛盾，恢复了汉人民户的地位，有益于生产的恢复和发展。

经过皇太极的系列整顿和政策调整，辽东汉人的地位稍有提高，庄田制度得到进一步发展。皇太极继续实行对外掠夺人口的政策，把明朝华北地区、辽半岛南部人口和东北东部、北部人口大量聚集在辽东地区，编入庄田，提供了劳动力来源，从而促进了庄田的发展。据朝鲜人记载，崇德六年（1641年）时，懿路、蒲路、十方寺等地的庄田"相距或十里。或二十里，庄有大小，大不过数十家，小不满八九家，而多是汉人及吾东被虏者也……所经则土地多辟，庄居颇稠，而亦皆汉人、东人或蒙种云"③。

皇太极还多次下令要求地方官重视农业发展。崇祯六年（天聪七年，1633年），皇太极指出："田畴庐舍，民生攸赖，劝农讲武，国之大经。"他把发展农业与武备讲习列为同等地位，充分说明了他对农业的高度重视。他要求八旗官员，"树艺之法，洼地当种粱稗，高田随地所宜种之。地瘠须加培壅，耕牛须善饲养，尔等俱一一严饬。如贫民无牛者，付有力之家代种。一切徭役，宜派有力者，勿得累及贫民。如此，方称牛录额真之职"④。此后，皇太极又多次下达命令，要求地方官员重视农业，因地择种，及时播种，不违农时，保障农业的收获。如崇祯九年（崇德元年，1636年）十月，皇太极指出："树艺所宜，各因地利。卑湿者可种稗稻高粱，高皁者可种杂粮。勤力培壅，乘地滋润，及时耕种。则秋成收获，户庆充盈。如失时不耕，粮从何得耶？"⑤ 次年二月，皇太极再次训示地方官："宜早勤播种，而加耘治焉。夫耕耘及时，则稼无伤害，可望有秋；若播种后时，耘治无及，或被虫灾，或逢水涝，谷何由登乎？凡播谷必相

---

① 《清太宗实录》卷1，天命十一年八月丁丑，第599页。
② 《清太宗实录》卷40，崇德三年正月乙卯，第1100页。
③ 金毓黻整理：《沈馆录》卷3，辽海丛书，辽沈书社1934年版。
④ 《清太宗实录》卷13，天聪七年正月庚子，第752页。
⑤ 《清太宗实录》卷31，崇德元年十月庚子，第972页。

土宜，土燥则种黍谷，土湿则种秫稗。"① 皇太极对农业高度重视，三令五申要求地方官员劝课农业，对发展辽东农业起到一定程度的促进作用。

后金占据辽河东岸后，努尔哈赤，特别是皇太极对农业的高度重视，当地农业在广大人民的辛勤努力下，取得了一定成功，初步改变了明末时期辽东农业下滑的趋势。

三 战争对辽河两岸地区生态环境的破坏

随着统一女真事业的完成，努尔哈赤开始了反对明朝的战争。万历四十六年（天命三年，1618 年）四月，努尔哈赤以"七大恨"起兵反明，并迅速攻占了抚顺、清河两座重镇以及屯堡 500 余处，揭开了明清战争的序幕。后金在攻占抚顺、清河二城后，把两座城都拆毁，战争的残酷性开始凸显。

继抚顺、清河战役后，明军在萨尔浒战役中再次惨败。此后，开原、铁岭、沈阳、辽阳等辽东重镇皆处于后金的兵锋威胁下。万历四十七年（天命四年，1619 年）六月，努尔哈赤的兵锋直指开原，攻下开原。号称"河东根本"的开原城陷落，城郭被摧残，百姓遭到屠杀，"十六日，奴酋陷开原，屠害人民亡虑六、七万口，子女财帛之抢来者，连络五六日"②。

继开原之后，铁岭成为努尔哈赤进攻的下一个目标。铁岭是辽东边墙外重镇，城周附郭十余里，分内外城，住满了官弁、军队和民户，时人感叹其"繁华反盛内地"。该城还是辽东名将李成梁的世居之地，其第宅之盛，器用之奢，无与匹敌。其所建别墅，称"万花楼"，"台榭之胜，甲于一时"③。铁岭被后金攻下后，"被屠者可三、四千。……边上巨镇，遽而沦没，可胜痛哉！"④ 繁华的铁岭在惨遭兵燹后，亦化为一片瓦砾。

天启元年（天命六年，1621 年），努尔哈赤亲率大军进攻沈阳和辽阳。经过激战，两城又落入后金之手。随着辽阳的失陷，明朝与后金在辽东的争夺，以后金完胜而落下帷幕。战争期间，辽东居民不是被俘就是被杀，劫后余生的人民争相而逃，繁盛的辽东各城经过此次战争消耗，已是面目全非，多年积累的社会财富惨遭破坏。后金军队攻入沈阳城时，"城中杀戮如麻……城中男女老弱自靡于城西，尽坠于城底，或死或伤，委积

---

① 《清太宗实录》卷 34，崇德二年辛卯，第 1012 页。
② 《栅中日录校注》，第 16 页。
③ （清）王一元：《辽左见闻录》。
④ 《栅中日录校注》，第 18 页。

没城之半"①。

辽东激战后，辽西又成为战火弥漫之地。号称"全辽根本"的广宁城（今辽宁北镇）首当其冲，成为争夺战的焦点。天启二年（天命七年，1622 年），努尔哈赤进攻河西西平堡。攻占后，又在平阳桥大败明军，进而轻松占领广宁城，明军只好尽焚沿途村堡庐舍，护送人民撤入山海关。努尔哈赤轻取广宁后，辽西闾阳驿、小凌河、松山、杏山等 40 余城堡尽降，辽西人民和财物被后金全部迁往辽东，而广宁城则被付之一炬，明朝经营二百余年的广宁城化为瓦砾。在天启六年（1626 年）和七年（1627 年）时，努尔哈赤和皇太极两次进攻宁远和锦州均被明军击败。自此以后，双方开始了长达十余年的辽西争夺战。此后，后金军队多次在明朝境内掠夺，以削弱明军的战斗力。以崇祯二年（天聪三年，1629 年）为例。是年九月，济尔哈朗德格类、岳托和阿济格等率兵万人在明朝的锦州和宁远一带搜掠，"焚其积聚，秣马田野中，凡一月，俘获以三千计"②，给当地造成了严重破坏。

宁远战役后，辽西地区在明军与清军反复争夺中，惨遭蹂躏。明军实行坚壁清野，把城外的屋舍和积蓄付之一炬，焚毁一空；乘风放火焚烧野草树木，使清军野无可掠而自困。清军则以掠夺人口和财物为主。他们在攻取辽西城堡后，不仅把城中人口、粮食等财物一掠而空，还放火焚烧屋舍，破坏城堡。多年的战争，造成辽沈地区很多田地荒芜。袁承焕在取得宁远大捷后，曾带兵将巡历锦州、右屯、义州、广宁及以东地区，见到的不是灰烬之余的"颓垣剩栋"，就是"白骨累累，残冢依稀"③，一片凄惨荒凉之景。长期的战争已经严重破坏辽河地区的社会经济和生态环境，"诸城堡军民尽窜，数百里无人迹"④。"虎迹空城三户稀"的荒凉景象多处可见。⑤ 到康熙初年，虽然过去了二十年，而辽河两岸明清战争的残迹，仍触目皆是，"败亡二十载，枯骨尚如麻"⑥。

---

① 康世爵等：《朝鲜族〈通州康氏世谱〉中的明满关系史料》，中国社会科学院历史研究所清史研究室编《清史资料》第 1 辑，中华书局 1980 年版，第 183 页。

② 《清太宗实录》卷 5，天聪三年八月癸未，第 647 页。

③ 《明熹宗实录》卷 76，天启六年九月戊戌。

④ 魏源：《圣武记》卷 1《开创》，中华书局 1984 年版，第 18 页。

⑤ 参见孙旸《扶荔堂诗集》卷 7《东郊十首》，张玉兴编《清代东北流人诗选注》，辽沈书社 1988 年版，第 197 页。

⑥ 方拱乾：《何陋居集》之《募僧收枯骨》，张玉兴编《清代东北流人诗选注》，辽沈书社 1988 年版，第 288 页。

第二节 清入关后东北地区生态环境的缓慢复原

清初的东北地区，是指山海关以北，外兴安岭以南，贝加尔湖以东的辽河、松花江、黑龙江、乌苏里江流域及滨海和库页岛的辽阔地域。如前文所述，东北各地的社会经济发展程度很不均衡，大致可以分为三大地区：一是从山海关到开原之间的辽沈平原，为汉、满等族杂居的农业区；二是开原以北、以东到外兴安岭之间的广大区域，散居着索伦、达斡尔、鄂伦春、锡伯、赫哲等诸多部落，大多以渔猎为主，达斡尔人已经定居，兼事农耕；三是辽沈平原以西的蒙古草原，为蒙古诸部的游牧区。在清军入关后，上述各地的生态环境以东北南部的辽河平原变化较大。

顺治元年（1644年），清军入关，定鼎京师（今北京）。随着清政府政治中心的内迁，辽沈地区的绝大多数人口也随之迁往京畿地区，形成了大规模人口内迁关内的浪潮。东北地区由于人口锐减，村堡破败，农田荒芜，经济陷入衰退。辽阔的东北大地出现了沃野千里，有土无人的萧瑟荒凉景象，生态环境恢复到自然荒芜状态。

一 迁都京师与"从龙入关"

顺治元年（1644年）八月，顺治帝离开沈阳，正式迁都京师（今北京）。九月，顺治帝一行进入京师，举行登基仪式，君临天下，至此，清朝开始了对全国的统治。

顺治帝迁都北京的同时，原来的政治机构也大多随之搬迁，而普通百姓更是随之内迁，俗称"从龙入关"。欲考证此次内迁的人口数字，实属不易，但一些时人的记载，却为我们了解那段波澜壮阔的历史提供了感性认识。当时同行的朝鲜人在向朝鲜国王的汇报中记载下这一宏大场面，"帝行在前，诸王及其家属辎重继之，弥满道路，两宫之行最在于后，寸寸前进"①。这些生动的描述真实地记录了清朝皇室和官员迁都北京时的人员相继、道路拥挤的情景。继皇室和政府人员之后，广大普通百姓也加入内迁的浪潮，并且一直持续了很长时间。时人曾目睹："（从奉天到北京）旅程之起讫，凡经三十五六日，男女相踵，不绝于道，行李则俱用骆驼负

---

① 吴晗辑：《朝鲜李朝实录中的中国史料》上编卷58，中华书局1980年版，第3736页。

送，亦有用马焉。"① 顺治三年（1646 年）二月，朝鲜使臣李基祚从北京返回时，还看到众多黎庶相继入关。"沈阳农民，皆令移居北京，自关内之广宁十余日程，男女抚携，车毂相击。"② 显而易见，辽沈地区人口内迁入关持续了多年。不仅如此，清朝迁移人口入关还有强制性的一面，给被迁移人民带来一定的困苦。史载：一位清朝官员说"率其家属搬移者相继，而并欲凤凰胡人而迁之。人皆安土重迁，而沈中禾稼颇登，故多有怨苦者"③。清政府为了断绝士兵返回故乡的一切希望，甚至不惜毁坏了很多村庄。④ 人口大量入关，村舍被毁，造成了辽河平原地区的土旷人稀，可见这次大规模人口内迁对东北南部的经济造成了非常大的影响。直到十八年后，"合河东、河西之腹里以观之，荒城废堡，败瓦秃垣，沃野千里，有土无人，全无可恃"⑤。

二　辽河东岸地区的生态环境

清军入关前的辽东是后金的政治中心所在。如前文所论，皇太极统治晚年时，当地汇集了至少百万的人口和众多庄田，可以说是人口密集，庄田连绵。随着人口大量内迁，人去房空，田地荒芜，广袤的辽东大地变得一望荒凉、榛莽遍野。迨至顺治十八年（1661 年），辽东地区"城堡虽多，皆成荒土，独奉天、辽阳、海城三处，稍有府县之规，而辽、海两县，仍无城池。如盖州、凤凰城、金州不过数百人；铁岭、抚顺惟有流徙诸人，不能耕种，又无生聚。只身者逃去大半，略有家口者，仅老死此地，实无益于地方"⑥。辽东的荒凉景象，从清初流放到辽东地区的诗人所著诗词中，可以得到印证。"黄龙塞北是开原，木叶山前战垒存。城内草深饥虎啸，百花如锦亦销魂。"⑦ 城镇之荒凉，尽在其中。

沈阳是明代辽东重镇之一，努尔哈赤定都于此，又经皇太极的扩建，成为东北第一大城。然而，随着清军入关，迁都北京，沈阳亦告衰落。顺治五年（1648 年），函可被流放到沈阳时看到："牛车仍杂沓，人屋半荒芜。"⑧ 昔日辽东经济文化繁盛景象，在清军入关后，已经悄然消失。辽东

---

① 《满洲发达史》，第 266 页。

② 吴晗辑：《朝鲜李朝实录中的中国史料》上编卷 58，第 3736 页。

③ 同上书，第 3735 页。

④ 参见〔比利时〕南怀仁《鞑靼旅行记》，薛虹译，吉林文史出版社 1986 年版，第 138 页。

⑤ 《清圣祖实录》卷 2，顺治十八年五月己亥，第 2669 页。

⑥ 同上书，第 2668—2669 页。

⑦ 孙旸：《怀旧集》之《辽东杂忆》，张玉兴编《清代东北流人诗选注》，第 288 页。

⑧ 函可：《千山诗集》卷 6《初至沈阳》，张玉兴编《清代东北流人诗选注》，第 2 页。

地区人烟稀少、土地荒芜的状况，直到康熙十年（1671年）仍未得到改变。据南怀仁的记载，当时的辽东"村镇全已荒废，残垣断壁，瓦砾狼藉，连绵不断"①。"全已荒废"，不免有夸大之嫌，但是辽东各地人烟稀少、田地荒芜倒是较为普遍。

三 辽河西岸地区的生态环境

在明清对峙时期，辽西之地一直是战争前沿，长期处于战乱的动荡之中，当地百姓大部入关避难。长期战火的犁荡，已经把辽西的城镇和财物消耗一空。顺治元年（1644年），辽西地区"人民稀少，独宁远、锦州、广宁人民辏集，仅有佐领一员"②。辽西地区和辽东一样，均是人烟稀少、荒凉萧条的景象。顺治十五年（1658年），朝鲜使臣李𬀩在进京时，途径辽河两岸，"所经之地，永作荒芜，人烟断绝，蓬蒿满目"。"蓬蒿蔽野，荻花如雪，麋鹿成群，人民萧条。""历壮镇堡，毁，城里只有流民二三户。""历松山堡，满城残夷，无异大凌河，只有流民五六户，所见惨酷。"③战争遗留的创伤和人口迁移后的荒凉，以至于辽西大地在十余年后，仍未得以恢复生机。

第三节 "辽东招垦令"的实施与辽东经济恢复

东北是清朝的龙兴之地，也是战略要地，而当地的经济萧条和人烟稀少，既不利于经济发展，也不利于国防建设。为尽快稳定东北社会秩序，恢复和发展经济，清政府颁布了"辽东招垦令"。通过该项法令的实施，辽东经济得到一定恢复。

一 "辽东招垦令"的颁布

清军入关后，为尽快恢复经济，稳定社会秩序，清政府在入关后不久即颁布谕令："州县所荒地，无主者，分给流民及官兵屯种，有主者令原主开垦，无力者官给牛具籽种。"④ 五年后，清政府又针对东北的荒芜状

---

① 《鞑靼旅行记》，第138页。
② 《清世祖实录》卷7，顺治元年八月丁巳，第1567页。
③ 《松溪集》之《纪行》，第210、212、215、216页，转引自陈尚胜等《朝鲜王朝（1392—1910）对华观的演变》，山东大学出版社1999年版，第125—126页。
④ 昆冈：《光绪朝大清会典事例》卷166《户部·田赋开垦一》，中华书局1991年版。

况，鼓励关内的辽人返回关外耕种。

顺治六年（1649 年）正月，顺治帝颁布上谕："关外辽人，有先年入关在各省居住者，离坟墓，别乡井，历年已久，殊可悯念。著出示晓谕，凡系辽人，各写籍贯姓名，赴户部投递，听候察收，有愿入满洲旗内，即入旗内。依亲戚居住者，听归亲戚。内有通晓文理、堪任民牧者，准送礼部考选。有素善骑射、堪为将领者，准送兵部试用。有人才健壮、愿入行伍者，给与粮饷，照满洲一例恩养。如有愿还故乡者，听；若安土重迁，不愿来京报名者，亦从其便。"①

顺治八年（1651 年），清政府再次出台政策，鼓励关内民人前往辽东垦地。史载："以山海关外荒地甚多，至民人愿出关垦地者，令山海关道造册报部，分地居住。"② 此政策出台后，关内的民人开始向关外移民，这在东北地方官员的奏折和辽沈地区的民间传说中，均可得到印证。奉天府尹吴应枚在乾隆五年（1740 年）奏称："本朝自顺治八年招民开垦以来，迄今九十年矣。"③ 东北史专家金毓黻先生在日记中写道："吾乡故老相传有顺治八年移民之说，谓吾汉军旗人诸族系自关内移来。"④

从官方文件和民间传说的记载来看，当时确有部分民众出关移民到辽沈地区。但我们需要看到的是，上面的两个政策仅仅是允许和鼓励政策，并无任何奖励和优惠，所以，虽有部分民众响应了政府号召，但实际上出关的人数并不多。只有为移民提供更多的优惠政策，才能吸引更多关内民众，达到尽快充实关外人口的目的。在此背景下，"辽东招垦令"的出台，自然就应运而生。

顺治十年（1653 年）九月初，户部官员题奏："该臣等看得辽东地方，田土肥饶，理应安设官民。但臣等部详酌，有地瘠兼水洼地方居民全去者，则府、州、县皆空；有地方肥饶民恋故土不愿去者，故难。若酌量派往驻扎，事关重大，臣部不敢擅议，谨题请旨等因。"由此可知，当时的户部官员已经开始考虑出台新政策以充实关外人口了，但不知采取何等具体措施。满汉九卿会议于九月十七日做出结论："今将辽东为省，先以辽阳城为府，设知府一员、知县二员，招募人民前去收养开垦。若招民一百名者，文授知县，武授守备。百名以下，六十名以上者，文授州同、州

① 《清世祖实录》卷 42，顺治六年正月己卯，第 1830 页。
② 《清朝文献通考》卷 1《田赋一》，浙江古籍出版社 2000 年版。
③ 中国第一历史档案馆：《乾隆朝上谕档》第 1 册，广西师范大学出版社 2008 年版，第 641 页。
④ 金毓黻：《静晤室日记》卷 44，辽沈书社 1993 年版，第 1876 页。

判，武授千总。五十名以下者，文授县丞、主簿，武授百总。若数外多招者，每一百名加一级。将所招人民详开姓名人数，册报户部，准出山海关，领赴辽东知府、知县处交割，取印信实收，赴吏、户二部，即选与应得官职。如愿在辽东居住者，不管辽东民事，听其居住。其辽东地方广阔，田地最多，招去官民，任意耕种，俱照开荒之例，给与牛、种，待人民集多，田地广种之时，再酌议征粮。"① 由此可知，清政府采取了先设辽阳府，再以授官鼓励招徕民人的优惠政策。对于被招徕的百姓，也按照开荒之例，给予诸多优惠。

同年十一月②，清政府正式颁布了"辽东招垦令"。主要内容是："辽东招民开垦，有能招至一百名者，文授知县，武授守备；百名以下、六十名以上者，文授州同、州判，武授千总；五十名以上者，文授县丞、主簿，武授百总。招民数多者，每百名加一级。先将姓名、数名、册报户部领出，给交山海关、辽东府县验收，给印文，赴吏、兵二部选职。又议准，辽东招民照直省垦荒例，每名口给月粮一斗，秋成补还。每地一垧，给种六升。每百名给牛二十只。"③ 可见，清政府为尽快充实关外人口和恢复经济，已经给予了相当优厚的优惠政策。

二　"辽东招垦令"的实施

为确保"辽东招垦令"的实施，清政府还树立典型给予奖励，并相继出台了一系列相关政策，鼓励关内人口向东北移民。

顺治十一年（1654 年）清政府先后树立了两个典型人物，给予嘉奖。一是猎户李百总，二是知县陈瞻远。是年二月，清政府特别隆重地奖励了收养关内贫民的李百总。史籍记载，盛京猎户李百总收养山海关内贫民四百余口，"上以其尚义可嘉，命赏衣服、鞍马，以示奖励"④。一个普通的猎户，竟然受到皇帝的嘉奖，可见荣耀至极！而这嘉奖的缘由，恰恰是李

---

① 金毓黻：《静晤室日记》卷 44，辽沈书社 1993 年版，第 6911—6916 页。中国第一历史档案馆：户科题本，档号：00045，顺治十年九月十七日。

② 关于"辽东招垦令"颁布的具体月份，张士尊认为是"十月或十一月"，见其所著《清代东北移民与社会变迁》，第 70 页。笔者认为，应该是十一月颁布。理由如下：第一，文中题本中明确说明，清政府先设立辽阳府，再招民开垦。即设府在前，招民在后。第二，《盛京通志》卷 23《户口志》中明确记载了"顺治十年十一月初，设辽阳府，辽阳、海城二县"。由此可知，"辽东招垦令"颁布的具体月份应该在十一月而不是十月。

③ 《古今图书集成》第 681 册，《经济汇编·食货典》卷 51，中华书局 1934 年影印本。（清）宋筠等修：《盛京通志》（乾隆元年）卷 23《户口志》。

④ 《清世祖实录》卷 81，顺治十一年二月癸酉，第 2128 页。

百户收养了四百余名的关内贫民。除了李百户之外，受到政府特殊奖励的还有陈瞻远。同年五月，盛京昂帮章京奏报称辽阳县的百姓奏请陈瞻远继承其父的职位，担任辽阳知县。经部议，认为"辽阳初设，陈达德为首招众出关，因俾为县令，今殁而百姓愿戴其子，必其子同有招徕之劳，故乐与共事，应如所请。从之"①。清政府对两个普通的百姓，如此兴师隆重，无非是给招募有功之人树立典型，给以积极导向，以激励关内更多的人民移居辽东。

此外，清廷继续颁发一系列优惠政策，以叠加优惠，补充原令之效力。顺治十二年（1655 年），清政府规定："辽东招民百名者，考试身言书判，分为三等，除授知县外，如不能通晓文义，咨送兵部，除授武职。"顺治十五年（1658 年），规定："文武乡绅垦地五十顷以上，现仕者记录，致仕者给匾旌奖。"顺治十六年（1659 年），规定："民人开垦荒地二千亩以上者，以卫千总用，武举开垦二千亩以上者，于应授职衔加一等，以署守备用。"招募民人百名的人，顺治时期还是需要考试后再给予官职。到康熙时，清政府又取消了这一规定，以给予其更加优惠的待遇。康熙二年（1663 年），规定："辽东招民百名者，不必考试，俱以知县录用。"② 此外，清政府还打破官员选拔和任命的常规，对辽东招民授官均以实授，并可以即时赴任。史载："各官选补，俱按年分轮授，独招民百家送盛京者选授知县，超于各项之前。"③ 清政府对辽东招民授官的待遇是特殊的，这显示出政府对充实辽东的迫切心情。

政府除了鼓励民间积极招募关内人口移民辽东，还鼓励关内饥民前往辽东垦殖。顺治十一年（1654 年）六月，顺治帝下诏："饥民有愿赴辽东就食耕种者，山海关章京不得拦阻，所在章京及府州县官，随民愿往处所，拨与田地，酌给种粮，安插抚养，毋致失所，仍将收过人数，详开报部奏闻。"④ 上文中所论的李百户，之所以受到朝廷嘉奖，就是因为他收留了大量关内饥民。此外，辽东地方官也积极招徕人口，开垦辽东田地。顺治十二年（1655 年）九月，辽阳府知府张尚贤奏言："辽东旧民，寄居登州海岛者众，臣示谕招徕，遂有广鹿、长山等岛民丁家口七百余名，俱回金州卫原籍。"⑤

---

① 《清世祖实录》卷 83，顺治十一年五月丁酉，第 2146 页。

② 《古今图书集成》第 681 册，《经济汇编·食货典》卷 51。

③ 《清圣祖实录》卷 23，康熙六年七月丁未，第 2918 页。

④ 《清世祖实录》卷 84，顺治十一年六月庚辰，第 2156 页。

⑤ 《清世祖实录》卷 93，顺治十二年九月丁亥，第 2224 页。

招徕人口虽然不易，但要稳定招来的人口，还需要为新安置的民人以更多的优惠，毕竟人民始集，犹如乳燕初长，不能远飞；幼苗始成，不可斧削，需要休养生息。顺治十五年（1658 年）二月，"户部议覆，奉天府府尹张尚贤疏言，辽阳人民始集，输纳维艰，应每亩止征银三分，以苏穷黎。从之"①。康熙元年（1662 年）五月，"奉天府尹徐继炜疏言，新投盛京居民，生计未遂，应暂免一切工役，下部议行"②。此外，清政府主动划拨荒地交给安插的民众耕种。康熙二年（1663 年）正月，康熙帝谕令盛京户部侍郎吴玛护等"盖州、熊岳等地方，安插新民，查有附近荒地房基，酌量圈给，并令海城县督率劝垦"③。同月，奉天府尹徐继炜也上书申请把已经移居到边外蒙古遗留下的下等熟地和马厂的弃地，分给海城、牛庄地区新来安插的民人，并获得批准。④

综上可见，清政府不仅给予招头优厚的待遇，对被招徕的民众也在赋役、劳役等方面提供优越条件，从而吸引更多的移民迁入东北。

三　辽东经济的缓慢恢复

自"辽东招垦令"颁布后，关内的民众积极向关外迁移。顺治十二年（1655 年）六月，朝鲜使臣归国后报称："自广宁至山海关，流民络绎，问其所向，则皆曰：移居沈阳云。"⑤ 朝鲜使臣的记载为我们了解关内民人迁移关外提供了感性的认识。如果需要确切认识"辽东招垦令"实施的结果，我们还需要统计从顺治十年（1653 年）"辽东招垦令"颁布到康熙六年（1667 年）废除奖励政策期间内，辽东地区人口和地亩增加数额。

首先，人口增长。顺治十八年（1661 年），奉天（奉天府和锦州府）人丁是 5557 人。⑥ 康熙七年（1668 年）始行编审，原额新增通共 16643 丁，其中内九州县共增人丁 4207 丁。⑦ 除去当地人口自然增殖外，短短七年，从关外迁入辽沈的净增人口是 12436 丁，年均增加 1777 丁。值得注意的是，这里是官方统计的丁数，而不是人口数。在中国古代，丁

---

① 《清世祖实录》卷 115，顺治十五年二月己丑，第 2390 页。
② 《清圣祖实录》卷 6，康熙元年五月庚辰，第 2716 页。
③ 《清圣祖实录》卷 8，康熙二年正月壬午，第 2736—2737 页。
④ 参见《清圣祖实录》卷 8，康熙二年正月己丑，第 2737 页。
⑤ 吴晗辑：《朝鲜李朝实录中的中国史料》下编卷 1，中华书局 1980 年版，第 3845 页。
⑥ 参见《清朝文献通考》卷 19《户口一》乾隆元年版《盛京通志》卷 23《户口》记载："顺治十八年奉天府人丁 3952 丁，锦州府人丁 1605 丁。"
⑦ 参见董秉忠《盛京通志》卷 17《户口》，康熙二十三年刻本。王河《盛京通志》卷 23《户口》，乾隆元年刻本。

是指与人口脱节的纳税单位。① 所以，清初时，从关内移民辽东地区的人口数字肯定是大大超过上文的 16643 丁。按照一户一丁、一户三人的最低水平估算，则东北人口实际上新增了 49929 人。

兹将奉天和锦州二府历年人丁编审数目详列于后。

表 2-1　　　顺治十七年至康熙七年奉天地区各州县人丁增加统计表　　　（单位：丁）

年　代	地　区	新增人丁数
顺治十七年	辽阳、海城	3723
顺治十八年	金州	229
顺治十五—十八年	锦、宁、沙后、广宁	1605
康熙元年	辽、海、金	420（金州50）
康熙元年	锦县	693
康熙二年	辽阳州	130
康熙二年	锦县	2065
康熙三年	辽阳、金州	165（金州20）
康熙三年	锦县	410
康熙四年	承、辽、海、盖	489
康熙五年	承德县	154
康熙七年	承德等六州县	2643
康熙七年	锦县、宁远、广宁	3917
康熙七年	奉天全部地区	16643

　　资料来源：康熙二十三年刻本《盛京通志》卷 17《户口》；乾隆元年刻本《盛京通志》卷 23《户口》。

---

① 曹树基先生在其著作《中国人口史》第 5 卷（清时期）（复旦大学出版社 2001 年版，第 453 页）中认为："在《中国移民史》第六卷中，我认为，由于奉天、锦州两府人口的绝大部分由移民构成，所以这里的'人丁'就不能就简单地认为是与人口脱节的纳税单位，而是成年男子。现在看来，将奉天府和锦州府的'人丁'称作'户'可能更准确一些。只不过与同时代其他地区的'户'并不一样。在同时代的其他地区，'户'仅仅是一个自明代以来就大致不变的纳税单位，而在奉天和锦州，'丁'随着落籍的移民的增加而增加。由于并非所有的移民都已入籍，故不可将这里的'人丁'完全视作当地所有的'户'。"笔者认为，这里的"丁"极有可能就是与人口脱节的纳税单位，而不是户。因为无论康熙二十三年还是乾隆元年版的《盛京通志》，两部史籍在记载人丁的同时，均详细记载了所征丁银数额，其中明确记载了"奉天府属，每丁征银一钱五分，锦州府属每丁征银二钱。今将二府历年人丁编审数目及各州县现在丁银详列于后"。

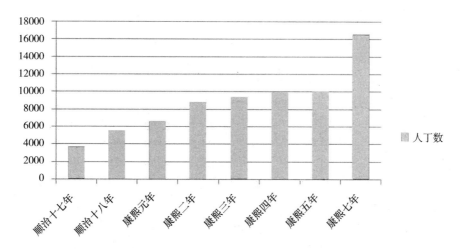

图 2-1 顺治十七年至康熙七年奉天地区各州县人丁增加统计图

注：本表数据是在表 2-1 的基础上统计而得。

从上面的统计可见，从顺治末年到康熙七年（1668 年），奉天地区的人丁增加明显。在"辽东招垦令"实施的七年后，奉天地区的丁数达到 5557 丁。康熙七年，奉天地区的人丁是 16643 丁，是前者的 3 倍。我们完全可以说，"辽东招垦令"在招民方面是有成效的。

其次，耕地增长。为了给移民在新家园一定的适应时间，政府并不是在当年征收田赋的，而是规定了起科的时间。按照史籍记载可知，奉天地区的起科时间如下："康熙十年以前系三年起科。"① 由此，我们就可以知道，把起科时间上溯三年，即为康熙六年（1667 年）"辽东招垦令"之前奉天地区的农田开垦数额。

表 2-2 顺治十五年至康熙八年奉天地区各州县新增耕地统计表 （单位：亩）

开垦时间	地 区	新增田亩数
顺治十五年	辽阳、海城	48165
顺治十五年	金州	7168
顺治十五年	锦、宁、沙后、广宁	5600
顺治十六年	辽阳州	16
顺治十六年	金州	0.2

① 董秉忠：《盛京通志》卷 18《田赋》，康熙二十三年刻本。

续表

开垦时间	地　区	新增田亩数
顺治十七年	辽阳、海城	233
顺治十七年	金州	178
顺治十七年	锦县	1950
顺治十八年	辽阳	130
康熙元年	辽阳、海城、盖平	1042
康熙二年	辽阳	172
康熙二年	宁远、广宁	4365
康熙三年	辽阳、海城、盖平	2092
康熙三年	宁远	200
康熙四年	承、辽、铁、开	2146
康熙五年	锦县、宁远	8109
康熙五年	承德等六州县	6737
康熙五年	锦、宁、广	15549
康熙六年	承、辽、铁、开、盖	25393
康熙六年	锦、宁、广	14396
康熙七年	承、辽、铁、开、盖	51861
康熙七年	锦、宁、广	13326
康熙八年	承德等六州县	21844
康熙八年	宁、广	12931

　　资料来源：康熙二十三年版《盛京通志》卷18《田赋》；乾隆元年版《盛京通志》卷24《田赋》。

　　在"辽东招垦令"实施前，奉天地区的民田基本是没有的，诚如《盛京通志》所云："新设府州县，向无原额，俱系新垦荒地。"① 经过十年的发展，到康熙六年（1667 年）时，奉天地区的民田已经达到 143641 亩。短短十年，农田新增 140000 亩有奇，成绩不俗。虽然"辽东招垦令"在康熙六年被政府取消，但关内移民东北开垦农田的强劲势头并没有立刻停止，而是继续向前发展，所以，我们看到，到康熙八年（1669 年）时，奉天地区的农田面积已经达到了 243603 亩，这已经是顺治十五年（1658年）时的四倍。

_____

　　① 董秉忠：《盛京通志》卷18《田赋》。

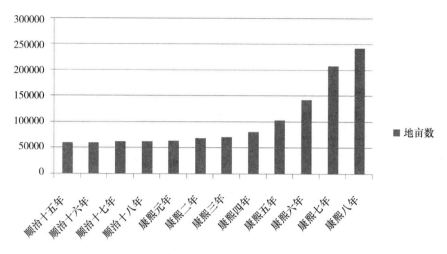

图2-2 顺治十五年至康熙八年奉天地区各州县新增耕地统计图

注：本表数据是在表2-2的基础上统计而得。

经过清政府的大力倡导，内地民众不断进入东北，人口增加、农田增长的数字，充分说明了清初招民开垦的成效显著。可以说，顺治十八年（1661年）时关东大地"荒地废堡，败瓦颓垣，沃野千里，有土无人"的荒凉景象到了康熙初年已经得到初步改观，奉天地区的人口和农田开发主要集中在奉天、辽阳、锦州等行政中心地区。

四 复合式行政管理体系的建立

随着东北人口日增和经济逐渐复苏，加强行政管理也提上清政府议程。鉴于东北民族和经济的多样性，清政府确定在东北建立复合式行政管理体制。在汉人农耕区设立州县体制，在辽宁、吉林和黑龙江地区设立三将军分区治理，在东北西部蒙古地区设立盟旗制度。

为有效实施"辽东招垦令"，清政府开始考虑在关外设置州县。顺治十年（1653年）九月，清政府采取了先设辽阳府，再以授官鼓励招徕民人的优惠政策。即先设有州县，再招民人，以州县招徕民人，以民人充实州县。这是东北最初设置州县的起因和特点。当年十月，清政府设立辽阳府，以张尚贤任知府，下辖辽阳和海城二县。① 这是清代东北大地设置州县之始，且全部集中在辽东地区，当时的辽西地区锦州、宁远、广宁和沙后四城还是由佐领所辖。由此亦可知，清政府开发关外是采取先辽东再辽

---

① 参见董秉忠《盛京通志》卷17《户口》。

西的战略。顺治十四年（1657 年）四月，清政府罢辽阳府，改于盛京
（今沈阳）设奉天府。顺治十八年（1661 年）十二月，奉天府知府张尚贤
疏言以"（辽）河西锦州、广宁、宁远地方，有佐领一员协管，或属永平，
或属奉天，其间流民甚多，入籍甚少，应改为州县，收募为民"①。康熙三
年（1664 年）四月，奉天府知府徐继炜以盛京为发祥重地，疏请升辽阳
为京县，并要求增设府州县。鉴于此，是年六月，清政府增置承德、开
原、铁岭三县，改辽阳县为州，并海城、盖平属奉天府。改广宁为府，添
设广宁县、宁远州、锦县，属广宁府，俱令奉天府府尹管辖。同年十二
月，又改奉天所属锦县为锦州府，广宁府为广宁县，属锦州府。② 自此，
奉天地区形成了二府九州县的州县体系。

雍正年间，又出现增设州县的小高潮。雍正四年（1726 年），清政府
在吉林添设永吉州，在宁古塔地方添设泰宁县，在白都讷地方添设长宁
县，并俱隶属于远在柳条边内的奉天府。③ 这三个地方增设州县，打破了
清朝开原柳条边外无民治机构的传统，标志着民人向东北腹地流动的新趋
势。雍正十二年（1734 年），清政府又分别以故复州、金州地，设置复
州、宁海两县，隶属于奉天府；析广宁县，置义州，隶锦州府。这样雍正
末年（1735 年）锦州府下辖二州二县，即宁远州、义州及锦县（附郭）、
广宁县。此外，雍正七年（1729 年）十月，还在卓索图盟旗的辖地上设
立八沟厅。④

从乾隆五年（1740 年）开始，清政府开始厉行封禁。乾隆元年
（1736 年），裁撤伯都讷的长宁县。乾隆七年（1742 年），又裁撤了宁古
塔的泰宁县，把二者均隶属于永吉州。五年（乾隆十二年，1747 年）后，
又把永吉州撤销，改设吉林厅，该隶宁古塔将军。虽然乾隆帝相继裁撤了
上述三县，却在乾隆二十九年（1764 年）于三姓（依兰）附近设立永宁
社，管理居住在当地的民人。

值得注意的一个现象是，乾隆在吉林地区裁撤州县时，却在东北西部
的蒙古东三盟地区采取宽松的政策，先后设置多个州县。乾隆五年（1740

① 《清圣祖实录》卷 5，顺治十八年十二月甲寅，第 2702 页。
② 参见《清圣祖实录》卷 12，康熙三年六月甲午，第 2789 页。关于诸县设置时间，康熙二
  十三年版《盛京通志》卷 6《建置》记载康熙四年辽阳县升为州、海城改隶奉天府、锦
  县改属锦州府。
③ 参见《清世宗实录》卷 51，雍正四年十二月戊寅，第 6627 页。
④ 参见（清）和珅等《钦定热河志》卷 55《建置》，乾隆四十六年版，影印文渊阁四库全
  书，第 495 册，台湾商务印书馆 1986 年影印版。

年），始设塔子沟厅，乾隆三十九年（1774 年），设立三座塔厅，析八沟厅之巴林两旗、翁牛特两旗另设乌兰哈达厅（又名赤峰州）。乾隆四十三年（1778 年），将塔子沟改为建昌县（今辽宁凌源市），三座塔厅改为朝阳县，赤峰州改为赤峰县，八沟厅改为平泉州，俱隶属于承德府。①

　　清代东北地区州县制度的确立，是伴随着民人在东北聚居而出现的。东北地区州县的产生和发展状况，反映了清政府在管理东北民人的政策变动，也在侧面反映出东北民人聚居方向和地点的变化，并在一定程度上体现了当地生态环境由自然荒芜状态到含有人文气息的变化趋向。州县设置的数量与分布，在一定程度上显示出不同时期汉族民众进入东北及农业经济的分布状况。

　　东北地区乃清朝"龙兴之地"，又是满族人的"留守地"。对此战略要地，清朝统治者高度重视对该区的管理，自不待言。清初，清廷对东北的管理主要是设立三将军分域管辖体制。东北地区盛京、吉林、黑龙江三将军管理体制，既不同于关内行省体制，也异于内地各省八旗驻防。清廷"于各省分设八旗驻防官兵，以将军、副都统为之董辖，虽所司繁简略异，而职任无殊。惟盛京、吉林、黑龙江将军，俱以肇邦重地，俾之作镇，统治军民，绥徕边境，其政务较繁而委任亦最为隆钜。核其职掌，盖即前代留守之比，与各省将军之但膺阃寄者不同"②。具体而言，三将军"分置节帅，帅师镇守，兵防周密，条画详明"，各副都统则"各守分地，以赞将军之治"③。顺治元年（1644 年）八月，清廷在即将迁都北京前，任命正黄旗内大臣何洛会为盛京总管，统兵镇守盛京等处，以镶黄旗梅勒章京阿哈尼堪统领左翼，以正红旗梅勒章京硕詹统领右翼，从而形成了顺治年间辽沈地区的八旗驻防体系。顺治三年（1646 年）五月，清政府晋升叶克书为昂邦章京，又从二品升为一品，同时颁给盛京总管印。顺治十年（1653 年）五月，清廷升驻守宁古塔的梅勒章京沙尔虎达为昂邦章京，与盛京总管同级。④ 这在实际上就改变了以前盛京总管一统东北的旧局面，而改为盛京总管与宁古塔总管并驾齐驱、分管东北地区南北两地的新形势。康熙元年（1662 年），盛京与宁古塔总管同时改称将军（盛京总管改称镇守辽东等处将军，宁古塔总管改称镇守宁古塔等处将军）。康熙二十二年（1683 年），清政府又在原宁古塔将军的辖区内，增设了镇守瑷珲等

① 参见《钦定热河志》卷 55《建置》。
② （清）长顺等：《吉林通志》卷 60《职官志三·国朝》，光绪二十六年刻本。
③ 同上。
④ 参见《清世祖实录》卷 75，顺治十年五月甲戌，第 2082 页。

处将军，后改称黑龙江将军。黑龙江将军的设置，标志着清代东北地区三将军分辖管理体制的形成。总之，清初东北三将军产生方式为析出并生式，即先从盛京总管派生出宁古塔总管，形成了盛京总管和宁古塔总管并存，继而从吉林将军派生出黑龙江将军，最终形成了三将军分理的局面。

早在清军入关前，蒙古各部已经归顺清廷。清廷结合蒙古特点和八旗制度，建立盟旗制度，将49旗分为6盟。其中哲里木、卓索图和昭乌达三盟位于蒙古东部，一般称为东蒙古或东三盟。东三盟毗邻东北三将军辖区，在隶属于理藩院的同时，还受奉天、吉林和黑龙江将军的节制，是清代东北地区的重要组成部分。"凡哲里木盟重大事件，科尔沁六旗以近奉天，故由盛京将军专奏；郭尔罗斯前旗一旗，以近吉林；郭尔罗斯后旗、扎赉特、杜尔伯特三旗，以近黑龙江，故各由其省将军专奏。"① 卓索图盟成立最早，分布地域相当于今天内蒙古赤峰市喀喇沁旗、宁城县和辽宁省朝阳地区、阜新蒙古族自治县以及河北省平泉县北部、承德、围场的一部分。由喀喇沁部和土默特部的四扎萨克组成。哲里木盟，分布范围在辽东和吉林之间，相当于今天的通辽市范围，由郭尔罗斯、杜尔伯特、扎赉特和科尔沁诸部组成，会盟地在哲里木（今内蒙古通辽市科尔沁区）。昭乌达盟，分布范围相当于今天的赤峰市，由扎鲁特部、阿噜科尔沁部、巴林部、克什克腾部、翁牛特部、敖汉部、奈曼部和喀尔喀左翼部八部组成，会盟地在翁牛特左旗境内的昭乌达（今赤峰市）。

经过顺治、康熙、雍正及乾隆时期的经营，清政府在辽阔的东北大地上建立起复合式行政管理体制及农业、渔猎和畜牧三种经济交错并存的多样经济形态，从而也产生了多样化的生态景观，农业区是农业和城镇景观，游牧区是畜牧草原景观，渔猎区是山林生态景观。

---

① 赵尔巽修：《清史稿》卷518《藩部》，中华书局2014年版，第14327页。

第三章 封禁前的东北生态环境

康熙六年（1667 年），清廷取消了"招民授官之例"，这标志着清廷废除了招民出关、移居东北的奖励性政策，但这并不意味着关闭了移民东北的大门，只是从原先的奖励改变为允许而已。乾隆五年（1740 年），清廷正式下达禁止移民东北的命令，这标志着清廷在关内人民移居东北的态度从允许到禁止的转变。需要指出的是，无论是取消"招民授官之例"，还是禁止民人出关，这均是清政府在东北管理政策上的变化，只是政策层面，并不能全部反映出关内人民移居东北的真实情形。从康熙六年到乾隆五年，这 73 年间，关内人民出关移居东北的潮流并没有因为政府取消了优惠政策而停止，而是继续向东北移民，从而进一步改变着东北地区的生态环境。清政府在经过顺治年间对东北的初步治理后，也逐步完善和加强对东北的管理。无论是柳条边的修筑和完善、围场和官牧场的建立，还是打牲乌拉总管和布特哈总管衙门的建立，这均表明清政府对东北资源的管理和开发进入了规范化和制度化阶段。清政府对东北资源管理的规范化和制度化，就限定了内地民人在东北的资源开发范围，在一定程度上有利于禁区内生态资源和生态环境的保护。

第一节 "辽东招垦令"停止实施与流人、流民的进入

一 "辽东招垦令"停止实施

（一）"辽东招垦令"停止实施

顺治十年（1653 年）颁布的"辽东招垦令"是针对清初东北，特别是辽沈地区人口稀少、土地荒芜的状况而出台的。其目的在于通过一系列奖励性的优惠政策鼓励关内人民移居东北，开发东北。正因为这是奖励性的优惠政策，所以在招民授官等方面，打破了清政府任命和提拔官吏的正

常程序和渠道，这给正常的官员选拔和任命体制带来一些混乱，也会引起通过正常渠道选拔的官员一定程度的不满。康熙六年（1667年）七月，工部给事中李宗孔指出："各官选补，俱按年分轮授，独招民百家送盛京者选授知县，超于各项之前。臣思此辈骤得七品正印职衔，光荣已极，岂在急于受任，请以后招民应授之官，照各项年分，循此录用。"康熙帝在接到奏请后，批准这一申请，修订了康熙四年（1665年）的政策，改为"嗣后咨部停止先选，仍论年分次序选授"①。虽然"辽东招民授官"仍然按照年分次序选授，但依然保留着不经考试就可实授知县的优惠待遇。但不久之后，清政府便完全废除了"辽东招垦令"。康熙"谕吏部，罢招民授官之例"②。至此，已经实行了八年的"辽东招垦令"被停止了。

　　仔细分析该史料，我们可知，康熙帝取消"招民授官之例"，只是取消了对招民首领的奖励，并没有取消原来对普通民众的优惠措施，更没有限制人民往东北迁移。这是清政府在移民关内人民充实东北政策上的转变，即从鼓励到允许，但并没有限制。一些学者认为，康熙六年"辽东招垦令"的停止，"标志着清朝对辽东从开放到限制的政策的转变"③。笔者并不赞同此观点。张士尊的观点与笔者有相似之处，他也认为"清政府统治者在辽东移民开垦问题上基本采取不作为的办法，既不采取积极的吸引移民的政策，也不采取严厉禁止移民进入的政策，而是听之任之"④。张先生使用是"不作为"这个词，这是一个现代意义上的法律词汇，指行为人负有实施某种积极行为的特定的法律义务，并且能够实行而不实行的行为。笔者认为用这个词汇来概括该阶段清政府在对待移民东北问题上的政策，似乎有些不妥，因为清政府没有义务采取奖励措施来移民东北。

　　笔者认为从顺治六年（1649年）到清末，清政府在移民东北的问题上，就管理政策层面而言，先后经历了六个阶段：从顺治六年至顺治十年（1653年），是鼓励进入内地的东北人民返回东北阶段；从顺治十年到康熙六年（1667年），是积极奖励内地人民移居东北阶段；从康熙六年到乾隆五年（1740年），是规范管理和不奖不罚的允许进入阶段；从乾隆六年（1741年）开始到道光末年，是厉行封禁阶段；从咸丰初年到光绪二十年

---

①　《古今图书集成》第681册《经济汇编·食货典》卷52，中华书局1934年影印本。

②　《清圣祖实录》卷23，康熙六年七月丁未，第2918页。《大清会典》和《盛京通志》均作康熙七年，本文从《清圣祖实录》。

③　杨余练等编著：《清代东北史》，辽宁教育出版社1991年版，第162页。

④　张士尊：《清代东北移民与社会变迁（1644—1911）》，吉林人民出版社2003年版，第98—99页。

（1894 年），则是以限制为主的局部解禁阶段；从光绪二十一年（1895
年）至清末，则是奖励人民移居东北的全面开放阶段。

（二）"辽东招垦令"停止实施的原因

为何康熙六年（1667 年）时清政府会取消"辽东招垦令"？学界已有
诸多认识，但意见相左。一种意见认为，"辽东招垦令"实施十余年来，
效果不佳。此观点以日本学者稻叶君山为代表。他指出：其"原因虽有种
种，其主要之故，无非成绩之不佳"①。另一种观点与之相反，认为经过十
余年的招垦，东北已无再继续实行招垦的必要。此观点以张士尊为代表。
他认为："究其根本原因，还在于清朝统治者在如何处理对东北'龙兴之
地'开发与保护之间的矛盾态度。"② 此外，还有学者认为，其主要原因是
"清廷拟将辽东的大片沃土圈为旗地，用以维护旗人的生计"③。后面两者
的观点基本相似，即是清政府为保护和维护东北旗人的利益。

笔者认为上述观点均有一定道理，但也存在偏颇之处。兹一一剖析之。
日本学者稻叶君山认为，辽东招垦的效果不佳，是康熙帝取消招垦令的主
要原因。他的依据就是顺治十八年（1661 年）奉天府尹张尚贤对辽东、辽
西形势的描述。笔者认为，从张尚贤的论述可知，到顺治十八年时，招垦
令已经施行了八年之久，虽有一定效果，但尚未从根本上改变辽东、辽西
荒凉的总体面貌。但是，这并不是康熙时期东北的状况。如本书第二章对
顺治帝到康熙六年、七年（1668 年）人口和农田数字的统计可知，康熙时
期，关内人民进入东北和东北农田增加的幅度都是很大的且远高于顺治年
间。故此，稻叶君山以顺治十八年的招垦效果来论证康熙六年的效果是不
恰当的，他没有考虑到康熙初年时期招垦令的绩效。张士尊和杨余练首先
肯定了招垦取得了成效，这是中肯的。但进而认为东北民人开垦已经威胁
到了旗人的利益，笔者认为这是高估了民人垦地的成绩。且不说康熙六年
时，民人的地亩尚远没有达到旗地的规模，就是到了康熙十八年，民地面
积也不及旗地的 19%。康熙十八年（1679 年）十二月，户部为了安置新满
洲，在奉天所属"东起抚顺起，西至宁远州老君屯，南自盖平县拦石起，
北至开原县"的广大范围进行了大规模的农田丈量，结果"实丈出五百四
十八万四千一百五十五晌，分定旗地四百六十万五千三百八十晌，民地八
十七万八千七百七十五晌"④。这表明，康熙六年废除招垦令的背后还有其

① 〔日〕稻叶君山：《满洲发达史》，杨成能译，奉天萃文斋书店 1940 年版，第 269 页。
② 张士尊：《清代东北移民与社会变迁（1644—1911）》，第 98 页。
③ 杨余练等编著：《清代东北史》，第 162 页。
④ 《清圣祖实录》卷 87，康熙十八年十二月癸未，中华书局 2008 年版，第 3709 页。

他深层次的原因，而并不是简单地从维护东北旗人利益出发。

　　笔者认为，要深刻理解清初的东北移民招垦、最终废除招垦的原因，决不能仅从东北地区社会变化去审视，而应将其放在全国整体形势变化的宏大视野进行分析。

　　东北地区是清朝的"龙兴之地"，具有特殊的社会地位。这使得清政府对东北的管理政策往往带有一定的地方特色，这是众所周知的。但是，笔者需要强调的是，东北不仅仅是清朝的"龙兴之地"，更是中国国土的一部分，清政府对该地的开发和管理政策，在一定程度上与对全国整体的开发管理政策保持了一致性。如果我们仅从东北的视角看待东北问题，往往会产生一叶障目的狭隘认识。故此，笔者认为，在研究清初东北地区实行悬爵招垦和废除"招垦令"的问题上，不能仅从东北地方史的区域视角去研究，更需要从全国整体的视野开审视东北地区的开发，唯有如此，才能更加客观地走进东北历史。

　　首先，辽东招垦令的颁布与当时的全国形势密切相关。顺治初年，全国经济尚未从战争创伤中复苏，"田土荒芜，财赋日绌"，垦荒安民、辟地聚民已经提上政府的工作日程。为尽快医治战争创伤，稳定社会和恢复经济，顺治帝诏令："着户部都察院传谕各抚按，转行道府州县有司，凡各处逃亡民人，不论原籍别籍，必须广加招徕，编入保甲，俾之安居乐业。察本地无主荒田，州县官给以印信执照，开垦耕种，永准为业。俟耕至六年以后，有司官亲察成熟亩数，抚按勘实，奏请奉旨，方准征收钱粮。其六年以前，不许开征，不许分毫金派差徭，如纵容衙官、衙役、乡约、甲长，借端科害，州县印官无所辞罪。务使逃民复业，田地垦辟渐多。各州县以招民劝耕之多寡为优劣，道府以责成催督之勤惰为殿最。每岁终，抚按分别具奏，载入考成，该部院速颁示遵行。"① 也正是在此背景下，顺治七年（1650 年），户部复准河南建议，同意"河南州县官垦地一百顷以上，记录一次；若州县与县府所属全无开垦者，各罚俸三个月"②。又在顺治八年（1651 年）出台了第一次辽东招民令，"民人愿出关者，令山海关造册报部，分地居住"③。为了提高官吏劝垦的积极性，清政府还颁布了旌奖绅衿垦荒的诏令，这就是"辽东招垦令"的出台。从上文分析可知，"辽东招垦令"的颁布，并不是凭空出现的，也不是仅仅针对东北的特殊

　　① 《清世祖实录》卷 43，顺治六年四月壬子，第 1840 页。
　　② 康熙朝《大清会典》卷 20《户部·土田一》。
　　③ 乾隆官修：《清朝文献通考》卷 1《田赋一》。

背景，而是与全国总体经济政策密切相关。

不仅如此，在顺治十三年（1656 年）七月，清廷"颁诏天下"，把"辽东招垦令"推广到全国：各省屯田荒地，已行归并有司，即照三年起科事例，广行招垦。"如有殷实人户能开至二千亩以上者，照辽阳招民事例，量为录用。"① 顺治十四年（1657 年），户部奏请颁布督垦荒地的《劝惩则例》，规定：上至督抚，下至乡绅，只要完成一定数额的垦地亩数，即给予嘉奖，其中"文武乡绅垦五十顷以上者，现任者记录，致仕者给匾旌奖，其贡监生及民人有主荒地，仍听本主开垦，如本主不能开垦者，该地方官招民给予印照开垦，永为己业"②。顺治十七年（1660 年），又题准：垦地百顷以上，考试文义优通者以知县用，疏浅者以守备用；垦地二十顷以上，文义优通者以县丞用，疏浅者以百总用。③ 总之，清政府已经认识到"劝垦荒田之典不可不隆其州县士民，暨现任文武各官，并间废缙绅，有能捐资开垦者，请饬部，从优分别授职升用"，以达到"不烦帑金之费，而坐收额课之盈"的效果④，从而缓解清初严重的财政危机，促进社会经济尽快恢复起来。

除此之外，"辽东招垦令"之所以在全国各地区中首先得以实施，也是由其特殊的政治地位决定的。辽东地区向来被清政府视为根本之地，辽东广大地区的荒凉残破，被视为"内忧之甚者"，这不仅为清政府最高统治者所关注，更是东北地方政府官员所需重视的。诚如奉天府府尹张尚贤所言："臣朝夕思维，欲弭外患，必当筹画提防。欲消内忧，必当充实根本，以图久远之策。"

其次，康熙初年，辽东垦荒面貌的改变使得"辽东招垦令"失去了存在的必要性。前文所述，"辽东招垦令"的颁布是政府为了尽快恢复经济而采取的应急措施，奖励的力度是超乎寻常的。从本质上讲，"辽东招垦令"是清政府在特殊背景下所实施的特殊的管理政策，是为在短时间吸引民人前往垦荒的权宜之计，即当时官员所言，招民之例"属破格鼓舞"而已。⑤ 一旦其实施的背景已经有所改变，那么该政策也就失去了存在的必要性。我们看到，在巨大的优惠政策诱惑下，关内绅衿积极组织人民出关

① 《清世祖实录》卷 102，顺治十三年七月癸丑，第 2286 页。
② 《清世祖实录》卷 109，顺治十四年四月壬午，第 2346 页。
③ 参见康熙朝《大清会典》卷 8。
④ 参见《清世祖实录》卷 121，顺治十五年十月癸巳，第 2431 页。
⑤ 参见席裕福、沈师徐辑《皇朝政典类纂》卷 13《田赋》，《近代中国史料丛刊续编》第 88 辑，文海出版社 1982 年版。

到辽东垦殖，已经初步改变了东北原先经济萧条、人烟稀少的景象，而且关内民人已经由奖励驱动型迁移开始转变为自发驱动型迁移，使得东北经济开发步入正常的发展轨道。在新形势下，政府已经没有必要再通过悬赏官职来吸引移民东北开垦了。实际上，不仅东北地区不需要再实行旌奖绅衿垦荒的措施，清政府在全国范围内也基本取消了这一特殊的政策。康熙二十年（1681 年），清政府就宣布：湖北、江西、福建、广东、广西等省，停止地方官"招徕流移百姓议叙之例"，但考虑到四川和云贵的经济状况尚未改变，仍允许继续招收流移开垦，"招徕流移者仍准照例议叙"①。至此，全国大部分省份已经不再施行以招垦为主的垦荒政策了。

最后，以"辽东招垦令"为典型的悬爵招民政策引发的诸多弊端，导致官员的不满，这是"辽东招垦令"被废除的直接原因。早在顺治十四年（1657 年），吏科给事中王益朋认为辽东招民开垦授官的条件过于宽松，并提出过反对意见。他说："皇上亲政，加意根本，悬爵招民，权宜鼓舞。究竟所招不多，生聚无几，开垦未广，名器徒轻。"②虽然王益朋没有充分看到"悬爵招民"带来的长期招民效果，但是他敏锐地看到了"悬爵招民"造成了名器徒轻、有碍吏治的问题。日本学者稻叶君山也认为，"悬官爵以招民开垦，其流弊所界，实开卖官鬻爵之先声"③。此后，"悬爵招民"带来的一些问题，不断引起官员们的反对。先是工科给事中李宗孔明确表示反对，并"请以后招民受授之官，照各项年分，循次录用"。此后，又有左都御史王熙也反对说："近例招民百家，优授知县。夫县令宰治百里，抚绥众民，关系匪轻。倘有不肖之辈，授以此职，则百姓之累无穷。况招家百家送至盛京，往来之赀非数千金不足，不惜数千金而得一县令，则借资为市，其心可知。即希图谋利，其一邑之民安危又可知，臣愚以为嗣后招民百家之人，应给与闲散官名色顶戴，牌匾旌奖，勿授以理民之职任。"④由此可见，"悬爵招民"已经引起了贻累百姓、借资为市、希图谋利等诸多弊端。正是鉴于上述原因，康熙帝才取消了"辽东招垦令"。

必须指出的是，虽然"辽东招垦令"被废除了，但是这并不意味着清政府开始限制关内民人移居东北和开发东北。纵观顺治、康熙年间，清政府对移民东北的政策转变，我们不难看出：经过顺治年间的初步开发，东北地区的土地开垦已经取得了一定的经济和社会效果，这是值得肯定的。

---

① 《清圣祖实录》卷96，康熙二十年七月癸酉，第3823—3824 页。

② 席裕福、沈师徐辑：《皇朝政典类纂》卷13《田赋》。

③ 〔日〕稻叶君山：《满洲发达史》，第268 页。

④ （清）钱仪吉纂：《碑传集》卷12《王熙传》，江苏书局，光绪十九年。

该时期的开发特点是政府优惠政策引导下的民人随意开发。从康熙初年开始，清政府为了全面管理和有序开发东北土地资源，开始采取一系列举措保障东北各族人民都能恰当地开发生态资源，具体表现为修筑柳条边、加强对民人进入东北的管理、建立围场、牧场和划分旗民界线等。

二　柳条边的修筑

清政府在我国东北地区的内部修筑了以"插柳结绳"为载体的界限，俗称"柳条边"。其形态，在时人文中多有记载。"今辽东皆插柳条为边，高者三、四尺，低者一、二尺，若中土（中原）之竹篱；而掘壕于其外，人呼为柳条边，又曰条子边。"① 或者"边壕深八尺，底宽五尺，口宽八尺。边柳一步三棵，粗应四寸，高应六尺。涂土埋二尺，降剩四尺。边外大路二丈六尺宽，区内马道一丈一尺宽"②。吉林将军统辖下的柳条边与之相似，"边条高四尺五寸，濠底宽五尺，深一丈，口面宽一丈"③。

按照修建时间和管理强度，可分为三个阶段，即皇太极崇德年间的初步修建、顺治年间的进一步修建和康熙年间的完善和最终形成。

第一阶段，皇太极的初步修建。皇太极时期主要修筑了辽河西北部都尔鼻门至法库门之间的柳条边、揽盘城经凤凰城至碱场之间的柳条边。崇德三年（1638 年）三月，皇太极要求"每三丁出夫一名"，派多尔衮监督夫役修筑了都尔鼻城（也写成都尔弼），并改称为屏城。④ 七月间，两名犯法的旗丁被皇太极判处"各鞭一百、贯双耳，带往法库门，缘边而下，于蒙古各乡示众，直至屏城边门后释之"⑤。同年三月，皇太极还修建了自揽盘城经凤凰城到碱场之间的柳条边。"凤凰城、碱场之间，揽盘、凤凰城之间新辟边界较旧边界多扩出五十里。此二百里应用定桩绳索，恐凤凰城应用不敷，令沿边四城均力协济。"⑥

第二阶段，顺治年间的进一步修建。首先，全面修筑柳条边。自顺治四年（1647 年）起，清政府不断加强对蒙古的防备，加强张家口至山海关的防务。⑦ 自顺治八年（1651 年）至顺治十一年（1654 年），清政府陆

---

① （清）杨宾：《柳边纪略》卷 1。

② 转引自〔日〕稻叶君山著《满洲发达史》，第 283 页。

③ 李澍田、宋抵点校：《吉林志书》。

④ 参见季永海《崇德三年满文档案译编》，刘景宪译，辽沈书社 1988 年版，第 68 页。

⑤ 同上书，第 159—160 页。

⑥ 同上书，第 69 页。

⑦ 参见《清世祖实录》卷 35，顺治四年十二月庚寅，第 1781 页。

续设置了水口、新台、明水堂等多个边门以强化管理。① 边门设立后，清廷陆续在威远堡边门、法库边门、松岭子边门、长岭山边门、彰武台边门、清河边门、白土厂边门、九官台边门、新台边门、高台堡边门、黑山口边门、平川营边门等地，设笔帖式、马法等官员进行管理。②

顺治年间还扩展了柳条边的东段，把兴京和永陵纳入柳条边内。即从碱场边门向东北外展至今新宾县东三十里的旧门村，又折而西北至威远堡，这段柳条边，包括了努尔哈赤兴起之地兴京（今辽宁新宾县老城）和埋葬其祖先的永陵龙岗在内。这样，柳条边东段就形成了凤凰城边门、瑗河边门、兴京边门（又名旺清边门）、碱场边门（又名加木禅边门）、英额边门、威远边门六个边门组成的柳条边东段体系。该段柳条边的修筑体现了清政府限定汉人活动和保护满族祖先发祥地长白山的目的，同时也为了保障和维持皇室对东北人参等珍稀资源的独占。

其次，把奉天地区的蒙古人迁移到柳条边以西，并把柳条边以西的民户移驻到边内。顺治十八年（1661年）十二月谕兵部："盛京边外居住庄村，俱著移居边内，其锦州以内、山海关以外，应展边界。"③ 康熙二年（1663年）正月，奉天府尹徐继炜疏言："海城、牛庄等处安插新民，民多地少。查各蒙古头目移居边外，有遗下熟地，又马厂地方，官马已经移养，弃地亦多，请分给新民。"④ 可见，最迟到康熙元年，边内的蒙古各部已经有一些部落移居到边外。其主要作用是隔绝蒙古与其他民族的交往，从而实现民族隔离、分而治之的统治目的。诚所谓"清起东北，蒙古内附，修边示限，使畜牧游猎之民，知所止境，设门置守，以资镇慑"⑤。笔者认为该段柳条边修筑的主要目的为限制蒙古人而不是汉人。⑥

第三阶段，康熙年间的完善和最终形成。康熙九年至二十年（1670—1681年），修筑了南自开原之威远堡，北到今吉林市北法特东亮子山的一条单边。该段"东自吉林北界，西抵开原县威远堡边门，长六百九十余里，遮罗奉天北境，插柳结绳，以定内外（即边里边外），谓之柳条边，

---

① 参见乾隆元年《盛京通志》卷16《关隘》。乾隆四十三年《盛京通志》卷51《关邮》。乾隆元年《盛京通志》卷16《关隘》，卷19《职官》。

② 参见康熙二十三年《盛京通志》卷14《职官》。

③ 《清圣祖实录》卷5，顺治十八年十二月壬申，第2705页。

④ 《清圣祖实录》卷8，康熙二年正月己丑，第2737页。

⑤ 王树楠、吴廷燮、金毓黻等：《奉天通志》卷78《山川》，东北文史丛书编委会1983年版。

⑥ 张士尊认为，顺治十一年修筑柳条边的原因是对辽东移民开垦的限制。参见张士尊《清代东北移民与社会变迁（1644—1911）》，第83—84页。

亦名新边"①。新边修筑的目的，依然是为了和蒙古诸部牧区划分界线。"插柳结绳，以界蒙古"②。新边共设四个边门，即布尔德库苏巴尔汉边门、黑儿苏边门、一统边门和法特哈边门。

自清初以来"归附益众"，户口繁生，边内旗田不够分配，"既因边内地瘠，粮不足支，展边开垦"③。康熙年间，清政府进行五次展边。第一次展边，是康熙十年（1671 年）。④ 第二次展边，是康熙十四年（1675年）。⑤ 第三次展边，在康熙十八年（1679年）。⑥ 第四次展边，是康熙二十四、二十五年（1685 年、1686 年）。⑦ 第五次展边，在康熙三十六年（1697 年）。⑧ 经过五次展边，柳条形成了东段、西段和北段。

表 3 - 1　　　　　　　康熙年间柳条边展边的各边门变迁表

边门　　　时间	康熙十年	康熙十四年	康熙十八年	康熙二十四、二十五年	康熙三十六年
铁岭北山头铺边门	开原北汎河桥				
水口边门		高台堡		宽邦	白石嘴边门
芹菜沟边门		二道河			新台边门
沙河堡边门		松岭			
平川营边门			明水塘边门		
黑山口边门			梨树沟边门		
凤凰城边门				向东南前移十五里	

柳条边的修筑是清初东北形势新变化的结果，也是清政府对东北管理加强的表现。清政府通过修筑柳条边来限定东北农耕、渔猎和游牧三大经

---

① 乾隆四十三年版《钦定盛京通志》卷33《关邮》。这里的人字形交叉点的具体地点后来有所变动，即从威远堡边门向西迁至一个叫杨堡的小堡垒，参见姜 贵贵《清代柳条边"人"字形结合部的位置》，《辽宁师院学报》1983 年第 4 期。

② （清）高士奇：《扈从东巡日录》卷下，吉林文史出版社 1986 年版。

③ （清）鄂尔泰：《八旗通志初集》卷18《土田志一》，东北师范大学出版社 1985 年版。

④ 参见（清）董国祥等纂修《铁岭县志》（康熙十六年）卷上《建置志·关梁》。

⑤ 参见乾隆元年《盛京通志》卷16《关隘》、卷19《职官》。

⑥ 参见乾隆元年《盛京通志》卷19《职官》。

⑦ 参见光绪《凤城县志书》，转引自张杰《清代鸭绿江流域的封禁与开发》，《中国边疆史地研究》1994 年第 4 期。博明希哲《凤城琐录》（辽海丛书）。康熙二十三年版《盛京通志》记载其边门在凤凰城西南十里。乾隆元年《盛京通志》卷 16《关隘》。

⑧ 参见乾隆元年《盛京通志》卷16《关隘》。

济区的相互交流和人员往来，以达到分而治之的目的。虽然清政府设置了柳条边，但是并没有把三大经济区完全割裂开来，而是在人员交往的交通要道设立边门来有限度地允许交流，这体现了隔离中有交流、以有限交流维持隔离的管理特点。从管理角度而言，柳条边的修建和完善体现了清政府对东北土地、森林、草原、野生珍稀动植物等诸多生态资源的管理和分配。清政府站在全国的高度，对东北各种资源加以控制，并划定了相应的空间范围，对资源的使用者和分享权进行了严格限定。

柳条边在一定程度上保护了吉林将军辖区和长白山地区内的生态环境和生态资源。乾隆帝在《柳条边》一诗中写道："取之不尽山林多，植援因以限人过。"① 可见，清政府修筑柳条边之目的中也含有保护生态环境之意。柳条边修筑后，关内民人往东北的移民基本上被限定在奉天地区。经过康熙、雍正和乾隆三朝的开发，该区土地已经得到有效开发，已完全改变了清初时农田荒芜、村镇稀少的状态，而变成人烟较为稠密、经济发展相对较快的地区。柳条边以东和以北的长白山区、吉林将军辖区基本上保持了渔猎采集经济，加之人口稀少，当地生态环境保持了原始状态。从环境保护的角度来看，柳条边的修建和边门管理的加强，在一定程度上延迟了汉族民众北上吉林和长白山区的脚步，延缓了人口和农耕文化向上面两个地区的大规模扩展，从而相对保护了当地的生态环境和生态资源。

三　流人的进入与开发东北

流人是古代社会中一个比较特殊的群体，是指被政府判处以流放刑罚的人群。② 清代的流人是指被政府判处以流刑、迁徙、充军和发遣等刑罚的人群。受诸多因素影响，东北地区成为清代主要流放地之一，流人由此成为开发东北的一支重要力量。

顺治、康熙年间，东北地区一直是流人的流放地。清代东北流人始于顺治四年（1647 年）的僧函可被流徙沈阳的事件。此后，有关士人流徙东北者络绎不绝。东北地区的流放地主要有盛京（今沈阳市）、尚阳堡（一作上阳堡，原为明朝的靖安堡，今辽宁铁岭市清河区）、辽阳（今辽宁辽阳市）、铁岭（今辽宁铁岭市）、宁古塔（有新旧二城，旧城在今黑龙江海林市，新城在今黑龙江宁安市）、吉林乌喇（船厂，今吉林市）、黑龙

---

① 王河：《盛京通志》卷 13《山川》，乾隆元年刻本。

② 流放是古代中国政府对犯人实施的刑法之一，清代时已经发展成为包括迁徙、流刑、充军和发遣等在内的多种类型的综合性刑罚。

江城（瑷珲，今黑河市）、伯都讷（今吉林省扶余县）、墨尔根（今黑龙江省嫩江县）、三姓（今黑龙江省依兰县）、阿勒楚喀（今黑龙江阿城）、拉林（今黑龙江五常市）、卜魁（一作卜奎，今黑龙江齐齐哈尔市）、热河（今河北承德市）等处。其中最著名的是尚阳堡、盛京、宁古塔和卜魁四处。

清代东北流人的数量，当地流人的著述亦有论及。顺治十六年（1659年），被遣戍到宁古塔的钱威说："塞外流人，不啻数千。"① 学者王源在为杨宾之《柳边纪略》作序时也写道："数十年士庶徙兹土者，殆不可以数计。"② 这众多的流人，尤以尚阳堡、宁古塔、齐齐哈尔者为典型。顺治十八年（1661年）流放到宁古塔的张缙彦曾云：宁古塔"流徙来者，多吴、越、闽、广、齐、楚、梁、秦、燕、赵之人"③。方拱乾也指出：该地"华人（指中原之人）则十三省，无省无人"④。康熙年间到宁古塔探亲的杨宾亦云："当是时中土之名卿硕彦，至（宁古塔）者接踵。"⑤ 可见宁古塔流人之众。至于齐齐哈尔则是"族类不一，客民尤夥"，"流人之赏旗者，且倍于兵"⑥。凡此种种记载，都说明了清代东北流人数量是较多的。刘选民估计，合三省之数，当在10万左右⑦；谢国桢先生推测至少在数十万人以上⑧；李兴盛则认为清代的东北流人，清廷入关前在110万之上，入关后约为40万人，估计总数在150万以上。⑨ 笔者认为，刘选民的估计过于保守，而李兴盛则把入关前的战俘亦归入流人之列来计算，其估计有些过高，对于入关后流人的统计则过多关注政治性流徙而对于刑事流放统计过少。综上，笔者相对赞同谢国桢先生之说，百余年来流徙东北的人数应在数十万以上。

大量流人戍边，促进了东北社会经济的发展。流人多被安插在官庄、驿站、水师营之中。这些庄丁、站丁、营丁，均拨给土地，使之耕屯自

---

① 张缙彦：《域外集·附钱威评语》，黑龙江人民出版社1984年版，第65页。
② 王源：《柳边纪略》序，黑龙江人民出版社1984年版。
③ 张缙彦：《域外集·六博围棋说》，第72页。
④ 方拱乾：《绝域纪略》，吉林文史出版社1993年版。
⑤ 杨宾：《晞发堂文集·伍敬玉五十寿序》，转引自李兴盛《增订东北流人史》，黑龙江人民出版社2008年版，第164页。
⑥ （清）高士奇：《扈从东巡日录》卷上。
⑦ 参见刘选民《清代东北三省移民与开垦》，《史学年报》1938年第5期。
⑧ 参见谢国桢《清初流人开发东北史》，开明书店1948年版，第85页。
⑨ 参见李兴盛《增订东北流人史》，第385页。

给。宁古塔的土地，非常肥饶。流人"或自理耕种，各就本人所长"①。众多流人被编入官庄，是为庄丁，困苦异常。吴桭臣记载道："惟官庄之苦，至今仍旧。每一庄共十人，一人为庄头，九人为庄丁，非种田即随打围、烧炭。每人名下责粮十二石，草三百束，猪一百斤，炭一百斤，石灰三百斤，芦一百束。凡家中所有，悉为官物。衙门有公费，皆取办官庄，其苦如此。"② 据不完全统计，乾隆元年（1736 年）的东三省有官庄 267 处，庄丁 3791 人，仅吉林、黑龙江二省就有垦地 21084 日，约合 126504 亩。雍正元年（1723 年）三省的站台地和水师营地共 197228 垧 3025 亩，约合 1186375 亩。③ 流人进入东北，还把内地的种植技术传播到当地，促进了当地农业的进步。张缙彦云："（宁古塔）近日迁人，比屋而居，黍稷菽麦以及瓜蓏、蔬菜，皆以中土之法泊之，其获且倍。"④

东北流人是清代东北一个较为特殊的群体，他们不仅数量较多，分布较广，且文化水平较高，为当地社会经济发展做出了不可磨灭的贡献。他们在劳作生产中，也在一定程度上影响到东北生态环境的变迁。

四　关内移民的进入及其经济活动

如前文所述，清政府于康熙六年（1667 年）取消了"辽东招垦令"。虽然废除了招民授官的奖励措施，但并没有禁止关内民众向东北迁移。从康熙六年到乾隆五年（1740 年）的 73 年间是关内民人自发移民东北阶段。

（一）关内移民进入东北

"辽东招垦令"虽在康熙六年被停止，但关内民人出关移民东北的趋势并未因此而止。特别是康熙年间，山东、河北等省民人在遇到灾荒之年，往往奔走辽东和塞北。另外，东北地方地旷人稀，土壤肥沃，这也给关内民人一定吸引力。《荣成县志》记载：康熙年间，当地"地瘠民贫，百倍勤苦，所获不及，下农拙于营生。岁欠则轻去其乡，奔走京师、辽东、塞北，甚有携家以逃者"⑤。山东民人大量外逃至关外，引起了康熙帝的注意。他曾两次提及移民东北的山东民人。康熙二十三年（1684 年）

---

① 吴桭臣：《宁古塔纪略》。
② 同上。
③ 参见李兴盛《增订东北流人史》，第 415—416 页。
④ 张缙彦：《域外集·宁古物产论》。
⑤ 李天骘修：《荣成县志》卷 3《食货》，道光二十年刻本。

九月，康熙上谕山东巡抚张鹏，山东民人逃亡关外"各处为生者甚多"①。康熙五十一年（1712 年）五月，康熙帝再次在上谕中提到在东北垦地的山东移民"多至十万余"②。

内地民人迁徙东北的道路主要是两条，一是从山海关，一是从山东渡渤海北上，但以前者为主。清政府较为重视关口管理，特别是通往东北的山海关。"山海关在我朝本为内地，然内外人民往来关口，未尝不稽其出人之数。异言异服，非有勘合验放者，无所容于其间。今自张家口至山海关，较诸故明所设座减十之七八，而携带军器有禁，夹带私参有禁，属国朝使持禁物出关亦有禁。"③ 为此，清政府颁行出关印票制度。印票制度，即政府给出关人员印票，以备在出关时交给相关人员检查，并把人数上报给户部查核。史载："顺治十一年题准，出口印票令霸昌道查验分给，每季将人数造册报部。顺治十三年题准，盛京贸易民人府、州、县给发印票。出山海关之外藩蒙古人员，理藩院咨部取票给发。"④ 康熙、雍正年间，清政府一直延续这一政策。"康熙元年题准，各关口出人人等须按名验票，查对年貌籍贯，注册放行，将出口人数花名造册，按季送部查核。又题准，王府属下人至民人等有愿出古北口烧炭者，由部给发印票。"⑤ 清政府实行印票制度，实际上是加强对民人的管理，防止民人私自出关，但并没有禁止民人出关。康熙二十六年（1687 年）二月，理藩院提出"各省之民无牌票私出边口者，将妻子一并发往乌喇、宁古塔，与新披甲之人为奴"的建议。而康熙帝认为该处罚太重，改为"著于山海关外辽阳等处安插"⑥。此处的"私出边口"之人，系指经山海关以西长城各关关口前往蒙古地区种地的农民，这说明并没有禁止关内民人出关，而是需要符合政府的规定。如果出关民人领有印票，清政府是允许的。康熙二十八年（1689 年），杨宾到宁古塔探望父亲杨越，较为详细地记载了出关印票的使用情况："凡出关者，旗人须本旗固山额真送牌子至兵部，起满文票；汉人则呈请兵部，或随便印官衙门，起汉文票。至关，旗人赴和敦大北衙记档放行；汉人赴通判南衙记档验放或有汉人附满洲起票者，冒苦独力等辈，至北衙亦放行矣。进关者如出时，记有档案，搜检参、貂之后，查销

---

① 《清圣祖圣训》卷 21，转引自李治亭《东北通史》第 488 页。

② 《清圣祖实录》卷 250，康熙五十一年五月壬寅，第 5422 页。

③ 乾隆官修：《清朝文献通考》卷 26《关榷一》。

④ 光绪朝《钦定大清会典事例》卷 627《兵部》。

⑤ 同上。

⑥ 《清圣祖实录》卷 129，康熙二十六年二月庚午，第 4250 页。

放进。"① 由此可知，一是清政府对满汉是同等对待，旗人也无任何特权；二是管理比较松散，无票汉人可以依附满族人出关；三是禁止非法的人参和貂皮贸易。在杨宾看来，清政府颁发出关印票，在山海关稽查行人，目的只在于"搜检参、貂"而已。不过，康熙晚年，山海关守关吏卒守关不严，被处以重罚后，内地民人只好渡海北上。"天子屡责守关吏，或死或徙，贿不行，乃从他口人，亦泛海自天津、登州来者矣。"②

此外，山海关守关吏卒往往利用手中权势欺压勒索领票的民人，这也促使民人逃避关口，私自进入东北。针对此弊端，乾隆四年（1739 年）十月，刑部侍郎韩光基、工部右侍郎索柱奏请乾隆帝撤销印票制度："山海关旗人出入，在守关章京处报名记档放行。惟民人领临榆县印票，赴守关章京处放行。每票一纸，只身者，索钱三十三文；有车辆者，五六十文、百十文不等。其钱系城守都司兵役与揽头、店主、保人分肥。且出关皆各省人，彼此不识，何从悉其根由，但得钱文，即为出保，该县据保给票。……请嗣后民人出关不必令该县给票，亦照旗人例，令该都司于所属员弁，日派一员在关门内设立档房，讯明登记，照例放行。"③

虽然清政府不断加强对出关的管理，但是该时期关内民人前往东北谋生的势头并没有停滞，而是如同一股潜流不断涌向资源富饶的东北大地。前往东北的内地民人或者被纳入政府管理系统，成为政府管理下的编户齐民，多是从事农耕；或者没有入籍，成为流民，多是深入山区偷采人参。

1. 入籍民人的数量和经济活动

康熙、雍正年间，关内民人继续向东北迁徙，形成了自发移民潮流。为便于理解，兹列表如下。

表 3 - 2　　　康熙七年至二十年奉、吉地区各州县新增人丁统计表　（单位：丁）

年代	地 区	新增人丁数	合计
康熙七年	承德等六州县	2643	6560
康熙七年	锦县、宁远、广宁	3917	
康熙八年	承、铁、海、盖、开五州县	860	1190
康熙八年	锦县、宁远、广宁	330	

① 杨宾：《柳边纪略》卷 1。
② 同上。
③ 《清高宗实录》卷 102，乾隆四年十月丙戌，第 9469 页。

续表

年代	地区	新增人丁数	合计
康熙九年	承、铁、盖、开四县	1792	2568
康熙九年	锦县、广宁	776	
康熙十年	承、辽、铁、盖、开五州县	2397	2958
康熙十年	锦县、宁远、广宁	561	
康熙十一年	承、铁、盖、开四县	170	491
康熙十一年	锦县、宁远	321	
康熙十二年	承德等六州县	594	1904
康熙十二年	锦县、宁远、广宁	1310	
康熙十三年	承、铁、海、开四县	155	336
康熙十三年	宁远、广宁	181	
康熙十四年	承、铁、开三县	120	120
康熙十五年	承德等六州县	255	703
康熙十五年	锦县、宁远、广宁	448	
康熙十六年	承、辽、铁、开四州县	220	690
康熙十六年	锦县、宁远、广宁	470	
康熙十七年	承、铁、海、开四州县	5	5
康熙十八年	承、辽、铁、盖、海五州县	150	561
康熙十八年	锦县、宁远、广宁	411	
康熙十九年	承德等六州县	96	358
康熙十九年	锦县、宁远、广宁	262	
康熙二十年	承、辽、铁、盖、海五州县	279	1047
康熙二十年	锦县、宁远、广宁	768	

　　资料来源：康熙二十三年版《盛京通志》卷17《户口》。乾隆元年版《盛京通志》卷23《户口》。

　　以上我们对康熙七年（1668 年）至康熙二十年（1681 年）间，奉、吉地区每年新增人丁的统计，从中我们可见，康熙七年、康熙十年（1671年）、康熙十二年（1673 年）和康熙二十年是上述地区人丁增加较多的年度。但从总体来看，康熙七年以后的每年新增人丁呈现减少的趋势，由此可见，随着政府取消招垦令，关内移民东北的热情还是受到一定影响。如果我们把清政府实施"辽东招垦令"到康熙二十年进行长时段研究，就会发现如下图所显示的趋势图。

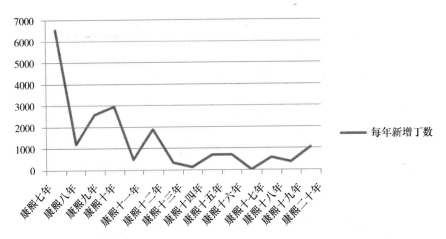

图 3-1　康熙七年至二十年奉、吉地区各州县新增人丁统计图

注：本图数据依据表 3-2 统计而得。

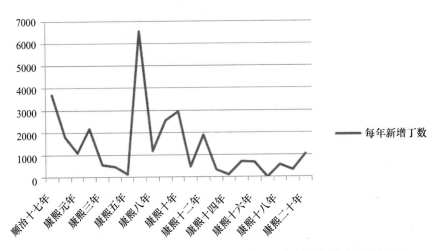

图 3-2　顺治十七年至康熙二十年奉、吉地区各州县新增人丁统计图

　　如上图所示，顺治、康熙年间东北每年新增人丁呈现波动性，其中顺治十七年（1660 年）、康熙二年（1663 年）、康熙七年和康熙十一年是新增人丁的高峰期。上述年份每年新增人丁均在 2000 人以上。顺治十八年（1661 年）至康熙元年（1662 年）、康熙三年（1664 年）至康熙五年（1666 年）、康熙十三年（1674 年）至康熙二十年（1681 年）是波谷时期，每年新增人丁不超过 2000 人，甚至在个别年份，仅仅增加了 5 人。东北人口虽然增速变缓，但是依然呈增长态势。如下图所示。

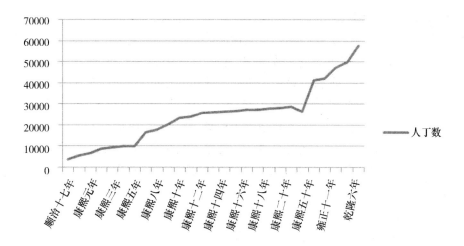

图 3 - 3　顺治十七年至乾隆六年奉、吉地区人丁数统计图

资料来源：康熙二十三年版《盛京通志》卷 17《户口》。乾隆元年版《盛京通志》卷 23《户口》。乾隆四十三年版《钦定盛京通志》卷 35《户口一》。

从图 3 - 3 可见，从顺治十七年（1660 年）到乾隆六年（1741 年），奉天、吉林地区的人丁整体上呈现增长态势。乾隆六年，奉天府属有民户 31500 户，共有 138190 口。锦州府属有民户 28557 户，男妇 221432 口。奉天地区共有民人 359622 口。[①] 康熙年间，关内民人已经不局限在奉天地区，开始向柳条边以北的吉林地区扩展。康熙五十年（1711 年），吉林已有民丁 33025 人。[②]

上述众多民人进入东北奉天和吉林地区，成为政府控制下的编户齐民。他们主要被编入社甲，从事农耕，向政府缴纳租赋，承担徭役。该处民地增加状况，将在本章第二节详细论述。

2. 流民的经济活动

一旦被纳入政府管理，就要承担赋税徭役，所以很多民人设法逃避被编入户籍，隐匿起来，成为流民。流民的数量非常庞大。康熙二十一年（1682 年），户部和内务府合议展拓山海关外大凌河牧场，结果在牧场内

---

① 参见刘谨之等撰《钦定盛京通志》卷 35《户口一》，乾隆四十三年刻本。而户部黄册记载乾隆五年奉天府民人数字是 377454 口，乾隆六年是 378865 口，参见清户部《奉天等省民数、谷数汇总黄册》（影印本），罗继祖编《史料丛编》，伪满洲国康德二年（1935 年）春，库籍整理处编印，无出版处。

② 参见（清）长顺等修《吉林通志》卷 28《食货志一·户口》。

查出众多流民村落，"每村或十数家或二、三十家，共有六十余村"①。乾隆五年（1740年），清政府实行严禁时对奉天地区的流民进行清查，结果清查出大量流民。据奉天府尹吴应枚奏称"本朝自顺治八年招民开垦以来，迄今九十年矣。即就承德一县而论，未入籍民人男妇已有二万七千三百名之多，统各州县计算，其数约有十五六万"②。流民在东北的经济活动主要有私垦、私采人参等。雍正五年（1727年），雍正帝针对各地隐匿田亩的弊端，上谕各地官员实行清丈。③ 是年，辽阳州清丈查出流民私垦地176453亩。盖平县，查出流民私垦地68080亩。锦州查出流民私垦地也多达1163921亩。④ 这些数额庞大的隐匿田亩，充分说明东北流民已经开垦出大量耕地。

此外，柳条边外诸山盛产人参，具有极高的药用和商品价值，这吸引了众多流民冒险偷采。史载："凡走山者，山东、西人居多，大率皆偷采也。每岁三、四月间，趋之若鹜，至九、十月间乃尽归。其死于饥寒不得归者，盖不知凡几矣。而走山者益多，岁不下万余人。"⑤ 由于长期采参，流民之间形成了相对规范的采参规矩，实行分工协作、各司其职的机制。一般而言，走山刨参者以五人为伍，推举经验丰富的一个人为首领，号曰"山头"。进山的交通工具是陆行骑马，水行乘船。采参流民沿着松花江行至诺尼江（今嫩江）口登岸，把小船藏于山谷间，即进山相土，寻找人参生长之地。山头指挥其他四人搭盖窝棚、打柴、做饭等。次日早饭后，人皆携带小刀、火石包、四尺长木棍、皮带等工具，随着山头上山寻参。在山头指定好采参的范围后，众人便"分走丛木中，寻参子及叶。得之则跪而刨之，山头者时时立岭上，作声以呼其下，否则迷不能归矣。日暮归窝棚，各出所得交山头，乃洗剔而煮，贯以缕，悬木而干之。日惟晓夜再食，粮尽则五人均分而还"⑥。

（二）关内移民进入热河地区及其经济活动

清初的蒙古草原东南部，是蒙古东三盟的游牧地，毗邻华北平原和辽河平原，地理上的便利使得关内民人较早进入该地农垦。热河地区主体位

① 《清圣祖实录》卷106，康熙二十一年十二月甲申，第3944页。
② 中国第一历史档案馆：《乾隆朝上谕档》第1册，广西师范大学出版社2008年版，第641页。
③ 参见乾隆朝官修《清朝文献通考》卷3《田赋三》。
④ 参见刘谨之等撰《钦定盛京通志》卷37《田赋》。
⑤ 杨宾：《柳边纪略》卷3。
⑥ 同上。

于内蒙古东南部，清代下辖昭乌达盟、卓索图盟等十七个蒙旗和直隶省北部的承德、围场、滦平、丰宁诸地，包括今日之赤峰全境、通辽西部、辽宁省西南一隅及河北省承德地区，因整体地处长城以北，又统称"塞北"。该区地处燕山山脉和蒙古高原的结合部，南临长城，北接草原，河谷与盆地遍布，水土肥甘，冈原沃衍，适宜游牧和农耕。

　　1. 关内移民进入热河地区

　　顺治四年（1647年），清政府就开始加强张家口至山海关一线的防务，设立诸多边门，限制汉人和蒙古人的往来。顺治十二年（1655年），清政府又规定："各边口内旷土，听兵垦种，不得往口外开垦牧地。"[1] 虽然顺治年间清政府限定内地汉人前往关外热河地区，但是清初在华北地区广泛圈地，迫使很多农民无地可种，只好背井离乡，流亡他处，其中不乏有人前往关外蒙古地区。康熙在一首诗中曾记载顺治时期热河地区已经有万家之多。其诗云："万家烟火较前增，井邑纷填有卖徵。"康熙对该诗注释曰："皇祖诗云，聚民至万家，今则不止万家，俨成大邑矣。"[2]

　　康熙年间，关内流民不断进入热河地区。其原因主要有以下方面。第一，康熙九年（1670年），清政府在北古口外建立一系列庄园进行屯垦，吸引了关内民人前往耕种，这为流民北上热河地区垦殖开辟了通道。第二，热河山庄修建对民人的吸引。康熙四十二年（1703年）热河避暑山庄开始修建。五年后，山庄修筑完毕。此后，康熙帝时常前往该处避暑和木兰围猎，同时大批贵族和大臣也伴随前往，这需要大量物资进入热河。生活消费的需求，刺激了关内流民进入该地。第三，随着国内承平日久，社会逐渐安定，人口增加而田地开垦日益困难，前往人稀地广的热河已成为内地民人的选择之一。第四，康熙年间的热河地区尚未确立行政建制，没有内地繁重的赋税，自然成为内地流民的向往之地。第五，康熙年间山东、山西和直隶多有灾歉，出走热河也是灾区民人的选择之一。

　　此外，康熙针对热河地区蒙古游牧经济的相对脆弱性，采取了鼓励蒙古学习农耕的政策，也在一定程度上吸引了内地民人的进入。"康熙十年后，口外始行开垦，皇上多方遣人教之树艺，又命给之牛种，致开辟未耕之地皆成内壤。"[3] 康熙三十七年（1698年）十二月，康熙帝再次派内阁学士黄茂等前往敖汉、奈曼等处教习农业。他在上谕中说："敖汉、奈曼

---

① 光绪朝《钦定大清会典事例》卷166《户部·开垦》。
② （清）和珅、梁国治等：《钦定热河志》卷3《天章三·圣祖御制诗》。
③ 汪灏：《随銮纪恩》，《小方壶斋舆地丛钞》第一帙。

等处田地甚佳，百谷可种。如种谷多获，则兴安等处不能耕种之人，就近贸易贩籴，均有裨益。不须入边买内地粮米，而米价不致腾贵也。"① 但是蒙古长期以来以游牧为生，虽学会农耕，也是技术不精，产量甚少，俗称"靠天田"或"靠天收"。康熙在《荒田》一诗中写道："既播种则四出游牧射猎，秋获乃归。耘耨之术皆所不讲，俗云靠天田。"②《龙沙纪略》亦云：蒙古牧民"播种辄去，不复顾，逮秋复来，草莠杂获，计一亩所得，不及民田之半"。③ 蒙古王公们往往采取招民开垦的办法，坐收地租，从而为内地民人租种蒙古田地提供了可能。《赤峰县志略》曾载："因蒙民不尚耕种，专依畜牧为生。土地沃饶之区，由蒙古王公自行招佃开垦。每亩地一段，年仅仅纳租钱一贯。故关内汉人，闻风移来，佃耕者络绎不绝。"④

康熙曾在诗中对关内流民移居热河的现象进行了分析。他说："避赋避灾离里闬，（热河本无土著，率山东山西之民迁移来者，然总不出此二事。）垦原垦隰艺桑麻。慭无为养因无禁迁移而来者，岂非惰民。然内地户口日增，今有塞外可垦之地，则亦听之而已，故不大事丈量督查也，""大都流寓内地民，山田无赋赖安身。"⑤ 此外，康熙帝作为天下共主，他能摈弃狭隘的民族观念，对汉族民众和蒙古民众均怀关爱之心，这在他的诗词和注释中多有体现。他在《咏古》一诗的注释中写道："口外东自八沟西（今平泉县），西至土城子一带皆良田。直隶、山东无业贫民出口垦种者不啻亿万，此汉唐宋明所无也。居今之世，尚或有愁谷不足之时，则彼季之民将何以谋食？其驱之戍边者，更无论矣。"⑥ "出口垦种者不啻亿万"，显然是夸张之词，但这显示出康熙对民人进入蒙古地区农垦的欣喜心情。在《口外》一诗中，他还写道："口外山田例倍佳，低冈高岭绣铺皆。麦将报熟黄笼穗，禾正怒生绿到荄。不禁民迁听谋食，（口外隙地甚多，直隶、山东、山西人民出口耕种谋食者，岁以为常。方今中外一家，口外仍系内地小民出入，原所不禁，一转移间，而旷土游民兼得其利，实为从古所未有。）郇虞瓯脱致椎埋。霁天如洗无纤翳，纵目鸣鞭信慰怀。"⑦ 他在《口外设屯耕植聚落渐成》一诗中写道："沿边旷地多，弃置良非荣。

① （清）海忠修、林从炯等：《承德府志》卷首《谕诏》，成文出版社 1968 年影印版。
② （清）和珅、梁国治等：《钦定热河志》卷 75《藩卫一·圣祖御制诗》。
③ 方式济：《龙沙纪略·经制》，黑龙江人民出版社 1984 年版。
④ （民国）孙廷弼纂：《赤峰县志略》之《人种、人口》，赤峰荣兴魁石印局 1933 年石印本。
⑤ （清）和珅、梁国治等：《钦定热河志》卷 3《天章三·圣祖御制诗》。
⑥ （清）和珅、梁国治等：《钦定热河志》卷 7《天章七·御制诗》。
⑦ （清）和珅、梁国治等：《钦定热河志》卷 11《天章十一·御制诗》。

年来设屯聚，教以分阡陌。春夏耕耨勤，秋冬有旧蓄积。霜浓早收黍，暄迟晚刈麦。土固有肥硗，人力变荒瘠。山下出流泉，屋后树豚栅。行之无倦弛，定能增户籍。古之王者治，恐亦无以易。"《山田》："山田不愁旱，恒有阵雨过。山田不愁涝，就下流溪河。蒙古佃贫民，种田得租多。即渐罢游牧，相将艺黍禾。黍禾日以好，牛马日以少。是云务近利，而或失本道。本道云何如，毳帐羊裘居。射生善驰马，乳酒相欢娱。试问百年前，流民到此无？流民今到此，或亦滋生理。凡兹率土滨，孰非我赤子。养恬在随宜，不督翻为喜。"① "凡兹率土滨，孰非我赤子。养恬在随宜，不督翻为喜"，这两句说明康熙帝对民人进入热河地区开垦农耕甚为欣喜，充分表现了他身为天下共主，关爱全国各族人民民生疾苦的仁慈胸怀。这为广大内地民人进入热河，开展农垦创造了有利条件。

　　虽然康熙帝对流民进入热河采取宽容态度，但作为行政管理的一部分，清政府依然采用印票管理。史载："喀喇沁三旗，自康熙年间呈请内地人民前往种地，每年由户部给与印票八百张，逐年换给。"② 康熙二十二年（1683 年）又规定："凡内地民人出口，于蒙古地方贸易耕种，不得娶蒙古妇女为妻。倘私相嫁娶，查出将所嫁之妇离异，给还母家，私娶之民照地方例治罪，知情主婚及说合之蒙古人等，各罚牲畜一九。"③ 此条文不再禁止内地民人在蒙古地区行商种地，但禁止汉人在蒙古地区安家落户，这说明清廷对民人开垦蒙地的政策已有所改变。虽然法律规定如此，但是在实际执行过程中，这一政策的实施效果却大打折扣，真实状况则是"圣祖仁皇帝布招徕之令，负耒耜而至者日众"④。

　　虽然内地流民留住蒙地主要以单身为主，但是也有部分流民和蒙古人组成家庭。因为如果不入蒙古籍，便动辄得咎，砍柴不许越界，牧养不准出圈，所以李守信的祖先从山东只身跑到土默特右旗给蒙古人种地，被主人招为养老女婿而成了"随蒙古"⑤。乾隆帝在上谕中也承认："康熙年间，喀喇沁扎萨克等地方宽广。每招募民人，春令出口种地，冬则遣回。于是蒙古人贪租之利，容留外来人，迄今至数万。"⑥ 由此可见，康熙年

① （清）和珅、梁国治等：《钦定热河志》卷92《物产·御制诗》。
② 乾隆朝内府抄本：《理藩院则例》，中国社会科学院中国边疆史地研究中心主编《清代理藩院资料辑录》，全国图书馆文献缩微复制中心 1988 年版，第 38—39 页。
③ 光绪朝《钦定大清会典事例》卷 978《理藩院·户丁·婚姻》。
④ （清）哈达清格：《塔子沟纪略》卷 11《艺文·建秀塔书院记》。
⑤ 参见张世明、龚胜泉《另类社会空间：中国边疆移民社会主要特殊性透视（1644—1949）》，《中国边疆史地研究》2006 年第 1 期。
⑥ （清）海忠修、林从炯等：《承德府志》卷首《谕诏》。

间，关内流民进入热河地区还是可以的。故此，康熙四十六年（1707 年）七月，康熙帝巡行边外时，"见各处皆有山东人，或行商或力田，至数十万人之多"①。"数十万"显系夸张之词。迨至康熙五十一年（1712 年）时，今"山东民人往来口外垦地者，多至十万余"。针对此状况，康熙帝特地颁布上谕："伊等皆朕黎庶，既到口外种田生计，若不容留，令伊等何往？但不互相对阅查明，将来俱为蒙古矣。嗣后山东民人有到口外种田者，该抚查明年貌姓名籍贯造册，移送稽查，由口外回山东去者，亦查明造册移送该抚对阅稽查，则百姓不得任意往返而事亦得清厘矣。"② 由此可见，康熙对关内流人到口外种田的事实予以默许，但要求地方官员将他们登记造册，并进行管理。同时，我们也看到，"但不互相对阅查明，将来俱为蒙古矣"，一语表明了康熙在潜意识里也担心广大流民待在蒙古从而增强蒙古的实力。

雍正年间，关内流民进入热河地区的潮流继续向前发展。特别是雍正初年，关内的直隶和山东一带连遭饥馑，为解决灾民生计问题，清政府只好对出关限令网开一面，谕令内地乏食民人可往蒙地垦荒谋生，"乐于就移"者，"免其田赋"。各旗蒙旗王公收留前往谋食的内地灾民，"欢迎入殖"者，"特许其吃租"，即所谓"一地养二民"③。蒙古人称之为"借地养民"。在此政策鼓励下，内地流民往往不顾"不准带领妻子前往"的禁令而偕眷出口。《朝阳县志》载"陈希德，原籍山东海丰县，清雍正年随父士吉北上，转徙数年，于乾隆初至朝阳东北尖山子沟，遂家焉。……每有自山东来者，必厚遇之"④。无独有偶，《塔子沟纪略》也载，雍正朝晚期，该厅哈拉哈地方有一个叫苟姐的王姓女子，原籍山东登州府海阳人，"幼随父母出口耕种谋食"，最终在哈拉哈定居下来。⑤

乾隆朝初年，内地民人仍源源不断向热河及其附近的东三盟地区迁移。当地"土脉肥腴，水泉疏衍……而科两甚轻"，诸多优势，对内地民人产生巨大吸引力。"内地之民，愿往垦种。"当年（乾隆六年，1741 年），该地就升科民地三千余顷。⑥ 乾隆八年（1743 年），山东、直隶诸地

---

① （清）和珅、梁国治等：《钦定热河志》，卷 92《物产》。
② （清）海忠修、林从炯等：《承德府志》卷首《谕诏》。《清圣祖实录》卷 25，康熙五十一年五月壬寅，第 5422 页。
③ 张丹墀、宫葆廉等：《凌源县志》卷首《纪略》，辽宁省图书馆藏油印本。
④ 孙庆璋、沈鸣诗：《朝阳县志》卷 24《人物》，辽宁省图书馆 1929 年版。
⑤ 参见（清）哈达清格《塔子沟纪略》卷 11《艺文·烈女苟姐六姐合传》，乾隆三十八年刻本。
⑥ 参见《清高宗实录》卷 155，乾隆六年十一月辛卯，第 10143 页。

被灾，广大灾民纷纷拥向长城口外就食。乾隆密谕长城各关口官弁："如有贫民出口者，门上不必拦阻，即时放出。"① 这样，内地民人仍可进入热河及东三盟地区。乾隆十二年（1747年）十二月，居住在八沟以北，及塔子沟通判所辖地区的内地民人已有二三十万之多。②

鉴于热河地区的汉族移民不断增多，清政府于雍正元年（1723年）设置了热河厅，管理昭乌达、卓索图二盟部分蒙旗的蒙汉交涉事务。雍正七年（1729年），喀喇沁中旗作为借地养民地，也因境内汉人日益增多，又在该旗南部地方，析热河直隶厅东境八沟设置八沟直隶厅，设理事同知一人，管理喀喇沁三旗商民事务。乾隆三年（1738年），清政府在喀喇沁左翼旗地增设塔子沟厅（治所即今辽宁凌源市）。③

2. 流民在热河地区的经济活动

广大流民在热河地区的经济活动以农垦为主。康熙帝在对该区的巡视中见到"口外东自八沟西，西至土城子一带皆良田"④。众多关内流民的到来，改变了热河地区原来蒙古游牧的经济形态，变成了人烟日臻增多，农业渐进发展的状态。以塔子沟厅为例，"塔郡为蒙古藩封，昔逐水草，人稀地旷。圣祖仁皇帝布招徕之令，负耒耜而至者日众，于是氓庶聚而草莱辟焉，百谷植焉桑麻树焉"⑤。当地的田地以山田为主，兼有河滩地。山田在康熙帝的诸多诗歌中有很多描述。《轻阴》诗中云："近墅菜蔬叶芃绿，遍山禾黍穗乖黄。"⑥《口外》诗中道："口外山田例倍佳，低冈高岭绣铺皆。麦将报熟黄笼穗，禾正怒生绿到荄。"⑦《荒田》一诗中云："农作非蒙古本业，今承平日久，所至多依山为田。"⑧《山田》一诗中亦云："禾黍芃遍岭巅停，鞭欣看有秋年。版图可识同遐迹，塞外荒山尽辟田。高原宜黍稻宜低，物土耕叶塞外齐。"《关外山田》对山田的形态作了描述：

① 《清高宗实录》卷195，乾隆八年六月丁丑，第10696页。

② 参见《清高宗实录》卷304，乾隆十二年十二月己未，第12153页。

③ 参见（清）和珅、梁国治等《钦定热河志》，卷55《建置沿革》。（清）哈达清格《塔子沟纪略》卷3《市镇》记载为乾隆六年设置。具体较为详细"塔子沟在喀喇沁贝子境内，西距热河三百六十里。本无城郭村堡，自乾隆六年设立通判，因择其地势平坦，山环四面，水绕左右，民居之可耕可溉，且因其二十里外向有古塔，遂名塔子沟焉。至乾隆七年建衙署设街道，四方商贾始云集，而成巨镇"。

④ （清）和珅、梁国治等：《钦定热河志》卷7《天章七·御制诗》。

⑤ （清）哈达清格：《塔子沟纪略》卷11《艺文·建秀塔书院记》。

⑥ （清）和珅、梁国治等：《钦定热河志》卷7《天章七·御制诗》。

⑦ （清）和珅、梁国治等：《钦定热河志》卷11《天章十一·御制诗》。

⑧ （清）和珅、梁国治等：《钦定热河志》卷75《藩卫一·圣祖御制诗》。

"关外山田尽作梯，漠南风景似江西。水流野涧全无彴，谷转荒村别有蹊。"[1] 由此可见，热河地区的山田类似于梯田，山下即是泉水溪流，便于旱季浇灌；同时，地处山坡之上，也利于洪涝季节的排水防洪。对此，乾隆帝甚是欣赏，他曾作《山田》一诗称赞道："山田不愁旱，恒有阵雨过。山田不愁涝，就下流溪河。"[2]

此外，一些流民还把河滩地也开辟出来，种上庄稼或者蔬菜，变为农田和菜园。康熙帝在《河滩》一诗中写道："河滩地可耕，或农或为圃。矮者韭与薤，高者禾及黍。"[3] 热河地区农业喜获发展进步的同时，当地生态环境也遭到破坏，特别是山田垦殖，把大量的山坡树木植被砍伐殆尽，影响了生态环境的良性发展。康熙帝对此深有感触，他在《所见》一诗中写道："垦遍山田不剩林，（三十年以前，凡关外山皆有木可猎，今则开垦率遍，不见林木，非木兰猎场禁地，皆不可行围矣。）余粮栖亩幸逢霖。"[4]

综上可见，顺治、康熙、雍正至乾隆初年，不断有关内流民进入热河地区。个中缘由，既有政府的积极引导和鼓励出关，帮助蒙古学习农耕，也有内地人多地少的压力，抑或遭遇灾歉而被迫出走边外的窘困，还有热河地方赋税较轻的诱惑。众多流民进入东三盟南部的热河地区，已初步改变了当地本初的游牧经济，促进农业发展，当地也从原来的人烟稀少变成了边外重镇。我们在肯定其成绩的同时，也应看到，广大流民在该地垦荒辟地，伐木烧炭，又在一定程度上破坏了自然环境，使得大量原本植被茂密、野生动物藏身栖息的山林惨遭砍伐破坏，葱岭翠峦变成荒山秃岭，生态环境恶化。

第二节　城镇缓慢恢复与农田增加

一　城镇恢复与兴起

顺治初年，经过明清争战的长期破坏和清初关东人口大批入关，辽阔的东北大地已经是人口锐减，只有数量较少的八旗驻防。东北大地土旷人稀，野无农夫，路无商贾，一片萧条荒凉之景，诸多城镇成为荒城废堡，

---

[1]　（清）和珅、梁国治等：《钦定热河志》卷92《物产·圣祖御制诗》。

[2]　（清）和珅、梁国治等：《钦定热河志》卷92《物产》。

[3]　（清）和珅、梁国治等：《钦定热河志》卷10《天章十·御制诗》。

[4]　（清）和珅、梁国治等：《钦定热河志》卷5《天章五·御制诗》。

残破不堪。顺治十八年（1661 年），"（辽）河东城堡虽多，皆成荒土，独奉天、辽阳、海城三处，稍有府县之规，而辽、海两县仍无城池。如盖州、凤凰城、金州不过数百人；铁岭、抚顺惟有流徙诸人，不能耕种，有无生聚……此河东腹里之大略也。河西城堡更多，人民稀少，独宁远、锦州、广宁人民辏集……合河东、河西之腹里以观之，荒城废堡，败瓦颓垣，沃野千里，有土无人，全无可恃"[①]。

康熙、雍正年间，随着东北八旗驻防体系的不断完善和关内流民的不断进入，东北大地开始缓慢复苏，并逐渐兴起了一批政治军事城镇。但是康熙十年（1671 年），南怀仁看到的东北地区依然是一片凄凉："辽东一带所经历之多数城市和村庄，已尽行荒废。残垣断壁，一片废墟。残垒荒草之间，虽多有民房之建，然则毫无秩序，或以泥土、或以石块堆积而成，大都以蒿草修葺，几乎没有砖瓦和木板建筑。"[②] 康熙二十一年（1682 年），高士奇在《扈从东巡日录》中也曾记述了相似的状况，如松山城经过明清之际的战乱后"城堞尽毁"；广宁府则"城南庐舍略存，城北皆瓦砾"；抚顺城是"旧堡败垒蓁莽中，居人十余家，与鬼怅为邻，惟一古刹塑像狰狞，未经焚毁，炉香厨火，亦甚荒凉，过之黯惨，时闻惊风虎尾。"[③] 到了雍正年间，东北地区的城镇才有了新气象。

（一）盛京地区的城镇

盛京地区的城镇主要是盛京、辽阳、兴京、锦州、广宁、凤凰城、广宁、铁岭、开原、义州、海城、盖平和复州等。总体而言，乾隆朝以前的东北城镇多属于政治军事城镇。

盛京，作为清朝的陪都，其地位非同寻常，它是清初东北最主要的军事政治中心城镇，盛京将军、盛京五部和奉天府均驻在该城。清朝对盛京城的大规模修筑是在清太宗皇太极时期，他扩建沈阳城并营建宫殿，其城市规模为东北诸城镇之最，周 9 里 332 步。康熙十九年（1680 年），盛京增修关墙，高 7 尺 5 寸，周 32 里 48 步。康熙二十一年（1682 年），重修城门、城楼和敌台等。[④] 城镇居民人口增多是城镇发展的重要指标。康熙、雍正年间，盛京居民人口不断增长。奉天府的附郭县是承德县，所以承德县的人口增长即反映盛京的人口增长。康熙二十年（1681 年），承德县人丁是 2993 丁。雍正十一年（1733 年），承德县已经发展到 27 社，共 3460

① 《清圣祖实录》卷 2，顺治十八年五月丁巳，第 2668—2669 页。
② 〔比利时〕南怀仁：《鞑靼旅行记》，薛虹译，吉林文史出版社 1986 年版，第 138 页。
③ 高士奇：《扈从东巡日录》卷上、卷下。
④ 参见董秉忠等《盛京通志》卷 1《京城志》，康熙二十三年刻本。

丁。雍正十二年（1734 年），增至 3469 丁。乾隆六年（1741 年），增至
3925 丁，民户有 3925 户，男妇共 17184 口。① 人口的飞速增长，逐渐改
变了清初盛京的荒凉。盛京作为东北的政治和军事中心，不仅人口辐辏，
其商业也非常繁荣。"迄于入关以后，都市之形势，阛阓之营业，稍繁盛
矣。"② 康熙五十六年（1717 年），雍正帝在代替康熙到盛京祭祖时，"见
盛京城内酒肆几及千家，平素但以演戏饮酒为事"③。如此观之，盛京城内
的酒店餐饮很是繁荣。除此之外，皮毛、布匹、粮食、杂货等商铺及人
参、牲畜贸易也逐渐发展起来。④

　　明代的辽阳是东北的政治、军事和经济中心。努尔哈赤在占领辽阳后
不久，在其东八里的太子河滨新建一城，名为东京。所以，清代的辽阳并
不是明代的辽阳，而是东京。清代的辽阳城，周围 6 里余，高 3 丈 5 尺，
东西广 280 丈，南北袤 262 丈 5 尺，有城门 8 座。辽阳是清朝在东北地区
最早设立民治机构的城镇。顺治二年（1645 年），清政府在东北设立辽阳
府，驻辽阳城。直到顺治十四年（1657 年），清政府裁撤辽阳府，把行政
中心迁至盛京。⑤ 辽阳城作为清初东北的行政中心，长达十二年。康熙二
十年（1681 年）时，辽阳州有丁 3393 丁，分为 27 社里，人数超过盛京。
雍正十二年（1734 年），增至 4539 丁。乾隆六年（1741 年），有 4575 丁，
民户 6575 户，男妇 39595 口。⑥ 总之，康熙年间的辽阳随着"农及工商稍
稍由燕、齐迁入，地利大辟，户益蕃息"⑦。辽阳在众多民众的辛勤开发
下，已经逐渐恢复往日的繁华。

　　开原，原是明代东北重镇之一。经过明清战争的破坏后，在后金及清
初时，该城已经变成荒城废堡，这在诸多流人的文笔中有所记述，此不赘
述。自从顺治十年（1653 年）"辽东招垦令"实施以来，开原人口渐集，这
座饱经历史风云洗礼的城市开始了缓慢地复苏。康熙三年（1664 年），开原
设置县治，隶属奉天府。康熙二十年（1681 年），开原有人丁 2162 丁。雍

---

① 参见王河等《盛京通志》卷 23《户口》，乾隆元年刻本。刘谨之等《钦定盛京通志》卷
　　35《户口一》，乾隆四十三年刻本。
② 王树楠、吴廷燮、金毓黻等：《奉天通志》卷 115《实业三·商业》。
③ 《清世祖实录》卷 31，雍正三年四月庚辰，第 6326 页。
④ 参见杨余练《清代东北史》，第 387 页。
⑤ 参见（清）杨镰、施鸿《辽阳州志》卷 12《职官》，辽海丛书，辽沈书社 1984 年版。
⑥ 参见王河等《盛京通志》卷 23《户口》，乾隆元年刻本。刘谨之等《钦定盛京通志》卷
　　35《户口一》，乾隆四十三年刻本。
⑦ （民国）斐焕星：《辽阳县志》卷首《序》。

正十一年（1733年），增至2437丁，共15社。[1] 次年（1734年），人丁为2439丁。乾隆六年（1741年），当地增至2486丁，民户共2498户，男妇总共10807口。[2] 除此之外，海城、盖平、铁岭、复州、宁海、义州等城也有不同程度的恢复和发展。以乾隆六年上述诸城镇的人口为例，海城县有民户7857户，男妇16333口。盖平县有民户2829户，男妇8646口。铁岭县有民户2599户，男妇9336口。复州有民户3192户，男妇25488口。宁海县有民户2025户，男妇10801口。义州有民户3667户，男妇8076口。从各城镇的人口数字，我们可以窥见乾隆初年时上述城镇发展状况之一斑。

关内人口向东北迁移时，往往以离家乡较近地方为落脚地。故此，清初辽西诸城镇恢复的状况，较之辽东更好些。以锦州所在地锦县为例，锦县康熙二十年（1681年）的人丁是6801丁。雍正十一年（1733年），增至12239丁，共有36个社里。乾隆六年（1741年），锦县有民户11649户，男妇共有72873口。[3] 锦县是清初东北城镇中人口最多的城镇。锦州，地处山海关陆路要冲，兼及渤海交通码头。故此，当地商旅往来熙攘，商业较为繁盛，康熙年间的锦州城内商铺众多，有12种之多[4]，日常用品亦琳琅满目，锦州实为东北商业重镇。与锦县毗邻的宁远州和广宁县也是人烟繁盛之处。宁远州，雍正十二年（1734年）时有7549丁。乾隆六年，增至8183丁，共有民户9683户，男妇110209口，是东北第二大人口城镇。广宁县在雍正十二年，有3026丁。乾隆六年，有3558丁，民户3558户，男妇共有30274口。

总体而言，经过顺治、康熙、雍正三朝将近百年的发展，辽河东西两岸已经逐渐从清初的荒凉萧条中复苏，城镇逐渐增多，并涌现出以盛京、锦县为代表的城镇。需要注意的是，康熙初年的诸多城镇职能是以政治军事为主，随着人民日臻聚集，其经济职能逐渐增强，许多政治军事城镇也逐渐成为区域经济重镇，这说明经过近百年的恢复，东北大地已经真正走上了复苏的道路，并不断向前发展。

（二）吉林地区的城镇

吉林地处柳条边外，虽然边门依然向民众开发，但是当地寒冷异常，

---

① 参见（清）刘起凡等《开原县志》卷上《户口志》。
② 参见王河等《盛京通志》卷23《户口》，乾隆元年刻本。刘谨之等《钦定盛京通志》卷35《户口一》，乾隆四十三年刻本。
③ 同上。
④ 参见《锦县志》卷4《建置下》，转引自杨余练《清代东北史》，第388页。

自然条件较之边内，甚是恶劣，故此，封禁前的吉林城镇多是军事政治城镇。康熙年间，吉林地区的城镇先后兴起，其发展轨迹可以说先是八旗驻防，进而是流人进入，随之是流民涌进。随着人口渐集，商人的足迹也开始向吉林延伸，商业日渐繁盛。康熙年间，"边外有七镇，曰吉林乌拉、曰宁古塔、曰新城，曰依兰哈拉，属宁古塔将军辖；由新城之伯都讷，渡诺尼江而北，曰卜魁、曰墨尔根、曰瑷珲，属黑龙江将军辖"①。这六大城池就是吉林和黑龙江地区兴起的主要城镇。

吉林城，始建于康熙十二年（1673 年）②，由副都统安珠瑚建造。该城南倚松花江，东、西、北三面竖松木为墙，高八尺，北面 289 步，东、西各 250 步，有门 3 座。周围有池，池外有土墙为边墙，墙东、西亦倚河岸，周 7 里 180 步。③吉林城建成后，即进驻"新旧满洲兵二千名，并徙直隶各省流人数千户居此"④。城内有五条街，分别是河南街、粮米行街、北街、西街、西大街，"商铺惟北街、西街最盛"⑤。康熙中期，"中土流人千余家，西关百货凑集，旗亭戏馆无不有之，亦边外一都会也"⑥。雍正年间，吉林的民人渐多，清政府遂于雍正十二年（1734 年）在吉林设立永吉州管理民户。是年，有实在行差人丁 2186 丁。乾隆六年（1741 年）时，已经增至 4102 丁。⑦吉林城镇经济进一步发展，吉林已经成为"往来商旅聚集之所，买卖牛马牲畜甚多"⑧。

宁古塔，是清初东北边陲重镇。在清军入关前，就是军事重镇。宁古塔城有新城和旧城之别。旧城为后金时期建造，史载"宁古塔旧城，在（新）城西北五十里，海兰河南，有石城，高一丈余，周围一里，东西各一门，城外边墙周围五里余，四面四门，昂邦章京吴把哈巴都鲁建造"⑨。这显然是一个典型的军事城镇。康熙五年（1666 年），宁古塔将军巴海亲自监造了一座新城。新城位于虎尔哈河畔，"用松木为墙，高二丈余，周

---

① 方式济：《龙沙纪略·方隅》。
② 参见鄂尔泰《八旗通志初集》卷 24《营建志》记作康熙十三年。笔者认为或许是吉林城始建于康熙十二年，十三年建造完成。
③ 参见董秉忠等《盛京通志》卷 10《城池》，康熙二十三年刻本。
④ 高士奇：《扈从东巡日录》卷下。
⑤ 萨英额：《吉林外记》卷 2《城池》，吉林文史出版社 1986 年版。
⑥ 杨宾：《柳边纪略》卷 1。
⑦ 参见王河等《盛京通志》卷 23《户口》乾隆元年刻本。刘谨之等《钦定盛京通志》卷 35《户口一》乾隆四十三年刻本。
⑧ 雍正《大清会典》卷 215。
⑨ 康熙二十三年版《盛京通志》卷 10《城池》。

围二里半，东、西、南各一门，惟北无门。城外边墙周围十里，四面有门，西南倚虎尔哈河"①。其边墙系"土坯砌墙，两面细泥圬饰"②。新城竣工后，宁古塔驻地从旧城迁至新城。直到康熙十二年（1673 年）时，宁古塔将军迁往吉林乌拉，这里作为吉林地区最高的军事和政治中心，有七年时间。虽然宁古塔将军已经迁走，这里仍是副都统的驻地，还是流人流放之地。宁古塔分为内城和外城。内城为八旗兵丁居住，外城为民人居住，即"内城中惟容将军、护从及守门兵丁，余悉居外……汉人各居东西两门之外"。所以"城内无市廛、居民，铺商俱在东、西、南门外，惟东门外尤为丛集，居民均在南门半里许沿江一带"③。平定三藩之乱期间，诸多八旗兵丁被内调，城外的居民才被允许进入内城。从此，内城的商业逐渐发展起来。"内有东西大街，人于此开店贸易，从此人烟稠密，货物商客，络绎不绝，居然有华夏风景。"④ 宁古塔，"贾者三十六，其在东关者三十有二，土著者十，市布帛杂货，流寓者二十二，市饮食。在西关者四，土著，皆市不薄杂货"⑤。由此可见，宁古塔东关要比西关更为繁盛；流寓人从事商业的人数比土著多；汉人主要经营餐饮业，集中在东关，而土著则经营布帛杂货等，东关、西关皆有之。雍正年间，宁古塔城的汉族民人日渐增多，为加强管理，雍正五年（1727 年），设立长宁县。雍正十二年（1734 年），长宁县有 201 丁。

东北封禁前，吉林地区的城镇，除了吉林和宁古塔两大城镇外，还有伯都讷、阿勒楚喀、乌拉和三姓四座城镇。康熙三十一年（1692 年），清政府鉴于"白都纳地方，系水陆通衢，可以开垦田土，应于此地修造木城一座"⑥。康熙三十二年（1693 年），伯都讷城建城。该城四周土坯砌墙，两面细泥抹饰，周围 1350 丈，城墙基宽 3 尺 5 寸，顶宽 2 尺 5 寸，高 8 尺，东、西、南、北各一门。因当地以前还有旧城，旧名纳尔浑，故此城又名新城，又名孤儿却。⑦"将席北、卦尔察、打虎儿内，拣选强壮者二千名，令其披甲，即住所造新城。"⑧"城内铺商均在南街，北街无市，东即

---

① 康熙二十三年版《盛京通志》卷 10《城池》。
② 萨英额：《吉林外记》卷 2《城池》。
③ 同上。
④ 吴桭臣：《宁古塔纪略》。
⑤ 杨宾：《柳边纪略》卷 3。
⑥ 《清圣祖实录》卷 155，康熙三十一年四月乙巳，第 4575 页。
⑦ 参见吴桭臣《宁古塔纪略》，方式济《龙沙纪略》卷 1《方隅》。
⑧ 《清圣祖实录》卷 155，康熙三十一年四月乙巳，第 4575 页。

星散，西尤萧疏。"① 此外，雍正七年（1729 年），清政府于松花江中游阿勒楚喀修建了阿勒楚喀城（今黑龙江省阿城）。该城为木城，四周板墙，周围745 丈。四周筑土为墙，方 1026 丈，基宽 5 尺，顶宽 2 尺 5 寸，高 7 尺，东西南北各一门。"城内无集市，惟西门外商贾辐辏。"② 乌拉城，修筑于康熙四十二年（1703 年），该城筑土为墙，周围 8 里，基宽 3 尺，高 8 尺，东西南北各一门。"城内无市廛，为西门外有向西及南北街市，商贾辐辏。"③ 三姓城，康熙五十四年（1715 年），宁古塔副都统马齐疏请于三姓地方建造城垣。该土城按照伯都讷例，建在旧城西边择地势平坦之处。

（三）黑龙江地区的城镇

黑龙江地区的城镇发展轨迹与吉林地区类似，但是康雍年间没有内地民人，只有八旗驻防和流人。

康熙、雍正年间，黑龙江地区相继兴起瑷珲（黑龙江城）、齐齐哈尔、墨尔根等数座城镇，其中以瑷珲城为最早，以齐齐哈尔城为最繁华。瑷珲城，修建于康熙二十三年（1684 年），在黑龙江东岸。该城先是黑龙江将军驻地，后为副都统驻地，其职能以军事为主。康熙二十四年（1685 年），在黑龙江西岸的瑷珲城对面又修建一座新城，为黑龙江城，以瑷珲城为旧城。两处相距较近，一般以黑龙江城指代两城。总体观之，黑龙江地区瑷珲、齐齐哈尔和墨尔根三座城镇均采用松木夹栅，中间筑土的建筑形式，其周围也均是 1300 步。④ 康熙年间，瑷珲有口 13024 人⑤，雍正十二年（1734 年）时，该处旗民已经增至 4440 丁，乾隆六年（1741 年），再增至 4845 丁。⑥ 瑷珲城多为八旗驻防，流放于此的流人也多是充当水师营的帮丁。⑦

齐齐哈尔（卜魁），是黑龙江地区的军事重镇之一。康熙三十年（1691 年），黑龙江将军萨布苏奏请于嫩江东博克西村⑧，建造木城，按照黑龙江城样式，周围 1030 尺，高 1 丈 8 尺，内外立木，中间填土，四面四

① 萨英额：《吉林外记》卷 2《城池》。
② 同上。
③ 同上。
④ 参见王河等《盛京通志》卷 15《城池》，乾隆元年刻本。
⑤ 参见方式济《龙沙纪略·经制》。
⑥ 参见刘谨之等《钦定盛京通志》卷 35《户口一》，乾隆四十三年刻本。
⑦ 参见方式济《龙沙纪略·经制》。
⑧ 该村又名卜魁，因临近齐齐哈尔村，所以该城被称为卜魁或者齐齐哈尔，参见（清）英和《卜魁纪略》和徐宗亮《黑龙江述略》卷 2《建置》。

楼门，四角增四座角楼。① 康熙三十八年（1699 年），黑龙江将军移驻此城，从此至清末，该城一直是黑龙江地区的政治、军事中心。康熙年间户口有"二万零二十七"②，雍正十二年（1734 年），增至 7465 丁。乾隆六年（1741 年），再增至 8901 丁。③ 齐齐哈尔城，也是分为内、外二城。内城"以栅木为城，将军公署、私第，皆在夹植大木中，实以土。宽丈余，木末高低相间，肖睥睨。四门外环土城，累伐为之。周六里，西面二门……入土城南门，抵木城里许，商贾夹衢而居，市场声颇嘈嘈"④。

墨尔根，康熙二十五年（1686 年）建造，木城，城建按照黑龙江城样式，周围 1030 尺，高 1 丈 8 尺，内外立木，中间填土，四面四楼门，四角增四座角楼。康熙二十九（1690 年），黑龙江将军自黑龙江城移驻墨尔根。康熙三十八年（1699 年），黑龙江将军再次移驻齐齐哈尔城，墨尔根城为副都统驻地。⑤ 康熙年间有户口"五千七百三十八"⑥，雍正十二年（1734 年），有 2369 旗丁。乾隆六年（1741 年），有 2489 旗丁。⑦

（四）热河地区的城镇

热河地区在清初属于蒙古东三盟地方。康熙二十二年（1683 年），蒙古喀喇沁、敖汉、翁牛特诸旗献出一块地方，作为围场，是为木兰围场（今河北省围场县境）。此后，康熙帝多次巡幸该地，进行木兰秋狝。康熙四十二年（1703 年），康熙在热河上营的小村庄修建了行宫，名之避暑山庄。康熙五十二年（1713 年），又修筑热河城。热河城逐渐成为热河地区最大的城镇。热河地区不仅皇家行宫众多，且寺庙数目也不少，此外，每次皇帝巡视，还有众多大臣陪侍，所以热河还有数量众多的大臣宅第。诸多建筑的修建，吸纳了大批民众前来，他们在修筑行宫、庙宇和宅第的过程中，逐渐定居下来，促进了热河地区城镇的发展。为了守卫行宫，康熙四十二年（1703 年）清政府还在当地驻扎了一定数量的八旗官兵及其家属，统归热河总管管理。此外，康熙四十五年（1706 年）清政府还设立河屯营，隶属于直隶提督，分驻各处，协同八旗驻防。⑧

---

① 参见鄂尔泰《八旗通志初集》卷 24《营建志》。
② 参见方式济《龙沙纪略·经制》。
③ 同上。
④ 方式济：《龙沙纪略·屋宇》。
⑤ 参见鄂尔泰《八旗通志》卷 24《营建志》。
⑥ 参见方式济《龙沙纪略·经制》。
⑦ 参见刘谨之等《钦定盛京通志》卷 35《户口一》，乾隆四十四年刻本。
⑧ 参见（清）和珅等《钦定热河志》卷 84《兵制》。

总之，无论是负责建筑的民人的到来，还是负责守卫的兵丁的进驻，均为热河地区城镇发展起到了积极促进作用。最初的热河上营，不过几十户人家。随着避暑山庄的兴建，这个原本甚小的居民点迅速发展起来。为加强管理，雍正元年（1723 年）设热河厅，雍正十一年（1733 年）改设承德州。乾隆七年（1742 年）虽罢州，但仍设热河厅。① 经过半个多世纪的发展，承德已经十分兴盛了。乾隆年间的吴锡麒记道："买卖街在山庄西，最称繁富，南北杂货无所不有。"② 到乾隆年间，热河已经是"户口日增，民生富庶，且农耕蕃殖，市肆殷阗，俨然成一都会"③。由此可见，热河城的兴起，与盛京、吉林和黑龙江城镇兴起的模式不同，前者多是由八旗驻防的军事城镇发展起来，而热河则是因为政治需要而兴起的。可以说，如果没有木兰围场和热河行宫的存在，热河城是不会兴起并成为长城沿线外侧的一大都会。

除此之外，康熙、雍正年间，清政府允许内地民人前往该区从事农耕。如前文所述，康熙五十一年（1712 年）时，山东民人往来口外垦地者，已经多至十余万。热河地区屯垦耕植的散居村落日渐增多，在平坦的河谷地带，往往形成了一些较大的村镇，比如塔子沟、三座塔等。塔子沟，"在喀喇沁贝子境内，西距热河三百六十里，本无城郭村堡。自乾隆六年设立通判，因择其地势平坦，山环四面，水绕左右，民之可耕可溉，且因其二十里外向有古塔，遂名塔子沟焉。至乾隆七年，建署衙，设街道，四方商贾云集而成巨镇。厅署驻扎处所，方围十里，街衢六道，其东西长二里，阔五丈。东通奉省，西通热河，其南北长三里，阔五丈。南通迁邑，北通翁牛特旗，又有建昌街、遵化街，盖以民人聚处多在此间因以名之"④。

三座塔，"在土默特贝子旗境内，即契丹柳城兴中府。左披凤凰山，右披狼山，前履大凌河纡迴相向，自西南而趋于东北山。环水绕于平原之中"。本地原有三座塔，东塔已倾倒，南、北二塔尚存，于是"商民八十余家，在南塔之北，北塔之南，群聚一隅。而新设部员巡检衙署皆建其地。本朝初年，三座塔城内荆榛满地，狼虎群游。向喇嘛绰水济卜地建寺于城内，于是渐有人烟。彼时三塔具在，遂呼为三座塔云"⑤。为加强对较

---

① 参见（清）和珅等《钦定热河志》卷 55《建置沿革》。
② （清）吴锡麒：《热河小记》，《小方壶舆地丛钞》第六帙。
③ （清）和珅等：《钦定热河志》卷 73《学校一》。
④ （清）哈达清格：《塔子沟纪略》卷 3《市镇》。
⑤ 同上。

大村屯的行政管理，清政府先后在热河地区设立民治机构，即雍正七年（1729 年）设八沟厅，乾隆元年（1736 年）设四旗厅，乾隆三年（1738 年）设塔子沟厅，乾隆七年（1742 年）设喀喇河屯厅。[①]

热河地区除热河城之外的其他城镇均是由于民人聚集而兴起的，而雍正年间和乾隆初年的行政设置，是对城镇兴起的肯定；同时，各区域行政中心的确立又进一步促进了上述城镇的发展，两者互相促进，共同发展。乾隆后期，热河地区的承德府、滦平县、丰宁县、平泉州、赤峰县、建昌县和朝阳县等诸多大型城镇均是从康熙、雍正年间的诸多小城镇逐渐发展和壮大起来的。

二　旗地的增加

随着八旗驻防体系的日臻完善，东北各地的旗地也不断增加。同时，大量内地民人的进入，东北各地的民地也不断扩展。旗地，是清代旗人土地的统称，归旗署管理。就经营方式而言，旗地可分为官庄和八旗官兵份地。前者，是旗地中设庄经营的土地统称。后者，通常称为一般旗地，是清政府对八旗兵丁按"计丁授田"的结果。[②] 顺治初年规定，每丁给地六垧（盛京地区一垧是六亩，吉林和黑龙江地区一垧是十亩）[③]。政府分授的土地，成为旗人长期占用的恒产或驻防八旗官兵的伍田地。

（一）盛京地区的旗地

一般旗地是随着八旗驻防的增加而不断发展的。清军入关前，辽东广大土地已经被授给了八旗官兵。入关后，很大部分旗地因为八旗内迁而荒芜。此后不久，清政府不断调整奉天地区的八旗驻防，并逐渐增加兵力，一般旗地也随之增加。顺治五年（1648 年）题准：拨给沙河以外、锦州以内的八旗官兵土地，每丁给地六垧承种。官员庄屯分布则是："两黄旗设于沙河所，两白旗设于宁远，两红旗设于塔山，两蓝旗设于锦州。"[④] 康熙十八年（1679 年），清政府准备把新满洲南迁至奉天，为安置其生计，清政府命令对奉天地区的田亩进行查丈。最后得知"奉天所属，东自抚顺起，西至宁远州老君屯，南自盖平县栏石起，北至开原县，除马场羊草等

---

① 参见（清）和珅等《钦定热河志》卷 55《建置沿革》。

② 参见杨余练《清代东北史》，第 348 页。

③ 参见鄂尔泰《八旗通志初集》卷 18《土田志一》。但康熙二十三年版《盛京通志》卷 18 《田赋》记载"本朝定例，每丁给地五日……奉天计日，因地异也，一日可五六亩，视天时之顺逆，人事之勤惰为进退"。与《八旗通志初集》的记载有异。

④ 鄂尔泰：《八旗通志初集》卷 18《土田志一》。

甸地外，实丈出五百四十八万四千一百五十五垧"。经过议定，清政府"分定旗地四百六十万五千三百八十响，民地八十七万八千七百七十五垧"。这是清政府首次对奉天地区的土地进行整体规划，旗地占到总面积的84%，民地仅仅占到16%。这充分体现出清政府在利益分配上，旗人占有绝对优越权。不仅如此，清政府还规定，"旗人、民人无力开垦荒甸，又复霸占者，严查治罪"①。

新满洲到达奉天后，仅用一年时间，就开垦出一万余顷的田地。康熙十九年（1680年）八月己未，户部郎中鄂齐礼奉查往盛京踏勘满洲新开荒地。事竣，回奏："东至抚顺，西至山海关，南至盖州，北至开原，皆经查勘，计田万顷有奇。"②虽然经过旗人和民人的大力垦殖，奉天地区仍有大量荒地存在。康熙十九年八月，盛京户部侍郎塞赫等疏言，"查过未垦荒地荒田一百五十四万七千六百余垧。内除皇庄喂马打草地二万二千四百余垧，仍有一百五十二万五千二百余垧"。为尽快恢复奉天经济，户部议复："应照侍郎塞赫等所题，将此地亩注册。有民愿开垦者，州县申报府尹，给地耕种征粮。若旗人有力愿垦者，亦将人名地数，呈请注册。若自京城移驻官兵、当差及安庄人等，有将在京地亩退还交部，愿领盛京地亩者，将彼处旗人垦过余地，并未垦地之内，酌量拨给。"对此，康熙帝也同意。他颁布谕旨："盛京田地，关系旗丁民人生计，最为紧要。着尔部贤能司官二员前往，会同将军、副都统、侍郎等及府尹，将各处田地清丈明白。务令旗民咸利，设立边界，永安生业。"清政府向来鼓励旗人开垦，明确规定："其人丁增添，照所具呈，准其开垦。"③不仅如此，清政府还允许民人在旗界内垦殖。"康熙十九年覆准，奉天新来之民，界内安插，缘边次第垦种。其原在旗界内居民，有愿移于民界内垦种者，有仍愿在旗界内垦种原地者，听从其便。"④

在清政府的大力鼓励和支持下，康熙年间，盛京地区的旗地获得迅猛发展。康熙二十三年（1684年），兴京、奉天、开原等十一城的八旗田亩总数，共计442097日。⑤

---

① 《清圣祖实录》卷87，康熙十八年十二月癸未，第3709页。
② 鄂尔泰：《八旗通志初集》卷18《土田志一》。
③ 康熙二十三年版《盛京通志》卷18《田赋》。
④ 鄂尔泰：《八旗通志初集》卷18《土田志一》。
⑤ 参见王河等《盛京通志》卷24《田赋》乾隆元年刻本。董秉忠等修《盛京通志》（康熙二十三年刻本）卷18《田赋》记载为四十四万二千九百九十七日。王河认为，康熙二十三年刻本《盛京通志》的记载多出"九百"二字，实际应是四十四万二千零九十七日。

表 3 - 3　　　　　康熙二十三年盛京地区八旗田亩数目统计表　　　　（单位：日）

地方名称	田亩数字
兴京	2441
奉天	258937
开原	11667
凤凰城	7590
盖州	16274
南金州	5150
牛庄	28114
广宁	22078
义州	33052
锦州	29938
山海关	26856
总计	442097

资料来源：康熙二十三年版《盛京通志》卷 18《田赋》。乾隆元年版《盛京通志》卷 24《田赋》。

康熙年间，清政府不断鼓励东北的八旗驻防兵丁进行屯垦，扩展旗地。康熙二十五年（1686 年），清政府把"锦州、凤凰城等八处荒地分拨旗丁、民丁，给牛屯垦。每十六丁内，二丁承种，余十四丁，助给口粮农器。"此后，清廷又准："凤凰城等八处，差大臣三员，司官八员前往，会同盛京将军、户部侍郎，酌量屯垦。"[1] 当年，八处驻防八旗兵丁共垦地 24065 垧。[2] 此后，随着八旗驻防兵丁不断增加，旗地也不断增加。康熙三十二年（1693 年），清政府再次丈量奉天所属旗地，结果是奉天地区十五个驻防地区的旗地增加至 1167544 日 5 亩。[3]

---

① 鄂尔泰：《八旗通志初集》卷 18《土田志一》。
② 参见董秉忠等《盛京通志》卷 18《田赋》，康熙二十三年刻本。
③ 参见王河等《盛京通志》卷 24《田赋》，乾隆元年刻本。

表 3 - 4　　　　　康熙三十二年盛京地区八旗田亩数目统计表

地方名称	田亩数字
奉天	217448 日 4 亩
兴京	62784 日 2 亩
辽阳	146801 日
盖平	28667 日
牛庄	58804 日 2 亩
开原	80418 日
熊岳	21971.5 日
复州	14026.5 日
金州	16202.5 日
岫岩	12223 日
凤凰城	18285 日
锦州	113154 日 3 亩
宁远	126451 日 1 亩
广宁	163567 日 1 亩
义州	86740 日 1 亩
总计	1167544 日 5 亩

资料来源：乾隆元年版《盛京通志》卷 24《田赋》。

经过数十年的发展，盛京地区的旗地又有新增长。雍正五年（1727年），经清丈，盛京旗地共 2367806 日 4 亩。[①] 清廷户部档案资料记载雍正五年数据与之相似，为 2373080 日 3 亩 1 分。另外，该户部档案资料还记载了雍正六年（1728 年）盛京旗地为 2375117 日 3 亩 2 分，雍正七年（1729 年）盛京旗地为 2390019 日 8 分，雍正八年（1730 年）为 2393149日 1 亩，雍正九年（1731 年）为 2400140 日 1 分，雍正十年（1732 年）为 2404441 日 5 亩 2 分，雍正十一年（1733 年）为 2411739 日 2 亩 6 分，雍正十二年（1734 年）为 2422686 日 5 亩 2 分。[②]

①　参见王河等《盛京通志》卷 24《田赋》，乾隆元年刻本。刘谨之等《钦定盛京通志》卷48《田赋》，乾隆四十三年刻本。

②　参见丁进军《雍正年间盛京旗地额赋史料》，《历史档案》1987 年第 1 期。

表 3 - 5　　　　　　　　雍正五年盛京地区八旗田亩数目统计表

地方名称	田亩数字
奉天	362715 日
兴京	116240 日
辽阳	353228 日
盖平	74518 日
牛庄	140897 日 5 亩
开原	207638 日 4 亩
熊岳	56721 日
复州	27986 日
金州	55164 日 2 亩
岫岩	35774 日 3 亩
凤凰城	35688 日 1 亩
锦州	183332 日 5 亩
宁远	195098 日 2 亩
广宁	376064 日 1 亩
义州	146739 日 5 亩
总计	2367806 日 4 亩

资料来源：乾隆元年版《盛京通志》卷24《田赋》。

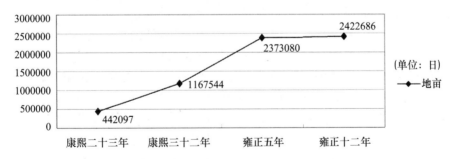

图 3 - 4　康熙、雍正年间盛京地区八旗田亩数目统计图

注：本图数据来自上文统计。

　　我们通过统计，得出了相应数据。我们选取了上述四个时间点的奉天地区旗地进行比较，就可以有更加清晰的认识。总体来看，从康熙二十三年（1684 年）到雍正十二年（1734 年）的 50 年间，盛京地区的旗地呈现出不断增长趋势。就总量而言，雍正十二年比康熙二十三年，增长了

1980589 日,总体增长了 4.48 倍。其中,康熙三十二年(1693 年)比康熙二十三年增加了 725447 日,增加了 2.6 倍;雍正五年(1727 年)比康熙三十二年增加了 1205536 日,增长了 1.03 倍。就增速而言,从康熙二十三年到雍正五年的 42 年间,年均增长 45976 日。其中,前期从康熙二十三年到康熙三十二年的 9 年间,年均增加 80605 日,中期从康熙三十二年到雍正五年的 33 年间,年均增长仅 36531 日。后期从雍正十二年到雍正五年的 7 年间,年均增长为 7087 日。显而易见,前期增速明显高于后期,前者是后者的 11 倍。综合分析上述数据,我们可知,从顺治、经康熙到雍正年间,奉天地区的旗地一直呈现出不断增长的趋势,但从康熙后期开始,增速已经明显下降。

此外,盛京地区还设有数量众多的官庄,乾隆元年版的《盛京通志》记载有 127 处。[①] 该处的官庄分为粮庄、盐庄和棉花庄等类型,隶属于盛京户部。由于上述官庄的收益主要用于永陵、福陵和昭陵的祭祀,所以本文不把上述官庄纳入旗地的范畴。

(二)吉林、黑龙江与热河地区的旗地

与盛京地区的官庄不同,吉林和黑龙江地区的官庄收益主要用于当地驻防八旗开销,所以,本文在论述吉林和黑龙江地区的旗地时,不仅论及一般旗地,也把官庄纳入论述。较之盛京地区,吉林、黑龙江地区的旗地发展较晚。为应对沙俄不断东进的军事压力,清军开始不断增强军事防备。康熙三年(1664 年),清政府将流放在宁古塔的流人编入设立的 32 个官庄,以"屯积粮草"[②],是为吉林地区官庄设置之始。

康熙中叶,清政府不断增加吉林地区的八旗驻防,宁古塔将军所属的伯都讷、三姓、阿勒楚喀、珲春等地也逐渐设立驻防,并设置一定规模的旗地。截至雍正朝,吉林地区的一般旗地和官庄数量已经具有很大规模。吉林乌拉有官庄 50 处,庄丁 500 名;宁古塔有官庄 13 处,庄丁 130 名;伯都讷有官庄 6 处,庄丁 60 名;打牲乌拉有官地有庄头 5 名,庄丁 140 名。[③] 宁古塔将军所辖台站耕种地亩,合计 24684 垧。吉林乌拉官兵开垦地、水师营旗地和庄头开垦地三项共计 45750 垧。宁古塔官兵开垦地、水师营旗地和庄头开垦地三项共计 49055 垧。珲春官兵开垦地 8894 垧。三姓官兵开垦地 12926 垧。伯都讷官兵种地和庄头垦地合计

---

① 参见《户部册》记载只有 126 处,与《盛京通志》的记载有异。

② 参见吴桭臣《宁古塔纪略》。

③ 参见王河等《盛京通志》卷 24《田赋》,乾隆元年刻本。

共 18902 垧。阿勒楚喀官兵开垦地 4908 垧。① 上述各项旗地共有 165119
垧。

康熙二十二年（1683 年），清廷划出宁古塔将军所辖之西北地区，在
黑龙江中游东岸的黑龙江城，增设镇守黑龙江等处地方将军。初置黑龙江
将军，由宁古塔副都统萨布素升任，驻黑龙江东岸的瑷珲（旧城）。康熙
二十三年（1684 年），萨布素移驻黑龙江西岸的瑷珲新城（黑龙江城）。
康熙二十九年（1690 年），移驻墨尔根（今嫩江）。康熙三十八年
（1699 年），萨布素复自墨尔根移驻齐齐哈尔。早在康熙二十四年（1685
年），清政府就组织官兵开垦种田，"盛京官兵至黑龙江垦地一千五百余
垧"②。康熙二十五年（1686 年）又题准："黑龙江墨尔根地方，户部各差
官一员监看垦种。墨尔根令索伦、打虎尔官兵耕种。黑龙江令盛京官兵耕
种。"同年，黑龙江垦地取得了很好成绩，"田谷大获"。索伦官兵耕种田
地共 1660 垧，盛京官兵耕种黑龙江地共 1789 垧。③ 当年十二月，康熙帝
以"郎中博奇所监种田地，较诸处收获为多，足供驿站人役之口粮，积贮
其余谷。博奇效力，视众为优"④，从而嘉奖了户部派往黑龙江监督垦种的
郎中博奇。康熙二十九年，墨尔根城驻防八旗官兵每年垦种田地上升到了
"二千余垧"⑤。到康熙后期，"齐齐哈尔（卜魁）、瑷珲官庄各二十，墨尔
根官庄十一"⑥。雍正十二年（1734 年），齐齐哈尔有官庄 20 处，公田 5
处。⑦ 布特哈有官田 2 处，公田 3 处。墨尔根有官庄 11 处，公田 1 处。黑
龙江有官屯 30 处，公田 3 处。⑧

雍正年间，黑龙江旗地数额不断发展。雍正六年（1728 年），管侍卫
内大臣公富尔丹题准："乞察哈尔兵丁、水手、拜唐阿，在城南克尔育尔、
恒费发尔等处，种官地 2000 垧。黑龙江城兵丁，在城南种官地 1500 垧。
布特哈、索伦、打虎尔、在那尔吉村东博尔得洛库等处，种地 2000 垧。"⑨
上述三地共有官地 5500 垧。

雍正十二年（1734 年），黑龙江将军所辖台站耕种地亩合计是 7098

① 参见鄂尔泰《八旗通志初集》卷 21《土田志四》。
② 王河等：《盛京通志》卷 24《田赋》，乾隆元年刻本。
③ 同上。
④ 鄂尔泰：《八旗通志初集》卷 18《土田志一》。
⑤ 参见《清圣祖实录》卷 149，康熙二十九年十月壬戌，第 4509 页。
⑥ 参见方式济《龙沙纪略·经制》。
⑦ 公田系八旗水手、打牲人等耕种防歉，例不销算地数。
⑧ 参见王河等《盛京通志》卷 24《田赋》，乾隆元年刻本。
⑨ 鄂尔泰：《八旗通志初集》卷 21《土田志四》。

垧。乞察哈尔八旗官兵、水手、拜唐阿，官种地 2500 垧，兵种地 35000 垧。（黑龙江城）官兵、水手、拜唐阿，官种地 1375 垧，兵种地 18099 垧。墨尔根和屯官兵、水手、拜唐阿，官种地 1760 垧，兵种地 29033 垧。布特海（哈）副都统驻防纳尔吉村地方，官种地 3166 垧，布特哈人丁种地 31770 垧。① 上述各旗地，共计 129801 垧。

乾隆二年（1737 年），清政府在黑龙江呼兰地方设庄 40 所。令盛京将军等选八旗开户壮丁 400 名，给地 60 亩，房 2 间，并给口粮子种。乾隆六年（1741 年），又择闲丁 50 名增设呼兰屯庄 5 所。次年，又在水土丰饶的温得亨山及都尔图地方增设官庄 5 所。② 以一丁垦地 10 垧计，乾隆七年（1742 年）时，黑龙江地区新增官庄 50 所，旗地 5000 垧。

康熙、雍正年间，热河地区旗地在史料中没有明确记载。按照清廷规定，"每兵一名给地一顷二十亩"的标准③，那么热河和围场的八旗驻防兵丁在乾隆三年（1738 年）时，共有 2800 名，由此可知，乾隆三年时的热河地区旗地大致有 3360 顷。乾隆六年（1741 年）时，"热河东西共旗地一万九千九百余垧"④。乾隆四十六年（1781 年）时，承德府有旗地 863 顷 34 亩，滦平县有旗地 1293 顷 63 亩，平泉县有旗地 3434 顷 35 亩，丰宁县有旗地 12177 顷 41 亩。⑤ 上述各地的旗地总计为 17771 顷 73 亩。较之乾隆三年的数字，后者比前者增加了 5.3 倍。

三　民地的增加

如前文所述，虽然康熙六年（1667 年）停止了"辽东招垦令"，但是内地民人向东北迁移的浪潮并没有停止。随着大量民人的到来，东北民地的数量也不断增长。此外，清政府也多次鼓励东北人民大量发展农业。康熙十年（1671 年）九月辛未，康熙帝至盛京，训谕盛京将军阿穆尔图等要"抚戢军民，爱养招徕，满汉人民悉赖农业，须多方劝谕，开垦耕种，俾各遂生计，以副朕眷念发祥重地之意"⑥。康熙帝强调开垦耕种、增加生产的重要性，无疑对盛京等地的民地发展起到促进作用。康熙十九年（1680 年）八月，盛京户部侍郎塞赫等疏言，"查过未垦荒

① 参见鄂尔泰《八旗通志初集》卷 21《土田志四》。
② 参见乾隆朝官修《清朝文献通考》卷 5《田赋五》。
③ 同上书，卷 183《兵五》。
④ 《清高宗实录》卷 155，乾隆六年十一月辛卯，第 10143 页。
⑤ 参见（清）和珅等《钦定热河志》卷 91《食货》。
⑥ 《清圣祖实录》卷 36，康熙十年九月辛未，第 3096 页。

地荒田一百五十四万七千六百余垧。内除皇庄喂马打草地二万二千四百余垧，仍有一百五十二万五千二百余垧"。为尽快恢复奉天经济，户部议复："应照侍郎塞赫等所题，将此地亩注册。有民愿开垦者，州县申报府尹，给地耕种征粮。若旗人有力愿垦者，亦将人名地数，呈请注册。若自京城移驻官兵、当差及安庄人等，有将在京地亩退还交部，愿领盛京地亩者，将彼处旗人垦过余地，并未垦地之内，酌量拨给。"此外，清政府还允许民人在旗界内垦殖。"康熙十九年覆准，奉天新来之民，界内安插，缘边次第垦种。其原在旗界内居民，有愿移于民界内垦种者，有仍愿在旗界内垦种原地者，听从其便。"① 这说明，康熙年间对民地在旗界内垦种，是给予肯定和支持的。上述诸多政策激励了民地的发展。

（一）盛京地区的民地

康熙、雍正年间，关内流民主要向盛京地区流动，所以，该时期的民地增加也主要是在盛京地区。如前文所述，截止到康熙八年（1669年），盛京地区共有民地243603亩。此后，盛京起科民地不断增加，如康熙十五年（1676年），承德等六州县起科21728亩，锦州、宁远和广宁三地共起科民地30244亩。康熙十八年（1679年），承德和盖平两地起科民地864亩。康熙十九年（1680年），锦州、宁远和广宁三地共起科民地614亩。由于流民一旦向政府上报垦地亩数，就需要负担一系列赋税和徭役，所以很多民众并没有上报真实的亩数。而政府为了增加财税，则不断加大对流民隐藏地亩的查处。我们从史料看到，自康熙十七年（1678年）起，盛京各地均有数额巨大的隐地被查出。康熙十七年，承德等六州县民人自首隐地7345亩，锦州、宁远和广宁三地民人自首隐地27524余亩。康熙二十年（1681年），宁远州民人自首隐地29亩。康熙二十一年（1682年），海城县查出尚可喜名下隐地3080亩。次年，宁远和广宁两地的民人自首隐地250余亩。② 总之，清政府不断清丈土地，把大量隐地清查出来，这为我们研究当时盛京地区民地发展的真实情况提供了可能。

---

① 鄂尔泰：《八旗通志初集》卷18《土田志一》。

② 参见王河等《盛京通志》卷24《田赋》，乾隆元年刻本。

表3-6　　　　　　康熙雍正年间盛京地区民田亩数目统计表　　　　　　（单位：亩）

府　名	康熙二十二年	康熙二十四年	雍正二年	雍正十一年	雍正十二年
奉天府	203653.7	181917.8	323690.4	1172619.2①	1174511.6②
锦州府	10925.3	129832.8	256948.4	648544.2	648544.7③
总　计	312859	311750.6④	580638.8⑤	1821163.4	1823056.3

资料来源：乾隆元年版《盛京通志》卷24《田赋》。

从上表数据我们可见，从康熙二十二年（1683 年）到雍正十二年（1734 年），除了康熙二十四年（1685 年）比康熙二十二年略微下降外，其余年份盛京地区的民田数字基本上呈现出较为稳定的增长态势。雍正二年（1724 年）比康熙二十二年增加了 26779.8 亩，年均增长 6531.2 亩。雍正十一年（1733 年）比雍正二年增加了 1240524.6 亩，年均增长 137836.1 亩。该段时间的民田增速是前段的 21 倍。由此可见，雍正初年，盛京地区民田增速比康熙年间要迅猛很多。

个中原因，笔者认为有四个。首先，康熙晚期至雍正年间，进入盛京地区的内地民人大增。如前文所述，仅以民丁为例，盛京地区的人丁从康熙五十年（1711 年）的不足 30000 丁，到雍正十一年已经超过了 40000 丁。人口的迅猛增长，必然带来民地数量的大幅增加。

其次，清政府在康熙和雍正年间一直在全国范围内大力鼓励垦荒。前文论述了康熙帝曾要求盛京将军多方劝垦之事。雍正年间，清政府依然大力鼓励开垦土地，并对能劝谕百姓开垦地亩成绩优秀的地方官给予嘉奖。如雍正元年（1723 年），雍正上谕户部道："国家承平日久，生齿殷繁，土地所出仅可瞻给，倘遇荒歉，民食维艰，将来户口日增，何以为业？惟

① 雍正五年，清政府在吉林设立了永吉州和长宁县，归属奉天府管辖。此表中把上述二地区的民田亩数删除。

② 复州的民田数字是 296118.4 亩，但史料同时记载该州实在亩数是 219016 亩，故笔者选取实在数字为准。宁海县的民田数字是 77101.7 亩，但乾隆四十三年版《钦定盛京通志》卷 37《田赋》却记载为 56172 亩。两者数字存在较大差异，因均是原始资料，笔者不能定断，只好选取乾隆元年版《盛京通志》中记载的 77101.7 亩，此处先存疑，以待进一步考证。

③ 雍正十二年，锦州府从锦县和广宁两地划出一地设立义州，因此义州当年的民地 72092 亩，仍属于锦县和广宁所属民地的范畴内，故而，此时的锦州府虽增设了义州，但民田数字仍没有变动。

④ 此数据与乾隆官修《清朝文献通考》卷 3《田赋三》记载相符。

⑤ 参见乾隆官修《清朝文献通考》卷 3《田赋三》，记载雍正二年奉天府和锦州府民地是 58658 亩有奇。该数据与此相差 20 亩。

开垦一事于百姓最有裨益。但向来开垦之费，浮于卖价，百姓畏缩不前，往往膏腴荒弃，岂不可惜？嗣后各省凡有可垦之处，听民向度地宜自垦自报，地方官不得勒索，胥吏亦不得阻扰……其府州县官能督率各属劝谕百姓开垦地亩多者，准令议叙。督抚大吏能督率各属开垦地亩多者，亦准令议叙。务使野无旷土，家给人足，以符富民阜俗之。"①

再次，民地增加还得益于是对流民隐地的清丈。康熙和雍正年间，清政府多次谕令全国各地官员严禁垦荒隐匿。如康熙四十三年（1704 年），康熙谕令："严垦荒隐捏之禁。各省垦荒田地如地方官隐匿入己，巡抚不行严察止据各州县捏报，具题该督即行题参，并将不行稽查之司道府一并参处。"② 雍正五年（1727 年），清政府再次严查各地隐地。"复行查出，在官在民，定行从重治罪。"③ 清政府通过清丈田亩或者民人自首隐地，把大量民间隐地清查出来，这更加真实地接近盛京地区民地发展的确切状况。

最后，雍正四年（1726 年），清政府还把辽西官庄 77 万余亩的退圈地划归州县管辖，计入民地之中。④ 总之，清政府通过鼓励民间垦地和清查民间隐地等多重手段，把大量隐地纳入政府管理轨道。

（二）吉林与热河地区的民地

康熙朝后期，东北的民人已经突破了柳条边的限制，开始向吉林地区扩展，随之而来的，就是吉林地区民地的出现。雍正五年（1727 年），为加强对吉林地区民人的管理清政府在吉林设立永吉州，伯都讷设立长宁县，宁古塔设立泰宁县，但泰宁县仅设两年便被裁汰。经过数年发展，雍正十一年（1733 年），永吉州和长宁县两地人丁共有 2220 丁，永吉州已征和未征田亩共 49602 亩，当年的起科地为 24012 亩。次年（1734 年），起科地增至 27213 亩。长宁县，到雍正九年（1731 年）共垦荒地 1900 亩，熟地 142 亩。⑤ 到乾隆十三年（1748 年），永吉州和长宁县被裁撤时，两处的起科地就已经发展到 151875 亩。⑥ 若考虑到尚未起科的地亩，吉林地区的民地已经发展到相当可观的规模，但当时的黑龙江尚没有民地。

如前文所述，康熙、雍正年间，清政府一直鼓励热河地区的农业发

---

① 乾隆官修：《清朝文献通考》卷 3《田赋三》。
② 同上。
③ 同上。
④ 参见杨余练《清代东北史》，第 369 页。
⑤ 参见乾隆元年版《盛京通志》卷 24《田赋》。
⑥ 参见刘谨之等《钦定盛京通志》卷 37《田赋》，乾隆四十三年刻本。

展。热河地区的民地比较复杂，既有被纳入政府管理的民地，也有流民租佃蒙古王公的租地。前者可以查知，但是后者却不能查知。乾隆六年（1741年），北古口至围场之间的广大地区，被纳入政府管理系统的升科地已有3000余顷。① 乾隆十三年（1748年），清政府调查喀喇沁中旗境内的农垦和汉人情况，发现当地有汉人男女42924人，有耕地77410亩，共有103个村庄。② 由此可见，原本是游牧的东三盟地区已经开始出现了一定规模的农业。乾隆二十五年（1760年），乾隆帝在上谕中指出："古北口外一带，往代皆号岩疆，不敢尺寸踰越。我朝四十八部，子弟臣仆，视同一家，沿边内地民人，前往种植，成家室而长子孙，其利甚溥。"③ 迨至乾隆四十六年（1781年），承德府（热河厅）有民地207323亩，滦平县（喀喇河屯厅）有民地87902亩，平泉县（八沟厅）有民地43693亩，丰宁县民地5220亩有奇。建昌县（塔子沟厅）、赤峰（乌兰哈达厅）和朝阳（三座塔厅）三县无额征旗、民地，其所属各民地俱由王子、贝勒、公、扎萨克等交民人佃种取租。④ 由此可知，热河地区的民地至少在344138亩以上。

四 从旗民互垦到旗民分界

从顺治年间至康熙初年，东北的民人数量仍比较少，广袤的东北大地多是旗民的村屯和地亩。《铁岭县志》记载："（铁岭）居民鲜少，城内外及附近数处，约略可尽。惟南赴奉天府沿途，仍有三四处，其余则旗下旧人居之。"⑤ 当时的清政府并没有划定旗地和民地的界线，故两者多有混杂。康熙十八年（1679年）时，清政府为了安置南迁至盛京的新满洲，遂对盛京地区的耕地进行大规模清查，并划定了旗地和民地的界线。⑥ 次年（1680年）八月，盛京户部侍郎塞赫等疏言将一百五十二万五千二百余垧的荒地注册。"有民愿开垦者，州县申报府尹，给地耕种征粮。若旗人有力愿垦者，亦将人名地数，呈请注册。"康熙帝谕令盛京将军、副都

① 参见《清高宗实录》卷155，乾隆六年十一月辛卯，第10143页。
② 参见《钦定大清会典事例》卷979《理藩院》记载，乾隆十三年的喀喇沁中旗有汉人租种地为431顷80亩。而《锦热蒙地调查报告》下卷所收的喀喇沁中旗《乾隆十三年钦差大臣调查在本旗境内所住汉民之户口男妇及佃种地等数目清册》显示，乾隆十三年喀喇沁中旗有汉人租种地为774顷10亩。故此，笔者采用后一种数据。
③ 《清高宗实录》卷612，乾隆二十五年五月上壬子，第16576页。
④ 参见（清）和珅等《钦定热河志》卷91《食货》。
⑤ （清）董国祥等纂修：《铁岭县志》卷上《疆域志·村落》。
⑥ 参见《清圣祖实录》卷87，康熙十八年十二月癸未，第3709页。

统、侍郎等及府尹，"将各处田地清丈明白，务令旗民咸利，设立边界，永安生业"①。清政府对新来奉天的内地民垦地地域开始限定，规定只能安插在民地界内，但仍允许原来旗民界内互垦。即"奉天新来之民，界内安插，缘边次第垦种。其原在旗界内居民，有愿移于民界内垦种者，有仍愿在旗界内垦种原地者，听从其便"②。

　　旗民互垦的现象会带来严重的弊端，即对旗人和民人治理的不便。旗地与民地杂处，也不利于清政府清查各地地亩，势必会影响到对各自的赋税征收。此外，旗地与民地的地界不清，也会引起一些纷争，滋生事端。所以，康熙二十八年（1689 年），户部议复："户部郎中郑都等疏言：'臣等遵照，会同盛京户部、奉天府尹，亲往各属地方，详察旗民地亩，分立界限。嗣后分界之地，不许旗人民人互相垦种，以滋争端。如有荒地余多，旗民情愿垦种者，将地名亩数，具呈盛京户部，各界内听部丈给。庶界地分明，旗民各安生业，不致互相争告。'应如所请。"康熙帝也认为旗民互相垦种，以致争告不已。于是他命令民人不许在旗界内垦种，旗民不许在民界内垦种。他颁布上谕道："奉天等处旗民田地，所立界限不明。著将各部贤能司官，具题差往。会同盛京户部侍郎及该府尹，将旗民田地并牧场，逐一确察，各立界限，详定具奏。"③ 至此，东北旗地和民地由原来的互垦杂处终于转变为旗地与民地分界。旗民分界，固然有利于清政府对旗人和民人的管理，也便于更加清晰地征收相关赋税。但是，由于康熙十八年（1679 年）清政府规定的旗地面积远远超出民地，把旗地与民地分界，并限定互垦，这在实质上有利于保护旗人的利益。

第三节　四大围场和三大官牧场的设立

　　狩猎骑射是早期满族重要的生活内容之一，"行围肄武，原为满洲旧习"④。努尔哈赤和皇太极就多次率领八旗兵将通过行围狩猎来加强军事训练。为此，划定一定范围的围猎场所就应运而生，这就是围场的出现。崇德二年（1637 年），皇太极就谕令护军统领等人："尔等皆习熟畋猎之人，

---

① 鄂尔泰：《八旗通志初集》卷 18《土田志一》。
② 同上。
③ 同上。
④ 《清高宗实录》卷 613，乾隆二十五年五月下癸亥，第 16585 页。

凡猎必先整围场，然后全力合围，乃可获兽。"① 同时，围场内草木茂盛，各种动植物繁衍生息，这也为清朝皇室和满洲贵族提供了诸多珍稀动植物资源。此外，清政府还设了一定数量的官牧场，以养育大批战马，充实国家武备。具体就东北地区而言，围场主要有木兰、盛京、吉林和黑龙江四大围场，官牧场则主要有养息牧、大凌河和盘蛇驿三处。

一　木兰、盛京、吉林和黑龙江四大围场的建立与管理

（一）木兰围场的建立与管理

1. 木兰围场的建立

木兰围场，位于今河北省承德市北 150 公里处，是康熙帝从当时北方政治军事环境之需要出发和考虑而建的，意在结好并巩固满蒙关系，以达到"肆武绥藩"之统治目的。木兰围场以哨鹿而得名。"木兰者，围场之通称也。每岁仲秋之候鹿始出声，而鸣效其声以致之，曰哨鹿。国语（即满语）则谓之木兰，因以此为围场之总名焉。"② 换言之，"国语谓哨鹿曰木兰围场，为哨鹿所，故以得名"③。

木兰围场建置的具体时间，一些论著认为是康熙二十年（1681 年）。④《清朝文献通考》载"圣祖仁皇帝荡平三逆，偃革息兵，处承平无事之时，而不忘武备，故屡巡塞外，举行校猎之典，于是蒙古诸部献其牧地，规为围场"⑤。乾隆帝在《入柳条边》一诗的注释中也提及："木兰周千余里，本喀喇沁、敖汉、翁牛特诸部地。康熙年间，其王公等以地献，遂为围场，并非夺民之产。"⑥ 如乾隆帝所言，木兰围场地方原本是东蒙古喀喇沁、敖汉、翁牛特诸部的游牧地。景爱先生认为，敬献牧地的蒙古诸部中不包括敖汉部。⑦ 查阅文献可知，围场地区原本"为喀喇沁、翁牛特、巴林克什克腾等部所有"⑧。所以，笔者认为康熙年间敬献牧地为木兰围场的蒙古诸部应该是喀喇沁、翁牛特和巴林克什克腾三部。

---

① 光绪朝《钦定大清会典事例》卷 707《兵部·行围一·行围禁令》。
② 乾隆朝官修：《清朝文献通考》卷 270《舆地一·木兰》。
③ 和珅等：《钦定热河志》卷 45《围场一》。
④ 参见赵珍《清代塞外围场格局与动物资源盛衰》，《中国历史地理论丛》2009 年第 1 辑。关于设置时间，还有康熙二十二年（1683 年）说，参见安忠和《木兰围场始置时间新考》，《承德民族师专学报》2003 年第 8 期。
⑤ 《清朝文献通考》卷 270《舆地一·木兰》。
⑥ 和珅等：《钦定热河志》卷 45《围场一》。
⑦ 参见景爱《木兰围场建置考》，《传统文化与现代化》1994 年第 2 期。
⑧ 《清朝文献通考》卷 270《舆地一·木兰》。

木兰围场的范围四至，诸多文献记载较为一致。即"木兰围场在热河北，介蒙古部落中，川原回互"①，"周一千三百余里，南北二百余里，东西三百余里。东北为翁牛特界，东及东南为喀喇沁界，北为克西克腾界，西北为察哈尔正蓝旗界，西及西南为察哈尔正蓝、镶白二旗界，南为热河厅界。围场外北为巴林，东为土默特，西为西四旗察哈尔，南则入围场之路也"②。木兰围场下设72个小围场，诸如色呼围场、永安莽喀围场和永安湃围场等。

2. 木兰围场的管理

木兰围场，不仅是清朝皇帝的御用围场，而且地处京师、盛京和内蒙古东三盟三处政治地缘的接合部，其战略地位尤为重要，故而清政府对其十分重视，管理也极为严格。康熙四十五年（1706年）设总管1员，秩四品，以统领围场驻防八旗官兵；另设有章京8员，秩六品，以辅助总管。乾隆十八年（1753年）对围场官员秩品升级，改总管为三品；设左右翼长各1员，秩四品；章京，改为五品，并添设骁骑校8员，秩六品。总管属理藩院统辖，翼长、章京、骁骑校由总管遴选本处官员送院请旨补授。

为防止周边蒙古人和汉人进入，清政府在围场边界修建了柳条边，以示警戒。乾隆帝曾坦言："近省流民至者，不可不防其垦占。每于边界依谷口植柳为援，以示限制，而非申以厉禁，人自不敢潜越耕牧之法，诚尽善也。"③清政府不仅在围场边界植栅以"界别内外"，还在围场驻守八旗官兵分守。"营房八旗各一，镶黄旗在奇卜楚高，正白旗在纳林锡尔哈，镶白旗在什巴尔台，正蓝旗在石片子，正黄旗在锡拉扎巴，正红旗在扣肯陀罗海，镶红旗在苏木沟，镶蓝旗在海拉苏台。"④此外，每旗还设卡伦5座，巡视围场，严禁蒙古和汉人进入，"卡伦以内，蒙古、民人毋得阑入，其盗牲畜者，分别治罪。该管官处分，如系蒙古，交扎萨克严行约束"⑤。

围场的八旗兵力也随着历史演进而不断增多。康熙四十五年（1706年），设101名。雍正十二年（1734年），增设90名。乾隆十八年（1753年），再次增兵609名，共有八旗满洲蒙古兵丁800名，所有兵丁均由八

① 光绪朝《钦定大清会典事例》卷707《兵部·行围一·行围禁令》。
② 和珅等：《钦定热河志》卷45《围场一》。《清朝文献通考》卷270《舆地一·木兰》。忠海：《承德府志》卷首《围场》。
③ 参见和珅等《钦定热河志》卷45《围场一》。
④ 同上书，卷46《围场二》。
⑤ 同上。

旗都统于八旗满洲蒙古兵丁内挑取。①

清政府对私入围场砍木植、偷打牲畜及刨挖鹿窖等人，处以重罚，并对失职的围场官弁给以严惩。"凡私入木兰等处围场及南苑、偷窃菜蔬、柴草、野鸡等项者，初犯，枷号一月；再犯，枷号两月；三犯，枷号三月。满日各杖一百发落。若盗砍木植偷打牲畜、及刨挖鹿窖，初犯，杖一百，徒三年；再犯及虽系初犯，而偷窃木植至五百斤以上，牲畜至十只以上，或身为财主雇请多人者，俱改发极边足四千里充军；三犯者，发新疆等处种地。……旗人有犯，销除旗档，照民人一律办理。围场看守兵丁有犯，俱先插箭游示，加一等治罪。至察哈尔及扎萨克旗下蒙古私入围场偷窃，亦照此例一律问拟。……以上各项人犯，无论初犯、再犯、三犯，均面刺盗围场字样。偷盗未得之犯，均面刺私入围场字样……失察私入围场偷窃之该管地方文武各官，并察哈尔佐领捕盗官，及蒙古扎萨克等，交部分别议处及折罚牲畜。"②

（二）盛京围场的建立与管理

1. 盛京围场的建立

盛京围场，又称奉天围场，置于康熙年间。③ 盛京围场设于柳条边东、北边门之外，范围四至是："南自沙河尔郎头南三通河沿起，至北阿机格色合勒北义（伊）通河沿止，四百八十余里；东自辉法（发）城起，至西威远堡边门止，四百九十余里；东南自骆驼砬子起，至西北三音哈达交界西北封堆止，五百一十余里；西南自英额边门起，至东北巴珠勒阿林止，五百二十余里。"④ 其地域范围相当于今天的南起柳条边龙岗山脉，北至西丰县南部，西自威远堡之东，东至哈雅范岭，地跨辽宁和吉林两省的海

---

① 参见和珅等《钦定热河志》卷45《围场一》。忠海《承德府志》卷首《围场》。光绪朝《钦定大清会典事例》卷708《兵部·行围二·木兰行围》。

② 光绪朝《钦定大清会典事例》卷793《刑部·刑律盗贼部·盗田野谷麦二》。

③ 关于设置时间说法不一，主要有：1. 万历三十五年说，参见光绪三十二年版《海龙府乡土志》，此说现已因新史料发现而被否定。2. 天命四年说，参见《奉天郡邑志》卷4《海龙府条》，载《东三省政略》卷6《民政·奉天省附件》，吉林文史出版社1995年点校本。3. 天命十年说，参见王瀛杰修，李耦纂《东丰县志·地理志》，全国图书馆文献缩微中心1990年版。4. 国初说，参见《清史稿》卷120《食货志》。5. 康熙二十一年说，参见杨永耀等《盛京围场建置时间考辨》，《历史档案》1990年第3期。6. 天命四年设围场，康熙年间分为三大围场说，参见刁书仁《清代东北围场论略》，《满族研究》1994年第4期。笔者认为第6种说法，稍微妥当，即东北三省的围场经历了从模糊到逐渐清晰的演变过程，其发展历程应与东北主体地区的奉天将军、吉林将军和黑龙江将军三将军分辖各地的历史演变密切相关。

④ 光绪朝《钦定大清会典事例》卷709《兵部·行围三·盛京行围》。

龙、辉南、柳河、东平、西安（辽源）、西丰等地。盛京围场的功能，"非徒为捕进口味，实以操练官兵技艺"①，该处行围多以冬围为主。

盛京围场由大围场和鲜围场两部分组成。前者"为肄武之地"，有90个小围；后者则是专备捕打鲜品，呈进贡物，有15个小围②，共105围，按年轮转捕猎。大围按照地域分布，又可进一步分为东流水围场和西流水围场。③以松辽分水岭的钢叉岭为界线，将向西流入辽河诸水流域分为西流水围场，将向东流入第二松花江诸河流域称为东流水围场。鲜围场的范围主要在今天海龙县境内和辉南县部分地区。

按照围场性质区分，盛京围场可以分为御围、旺多罗束围、鲜围、穷远和历年应捕围5种形式。御围是专门供皇帝巡幸狩猎的场所，有11围；旺多罗束围是内务府捕牲丁应差之狩猎地，有11围；鲜围，则专门捕获鹿羔和晾晒干鹿肉，有14围；穷远的意义不很明确，可能指距离偏远之处，有6围。其余63围，为历年十月轮流应捕的围地，同时也是八旗军士骑射演练的场所。④

2. 盛京围场的管理

盛京围场在盛京将军之下设立围场协领1员，坐办围场事务协领1员，翼长佐领2员，办事4员，梅伦16员，八旗专达兵200名。盛京围场的管理比较严格，按照不同节气安排不同的任务。清明节前，官兵赴围场放火烧荒一次。立夏节，前官兵4人带兵80名出边演围，并派围长带兵周巡查围场。立秋节前，官4人带兵60名更换演围官兵。白露节前，梅伦1人和专达兵2人带卡兵12名在柳河身驻扎，稽查捕鲜，官兵不得越界捕打牲畜。寒露节前，官1人和专达兵4人带领卡兵看守围场草木。冬围前，官1人和专达兵2人带领内务府兵20人前往围场修理桥梁道路以备冬围车马行走。小雪节前，围长、翼长带领梅伦及专达兵80名打围。盛京围场捕捉鹿羔每两年一次，每次60只。届时由围长带领下属官员及专达兵32名、卡兵240名于芒种节前赴围场捕捉鹿羔⑤。

围场四周设立12座卡伦，分别是台毕拉（管7围）、蒙古伙落（管3围）、西半拉河（管9围）、大荒沟（管11围）、土口子（管14围）、梅河额夫勒（管16围）、赫尔苏（管10围）、双榆树（管5围）、归勒合

① 光绪朝《钦定大清会典事例》卷709《兵部·行围三·盛京行围》。
② 参见《清史稿》卷120《食货志》。
③ 同上。
④ 参见崇厚《盛京典志备考》卷5《围场处应办事宜》。
⑤ 同上。

（管 9 围）、孤山河（管 5 围）、那丹伯（管 6 围）、大沙河（管 10 围）。每个卡伦派八旗官 1 名，旗兵 20 名驻守。此外，清军还组建由 24 名八旗武官率领 480 员兵丁的机动部队，负责围场的日常巡视任务，分为三班，四个月轮换一次。①

盛京围场既是八旗日常演练场所，又是皇室贡品的采集地，所以清政府不仅对私自进入围场狩猎或偷伐树木、私挖蘑菇等人处以重罚，同时对失察的围场官吏也给予处罚。"盛京围场内，有私入打枪放狗、惊散牲畜者，不论次数，系旗人，发遣各驻防省城当差，家奴发遣为奴；民人，发附近充军。其私入采取蘑菇、砍伐木植者，拟以满徒②，分别旗、民办理。……失察私入之该管员弁，查明边界，照例议处。谨案此条乾隆三十九年定。私入围场、偷采菜蔬蘑菇及割草、或砍取柴枝者，初犯，枷号一月；再犯，枷号二月；三犯，枷号三月发落。若盗砍木植、偷打牲畜已得者，不计贼数，初次，枷号三月；二次，杖一百，徒三年；系旗人，仍枷号三月，鞭一百；犯至三次者，旗、民俱发往乌鲁木齐等处种地。如打枪放狗，仅止惊散牲畜而未得，及盗砍木植未得者，各减已得一等。为从，亦各减一等；枷号三月、两月者，减等递减一月；枷号一月者，减为二十日。"③上面较为严厉的处罚规定，充分说明了清政府对围场管理的严格。

（三）吉林围场的建立与管理

1. 吉林围场的建立

吉林为满族发祥重地，该区山高林密，野生动植物资源极为丰富，向来是满族狩猎行围之处。吉林围场南端与盛京围场毗连，位于吉林的伊通、磐石等处，"吉林围场原为长养牲畜以备狩猎之用"④。此外，吉林围场还承担进贡鲜味的任务。

按照地理形势，吉林围场分为吉林西围场（或称省西围场）、伯都讷围场、阿勒楚喀所属围场和南荒围场四个部分，其中吉林西围场较大，约有 21 围。据《吉林外记》记载其 11 处伦卡的地理方位可知，其南界是盛京围场，北至伊通县伊勒们站，东起伊勒们河岸，西至威远堡边门，其中心区域在伊勒们河至伊通河一带。大致相当于今天伊通县、四平市和磐石县境内。伯都讷围场，位于沿松花江曲折处西行至东拉林河附近，南达通

① 参见崇厚《盛京通鉴》卷 2《围场处应办事宜》。
② 满徒，是徒刑中最重的一等刑罚。清制，徒刑自一年至三年分为五等，每加半年为一等。其中最高年限是三年，谓之"满徒"。
③ 昆岗：光绪朝《钦定大清会典事例》卷 792《刑部·刑律盗贼部·盗田野谷麦》。
④ 《清穆宗实录》卷 241，同治七年八月戊辰，第 53027 页。

浩色、陶赖昭站驿站以北的松花江一带。大致相当于今天吉林扶余、榆树两地。[①] 阿勒楚喀所属围场，亦称为阿勒楚喀所属蜚克图迤东围场，位于蜚克图以东的老营口山、大青山、甬子沟、香炉砑子一带，南北 200 余里，东西 300 余里，主要位于今天黑龙江宾县境内。[②] 南荒围场，主要是指宁古塔以南、图们江流域的围场，相对于今天珲春、延吉和敦化等地。[③]

　　2. 吉林围场的管理

　　清政府对吉林围场的管理，与盛京围场类似，均统属于将军管理。与之不同的是，盛京围场具体管理者为围场总管，而吉林围场则是添设的"荒营"机构。其下设总理及行走章京 4 名，领催、外郎各 5 名，向导兵 10 名，具体管理围场的监督事宜。荒营内行走官员，每月轮换率领兵弁巡视各卡伦和哨所，负责缉捕私入围场之人。各个围场周边均设有一定数量的卡伦，每个卡伦驻守官兵数额不一。其换班更替的时间也不一致。嘉庆年间的吉林西围场由"荒营"派出官兵巡查围场，设立马鞍山、萨伦、伊勒们等 7 处卡伦，每处设官 1 人、兵丁 5 人，每两个月换班更替。伯都讷围场的常设卡伦则是每处驻守官 1 人，兵丁 10 人，每月换班更替一次。[④] 迨至道光年间围场卡伦数目有所增加，但每个卡伦驻守兵额有所减少。吉林西围场就常设卡伦 14 处，每处伦卡设置旗官 1 员，巡兵 5 人，官兵每两月轮换一次，负责定点巡查任务。[⑤] 卡伦也分为常设卡伦和关设卡伦两类。一年不撤者，为常设卡伦，谓之恩特赫谟特布赫卡伦；春设冬撤者，为关设卡伦，谓之雅克什谟特布赫卡伦。吉林通省围场的常设卡伦是 44 处，关设卡伦是 105 处[⑥]，构成了较为严密的围场哨卡体系。吉林围场与木兰、盛京围场一样，均是八旗官兵防守重地，严禁一般人等进入，凡私自进入从事盗采人参和蘑菇、偷猎野牲或偷伐树木等，均照前例严惩，对失职官弁也是严惩不贷。

---

① 参见刁书仁《清代东北围场论略》，《满族研究》1994 年第 4 期。

② 参见铭安于光绪六年奏《通筹吉林全局请添设民官疏》，盛康辑《皇朝经世文编续编》卷 33《户政五·建置》，沈云龙主编《中国近代史料丛刊》第 84 辑，文海出版社 1991 年版，第 3443 页。

③ 参见薛虹、李澍田主编《中国东北通史》，吉林文史出版社 1993 年版，第 407 页。

④ 参见李澍田、宋抵点校《吉林志书》（长白丛刊），吉林文史出版社 1996 年版，第 21—22 页。

⑤ 参见韦庆媛整理《吉林舆地说略·吉林省城》（长白丛刊），吉林文史出版社 1996 年版，第 108 页。萨英额《吉林外记》卷 3《围场》（长白丛刊），第 45—46 页则记载为十一处卡伦。一般论著记载为十一处伦卡，参见李治亭主编《东北通史》，第 500 页。刁书仁《清代东北围场论略》，《满族研究》1994 年第 4 期。

⑥ 参见萨英额《吉林外记》卷 3《围场》。

（四）黑龙江围场的建立与管理

1. 黑龙江围场的建立

黑龙江围场，分为东荒围场和索约尔济围场。东荒围场位于黑龙江省呼兰平原东北方的青山和黑山两山地间，与阿勒楚喀北界毗连，北逾通肯河及绥楞（棱）额山，周围数千百里。[①] 包括通肯河流域通肯段的青冈、明水、拜泉和海伦；克音段的绥棱、庆安、铁力等地区。

索约尔济围场以兴安岭山脉的索约尔济山（索约勒济山）为中心。康熙三十六年（1697年），康熙帝在亲征噶尔丹班师回朝时，巡幸此山，宴会蒙古王公大臣。次年（1698年）二月初十日，颁布上谕，以该山周围为御围场。[②] 这里地势开阔，"树木丛生，禽兽繁多，周一千三百里"[③]。其"西界喀尔喀车臣汗部落，南界科尔沁及乌珠穆沁部落，东与北俱界黑龙江"[④]。具体包括"喀尔喀河、热河、摩克托罗山脊、索约勒济山、勒木布尔根河、托馨至兴安岭南地方"[⑤]。乾隆二十四年（1759年），索约尔济围场曾因野火燃烧，导致野兽逃逸，而暂时停歇行围。乾隆五十四年（1789年），乾隆帝将索约尔济围场，分赏给黑龙江索伦巴尔虎及蒙古各部落扎萨克等。以索约尔济为界，东自哈哈河口至索约尔济山根，北自察罕库图勒至索约尔济山根，为黑龙江所属地方，分给索伦等。南自博罗哈济尔至索约尔济山根，分给科尔沁部落。西自郭特尔至索约尔济山根，分给喀尔喀部落。西南自哈普沁、至索约尔济山根，分给乌珠穆沁部落。[⑥] 其原因是："索约勒距围场甚远，俱与索伦、蒙古札萨克接壤，吉林、盛京地方现成围场甚多，俱足敷行围，尚不需用索约勒积围场。且每年各扎萨克等又须轮番派人安设卡座，巡察偷猎、砍木之人。索约勒积围场与其放置不用，莫若分赏原献围场之索伦、蒙古札萨克等，以作游牧，则于伊

---

① 参见张伯英纂，万福麟修《黑龙江志稿》卷26《武备志·兵制·旗兵下》。

② 索约尔济围场设置的时间，学界观点不一，张伯英认为是康熙四十年，参见张伯英纂，万福麟修《黑龙江志稿》卷26《武备志·兵制·旗兵下》。赵珍认为是康熙三十六年，参见赵珍《清代塞外围场格局与动物资源盛衰》，《中国历史地理论丛》2009年第1辑。笔者认为，当设置于康熙三十七年二月初十日，参见《黑龙江将军为严禁鄂伦春等人赴喀尔喀地方私自出售貂皮事咨索伦总管喀拜等文》，吴元丰《清代鄂伦春族满汉文档案汇编》，民族出版社2001年版，第538页。

③ 张伯英纂，万福麟修：《黑龙江志稿》卷26《武备志·兵制·旗兵下》，黑龙江人民出版社1992年版。

④ 光绪朝《钦定大清会典事例》卷709《兵部·行围三·索约尔济围场》。

⑤ 康熙三十七年二月初十日《黑龙江将军为严禁鄂伦春等人赴喀尔喀地方私自出售貂皮事咨索伦总管喀拜等文》，《清代鄂伦春族满汉文档案汇编》，第538页。

⑥ 参见光绪朝《钦定大清会典事例》卷709《兵部·行围三·索约尔济围场》。

等大有裨益。"① 虽然索约尔济围场不复存在了，但在东荒围场的行围却一直持续到光绪元年（1875 年）。②

2. 黑龙江围场的管理

黑龙江围场中的东荒围场一直隶属于黑龙江将军直接管理。索约尔济围场在建置之初，即"设四十卡伦环之，而使索伦暨车臣汗、科尔沁各旗司其守"③，每当皇帝亲行木兰之围时，则会哨于此，"令黑龙江将军会同达尔汉亲王查勘办理具奏"④。

黑龙江围场的功能与木兰围场相类似，主要是为清朝皇室及贵族行围，以及八旗将士进行军事演练，这两处则不需承担进贡鲜品的任务。以索约尔济围场为例，当该围场建立之处，清政府就通过黑龙江将军命令生活在该地附近的蒙古诸部、索伦、鄂伦春等人禁止进入围场或经过围场边缘以惊走野兽。"今钦遵上谕，将喀尔喀河、摩克托罗山脊等地皆划为围场，并已奏闻。现已禁止索伦、达斡尔前往围场地方。本月初九日，委派佐领额尔古勒赴喀尔喀车臣汗、纳木札勒王、彭春王、阿勒达尔贝子处，令其禁止部众前往喀尔喀河、摩克托罗山脊、伊本河源地方。是故，将此情由晓谕绰克托等，禁止其前往。"⑤

二　养息牧、大凌河和盘蛇驿三大官牧场的设立

为满足骑兵建设之用和盛京三陵祭祀之需，清政府在东北设立养息牧牧场、大凌河牧场和盘蛇驿牧场，隶属上驷院管理。

（一）养息牧官牧场

养息牧牧场，位于辽宁省阜新彰武县全境，这里曾是明代福余卫的游牧之地，有着悠久的牧业历史和良好的畜牧基础。顺治初年，清政府"于盛京养息牧地方，设牛群十，羊群六，设司牲官笔帖式等，一应事宜，隶盛京礼部"⑥。其位置"傍杜尔笔山，在盛京锦州府广宁县北二百十里，东西距一百五十里，南北距二百五十里，东余北并至科尔沁左翼前旗界，西

---

① 中国第一历史档案馆编：《乾隆朝满文寄信档译编》第 21 册，岳麓书社 2011 年版，第 539 页。
② 参见张伯英纂，万福麟修《黑龙江志稿》卷 26《武备志·兵制·旗兵下》。
③ 同上书，卷 3《地理志·山川·布西设治局》。
④ 同上书，卷 26《武备志·兵制·旗兵下》。
⑤ 《黑龙江将军为严禁鄂伦春等人赴喀尔喀地方私自出售貂皮事咨索伦总管喀拜等文》，康熙三十七年二月初十日，《清代鄂伦春族满汉文档案汇编》，第 538 页。
⑥ 光绪朝《钦定大清会典事例》卷 522《礼部·牲牢·供祭牲牢》。

至土默特左翼界，南至彰武台边门界"①。牧场由总管统领，下设翼长、领催、牧长、牧副和牧丁。康熙年间，养息牧官牧场分为三营：一是养息牧哈达牧群马营，康熙八年（1669年）设立，骒马3群，陆续孳生至30群，其中骟马6群、骒马24群；二是养息牧边外苏鲁克牧牛羊营，即陈苏鲁克，康熙二十三年（1684年）设立，额设牛2000头，羊10000只，供祭祀之用。该处牛群每六年均群以此，六年内除孳生抵补倒毙外，每五头牛例取孳生牛二头；羊每三年均群以此，此三年内除孳生抵补倒毙外，每羊三只例取孳生羊一只。② 三是养息牧边外牧群红牛营，即新苏鲁克，于康熙三十二年（1693年）设立，分为5群，陆续孳生至2381头，后奉裁381头，定设牛2000头。该处牛群均群与苏鲁克牧牛营一致。以上盛京内务府所牧马群，凡例用官马，以时选送京师。③

乾隆十五年（1750年），养息牧牧场总管隶属盛京将军，并裁撤养息牧哈达牧马营22群。乾隆二十二年（1757年），把余下的8群俱归入大凌河牧场。养息牧牧场的牛羊群，仍隶盛京礼部；后增加的牛群和黑牛群，则隶属盛京将军衙门。为便于管理，乾隆二十九年（1764年）将养息牧边外苏鲁克牧牛羊营群均改属盛京将军衙门下的牧群司管理。④

另外，应盛京祭祀黑牛之需，乾隆二十九年（1764年），清政府设立养息牧边外苏鲁克黑牛群牧营，额设牛1000头。每遇孳生时，挑选角尾端正的大黑犍牛350头，以供盛京祭祀所用。⑤ 如若不足，则"交地方官员等采买，并派贤能之员，交与庄头领取官草豆料好生畜养"⑥。

（二）大凌河官牧场

大凌河牧场，又名西厂，位于大、小凌河下游，水草丰茂。康熙二年（1663年），正式设立锦州大凌河牧场，隶属上驷院管理，其范围"东至右屯卫，西至鸭子厂，南至海，北至黄山堡，留备用牧马，不许民间开

① 乾隆朝官修：《清代文献通考》卷291《舆地考·牧场》。
② 参见崇厚辑《盛京典制备考》卷5《牧群司应办事宜》，光绪二十五年刊本。
③ 参见王树楠等《奉天通志》卷120《实业八·牧畜》，《盛京通鉴》卷2《牧群司应办事宜》。
④ 同上。《盛京通鉴》卷2《牧群司应办事宜》记载为乾隆三十年。
⑤ 参见崇厚辑《盛京典制备考》卷5《牧群司应办事宜》。王树楠等《奉天通志》卷120《实业八·牧畜》，《盛京通鉴》卷2《牧群司应办事宜》。
⑥ 中国第一历史档案馆编：《乾隆朝满文寄信档译编》第5册，岳麓书社2011年版，第557页。

垦"①。该牧场"东西长九十里，南北长十八里至六十里不等，折算约二百九十余里，计地万七千九百余顷"②。

大凌河牧场有骒马 10 群，每群 400 匹。每群各设牧长 1 人，牧副 2 人，牧丁 15 名。③ 乾隆六年（1741 年），孳生共 46 群。大凌河牧场骒马三年均群一次，三年内除孳生补抵倒毙外，每马五匹例取孳生马二匹。该处马匹于每年立冬日起交给管庄衙门所属各庄头入圈饲养，立夏日止出圈。④ 乾隆十三年（1748 年）为满足牧场官兵的农垦需要，清政府自西界横截十里，重新划定围场的范围。经过此次划定，牧场大大缩小，仅存 938 顷，其范围是"东至杏山北濠沟，西至鸭子厂，南至七里河，北至金厂堡"，并"将裁截之处，建筑封堆，以杜将来私垦"⑤。同年，大凌河牧场裁撤牧马 16 群。乾隆十五年（1750 年），清政府规定：大凌河牧群总管，由锦州副都统兼管，改隶盛京将军。乾隆二十六年（1761 年），自养息牧牧场拨来骟马 2 群，骒马 6 群。此外，大凌河牧场还饲养有 50 峰骆驼⑥，系乾隆六年（1741 年）拨至，随群牧放。⑦

（三）盘蛇驿官牧场

盘蛇驿官牧场，位于广宁所属之间阳驿、盘蛇驿、小黑山等界内，亦名东厂，包括今辽宁省北宁市、黑山县和盘山县部分地区。它"东界镇安（今黑山县），西界广宁，南距海二、三十里不等，北与（广宁）庄头地段毗连"⑧。"东西斜长一百二、三十里，南北横亘三十里至七、八十里不等。"⑨ 该牧厂地势低洼，"东界大小莲花泡及莽涨湖、羊肠河一带，遇水则被淹没，惟土性尚厚。……西界视东界土性较沃，而地段甚窄……南界距海甚近，一望多系碱片"⑩。

关于盘蛇驿官牧场管理的专门资料，目前很少见到。考虑到盘蛇驿牧场与大凌河牧场同为一体，我们可以从大凌河牧场的管理体系，大致推测

① 光绪朝《钦定大清会典事例》卷 161《户部·田赋三·盛京牧场》。鄂尔泰《八旗通志初集》卷 22《土田志五》，第 413 页。
② 光绪朝《钦定大清会典事例》卷 161《户部·田赋三·盛京牧场》。
③ 同上书，卷 1207《内务府·畜牧二·大凌河典牧官役》。
④ 参见崇厚《盛京典制备考》卷 5《牧群司应办事宜》，光绪二十五年刊本。
⑤ 光绪朝《钦定大清会典事例》卷 161《户部·田赋三·盛京牧场》。
⑥ 参见崇厚《盛京典制备考》卷 5《牧群司应办事宜》，记载大凌河牧场饲养驼是三十只。
⑦ 参见王树楠等《奉天通志》卷 120《实业八·牧畜》。
⑧ 辽宁省档案馆藏：《奉天省公署档》第 119 号。
⑨ 同上书，第 4389 号。
⑩ 同上书，第 119 号。

出盘蛇驿牧场的管理应该与之类似，即由大凌河总管衙门统摄，下面依次是翼领、牧长、副牧长、牧副、副牧副和牧丁。①

三　皇室与满洲贵族的狩猎活动

狩猎是满族的一项重要生活方式，诸多清朝皇室和满洲贵族，特别是清初的几位君主，如皇太极、康熙、乾隆多次参加狩猎活动。通过狩猎，不仅可以训练军队，不忘武备，还可以增加内部的团结，并震慑潜在的敌对势力。

（一）皇室的狩猎活动

入关前，皇太极非常重视狩猎活动，他曾专门论述狩猎的重要性："我国家以骑射为业，今若不时亲弓矢，惟耽宴乐，则田猎行阵之事，必致疏旷，武备何由而得习乎？盖射猎者，演武之法；服制者，立国之经，朕欲尔等时时不忘骑射，勤练士卒。"② 皇太极亲身践行，多次率领部将狩猎行围，并多次整顿行围狩猎的纪律，"凡猎必先整围场，然后兵力合围，乃可获兽"③。

入关后，虽然皇室远离了东北的林海草原，但清朝前期的诸多帝王并没有放弃狩猎行围的传统。顺治八年（1651 年）四月，顺治帝曾外出塞北狩猎。④

继顺治帝之后，雄才大略的康熙帝更是多次到塞北和盛京、吉林等地狩猎行围。康熙二十一年（1682 年）正月，康熙帝率领众多官员巡视东北。出山海关后，康熙帝便开始了狩猎行围。自在桦皮山亲射三虎后，康熙帝又多次射死老虎。在拜祭福陵和昭陵之后，康熙帝继续率领大臣向吉林进发，一路依然是狩猎不断。⑤ 据学者统计，在此次狩猎活动中，康熙帝先后狩猎 19 次，共射死 37 只老虎和大量其他动物。⑥ 康熙三十七年（1698 年）七月，康熙帝再次巡幸东北。此次巡视，依然是多次狩猎，并

---

① 参见王革生《盛京三大牧场考》，《北方文物》1986 年第 4 期。
② 《清太宗实录》卷 34，崇德二年四月癸巳，第 1019 页。
③ 《清太宗实录》卷 35，崇德二年四月丙辰，第 1023 页。
④ 参见《清世祖实录》卷 56，顺治八年四月己未。《清世祖实录》卷 57，顺治八年五月己丑，第 1939—1941 页。
⑤ 参见（清）高士奇《扈从东巡日录》卷上、卷下。〔比利时〕南怀仁《鞑靼旅行记》。
⑥ 参见王佩环主编《清帝东巡》，辽宁大学出版社 1991 年版，第 26 页。黄松筠《清代吉林围场的设置与开放》，《东北史地》2007 年第 5 期。〔比利时〕南怀仁《鞑靼旅行记》则记载"打住虎有六十多头"。

先后射死老虎、豹子和熊多只。① 自从木兰围场建立后，康熙帝多次组织"木兰秋狝"。曾经跟随康熙帝狩猎的法国传教士张诚就以生动形象的手法记载了康熙三十一年（1692 年）在木兰围场内的狩猎活动。② "时而放出猎鹰去捕捉鹌鹑、斑鸠和野鸡，时而用弓箭射击它们。"③ 此后，康熙帝更是拉弓不断，先后捕杀老虎、熊等猛兽以及大量的麋鹿、獐子、野鸡、鹌鹑等动物。笔者据史料记载统计可知，康熙帝先后 23 次在木兰围场狩猎④，先后击毙老虎、豹子、麋鹿等野生动物无数。对此，康熙帝也甚为自豪，他曾在康熙五十八年（1719 年）时说："朕自幼至今，凡用鸟枪弓矢获虎一百三十五，熊二十，豹二十五，猞猁狲十，麋鹿十四，狼九十六，野猪一百三十二，哨获之鹿凡数百，其余围场内随便射获诸兽不胜记矣。朕曾于一日之内射兔三百一十八。"⑤ 如此庞大的数字，足以说明康熙帝时上述狩猎地区的生态环境处于较好状态。

乾隆帝也非常重视狩猎。他不仅认为"夫行围出猎既以操演技艺练习，劳苦尤足以奋发人之志气，乃满洲等应行勇往之事"，更是把行围狩猎提高到国家统治方略的高度："行围讲武，所以习劳军士，绥驭群藩，实我朝万年家法。"⑥ 故此，乾隆一生多次参加围狩猎。笔者通过计算可知，乾隆帝先后四十次到木兰围场狩猎，一共击毙了 46 只虎、8 只熊和 3 只豹，特别是从乾隆二十四年（1759 年）到乾隆四十七年（1782 年）的二十多年间，乾隆帝几乎每年均在木兰围场狩猎，并击毙了老虎、豹子或熊等猛兽。⑦ 除了在木兰围场狩猎外，乾隆帝在四次东巡盛京的途中，先后两次进行狩猎活动。第一次在乾隆八年（1743 年），乾隆帝就曾在巴彦地方和英额边门之外狩猎。⑧ 乾隆十九年（1754 年），第二次东巡时，乾隆帝又多次在吉林和辉发地方行围狩猎⑨，还作《射虎行》《秋狝》《行围即事三首》等诗，抒发狩猎情怀。⑩ 辉煌的狩猎成果表明当时的围场地区生态环境良好，野生动物较多。

---

① 参见黄松筠《清代吉林围场的设置与开放》，《东北史地》2007 年第 5 期。
② 参见《1692 年张诚神甫第四次去鞑靼地区旅行》，载中国社会科学院历史研究所清史研究室编《清史资料》第 5 辑，中华书局 1984 年版，第 203—215 页。
③ 同上书，第 204 页。
④ 参见（清）和珅等《钦定热河志》卷 13 至卷 22《巡典》。
⑤ 同上书，卷 14《巡典二》。
⑥ 同上书，卷 45《围场一·谕旨》。
⑦ 参见（清）海忠等《承德府志》卷首 17 至卷首 20《巡典》。
⑧ 参见王佩环主编《清帝东巡》，第 112 页。
⑨ 同上书，第 114 页。黄松筠《清代吉林围场的设置与开放》，《东北史地》2007 年第 5 期。
⑩ 参见（清）长顺、李桂林等《吉林通志》卷 6《天章志》，光绪二十六年刻本。

表 3 - 7　　　　　　　　　　乾隆年间木兰围场击毙猛兽简表

时 间	击毙的大型猛兽及其数量
乾隆二十四年	虎 3
乾隆二十五年	虎 3
乾隆二十六年	虎 5 豹 1
乾隆二十八年	虎 4
乾隆二十九年	虎 2 豹 2
乾隆三十年	虎 1 熊 1
乾隆三十一年	虎 3 熊 1
乾隆三十三年	虎 1
乾隆三十四年	虎 5
乾隆三十五年	虎 2
乾隆三十六年	虎 2
乾隆三十八年	虎 4 熊 1
乾隆三十九年	熊 3
乾隆四十年	虎 3 熊 2
乾隆四十一年	虎 1
乾隆四十四年	虎 2
乾隆四十六年	虎 3
乾隆四十七年	虎 2
合计	虎 46 熊 8 豹 3

资料来源：（清）海忠等：《承德府志》卷首 17 至卷首 20《巡典》。

（二）满洲贵族的狩猎活动

在清朝皇室进行狩猎时，一些亲信贵族大臣得以随行狩猎，但对一般贵族而言，这无疑是很难的。为满足一般贵族和八旗官兵的狩猎需求，清朝在东北吉林乌拉地区特划定了一些采捕山场和围猎山场，是为八旗分山制。[①] 采捕山场和围猎山场的划定，既说明当地良好的生态环境，也说明满洲贵族对生态资源的占有。乾隆帝曾坦言："盛京地方，乃本朝发祥地，

① 关于采捕山场的性质，学界一般认为仅仅是采挖人参，参见李治亭主编《东北通史》，第523 页。笔者认为，采捕山场的性质可能并不仅仅是为采参而设，其中含有围猎捕获鼠貂、猞猁狲等野生动物。因为《八旗通志初集》卷 21《土田志四》在记载八旗采捕山场时，把八旗的人参山、采捕山和围猎山三者并列。此外，杨宾在《柳边纪略》卷 3 中也是把八旗人参山和采捕山分别列出。如果采捕山场仅仅是为了采参，那么鄂尔泰和杨宾就没有必要再单独列出八旗的人参山。由此可知，人参山就是为了采参，围猎山就是为了围猎，两者的性质相对单一，而采捕山则是包含了采挖人参、采捕东珠和捕获鼠貂、雕、猞猁狲等多种性质。总之，采捕山和人参山的性质并不一样，不能简单归一。

每年祭祀所贡之兽，即有数千，加之外藩王、公、大臣、庄头等所缴及售往各处者，共计数万。"[①] 他对围捕老虎之事极为重视，认为"捕杀老虎，亦系我朝满洲材技，断不可失"。乾隆六十年（1795年）十一月，盛京将军琳宁奏报，率官兵围猎仅获老虎五只。乾隆帝对此极为不满，指出"彼处山亦甚大，林深茂密，虎自然甚多。琳宁此次仅得五虎，看来必系行围之人避虎而行，杀此数虎充数耳。捕杀老虎，亦系我朝满洲材技，断不可失。果因地方险峻，捕虎实不得力，偶用鸟枪射杀一二，亦无不可，但不可只图易得，俱赖鸟枪也"。乾隆帝认为用弓箭捕杀老虎是锻炼满洲士兵勇气和武艺的重要手段，要求官兵"围猎务必寻往有虎之处捕杀，以期多得，断不可如此枪杀数虎，塞责充数"[②]。总之，清朝皇室及贵族的狩猎活动确实影响到东北动植物资源的生长、繁衍。

表3-8　　　　　　　吉林乌拉地区八旗采捕山场和围猎山场简表

八旗名称	采捕山场	围猎山场
镶黄旗	波那活河、一而门、呼兰、马哈拉	哈代上澜堸、威谆河、河尔法氤、加色叶坑厄岭、沂澈涨泥河、岫岭、果罗河、一马呼港、得弗河、交河
正黄旗	一而门、牙漱港、厄黑五陵阿	喀普赤蓝、勒克得弗口、朱扯
正白旗	希尔哈河、阿克敦、上洞峰、木书河、	沂澈涨泥河、科罗河、复涨泥河、吉当阿河岸、蒙古谷、大起、朱车袭
正红旗	撒仑一而门、五蓝得弗、哈占你白叶	觉罗大阳河、边米牙呼、会肥一蓝木黑林、遇而名冈、呼潭、肥得里、都针黑梅黑河、勒扶峰、色黑骊达马纳、会肥围屯
镶白旗	阿呼峰、撒仑	喀普赤蓝、木单焉泰、上洞峰、色勒五鲁库、江都库峰、火托峰、浑济你什哈河
镶红旗	勒扶渡口、一八单、依兰峰、朱绿峰、呼朱白叶	觉罗大阳河（两红旗合给）、边米牙呼、会肥一蓝木黑林、遇而名冈、呼潭、肥得里、都什黑梅黑河、勒扶峰、色黑骊达马纳、罗大火港
正蓝旗	阿济革牙哈、木克峰、阿木滩纳麦尔齐、昂巴牙哈	吉当阿河西岸、围黑夸蓝、一吞河、昂把西伯、纳亲河、叶河一蓝木黑林
镶蓝旗	牙漱港、一吞木克、波吞波吞、酸焉冈	民乌力汗、马打堪冈、色朱稜、酸焉瓦色

　　资料来源：鄂尔泰：《八旗通志初集》卷21《土田志四》，第395—397页。杨宾：《柳边纪略》卷3。

①　中国第一历史档案馆编：《乾隆朝满文寄信档译编》第24册，岳麓书社2011年版，第481页。

②　同上。

第四节　封禁前东北生态环境变化

一　东北人文环境的扩展与生态环境的改变

在乾隆五年（1740年）对东北实行封禁前，东北八旗驻防体系日臻完善，关内的民人和流人也不断进入，东北的城镇获得了不断发展，民地和旗地不断增加，农业发展势态喜人，这初步改变了清初城镇荒芜、经济残破的景象。然而，人文环境的不断扩展，却在一定程度上改变了原来的自然生态环境。吉林、黑龙江、热河等诸多原本荒无人烟的原野大地，逐渐聚集了一定数量的人口，黑龙江、墨尔根、齐齐哈尔、热河、呼兰等一批批新城镇不断涌现，锦州、吉林、开原等老城镇不断获得新生并逐渐壮大。人口的大量到来，城镇人口聚集，城镇建筑用材和日常炊食用柴均对当地林木造成严重破坏。以宁古塔为例，随着当地人口增长，周边山林被砍伐殆尽，日常柴薪林地也离城渐远。"二十年前，门外即是，今且在五十里外。"① 日渐远离的柴薪采伐地不仅给当地百姓带来了采薪和运输的困苦，更是深刻改变了当地的生态环境。在宁古塔生活多年的杨宾，对此感受很是深刻："（宁古塔），惜四山树木，为居人所伐，郁葱佳气不似昔年耳。"② 另外，东北各地官庄的壮丁，被要求每年要上交木炭100斤、石灰300斤。③ 如上文所述，东北各地官庄数百，其壮丁更是数千，由此可知，仅每年官庄壮丁烧制木炭和石灰所消耗的林木数量就不在少数。

如果说封禁前东北城镇人口增加不断消耗着林木资源，改变当地生态环境的话，那么人民在林木草原地区的伐木、垦草，进而从事农业耕垦，则更是对当地生态产生重大改变。此类型以热河地区较为典型。中国和俄罗斯的科学家均认为亚洲中部有世界上最长的森林—草原过渡带，它从西伯利亚南部，通过内蒙古高原的东部和南部边缘，一直延伸到中国西北地区。这一地区生态系统服务功能的退化对整个东北亚地区的环境状况产生

---

① 杨宾：《柳边纪略》卷4。
② 同上书，卷1。
③ 参见吴桭臣《宁古塔纪略》。

着重大影响。① 热河地区原是蒙古东三盟的游牧之地，就位于这条亚洲森林—草原过渡带植被带上。明代以后很长时间内，这里基本保持了林木草原混杂的原始生态环境。顺治、康熙和雍正年间，内地人口不断来到这块原野，他们或是自己开垦山林自耕自种，或是租种蒙古王公的牧场进行耕种，这均在很大程度上改变了原来的山林草地或草原环境。康熙帝曾在《所见》一诗中写道："垦遍山田不剩林，余粮楼亩幸逢霖。"《村行三首》也记录了当地生态改变的状况"村民杂暇翻犁地，播谷怜他隔岁谋。崖角山巅无隙地，刀耕火种有余思"②。康熙帝看到昔日的草原山林变成今日的良田薮薮，虽为当地人民生活有所改善而甚为高兴，但也不禁略"有余思"，"三十年以前，凡关外山，皆有木可猎；今则开垦率遍，不见林木，非木兰猎场禁地不可行围矣"③。热河地区的生态环境巨变，由此可见一斑。总之，清代封禁前，东北农业初步开发，已经开始改变了东北原来的生态环境。

二 围场、牧场的设立与一定范围内环境的保护

无论是围场还是牧场，均是清政府为了特殊目的而设立的，这是清政府在一定范围内划定的保护区。如上文所述，围场和牧场周围驻有重兵，设有哨卡，进行监管。清廷不仅严格限制外人进入围场和牧场，更不允许进入进行农垦和采伐树木或者偷猎牲畜。上文已论，此不赘述。

此外，清政府为保持围场周边的安静，避免惊扰动物，特别注意驿站路线的选择。如雍正五年（1727 年）六月，清政府准备在吉林和开原之间增设驿站。由于克尔素驿站与围场较近，唯恐惊骇围场的动物而不敢定夺。对此，雍正帝特颁布谕旨，可以安设官兵，但要求"惟当禁其骇散围场耳"④。

无独有偶，在对热河地区封禁前，乾隆帝为了不惊扰木兰围场的野生动物，甚至强令改变了原来的驿站路线。他在谕旨中指出："哨鹿围场边口，设有蒙古驿站，穿行围场之地，不无惊扰牲畜。此等驿站原为递送院文于札萨克而设，无甚紧要事件，若移设围场之外，不过绕道一二日。应

---

① 北京大学"森林—草原过渡带植被对气候变化和人类活动的响应：西伯利亚南部和内蒙古的比较研究"，《中俄科学家共同关注林草过渡带植被对气候变化和人类活动的响应》（http://green.pku.edu.cn/news/shownews.php?id=17）。
② （清）和珅等：《钦定热河志》卷 5《天章五·御制诗》。
③ 同上。
④ 《清世祖实录》卷 58，雍正五年六月庚子，第 6742 页。

于围场外何处设立，查明议奏。"经过商议，最终把五十家驿站移于围场界外的妹八岭东沟重新安设，并把驿站兵丁的田地也重新制定新地方照数拨给，确保围场内"毋许容留民人"①。围场、牧场的设置，虽然不利于民人和旗人对土地的开发，却在一定程度上保护了当地生态环境和生态资源，这一点应是值得肯定的。

---

① 参见《乾隆朝内府抄本〈理藩院则例〉》，第51—52页。

第四章 封禁时期的东北生态环境

乾隆五年（1740 年），奉天地区封禁令的颁布，标志着清政府对东北的管理进入了封禁期。虽然封禁令在政策层面发挥了一定成效，但并没有真正完全遏制关内民人移居东北的势头。同时，清政府组织京旗迁移东北，进行屯垦，也成为该时期东北农垦发展的组成部分。所有上述经济活动，均继续改变着东北的生态环境。需要说明的是，本文所述的封禁是指从清朝中央政府的政策而言，也就是说封禁是指清朝中央政府在政策上不允许内地民众自由进入东北、自由从事生产。虽然在个别年份，清政府为安置内地的灾民而允许内地民人进入东北，但这仅是个别现象，并不能说明清朝中央政府在整体上允许内地民人进入东北。即便是政府允许灾民进入，也是限制其生产活动范围的。另外，在内地灾歉之年允许内地灾民进入东北，在时间上也是短暂的，而不是一直允许，在内地灾歉之年过后，清政府基本上又恢复了封禁。

第一节 封禁政策的实施

一 封禁政策颁布的背景

乾隆五年（1740 年）四月，兵部侍郎舒赫德向乾隆帝提出严禁内地民人移居奉天的八项规定，得到乾隆首肯，这就是封禁政策的出台。此后，清政府又相继颁布了关于吉林、黑龙江和蒙古地区的封禁令，从而构成了清政府对东北地区大范围的封禁。这一政策的出台是对长期以来允许关内人民移居东北政策的重大转变，对清代中期东北历史发展产生重大影响。为何清政府突然改变了以往的许可政策而厉行封禁？其中缘由，早为学界关注。笔者认为该政策的出台并不是清政府一时的权宜之计，而是清政府长期以来对东北，特别是奉天、吉林和黑龙江三地的战略认识态度使然。换言之，乾隆五年封禁令的出台，有着深远的历史缘由和严峻的现实背景。

(一) 历史缘由

东北地区幅员辽阔，土壤肥沃，资源丰富，极具经济开发价值，是清皇室、满洲贵族以及一般满洲旗人的利益所在。同时，东北又是满族的"龙兴之地"，承载着清朝统治者民族兴起和国家发展的历史记忆。另外，作为清朝统治的战略大后方，东北还是满族人统治全国的兵源地。总而言之，东北是"根本之地"。这四个字就决定了东北在清朝统治者眼中独特而重要的地位，这也决定了清朝统治者对东北实行管理的态度。

既然是"根本之地"，就不能听其荒芜，否则就会影响到统治的根基。鉴于清初八旗入关，忙于维护对全国的统治，东北地区人口稀少，无力承担起大规模开发东北的重任，允许甚至鼓励汉族移居东北便成为当时的较好选择。其根本目的就是奉天府尹张尚贤所言的"充实根本，以图久远之策"①。可见，清政府鼓励内地民人移民东北政策的实质，是借民人之力替满族守卫和开发其"根本之地"。故而，这种许可是有限度的，而不是让内地的民人完全享有对东北资源的使用权，东进入北的民人只能是"分一杯羹"而已。事实上，我们看到，清政府在康熙十八年 (1679 年)，就在奉天划定了旗地和民地的数额，规定"旗地四百六十万五千三百八十垧，民地八十七万八千七百七十五垧"②。这实则是奉天地区土地资源的分配方案。

清政府一方面大力鼓励奉天的民人要勤于稼穑，另一方面又限制旗人典卖旗地给民人，这看似矛盾的举措，实则是清政府早已确定的东北开发政策。这在康熙帝的一份上谕中体现得淋漓尽致。康熙二十八年 (1689 年) 六月，奉天府府尹王国安即将赴任，康熙帝特地叮嘱他："尔至任，当劝民务农，严察光棍游手之徒。奉天田土，旗民疆界早已丈量明白，以旗下余地付之庄头，俟满洲蕃衍之时，渐次给与耕种。近金世鉴奏，请将旗下余地俱与百姓耕种，征收钱粮，所增钱粮亦复有限，所见何浅陋也。"③ 同时，康熙帝还派遣户部郎中郑都等人协同盛京户部侍郎和奉天府府尹亲至奉天各地详查旗民地亩。经过六个月的调查，重新确立旗民界线，并明令"嗣后分界之地，不许旗人、民人互相垦种，以滋争端。如

---

① 《清圣祖实录》卷2，顺治十八年五月丁巳，中华书局 2008 年版，第 2669 页。
② 《清圣祖实录》卷87，康熙十八年十二月癸未，第 3709 页。
③ 《清圣祖实录》卷141，康熙二十八年六月庚寅，第 4413—4414 页。

有荒地余多，旗、民情愿垦种者，将地名亩数具呈盛京户部，在各界内听部丈给，庶界地分明，旗、民各安生业，不致互相争告"①。

清政府先后两次确定旗民界线，就充分说明了清政府对待东北民人开发东北的态度是明确而坚定的。"俟满洲蕃衍之时，渐次给与耕种"一语表明，清朝统治者一直把东北地区视为满族的战略资源储备地。所以，笔者认为，一旦东北的民人开发力度达到清政府规定的界限，或者危及满族在东北的利益（包括经济利益和民族习俗等）时，清政府必当采取限制民人的措施，来维护其根本利益。

（二）现实背景

乾隆初年，清政府面临着两个严峻的现实：一是京旗数量倍增，如何安置闲散京旗已经成为清政府亟待解决的难题；二是东北，特别是奉天地区的民人和民地增加已经威胁到了当地旗人的利益和传统习俗。清政府对这两大现实问题的解决方案直接关系到清政府对待东北民人的政策。

首先，京旗生计问题。自从清军入关以后，大量旗人也随之进入北京及其周边地区。随着时间推移，京旗人口大增，如何妥善安置京旗的闲散人员，已经成为清政府亟须考虑的问题。到乾隆初年，经过九十余年的发展，京旗"甚觉穷迫者，房地减于从前，人口加有什伯，兼以俗尚奢侈不崇节俭，所由生计日消，习响日下而无所底止"②。其生计艰难已为清政府上下所共知。

乾隆二年（1737 年），御史舒赫德疏言："盛京、黑龙江、宁古塔（笔者按，此处的宁古塔是指吉林将军辖地，而不是指宁古塔地方）三处，为我朝兴隆之地，土脉沃美，地气肥厚，闻其闲旷处甚多，概可开垦。虽八旗满洲不可散在他方，而与此根本之地，似不妨迁移居住。"他甚至还规划了具体程序，先是广募民人，择地开垦，再建城镇移驻京旗，最终使得京旗"家有恒产，人有恒心，然后再教以俭朴，返其初风，则根本绵固，久远可计矣"③。这是最早把京旗安置到东北三省的计划。仔细审视，不难发现，早自乾隆二年舒赫德已经开始打算把京旗安置在东北三省，并制订了"以民养旗"的规划，这为后来东北三省的拉林、双城堡、五常堡等京旗移垦所贯彻执行。故此，当乾隆五年（1740 年）舒赫德疏请封禁东北时，他早已经考虑到把东北作为安置京旗的备地。由此可见，乾隆

---

① 《清圣祖实录》卷 143，康熙二十八年十二月己卯，第 4443—4444 页。
② 舒赫德：《八旗开垦边地疏》，参见《东北屯垦史料》，李澍田主编《东北农业史料》，吉林文史出版社 1990 年版，第 214 页。
③ 席裕福、沈师徐辑：《皇朝政典类纂》卷 13《田赋·官庄》，文海出版社 1982 年版。

五年清政府颁布封禁令的背景中，已经包含了把京旗安置于东北的规划议程。关于这一点，目前学者并没有把封禁东北和京旗移垦东北联系起来。通过舒赫德在乾隆二年疏请和后来的京旗移垦实际情况，我们就会对封禁东北的背景有更全面而深刻的认识。

其次，东北民人民地问题。从顺治十年（1653年）起，清政府先是悬官奖励再到默许民人出关移居东北，清政府一直是允许民人移居东北的。随着民人的大量到来，他们开垦的民地日渐增多，采挖人参和矿藏等，在促进经济日臻繁荣的同时，也在潜移默化中影响着东北旗人的生活习俗。这引起了满洲贵族的严重不满。舒赫德奏请封禁东北时指出"奉天地方关系甚重，旗人生齿日繁，又兼各省商民辐辏，良莠不齐，旗人为流俗所染，生计风俗，不如从前。若不亟为整饬，日久人烟益众，风俗日下，则愈难挽回"①。

乾隆初年，无论是清政府出于安置京旗闲散人员的考虑，还是为了解决东北旗人与民人的利益冲突，上述矛盾和冲突已经使得清政府意识到，必须采取措施来保护东北旗人的利益，维护满洲的传统习俗。保护好东北这块"根本之地"，已经不容迟缓地提上议事日程。

二　封禁政策的颁布

乾隆四年（1739年）四月，奉天地区米价腾升，兵部左侍郎舒赫德奏请罢海贩，并陈不便情形三条。"天津、山东之船，多载闲人来沈，及回则尽船载米，不便一；海中岛屿，恐有无藉匪徒，往来日久，聚集滋事，不便二；奉属弁兵，有银无米，若每岁多去米谷，益形拮据，不便三。"对此，乾隆帝批复"待朕缓缓酌量"②。

不久，舒赫德又面奉谕旨，"盛京为满洲根本之地，所关甚重。今彼处聚集民人甚多，悉将地亩占种。盛京地方，粮米充足，并非专恃民人耕种而食也。与其徒令伊等占种，孰若令旗人耕种乎！即旗人不行耕种，将地亩空闲，以备操兵围猎，亦无不可"③。可见，清政府已对盛京土地的所有权和使用权做了明确阐述，全部归旗人所有，即使是将地亩空闲，以留做军队的演练场地也不能给民人耕种。

乾隆帝命令舒赫德前往盛京会同盛京将军额尔图查勘并详议。很快，

---

① 《清高宗实录》卷115，乾隆五年四月甲午，第9614页。
② 同上书，第6913页。
③ 同上书，第6914页。

舒赫德回奏，"奉天地方为满洲根本，所关实属紧要，理合肃清。不容群黎杂处，使地方利益，悉归旗人。但此等聚集之民，居此年久，已立有产业，未便悉行驱逐，须缓为办理，宜严者严之，宜禁者禁之。数年之后，集聚之人渐少，满洲各得本业，始能复归旧习"①。

为落实"宜严者严之，宜禁者禁之"的原则，乾隆五年（1740 年）四月，舒赫德和议政王大臣经过商议，最终确定了八条具体措施。② 这八条具体措施既有针对奉天民人的行为，也有整顿当地满洲贵族风气和严控出关旗人的内容。当年九月，舒赫德又对其进行了补充。③ 就限制民人而言，主要是五条，大致可归纳为禁止入内、落户入籍和限开发三个方面：

（1）限制关内民人通过山海关和海路乘坐商船进入盛京。山海关是进入东北的主要陆路，故此此次规定"山海关出入之人，必宜严禁"。"凡携眷移居者，无论远近，仍照旧例不准放出。若实系贸易之人，交山海关官员，将出口人数目、姓名，并所居地名，现往奉天何何处贸易，一一盘问清楚，给与照票，再行放出。及至贸易地方，令奉天官员查验执照，再令贸易，俟回时仍将原票缴销。"这一新规定，首先在直隶实行，半年后再扩展至山东、河南和山西等省。由此可见，清政府对前往盛京贸易之人是不加限制的，主要限制内地民人前往盛京定居。同时，清政府考虑到限制了山海关一口，内地民人还可能从海上进入奉天，特地限定了商船携带多人进入。"请交直隶、山东各督抚，转饬州县，嗣后遇有前往奉天贸易商船，令其将正商船户人数、并所自载货物数目，逐一写入照票。俟到海口，该地方官先将照票查明，再令卸载。若票载之外，携带多人，即讯明申报府尹，解回本地。"

（2）严格稽查奉天的民人，尽量将其编入档册；未入籍民人，限定半年，勒令回籍。"复严保甲，不但地方不能肃清，征收地丁钱粮，必多隐匿。应饬令无论旗民，一体清查。除已入档者毋庸议外，其情愿入档者，取结编入档册；不愿入档者，即逐回原籍。"

（3）限制奉天民人开垦闲地、严禁民人私挖人参和凿山取矿。"请将奉天旗地民地，交各地方官清查，将果园、果林、围场、芦厂，于刈田后，再行明白丈量。若仍有余田，俱归旗人。百姓人等，禁其开垦。""请将奉天城东南白西湖地方，供应陵寝煤斤。从前开过煤窑，不干例禁外，

① 《清高宗实录》卷115，乾隆五年四月甲午，第9614页。
② 同上书，第9614—9616页。
③ 参见《清高宗实录》卷127，乾隆五年九月丁酉，第9789页。

其余虽有煤斤，永行严禁，不许挖取。"如前文所述，奉天的流人还私自
进入参山偷采人参，清政府对此向来是严惩不贷的。此次，清政府再次加
大惩处力度。"嗣后除将会同百人以上，所得人参过五百两者，照例拟绞；
不足百人，所得人参不足五百两者，亦照例杖徒外，其一二人私挖人参、
不足十两者，分别初犯、再犯、三犯、治罪。"

从上文可知，清政府对奉天地区的封禁内容是相当全面的，其中不仅
是限制民人移居当地，还通过稽查，强令没有入籍的流民加入户籍，以加
强对当地民人管理并加大财政税收。不仅如此，针对民人大量开垦荒田、
采挖人参和矿藏等经济行为，也以严禁限制。这一政策的颁布，完全改变
了自清初以来的移民东北政策，至少在政策层面打击了内地民人移居奉天
的积极性，使得此后移居奉天的民人不再得到政府的认可，而成为流民。

清政府对东北的封禁，不仅仅限于盛京一隅，而后不断出台政策限制
内地民人移居吉林、黑龙江和东三盟地区。乾隆六年（1741年）九月，
吉林也开始了封禁。宁古塔将军鄂弥达奏称："吉林、伯都讷、宁古塔等
处，为满洲根本，毋许游民杂处，除将现在居民逐一查明，旗已入永吉州
籍贯，立有产业之人，按亩编为保甲，设甲长、保正，书十家名牌，不时
严查外，其余未入籍之单丁等严行禁止，不许于永吉州之山谷陬隅造房居
住，仍查明本人原籍年貌，五人书一名牌互保，五人内如有一人偷挖人
参，私卖貂皮，擅垦地亩，隐匿熟田，及赌博滋事者，将犯枷责递解外，
仍将连保四人一并递解。"① 自此，吉林地区的封禁也开始了。

乾隆七年（1742年）三月，黑龙江正式封禁。黑龙江将军博第等奏
称："黑龙江城内贸易民人，应分隶八旗查辖，初至询明居址，令五人互
结注册，贸易毕促回。病故、回籍，除名，该管官月报。如犯法，将该管
官查议。其久住有室及非贸易者，分别注册，回者给票，不能则量给限
期。嗣后凡贸易人娶旗女、家人女，典买旗屋，私垦，租种旗地及散处城
外村庄者，并禁。再，凡由奉天、船厂（吉林市）等处及出喜峰口、古北
口前往黑龙江贸易者，俱呈地方官给票，至边口、关口查验，方准
前往。"②

较之盛京、吉林和黑龙江，东三盟蒙古地区的封禁则相对较晚。乾隆
十三年（1748年），清政府才要求蒙古地方官员封禁。当年，乾隆帝谕
令："蒙古地方，民人寄居者日益繁多，贤愚难辨，应责令差往之司员及

---

① 《清高宗实录》卷150，乾隆六年九月戊辰，第10078—10079页。
② 《清高宗实录》卷162，乾隆七年三月庚午，第10231页。

该同知通判，各将所属民人，逐一稽考数目，择其善良者立为乡长、总甲、牌头，专司稽查，遇有踪迹可疑之人，报官究治，递回原籍……其托名佣工之外来民人，一概逐回。"不仅如此，清政府还严令民人租借蒙古的地亩要全部退还给蒙古。"嗣后蒙古部内所有民人，民人村中所有蒙古，各将彼此附近地亩，照数换给，令各归其地。"对于仍留居东三盟地区的民人，清政府也严加管理。"嗣后责令司官暨同知通判等察明种地民人确实姓名，现在住址，及种地若干，一户几口，详细开注，给与印票。贸易民人亦一例察给，仍令乡长、总甲、牌头等于年终将人口增减之数，报官查核，换给印票"①。

综观清政府对盛京、吉林、黑龙江和东三盟蒙地的封禁政策，清政府对东北封禁的内容可归纳为以下三点，即控进入、强入籍、禁开发：（1）加大对陆、海路的监控，严限内地民人移居东北；（2）增强对东北流民的管理，严令东北民人就地入籍；（3）扩大对东北民人经济活动的管制，严禁民人私垦、私采、私伐。

总之，从乾隆五年（1740年）开始，清政府陆续颁布了对盛京、吉林、黑龙江和东三盟地区的封禁政策，其内容主要是限制内地民人移居东北，并加大对定居东北民人的户籍和经济活动管理等。清政府试图通过上述三项举措的实施，达到限定内地民人进入东北，加大对东北民人管理，确保清朝皇室、满洲贵族和满族旗人以及东三盟蒙古对东北土地、草原、森林、珍稀动植物资源的占有，维护其经济利益的专享和民族传统习俗的传承。

三　封禁政策的实施

自乾隆五年（1740年）清朝中央政府下达了封禁令后，东北各地及直隶地方官员也相应采取了具体措施以执行上述政策。

（一）加大对长城沿线关口和海路的管理

内地民人进入东北主要是陆路和海路两种方式。如前所述，山海关和海路已经被封禁，这两个路径已经切断，但是陆路上进入东北不仅仅山海关一处，从山海关以西的各关口均可进入东北。清政府在乾隆十一年（1746年）三月批准了直隶总督的奏请，严密检查长城一线关口，把喜峰口等十五处关口均按照山海关之例，逐项查询，给票放行。同时，还令出

---

① 《乾隆朝内务府抄本〈理藩院则例〉》，载中国社会科学院中国边疆史地研究中心主编《清代理藩院资料辑录》，全国图书馆文献缩微复制中心1988年版，第38—39页。

入古北口、青山口、榆木岭、檫牙子等处的商贩，俱从山海关出口，不准再从上述关口出关。

此后，清政府把海路禁止的范围从山东、直隶两地扩大到福建、广州、江苏和浙江等地，"通饬各海口，设法严禁"①。乾隆三十年（1765年）二月，山海关副都统伊勒图疏请加大对石门寨等长城沿线的小边口隘进行巡察。② 鉴于长城边墙有若干坍塌之处，为防止民人从坍塌之处越过关口通过东三蒙地区进入东北，奉天将军和奉天府府尹还协同直隶总督和古北口提督，加大与塔子沟毗连的九官台、松子岭两处边门的巡察。③ 由此可见，清朝各级地方政府采取了诸多措施，为切实落实封禁政策做了必要的准备。

（二）宽限了奉天地区未入籍的流民的回籍时间

奉天府府尹吴应枚针对舒赫德提出未入籍民人给限半年勒令回籍的要求，提出了异议。他认为，仅仅承德一县就有未入籍流民25300多人，估计奉天全部将有十五六万之众，将如此众多的民人在短短半年之内全部迁移出去，是非常困难的。此外，这一浩大工程势还要官府耗费大量资金，而奉天府并无足量资金以协助。所以，吴应枚奏请延缓未入籍的流民的回籍时间。对此，大学士鄂尔泰也表示赞同，最终乾隆帝也给予十年的宽限。规定"其不愿入籍者，定限十年，令其陆续回籍"④。由于清政府给予十年的宽限，奉天地区的未入籍流民开始采取观望态度，相继置办产业，但既不愿意编入户籍，又不愿意返回故乡。对此，乾隆帝再次展限十年，并令奉天将军和奉天府府尹继续加大对流民的管理。⑤

（三）清政府严令奉天刨煤民人限期回籍

奉天府府尹吴应枚奏请保留在辽阳州从事刨煤的一千余名内地流人，另编保甲，并以渐次淘汰民人的方式，最终达到禁止民人采煤，保护旗人利益的目的。但清政府不予采纳，而严令奉天府"开具花名，按依原籍远近，限于五年之内设法逐渐散迁回籍"⑥。

（四）清查各辖区内民人的地亩，并严禁私垦

吉林将军鄂弥达就其辖区内的民人地亩实行清丈。史载"将民人现有

① 《清高宗实录》卷261，乾隆十一年三月甲午，第11567页。
② 参见《清高宗实录》卷729，乾隆三十年二月辛丑，第17877页。
③ 参见《清高宗实录》卷274，乾隆十一年九月庚子，第11763—11764页。
④ 中国第一历史档案馆：《乾隆朝上谕档》第1册，广西师范大学出版社2008年版，第641—642页。
⑤ 参见《清高宗实录》卷371，乾隆十五年八月甲午，第13288页。
⑥ 中国第一历史档案馆：《乾隆朝上谕档》，第644页。

地亩，尽行清丈，不拘年限，总以丈量之年为始，照数纳粮"①。对隐匿地亩及民地捏指旗人名姓而不交钱粮者，将隐匿人与代隐人一并治罪，并将地亩入官。东三盟地区的扎萨克则按照清政府指令对辖区内民人典种蒙古人的地亩进行了清查。土默特贝勒旗下清丈出 164330 亩，喀喇沁贝子旗下有 40080 亩，喀喇沁扎萨克塔布囊旗下有 43180 亩地为民典之地。为了让民人归还典种之地，清政府还规定："民人租金在一百两一下，典种五年以上的，令民人再种一年撤回。未满五年者，仍令民人耕种，俟界五年再行撤回。二百两以下者，再令种三年，俟年满撤回，均给还业主。"② 乾隆十四年（1749 年），理藩院要求东三盟的喀喇沁、土默特、敖汉、翁牛特等旗不准再行容留民人、增垦地亩或将地亩典给民人。自乾隆十五年（1750 年）开始，将喀喇沁、土默特等旗分为两路，理藩院选派官员会同当地同知通判和驻扎办理蒙古民人事务的官员巡察。为此，理藩院还制定了相关的惩处条款，对不同类型的犯禁情况做了较为详细的规定。③ 不仅如此，原本可以招民开垦的荒芜草地也被禁止招垦，以防止民人侵占牧场，于蒙古不便。④

（五）增置关卡，严查流民偷采人参

鉴于民人偷采人参甚多，奉天将军达勒当阿奏请在宁古塔、三姓、珲春等处水路隘口，添设卡座，分派官兵，严拿私接济偷参民人的粮米。另外，奉天将军还派二等侍卫库楚带兵于每年七月，在吉林地方、三姓所属当地德克登伊和乌苏里等处，分路缉拿冬季住在山里偷采人参的民人驻地，"毁践伊等窝铺地亩，查拿接济米石，务使匪类尽绝"⑤。

虽然清政府一再严禁民人进入东北，但是在内地遭遇灾害时，乾隆帝也秘密允许民人出关谋食。乾隆八年（1743 年）六月，天津、河间、河南及山东等地遭遇旱灾，当地的灾民流离失所，纷纷出关谋食。对此，乾隆帝以密谕形式，令喜峰口、古北口和山海关等关口官弁，"如有贫民出口者，门上不必拦阻，即时放出，但不可将遵奉谕旨，不禁伊等出口情节令众知之"。秘密放行的目的，既是为了让灾区贫民能出关谋食，但同时又"恐贫民成群结伙，投往口外者，愈至众多矣"⑥。这种变通之法，实际

---

① 《清高宗实录》卷 150，乾隆六年九月戊辰，第 10079 页。
② 《乾隆朝内务府抄本〈理藩院则例〉》，第 42—43 页。
③ 同上书，第 43—44 页。
④ 参见《清高宗实录》卷 178，乾隆九年十一月丙辰，第 10479 页。
⑤ 《清高宗实录》卷 246，乾隆十年八月庚戌，第 11361—11362 页。
⑥ 《清高宗实录》卷 195，乾隆八年六月丁丑，第 10696 页。

上体现了清政府在封禁东北问题上的原则性和灵活性相统一，这种方式确实为内地民人继续进入东北，特别是东三盟的八沟等处，进而从事各种经济活动提供了机遇。①

清政府在以后的实施封禁过程中，也存在禁中有放，并对不同地区采取不同的实施手段，呈现出地区差异性。由于大量民人已经在奉天地区居住日久，一旦全部驱逐，势必会引起民人骚动和增加政府财政开支，所以清政府往往采取把民人就地入籍，设官管理的政策。但是对民人相对较少的吉林地区，清政府则是厉行封禁，严禁民人再入该地。乾隆四十一年（1776年）十二月，乾隆帝在谕令中指出："盛京、吉林为本朝龙兴之地，若听流民杂处，殊于满洲风俗攸关，但承平日久，盛京地方与山东、直隶接壤，流民渐集，若一旦驱逐，必致各失生计，是以设立州县管理。至吉林，原不与汉地相连，不便令民居住。近闻流寓渐多，著传谕傅森查明办理，并永行禁止流民，毋许入境。"② 嘉庆十七年（1812年），山东灾民也从海路逃亡东北，但清廷仍严禁之。③

总体观之，乾隆五年（1739年）清政府开始对东北实行封禁。封禁政策按照先奉天、次吉林、再黑龙江、最后东蒙地区的顺序，逐步有序展开，体现出空间拓展性和时间渐进性的统一。虽然封禁业已实行，但清政府并没有完全把内地民人进入东北的洪流一板"闸死"，而是在特定时期内采取"放水"的方式，默许民人进入东北。不仅如此，内地民人依然通过各种手段和途径源源不断地进入东北，继续开发东北资源，改变着东北的生态环境。

第二节　清皇室与贵族垄断东北资源

清朝兴起于东北，该区一向被清朝统治者视为"根本之地"。清政府把东北的各种资源视为皇室和贵族所有，汉人和普通旗人不得染指。为此，清政府通过手中的权力，在东北设立盛京内务府皇庄、打牲乌拉衙门和布特哈衙门等特殊机构，实现对东北肥沃土地、河流、山林、珍稀动物和东珠以及野生人参等资源的垄断专享。为满足其不断膨胀的消费欲望，

① 参见《清高宗实录》卷208，乾隆九年正月癸卯，第10873页。
② 《清高宗实录》卷1023，乾隆四十一年十二月下丁巳，第22216页。
③ 参见《清仁宗实录》卷256，嘉庆十七年四月丙午，第32769页。

清政府不断加大对东北人参和东珠等资源的采挖，从而导致东北的野生人参、东珠等珍稀资源，也遭到大量消耗。

一 盛京内务府皇庄

清军入关前，清太宗皇太极为了维持其特定需要而设立了内务府。[①] 顺治帝迁都北京后，该官署亦随之入京，盛京则设立相应办公机构。从顺治三年（1646 年）到顺治八年（1651 年），清政府逐步设立和完善了正黄、镶黄和正白上三旗佐领管理体制，由三人具体负责相关事宜。[②] 乾隆十七年（1752 年），清政府正式设立盛京内务府总管衙门。[③]

有清一代，皇室占据了很多东北土地资源。皇太极已在沈阳地区建立皇庄，由内务府管理。此后，盛京内务府管理的皇庄进一步发展。康熙初年，盛京皇庄已经发展到包括粮庄、盐庄、棉庄、蓝靛庄和果园等多种形式，其中粮庄 27 处，果园 120 处。[④] 乾隆后期，盛京内务府户部管辖的有皇庄 126 处，棉花庄 5 处，盐庄 3 处，果园 10 处，官泡 15 处；会计司所辖粮庄 80 处；广储司下辖棉花庄 25 处。[⑤] 乌廷玉等学者研究认为盛京内务府皇庄主要分布在奉天的盛京、兴京、辽阳州、盖州、铁岭、广宁、凉水泉等诸多地方，分属盛京内务府、锦州庄粮衙门和打牲乌拉总管府三个机构具体管理，粮庄总共约 200 处，面积约 180 万亩。果园共 241 处，面积约 29700 亩。盐庄有 3 处，近 600 亩。[⑥] 此外，盛京内务府还占据了大量粮庄余地和草甸地。

清皇室通过盛京内务府皇庄占据了大量优质东北土地资源。粮庄的不断发展，一方面促进了东北土地的开垦，变原来的土地自然生态为农田生态；而皇室对官庄果园和粮庄余地及草甸地的占有，则在一定程度上限制

---

① 参见郑天挺《清代包衣制度与宦官》，《探微集》，中华书局 2009 年版，第 108—112 页。
② 参见康熙二十三年版《盛京通志》卷 14《职官·内务府》记载，镶黄、正黄旗二包衣佐领安塔穆和布塔西在顺治三年已经任职。笔者查阅《盛京内务府顺治年间档》，顺治四年至七年间北京总管内务府给盛京包衣佐领的来文中仅提及镶黄、正黄旗二包衣佐领安塔穆和布塔西，只是到了顺治八年才出现正白旗包衣佐领。由此可以肯定：顺治三年至七年（1646—1650 年），盛京只有镶黄、正黄旗二包衣佐领，顺治八年才增加正白旗一包衣佐领噶布喇，盛京上三旗包衣佐领承办盛京地区皇室及宫廷事务的体制至此才正式确立。另外，乾隆元年版《盛京通志》卷 19《职官·内务府》中也明确记载："镶黄旗佐领一员，顺治三年设；正黄旗佐领一员，顺治三年设；正白旗佐领一员，顺治八年设。"
③ 参见《清高宗实录》卷 407，乾隆十七年正月庚辰，第 13741 页。
④ 参见乌廷玉等《东北土地关系史研究》，吉林文史出版社 1990 年版，第 51 页。
⑤ 参见乾隆四十三年版《盛京通志》卷 38《田赋二》。
⑥ 参见乌廷玉等《东北土地关系史研究》，第 52—53 页。

了民人对上述土地的开发，从而延缓了土地开发的进程，迟缓了原始生态环境向农业环境的转变。

二　贡山、贡河与贡江

东北地区山环水绕，山林茂密，河流畅通。在山林河流中，孕育了众多珍稀动植物，深林中有人参、松子、蜂蜜和貂皮，河流中有鲟鳇鱼、东珠，这些珍稀资源成为清皇室专享的对象。东北地方每年均要向清皇室进贡上述珍稀资源。为保证上述贡品的产量和质量，清政府划定了相应的地域作为禁地，严禁民众进入，更是严禁私采私捕，从而形成了一定范围的贡山、贡河和贡江。

（一）贡山

以乌拉城为中心，该城东部二百余里的地方是高山连绵之处，松林密布，百花丛生，是采集松子和蜂蜜之区。该处有采捕松子和蜂蜜贡山场七座，分别是帽儿山、烟筒砑子、珠奇山、棒槌砑子、雷击砑子、杉松岭、八台岭。这七座贡山连绵一体。当地政府每年派遣衙役巡守，杜绝流民进入砍伐树木，以保护当地资源。

（二）采捕东珠的贡河

贡河主要是为了保护生产东珠的河流而设立的。贡河的分布较广，在东北三省境内均有分布。赵东升提供的《打牲乌拉志典全书》卷3记载的贡河如下。

1. 奉天、吉林所属界内

拉法河、铁亮子河、辉发河、松阿里江、乌拉谬木逊河、温德亨河、富户尼雅库河、三道松香河、讷音河、拉林河等处。

2. 阿勒楚喀界内

嫩江、努敏必拉河、乾河、库裕力河、讷莫力河、德力楚儿河、多巴库力河、那裕力河等。

3. 三姓界内

混同江以下的松花江、吞河、公棚子河、遮阴砑子河、巴彦哈达河、倭合哈达河、海兰鳌头河、佗克索河、法库河、汤旺河、巴兰河、小咕咚河、玛延河、东亮子河等。

4. 黑龙江及瑷珲所属界内

霍勒斌河、阿尔钦逊河、必拉嘎河、绿陀莫威河、洛珲河、牡丹江、扎兰河、嘎哈力河、海兰河、小绥芬河等。

以上是《打牲乌拉志典全书》卷3中记载的42条贡河。该书还记载，

"开采之年，两署（指打牲乌拉衙门和盛京内务府）出派官弁兵丁等1237员名，分为64起，往赴上下各江河采捕"。

以上是我们从史料中得到的关于贡河的信息。上述贡河在历史时期是不断变动的，因为贡河的设立是为了清政府皇室垄断和专享东北的东珠资源，只要是生产东珠的河流，就会被清政府纳入贡河的范围。康熙三十八年（1699年），黑龙江将军萨布素接到内务府乌拉布特哈总管穆克登的咨文，要求索伦地方的索伦、达斡尔等族民众不得到嫩江、霍洛尔河、穆纳哩河等河流采捕，因为这些河流里均有蚌壳。从档案行文我们可知，穆克登最初确定的贡河有嫩江、甘河、霍洛尔河、穆纳哩河、讷默尔河、诺敏河、雅尔河、济秦河、绰尔河9条流域，但随着对生产东珠的蚌壳的考察，最终把"凡产珍珠之嫩江、甘河、霍洛尔河、默鲁哩河、孙江、瞻河、诺敏河、雅尔河、济秦河、绰尔河等流域"全部划归为贡河。[①] 上述两书共记载的贡河有52条。这充分体现了清皇室对东北东珠资源的高度垄断。

据《打牲乌拉地方乡土志·山川》中关于贡河的记载可知：

奉天吉林所属的贡河有伊屯河、柳春河、三吞河、佛多霍河、法河、书敏河、吉尔萨河、滚河、辉发河、恰库河、托哈那尔珲河、紧河、额和讷音河、大图拉库河、尼雅穆尼雅库河、霍尼通河、富尔户河、萨姆溪河、色勒河、穆沁河、斐依户河、拉法河、温德亨河；宁古塔所属的贡河有噶哈哩河、鄙勒珲海兰河、布尔哈图河、珠鲁多珲河、玛尔呼哩河；三姓所属的贡河有海兰河、萨尔布河、舒兰河、阿穆兰河、乌苏珲河、倭肯河；阿拉楚喀所属的贡河有阿拉楚喀河、拉林河；黑龙江和瑷珲所属的贡河有绰罗河、呼兰河、通肯河、西北河、吞河、多毕河、二批河、霍勒斌河、孙河、阿尔钦河、占河、呼玛尔河；齐齐哈尔、墨尔根所属的贡河有妥新河、绰勒海、吉金河、阿伦河、奴敏河、毕拉河、泽斐音河、胡俞尔河、甘河、达巴库哩河、固里河、嫩江源、那俞尔河、鄂多河、讷莫尔河等。

档案资料显示，在内务府乌拉布特哈总管穆克登面告黑龙江将军萨布素要求当地索伦总管严加禁止后，黑龙江将军立即行文命令索伦达斡尔总管萨音齐克、都喇都等人要严厉管理好所属民众，不得到上述贡河内采

---

① 参见《黑龙江将军为严禁鄂伦春等人在嫩江甘河等处采珠事咨行索伦总管阿图等文》，康熙三十九年四月十四日，《清代鄂伦春族满汉文档案汇编》，民族出版社2001年版，第542页。

捕。"告示五围索伦、鄂伦春、三甲喇达斡尔等严行禁止，尔等亦不时派人查拿。若有违令捕蚌采珠，即行抓拿，搜缴珍珠，连同人一并押送将军衙门。若有遇此偷采人而隐匿不报者，则将隐匿者视同偷采人一体治罪。再，除索伦、达斡尔等人外，有满洲、汉人、蒙古等人偷采，无论何人遇见，即行抓拿，搜缴珍珠，连同人犯押送将军衙门，要奖赏抓获之人。若有拒捕者，格杀勿论。所有索伦五围副总管、佐领、骁骑校、达斡尔三甲喇副总管、佐领、骁骑校及其众人，皆加逐一晓谕，严行禁止。禁采珍珠之令，向来极为严厉。一经拿获，依照定例，将其为首起意者立斩，余犯皆枷号两月，鞭笞一百，充为奴仆，为此咨行。"①

次年（康熙三十九年，1670年）四月，黑龙江将军再次下令，要求贡河附近驻军增派人员严加巡守，这一方面体现了地方官员切实守护了贡河，另一方面则更加说明了皇室对东珠资源的高度垄断和资源专享。"黑龙江属孙、瞻等河流，可派黑龙江协领等巡查；嫩、甘、霍洛尔、默鲁哩等河流，可派墨尔根城协领、总管巡查；讷默尔、呼雨哩等河流，可派博尔多城守尉巡查；诺敏、雅尔、济秦、绰尔等河流，嗣后由尔等四总管亲自轮流带领章京等，每年春夏秋冬四季不时巡查，捉拿偷采珍珠者。倘若在尔等巡查之河流，尔等不抓拿偷采珍珠者，而被他人抓拿并告发，则将尔等一并严加治罪。"②

（三）捕捞贡鱼的贡江

东北一些河流中盛产鲟鳇鱼、细鳞鱼等美味鱼类。为专享这一珍稀资源，清政府也把盛产上述贡鱼的河流纳入贡河范畴，实行禁捕。

在上文的贡山禁地内和吉林五常厅所属界内有诸多贡河，如东河、舒兰河、霍伦河、珠奇河、拉林河、溪浪河、三岔河、牡丹江、大石头河、都林河、黄泥河等。此外，吉林城南松花江上的辉发河、吉尔萨河、佛多霍河、交哈河、斐胡河、穆沁河、色勒河、萨莫溪等河也是咸丰以前的贡河。

黑龙江的索伦地区还有穆鲁尔河、密齐哩河两条贡河。康熙四十九年（1710年）七月，清政府拟将索伦地区的穆鲁尔、密齐哩、多博和哩、纳都尔、古哩五河围起来，以捕捞贡鱼。但最终考虑到索伦岳布喀岱、哈弥托尔、漫绰很、鄂伦春明阿图、崩科达、耨根车、珠珍车等牛录人在此栖

---

① 《黑龙江将军为严禁鄂伦春等人赴嫩江雅尔河等处采珠事咨索伦总管萨音齐克等文》，康熙三十八年七月十一日，《清代鄂伦春族满汉文档案汇编》，第541页。
② 《黑龙江将军为严禁鄂伦春等人在嫩江甘等处采珠事咨行索伦总管阿图等文》，康熙三十九年四月十四日，《清代鄂伦春族满汉文档案汇编》，第542页。

息繁衍，准其于多博和哩、纳都尔、古哩河照常渔猎，而将穆鲁尔、密齐哩河仍然围封，作为贡河而捕捞白鳟鱼。①

（四）蓄养鲟鳇鱼渚

为保证准时进贡鲟鳇鱼，每年冬至贡期前捕获的鲟鳇鱼就需要池塘蓄养，为此，清政府在松花江和条件适宜的池塘建立专门蓄养鲟鳇鱼渚。龙泉渚，在松花江之左，系吉林伯都讷所属界内。巴延渚，在松花江之右，系蒙古扎萨克公所属界内。长安渚，在松花江之右，系蒙古扎萨克公所属界内。② 如意渚，系陶赖昭站通场。③

以上贡山、贡江和贡河是清政府为了维护清皇室对东北珍稀资源的垄断和专享而设立的禁区。由于实行较为严格的管理，上述禁区，特别是禁山内的森林植被得到了很好的保护。但随着时间推移，内地流民不断拥进禁山，私自采伐林木，破坏植被，私垦土地，偷采山林物产，严重影响到了贡品的采集。为此，晚清光绪十年（1884 年），清政府特地竖立贡山界碑和贡江界碑，以保护禁地内的珍稀资源。这是晚清之事，笔者暂且提及，具体内容在下文论述。

三　官采人参制度

人参，因具有较高的药用价值而被视为百草之王，东北人民更是把人参视为"东北三宝"之一。清朝统治者对人参的采挖极为重视，把人参和参山视为皇室的私产，实现资源专享。此外，皇室还把采参权力奖励给有功的将士和清朝贵族。清政府一直把东北的人参视为皇室和满洲贵族的私有资源而实现高度垄断。清政府实施人参官采制度，换言之，没有政府的允许，旗人、汉人和蒙古人均不得私自采挖。

（一）清代东北参场管理

清代东北参场管理，大致分为两阶段：一是顺治至康熙早期的八旗分山制阶段，采参地点主要集中在乌拉、宁古塔地区；二是乌苏里等山场采

---

① 参见《索伦总管萨音齐克等为遵照来文禁止鄂伦春等人在穆鲁尔等河捕鱼事呈黑龙江将军文》，康熙四十九年七月初四日；《黑龙江将军衙门为准鄂伦春等人照常在多博和哩等三河捕鱼禁止在穆鲁尔二河捕鱼事咨索伦总管萨音齐克文》，康熙四十九年七月初八日；《黑龙江将军衙门为禁止鄂伦春等人在穆鲁尔等河捕鱼事咨墨尔根城协领拉塔文》，康熙四十九年七月初九日，参见《清代鄂伦春族满汉文档案汇编》，第 561—562 页。

② 参见《打牲乌拉典志全书》卷 3。

③ 参见《打牲乌拉地方乡土志·山川》。

参阶段。康熙二十三年（1684 年）暂停八旗分山制以后[1]，人参开采权逐渐被以皇帝为代表的清皇室所垄断。

首先，八旗参山的分布。

按照清廷规定，"凡上三旗及五旗，王以下奉恩将军以上采捕山场，各有分界"[2]。"八旗分山采参，不得越界。"[3] 具体而言，八旗采参山分别是：

镶黄旗采参山是：黑车木、马家、肥牛村、牛哈尔哈、色钦、赵家、厄儿民河、哈尔民河冈、佟家河、拉哈多布库河、牙尔渣河 11 处。

正黄旗采参山是：木起、呼珲谷背山、幽呼罗东界、克车木、肥牛村、土克善梅佛黑齐、五林峰、厄尔民河、哈尔民河夹冈、佟家河、拉哈多布库河、珲济山和见得黑山 13 处。

正白旗采参山是：呼雷、刚山岭、东胜阿谷、济尔歌把罗打八拉冈、济尔歌河、瓦而喀什八罗、觉罗卫济岭、昂把释楞、阿沙哈河、绵滩厄母皮里、阿什汗河、湖南谷、湖南岭、布鲁张市、义欣谷、梭希纳、钮王涧谷和布勒亨 18 处。

正红旗采参山是：牛哈尔哈、撒木汤阿、刘姑山岭、五儿烘噶哈、阿巴噶哈、木敦、古黑岭背山傍、汗处哈谷、西伯谷、五儿烘谷、阿米大谷、大米大牙尔过 12 处。

镶白旗采参山是：刘姑山岭、撒木汤阿、张而都科八罗、欢他、呼勒英厄、刚山岭、色珍大霸库扎儿大库河、乌林布占、三通岭、多布库罗门、浑济木敦 11 处。

镶红旗采参山是：加海、撒木占河、沂澈东五、札木必汗札木他赖、纽木舜、五什欣阿普大力、五儿烘阿普大力、白母白力、撒哈连、昂八乌尔呼、纳孟厄、阿沙哈围黑、厄黑港、古黑岭南山傍、瓦里呼、汗处掀谷、昂把乌黑、昂把释楞 18 处。

正蓝旗采参山是：东胜阿、加哈岭、瓦尔喀什、扎尔呼河、吉牟申、旧谷、五儿烘噶哈、昂巴噶哈、木敦家牟占、湾他哈、纽王涧谷、非牙郎阿、阿什哈温拉黑 13 处。

镶蓝旗采参山是：札木必汗、札东阿、色钦、札库木、厄一扶起峰、都稜、温泉、札尔呼河、围黑法三 9 处。

---

[1] 参见《钦定大清会典事例》卷232 记载，康熙二十三年定："八旗俱往乌苏里等处采参，其分山各人之例暂行禁止。"

[2] 鄂尔泰：《八旗通志初集》卷21《土田制四》，东北师范大学出版社1985 年版。

[3] 《钦定大清会典事例》卷232《户部·参务·山场》。

八旗参场的划分,《吉林通志》《柳边纪略》和《八旗通志初集》中均有记载,但稍有差异。丛佩远认为"实际可能只有八十处左右的参山",且"大部分参山在柳条边墙的东段至长白山之间,其次则为吉林地区,宁古塔至呼兰间则较少。参山的分布反映了清代早期参场大多在盛京的东北部至吉林交界的地区"①。

其次,八旗分山采参制度废除与采参地点向北拓展。

八旗采参时,王公大臣往往私自多采人参,造成采参制度的混乱,加之长期超量采参,引起了上述传统参山的人参资源急剧枯竭。鉴于此,清廷在康熙二十三年(1684 年)规定:"嗣后八旗俱往乌苏里等处采参。其分山各入之例,暂行禁止。"但八旗王公依然肆意超量采取,这再次引起了清皇室的高度重视。康熙三十三年(1694 年),盛京兵部奏报,"查得亲王以下、奉恩将军以上,每年去采参者共五千余人,镇守黑龙江等处将军萨布素等奏称,人已至三万余"②。这已是清政府规定采参人数的六倍多!取消八旗王公贵族的采参权,收归皇室,已是大势所趋。康熙四十八年(1709 年)清廷议定:"宁古塔、玛彦窝哩别派、绥哈河、伊拉莫河等处地方所产之参,专备上用,不准常人采挖。"③这一谕旨的颁布,取消了八旗采参的权力,把东北人参的采挖权力收归到皇室手中。特别值得注意的是,采参地点已经开始向长白山深处的乌苏里以及黑龙江地区拓展。

虽然如此,东北的人参资源依然被超量采挖。人参对生长条件的要求较高,且生长期较长,乌苏里等处人参资源面临日渐减少的窘境。清政府只好采取封禁参山和歇山轮采制度,试图维护和保证人参资源的延绵不断。雍正八年(1730 年)奏准,"乌苏里、绥芬等处参山,开采二年,停歇一年。其停歇之年,在额尔敏、哈尔敏地方开采。"雍正十年(1732 年)议准,"乌苏里、绥芬、宁古塔等处,分年采参。又,宁古塔、绥哈河、伊拉莫河、绵河山、雅满山,自康熙四十八年禁止采取,至今二十余年。嗣后宁古塔五处,分为一年;乌苏里、绥芬、分为一年"④。

乾隆九年(1744 年)议准,乌苏里等参山,试开二年,停止一年;或连刨三年,歇山一年。次年(1745 年)又规定,额尔敏、哈尔敏地方附近的二道江、即额和讷音等山因关系长白山风水,严行饬禁,不得刨采。

---

① 丛佩远:《东北三宝经济简史》,农业出版社 1989 年版,第 77—80 页。
② 《盛京兵部为知会奏准惩治盗挖人参规定等事咨盛京包衣佐领等》,康熙三十三年七月十七日,参见辽宁省档案馆编译,《盛京参务档案史料》,辽海出版社 2003 年版,第 63 页。
③ 《钦定大清会典事例》卷 232《户部·参务·山场》。
④ 同上。

　　乾隆二十四年（1759 年）规定，如遇额尔敏、哈尔敏两处歇山，则仅放乌苏里、绥芬两处的参票。乾隆三十五年（1770 年）奏准，黑龙江之蒙古鲁山，亦令试放参票。这标志着清政府对东北人参的采挖已经向北深入了黑龙江境内。

　　乾隆四十七年（1782 年），清政府鉴于吉林、伯都讷等处的参山资源锐减，遂令该处歇山，并规定次年起歇山一二年，嗣后遇刨采年即歇山一次。盛京额尔敏、哈额敏的参山每刨采二年，即歇山一年。吉林所属的乌苏里、绥芬等大山和罗拉米玛延、英额岭等小山，自乾隆四十九年起，各放票二年后，大小山林均轮换歇山。总之，康熙、雍正和乾隆年间，清政府对东北人参的采挖是时停时采。

　　虽然清政府在雍正和乾隆年间多次实行歇山制度，但众多流民并没有遵守政府的禁令，依然偷采盗挖人参。乾隆四十八年（1783 年）四月，上谕时任吉林将军庆桂："今值休山之期，搜查偷挖人参之人，尤为重要，庆桂亲自前往尚是。此事从前福康安办理颇属妥协。今令休山，若搜查等事办理未尽，以致不肖之人仍行偷挖，反不如不休山也。"乾隆帝要求："此次搜查，宜将在所有安哨寻踪之各属地方及应查之山川偏僻之所，搜索偷挖人参、暗中接济运粮之人等事，逐项妥协办理，严饬所派官兵，一体加意搜捕。"[1] 最终，清政府抛弃了歇山制度，采取了竭泽而渔的政策，与流民争夺人参资源。嘉庆七年（1802 年），清政府规定："吉林毋庸歇山，仍照旧开采。"[2] 清政府与民争夺人参资源的做法，大大加速了东北人参资源的消耗。

　　（二）清代东北采参机制

　　清代东北采参机制的发展，大致可分为四个阶段：

　　第一阶段是顺康年间三方采参。一是八旗王公采参；二是盛京采参，由京师总管内务府和盛京上三旗包衣佐领共同经办；三是京师总管内务府和吉林打牲处管理下的吉林、宁古塔采参。以上三方共同构成了清代顺康年间官采人参制度的主体，这种清政府允许下的合法采参形式，几乎垄断了大部分的人参采挖。

　　1. 八旗王公采参

　　清入关初，原定"王以下、公以上，许遣壮丁于乌喇地方采参，效力

———————

① 中国第一历史档案馆：《乾隆朝满文寄信档译编》第 16 册，岳麓书社 2011 年版，第 598—599 页。

② 《钦定大清会典事例》卷 232《户部·参务·山场》。

勤劳大臣亦许遣壮丁采参"①。鉴于王公把所采人参发往各省售卖，往往敲诈勒索，对地方官民商贾扰乱甚重②，顺治五年（1648 年），清政府一度"停止大臣采参"③。虽然次年又恢复其采参权力，但清政府进行了严格限制。"采参人丁若于额外多遣者，其所遣之人，入官。"④并再次规定了各级贵族的采参人数，由盛京官兵带往采挖，实则是监督。"亲王，壮丁一百四十名。郡王，壮丁一百名。贝勒，壮丁八十名。贝子，壮丁六十名。镇国公，壮丁四十五名。辅国公，壮丁二十名。奉国将军，壮丁十八名。奉恩将军，壮丁十五名。每名给票一张采参。以护参为长；无护参，派包衣为长。遣往时，由盛京协尉官兵带往采取。"⑤

　　八旗参山的划分，本质是清皇室许可下的八旗贵族内部对人参经济权益的分配，但八旗贵族只享有部分使用权，其所有权全部在清朝皇室手中。一旦皇室认为王公贵族的采挖威胁到自身的人参专享权，就会取消八旗贵族的采挖权。康熙二十三年（1684 年），皇室取消了八旗分山制度后，仍允许王公贵族去乌苏里等参山采挖。"嗣后八旗俱往乌苏里等处采参。其分山各人之例，暂行禁止。"⑥《黑图档》康熙三十三年（1694 年）京来档记载：当年的王公贵族派遣"去宁古塔、吉林等处采参之人，岁不下三、四万，马牛至七、八万，伊等带至山上之口粮达七、八万石有余"。《柳边纪略》卷 3 记载："甲子、乙丑（1684—1685 年）以后，乌拉、宁古塔一带采取已尽，八旗分地徒有空名。"康熙三十八年（1699 年），清政府完全剥夺了八旗贵族采参权，"一律停采"⑦。清政府对东北人参的官方采挖进入皇室专享阶段。康熙四十年（1701 年），"开采参山，刨取人参，交内务府办理"⑧。

　　2. 盛京采参

　　盛京采参，由京师总管内务府和盛京上三旗包衣佐领共同经办。在盛京内务府设立之前，盛京采参主要是京师总管内务府通过盛京上三旗包衣佐领经办。顺治年间，盛京上三旗包衣佐领管理下的包衣和打牲人采参，

---

① 《钦定大清会典事例》卷 232《户部·参务·额课》。
② 《清世祖实录》卷 7，顺治元年八月癸酉，第 1573 页。《清世祖实录》卷 20，顺治二年八月辛丑，第 1669 页。
③ 《钦定大清会典事例》卷 232《户部·参务·额课》。
④ 《清世祖实录》卷 42，顺治六年正月辛巳，第 1830 页。
⑤ 《钦定大清会典事例》卷 232《户部·参务·额课》。
⑥ 《钦定大清会典事例》卷 232《户部·参务·山场》。
⑦ 参见《黑图档》，康熙三十八年京来档。
⑧ 《钦定大清会典事例》卷 232《户部·参务·额课》。

京师总管府通过盛京上三旗包衣佐领以赏赐马匹和毛青布等物品的形式收购人参。顺治四年（1647 年），京师总管内务府致书盛京上三旗包衣佐领的安塔穆和布塔西："为赏给采参之乌拉打牲人毛青布，每斤人参赏给织成之大毛青布两匹。可参照此情，按所采参多寡分别赏给大毛青翠花布、小毛青翠花布、粗布等。"①

　　康熙六年（1667 年），清政府取消了京师总管内务府所属佐领所属官丁的采参权力，只允许上三旗佐领每年派丁 150 名采参。"向者盛京三佐领下丁及彼处各佐领所属官丁攒凑自咨派，共同采挖，后将彼处佐领下官丁咨派采参之处免去，仅有盛京三佐领下丁采挖，后又将所有采挖均行免去。……嗣后于每年采挖之际，由三佐领下派出一百五十丁采挖。"②

　　然而，下派的兵丁进入参山后就不遵守规定，随意砍伐蜂蜜树木、捕鱼，甚至进入八旗所分的参山，这引起了清廷严重不满。康熙五年（1666 年）六月十一日，工部曾规定挖参的包衣领催朱显达等人："去采参之人不得砍有蜂蜜树木，不得捕鱼，不得带弓箭，不得进别旗分之山。作乱者治罪。"③ 下面依据《盛京参务档案史料》的记载，把康熙年间盛京上三旗采参并上进京师总管内务府的人参数字，统计如下表。

表 4 - 1　　　　　　　　　　康熙年间盛京上三旗采参数量统计表

年代	采获的鲜参的数额
康熙七年	670 斤 12 两 8 钱
康熙八年	434 斤
康熙九年	419 斤
康熙十一年	277 斤
康熙十三年	368 斤
康熙十四年	283 斤
康熙十六年	174 斤 6 两

---

①　季永海、何溥滢译：《盛京内务府顺治年间档》，载中国社会科学院历史研究所清史研究室编《清史资料》第二辑，中华书局 1981 年版，第 193 页。

②　《总管内务府为奏准嗣后每年盛京三佐领下派出一百五十丁挖参事兹盛京佐领辛达里等》，康熙六年九月二十七日，辽宁省档案馆编译《盛京参务档案史料》，辽海出版社 2003 年版，第 1—2 页。

③　《工部外围请晓谕挖人参规定事谕上三旗包衣佐领等》，康熙五年六月十一日，辽宁省档案馆编译《盛京参务档案史料》，第 1 页。

续表

年代	采获的鲜参的数额
康熙十七年	177 斤
康熙十八年	161 斤
康熙十九年	101 斤 8 两
康熙二十年	98 斤
康熙二十一年	121 斤 14 两
康熙二十二年	109 斤 12 两
康熙二十三年①	119 斤 2 两
康熙二十四年	1592 斤
康熙二十五年	1917 斤 8 两
康熙二十六年	1490 斤
康熙二十七年	2050 斤②
康熙三十年	1200 斤

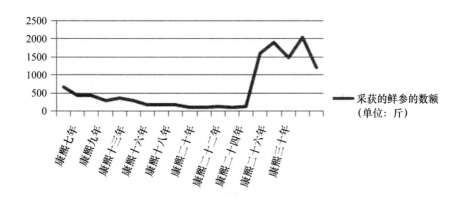

图 4-1　康熙年间盛京上三旗采参数量统计图

注：本示意图依据表 4-1 数据统计而得。

从上图的折线变化可见，从康熙七年（1668 年）到康熙二十三年（1684 年），盛京上三旗包衣在盛京东部的传统参场采参的数量已经不断

———————

① 清政府规定从康熙二十三年起，到乌苏里等处采参。新参场的采挖，大大扩大了人参的采挖范围，所以我们看到此后的采参数量大幅增加。

② 档案只记载该年采获干参四百一十斤、参芦二十五斤十两、参须五十一斤四两。按照清廷规定"此一斤干参案五斤鲜参核算"，笔者统计可知，该年共采获鲜参是 2050 斤。该项核算比例规定参见《盛京参务档案史料》，第 61 页。

下降，这说明当地的人参资源已经严重匮乏。随着乌苏里等地的参场在康熙二十四年（1685 年）的开辟，盛京采参的数量骤然增加，并且数量远远高于以前在盛京东部参山所采挖到的数量。

为在短时间内大量采集更多更优质人参，京师内务府在康熙四十八年（1709 年）组织了一场规模宏大的采参活动，史载："盛京酌派满洲兵四千，宁古塔满洲兵四千，乌拉打牲满洲兵二千，十人立一长，四十人为一伙。所得之参，分别多寡美恶，折给银两。著该将军选上参一百斤，次参九百斤，解交内务府，其余折给银两。"其中，盛京满洲采获上参者，每斤折银二十二两。恶者，折银十四两。宁古塔、乌拉满洲，上参每斤折银二十两，恶者，折银十二两。收参之时，由户部奏派堂官一员，带干员四人前往，会同吉林将军、乌拉总管公同验收。①

3. 吉林、宁古塔采参，隶属京师总管内务府和吉林打牲处管理

顺治四年（1647 年）和顺治六年（1649 年），京师总管内务府就通过盛京上三旗包衣佐领收购乌拉打牲人采挖的人参，以大毛青布和马匹等物品赏给贡献人参的乌拉打牲人丁。②顺治八年（1651 年），清廷曾一度停止打牲乌拉采参。③但在康熙三年（1664 年）又恢复之，乌拉打牲上交人参三十一斤八两。④康熙四十八年（1709 年），清廷"令乌拉打牲满洲等采参，每年交送一千斤，其余作价。又议定乌拉打牲满洲壮丁，共派出一千三百名，十人一长，将军衙门给予印票，著十人姓名。乌拉打牲满洲总管，给与盛京关防印票，亦注明十人姓名。著派协领等官各督所属，自备资斧采参"。"采参人照盐引给与参引，所得之参分为三分，两分交户部，发崇文门监督变价，一分交盛京将军衙门，按时价折给采参兵丁，其折价之参，仍送户部作价。"⑤

康熙五十二年（1713 年），清政府规定，所有采蜜壮丁一年采蜜，一年采人参。⑥打牲乌拉采参一直延续到乾隆十五年（1750 年）。雍正七年（1729 年），"打牲乌拉百五十丁，内百丁采人参，五十丁采蜂蜜。每参丁

① 参见《钦定大清会典事例》卷 232《户部·参务·额课》。
② 参见季永海、何溥滢译《盛京内务府顺治年间档》，参见《清史资料》第 2 辑，第 193、214 页。
③ 参见《柳边纪略》卷 3，黑龙江人民出版社 1984 年版。
④ 参见《总管内务府为拨给乌拉打牲丁采人参应得之毛青布等事咨盛京佐领安塔木等》，康熙三年四月二十二日，辽宁省档案馆编译《盛京参务档案史料》第 1 页。
⑤《钦定大清会典事例》卷 1215《内务府·采捕·纳赋》。
⑥ 参见《钦定大清会典事例》卷 232《户部·参务·额课》。

一名，帮丁二名"①。这样，打牲乌拉每年实际上有三百名人丁采挖人参。采参是当时打牲乌拉的主要任务。乾隆十四年（1749 年），打牲乌拉本年所交仅八百三十五两人参，与以往打牲乌拉每年额交人参三千两相比，缺额太多。乾隆便取消打牲乌拉的采参权力，将现设采参骁骑三百名内，裁去一百名，再试采一年。②次年（乾隆十五年，1750 年），鉴于乌拉地方打牲壮丁采取人参，有名无实，清政府遂将其被改为采捕东珠，编为十二珠轩。③打牲乌拉采参的历史到乾隆十五年时，已告结束。

第二阶段是从雍正初年至乾隆九年（1744 年）的官办采参定制收课制和商人承办采参。

虽然清政府一再以严刑惩治偷挖人参之人和失职官兵④，但流民偷挖人参的势头并没有被遏制。清政府不得不另寻新法以确保官府对人参资源的享有。

雍正二年（1724 年），盛京将军唐宝柱提出允民采挖并定制收课的办法。他建议："不计旗民，有情缘自力前往乌苏里、绥芬、额勒敏、哈勒敏、恶讷殷、贤讷殷等处刨参者，每票征御用上好人参二两五钱、钱粮十六两，一斤人参抽税二两五钱，无力背架之人不能前往远刨参，停止征参，征钱粮六两，每斤参亦抽税二两五钱。"每年政府印票一万二千张，盛京六千张，额勒敏、哈勒敏等处二千张，吉林乌拉、宁古塔四千张。雍正帝认为"所议甚好"，并晓谕奉天将军、宁古塔将军、黑龙江将军和总管内务府衙门、崇文门、山海关监督等官员遵旨实行。⑤关于清政府实行定制收课制的开始时间，《钦定大清会典事例》中的记载与此不一致，该书记载为雍正元年（1723 年）。⑥实际上，公布的满文档案显示：奉天将军唐宝柱的奏疏时间为雍正二年正月初三日，经过总办王大臣议论后，正月初六日上奏给皇帝。同年三月初三日，奉天将军得到谕旨后才咨文盛京内务府关防佐领。

此后，清政府认为收课定额太低，又提升了税额，"一张票仍照商人

①《钦定大清会典事例》卷 1215《内务府·采捕·劝惩》。
② 参见《钦定大清会典事例》卷 232《户部·参务·额课》。
③ 参见《钦定大清会典事例》卷 889《工部·采捕·编丁》。
④ 参见《盛京兵部为知会奏准惩治盗挖人参规定等事咨盛京包衣佐领等》，康熙三十三年七月十七日，辽宁省档案馆编译《盛京参务档案史料》，第 62—63 页。
⑤ 参见《奉天将军衙门委奏准遍行晓谕若有贤者具保可呈领照票前往刨参事咨掌管理盛京内务关防佐领等》，雍正二年三月初三日，辽宁省档案馆编译《盛京参务档案史料》，第 113—115 页。
⑥ 参见《钦定大清会典事例》卷 232《户部·参务·额课》。

王绍德等零票之例纳银四两、参二十四两，于额勒敏、哈勒敏等附近背架步行者，一张票纳银二两、一等参二两"①。后又提高了额勒敏、哈勒敏等处采参纳银的税额，"额尔敏、哈尔敏等处，每票一张，亦照各处交银四两，上等参二十四两"②。

由于清政府提高了采参的税额，加之乌苏里路程遥远，很多人见获利甚少而无人前往领票。雍正四年（1726 年），清政府在对各方利益的一再权衡之后，最终确定了采参定制收课的税额。"乌苏里、绥芬，向例每票一张，取参二十四两，银四两。嗣后免其交银，俟采参还时，每票收参二十六两。奉天免取参二两，还时，每票收参二十四两。"③ 定制收课制是清代政府采参制度演变的重要节点。这标志着自清初以来，官府严密垄断东北人参资源的局面被打破，民人在政府的允许下终于获得了合法采参权。

随着采参距离逐渐增加，采掘日趋困难，一般刨夫无力自备鞍马采参，应募的采参刨夫日减，政府参票不能如数发放，官办采参亦收效甚微，不得不停止。

从雍正八年（1730 年）至乾隆九年（1744 年），商人承办参务构成该时期采参政策另一特点。雍正八年，清政府鉴于定制收课制的诸多弊端，又实行商人承办采参的制度。雍正奏准，乌苏里、绥芬等处参山，招商刨采，给票一万张，随身红票十张，令商人雇夫一万名，每票一张，收参十六两，十两交官，六两给商作本。④ 由于承办的商人负担采参人员的所有食宿，并承担着向国家交纳钱粮的重任，家境不甚宽裕的，不能被政府选定。⑤

此新政策实施过程中，承办商人从中克扣人参、损公肥私，压迫所招采参人员等诸多弊端很快就暴露出来。⑥ 政府对此也逐渐有清晰认识，乾

---

① 《奉天将军衙门为仍照商人王绍德等领票纳参之例办理参务咨掌管理盛京内务关防佐领等》，雍正二年四月十七日，辽宁省档案馆编译《盛京参务档案史料》，第 117 页。

② 《钦定大清会典事例》卷 232《户部·参务·额课》。

③ 同上。

④ 同上。

⑤ 参见《奉天将军衙门为知会商人张玉领取乌苏里、绥芬等处参票及不得持该票进入额勒敏、哈勒敏出参之禁山偷刨事咨掌管理盛京内务关防佐领等》，乾隆元年三月十六日，载辽宁省档案馆编译《盛京参务档案史料》，第 119 页。

⑥ 参见《湖广道监察御史王文劝为参商王绘曾愈硕橄取资本参虑害穷民事奏折》，乾隆二年三月二十四日，参见中国第一历史档案馆《乾隆朝参务史料》，《历史档案》1991 年第 1 期。

隆四年（1739 年）奉天将军奏报称，"自从定额以来这几年，商人并未照数放票，每年放票二千余张，如若奸商霸占参利，剩余参票每年可案例缴销，恣意少方，将多得之参隐匿肥私，情实可恶"①。其实，参票放不足额的原因，不仅有商人从中克扣的单一因素，还有野生人参资源大量消耗的资源性短缺因素使然。长期大肆采挖，野生人参数量锐减，很多挖参人员见到基本无利可图，也不愿意参加承办商人的招募。虽然一些官员不断献计献策②，但到乾隆初年，承办商人很少能完成承办采参任务。商人承办采参制度也走到尽头。

第三阶段是乾隆九年（1744 年）以后设立官参局，实行"官雇刨夫"。

鉴于商办采参制度的弊端颇多，清政府在乾隆九年（1744 年）将其取消，改为官办。"盛京、吉林、宁古塔等处，行放参票，因招募商人承办，私弊较多，官票放不足额，嗣后改官雇刨夫，并选派京员，前往帮办，无论旗民，均准给票刨采。又议准乌苏里等处收参，改归官办。"③ 佟永功认为，"官雇刨夫"的实行，与原来"旗民自资采挖"的区别，则在于它运用国家的经济力量，给予刨夫在行装口粮等方面以一定的资助。其一个基本目的是要加强清政府对参票发放的管理，希望放出更多的参票，收入更多的人参。④ 笔者赞同此观点。

清政府先后在盛京、吉林和宁古塔分别设立官参局。盛京将军衙门下的官参局经办参务可能设于乾隆九年（1744 年）。⑤ 吉林和宁古塔官参局建于乾隆二十八年（1763 年）。⑥ 此后，又出现"黑人"和私参两大弊端。"黑人"是指采参人超过参票规定人数多带的帮手。当时清政府规定，交官参按票计数，票少人多，则采多交少，获利颇大。私参即走私的人参。"黑人"和私参严重影响了官参数量。此外，乾隆中期以后，由于连年过度挖采破坏了参源，人参产量迅速下降，更使官参数量剧减。为维持官参数量，清政府一方面频繁修订采参的管理办法，一方面增设卡伦，加强巡

---

① 《奉天将军衙门为知会招募商人张凤于乌苏里、绥芬等地刨参咨掌盛京内务府衙门》，乾隆四年四月初二日，辽宁省档案馆编译《盛京参务档案史料》，第 144 页。

② 参见《奉天将军达尔当阿条陈整顿参务事宜奏折》，乾隆九年十一月十九日，参见中国第一历史档案馆《乾隆朝参务史料》，《历史档案》1991 年第 1 期。

③ 《钦定大清会典事例》卷 232《户部·参务·额课》。

④ 参见佟永功《东北三宝经济简史》，农业出版社 1989 年版，第 89 页。

⑤ 参见《钦定大清会典事例》卷 232《户部·参务·公用》。

⑥ 参见《吉林志书·参票》，《吉林外记》卷 7《公署》。

缉，试图杜绝"黑人"和私参。①

　　清政府一向禁止私自买卖人参，正因如此，人参的价格更加昂贵。高额的利润，吸引了不法分子投机买卖"私参"。乾隆三十二年（1767年），吉林地方举报佐领王睿、韩朝风开设德聚、德锦等商铺，购买私参，再转卖与交参之人，从中取利。而吉林将军舍图肯，仍令王睿办理参务。乾隆帝震惊之余，降旨严厉查处涉案官员。②

　　鉴于盛京发放官参票时，令各铺商凑银资助，而办理参务官员，开设买卖人参店铺串通牟利，故乾隆帝谕令新任吉林将军新柱："不论旗民，开铺买卖人参，著永行禁止，其采参之人交完官参所余，可运至京城或外省出售，断不可在本地出售。"其目的是"为防止不肖之徒开铺串通牟利，将采参者上交官参后所余全部收购，于本地出售，并非禁止商人贩至口内售卖"。不过，考虑到"前因采参者所获人参多少不等，若交纳官参所余较多，运至口内出售，仍可获利，若剩余甚少，仅一二两、几钱者，不宜入口内出售，若不准在本地出售，反于伊等无裨"。故此，乾隆帝于三十二年八月十三日谕令新柱："除各属地方旗民开铺买参于本地出售仍行禁止外，采参者交完官参所余，若有商人购买贩卖，仍准购买，照例办理。"③

　　虽然清政府一再努力，但官参收不足额的窘境并没有得到彻底改变，特别是吉林等处所发参票数目日渐减少。乾隆四十七年（1782年）七月，吉林将军和隆武奏称，吉林等处本年发放参票数目少于去年，尤其是近二年，刨夫因不得参，或多得次参不能交纳，而改交银两者颇多，且亏蚀本银返回原籍者甚多。面对窘境，乾隆帝认为这主要是因为每年刨参不止，人参难以生长，渐致减少之故。"人参乃本朝发祥之地所产瑞草，虽属盛产，但每年刨挖不止，焉能不少？倘休息一二年，待参长大后再令刨挖，刨夫自然情愿领票耳"，遂谕令"盛京、吉林等地自来年始停止挖参，休息一二年。嗣后刨几年休息一次，令伊等会同酌定具奏。并将伯都讷等处

①　参见《奉盛京将军新柱等为遵旨查议办放参票办法事奏折》，乾隆三十二年十月初四日；《盛京将军新柱为改发新票后办参官役公费仍按原比例扣算事奏折》，乾隆三十二年十二月初十日；《户部右侍郎金简等为改变放票办法并加强巡缉官兵以杜黑人私参奏折》，乾隆四十二年十一月十九日，参见中国第一历史档案馆《乾隆朝参务史料》，《历史档案》1991年第1期。
②　参见中国第一历史档案馆编《乾隆朝满文寄信档译编》第7册，岳麓书社2011年版，第737页。
③　同上书，第740页。

刨夫何以交银之处，一并查明具奏"①。

此后，清政府又创立了"参余"和"船规银"两项税收，以图补贴刨夫。"参余"是吉林地区向商人额外征收的参捐。"船规银"则是盛京地区以津贴参票为名目而征收的额外参捐。由于这部分资金归属吉林、盛京官府以及一级承办商管理，这就成为贪官和承包商人觊觎和克扣的对象。吉林将军秀林等官员及其家属"侵蚀之数为甚"②。到嘉庆中期，官参局管理下的"官雇刨夫"已经名存实亡，长期扮演采参保人角色的东北地方富商"烧锅商人"开始走上历史前台，"烧锅票制"开始实行。

第四阶段是嘉庆朝的"烧锅票制"。

考虑到"官雇刨夫"的弊端已积重难返，参课又无从收取，清政府最终允许吉林尝试新举措，"吉林开设烧锅之人，与刨夫熟识，力能帮贴刨夫口粮，责成通融办理"③。嘉庆十五年（1810年），清政府终于正式允许了"烧锅"领票。史载"盛京包门人等，承领烧锅参票，招揽刨夫，出边采挖。嗣后照吉林之例，令局员地方官取具的保，充作揽头，革除包门名色。每年放票仍着烧锅承领出银，届时揽头带刨夫入山采参，尽数封送到局，揽头交纳官参足额，余参令售与商人，不足者令其赔补。其有经理不善，责令局员会同旗民地方官另行召募，毋庸釐定额数"④。

因为野生人参资源被大量超限度采挖，几乎没有烧锅商人能按量完成采参任务。但清政府不顾此情，烧锅票课仍需缴纳。这样，烧锅票课就成为政府变相压榨烧锅商人的一种赋税。很多烧锅商铺因此倒闭，而剩下的烧锅商人仍需完成烧锅票课，这又迫使剩下的商人再次逃避。如此恶性循环，不仅严重破坏了东北酿酒业的发展，更严重破坏了东北采参业。咸丰三年（1853年），吉林将军景淳奏请歇山。咸丰七年（1857年），景淳在奏折中提到，吉林烧锅已经于"去年全行关闭"⑤。至此，"烧锅票制"下的采参业业已基本处于停顿状态。

综上可见，从清初到清中期，清政府对采参权的管理先后经历了三方采参、官办采参定制收课制和商人承办采参、官参局管理下的"官雇刨

---

① 中国第一历史档案馆编：《乾隆朝满文寄信档译编》第15册，第669页。
② 参见《吉林通志》卷2《圣训志二》。《乾隆五十九年吉林参务案》，参见中国第一历史档案馆《历史档案》2000年第1期。《清代东北参务》，第178—203页。
③ 佚名撰：《盛京通鉴》卷6《官参局办过事宜》，载沈云龙主编《近代中国史料丛刊》，第六辑，文海出版社1967年版，第225页。《钦定大清会典事例》卷232《户部·参务·额课》。
④ 《钦定大清会典事例》卷232《户部·参务·额课》。
⑤ 参见《吉林通志》卷4《圣训志四》。

夫"、"烧锅票制"四个阶段。虽然每个阶段的具体采参个体不同，但对东北人参的所有权和管理权则始终掌握在清政府和皇室手中。这充分说明，清政府始终对东北人参享有高度垄断，即使清政府允许京师商人或者东北商人参与具体业务，也只是让其分一杯羹而已。无论是官府组织的自行采参，还是官府管理下的商人和民人采参，野生人参资源的锐减，是清政府采参制度失败的根本原因。

四 皇室对貂皮、人参和东珠的垄断

皇室对东北的貂皮和人参等珍稀资源一直采用高度垄断，不断颁布各项禁令，严禁地方人士和驻防官兵私自采捕和贩卖人参、貂皮。

（一）对貂皮的垄断

有清一代，清政府一直要求东北索伦地区上供当地的优质貂皮，并规定当地人民于每年冬季捕貂，在次年五六月会盟时选取进贡的貂皮。为了选取上好的貂皮，清政府规定在选取贡貂之前，禁止私自买卖貂皮。黑龙江将军萨布素"通告贡貂之索伦、达斡尔、鄂伦春等禁止外，亦告示驻墨尔根城满洲、汉军、索伦、达斡尔官兵民人，于贡貂之前，禁止买貂皮。又照此通旨驻黑龙江满洲、汉军、索伦、达斡尔官兵民人，严加禁止"[1]。

康熙三十年（1691年）十二月，黑龙江瑷珲的正白旗伊哈图佐领下属的领催歙岱私下用一匹马和一驮米向贡貂达斡尔苏勒图佐领下的稳察尔换走了五张貂皮。此事被告发后，涉案人员和官员全部被查处严惩。[2] 康熙三十七年（1698年）二月，黑龙江将军再次明令禁止索伦、鄂伦春等民众擅自向蒙古人私售貂皮。[3] 此后，黑龙江将军还多次明令当地驻防官兵不得私自向鄂伦春等打牲丁购买貂皮，"传谕我本地八旗官兵务必遍谕各旗官兵、闲散、商人直至村屯，在进贡貂皮之前，不得购买打牲丁之貂皮，倘若查有违禁偷买索取者，或被旁人出首者，除将买取貂皮者从重治罪外，将该管官员亦一并从严议罪"[4]。

---

①　《黑龙江将军萨布素为贡貂前严禁鄂伦春等人买卖貂皮事咨副都统等文》，康熙三十年十一月二十日，参见《清代鄂伦春族满汉文档案汇编》，第531页。

②　参见《黑龙江将军萨布素为严加治罪私自换取鄂伦春貂皮人员事咨黑龙江副都统等文》，康熙三十年十二月二十五日，《清代鄂伦春族满汉文档案汇编》，第531页。

③　参见《黑龙江将军为严禁鄂伦春等人赴喀尔喀地方私自出售貂皮事咨索伦总管喀拜等文》，康熙三十七年二月初十日，《清代鄂伦春族满汉文档案汇编》，第538页。

④　《黑龙江将军为严禁官兵向鄂伦春等打牲丁购买貂皮事咨索伦总管等文》，康熙三十九年十二月初四日；《黑龙江将军衙门为禁止兵丁向鄂伦春买取貂皮事咨黑龙江副都统文》，康熙四十四年七月初六日，《清代鄂伦春族满汉文档案汇编》，第544、551页。

　　虽然清政府三令五申严禁民间私自贸易貂皮，但一些民众还是会在私下藏匿貂皮进行秘密贸易。对此，黑龙江将军只好再次行文索伦总管，严令当地民众私自贸易貂皮，"御用上好黑貂所关至要，因会盟时，众皆携带货物贸易，是以选貂之前，凡貂裘皮张等物一概不准买卖之处，历年均经通告在案。久而久之，或有不肖索伦、达斡尔、鄂伦春等，于挑选上好貂皮时不行交出，隐匿一二张，虽未当即出售，但会盟之后，或给相识之友人，或抵旧债之处，不可谓无。倘违背禁令，不肖之徒合谋隐匿，私自购买，一旦为稽查之人拿获。或被旁人告发，或为各驻卡人等拿获，则将私自买卖之人一并按律从重治罪，查获貂皮概行入官，断不宽宥。须将此遍行严谕尔等所辖八甲喇达斡尔、索伦、鄂伦春等遵行"①。实际上，不仅当地官兵和民众会在私下贸易貂皮，以谋私利，就是当地一些官员也会利用手中职权，私自购买貂皮。当然，清政府一旦发现，就会对犯禁官员严厉惩处。乾隆八年（1743 年），黑龙江将军博第以低价买取鄂伦春等人貂皮、貂尾。此事被告发后，黑龙江将军博第被免职。②

　　清政府不仅严禁黑龙江地区的民人、驻防官兵私自贸易貂皮，还禁止与该区毗邻的蒙古人私自购买貂皮。据理藩院咨送律例内载可知："私入禁地采捕貂被获，其主明知故遣者，不分王、贝勒、贝子、公、台吉，皆罚俸九月，无俸之台吉及官员、庶人，皆罚三九，所获参貂入官，率及牲畜，均赏给旗下效力之人。郡主等所属旗人及家人、捕牲人，有私赴禁地采参捕貂被获者，财主及为首之人界绞监候，家产牲畜籍贯没。为从者，系正户，鞭一百，罚三九；系家奴，枷两月，鞭一百，罚其主三九，见获参貂，全行入官。凡偷采参貂，私行买卖被旁人拿获者，将参貂交纳户部，买者卖者各鞭一百，罚一九，赏给拿获出首者。王以下、庶人以上，有往黑龙江瓜尔察索伦买貂，明知违禁遣人遣取贩卖者，王、贝勒、贝子、公、台吉罚俸一年，无俸之台吉罚俸五九，官员、庶人罚三九。携商

---

①　《将军衙门为严禁私自买卖貂皮事咨索伦总管萨音齐克等文》，雍正二年闰四月初一日；《黑龙江将军衙门为严禁选裘之前私自买卖貂皮事札行索伦总管等文》，雍正七年三月二十六日；《将军衙门为严禁会盟前私自买卖貂皮事札行索伦总管等文》，雍正八年三月十九日；《黑龙江将军衙门为严禁挑选贡貂前买卖貂皮事札付布特哈索伦达斡尔总管文》，雍正九年五月二十五日；《黑龙江将军衙门为严禁挑选贡貂前买卖貂皮事札付署理布特哈索伦达斡尔总管文》，雍正十年四月十三日，《清代鄂伦春族满汉文档案汇编》，第 597、604、609、612、614 页。

②　参见《副都统巴灵阿奏黑龙江将军博第低价买取鄂伦春等人貂皮貂尾请暂令离任质审折》，乾隆八年十二月十七日，《清代鄂伦春族满汉文档案汇编》，第 630—632 页。

私往，为首者，拟绞监候，为从者罚三九，所携价本入官。"①

清政府对貂皮垄断的范围不仅限于黑龙江地区，而是东北全境。乾隆三十四年（1769 年）十月，盛京将军恒禄奏报，九关台边门章京玛提木保拿获无票贩卖貂皮人赵原晋等三人、骡两匹、貂皮九百十六张。除将私貂送交内务府外，将贩卖貂皮之犯赵原晋三人、边门该班领催杨成等五人，一并解送盛京刑部。乾隆帝下旨，要求奖赏有功官兵，"惟拿获私参官兵按例皆行奖赏，拿获私貂之人等，亦应如拿获私参人等予以奖赏。将此著寄信恒禄等，对此次拿获私貂之人等，即照拿获贩卖私参例分别赏赐，著为例"②。

（二）对人参的垄断

人参也被清政府纳入蒙古民人禁止采挖之列。康熙十七年（1678 年），清政府向蒙古颁布了"违禁采捕令"。其中的规定如下："外藩蒙古王、公主、郡主等所属人，私向禁地盗采人参者，为首拟斩监候，妻子家产牲畜并所获皆入官；为从者鞭一百，家产牲畜并所获入官，妻子免其籍没。王、公主、郡主以下，台吉以上遣属下人往者，各罚九九。都统以下、骁骑校以上，遣家奴往者，皆革职。领催、十家长、正户遣家奴往者，鞭一百，革去领催、十家长，各罚一九，所遣家奴本身妻子家产牲畜并所获皆入官。遣正户人往者，管旗王以下、十家长以上，均照遣家奴例治罪。正户及家奴偷采人参，其该管与家主不知情者，皆鞭一百，罚三九。旁人首发者，交户部，照入官之参，折半价给赏。私买私卖者，系蒙古鞭一百，罚一九。"③ 总之，清政府通过构建严密的法律体系，以实现对东北人参和貂皮的垄断。

在顺治、康熙时期，清政府规定，被抓私刨人参之人，不论已得、未得，俱押送盛京刑部监禁，每年由京师差官前往审理。因为偷挖人参多是春夏时节，故被抓之人只好被监押至秋季方得审理。在此期间，很多被羁押之人"延挨月日，身受寒暑，多致疾病死亡"。鉴于此，雍正二年（1724 年）四月，雍正帝谕令刑部："宁古塔有将军、办事御史，盛京有将军、刑部、并副都御史永福，嗣后将各地方所获者即行审理，作速完结，年底汇齐具本启奏。自今将审理偷刨人参之部院衙门堂官、停其遣

① 《乾隆朝内府抄本〈理藩院则例〉》，中国社会科学院中国边疆史地研究中心主编《清代理藩院资料辑录》，全国图书馆文献缩微复制中心 1988 年版，第 156—157 页。
② 中国第一历史档案馆编：《乾隆朝满文寄信档译编》第 9 册，第 509 页。
③ 《乾隆朝内府抄本〈理藩院则例〉》，载《清代理藩院资料辑录》，第 156 页。

往。如此，则案内之人无久禁冻馁之苦累矣。"①

面对日益严峻的禁刨人参形势，乾隆十一年（1746 年）六月，宁古塔将军巴灵阿等奏称："南海、乌苏里、德克登伊等处，查拏藏匿刨参人等一案。今钦派大臣侍卫等前往巡查办理。该处幅员辽阔，山林广大，所有原派协领等官十五员，兵五百名，分路跟随，尚不敷用。"他建议采取分区管理的方式，加强对私刨人参的巡查缉拿。具体方案是"南海等处，令宁古塔、珲春地方，添派官三员，兵一百名。乌苏里、德克登伊等处，令三姓地方，添派官三员，兵一百名，跟随钦派大臣等前往，严密巡查。于本年四月内起程，即令存留；来年四月青草发生时，派拨官兵更替"②。当时，吉林将军已经派遣都统阿兰泰和宁古塔副都统伊伦泰在南海雅兰西楞地方安营。副都统那木扎勒和三姓副都统富僧阿在乌苏里德克登伊地方安营，俱从各处自派官兵，编队前往。另外，自乌苏里德克登伊直至三姓，沿途皆设有卡座。雅兰西楞至宁古塔所属绥芬地方，因安设之末卡，隔六七百里，遂令吉林乌拉地方，派官二员和兵六十名，自雅兰西楞至绥芬卡座，酌量远近，添设三台，专管递犯送文。所有此次派添跟随大臣等及安设卡座台站共有官八员，兵二百名。

同年十月，宁古塔将军阿兰泰等奏请严禁偷刨人参，酌定稽查事宜四条③，分别是：

（1）请于穆伦河渡口及和征河口，各添派官二员、兵二十名放卡，毋庸冰冻后彻回。珲春之蒙古河陆路地方，应长远设卡。每年拣员，率兵三十名放卡，亦毋庸彻回。至珲春地逼海滨，与朝鲜国仅隔图们一江，且与凤凰城等处水陆相通，偷参者，由海运粮接济。原兵百九十名，除应差外，其沿海色隆吉等十四处，并无稽查。请于三姓地方，抽派官兵三百员名，驾船巡哨，佐领一并移驻。又于珲春另户闲散满洲内、添拨披甲十名，足五百名成数。再宁古塔周围地方，安卡十处，距城三十里至百里不等。因附近屯庄，每与居民通同偷放刨参人驼驮，俱请移驻屯庄窎远之地。又发票之年，添设堵截之卡四处，相去四五十里，至八九十里不等，难以会哨。请将两处卡座，相去稍远之地，派拨官兵巡防，仍委员不时稽查。以原设之卡为界，其越界垦地安屯，长远禁止。

（2）索伦达呼尔、越界至松阿里乌拉、打牲滋事，私将米粮装船，出

① 《清世宗实录》卷 18，雍正二年四月壬子，中华书局 1985 年版，第 302 页。
② 《清高宗实录》卷 269，乾隆十一年六月丁亥，第 495—496 页。
③ 参见《清高宗实录》卷 276，乾隆十一年十月丙寅，第 605—606 页。

黑龙江口贸易，接济偷刨人等，应严行查禁。再，鸟枪例不准出边口，带赴参山，亦应禁止。第刨夫入山，防范恶兽，未便概禁。请嗣后领票时按号注票，回山验票。不报，察出治罪。应如所请。行黑龙江吉林将军，将私带米粮出卖之人，照贩私盐律，核计米数银数定拟，其违例私带鸟枪，照商民私造鸟枪不报官律，杖一百；转售者，照军人私卖军器充军律减等，杖一百，徒三年。官不查出，议处。

（3）采取官桦皮，打牲乌拉刨参、催交貂皮，官兵所带衣粮器用，及赫哲费雅哈人等至宁古塔进贡貂皮回时，购买物件口粮数目，令报将军衙门注册，沿途验票放行。又，三姓、珲春等处商人、官兵，领票赴宁古塔船厂地方购买物件，令呈报该管官，给随票一张，仍回本处呈验。倘违禁带米石物件，卖与偷刨人等，并易换人参者，请照私贩盐觔律治罪。查带物应视多寡为区别，应将米不及五十石、什物值银不及五十两者，照无引私盐律，杖一百，徒三年；米过五十石、物值过五十两者，照越境贩私盐三千斤以上例，发附近充军。官兵知法故违，加民人一等；旗人有犯，罪如之；徇纵失察者，均分别处治。

（4）过冬偷刨人犯，若仅刺臂，虽解回原籍，不能免其复逃。请将缉获过冬人等，分别旗、民，照例治罪。即刺面递回原籍，应如所奏，嗣后拿获过冬偷刨之民人、家奴开户人等。无论已、未得参，一体刺面。民人递籍，交地方官管束。照窃盗例，不时点查，并将有无脱逃，季报督抚查核。其另户正身，仍照例免刺，交将军转饬管束。再，旗下家奴及开户人犯，若刺字后，仍交原主，不足示惩。应拨发拉林，给移驻种地之满洲人等为奴。

乾隆帝认为"俱应如所请。惟所称派拨三姓官兵，在珲春海口，驾船巡查。其船是否旧设，与朝鲜国有无交涉，并该地色隆吉等十四处，岛屿河港，相距道里，均未分晰，应令绘图送部另议"①。

针对乾隆帝谕令，吉林地方一方面派遣官兵驾船巡海，一方面测绘色隆吉等处岛屿。从《珲春档》的记载来看，清政府对"南海"的巡查始于乾隆十一年（1746 年）。次年，暂署珲春协领关防佐领巴克西纳向宁古塔副都统衙门呈文称，"去年从宁古塔副都统衙门送来的文书里，将在南海等地越冬官兵准备自带五月的米"②。由此可见，在乾隆帝批准吉林将军的奏折后，对吉林沿海岛屿的巡查时即可展开的。清军海巡的岛屿主要是瑚

---

① 《清高宗实录》卷 276，乾隆十一年十月丙寅，第 605 页。

② 中国第一历史档案馆编：《珲春副都统衙门档》第 1 册，第 161—163 页。

勒格岛、阿拉萨拉岛、倭摩勒绰岛、倭勒伯拙岛、法萨尔西岛、翁尔初岛、崔（霍）勒图岛、扎克当尼岛、多必岛、岳杭阿岛、萨尔巴西岛、特依初岛、勒富岛和搜楞尼岛十四座岛屿。①

乾隆二十八年（1763年），清军在赫木等处搜捕偷采人参民人时，后者拒捕潜逃。乾隆帝极为震怒，谕令晋、鲁巡抚及东三省将军等将拒捕在逃参犯严拿务获，从重惩治，"以儆凶顽"②。不久，清政府将在山东缉拿的数名偷挖人参案犯解送盛京。乾隆帝谕令该处将军，"不必等候人犯全获，随人犯解至，即于彼处申明，应正法者，著即行正法"③。清政府对人参的管控之严厉，由此可见一斑！

在清政府的严厉打压下，搜捕私采人参已成为东北地方官一项重要职责。乾隆三十五年（1770年）五月，乾隆帝给新任吉林将军富椿的谕令指出："傅良在吉林将军任时，将查拿私采人参者之事，办得甚善。差官兵查拿严，而拿获者亦多。今以富椿为吉林将军，著寄信富椿，令伊到任后，派官兵查拿私采人参者时，亦务必如傅良，好生留意，严行查拿，断不可怠忽误事。"④

乾隆四十一年（1776年）三月二十日，户部侍郎金简奏称，自停止由京城派部章京等会同盛京将军发放参票以来，得人参每年俱增；吉林、宁古塔因未停止派部章京会同发放，故得人参每年趋减。请于此两地亦停止派部章京办理，交付该将军、副都统尽心办理。乾隆帝认为金简此奏甚是，恩准照行，并进一步指出："盛京、吉林、宁古塔皆系出人参之地，得之多与少，并不在于人参出得多少，皆在于将军等办理。今夫盛京将军查得严，采参者不能作弊，尽心办理，渐成规矩，故得之每年俱增。况且盛京所放之人亦去吉林等地也。由此观之，富椿之善办者，尤为明显。因不尽心办理，不严加巡查，采参者肆行弊端，以致每年趋减。每年派部章京等会同该将军发放参票之事，有名而无实惠。嗣后，于吉林、宁古塔发放参票时，著停止派部章京等。将此著寄信富椿，将吉林、宁古塔两地采参事，即着落伊尽心办理。若仍不严加巡查，使属下人等肆行弊端，以致少得人参，则朕惟拿富椿是问。今岁前往吉林、宁古塔发放参票之部章京等若已起程前往，则即遣之回。"⑤

① 参见聂有财《清代珲春巡查南海问题初探》，《清史研究》2015年第4期。
② 参见中国第一历史档案馆编《乾隆朝满文寄信档译编》第4册，第473页。
③ 同上书，第478页。
④ 中国第一历史档案馆编：《乾隆朝满文寄信档译编》第9册，第534页。
⑤ 中国第一历史档案馆编：《乾隆朝满文寄信档译编》第12册，第565页。

不过，虽然乾隆帝一再要求富椿严查私采人参，在其调任杭州将军后，乾隆帝依然对其任内未能实心办理参务而严加训斥。因为乾隆四十二年（1777年）十月，吉林将军福康安奏报，在"今岁收参时，派满洲营捕役、同知衙门捕役等，拿获私采人参及在卡伦无贴告示逃人等十六名，查出私参一百七两七钱、参须二十二两"。乾隆帝下旨："以此可知，前富椿在彼时，全不以事为事，得过且过。将此传谕富椿，伊前在吉林将军任时，何不如此尽心办理，即行明白回奏任意放任缘由外，著传旨严饬。"①

此外，在高额利润诱惑下，一些政府官员也与商人合伙，私刨官参。乾隆五十年（1785年）二月，吉林出现三姓协领奇兰保伙同商人私藏刨得官参一案。乾隆帝将失察的吉林将军都尔嘉革职留任，要求其务必"严饬属员等，查拿私刨官参人等，力除一切弊端"②。一个月后，乾隆帝再次谕令都尔嘉"将军、大臣等，不时留心此事，严加管束下属官员等，将类如奇兰保等之辈，革职治罪示众外，将军、大臣等，应以自身廉洁，不时以奇兰保之案，训导下属；如有此等之辈，不可终身隐匿，必受重罪之处，诸员时刻不忘，则将恶习逐渐改正，却于事尚有裨益矣"③。

东北采挖人参多是在东北就地私下销售，如若运进关内则价格高昂，故此，清政府一再加强山海关等陆路关卡的查禁工作。乾隆五十年（1785年）二月十三日，乾隆帝认为"携人参人等，若自陆路行走，则在山海关地方查拿，更为重要"。随即谕令山海关副都统宝琳："务必留意严加查拿，方能不致人参随意走私。将此寄谕宝琳，除专心妥善办理职内所有事务外，严饬属员加倍留意查拿私携人参之事，以绝人参走私。"④乾隆五十五年（1790年）六月，山海关副都统台斐音就搜捕了私行夹带人参的民人方秀，据方秀供称，其于兴京东北山中私采人参，夹带行至山海关被搜出。⑤

（三）对东珠的垄断

除貂皮、人参之外，东珠也被列入禁采之列。史载："康熙二十年题准，宁古塔乌拉人在禁河内采捕蛤蜊及采蜂蜜捕水獭人偷采东珠者，照偷采人参例，为首者拟监绞侯；为从者，枷两月、鞭一百。各项捕牲人将本

---

① 中国第一历史档案馆编：《乾隆朝满文寄信档译编》第12册，第480页。
② 中国第一历史档案馆编：《乾隆朝满文寄信档译编》第18册，第491页。
③ 同上书，第501页。
④ 同上书，第494页。
⑤ 参见中国第一历史档案馆编《乾隆朝满文寄信档译编》第22册，第540页。

身印票转卖他人者，买卖之人，各枷两月、鞭一百。"① 一旦河流被确定为产珠的河流，就会被纳入禁采范围。康熙三十八年（1699 年），内务府乌拉布特哈总管穆克登告知黑龙江将军，把新发现的产珠河流嫩江、甘河、霍洛尔河、穆纳哩河、讷默尔河、诺敏河、雅尔河、济秦河、绰尔河等河流纳入产珠禁河，要求当地民众不得下河采捕。"若有违令捕蚌采珠，即行抓拿，搜缴珍珠，连同人一并押送将军衙门。若有遇此偷采人而隐匿不报者，则将隐匿者视同偷采人一体治罪。再，除索伦、达斡尔等人外，有满洲、汉人、蒙古等人偷采，无论何人遇见，即行抓拿，搜缴珍珠，连同人犯押送将军衙门，要奖赏抓获之人。若有拒捕者，格杀勿论。所有索伦五围副总管、佐领、骁骑校、达斡尔三甲喇副总管、佐领、骁骑校及其众人，皆加逐一晓谕，严行禁止。禁采珍珠之令，向来极为严厉。一经拿获，依照定例，将其为首起意者立斩，余犯皆枷号两月，鞭笞一百，充为奴仆。"② 此后，乾隆三十年（1765 年）和三十一年（1766 年），清政府颁布多项法令，严禁乌拉兵丁和官员隐匿东珠。③ 乾隆六十年（1795 年），乾隆帝认为宫内所储顺治、康熙、雍正时期之东珠均系佳品，且以前所得亦上等者居多，而近几年所得东珠竟无佳品。他给吉林将军秀林的谕旨中指出："松花江等河系产东珠之地，焉称无好东珠耶？若言休河数年，方得好珠，然地方宽广，河溪众多，防守难周，难免没有偷采者，否则外面所售上好东珠，又来自何处耶？"他认为其原因在于"采珠官兵众多，地域宽广，总管断难挨次详查，不肖之徒偷行采捕，或将所得上好东珠藏匿，据为己有，俱未可料。其所得上好东珠，即便出售，亦必系卖给本省富商、参贩，转携内地，断非出境售卖也"。于是，他要求秀林："务必设法于本属境内加意搜查，将偷卖者严加堵拿，以期得获上好东珠。不可稍事疏忽，不以为事。"④ 总之，清政府通过构建严密的法律体系，以实现对东北资源垄断是其主要特点。

---

① 《钦定大清会典事例》卷 889《工部·采捕·禁令》。
② 《黑龙江将军为严禁鄂伦春等人赴嫩江雅尔河等处采珠事咨索伦总管萨音齐克等文》，康熙三十八年七月十一日，《清代鄂伦春族满汉文档案汇编》，第 541—542 页。
③ 参见《钦定大清会典事例》卷 889《工部·采捕·禁令》。
④ 中国第一历史档案馆编：《乾隆朝满文寄信档译编》第 24 册，第 455 页。

第三节　东北地方特殊机构的经济活动

一　盛京总管内务府

盛京总管内务府是清代在陪都盛京的特设机构之一，不仅要管理盛京城四周的大量粮庄、果园等皇室产业，还要每年派人向京城解送各种贡品。这里主要论述其采蜜、打牲等活动。

（一）采蜜

东北深山中，花草丛生，蜂蜜尤为宝贵。清政府很早就规定蜂蜜为盛京地方的贡品。不同时期盛京内务府负责采取蜂蜜的兵丁数量不同，每个兵丁应缴蜂蜜的数量也不同，其未能完成任务所受的惩罚方式也不一致。顺治五年（1648 年）时，盛京镶黄和正黄二旗包衣有"采蜜之伐木三十四丁，获蜜一百二十七瓶。每丁交纳二瓶，合计六十八瓶。所余之五十九瓶，着赏给小毛青翠兰布五十九匹"[①]。康熙十年（1671 年），管理盛京内务府事务掌关防佐领属下的采蜜兵丁大为增加，同时采蜜兵丁的负担也有所增加，其惩罚是鞭刑。史载："养蜜旧丁魏金孝等十九人送来蜂蜜四十三瓶半，若以一丁二瓶半计，尚缺四瓶，按二瓶鞭五计，当鞭十。镶黄旗下采蜜旧丁孙有德等七十九人夏冬二季两次采得蜂蜜九十五瓶，若以一丁二瓶半计，尚缺一百零二瓶半，按二瓶鞭五计，当鞭二百五十七；该管一领催缺一瓶蜂蜜按两鞭计，当鞭二百零五。"[②] 由此可见，清政府对下层人民的奴役是相当残酷的。另外，正黄旗下有采蜜旧丁 94 人，正白旗下有采蜜旧丁 144 人。此时的采蜜兵丁数额大幅增加。

此后，清政府对采蜜丁的处罚已经从肉体惩罚改为了罚银。康熙十六年（1677 年）以后，镶黄和正黄二旗下的养蜂人丁 18 名，每名要交纳鲜蜜 2 瓶半，共需交 45 瓶，每瓶重 20 斤。三旗采蜜人丁 341 名，每名要交纳鲜蜜 2 瓶半，共需交 852 瓶半，每瓶重 20 斤。内除交仓汲溅果品蜜 178 瓶半，下余蜂蜜 674 瓶，每瓶折银五钱，共折银 337 两。[③]

---

①　《盛京内务府顺治年间档》，《清史资料》第 2 辑，第 206 页。

②　《〈黑图档〉中关于庄园问题的满文档案文件汇编》，《清史资料》第 5 辑，第 69 页。

③　参见《盛京通鉴》卷 7《内务府应办事宜》。《钦定大清会典事例》卷 1215《内务府·采捕·纳赋》中的记载与之略有差异，该书记载"蜜户五百五十五丁"，其余则非常简单。"每丁交蜂蜜二瓶半，每瓶二十斤，缺一瓶者，折交银五钱"。

（二）捕水獭

水獭是半水栖兽类，喜欢栖息在湖泊、河湾、沼泽等淡水区。东北长白山区森林密布，河流众多，是优良的水獭栖息地。水獭是贵重的毛皮资源动物，其皮毛不但外观美丽，而且特别厚实，保温抗冻作用极好，故被列为贡品。清政府很早就设立专门捕水獭的兵丁。[①] 与采蜜兵丁一样，不同时期，清政府设置采捕水獭的兵丁数量和对兵丁的要求以及惩罚措施也不同。顺治五年（1648 年），盛京镶黄和正黄二旗有"捕獭之二十五丁，获水獭八十三，猞猁狲三，貉三百一十五。猞猁狲三准折獭三，貉五准折獭一，合獭六十三。每丁交纳五獭，合计一百二十五。所多出之二十四獭，着赏给小毛青翠兰布二十四匹"[②]。与采蜜丁的奖赏一样，均是 1 只獭赏给小毛青翠兰布 1 匹。此后，清政府没有增加捕獭人丁的数量，保持在 18 户规模[③]，把每丁交纳水獭的数量从每丁交 5 只降低到 4 只，并把惩罚的方法由鞭刑改为折银。[④] 康熙十年（1671 年）时，捕獭丁，每缺 1 只答 5 鞭；康熙十六年（1677 年），除了送达京师的 6 张外，余下 63 张，每缺少 1 张罚银 1 两。[⑤] 清政府对捕獭人员实行多捕则奖、少捕则惩的政策，这迫使捕獭人员不得不尽可能多捕水獭，他们甚至把一些幼獭也捕获充当数额。清政府也允许"以两只幼獭折一只水獭"[⑥]，这无形中就严重破坏了水獭的可持续成长，危害了水獭这种珍稀资源。

（三）捕狐

除水獭毛皮外，狐狸皮和狼皮也是优良的毛皮，清政府还设有专门的捕狐人员。顺治五年（1648 年）时，盛京镶黄和正黄二旗共有捕狐丁 117 人。当年共捕获狐皮 694 张，狼皮 21 张。按照规定，每丁需交纳 3 张。清政府按照一张赏给一匹小毛青翠花布的比例予以奖励。[⑦] 次年（1649 年），捕狐丁增加至 128 人。[⑧] 康熙十年（1671 年），捕狐丁的人数有所增加，

① 日本人认为是海龙，其"皮大与海豹等，毛稍长，纯灰色，京师人每误指为海獭皮"。参见南满洲铁道株式会社调查课《满洲旧惯调查报告书》之《内务府官庄》，1914 年版，第 141 页。
② 《盛京内务府顺治年间档》，《清史资料》第 2 辑，第 206 页。
③ 参见南满洲铁道株式会社调查课《满洲旧惯调查报告书》之《内务府官庄》，第 36 页。
④ 参见《盛京内务府顺治年间档》，《清史资料》第 2 辑，第 213 页。
⑤ 参见《〈黑图档〉中关于庄园问题的满文档案文件汇编》，《清史资料》第 5 辑，第 68—69 页。《盛京通鉴》卷 7《内务府应办事宜》。《钦定大清会典事例》卷 1215《内务府·采捕·纳赋》。
⑥ 《〈黑图档〉中关于庄园问题的满文档案文件汇编》，《清史资料》第 5 辑，第 69 页。
⑦ 参见《盛京内务府顺治年间档》，《清史资料》第 2 辑，第 206 页。
⑧ 同上书，第 213 页。

也出现了缺额即罚银的现象。"捕狐户三百六十一丁,每丁交狐皮四张,缺一张者,折交银五钱。"①

(四)捕鹳捕鹰

鹳,是一种水鸟,有黑、白二种,其羽为贡品,用来制作箭翎。日本人认为,内务府上贡的不是鹰,而是雕。雕似鹰而大,色黑,多产自宁古塔诸山之中。其品种不一,上等色黑者曰皂雕,花纹者曰虎斑雕,黑白相间者曰接白雕,小而花者曰芝麻雕,较大的雕甚至能捕捉山中的麋鹿。虽然雕极大而多用,但主要是用其羽制造箭翎。②

顺治八年(1651年),清政府在盛京内务府正白旗设立7名捕鹳捕鹰丁,每年向盛京内务府交纳鹳和鹰。③此后,人数增至10人。④清政府规定:每丁交鹳15只。若不足,则按缺两鹳鞭三下惩罚⑤。此后,清政府又将鞭刑改为罚银。史载:"正白旗鹳丁十名,每名丁应交鹳翅十五付,共应交鹳翅一百五十付,内实送京鹳翅十二付,雕翎十八付。每付雕翎抵交鹳翅五付,共抵交九十付,鹳筋二两。下余鹳翅四十八付,每付折银三钱,共折银十四两四钱。"⑥

(五)捕鱼

捕鱼丁,又称纲户,住在小凌河口,负责捕鱼,以供祭祀之用。顺治八年(1651年),清政府一度把原来的15丁减为10丁。⑦后又增为48人⑧,每名交鱼500斤,则共需交纳24000斤。道光二十三年(1843年),清政府减去9000斤。每斤照例折银3分,共折银270两。⑨

(六)捕细鳞鱼等贡鱼

细鳞鱼属冷水性鱼类,圆身细鳞,多栖息于山溪水温较低、水质清澈的流水中,冬季在支流的深潭或大江中越冬。主要分布于东北的嫩江上游

---

① 《钦定大清会典事例》卷1215《内务府·采捕·纳赋》。
② 参见南满洲铁道株式会社调查课《满洲旧惯调查报告书》之《内务府官庄》,第140页。
③ 参见《盛京内务府顺治年间档》,《清史资料》第2辑,第233页。
④ 日本人认为是十户。参见南满洲铁道株式会社调查课《满洲旧惯调查报告书》之《内务府官庄》,第36页。
⑤ 参见《〈黑图档〉中关于庄园问题的满文档案文件汇编》,《清史资料》第5辑,第68页。
⑥ 《盛京通鉴》卷7《内务府应办事宜》。
⑦ 参见《盛京内务府顺治年间档》,《清史资料》第2辑,第233页。
⑧ 后一度增至781人,清末为66人。参见南满洲铁道株式会社调查课《满洲旧惯调查报告书》之《内务府官庄》,第36页。
⑨ 参见《盛京通鉴》卷7《内务府应办事宜》。《钦定大清会典事例》卷1215《内务府·采捕·纳赋》。

及支流、牡丹江、松花江支流、绥芬河、图们江、鸭绿江、浑河、太子河上游支流。其肉质细嫩，无肌间刺，味道鲜美，且脂肪含量高，很早就被纳入贡品。盛京内务府设立专门捕细鳞鱼30丁①，负责捕捉细鳞鱼。按照规定，每丁需交50尾，否则按照每缺5条鱼则鞭笞一下的比例进行惩罚。② 捕细鳞鱼丁每年上交的1500尾内，送给京师100尾，下余1400尾，每缺一尾则折银四分。道光二年（1822年），清廷取消了送给京师100尾的任务，一并照例折银，共计60两。③

除细鳞鱼外，日本人认为盛京内务府还负责采捕鳜鱼、哲鲈鱼、鲂鱼和白鱼。鳜鱼，扁形阔腹，大口细鳞，有不规则斑点，色淡者为雄鱼，色暗者为雌鱼，或名鳌花鱼，或桂鱼，肉嫩无小刺，是优良的淡水鱼。哲鲈鱼似鲈鱼，色黑，味美，不腥，大可百余斤，有骨无刺，味胜中华鲤鱼，出自宁古塔和黑龙江。鲂鱼，缩项穹脊，扁身细鳞，俗称鳊花，谚云："居就粮，梁水鲂，以太子河即古东梁河鲂鱼尤美。"白鱼，又名鲌鱼，细鳞色白，头尾俱昂，大者或长六七尺，"吉林产者最佳珍，为美品"④。

（七）王多罗束围打牲

王多罗束围是盛京围场的一部分，供盛京内务府年年采捕进贡猎物之用，共有11围。清政府设立的王多罗束围打牲兵丁30名，每年负责捕打鹿和野猪。每丁交野猪2头，鹿腊90束。缺野猪1头，折交鹿2头。无鹿，折交银6两。缺鹿腊3束者，折交银1钱。⑤ 道光二年（1822年），清政府减去600束，改为折银20两。道光九年（1829年），清政府把余下2100束全数停交，改为折银70两。道光元年（1821年），清政府将应交全鹿120双全数停交，改为折银360两。⑥

二　打牲乌拉总管衙门

打牲乌拉总管衙门，是清政府在东北设立的为清皇室准备贡品的特殊机构。由于直接服务于清皇室，所以该机构对东北人参、东珠、鲟鳇鱼及松子、蜂蜜等珍稀资源的采集，也就被清政府高度关注。

---

① 一度增至140人，此后又恢复为30人。参见南满洲铁道株式会社调查课《满洲旧惯调查报告书》之《内务府官庄》，第36页。
② 参见《〈黑图档〉中关于庄园问题的满文档案文件汇编》，《清史资料》第5辑，第68页。
③ 参见《盛京通鉴》卷7《内务府应办事宜》。《钦定大清会典事例》卷1215《内务府·采捕·纳赋》。
④ 南满洲铁道株式会社调查课：《满洲旧惯调查报告书》之《内务府官庄》，第141页。
⑤ 参见《钦定大清会典事例》卷1215《内务府·采捕·纳赋》。
⑥ 参见《盛京通鉴》卷7《内务府应办事宜》。

（一）采参

如前文所述，清政府早在顺治年间，就已通过盛京内务府上三旗管理打牲乌拉兵丁的采参活动。学界向来认为，打牲乌拉的经济活动中没有采参活动，其实不然。笔者认为，至少在康熙、雍正和乾隆朝前期，采参一直是打牲乌拉的一项重要经济活动。史料显示，乾隆十四年（1749 年）以前，"打牲乌拉每年额交人参三千两"①。由于当年打牲乌拉采挖的人参仅有 835 两，清政府鉴于缺额太多而大幅削减了采挖人参的人员，"以缺额如此之多，应将现设采参骁骑三百名内，裁去百名"②。乾隆十五年（1750 年），清政府鉴于乌拉地方打牲壮丁采取人参，有名无实，遂将其编为 12 珠轩，改为采捕东珠。③ 打牲乌拉采参至此结束。

（二）采捕东珠

东珠，亦被称为"北珠"，是指从黑龙江、松花江流域的江河中出产的淡水珠蚌里取出的一种珍珠。"柳条边外山野江河产珠，色微青，所谓东珠也。圆而粗者，天子诸王以之饰冠，价甚贵。"④ 乾隆帝亦曰："王公等冠顶饰之，以多少分等秩，昭宝贵焉。"⑤ 采珠是打牲乌拉衙门最重要的工作，为此还专门设置了"珠轩"，即采珠组织，按其所属，凡上三旗（两黄旗及正白旗）之珠轩，其贡赋上交宫廷，由内务府都虞司考核、赏罚；凡下五旗之珠轩，其贡赋交诸王、贝勒、贝子、诸府，由内务府代管。每当年初开江之后，即为采珠季节，由打牲总管、协领率各珠轩 1237 名兵丁，分为 64 队，分乘小船，按其预定线路，从南起松花江上游、长白山阴，北至三姓、瑷珲，东到宁古塔、珲春、牡丹江的广大范围内分头采捕珠蚌。⑥ 据载，"每得一珠，实非易事"，往往"易数河不得一蚌，聚蚌盈舟不得一珠"。采珠活动异常艰辛。

关于采捕东珠的数额，康熙十二年（1673 年），清政府就规定，每艘船年仅交贡珠一颗，即可获赏。⑦ 康熙四十年（1701 年），打牲乌拉的 33 个珠轩，"每年共额征东珠五百二十八颗"，并规定多交则赏，少交则罚。⑧ 在此政策激励下，打牲乌拉的采珠官兵积极采珠，导致东珠资源的急剧减

---

① 《钦定大清会典事例》卷 1215《内务府·采捕·纳赋》。

② 同上。

③ 参见《钦定大清会典事例》卷 889《工部·采捕·编丁》。

④ 《柳边纪略》卷 3。

⑤ 萨英额：《吉林外记》卷 1《御制诗歌·东珠》，吉林文史出版社 1986 年版。

⑥ 参见《打牲乌拉志典全书》卷 2《采捕东珠》。

⑦ 参见《钦定大清会典事例》卷 1215《内务府·采捕·劝惩》。

⑧ 同上。

少。不仅东珠数量急剧下降，且颗粒规格严重变小。鉴于此，雍正十一年（1733 年），清政府最终采用折征的措施。"嗣后将打牲乌拉采送东珠，除无光东珠及珍珠不入正额外，其上三旗四十二珠轩、下五旗三十四珠轩所采东珠，一等者每颗准抵寻常东珠五颗。二等者每颗准抵寻常东珠四颗，三等者每颗准抵寻常东珠三颗，四等者每颗准抵寻常东珠二颗，其寻常东珠，每颗仍以一颗计算。"①

乾隆五年（1740 年），清政府改按照珠轩为单位交东珠，每个珠轩每年应上交 16 颗东珠。当年的打牲乌拉已经扩展到 42 个珠轩，则应交东珠 672 颗，依然是多则赏、少则罚。② 随着珠轩的不断增加，打牲乌拉每年需要上交的东珠数量也随之增多。乾隆五十四年（1789 年），打牲乌拉衙门上三旗已有 59 个珠轩，每年则需要上交东珠 944 颗。经过乾隆、嘉庆年间数十年的大规模采捕，东珠数量急剧减少。清政府不得不在一些年份停采东珠，以期恢复河蚌成长。乾隆帝曾在乾隆四十五年（1780 年）至五十年（1785 年）间停采五年。

嘉庆四年（1799 年），嘉庆又下旨，停采三年以滋养河蚌。③ 道光七年（1827 年），道光帝下旨停采东珠。"著将打牲乌拉采珠处所停止三年采取，俾蛤蚌得以长大。兹该将军等所进之珠，颗粒甚小，多不堪用。若历年如此采取，不惟多伤蛤蚌，且于该官兵等交送，亦属过为费力。着再行停止三年。凡有水路隘口，按照从前办理。安设卡伦，务将私行偷采之人，严加查拿，毋得有名无实。"④

从史料可知，从乾隆帝后期开始，清廷不断下旨停采。其原因主要是东北打牲乌拉上贡的东珠数量减少，个体变小，已经不堪使用。这种窘况迫使清政府不得不暂停采捕，以恢复河蚌的生长。这反映出清政府对东珠资源的掠夺式采捕已经严重影响到东珠的正常生长，同时，清政府为满足正常的使用需要，也采取暂停采捕的措施，以期满足东珠资源的可持续使用。

（三）采捕松子

松子就是松树之子，富含脂肪、蛋白质、碳水化合物等，久食健身心，滋润皮肤，延年益寿。我国东北红松所产松子品种尤佳。野生红松需

① 《钦定大清会典事例》卷 889《工部·采捕·折征》。
② 参见《钦定大清会典事例》卷 889《工部·采捕·赏罚》。《钦定大清会典事例》卷 1215《内务府·采捕·劝惩》。
③ 参见《吉林通志》卷 2《圣训志二》。
④ 《钦定大清会典事例》卷 1215《内务府·采捕·纳赋》。《吉林通志》卷 3《圣训志三》。

生长 50 年后方开始结子，成熟期约两年，因此极为珍贵。"松子，诸山皆产，而辽东所产更胜。盖林多千年之松，高率数百尺，枝干既茂，故结实大而芳美，亦足征地气滋培之厚也。"① 松子也成为打牲乌拉衙门上交的贡品之一。康熙二十四年（1685 年），鉴于盛京内务府上三旗距离产松山场路途遥远，遂改由打牲乌拉上贡松子。② "令打牲乌拉壮丁年交松子十五信石，每信石合仓石三石六斗，松塔千个，齐送掌仪司。"③ 每年白露过后，上三旗派出官员率领打牲丁 450 人协同协署捕差 150 人，编为三队分赴拉林、拉法、退传、冷风口等处森林中捕打。

长期大量采捕导致松子价格昂贵，"往时不甚贵，近取者多，百里内伐松木且尽，非裹粮行数日不可得，价乃数倍于前"④。乾隆十九年（1754 年），乾隆帝特下旨停止伐树，改为上树采松子。"将大树伐倒，不惟愈伐愈稀……嗣后无论旗民采捕松子、蜂蜜，务须设法上树，由枝取下，不准乱行伐树，从此一体严禁。"⑤

虽然清政府如此规定，但很多采捕兵丁仍然伐树采摘松子，以至于嘉庆元年（1796 年）不得不重申乾隆十九年（1754 年）的禁令。实际上，不但采松子的兵丁伐树依旧，而且清政府对松子和松塔的需求日渐增加。最初规定是松子 15 石，松塔 1000 个，嘉庆五年（1800 年）时则加添松子 9 石 5 斗 4 合，如遇闰年，再加添松子 7 斗 9 升 2 合，为宫廷办供献用。嘉庆十七年（1812 年），又因皇室每天早晚餐添用松子，一年再添松子 8 斗 4 升 3 合多，如遇闰年依然加添。这样，不计闰年，打牲乌拉壮丁每年要上交松子市石 25 石 3 斗 4 升。打牲乌拉每年上贡松子时间分为两次，九月份先送松子 3 信斗，十月份续进松子 8700 余斤和松塔 1000 枚。⑥ 随着清皇室对松子和松塔的不断索取，吉林地区的松树被大量采伐，森林资源遭到一定程度破坏。

（四）捕貂

貂，又名貂鼠，是食肉目鼬科动物中的一种，主产于我国东北地区。其毛皮轻柔结实，毛绒丰厚，色泽光润，是东北地区的贡品之一。"冬时

---

① 《吉林外记》卷 1《御制诗歌·松子》。
② 参见《打牲乌拉志典全书》卷 2《采捕松子》。
③ 《钦定大清会典事例》卷 1215《内务府·采捕·纳赋》则记载为康熙二十五年。
④ 《柳边纪略》卷 3。
⑤ 《打牲乌拉志典全书》卷 2《采捕松子》。
⑥ 参见《吉林通志》卷 35《食货志·土贡》。

供御用裘冠，王公大臣亦服之，以昭章采。"① 貂皮主要产于吉林地区，长期以来，人们对貂皮的认识也不断加深，"紫黑色毛平而理密者焉上，紫黑而理密者次之，紫黑而疏与毛平而黄者又次之，白斯下矣"②。

顺治二年（1645 年），清政府规定，打牲乌拉壮丁每名每年需要貂皮 15 张，后增至 20 张。③ 康熙元年（1662 年），清廷又采取多奖少罚的政策，鼓励打牲乌拉壮丁多多采捕貂皮。"壮丁额外多貂皮一张，赏青布一匹，少一张责三鞭。"次年（1663 年），清政府设立乌拉捕牲总管，具体落实上述规定。④ 康熙十年（1671 年），清政府又规定打牲壮丁专捕鲟鳇鱼而免捕貂鼠，"其打牲人役在家病故者，准计日扣除貂皮"⑤。康熙四十年（1701 年），清政府鉴于打牲乌拉壮丁及帮丁，每人每年上交貂皮 20 张"为数过多"，而改为折征东珠。⑥ 由于长期超量采捕，貂皮的价值也随之上升。康熙初年，易一马必出数十貂，康熙中期不过 10 只貂而已。⑦

（五）采捕贡鱼

东北的松花江等诸多河流孕育着众多鲜美鱼类，鲟鳇鱼、鲇鱼、细鳞鱼、鳟鱼等，这些鱼也成为清皇室关注和政府的征收对象。康熙帝在巡视吉林时，还曾特意到松花江捕鱼，并赋诗一首《松花江网鱼最多颁赐从臣》。⑧ 其中"小鱼沉网大鱼跃，紫鬣银鳞万千百"一语，以夸张手法写出了松花江渔业资源的繁盛。鲟鳇鱼、鲇鱼、细鳞鱼三种鱼，因特别鲜美而成为打牲乌拉向皇室的贡品。

鲟鳇鱼，是鲟鱼和达氏鳇两种鱼类的总称，人们常将两者相提并论。鳇鱼肉味鲜美，鲟卵和鳇卵都用以制作鱼子酱，营养丰富。鲟鳇鱼是黑龙江和松花江的名产，体重可达百余斤，如康熙帝在诗歌中所写的："更有巨尾压船头，载以牛车轮欲折。"康熙四年（1665 年）十二月，康熙要求把鲟鳇鱼作为贡品。次年（1666 年），实际开始采捕。因为鲟鳇鱼体形巨大，打牲乌拉派出了三百多人从事捕捉。此后，每年进贡鲟鳇鱼则成为定

---

① 《吉林外记》卷 1《御制诗歌·貂》。
② 《柳边纪略》卷 3。
③ 参见《钦定大清会典事例》卷 889《工部·采捕·征额》。
④ 参见《柳边纪略》卷 3。
⑤ 《钦定大清会典事例》卷 889《工部·采捕·征额》。
⑥ 同上。
⑦ 参见《柳边纪略》卷 3。
⑧ 参见《吉林外记》卷 1《御制诗歌》。

例。雍正八年（1730 年），雍正帝还派人专门监察打牲乌拉捕捉鲟鳇鱼。[①]乾隆四十二年（1777 年），打牲乌拉衙门官员因未能上交个体较大的鲟鳇鱼，而受到惩处。清廷规定，每年分别在谷雨前后和立冬前后两次捕捉鲟鳇鱼，分别派遣 72 人和 64 人到各河流捕捉。限于史料缺乏，我们无法得知康熙至嘉庆年间每年的进贡数量。道光二十二年（1842 年），清政府明确规定每年要进贡 20 尾。[②]

鮇鱼和细鳞鱼，因供陵寝祭祀使用而上贡，始自康熙三十九年（1700 年）。当年清廷规定每年进贡 60 尾。嗣后，随着祭祀次数的增加，每年要求上贡的鮇鱼数量也随之增加，打牲乌拉每年需要进贡 5383 尾。光绪七年（1881 年），盛京礼部统计，当年已经使用鱼达 5517 尾，数额尤为巨大。为了捕捉数额巨大的鮇鱼，打牲乌拉每年秋季要派出 66 人分为六队前往东山、舒兰、霍伦、珠策、拉林、三岔河、牡丹江、大石头河、都林、黄泥河子等处打捕。[③] 鮇鱼，即细鳞鱼，"圆身细鳞，多出山流狭处，产于黑龙江者，名赭鲈"[④]。打牲乌拉每年需分春秋二季各进贡细鳞鱼50 尾。[⑤]

（六）采捕蜂蜜

打牲乌拉采捕蜂蜜上贡始自康熙二十四年（1685 年）。次年（1686年），清政府增设 50 名采蜜壮丁，打牲乌拉采蜜壮丁已经增至 150 人。采蜜壮丁一年采参，一年采蜜，每丁一年要交蜂蜜 70 斤，总共 10500 斤。嘉庆年间，采蜜壮丁又有增加。上三旗每年于采蜜季节派出 498 名，乌拉协领则派丁 150 人协助，全部人员分为三队，前往舒兰、朱策、冷风口和霍伦四个主要地段采蜜，总计需交生蜂蜜 6000 斤。[⑥] 嘉庆年间，采蜜人数大大增加，而采蜜数量却相对大大减少，这从侧面反映出蜂蜜资源已经开始逐渐减少。

三 布特哈总管衙门

自康熙三十年（1691 年）布特哈衙门设立之始，该衙门每年向所辖的索伦、鄂伦春、达斡尔和毕喇尔等诸部征集貂皮便成为该衙门的重要任

---

① 参见《钦定大清会典事例》卷 1215《内务府·采捕·纳赋》。
② 参见《打牲乌拉志典全书》卷 2《采捕鳇鱼》。
③ 同上书，卷 2《采捕鮇鱼》。
④ 《黑龙江志稿》卷 15《物产志·动物禽属》。
⑤ 参见《吉林通志》卷 35《食货志八·土贡》。
⑥ 参见《打牲乌拉志典全书》卷 2《采捕蜂蜜》。

务。康熙三十年十一月二十日，黑龙江将军萨布素就咨文布特哈副都统等，要求贡貂之索伦、达斡尔、鄂伦春等，每年冬季捕貂，在次年（1692年）五六月会盟时选贡貂皮。①

因为清政府按照布特哈当年健在的壮丁人数征收貂皮，故此地方官员对本地当年实在健康壮丁的人数统计非常严格。不仅如此，清政府还把貂皮分为三个等处而分别征收。定例为：索伦每年送头等貂皮 500 张，二等貂皮 1000 张，其余貂皮俱作为三等征收。以康熙三十六年（1697 年）为例，镇守黑龙江等处地方副都统喀特呼、索伦总管喀拜、萨音齐克衔名上报理藩院："索伦、达斡尔、鄂伦春原有丁共三千五百四十八名，其中扣除病故、进京者六十二名外，共剩丁三千四百八十六名，一年应征头等貂皮五百张，二等貂皮一千张，三等貂皮一千五百二十张，均照数验收。此三个等级貂皮上，皆钤盖图记。再，鄂伦春作价貂皮四百六十六张，皆钤盖三等图记。以上貂皮共计三千四百八十六张，饬交总管喀拜解送。"② 英和在《卜魁纪略》中记载尤详："（布特哈），其人世以猎貂为事，户出一丁，以竿量身，足五尺者，岁纳一貂。貂皮上各书打牲人名。貂分三等，记以绸签，黄者雅法哈鄂伦春，红者摩凌阿鄂伦春，绿者索伦、达呼尔物也。该处总管册报皮张齐备，将军、副都统于公署视匠挑取等第，派员驰进，抵京后，户部、内务府会同察核，鄂伦春不食粮饷者，所进貂皮入选，视其等第，分别赏赉，贡余貂皮，准其自售。"③ 此外，从康熙四十年（1701 年）开始，布特哈衙门地方官员还每年准备了一定数量的备用貂皮。④

限于资料缺乏，我们无法知道康熙三十六年（1697 年）以前选贡貂皮的具体数额，但可以知道该年以后的上贡貂皮数额。兹据《清代鄂伦春族满汉文档案汇编》的记载制作示意表。

①　参见《黑龙江将军萨布素为贡貂前严禁鄂伦春等人买卖貂皮事咨副都统等文》，康熙三十年十一月二十日，《清代鄂伦春族满汉文档案汇编》，第 531 页。

②　《黑龙江副都统喀特呼为派员解送鄂伦春进贡貂皮事咨索伦总管喀拜等文》，康熙三十六年七月十六日，《清代鄂伦春族满汉文档案汇编》，第 537 页。

③　（清）英和：《卜魁纪略》，黑龙江人民出版社 1997 年版，第 1186 页。

④　参见《黑龙江将军为派员解送鄂伦春等进贡貂皮事咨理藩院文》，康熙四十年七月初七日，记载"又额外带去之备用貂皮五十三张。将此所有貂皮交给总管萨音齐克等解送"，《清代鄂伦春族满汉文档案汇编》，第 545 页。

表 4-2　康熙三十六年至光绪二十一年布特哈每年贡貂皮数额统计表　（单位：张）

年代	征收数额／当年采捕数额
康熙三十六年	3486
康熙三十七年	3225
康熙三十八年	3864
康熙三十九年	5000
康熙四十年	3792
康熙四十二年	4506
康熙四十三年	4457
康熙四十四年	4873
康熙四十五年	4799
康熙四十六年	4731
康熙四十七年	4668
康熙四十八年	4610
康熙四十九年	5137
康熙五十年	5064
康熙五十一年	4999
康熙五十二年	4946
康熙五十五年	4891
康熙五十六年	4813
康熙五十八年	4426
雍正二年	5516
雍正三年	5393
雍正七年	6194
雍正八年	4596
雍正十年	3534
雍正十一年	3663
雍正十二年	557
雍正十三年	557
乾隆四十九年	4870
乾隆五十年	4905
乾隆五十二年	4730
乾隆五十三年	5354

续表

年份	征收数额／当年采捕数额
乾隆五十四年	5220
乾隆五十六年	4951
乾隆五十七年	5416
乾隆五十八年	5323
乾隆五十九年	5568
乾隆六十年	5457
嘉庆元年	5894 / 9064
嘉庆二年	5814 / 10587
嘉庆三年	4758 / 9010
嘉庆十九年	4727 / 8503
嘉庆二十年	5152 / 10327
嘉庆二十一年	5621 / 10382
嘉庆二十二年	5516 / 9231
嘉庆二十三年	5393 / 11098
道光元年	5538 / 8821
道光三年	5355 / 12131
道光四年	5421 / 11600
道光五年	5629 / 12587
道光六年	5527 / 10928
道光七年	4702 / 10376
道光八年	5019 / 10613
道光九年	5545 / 11694
道光十年	5426 / 8829
道光十一年	4591 / 9423
道光十二年	4082 / 9496
道光十三年	3428 / 8538
道光十四年	4045 / 8345
道光十五年	4026 / 8449
道光十六年	4059 / 9808
道光十七年	4040 / 8426
道光十八年	4022 / 8951

年份	征收数额／当年采捕数额
道光十九年	3963／7869
道光二十年	4005／8499
道光二十一年	3992／6374
道光二十二年	3562／7114
道光二十三年	3961／8394
道光二十四年	4056／8463
道光二十五年	3433／8631
道光二十六年	3411／8572
道光二十七年	4021／7307
道光二十八年	4051／2438
道光二十九年	4036／8884
道光三十年	4034／7249
咸丰元年	4014／8760
咸丰二年	4042／7007
咸丰三年	3214／5387
咸丰四年	2587／3848
咸丰五年	2370／3774
咸丰六年	3188／5854
咸丰八年	3366／5893
咸丰九年	2973／5134
咸丰十年	2741／4157
咸丰十一年	2609／3982
同治十二年	3046／3425
同治十三年	3236／3484
光绪二十一年	2602／2776

以上即是布特哈衙门从康熙三十六年到光绪二十一年向清政府上贡貂皮的数字。需要说明的有四点。

第一，雍正十二年（1734 年），清政府把大量索伦人迁往呼伦贝尔驻防，布特哈衙门的剩余索伦人丁仅剩下 557 丁，加上当地的鄂伦春、达斡尔人，其进贡的貂皮数量才不过几百张。由于以后史料缺乏，我们无从知道乾隆元年（1736 年）至乾隆四十八年（1783 年），这四十八年间布特哈衙门每年进贡的貂皮数额。但是我们看到经过近半个世纪的发展，当地壮丁不断增加到 4800 余丁，所以其进贡貂皮的数额也逐渐增加。

第二，乾隆六十年（1795 年），清政府加大对布特哈采捕貂皮的管理。① 具体而言，改革的内容有三点。一是由将军、副都统、布特哈总管等共同验看，拣选进贡貂皮，按等级照例钤记。共同验看后，装箱上锁，外贴封条，仍照前从布特哈总管、副总管内派遣 1 员，酌量带领兵 10 名，由驿站送至避暑山庄，交付内务府。二是取消了黑龙江将军在齐齐哈尔城北每年为选貂而兴建的席棚，改由布特哈总管等将捕获貂皮送至将军衙门。三是取消了将军和副都统对每年挑剩的貂皮的强制低价购买。因为以前黑龙江将军和副都统等官员常利用手中权力以低价强制购买挑选贡品后的貂皮，严重危害了布特哈民众的利益，所以此次规定："嗣后挑驳之貂皮照例钤记，俱交该总管带回，任其出售。将军、副都统、官员按时价议价后，视其所愿采买。倘仍有低价强买者，一俟查出或控告，则将采买之人，按违法治以重罪。"②

第三，清廷要求黑龙江将军务必多交上等优质貂皮，不可以次充数。乾隆五十九年（1794 年），乾隆帝对黑龙江将军明亮指出："从前伊等贡貂均属上等，近几年索伦、达呼尔等亦奸猾矣，捕得上好貂皮藏匿私售，以牟取高价，将次品交贡，故难得上等貂皮。"谕令其"嗣后务必留意办理，俾其多交上等貂皮，断不可以次充数"③。

第四，自乾隆末年以后，清政府加大对布特哈衙门采捕貂皮的管理，当地民众更加勤奋采捕，我们看到嘉庆年间至道光九年（1829 年）每年的采捕数额均在一万张以上。大量高强度采捕严重扰乱了貂鼠的自然繁殖增长。咸丰朝以后，布特哈民众每年采捕的貂皮数量就不断下降。至光绪十九年（1893 年），鄂伦春部落因为其活动地区内无法捕捉到貂鼠而不得不取消了每年一千张的进贡任务。"以兴安城鄂伦春等于山野捕猎难以维生，经奏请将应进之头等貂皮三十七张、二等貂皮八十八张、好三等貂皮一百四十四张、寻常三等貂皮七百三十一张，共计貂皮一千张，自二十年起停止进贡在案。"④

---

① 参见《钦差户部尚书福长安等奏为更定布特哈地方旧章请旨折》，乾隆六十年九月十四日，《清代鄂伦春族满汉文档案汇编》，第 649—650 页。

② 同上。

③ 中国第一历史档案馆编：《乾隆朝满文寄信档译编》第 24 册，第 430 页。

④ 《署黑龙江将军增祺奏报布特哈处鄂伦春等牲丁交纳貂皮等第数目折》，光绪二十一年八月初十日，见《清代鄂伦春族满汉文档案汇编》，第 677 页。

四　东北三将军衙门

东北山林茂密、河流清澈，鹿、狍子、野鸡、松鸡等山珍野味自然就成为皇族享用的美食，东北三个将军衙门每年都被要求进贡一定数量的贡品。"捕进口味"也是东北三位将军所肩负的重要职责之一。清廷给东北三将军规定了贡品的数额，并要求把贡品送往京师内务府下设的肉房和干肉库。

1. 盛京将军衙门

盛京将军衙门每年应纳的贡品分为"鲜贡"和"年贡"两大类。"鲜贡"主要是围场内的上贡。盛京围场处的贡例就分为两类：一类为初次鲜、二次鲜和三次鲜三种，另一类为一、二、三、四次鹿差四种。上述七种进贡办法所进贡的物品中，除了鹿类系列，如新鲜的或者晾晒风干的鹿肉、鹿尾、鹿肋条、鹿五脏等外，还有野鸡类和鱼类等。道光二十三年（1843 年）之前，进贡量都比较大。当年，因牲兽减少，进贡数量也随之有所减少，清政府明确规定"按朱批改减的数"呈报。"初次鲜"定例为：鲜鹿尾 15 盘、鲜鹿舌 5 个、鲜鹿肋条 10 块、鲜鹿发尔什 20 块，还有鹿大肠 5 根、鹿盘肠 5 根、鹿肚 5 个、汤鹿肉 7 块、晾鹿肉 30 块、冬鸭 60 只。"四次鹿差"定例为：鹿尾 20 盘、鹿舌 20 根、毛鹿 220 只、汤鹿 10 只、鹿大肠 4 根、鹿盘肠 8 根、鹿肝肺 4 份、鹿肚 4 个、鹿肠 12 根、鹿舒满 10 只、狍子 80 只、冬鸭 20 只、野鸡 200 只、树鸡 30 只，此外还有细鳞鱼、白鱼等几十尾，以及白糖和各种干菜等。[①]

此外，"年贡"数额为：肉房的定量是盛京将军交鹿 780 只，狍 210 只，鹿尾 2000 个，鹿舌 2000 个和无定数的鹿肠肚、狍肠、熊、野猪、野鸡和树鸡等。盛京佐领交鹅 60 只，杂色鱼 40 尾。旺多罗束围的牲丁交鹿 120 只，鹿尾 120 个。干肉库的定额是盛京将军交鹿筋 100 斤，还有不定额的獐、狍背什骨、虎尾骨和虎胫骨。佐领交腊猪 20 口，咸鱼 1500 斤和不定额的腌鹿尾。旺多罗束围牲丁交鹿肉干 2700 把。[②]

2. 吉林将军衙门

吉林将军衙门每年的贡品也分为"鲜贡"和"年贡"两大类。首先看"鲜贡"。"头次鲜"有鹿尾 10 盘、胸叉肉 10 块（长一尺二寸，宽三寸）、肋条肉 10 块（长八寸、宽五寸）、臀尖肉 10 块（长九寸，宽五寸），以上

---

① 参见崇厚辑《盛京典制备考》卷 4《礼司应办事宜》，光绪二十五年刻本。
② 参见《大清五朝会典·嘉庆会典》第 13 册，线装书局 2006 年影印本，第 903—904 页。

四种系宁古塔、阿勒楚喀、珲春等处负责进贡。此外，还有稗麦和铃铛麦各 1 斗。"二次鲜"则仅有稗麦和铃铛麦各 1 斗。

吉林将军衙门的年贡数额巨大，分五次进贡。四月内进油炸白肚、鳟鱼肉丁 10 缸。七月内进窝雏、鹰、鹘各 9 双。十月进二年野猪 2 口、一年野猪 1 口、鹿尾 40 盘、鹿尾骨肉 50 块、鹿肋条肉 50 块、鹿胸叉肉 50 块、晒干鹿脊条肉 100 束、野鸡 70 双、稗麦和铃铛麦各 1 斗。同时，围场先进鲜味二年野猪 1 口、一年野猪 1 口、鹿尾 70 盘、野鸡 70 双、树鸡 15 双、稗麦和铃铛麦各 1 斗。十一月进七里香（安楚香）90 把、公野猪 2 口、母野猪 2 口、二年野猪 2 口、一年野猪 2 口、鹿尾 300 盘、野鸡 500 双、树鸡 30 双、鲟鳇鱼 3 尾、翘头白鱼 100 尾、鲫鱼 100 尾、窝集狗 5 条、稗麦 4 斗、铃铛麦 1 斗，海清、芦花鹰和白色鹰并无额数。此外，还有松塔 300 个、山楂、林檎（苹果）、梨数缸以及各种木料。十二月进赫哲、费雅哈、奇勒哩官貂鼠皮 2582 张。

道光二十三年（1843 年），鉴于东北动植物锐减，道光帝下令消减了进贡数额，吉林将军衙门的上贡数量和品种均大幅下降。消减后的贡品如下：安楚香 90 束（本城兵司派员呈进）、山猪一口（野猪，阿勒楚喀呈进）、鹿尾 20 盘（宁古塔、阿勒楚喀、珲春等处呈进）、山鸡 100 双（珲春四边门等处呈进）、鲟鳇鱼 3 尾（伯都讷、三姓等处呈进）、白鱼 70 尾（伯都讷、三姓等处呈进）、鲫鱼 70 尾（宁古塔呈进）、松塔 300 个（额木赫、索罗两路驿站等处呈进），此外还有稗麦 4 斗、铃铛麦 4 斗及山梨、木料枪鞘等贡品。[①]

此外，吉林将军还应交鹿尾、野猪、鲈鱼、细鳞鱼、野鸡、树鸡等。其中，鲟鳇鱼先由吉林将军呈贡。鲟鳇鱼 10 尾，盈丈者 2 尾，余下 8 尾不立限。鳟鱼 9 尾，翘头白鱼、鲇鲦鱼、草根鱼、鳇鱼、细鳞白鱼共 400 尾。第二次将军、总管会衔呈贡鲟鳇鱼 10 尾，如前例。鲟鱼 9 尾、翘头白鱼、鲇鲦鱼、草根鱼、鲤鱼、细鳞白鱼亦 400 尾。

若遇到接驾之际和皇帝万寿时，吉林将军衙门还应额外进贡貂鼠、白毛稍黑狐狸、黄狐貉、梅花鹿、角鹿、鹿羔、狍、狍羔、獐、虎、熊、元虎皮、黄狐皮、猞猁皮、水獭皮、海豹皮、虎皮、豹皮、灰鼠皮、鹿羔皮、雕鹳翎、油炸鲟鳇鱼肉丁、白肚鳟鱼肉丁等众多东北珍稀动物及鱼类。[②]

---

① 参见《吉林志书·岁贡》，《吉林通志》卷 35《食货志·土贡》。
② 同上。

　　属于吉林将军管辖地的打牲乌拉总管衙门则每年应交腌鲈鱼 10 缸、鲟鳇鱼、鲈鱼、杂色鱼和生、熟鱼条等数额不等的贡品。三姓副都统不仅每年上贡长八尺、重六斤以上的鲟鳇鱼 2 尾和岛鱼 25 尾，还须负责每年向下辖的赫哲费雅哈等部落征收贡品貂皮 2398 张，鸂貂 246 张。恰喀拉赫哲每年则入贡鸂貂，凡 2689 张。① 三姓副都统衙门对所辖赫哲等部落征收貂皮基本上按照户为单位征收，即一户一张貂皮。此外，一名子弟也征收一张貂皮。乾隆八年（1743 年）三姓副都统向吉林将军衙门奏报，库页费雅哈"都瓦哈姓五户，姓长拉里雅加努及乡长一名、白人三名。该姓五户，计进贡貂皮五张。雅丹姓二十五户，姓长雅毕里努及乡长四名、子弟一名、白人二十名。该姓二十五户加子弟一名，计进贡貂皮二十六张"②。但从乾隆十九年（1754 年）开始，三姓子弟不再作为贡貂的一个单元，而并入户之内。"耨德姓姓长瓦哈布努及乡长七名、子弟一名、白人三十六名，该姓四十五户，贡貂皮四十五张。"③

　　中俄《瑷珲条约》和《北京条约》签订后，沙俄割占了我国黑龙江以北、乌苏里江以东的大片领土，世代生活在这里的中国赫哲费雅喀和库页费雅喀诸多民族也被割让出去。主权的丧失必然导致清朝对当地的贡貂制度发生根本性变化，但并没有马上被停止，因为中俄《北京条约》有一条规定："划归俄地系指空旷之地，遇有中国人居住之处和渔猎之地，俄国均不得占，仍准中国人留住原地，照常渔猎。"④ 清政府凭依这一规定，继续向东北边疆少数民族实行贡貂制度。然而，当沙俄势力逐渐控制该区后，即采取行动阻止清政府地方官员征收貂皮。同治九年（1870 年），前往乌苏里江以东地区征收貂皮的清政府官员就遭到沙俄官兵的驱逐。此后，虽然一些赫哲族人冲破沙俄阻力到清政府实际管辖区进贡，但已属寥寥。光绪年间，东北地方官员更多是通过购买貂皮而维持所谓的贡貂制度。

　　以下是《三姓副都统衙门满文档案译编》记载的关于三姓副都统衙门征收并进贡的貂皮数额。

①　参见《吉林志书·岁贡》，《吉林通志》卷 35《食货志·土贡》。

②　《三姓副都统崇提为解送贡貂事咨吉林将军衙门》，乾隆八年十一月十四日，辽宁省档案馆《三姓副都统衙门满文档案译编》，辽宁古籍出版社 1995 年版，第 133 页。清政府对黑龙江下游的赫哲等民族实行姓长制度，以其姓氏或村屯为单位编入户籍，各设姓长或乡长。姓长或乡长之下设置子弟，即为将来的姓长或乡长，白人或被称为白丁，即当地部落中的普通族人。

③　《三姓副都统衙门满文档案译编》，第 133 页。

④　中国社会科学院近代史研究所：《沙俄侵华史》第 2 卷，人民出版社 1976 年版，第 215 页。

表 4 - 3　　　　　三姓副都统衙门征收进贡貂皮数额统计表　　　　（单位：张）

年份	数额
乾隆八年	95
乾隆十九年	203
乾隆二十五年	97
乾隆四十二年	110
乾隆五十六年	2427
乾隆五十九年	2336
嘉庆八年	2512
嘉庆九年	2162
道光五年	2443
道光二十一年	2443
道光二十五年	2443
咸丰七年	2443
同治四年	2689
同治五年	2443
同治六年	2443
光绪七年	2689
光绪十五年	2689

3. 黑龙江将军衙门

黑龙江的土贡，以貂皮为重。貂贡之外，还有年贡、春贡、夏贡和鲜贡等名目，届时例由将军派人驰驿进贡。

貂贡即征收布特哈总理衙门的貂皮，一般是头等 72 张，二等 173 张，上三等 403 张，中三等 2507 张，每年九月进贡。

年贡是每年进贡野猪 2 口，野鸡 200 只，细鳞鱼 30 尾，鳟鱼 30 尾，麦面 40 袋，火茸 2 匣，箭杆 400 根，桃皮 3000 根，每年十一月进贡。

春贡是细鳞鱼 30 尾，鳟鱼 30 尾，每年十二月进贡。

夏贡是麦面 10 袋，每年六月进贡。

鲜贡是每年征收野猪 2 口，野鸡 100 只，树鸡 40 只，细鳞鱼 20 尾，鳟鱼 20 尾，十月进贡。[1]

此外，清政府还曾要求东北三地将军搜捕白鹰、白海东青、虎骨等特

---

① 参见徐宗亮等《黑龙江述略》卷 4《贡赋》，黑龙江人民出版社 1985 年版。

产。乾隆三十六年（1771 年）九月十一日乾隆帝上谕："寄谕盛京等三省将军，令伊等地方若觅得白鹰、白海青，即差人送来。"① 次年（1772 年）六月初二日，乾隆帝下谕："将军恒禄等处进夏围所获腌鹿尾、腌鹿舌、肉条干，因天暑热，送到时已变味，进献而不能用。将此著寄谕恒禄等，嗣后，夏季腌制之鹿尾、鹿舌、肉条干不必再进，鹿茸、虎皮、虎膝、虎威骨照常进。"②

　　总之，清皇室和满洲贵族通过盛京内务府、打牲乌拉衙门、布特哈衙门以及东北三个将军衙门等特殊机构每年从东北攫取了大量珍稀动植物资源，超量采捕危害了这些动植物的自然繁衍成长，同时，为采取松子、蜂蜜等贡品，采捕人员采取伐树的方式则会破坏森林，这都不利于东北生态环境的良性发展。

第四节　关内流民在东北的经济活动

　　虽然清政府对东北实行严厉的封禁，但内地民人依然通过各种途径进入东北，再加之清政府也在内地灾歉之年默许内地民人前往东北谋生，所以，尽管政府在政策上实行所谓的封禁，但内地民人前往东北的潮流并没有被完全抑制住。因未取得政府的允许，这些流民在东北只得进行私垦、私采、私伐活动。

一　关内流民的垦殖

（一）人口增长和农垦活动

1. 盛京地区的人口增长

　　盛京距离关内最近，且从山海关、热河及海上均可到达，所以封禁时期盛京地区的民人数量仍不断增长。对此，清政府只好三令五申厉行封禁。乾隆四十一年（1776 年），乾隆帝谕令军机大臣等："盛京、吉林为本朝龙兴之地，若听流民杂处，殊于满洲风俗攸关，但承平日久，盛京地方与山东、直隶接壤，流民渐集，若一旦驱逐，必致各失生计，是以设立州县管理。至吉林，原不与汉地相连，不便令民居住。今闻流寓渐多，著

①　中国第一历史档案馆编：《乾隆朝满文寄信档译编》第 9 册，第 602 页。
②　中国第一历史档案馆编：《乾隆朝满文寄信档译编》第 10 册，第 563 页。

传谕傅森查明办理，并永行禁止流民，毋许入境。"① 由此可见，清政府对盛京地区的流民网开一面，宽容允许，但仍厉行禁止汉人进入吉林地区。

乾隆八年（1743 年），天津、河间等地遭受旱灾，两地失业灾民甚多，为安置灾民，乾隆帝特地下一道密旨，令喜峰口、北古口、山海关的守关官弁等员："如有贫民出口这，门上不必阻拦，即时放出，但不可将遵奉谕旨，不禁伊等出关情节令众知之，最宜慎密。倘有声言令众得知，恐贫民成群结伙，投往口外者，愈众多矣至。"② 乾隆帝以密旨的形式暂时允许内地灾民出关，可见其用心良苦和对封禁政策的微妙变化。乾隆五十七年（1792 年），直隶地区被旱较广，广大灾民纷纷拥向京师。乾隆帝下旨，令热河道府晓谕各贫民由张三营、博洛河屯等处，前往蒙古各处谋食者，概不禁止。同时还谕示盛京、土默特、喀喇沁、敖汉等旗及巴沟、三座塔一带丰收，也可以安置灾民，并谕令灾民可以经过山海关前往盛京一带；出张家口和喜峰口赴巴沟、三座塔及蒙古地方，而不必专由古北口出口。③ 这两个事例充分说明，清政府在封禁政策上采取了原则性和灵活性相结合的手段，原则上不允许内地民人进入东北，但在灾歉之年，可以暂时允许灾民出关谋生。必须指出，这仅仅是暂时的宽容，绝不是改变封禁政策。

总体观之，虽然清政府一再厉行封禁，但是内地民人依然源源不断地拥向东北。嘉庆八年（1803 年）三月，从奉天回京的大臣巴宁阿奏报其"途见有民人等出关甚多，此内固有因逃荒而去者，亦有乘坐打车、携带箱笼，竟似移家前往者"。询问山海关官员得知，这种状况"自本年二月后已有六百余户"。此外，一些官员也看到此种情形，并探问流民得知，流民主要是"前往盛京一带投亲，亦有佣工觅食者"④。同年四月，大理寺卿窝星额在盛京返回京城途中，"见出关民人，或系只身，或携带眷属，纷纷前往佣工贸易。缘关外地方佣趁工价，比内地较多。若遇偏灾年份，山东、直隶无业贫民，均赴该处种地为生，渐次搭盖草房居住，是以逾集逾众"⑤。众多信息均表明，嘉庆八年上半年，内地人民已经大规模出关前

① 《清高宗实录》卷 1023，乾隆四十一年十二月下丁巳，第 22216 页。
② 《清高宗实录》卷 195，乾隆八年六月下丁丑，第 10696 页。
③ 参见《钦定大清会典事例》卷 158《户部·户口·安集流民》。《清高宗实录》卷 1408，乾隆五十七年七月上辛丑，第 27838 页。
④ 《嘉庆八年关里民人出入山海关史料：山海关副都统来仪为遵旨呈报接任后出关人数事奏折》，《历史档案》2001 年第 2 期。
⑤ 《清仁宗实录》卷 111，嘉庆八年四月丙子，第 30635 页。

往盛京地区谋生，这引起了清政府的高度警觉。

同年五月，大学士、兵部尚书保宁制定了新的关禁规定，重申原来的地方官给票制度。① 九月，嘉庆帝还饬令山东巡抚稽查山东沿海居民通过海路进入东北。"着该抚督饬沿海口文武员弁所管地方实力稽查，勿许民人私行偷渡为要。"②

嘉庆十三年（1808 年）九月，清政府再次严厉查封盛京各边门，严禁流民出口，并重申："盛京地方设立边门，原所以稽查出入，用昭慎重。若任听流民纷纷出口，并不力为阻拦，殊非严密关禁之道。嗣后著照该部奏议章程，交该将军等严饬守口员弁，实力巡查，并出示晓谕各处无业贫民，毋得偷越出口私垦，致干例禁。"③ 此外，清政府还查处了一批失职官兵。乾隆晚年和嘉庆早期对封禁东北的多次重申，充分说明了封禁时期，内地流民向东北移居的势头并没有被遏制住，依然通过各种方式不断向东北大地涌进。辽东大地也已基本上改变了顺康年间村落稀少的荒凉局面，变成人烟稠密，村落相连，一幅欣欣向荣的新局面。乾隆四十五年（1780 年），朝鲜学者朴趾源曾跟随朝鲜使团前往热河（今河北省承德市）为乾隆帝祝寿，他在《热河日记》中写道："自入辽东以来，村闾不绝，路广数百步，沿路两旁皆种垂柳。闾阎栉比处，其对门中间潦水不泄，往往自成大池，家养鹅鸭百十浮泳，两边村舍尽成临水楼台，红栏翠槛映带左右，渺然有江湖之想。"④ 可见，辽河两岸充满着勃勃生机。

此外，长期处于严密封禁的鸭绿江右岸，在乾隆朝晚期已有内地流民在此活动的迹象。乾隆五十五年（1790 年），鉴于盛京东部柳条边外不断发现有流民私垦偷伐偷采的现象，乾隆帝特下谕旨要求盛京将军嵩椿等著严查柳条边外，"务须不时严查，断不可有私垦偷伐之事"⑤。不过，据朝鲜使臣朴趾源记载："即向九连城，绿芜列幕，周罗虎网。义州枪军处处伐木，声震原野。独立高阜，举目四望，山明水清，开局平远，树木连天。隐隐有大村落，如闻鸡犬之声。"⑥ 嘉庆八年（1803 年），盛京地方官

---

① 参见《嘉庆八年关里民人出入山海关史料：兵部为遵旨会议山海关出口章程奏折》，《历史档案》2001 年第 2 期。

② 《嘉庆八年关里民人出入山海关史料：著山东巡抚铁保实力稽查沿海民人偷渡事上谕》，《历史档案》2001 年第 2 期。

③ 《清仁宗实录》卷 201，嘉庆十三年九月壬辰，第 31979 页。

④ 〔朝〕朴趾源：《热河日记》，书目文献出版社 1996 年版，第 61 页。

⑤ 中国第一历史档案馆编：《乾隆朝满文寄信档译编》第 22 册，第 540 页。

⑥ 〔朝〕朴趾源：《热河日记》，第 10 页。

员在高丽沟等处巡查，发现当地已聚集流民 2000 余人。① 道光八年（1828 年），"盛京边外新添户口至二、三万之多，尽系种地谋生"②。道光十一年（1831 年）和二十二年（1842 年），盛京地方官员多次奏报在鸭绿江右岸封禁区内发现有大批流民，查获大批砍伐的树木，并发现流民居住的窝棚 28 处，草房 90 余间，以及私垦田地 3300 余亩③。如此规模的农垦，说明当地已经聚集了大量人口。道光三十年（1850 年），咸丰帝谕令地方官员驱逐鸭绿江右岸封禁区内的内地流民。"该处与朝鲜接壤，尤严饬封禁，将匪徒概行驱逐，不得虚应故事，以除匪窝而靖边圉。"④

从乾隆六年（1741 年）到道光三十年（1850 年）这一百一十年的封禁期内，盛京的人口数量在不断增长。由于部分流民并没有被清政府纳入政府管理体系，所以，我们看到的政府资料只能反映出部分人口状况。笔者就目前学术界研究成果和收集的资料进行对比，可以看出这 110 年间盛京的人口增长状况。

表 4-4　　　　乾隆六年至道光三十年盛京民人数量统计表　　（单位：人）

统计时间	张士尊统计的民人数字	一档《赈灾档》中的民人数字	乾隆四十三年《盛京通志》中的民人数字	《皇朝文献通考》卷 19《户口》中的民人数字	《中国近代经济史统计资料选辑附录》中的民人数字	笔者最终选择的民人数字
乾隆六年	378865		359622			359622
乾隆九年		391529				391529
乾隆十三年		406511				406511
乾隆十四年				406510		406510
乾隆十五年		409856				409856
乾隆十六年	413387		413387			413387
乾隆十七年	415366					415366
乾隆十八年	417602			221742		417602
乾隆十九年	419087					419087
乾隆二十年	420600					420600

① 参见《清仁宗实录》卷 119，嘉庆八年八月下壬午、甲申，第 30740、30743 页。
② 《清宣宗实录》卷 138，道光八年七月上壬子，第 36850—36851 页。
③ 参见《清宣宗实录》卷 203，道光十一年十二月下丁酉，第 37903 页。《清宣宗实录》卷 381，道光二十二年九月乙丑，第 40980—40981 页。
④ 《清文宗实录》卷 21，道光三十年十一月上戊戌，第 42599—425600 页。

续表

统计时间	张士尊统计的民人数字	一档《赈灾档》中的民人数字	乾隆四十三年《盛京通志》中的民人数字	《皇朝文献通考》卷19《户口》中的民人数字	《中国近代经济史统计资料选辑附录》中的民人数字	笔者最终选择的民人数字
乾隆二十一年	424654					424654
乾隆二十二年				428056		428056
乾隆二十六年		668852	678870			668870
乾隆二十七年		674735		674735		674735
乾隆二十八年	680472					680472
乾隆二十九年	688744					688744
乾隆三十年	696966					696966
乾隆三十一年		706052				706052
乾隆三十二年	713485			713485		713485
乾隆三十三年	723797					723797
乾隆三十六年			754906	750896		754906
乾隆三十七年		756578				756578
乾隆三十八年	761690					761690
乾隆三十九年		769986				769986
乾隆四十年		785839				785839
乾隆四十一年		764444		764440		764440
乾隆四十二年	769702					769702
乾隆四十三年	774650					774650
乾隆四十五年		781093		781093		781093
乾隆四十六年	784146		789093			789093
乾隆四十七年	788778					788778
乾隆四十八年	797490			797490		797490
乾隆四十九年		811576				811576
乾隆五十年		805967				805967
乾隆五十一年					807000	807000
乾隆五十二年		810821			811000	810821
乾隆五十三年					819000	819000

续表

统计时间	张士尊统计的民人数字	一档《赈灾档》中的民人数字	乾隆四十三年《盛京通志》中的民人数字	《皇朝文献通考》卷19《户口》中的民人数字	《中国近代经济史统计资料选辑附录》中的民人数字	笔者最终选择的民人数字
乾隆五十四年					825000	825000
乾隆五十五年					831000	831000
乾隆五十六年					837000	837000
嘉庆十七年					942003	942003
嘉庆二十四年					1674000	1674000
嘉庆二十五年					1630000	1749097①
道光十年					2114000	2114000
道光十一年					2125000	2125000
道光十二年					2135000	2135000
道光十三年					2144000	2144000
道光十四年					2152000	2152000
道光十五年					2163000	2163000
道光十六年					2173000	2173000
道光十七年					2183000	2183000
道光十八年					2194000	2194000
道光十九年					2203000	2203000
道光二十年					2213000	2213000
道光二十一年					2222000	2222000
道光二十二年					2232000	2232000
道光二十三年					2242000	2242000
道光二十四年					2458000	2458000
道光二十五年					2484000	2484000
道光二十六年					2503000	2503000
道光二十七年					2520000	2520000

① 参见（清）穆彰阿等修《嘉庆重修大清一统志》第2册，卷59第19页、卷64第109页，上海古籍出版社2008年版。嘉庆二十五年奉天府人口为1314971名，锦州府人口为434126名。

续表

统计时间	张士尊统计的民人数字	一档《赈灾档》中的民人数字	乾隆四十三年《盛京通志》中的民人数字	《皇朝文献通考》卷19《户口》中的民人数字	《中国近代经济史统计资料选辑附录》中的民人数字	笔者最终选择的民人数字
道光二十八年					2538000	2538000
道光二十九年					2554000	2554000
道光三十年					2571000	2571000

注：（清）乾隆官修：《皇朝文献通考》卷19《户口一》，浙江古籍出版社2000年版。《奉天府尹鄂宝奏报乾隆十七年奉省户口米谷数目折》，参见故宫博物院编《史料旬刊》（民国文献资料丛编），北京图书馆出版社，第2册，第683页。中国第一历史档案馆：《赈灾档》，档号：1132—006，《朱批奏折奉天府府尹霍备奏报本年奉天民数谷数折》，乾隆九年十二月初六日；档号：1145—043，《朱批奏折奉天府府尹苏昌奏报本年奉天民数谷数折》，乾隆十三年十二月初十日；档号：1150—020，《朱批奏折奉天府府尹图尔泰奏报本年奉天民数谷数折》，乾隆十五年十一月二十九日；档号：1161—013，《朱批奏折奉天府府尹通福寿奏报本年奉天民数谷数折》，乾隆二十六年十一月十七日；档号：1162—053，《朱批奏折奉天府府尹欧阳瑾奏报本年奉天民数谷数折》，乾隆二十七年十一月二十四日；档号：1164—006，《朱批奏折奉天府府尹欧阳瑾奏报本年奉天民数谷数折》，乾隆三十一年十一月二十六日；档号：1169—036，《朱批奏折朝铨等奏本年奉天民数谷数折》，乾隆三十七年十一月二十二日；档号：1172—007，《朱批奏折盛京户部侍郎德风等等奏本年奉天民数谷数折》，乾隆三十九年十一月二十八日；档号：1173—030，《朱批奏折盛京工部侍郎富察善等奏报本年奉天谷数并展限造报民数折》，乾隆四十年十一月二十八日；档号：1175—020，《朱批奏折盛京工部侍郎富察善等奏报本年奉天谷数并展限造报民数折》，乾隆四十一年十一月二十九日；档号：1177—043，《朱批奏折盛京户部侍郎全魁等奏报本年奉天民数谷数折》，乾隆四十五年十一月二十一日；原档号：1179—032，《朱批奏折盛京户部侍郎鄂宝奏报本年奉天民数谷数折》，乾隆四十九年十一月二十五日；档号：1181—016，《朱批奏折盛京户部侍郎鄂宝奏报本年奉天民数谷数折》，乾隆五十年十一月十六日；档号：1181—016，《朱批奏折盛京户部侍郎宜兴奏报本年奉天民数谷数折》，乾隆五十二年十一月初八日，严中平等编《中国近代经济史统计资料选辑附录》的数字是以千人为单位统计的，所以我们看到的均是精确到千位。（《中国近代经济史参考资料丛刊》第一种，科学出版社1995年版，第362—374页。）张士尊：《清代东北移民与社会变迁》，第116页。《嘉庆朝大清会典》卷11《户部·尚书侍郎职掌2》。

　　以上是笔者查询到的相关人口资料，因为不同的文献记载数字出现迥异的状况，笔者就需要认真对待。特别是档案记载数字与地方志记载数字不同时，笔者多采用的是地方志的记载数字，因为笔者把盛京的奉天府和锦州府的数字合计，其结果完全与各州县人口数字之和相吻合。如果地方志记载了当时盛京每个州县人口均精确到个位，这说明当时的人口统计是相当精确的。故此，笔者更相信地方志的记载。通过互补和校勘，笔者把盛京地区从乾隆六年（1741年）到道光三十年（1850年）的人口数字列出示意图。

如下图所示，盛京地区的人口呈现不断增长的趋势，特别是乾隆二十至二十六年间、嘉庆年间和道光后期这三个阶段的增加尤为迅速。以乾隆五十六年至嘉庆二十四年为例，年均增长 29893 人。

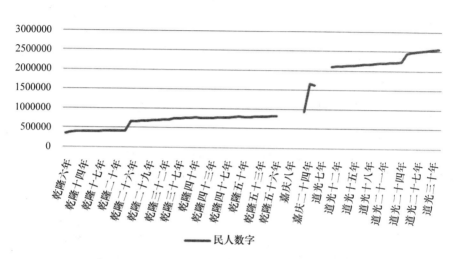

图 4 - 2　乾隆六年至道光三十年盛京民人数量统计图

注：本图数据来自表 4 - 4。

2. 盛京地区的民田增加

大量民人拥入盛京地区，他们或是给旗人做雇工，租佃土地耕种，或是私自开垦土地，从而不断扩大该区农田面积，改变着当地土地利用方式。为加大对田亩的管理，以便征收更多的田赋，清政府不断进行查丈，府属通行查丈名为"海丈"，各县自行查丈名为"零丈"。自乾隆元年（1736 年）至乾隆四十五年（1780 年），奉天府属的承德县共进行"零丈"十次，"海丈"一次。这些查丈结果为我们了解盛京地区的民田增垦状况提供了线索。

以奉天府为例，自乾隆元年（1736 年）至乾隆四十五年（1780 年），府属的承德、辽阳、海城、盖平、开原、铁岭、复州、宁海八州县及分设的岫岩城，续报起科及丈出地 52334 亩。统计原额新增共田 1256121 亩。其中，乾隆三十年（1765 年）丈出私垦地 504567 亩，次年准作余地征租。承德县从乾隆三十年（1765 年）至乾隆四十五年，新增民田 21336 亩，共实在原额新增 156119 亩。辽阳州从乾隆三十年（1765 年）至乾隆四十五年，实在新增民田 21494 亩。海城县从乾隆三十年至乾隆四十五年，实在新增民田 35150 亩。此外盖平县、开原县、铁岭县、复州和宁海县从乾隆三十年至乾隆四十五年，均有不同数额的新增民田。

锦州府属在乾隆三十年通行清丈，查丈出新增实在民田（及除去水冲沙压地）132669 亩。该府属民田从乾隆元年至乾隆四十五年，共原额新增实在民田 1406958 亩。其中，锦县从乾隆元年至乾隆四十五年，共零丈十一次，比原额新增 266153 亩。①

总体而言，乾隆十八年（1753 年），盛京地区的民地总共 25243 顷 21 亩。乾隆三十一年（1766 年），增至 27525 顷 27 亩。② 此外，乾隆三十五年（1770 年），盛京地区民人佃租旗人余地有 42000 余亩，乾隆四十五年（1780 年）已增至 210081 亩。③ 嘉庆十七年（1812 年），盛京地区的民地总计 1967486 亩。④ 嘉庆二十五年（1820 年），奉天府有民地 2128394 亩，锦州府有民地 780173 亩，还有退还圈地 756601 亩，总计约 3665258 余亩。⑤

以上这些数字充分说明，政府管理下的民人开垦地亩已有大幅增长。必须指出的是，当时盛京地区还有很多流民开垦的地亩并没有被政府纳入管理体系，尤其是鸭绿江右岸的封禁地区内。比如，道光二十二年（1842 年），盛京将军禧恩奏报清政府在鸭绿江封禁区内："榆树林子卡伦所属，及帽尔山卡伦所属界内，查出窝棚二十八处，草房九十余间，私垦田地三千三百余亩。当经分别焚烧平毁，并将人犯唐仁等拿获。"⑥

（二）吉林和黑龙江地区

1. 吉林地区的人口增殖

封禁时期东北人员流动的一个重要趋势是，内地及盛京的汉族居民不断向北迁移流动，通过盛京及吉林边界的边门，进入吉林。"盛京额设十七边门，以限内外，禁令极严。而自乾隆中叶，游民挈家阑出者，已不能驱之。"⑦ 乾隆中叶以降，流民进入吉林广大地区已是大势所趋，并引起清政府的关注。其实早在乾隆十四年（1749 年），吉林乌拉和伯都讷等处就查丈出余地 38586 亩，流民私垦地 13898 亩。⑧ 清政府虽就地安置吉林当地的流民，纳入正常行政管理系统，但同时一再严格限制流民进入。乾隆

---

① 参见刘谨之等撰《钦定盛京通志》卷 37《田赋》。
② 参见乾隆朝官修《清朝文献通考》卷 4《田赋四》。
③ 参见刘谨之等撰《钦定盛京通志》卷 37《田赋》。
④ 杨余练认为嘉庆十七年，奉天民地是 3763090 亩。参见杨余练等著《清代东北史》，第 371 页。
⑤ 参见（清）穆彰阿等修《嘉庆重修大清一统志》第 2 册，卷 59 第 19 页、卷 64 第 109 页。
⑥《清宣宗实录》卷 381，道光二十二年九月下乙丑，第 40981 页。
⑦《黑龙江述略》卷 4。
⑧ 参见《清高宗实录》卷 351，乾隆十四年十月壬辰，第 13028 页。

二十七年（1762 年），严令宁古塔界内，"外来流民不便其入籍，应将流民驱回……嗣后严禁私垦"①。但乾隆三十四年（1769 年），吉林阿拉楚喀和拉林地方还是清查出流民二百四十户。清政府只好"令其入籍垦种，二年后纳粮"②。乾隆四十二、四十三年（1777 年、1778 年）间，清政府又在伯都讷查出流民 1900 户。乾隆五十八年（1793 年），再次查出流民 2150 户。③

在内地遭遇灾歉时，清政府还是允许内地流民迁居东北，以养家糊口。乾隆五十八年（1793 年），吉林将军恒秀在奏折中就提及："上年直隶岁歉，蒙恩听求食流民出关，计到臣所属地方者万五千余人，吉林屡丰，流民均获生全。"为避免驱赶灾民引起动乱，他还建议清廷把流民就地安置，纳入政府的管理系统。④

如何处理驱逐流民留下的田地，吉林将军和隆武曾奏请将其荒废，遭到乾隆帝严斥："此项田地，从前流民均可耕种，岂有满洲等反不能耕种之理？况彼处满洲等，想生齿日繁，将民人退出之田，均与满洲等耕种，于旗人生计有裨益，何以无人耕种以致荒废耶？和隆武识见甚谬。"⑤ 此后，吉林地方将驱逐流民留下的田地分给附近的满洲人耕种。不过，乾隆四十六年（1781 年）十月，盛京将军索诺木策凌奏称，他将盛京地区查出的流民私垦地亩，按每亩酌定租银，定交纳旗仓粮米数目。如有畏惧赋重而不肯承种，仍回原籍者，拟将地交旗人耕种，照红册地亩例交纳粮米。与此同时，仍严饬民人等永行禁止私垦官属滩地。如果旗人自己不种，又暗令民人耕种取租者，官府除一并照例治罪外，将地收回入官。这一新举措得到乾隆帝的肯定。"索诺木策凌所办尚是，已降旨交部议奏矣。盛京、吉林两省，流民私垦地亩加赋之事，俱属一体，并非难办。"并要求"将索诺木策凌奏折，抄录一份，寄与和隆武阅看，令其一体遵照办理"⑥。这样，清政府就把流民私自开垦的田地纳入官府管理系统，成为交粮纳赋的一部分。这一举措就成为东北地区审查流民私垦田地的模板。

嘉庆年间，清政府不断加大对吉林地区流民的清查，并多次查出大量流民。嘉庆四年（1799 年），吉林将军会同郭尔罗斯盟长查丈出流民

---

① 《钦定大清会典事例》卷 158《户部·户口·流寓异地》。
② 同上。
③ 参见李澍田、宋抵点校《吉林志书》，吉林文史出版社 1986 年版。
④ 参见《清高宗实录》卷 1440，乾隆五十八年十一月庚寅，第 28256 页。
⑤ 中国第一历史档案馆编：《乾隆朝满文寄信档译编》第 14 册，第 703 页。
⑥ 中国第一历史档案馆编：《乾隆朝满文寄信档译编》第 15 册，第 608 页。

2330 户。次年（1806 年），清政府只好就地设立长春厅，管理民事，并划定地界，"自本旗游牧之东穆什河、西至八延吉鲁克山，二百三十里；自吉林伊通门，北至吉住窝铺，一百八十里，定为规制，不准再有民人增居。每年令吉林将军造具户口花名细册，送部备查"①。可当地仍有流民不断潜入。嘉庆十一年（1806 年）七月，嘉庆帝上谕："郭尔罗斯地方，从前因流民开垦地亩，设立长春厅管理。原议章程，除已垦熟地，及现居民户外，不准多垦一亩，增居一户。今数年以来，流民续往垦荒，又增至七千余口之众。"②嘉庆十三年（1808 年）五月，长春厅"续经查出流民三千一十户"③。嘉庆十五年（1810 年）十一月，吉林将军赛冲阿奏报："吉林厅查出新来流民一千四百五十九户，长春厅查出新来流民六千九百五十三户。"④可见，清政府的封禁措施并没有起到很好的效果。

不仅长春厅一地如此，土地肥沃的伯都讷地区也是流民主要聚居地。继乾隆年间流人拥入的强劲势头之后，嘉庆五年（1800 年），伯都讷又新增 381 户流民。⑤嘉庆十二年（1807 年），清政府"查出伯都讷所属拉林河西岸地方，流民私垦地一千九百余亩，聚集人一千余户"⑥。次年（1808 年），伯都讷再次查出流民 594 户。嘉庆十四年（1809 年），又查出流民 1144 户。⑦嘉庆十六年（1811 年），吉林将军赛冲阿查丈伯都讷新陈流民垦地时，发现当地已经有"流民九千五百四十八户"⑧。由于人数众多，驱逐恐生事端，最后只好就地编丁入籍。为禁止内地民人前往东北，户部严令直隶、山东、山西各督抚转饬各关隘及登莱沿海一带地方，"嗣后内地民人，有私行出口者，各关门务遵照定例，实力查禁，若有官吏相互容隐，私行纵放，一经查出，即据实严处"⑨。虽然清政府一再严令查禁民人迁入，但是流民依然不断进入吉林。嘉庆十八年（1813 年），吉林伊通河地方又查出大量流民，最终也是就地安置，编丁入户。⑩

① 《钦定大清会典事例》卷 158《户部·户口·流寓异地》。
② 《清仁宗实录》卷 164，嘉庆十一年七月乙丑，第 31431 页。
③ 《清仁宗实录》卷 196，嘉庆十三年闰五月壬午，第 31890 页。
④ 《清仁宗实录》卷 236，嘉庆十五年十一月壬子，第 32487 页。
⑤ 参见《吉林志书》。
⑥ 《清仁宗实录》卷 190，嘉庆十二年十二月下丙戌，第 31805 页。
⑦ 《吉林志书》。
⑧ 中国科学院地理科学与资源研究所、中国第一历史档案馆：《清代奏折汇编——农业·环境》，商务印书馆 2005 年版，第 369 页。
⑨ 《钦定大清会典事例》卷 158《户部·户口·流寓异地》。
⑩ 同上。

此外，舒兰、霍伦地区也有大量流民聚集。道光六年（1826 年）七月，吉林将军富俊上奏称，舒兰、霍伦等处查出流民 1000 余户，男妇老幼 5000 余口。鉴于人数众多，请免于驱逐，就地安置，添设保甲，按户将所种地亩升科。①不过清廷依然要求将流民搬出禁山，并谕令吉林所属各厅或盛京所属各州、县"酌分户口……当令迁移，不至失所"。并以"散处而不聚集为要"。富俊遂拟订新的搬迁方案，鼓励流民自愿前往伯都讷厅及长春厅新分荒地或盛京所属闲荒。搬家的费用标准是，流民种地"四坰以上，不给钱文；四坰以下流民四千余口，按大口八百文，小口减半，作为路费，限九月内搬尽。如有抗违，即严办以靖山界"②。不过，在富俊亲赴舒兰河劝导流民搬迁时，却遭到民众的聚众对抗。在严行镇压之后，清廷催令该处流民依限搬迁，仍按前文指定荒地，令其散居分种。吉林府要求卡伦附近的存俭、永智两社民众和乡约，遇有霍伦等处流民前往觅居，不许阻拦，并在各村屯内寻找闲房空地，或自盖窝棚，以方便流民歇息居住。③鉴于流民原居住的霍伦河等六处多系山坡山沟，清政府遂将已搬迁各户的房屋窝棚拆毁或烧毁。清廷要求吉林将军在"该处流民全行驱逐后，务当随时严查，断不容再有人潜往居住"④。

虽然清政府要求东北各地方政府每年要对官荒和禁山进行搜查，严防内地流民潜入私垦土地或采伐树木，但仍然"难保必无流民潜入砍树垦地"，若干流民人数不易搜查；而人数众多，清政府又担心一旦强制驱逐会引起民愤。故而，清政府一般是对官荒内人数较少的流民进行驱离，对大规模的流民聚集点则是就地安置，设置民政管理机构，升科纳赋，纳入官府管理系统。

就地区而论，民人主要集中在吉林地区。乾隆三十六年（1771 年），吉林有民户共 8856 户，男妇 44656 口。乾隆四十五年（1780 年）已有民户 22513 户，男妇 114429 口。吉林一地的民人是当时吉林省最多的。其余的宁古塔、伯都讷、三姓和阿勒楚喀也有少数民人居住。⑤嘉庆年间，

---

① 参见《清宣宗实录》卷 100，道光六年七月上丙戌，第 36155 页。

② 《吉林将军奏为流民抗旨照例恭请王命正法以靖地方折》，《吉林农业经济档卷》第四集，第 4—5 页。

③ 参见《吉林理事同知为移置流民俾免失所肃清重地的告示》，《吉林农业经济档卷》第四集，第 3 页。

④ 《寄谕吉林将军富俊严催吉林舒兰河等处流民依限迁移》，《吉林农业经济档卷》第四集，第 6 页。

⑤ 参见刘谨之等撰《钦定盛京通志》卷 35《户口一》。

以长春厅地区人口增长最为迅速。嘉庆四年（1799年），长春厅当地有民人2330户。嘉庆十一年（1806年），当地陆续新来流民1594户。嘉庆十三年（1808年），又查出新来流民3010户。嘉庆十五年（1810年），长春厅查出流民6953户。至此，当地共有流民13887户。① 当年该地编订民户11781户，丁口61755人。道光二年（1822年），编订民户，除迁出1187户，人丁10534口。加新增182户，丁口657人，实在10776户，丁口51878人。道光十六年（1836年），新增民户4494，编订15270户，新增丁口12290人，编订丁口64168人。②

以上是就个别地区而论，就吉林省总体而言，吉林省的流民数字亦是不断攀升。康熙五十年（1711年），吉林仅有民人33025口。③ 到乾隆三十六（1771年），吉林省各属共有民户13027户，男女共56673口。乾隆四十一年（1776年），增至74631口。④ 到乾隆四十五年（1780年），这一数字已经增长至民户28053户，男妇共有135827口。乾隆四十八年（1783年），为142220口。⑤ 此后，吉林地区民人数字不断增长，乾隆五十五年（1790年），人口为157000余人。嘉庆十七年（1812年），吉林全省的民人又上升到307781人。⑥ 嘉庆二十四年（1819年），人口增至33万余人。⑦ 不过，这种日益增长的势头，在道光年间有所下降，一直在32万至33万之间徘徊不前。直到道光三十年（1850年），吉林民人总数在327000余人。⑧

2. 黑龙江地区的人口增长

黑龙江地区，地处东北北部，气候严寒，环境较为恶劣，对内地民人的吸引力远不如盛京和吉林，所以封禁时期黑龙江地区的流民数量相对较少。虽然如此，当地人口仍不断增长。乾隆三十六年（1771年），黑龙江始行编审，黑龙江各城有民人20508户，男妇共35284人。乾隆四十五年

① 参见《吉林志书》。

② 参见长顺等修《吉林通志》卷28《食货志一·户口》。

③ 同上。

④ 参见《清朝文献通考》卷19《户口一》。

⑤ 参见长顺等修《吉林通志》卷28《食货志一·户口》。

⑥ 参见《嘉庆朝大清会典》卷11《户部》。

⑦ 参见（清）穆彰阿等修《嘉庆重修大清一统志》卷67《吉林·户口》第2册，第147页，记载：嘉庆二十五年（1820年），吉林共有111847户，566574人。

⑧ 参见严中平等编《中国近代经济史统计资料选辑附录》，科学出版社1995年版，第362—374页。

（1780 年），民户增至 22246 户，共 36408 人①。嘉庆十三年（1806 年）编审户口，黑龙江全省总计有 26217 户，136228 口。② 嘉庆二十五年（1820 年），黑龙江人口为 167616 人，28465 户。③

3. 吉林地区的民田增加

如前文所述，吉林地区民田早在雍正年间就已经出现。乾隆十三年（1748 年），吉林永吉、长宁和泰宁三县相继撤销后，吉林民地"田赋之额始著余册"。次年（1749 年），"奏分三则征银，额征陈民地四十五万四千零五十五亩……陈民流民报垦地十九万九千五百九十八亩部分等则征银"④。此后，随着民人不断进入吉林，吉林各地也不断丈出流民私垦地亩。乾隆十四年（1749 年），宁古塔将军永兴奏准，吉林、乌拉、伯都讷等地丈出"游民私垦地一万三千八百九十八亩"⑤。此后，吉林各地不断查丈出流民私垦田亩。先以吉林为例。乾隆三十年（1765 年），吉林有民地428513 亩。乾隆三十五年（1770 年），新增地 281500 亩。乾隆四十二、四十三年（1777 年、1778 年），新增地 224047 亩。乾隆四十六、四十七年（1781 年、1782 年），新增地 23353 亩。嘉庆七年（1802 年），新增地10691 亩。嘉庆八年（1803 年），新增地 49968 亩。嘉庆十年（1805 年），新增地 13086 亩。嘉庆十二年（1807 年），新增地 6079 亩。以上共计新增608760 亩。⑥

以伯都讷地区为例。乾隆四十二年、四十三年（1777 年、1778 年）间，吉林查丈出流民增垦地 73911 亩。乾隆四十六年、四十七年间，又查丈出民户开垦地 904 亩。嘉庆五年（1800 年），查丈出陈民开垦地 57281亩，流民私垦地 8464 亩。嘉庆八年（1803 年），查丈出增垦地 2256 亩，陈民新垦地 1759 亩。嘉庆十二年（1807 年），丈出增垦地 104 亩。嘉庆十三年（1808 年），查丈出陈民新垦地 50851 亩。嘉庆十四年（1809 年），查丈出流民私垦地 1949 亩。总而言之，从乾隆十三年（1748 年）到嘉庆十四年的六十一年间，伯都讷地区已经新增民地 297528 亩。⑦

再看长春厅地区。郭尔罗斯蒙古王公私招流民垦地以换取押荒银，从

① 参见刘谨之等撰《钦定盛京通志》卷 36《户口二》。
② 参见（清）西清《黑龙江外记》卷 3，黑龙江人民出版社 1984 年版。
③ 参见《嘉庆重修大清一统志》卷 71《黑龙江·户口》第 2 册，第 203 页。梁方仲编著《梁方仲文集·中国历代户口、田地、田赋统计》，中华书局 2008 年版，第 376 页。
④ 长顺等修：《吉林通志》卷 29《食货志二·田赋》。
⑤ 《清高宗实录》卷 351，乾隆十四年十月下癸巳，第 13028 页。
⑥ 参见《吉林志书》。
⑦ 同上。

而开始了当地农垦的历程。经查，嘉庆四年（1799 年）时，当地已有农田 265648 亩。嘉庆十三年（1808 年），当地流民新垦地亩 75184 亩。嘉庆十六年（1811 年），又查丈出流民新垦地 52741 亩。至此，长春厅已有陈新共垦地 393573 亩。①

以上是就个别地区而论，就吉林省总体而言，吉林地区的农田面积不断增长。我们已知乾隆十四年（1749 年），吉林地亩是 454055 亩。至乾隆四十五年（1780 年），已经增长至 1161981 亩。② 这是前者的 2.6 倍！嘉庆十七年（1812 年），吉林省民田增长为 1438251 亩。③ 嘉庆二十五年（1820 年），吉林民人承种地共有 143 9557 亩有余。④

由于黑龙江地区的民户分寄在旗下，其开垦的耕地被称为"旗田民垦""旗田民典"等形式。所以，我们无法知道黑龙江地区民田的具体数字。

（三）热河及东三盟蒙地

1. 热河及东盟地区的人口增殖

热河和东蒙地区毗邻中原，这为内地民人向该区迁移提供了便捷。虽然乾隆十三年（1748 年）清政府开始对热河和东蒙古地区实行封禁，但这里依然是清政府转移内地灾民的重要地区。乾隆五十七年（1792 年），直隶地区被旱较广，广大灾民纷纷拥向京师。乾隆帝下旨，令热河道府晓谕各贫民由张三营、博洛河屯等处，前往蒙古各处谋食者概不禁止。同时还指示盛京、土默特及喀喇沁、敖汉等旗及巴沟、三座塔一带丰收，也可以安置灾民，并谕令灾民可以经过山海关前往盛京一带；出张家口和喜峰口赴巴沟、三座塔及蒙古地方，而不必专由古北口出口。⑤ 清政府在内地灾歉之年，积极鼓励灾民前往东北各地，这无疑在一定程度上促进了当地人口的增长和土地的开垦。

嘉庆年间，内地民人不断向热河及以北地区迁移。嘉庆帝对此也有清晰认识，"热河迤北一带，系蒙古外藩游牧处所，自乾隆四十三年改设州县以后，民人集聚渐多，山厂平原，尽行开垦，均向蒙古输租。有家资稍

---

① 参见《吉林志书》。

② 参见刘谨之等撰《钦定盛京通志》卷 37《田赋》。

③ 参见《嘉庆大清会典》卷 11《户部》。

④ 参见《嘉庆重修大清一统志》卷 67《吉林·田赋》第 2 册，第 147 页。梁方仲编著《梁方仲文集·中国历代户口、田地、田赋统计》，第 555—556 页，认为吉林有民地 1559848 亩。

⑤ 参见《钦定大清会典事例》卷 158《户部·户口·安集流民》。

裕搬移眷属者，亦有偶值歉收投亲觅食者"①。嘉庆七年（1802 年），科尔沁部所辖昌图、额勒克等处招民开种闲荒，虽历短短四年，当地流民却已达数万之众。为加强对当地民人的管理，清政府于嘉庆十一年（1806 年）设立昌图厅理事通判一员。道光二年（1822 年），清政府查出科尔沁部达尔汉王、宾图王二旗招留流民 200 余户私垦，已垦成熟地 2000 余垧。② 次年，科尔沁卓里克图王旗和宾图王旗共招垦民户 358 户，垦成熟地 4730垧。③ 道光六年（1826 年），盛京将军晋昌奏报，上述两旗又新增流民 572户，后又在卓里克图王旗查出私招流民 193 户。对此，清政府均予以承认，不再驱赶。④

就热河地区而论，随着内地民人不断进入该区，当地民人数量不断增加。现将热河地区乾隆四十七年（1782 年）和道光七年（1827 年）的人口分布列表如下：

表 4 - 5　　　　　　　　　热河地区人口增长统计表

地区	乾隆四十七年⑤			道光七年⑥		
	户 数	口 数	户均口数	户 数	口 数	户均口数
承德府	8979	41496	4.8	16339	110171	6.7
滦平县	5230	116632	20.3	6914	45769	6.6
平泉州	29315	154308	5.3	20449	158055	7.7
丰宁县	20871	72079	3.5	22198	115973	5.2
建昌县	23730	99293	4.2	31996	163875	5.1
赤峰县	6324	22378	3.5	14999	112604	7.5
朝阳县	15356	61225	4.0	31751	77432	2.4
合 计	109805	567411	5.1	144646	783879	5.4

---

① 参见《钦定大清会典事例》卷 158《户部・户口・安集流民》。
② 参见中国科学院地理科学与资源研究所、中国第一历史档案馆《清代奏折汇编——农业・环境》，第 410 页。
③ 参见《钦定大清会典事例》卷 978《理藩院・丁户・稽查种地民人》。
④ 参见《清宣宗实录》卷 100，道光六年七月上癸未，第 36152 页。《钦定大清会典事例》卷 978《理藩院・丁户牧・稽查种地民人》。
⑤ 参见（清）和珅等《钦定热河志》卷 91《食货・户口》。《承德府志》卷 23《田赋・户口》中也记载有乾隆四十七年的人口数字。
⑥ 参见（清）海忠等《承德府志》卷 23《田赋・户口》。

从表4－6可见，承德府及其分县的户均口数多为5人。可是乾隆四十七年（1782年）滦平县的户均口数有些异常，每户高达20人。笔者认为当时的口数可能有统计错误。按照每户5人计算，乾隆四十七年的滦平县口数应是26150人。

值得注意的是，《嘉庆重修大清一统志》记载承德府在嘉庆二十五年（1820年）的户数是144646，口数是783867。[①] 这与《承德府志》中记载的道光七年（1827年）数字几乎完全相符。由此可知，光绪年间的《承德府志》所载道光七年的承德府户数和人口数字应为嘉庆二十五年的数字。经过校正，上述表格应为：

表4－6　　　　　　　修正后的热河地区人口增长统计表

地区	乾隆四十七年			嘉庆二十五年		
	户 数	口 数	户均口数	户 数	口 数	户均口数
承德府	8979	41496	4.8	16339	110171	6.7
滦平县	5230	26150	5.0	6914	45769	6.6
平泉州	29315	154308	5.3	20449	158055	7.7
丰宁县	20871	72079	3.5	22198	115973	5.2
建昌县	23730	99293	4.2	31996	163875	5.1
赤峰县	6324	22378	3.5	14999	112604	7.5
朝阳县	15356	61225	4.0	31751	77432	2.4
合 计	109805	476929	4.3	144646	783879	5.4

通过修正后的数字，我们可见承德府和其分县的人口，无论各地增速有高有低，但均有大幅增长，特别是承德府、赤峰县和建昌县增长尤为迅猛。而朝阳县在嘉庆二十五年（1820年）的户均人口仅仅有2.4人，这远远低于正常3人的水平，或许嘉庆二十五年的朝阳县人口数字被漏记。

2. 热河及东蒙地区的民田增加

随着内地民人不断进入热河及东蒙古地区，上述两地的民田均有一定数量的增长。首先看热河地区。

---

① 参见《嘉庆重修大清一统志》卷42《承德府·户口》第1册，第600页。

表 4 - 7　　　　　　　　　　　热河地区民地增长统计表　　　　　　　　　（单位：亩）

地　区	乾隆四十七年①	道光七年②
承德府	207323	199932
滦平县	87902	71326
平泉州	43693	43819
丰宁县	5220	1133674
建昌县	—	—
赤峰县	—	—
朝阳县	—	—
合　计	344138	1448751

从表 4 - 7 可见，道光七年（1827 年）时的热河地区民田比乾隆四十七年（1782 年）增长了 1414613 亩，这是前者的四倍多！③ 值得注意的是，承德府、滦平县和丰宁县的民田均有所下降，而平泉州则有少量增长，只有丰宁县的增长较为迅猛，这反映出内地民人不断向北垦殖的趋势。

这一时期东蒙古地区的开垦只要集中在哲里木盟的科尔沁部和昭乌达盟的翁牛特部和敖汉部。科尔沁左翼后旗所属的和硕博多勒噶台亲王的辖地是较早被招民垦殖的。其地相当于今昌图全境及康平和辽源的部分地区。虽经嘉庆七年（1802 年）的丈查，但是没有具体的田亩数字。道光二年（1822 年），科尔沁部达尔汉王、宾图王二旗招留流民二百余户，垦成熟地二千余日（垧）（合 12000 亩）之多。④ 道光十二年（1832 年），盛京工部侍郎裕泰查办科尔沁郡王僧格林沁旗界库都力等处牧马荒厂，发现已有 1400 余户流民被召集私行开垦。⑤

另外，昭乌达盟的翁牛特部在乾隆二十七年（1762 年），被查出隐匿招民租佃地一千顷（合 100000 亩）。⑥ 敖汉旗牤牛营子、小牛群台、阁山

---

① 参见（清）和珅等《钦定热河志》卷 91《食货·贡赋》。
② 参见（清）海忠等《承德府志》卷 23《田赋·额征》。
③ 参见《嘉庆重修大清一统志》卷 43《承德府·田赋》第 1 册，第 600 页。记载嘉庆二十五年承德府田地为二万二千八百七顷六十亩，折合为 2280760 亩。此数字比道光七年的数字高出很多，现存疑。
④ 参见中国科学院地理科学与资源研究所、中国第一历史档案馆《清代奏折汇编——农业·环境》，第 437 页。
⑤ 同上书，第 436 页。
⑥ 参见《清高宗实录》卷 675，乾隆二十七年十一月庚辰，第 17298 页。

三处地亩自乾隆年间租给民人耕种。① 嘉庆四年（1799 年），清政府发现敖汉旗顺坡斯板和囊金哈拉二处已被民人开垦成熟地 37 顷 27 亩，均令撂荒，作为牧场。② 嘉庆五年（1800 年），敖汉旗的民人逐渐增多，曾引起地方官的建议驱逐。最终嘉庆帝本着"中外一家，无论蒙古、民人，皆系臣仆赤子"的情怀，仍允许当地民人继续垦殖，但不得增加。③

嘉庆朝晚期，清政府却又一度改变了封禁令，改为允许局部放垦。嘉庆十七年（1812 年），清政府允许科尔沁左翼后旗扎萨克郡王旗昌图额尔克地方招民开垦。其范围是西起辽河，东至苏巴尔汉河止，共 120 里；北自太平山起，南至柳条边止，宽 52 里；西至柳条边 16 里，东至柳条边 20 里。④ 嘉庆二十二年（1817 年），清政府再次允许开垦敖汉郡王旗地方。其范围是东自库尔苏哈达起，西至库伦布哈达之东萨察华山顶止，南自绍海卓博哩察尔苏巴尔汉熟地界起，北至松吉纳图山腾吉里克山顶止，种地 1780 顷 14 亩，四周竖立鄂博，以示界线。⑤

道光四年（1824 年），当地民人共垦熟地五十余顷（合 5000 余亩）。热河都统庆保奏请为使该旗穷苦蒙古人可借租糊口，仍准民人耕种交租。⑥ 道光十二年（1832 年），清政府在科尔沁旗实行丈放，颁布《科尔沁旗垦荒地界章程》八条，以民人交纳押荒银的形式承租土地。⑦ 不过，道光十九年（1839 年），清政府却严令喀喇沁土默特旗的蒙古王公把土地租给民人耕种。⑧ 可见，道光朝时期，清政府对蒙地的不同地区采取不同的土地管理政策。或者是，嘉庆朝后期实施的放垦政策到了道光中后期又开始严禁了。

总体而言，即便是在封禁时期，热河和东蒙地区依然不断拥进民人，而清政府一旦查出流民，但是鉴于当地流民数量众多，清政府还是就地安置。虽然一再重申不得多增一人，多增一亩，但是这些地区的民人依然不断进入，而民垦农田数量依然增加。随着民人数量的增加和草原变为农田，民治机构随之也在这些原本是蒙古游牧区建立起来，这无疑大大改变

---

① 参见《钦定大清会典事例》卷 978《理藩院·丁户·稽查种地民人》。
② 同上书，卷 978《理藩院·耕牧·耕种地亩》。
③ 参见《清仁宗实录》卷 67，嘉庆五年五月甲午，第 29996—29997 页。
④ 参见《钦定大清会典事例》卷 978《理藩院·耕牧·耕种地亩》。
⑤ 同上。
⑥ 参见中国科学院地理科学与资源研究所、中国第一历史档案馆《清代奏折汇编——农业·环境》，第 415 页。
⑦ 参见《钦定大清会典事例》卷 979《理藩院·耕牧·耕种地亩》。
⑧ 同上。

了原来的草原生态环境和游牧经济环境以及随之而来的社会人文环境。

二　关内流民的私采

　　人参以其高昂的药用和经济价值而被清政府官方垄断，但随着内地民人不断进入东北，采挖人参已经成为很多流民谋生的主要手段。这些不被官府许可的偷采人参的民人则被称为"走山者"。早在康熙年间，每年三四月间，往山场采参之人，"趋之若鹜……每岁不下万余人"①。这些挖参人则成为清政府东北参务管理的重要对象。

　　早在康熙二年（1663年），清政府就规定，每年四月八日采参时，盛京和吉林地方官应派兵巡捕。此后，清政府不断严令凤凰城、新城、兴京等处官兵安设边界，巡查私挖人参等弊端，并制定了诸多奖惩规定，严惩私通采参，奖励抓捕采参人。康熙晚期，清政府又进一步完善了对参山的封锁，建立了大量的卡伦，如康熙四十五年（1706年）就新建了古河、观音岭、辉发等二十余处的卡伦。② 虽然清政府不断加大对参山的巡查力度，但是流民私采活动并没有停止。笔者统计《盛京参务档案史料》中的记载，康熙年间，盛京刑部和奉天将军衙门审理的偷采人参案件就达五十余次。

　　及至乾隆朝，清政府制定了更为严厉的惩罚措施，"凡雇人偷刨人参，财主不分旗民，俱发云南等省充军；若并无财主，只身潜往偷刨，得参一两以下者，杖六十，徒一年；偷刨至五两者，杖一百，流三千里。为从及未得参者，各减一等"③。然而，民人私采偷采的活动依然如是。④ 乾隆二十七年（1762年），奉天、吉林和黑龙江三省因为偷采人参而被处以流放的就多达1840余人。如何安置这么多的盗参之人，也成为使清政府头疼的棘手难题。⑤ 乾隆四十八年（1783年），当时虽值歇山之年，但是清政府还是抓获了600多名私挖人参的刨夫，这说明当时私挖人参的民人并不会顾及官方的禁令。这种只有歇山之名而无保护之实的现状，使得清政府干脆放弃了歇山的政策，照例采挖。⑥

　　私刨人参之人不仅从内陆前往长白山区偷刨人参，还聚集在当时的

---

①　（清）杨宾：《柳边纪略》卷3，黑龙江人民出版社1984年版。
②　参见《钦定大清会典事例》卷232《户部·参务·关汛巡防》。
③　（清）萨英额：《吉林外记》卷5《刑司》，文海出版社影印本，第150页。
④　参见《盛京参务档案史料》，第60—111页。
⑤　参见《吉林通志》卷1《圣训志》。《清代东北参务》，第153页。
⑥　参见《钦定大清会典事例》卷232《户部·参务·山场》。

"南海",即珲春以东日本海中的岛屿上,秋冬季节渔猎采食榛子,春夏则进入长白山偷挖人参,再销往宁古塔和吉林等处。该处原不过百余人,但在乾隆七年(1742年)宁古塔将军鄂弥达奏称:"臣自接任后,闻宁古塔属之绥芬、乌苏里以外雅兰西楞、暨南海岛屿地方,偷挖人参与刺字人犯,十数年间,已聚数千人。从前尚渔猎鹿鱼,摘食榛子过冬,至春夏间偷挖人参,潜至宁古塔、吉林等处发卖。今则与宁古塔、吉林、奸商结伙,每岁由宁古塔、珲春等处,运致米粮,协济伊等。伊等亦渐次开垦地亩,将参抵换各物,渐立微产。"鄂弥达认为,私刨人参之人所聚集的"南海并雅兰西楞地方",南与朝鲜相近,周边与系赫哲、费雅喀、鄂伦春等毗邻,"若隐匿既久,立有产业,或该处产参稀少,必至于朝鲜等处滋事。办理益难为力"。鉴于其"此事于地方大有关系"。他认为,"若差人前往,其必畏罪抗拒。遂因于四月内派遣旧满洲那尔布、温德尔亨二人,给与银三百两,置买布烟马牛等货,扮商贩前往,侦查其栖止地方、人数路径等,俟那尔布等禀覆时,再将如何逐散之处,另行奏闻"。乾隆帝认为:"此奏殊属非是。将军乃通省统率之员,如遇此等事件,必须亲往查办。"[1] 为加强搜捕,乾隆十一年(1746年)十月,乾隆帝谕准宁古塔将军阿兰泰关于驾船巡查珲春海口及色隆吉等十四座岛屿的奏请。[2] 清政府自此开始了对吉林东部滨海地区及所属日本海中岛屿的巡查。

自开展对吉林东部岛屿巡查以来,清军搜捕多人。乾隆三十四年(1769年),吉林将军傅良奏称,巡察南海等处的伯都讷协领傅尔笏讷陆续拿获偷挖人参者42人。[3] 乾隆四十六年(1781年),吉林将军和隆武奏,巡查官兵在吉林乌拉所属南海、乌苏里、德克登尼等处缉拿偷挖人参的李方等36人。[4]

嘉庆年间,清政府对偷采人参的流民依然采取高压态势,不断派兵进入山林深处清剿居住在山里的挖参流民。珲春以南、以东,三姓以东的广大地区居住着被称为"黑津"的民族,他们多以捕鱼捕兽为生,但并不知道如何采参。而该区出产质量优良的人参,这吸引大批偷采人参的流民,他们被清政府称为"黑人"。每到采参时节,他们就"十百成群,驮负粮布窜入其中,呼朋引类,约有千余人。搭盖窝棚,召集黑津丁男与之衣食,令其认采参枝,安享渔利"。嘉庆十六年(1811年),吉林将军赛冲

---

① 《清高宗实录》卷175,乾隆七年九月壬午,中华书局2008年版,第249—250页。
② 参见《清高宗实录》卷276,乾隆十一年十月丙寅,第605页。
③ 参见中国第一历史档案馆编《乾隆朝满文寄信档译编》第9册,第521页。
④ 参见中国第一历史档案馆编《乾隆朝满文寄信档译编》第15册,第585页

阿派遣副都统松筱色尔滚带领官兵，一路从宁古塔磨刀石、长岭子，一路从三姓、乌苏里江、呢满口出发，分路进山搜查。官兵们"焚毁窝棚、拨弃窖粮，将偷挖人参之黑人，穷搜尽逐，赶至距宁古塔二千五百八十五里苏城一带。出山时，适逢大雪，竟至八、九尺，黑人无处躲避，雪埋过半，冻毙多人"①。面对偷采人参流民如此悲惨的遭遇，清政府竟然说"奸邪之报，其应如响"。清政府官方和流民的民间对人参利益争夺之惨烈，由此可见一斑。

在加紧搜捕吉林滨海地区的同时，清政府也严格执行对东部岛屿的搜查，缉拿岛上居民，禁毁居所、粮食供给及渡海船只。嘉庆十二年（1807年），宁古塔副都统衙门"责成珲春协领，从严巡查南海搜楞尼等十四座岛上越冬贼匪，一个不留"②。在清政府的严厉打击下，吉林所属东部的多处岛屿变成了无人岛屿。嘉庆二十三年（1818年）、二十五年（1820年）及道光十八年（1838年），珲春协领衙门向宁古塔副都统衙门呈报称，派员巡查海岛并未发现逃逸罪犯及垦荒等人。③

此后，随着野生人参资源的锐减，原本偷挖私采人参的流民多改为挖取参苗或培育参苗在山里种植人参，这就是后来所谓的"秧参"和"籽参"，而山中培育种植的参园则被称为"山中棒槌营"和"蹲树根"④。可以说，不论清政府对待流民私采人参的态度如何，流民采挖人参的势头并没有因之而停止。从采挖野参到人工培育，固然说明了采参人的聪明才智，但也从另一方面说明了野生人参资源在不断锐减。

三 关内流民的私伐与偷猎

虽然清政府在东北设立很多禁山，但是允许旗人进入采捕牲畜，而不准民人进入。⑤ 所以，鉴于清政府不能给予流民合法生存权，流民进入东北后多不向政府汇报，而是采取私垦农田、私采人参，私自采伐树木和偷猎围场动物等行为以求保生存。流民的私伐和偷猎地区主要集中在长白山区和木兰围场地区。

---

① 《吉林外记》卷8《查山》，第242—243页。

② 《珲春副都统衙门档》第25册，第169页。

③ 参见《珲春副都统衙门档》第29册，第419—420页；第33册，第262—263页；第47册，第185页。

④ 参见曹廷杰《西伯利亚偏东纪要》，《曹廷杰文集》上册，中华书局1985年版，第126页。

⑤ 参见中国第一历史档案馆《朱批奏折》，档号：04—01—01—0701—010，《吉林将军吉林副都统奏为查获禁山偷挖鹿窖人犯照例办理事》，道光八年六月二十五日。

　　长白山地区长期以来是封禁重地，且有茂密的原始森林，一旦进入其中便可采伐大量优质木材，所以这里便成为流民选择私伐的主要地区。乾隆三十一年（1766年），盛京围场巡查官兵在阳春河地方拿获偷树人16名。①乾隆四十五年（1780年），朝鲜学者朴趾源随朝鲜使团前往热河（今河北省承德市）为乾隆帝祝寿而渡过鸭绿江时就遇到凤凰城的中国居民私自乘船前往长白山伐木。②嘉庆八年（1803年），清政府查处了刘文喜私伐木植的案件。当年八月，嘉庆帝谕令盛京地方官员："自应严饬各卡伦留心查禁，使奸民知所敛戢。……现据德瑛奏，除高丽沟之外，尚有韭菜园、三道浪头两处，晋昌均未查及，太觉不成事体。"③九月，盛京将军富俊又在飞牛岭等地查获偷砍树木的流民40余名。经查，飞牛岭和草仓沟山坡等处有流民开垦的熟地并有砍弃的树木1000余根。最终，清政府不仅严惩了抓获的流民，还一并惩处了失职的官员。④

　　虽然清政府严令伦卡官兵缉拿进入该地从事私伐的流民，并采取一旦查获就焚烧窝棚，强行驱赶等严厉措施，但一些官兵依旧联合流民，私自砍伐木植。嘉庆十年（1805年），清政府查获兵民联合砍伐树木，经派员调查发现："只缘高丽沟迤上沿江一带山内林木丛密，匪徒觊觎偷砍牟利，凤凰城边外卡伦不肖，官兵贪贿卖放，上游山内卡伦官兵因而受财纵容，以致奸匪山内肆砍，顺江放至高丽沟等处，船载运贩，酿成嘉庆八年之案。"⑤清政府查封木植内，除总岭西通内河者，经盛京工部奉天府尹衙门留用外，下剩总岭迤东不通内河，凤凰城兴京边外存山木植共8334件。流民私伐树木规模之大，可见一斑。此后，兴京、凤凰城边门以外偷砍偷运官山树木被查获之案不断发生。道光四年（1824年）至道光六年（1826年），清政府拿获私木至10万余件之多。道光七年（1827年）至道光十二年（1832年），又查获私木5万余件。⑥道光十一年（1831年），道光帝谕内阁："奇明保等奏本年拿获私木数起一折，兴京、凤凰城所属边门以外，每有奸匪偷砍、偷运官山树木。兹据奏本年拿获偷木贼匪六十八起，查获私木板片等二万二千七百六十余件。"⑦道光十五年（1835

① 参见中国第一历史档案馆编《乾隆朝满文寄信档译编》第6册，第524页。
② 〔朝〕朴趾源：《热河日记》，第8页。
③ 参见《清仁宗实录》卷118，嘉庆八年八月癸亥，第30717页。
④ 参见《清仁宗实录》卷120，嘉庆八年九月己未，第30762—20763页。
⑤ 中国第一历史档案馆编：《嘉庆道光两朝上谕档》第10册，第34—35页。
⑥ 参见中国第一历史档案馆编《嘉庆道光两朝上谕档》第37册，第387页。
⑦ 中国第一历史档案馆编：《嘉庆道光两朝上谕档》第36册，第563页。《清宣宗实录》卷293，道光十一年十二月下丁酉，第37903页。

年），拿获私木贼匪 48 起，又查获私木 2250 余件。① 流民偷伐木植一是为了搭盖窝棚，二是作为薪材，但更主要是出售木材，换取银两以养家糊口。

不仅长白山如此，就是封禁较严的木兰围场，在这一时期也成为流民私伐地。应该说，木兰围场在清代一直被作为围场，但同时也是官府木材供应地。所以，木兰围场的木植被砍伐不仅有官府的大肆砍伐，也有驻守官兵联合流民进行的私自砍伐。关于政府采伐将在下一章中论述，此只论述民人偷伐行为以及管理围场兵丁和偷伐者联手共盗。乾隆三十一年（1766 年）三月，围场翼长鄂呢济尔噶勒，拿获偷伐树木多人。经查证，共偷伐树 3000 余株，且供称是"兵丁伙同民人偷伐"。对此，乾隆帝专门谕令训斥："围场坐卡人等专司看守，胆敢伙同民人偷伐树木至数千株之多，情殊可恶。"② 虽然清政府对偷伐行为严厉惩处，但是偷伐行为并没被遏制。此后，清政府不断下令禁止偷砍木植和偷打牲口。乾隆四十一年（1776 年），乾隆帝下旨："嗣后，除寻常拿获偷打牲口、砍伐木植人等仍照旧例治罪外，若有缉拿之时拒捕不肯就擒者拿获时着加重治罪，其敢于拒捕致伤缉拿之人者，拿获时著即行正法。"③

然而，偷伐树木的状况在嘉庆年间仍为突出。嘉庆九年（1804 年），嘉庆帝看到木兰围场动物锐减就派人调查，结果发现四十余个小围场内有大量树木被砍伐。"该处砍剩木墩余木甚多，兼有焚毁枯枝犹在，往来车迹如同大路。"嘉庆帝也不禁感叹"国家百余年秋狝围场竟与盛京高丽沟私置木场无疑"④。嘉庆十五年（1810 年），嘉庆帝在昔日林木茂盛、野兽众多的巴彦布尔噶苏台围围猎时竟然发现，该围的山冈上下有人马行迹和车行轨辙，还看到很多山巅的林木比以前更加稀少。经查，这是围场官兵平素散漫不查，以致附近民人和蒙古人等私伐林木所致。⑤

虽然清政府一再严令附近民人和蒙古人等不得进入围城私伐偷猎，但依然不能阻止。道光三年（1823 年），清政府把围场周边的民人分区管辖，依附于周边官府，加强对私伐的管理；同时，也对周边蒙古人偷伐做了规定。史载："围场南面、西面地方，系滦平、丰宁二县及承德府管辖。由东南面逦迤至北面，系喀喇沁、翁牛特、巴林蒙古旗地，其民人属平泉

① 参见中国第一历史档案馆编《嘉庆道光两朝上谕档》第 40 册，第 555 页。
② 《清高宗实录》卷 757，乾隆三十一年三月下癸巳，第 18188 页。
③ （清）海忠等：《承德府志》卷首二《诏谕》。
④ （清）海忠等：《承德府志》卷首三《诏谕》。
⑤ 同上。

州、赤峰县管辖。北面系克什克腾蒙古旗地。西北面系察哈尔正蓝旗地，该处民人东附于赤峰县，西附于多伦诺尔厅。如承德府属地方民人及围场附近居民，擅入围场盗砍木植，经围场总管拿获者，失察之该管地方都司、守备、千总、把总等官，按人犯罪名之轻重议处。人犯罪应拟徙者，该管官罚俸六月；人犯罪应拟流者，该管官罚俸一年；人犯应发乌鲁木齐等处种地者，该管官降一级留任；人犯应发乌鲁木齐等处给官兵为奴者，该管官降一级调用；该管副将于所属失察仅止罚俸者，免其处分；若属员例应降级者，罚俸一年。倘该员弁有能拿获邻汛偷砍木植人犯者，每一案记录一次；如拿获本汛偷砍木植人犯者，每二案记录一次。""蒙古扎萨克、察哈尔等处贼犯从承德府属武职该管汛地擅入围场偷砍木植人犯罪应枷则者，专汛官罚俸六月；人犯应发河南、山东者，专汛官罚俸一年；人犯应发湖广、福建、江西、浙江、江南者，专汛官降一级留任；人犯应发云南、贵州、广东、广西者，专汛官降一级调用。该管副将亦照前例分别议处。有拿获者，亦照前例议叙。"① 清廷颁行严厉的法令，固然表明清政府努力加强管理，但也在侧面反映出木兰围场偷伐树木之严重。

道光七年（1827 年），因围场官员私放民人进入围场私伐，道光帝严厉惩处了失职官员。② 道光十六年（1836 年），道光帝鉴于戍守官兵懈怠巡守，又有民人私伐偷猎，而再次颁布谕旨，严令不得私伐偷猎。"朕闻近来颇有偷砍木植私打牲畜之事，并闻该处车辙纵横，可见例禁废弛，怠玩已极。著嵩溥厉行申禁，非围场内当差之人，不得擅入，肆行践踏。所有该围场内树木牲畜，毋得私自戕伐猎取，以昭慎重。倘该总管等查禁不严，致滋各弊，著嵩溥即行上奏严处，毋稍瞻徇。"③

在树木被砍伐的同时，围场内的动物也成为流民以饱口食和谋利的猎取对象。围场附近的民人或是潜入围场或是私通驻防官兵进入围场狩猎。早在康熙、乾隆年间，围场附近的民人私入围场偷打动物已时有发生，但多是偶尔之例。④ 但到了嘉庆、道光年间，这种偷猎已经经常发生。嘉庆八年（1803 年），嘉庆帝就指出："闻近日该处兵民擅入围场偷取茸角倒卖，希获厚利。又有砍伐官木人等在彼聚集，以致惊窜远飏，而夫匠等从

---

① 《钦定大清会典事例》卷 709《兵部·行围·木兰围场》。
② 同上书，卷 709《兵部·行围·行围禁令》。
③ 同上书，卷 709《兵部·行围·木兰围场》。
④ 参见《刑部尚书佛格奏报审办私入围场打牲人犯情形折》，《大学士傅恒奏陈情转奏无业流民潜入围场偷打牲请旨酌量分别定议片》，中国第一历史档案馆、承德市文物局整理《热河档案》第 1 册，中国档案出版社 2003 年版，第 135、478 页。

中偷打，亦所不免。"① 次年（1804 年），大学士庆桂奏请严厉惩处偷打围场牲口的犯人，"初犯，枷号三个月，杖一百，徙三年；再犯，发新疆等处种地；三犯，发遣为奴，均照例刺字。旗人犯者，销除旗档，照民人例办理。至不肖围场官兵自行偷窃者，亦从重发遣"②。嘉庆十五年（1810 年）和十七年（1812 年），嘉庆帝就围场抓获偷猎民人而严饬围场守护官兵。③ 道光元年（1821 年），清政府对围场偷猎的罪行惩处更加严格，"不论赃数，初犯杖一百，徙三年；再犯，发新疆等处种地；三犯，发新疆等处给兵丁为奴。旗人犯者，销除旗档，照民人一律办理。蒙古人犯者，初次照现例枷责，再犯、三犯照旗民一体治罪"④。道光三年（1823 年），清政府又确立对看守官兵的奖惩条例，以图消除人们偷猎。该条例规定："承德府属地方民人擅入围场偷打牲畜，经围场总管拿获，即会同该州县等查办，该管都司、守备、千总、把总等官，一年内失察在三案以内者，每案罚俸六月；至四案以上者，自第四案起，每案降一级留任。该管副将，一年内失察在三案以内者免议；其至四案者，自第四案起，每案罚俸一年。倘若该员弁有能拿获邻汛打牲人犯者，每一案记录一次。拿获本汛打牲人犯者，每二案记录一次。"⑤

虽然清政府一再以严刑酷法惩处偷猎人犯和官兵，但是偷猎活动依然继续存在。木兰围场的牲兽和木植被偷猎砍伐严重，盛京等处围场也未逃厄运。道光七年（1827 年），盛京防御乌金保、大荒沟卡官等奏："所管围场内，鹿只甚稀"，而且"越边私入围场山偷牲砍树、及刨挖鹿窨贩卖茸角"者甚多，更有在围内搭盖窝棚情形。是年，仅在盛京围场南路就查出私挖"鹿窨二百余处之多，拿获刨窨、砍木、偷猎打牲贼犯六十余起"。"复在嵌石岭以北，查出九百余处，统计一千一百余处，获犯一百一十余起之多。"⑥ 震惊之余，清政府严饬前任将军形同"木偶"，并给以严厉惩处。道光八年（1828 年），吉林地方官员又在松花江东岸的禁山内查出鹿

---

① 《钦定大清会典事例》卷 709 《兵部·行围·木兰围场》。
② 《军机处上谕档》，《大学士庆桂等奏请将偷盗围场木植牲畜人犯如何定拟之处交刑部酌议折》，中国第一历史档案馆、承德市文物局整理《热河档案》第 10 册，第 316 页。
③ 参见《钦定大清会典事例》卷 709 《兵部·行围·木兰围场》。
④ 《军机处录副奏折》，《谕内阁围场偷打牲畜及偷砍木植著分别定拟治罪》，中国第一历史档案馆、承德市文物局整理《热河档案》第 14 册，第 373 页。
⑤ 《钦定大清会典事例》卷 709 《兵部·行围·木兰围场》。
⑥ 同上。《清宣宗实录》卷 124，道光七年八月下壬辰，第 36596 页。《清宣宗实录》卷 130，道光七年十一月下戊午，第 36684 页。

窖15处，抓获人犯10名，枪支7杆。① 清政府在平垫鹿窖，严惩盗犯之后，特别是改变原来禁山不禁旗人捕打牲畜不准民人私行偷入的惯例，派员严密稽查。② 其实，流民私入禁山偷捕猎物，特别是捕鹿的活动并没有因清政府的查禁而停止。

嘉道年间，流民不仅深入木兰围场周边、长白山地和吉林地区，更进一步深入黑龙江地区。他们除了在旗人驻防各城附近垦荒种植外，还深入小兴安岭的茂密山林中，从事狩猎、伐木、烧炭等经营。"大青山、小黑山盛产林木、产参貂异兽，有青石可为砲碓碌碡，游民窟穴其间。""猎户、木营、炭窑、石厂，棋布两山间，资以生产，恒数千人。"③ 道光十六年（1836年），黑龙江将军集合齐齐哈尔、墨尔根等五城驻防官兵进行所谓的行围，实则是进山搜捕潜藏其中的流民。④

总之，流民进行偷采、偷伐和偷猎的行为无非是为了满足基本的日常需要，这实际上也是对清政府垄断东北生态资源的一种反抗和争夺。然而，无论是官府的合法采挖人参、砍伐树木和狩猎，还是民人私自行为，都在很大程度上改变了原有的生态系统，从而影响到该区的生态环境。

第五节　耕地的扩展与生态环境变迁

随着内地民人不断进入东北，而东北当地人口本身也在不断增长，民人开垦的地亩不断增加。同样，东北旗人的人口也在增加，东北地区的官庄也在增加，一些原来的官牧场也开始被尝试着开辟为农田。不仅如此，清政府还开始有计划地向东北迁移京师旗人，从而在莽莽荒野上开辟出一个个新的居民点和一片片新农田。总之，该时期内的东北耕地不断增长，特别是把原来的牧场开垦，改变成了牧场草原以便农人耕地；开垦莽莽原野为新的屯垦地区。伴随着农业生态的扩展和人类新聚居区的建立，东北大地的原始生态也随之不断改变。民田的增长已经在前文中论述，此主要论述京旗屯垦、官庄和官牧场的初步开垦等内容。

---

① 参见《清宣宗实录》卷138，道光八年七月上庚戌，第36849页。
② 参见中国第一历史档案馆《朱批奏折》，档号：04—01—01—0701—010，《吉林将军吉林副都统奏为查获禁山偷挖鹿窖人犯照例办理事》，道光八年六月二十五日。
③ 《黑龙江志稿》卷3《地理志·山川》。
④ 《黑龙江志稿》卷26《武备志·兵制》。

一 京旗屯垦与旗地增加

（一）京旗屯垦东北的提议

京旗，顾名思义，即是居住在京师及其附近地区的旗人。清初定鼎北京时，大量旗人随之居住在京师及其附近地区。清初的旗人，特别是京旗虽生计丰厚，但清政府禁止旗人从事手工业和商业，其男丁当兵是最主要的职业，旗人的生活所需基本由政府全部供给。随着时间推移，京旗人口日增，而他们日常养成的奢侈之风则影响了他们的生计。雍正五年（1727年），雍正帝就旗人奢侈之风严加训斥，"近年满洲等不善谋生，惟恃主上银粮度日，不知节俭，妄事奢侈"①。京旗生计日艰，如何解决这个难题，自然成为清政府不得不考虑的难题。早在雍正四年（1726年），雍正帝就曾把部分京旗分拨到热河地区的喀喇河屯、化育沟等三地屯垦。这实际上开启了把京旗分拨到其他地区进行屯垦的先例。

乾隆朝时期京旗生计的困难日渐加剧，安置京旗问题已迫不及待地提上了清政府议事日程。乾隆二年（1737年），御史舒赫德疏言："我国定鼎之初，八旗生计颇为丰厚，房地亦殊充实，绝无人口过剩之虑。自此百年以来，乃逐渐穷迫，房地较前日少，人口较前日多，兼之俗尚奢侈，不知节俭，于是生计日缩，大有江河日下，无底止之势。"他认为"今长计熟思，不必永聚一方，不妨变通布置，苟能收效于将来，何必图功于目下，伏思盛京、黑龙江、宁古塔（笔者按：此处的宁古塔是指吉林将军辖地，而不是指宁古塔地方）三处，为我朝兴隆之地，土脉沃美，地气肥厚，闻其闲旷处甚多，概可开垦。虽八旗满洲不可散在他方，而与此根本之地，似不妨迁移居住。八旗兵额将近十万，其间散之成丁及老弱者且数万人，俱不在内。若使分居于以上三处，其于京师劲旅之额，原无所损，而根本之地并可由此而增加多数强壮之卒，一举二得。"他甚至还规划了具体程序，先是广募民人，择地开垦，再建城镇移驻京旗，最终使得京旗"家有恒产，人有恒心，然后再教以俭朴，返其初风，则根本绵固，久远可计矣"②。这是最早把京旗安置到东北三省的总体计划。

这表明早在乾隆二年（1737年），舒赫德已经开始打算把京旗安置在东北三省，并制订了"以民养旗"的规划，这为后来东北三省的拉林、双城堡、五常堡等京旗移垦的实践所贯彻采用。此后，乾隆五年（1740

---

① 《钦定八旗通志》卷首九，《敕谕三》。

② 席裕福、沈师徐辑：《皇朝政典类纂》卷13《田赋·官庄》，文海出版社1982年版。

年），协理陕西道事和广东道监察御史的范咸又上奏一份"八旗屯种疏"①。他提出的安置地点除了东北三省外，还有西北地区。不过，上述两条建议却被清政府否决。因为议政王大臣经过商议后认为，"宁古塔、拉林、阿克楚喀、珲春、博尔哈屯、海兰素系产参之所，移驻满洲不谙耕种，招民开垦，恐行刨采；而黑龙江风土迥异京城，旗人不能与本地人一体种地打牲，耐受劳苦，一遇歉收，难以接济；奉天亦无旷土可耕"②。虽然乾隆五年的京旗移垦东北的奏折被清政府否决。但是乾隆六年（1741年），户部左侍郎梁诗正以八旗兵饷费用巨大为由，提出"请及时变通八旗闲散人丁宜分实边屯以广生计"的建议。乾隆帝这次非常重视，立即派遣大学士查郎阿和侍郎阿里衮前往奉天一带相度地势。③这就实际上开启了京旗屯垦东北的历程。

（二）京旗屯垦东北的可行性考察

乾隆六年（1741年）五月，大学士查郎阿和户部右侍郎阿里衮奉乾隆旨意前往奉天考察。经过数月对奉天、吉林和黑龙江三地的考察，查郎阿和阿里衮于乾隆七年（1742年）二月上奏汇报了最终的考察结果。奉天地区虽有四段地亩约949000余晌的荒地可以垦殖，但过于零散，不适宜移驻京旗。他们把吉林的拉林和阿勒楚喀、黑龙江的蜚可图和呼兰四处列为最佳移驻地点。特别是拉林和阿勒楚喀二地尤为优越，两地"周围八百余里，平畴沃壤，五谷皆宜耕种，江绕其外，河贯其中，而山木丛茂，取资不尽，打牲捕鱼最为饶足"。此外，他们还认为黑龙江的呼兰地方也是较好的选择地，其地"周围五百余里，地脉深厚，五谷皆宜耕种，江河围绕，山场树木俱便"④。从上面的奏折内容可见，清政府对屯垦地点的选择主要是考虑屯垦地的自然生态状况，即地势是否平坦而广袤以足够安置大规模人群、土壤是否肥沃气候是否满足耕种要求、周边是否有江河流经以满足灌溉需要、周边是否有林木以便于伐木修筑房屋和用作柴薪。经过查郎阿和阿里衮的实地勘察，他们向清政府提供了几处适宜屯垦之地，这些地点的圈定为后来京旗屯垦的实施提供了蓝本。

---

① 参见（清）贺长龄《清经世文编》卷35《户政》，中华书局1992年版。
② 《清高宗实录》卷143，乾隆六年五月下癸未，第9981页。
③ 同上书，第9982页。
④ 中国第一历史档案馆：《军机处汉文录副奏折》，档号：03—9702—008，《奏报查勘吉林乌喇等处地亩及秋禾等情形事》，乾隆六年十月初八日。档号：03—9702—009，《奏报看过吉林乌喇等处地段另得雪情形事》，乾隆六年十二月初一日。档号：03—0812—035，《奏为相度八旗分置边屯地势分别等次事》，乾隆七年二月二十日。

综合考虑到拉林和阿勒楚喀的自然地理优势以及它们距离吉林较近、交通便利的优势，清政府最终选择了拉林和阿勒楚喀作为京旗移屯的首选地点，并计划先期迁移 1000 名京旗进行试垦。①

（三）拉林、阿勒楚喀垦区

乾隆七年（1742 年）十月，清政府把拉林、阿勒楚喀垦区的具体地点确定在拉林河口，并规划由伯都讷、三姓各派三百名兵丁，在两年内修建六十个村屯的五千余间房屋。与此同时，清政府还从吉林乌拉、阿勒楚喀和驿站等处派遣一千五百名兵丁负责开垦荒地并储备粮食。至乾隆九年（1744 年），该处兵丁终于开垦出一千顷土地并全部耕种。次年（1745 年）春季，修筑房屋的兵丁也最终完成了全部房屋的修建工作。截至同年八月，一千户京旗全部被安置到拉林、阿勒楚喀垦区。"每旗设立屯庄二处，每庄内选授一人为乡长，给七品顶戴，令管理一庄；每旗内选授一人为虚衔骁骑校，给六品顶戴，令管理一旗二庄；其虚衔骁骑校缺出，由乡长内挑补，乡长缺出，由闲散内挑补，并添给伊等地亩，以示优异；再该处有原隶将军统辖之协领一员，佐领、骁骑校各八员，兵五百名，今应就近归副都统管辖，仍属将军统辖，其派往之满洲，即按旗分属八佐领，作为各该佐领下人；惟该处原止设协领一员，不特查察难周，且于体制不符，应再添一员，分翼管辖。"② 乾隆十年（1745 年）三月，为妥善安置和管理由京师迁移的八旗兵丁，清政府在保持阿勒楚喀原有八旗编制（佐领 8 员、防御 2 员、骁骑校 8 员、笔帖式 2 员）的前提下，除原有协领 1 员外，添设协领 1 员，分左右两翼管理八旗事务，特设总统管理的副都统 1 员，名为"拉林阿勒楚喀副都统"。这样，在拉林和阿勒楚喀之间的榛莽原野上崛起了一个新的城镇。

经过数年经营，清政府看到拉林、阿勒楚喀地区的京旗移垦已经取得了一定效果，便开始筹划并实施了第二次京旗移垦。乾隆十八年（1753 年）八月，乾隆帝谕令吉林将军和拉林副都统，要求其再勘察拉林附近适宜之地以安置更多的京旗。③ 经过勘察和选择，清政府最后选定了拉林和阿勒楚喀之间的西沟谷、霍济墨、海沟、洼浑四块地区。这次移垦依然采用前面的方法，由吉林将军先期选派一些兵丁开垦荒地并进行耕种以垦成熟地，并修建房屋和挖凿水井，为京旗移垦做好一切准备。从乾隆

① 参见《清高宗实录》卷 166，乾隆七年五月上乙丑，第 10287 页。
② 同上。
③ 参见《清高宗实录》卷 445，乾隆十八年八月下壬寅，第 14201 页。

十九年（1754 年）到乾隆二十四年（1759 年），做前期准备的兵丁陆续修建了十个村屯的房屋，并开垦和耕种了二千顷农田。截至乾隆二十六年（1761 年），从京师八旗抽调闲散丁三千户，共分六期迁到阿勒楚喀附近地方，按照前次之例设屯安置，开垦种田。① 为加强管理，清政府决定从三姓官兵内，佐领、骁骑校各三，八姓佐领、骁骑校各二，此五佐领、兵五百，并防御八，一并移驻。佐领内，选委协领二；防御内，选委佐领五；领催内，选委骁骑校五，于乾隆二十一年（1756 年）移驻阿勒楚喀、拉林地方。乾隆二十六年，拉林、阿勒楚喀副都统 2 员按左右两翼管理，各设协领 1 员、副协领（委协领）1 员、佐领 8 员，管兵 406 名。乾隆三十四年（1769 年）正月，清政府决定：阿勒楚喀地方，既有副都统一员，足以兼辖拉林，遂将拉林副都统员缺裁汰，选一名精干的协领驻扎该处，令阿勒楚喀副都统兼管。

　　经过前后两次移垦，清政府总迁移四千户京旗到拉林、阿勒楚喀垦区。这在一定程度上缓解了清政府供养京旗的压力，同时也为京旗提供了崭新的生活。更为重要的是，随着新城镇的出现，民人也开始不断进入当地，他们开始是租佃旗人田地，后来逐渐开垦新地，这大大促进了当地的农业发展和城镇繁荣。据阿勒楚喀副都统衙门档案可知，创办京旗屯垦之初原奏定章规定的是"每户给熟地一顷，荒地二顷，共三顷，地计三十垧"。光绪二十二年（1896 年）拉林协领呈报官庄壮丁等承种及被水淹涝地亩清册记载"以上原种地五百六十六垧"②。

　　从东北农业和生态环境角度来看，这两次京旗移垦，是在原本的榛莽荒原上横空开辟出规模很大的农垦区和一个充满勃勃生机的新村镇，促进了该时期东北农业发展。同时，修建房屋和开垦土地改变了当地原有的生态环境，特别是人口日渐增加，为满足不断增加的柴薪需求，村镇周边的山林不断被砍伐，造成林地面积不断缩小。

　　（四）双城堡垦区

　　通过乾隆年间两次移驻部分京旗到东北屯垦的实践，清政府看到了这一政策的优良效果。而仅仅三千户京旗生计的解决，并不能从整体上改变全部京旗生计困顿的窘境。嘉庆初年，京旗生计困难的问题再次成为朝廷亟待考虑的问题。另外，内地流民不断向东北迁移，一是私垦土地的增

---

① 参见吴元丰《阿勒楚喀副都统衙门及其满汉文档案》，《满语研究》2013 年第 1 期。

② 参见《阿拉楚喀副都统衙门档案》第 119、350 册，转引自吴元丰《阿勒楚喀副都统衙门及其满汉文档案》，《满语研究》2013 年第 1 期。

加，不断减少旗人对东北土地的占有；二是随着流民不断偷采人参，一些原本封禁森严的参山禁地也失去了封禁的必要，这些旷野沃土如若听任流民私垦，势必会进一步削弱八旗对东北土地的占有。出于安置京旗和与民争利的考虑，加上乾隆年间移垦京旗的成功示范，嘉庆帝又开始把京旗移垦的事宜提上日程。

嘉庆十七年（1812 年），嘉庆帝在给吉林将军赛冲阿调查适宜地点的谕旨中提到这次筹备移垦的缘由和目的，"朕嘉旗人服习教令，更念养先于教，为之谋衣食者益不可不周。国家经费有常，旧设甲额现已无可复增，各旗闲散人等为额缺所限，不获挑食名粮。……东三省原系国家根本之地，而吉林土膏沃衍，地广人稀。闻近来柳条边外采参山长日渐移远，其间空旷之地不下千有余里，悉属膏腴之壤，内地流民并有私侵耕植者。从前乾隆年间，我皇考高宗纯皇帝轸念八旗人众，分拨拉林地方，给与田亩，俾资垦种，迄今该旗人等甚享其利。今若仰循成宪，斟酌办理，将在京闲散旗人陆续资送前往吉林，以闲旷地亩拨给管业，或自行耕种，或招佃取租，均足以资养赡。将来地利日兴，家计日裕，旗人等在彼处尽可练习骑射，其才艺优娴者仍可备挑京中差使，于教养之道实为两得"①。文中实行对旗人的"养""教"两得，重点是"养"，这就是嘉庆帝之根本目的。

为有效实现"养""教"两得的预期效果，嘉庆帝分别向盛京和吉林两地派出了查勘地点的专员。盛京地区主要考察了大凌河牧场、养息牧场以及凤凰城一带，但这些地方不是地势低洼，积水较多，就是距离盛京太远，不利控制，均被嘉庆帝否决。另一路对吉林的查勘很快得到了吉林将军赛冲阿奏报拉林附近的夹信沟可以开垦，得到清廷许可。继任的富俊发现夹信沟的地势太低，不利农垦。经实地查勘，他选定了距离拉林西北 25 里的双城子。这里距离拉林副都统较近，便于控制；该区土地肥沃，附近有山林茂密，周围有河流流经，既便于灌溉又利于运送建房和柴薪的木材，这是优良的屯垦地，富俊还把该处命名为双城堡。最终，富俊的奏议得到了清廷允许。嘉庆二十一年（1816 年），富俊从吉林、阿勒楚喀、伯都讷和打牲乌拉等处调拨 1000 名旗丁到达双城堡，开始垦荒和修建房屋。按规定，每丁拨给荒地 30 垧，垦种 20 垧，留荒 10 垧。嘉庆二十四年（1819 年）和二十五年（1820 年）分别选调了 1000 名擅长耕种的旗丁携带家眷入驻双城堡，加大垦荒力度。如此，总共 3000 名旗丁入驻双城堡，分驻左、中（第一次进驻人员为中屯）、右三个屯。截至道光四年（1824

---

① 《双城堡屯田纪略》卷 1《上谕》。

年）三月，双城堡三屯共有 3000 名屯丁，再加上数额庞大的家眷和帮丁，开垦了 22841 垧农田。① 此外，他们还修筑了大量房屋和水井，这为京旗移垦打下了坚实的基础。

虽然盛京及吉林的旗丁和帮丁已经为京旗准备了熟地、房屋和水井等生产和生活设备，但是京旗并不愿意回到环境比京师恶劣很多的双城堡。他们的积极性并不高，每年愿意前往双城堡的旗人至多不过百余户，少则不足十户，于是一些官员奏请暂缓迁移京旗。此后清政府试图通过调剂的手段鼓励京旗和热河的旗人前往双城堡，但是效果并不乐观。笔者统计认为从道光四年（1824 年）至道光十八年（1838 年），京师及热河的闲散旗丁迁移到双城堡的旗人大致为 579 户。② 由于个别年份史料缺失，所以笔者认为，这个数字会超过 1000 户，但这也远未达到富俊最初设想的3000 户。

双城堡城为方城，周长 20 里，东、南、西、北四面各有一门，门名分别是承旭、永和、承恩和北极。光绪年间，垦区有 120 旗屯，分布格局如下：左翼四旗，镶黄旗与正白旗屯丁在双城堡城东，共 20 屯；镶白旗

① 参见中国第一历史档案馆《军机处汉文录副奏折》，档号：03—3387—041，《奏报详查双城堡屯田实在情形事》，道光四年三月初七日。
② 参见中国第一历史档案馆《军机处录副档》，档号：03—3387—035，《奏报双城堡移驻京旗户口数等事》，道光三年十二月二十三日，53 户。《军机处录副档》，档号：03—3388—024，《奏报道光六年愿移双城堡户口数目并应办各条事宜事》，道光五年十月二十七日，189 户。《朱批奏折档》，档号：04—01—22—0049—006，《吉林将军富俊奏为移驻京旗闲散已抵双城堡妥为安置事》，道光七年四月十六日，90 户。《朱批奏折档》，档号：04—01—16—019—2577，《吉林将军博启图吉林副都统倭楞泰奏为京旗闲散已抵双城堡妥为安置事》，道光八年四月初八日，27 户。《朱批奏折档》，档号：04—01—01—0704—034，《吉林副都统倭楞泰奏为本年移驻京旗闲散已抵双城堡妥为安置屯田事》，道光九年三月二十六日，5 户。《朱批奏折档》，档号：04—01—16—020—1558，《吉林将军倭楞泰奏为京旗移驻闲散已抵双城堡并妥为安置事》，道光十年闰四月初九日，9 户。《朱批奏折档》，档号：04—01—22—0053—079，《吉林将军福克精阿吉林副都统倭楞泰奏为移驻热河闲散已抵双城堡妥为安置情形事》，道光十一年四月十六日，120 户。《朱批奏折档》，档号：04—01—22—0054—101，《吉林将军宝兴吉林副都统倭楞泰奏为本年移驻京旗闲散已抵双城堡妥为安置屯田事》，道光十三年四月十五日，27 户。《朱批奏折档》，档号：04—01—24—0131—037，《吉林将军保昌吉林副都统倭楞泰奏为由京移驻闲散已抵双城堡妥为安置事》，道光十四年四月十五日，14 户。《朱批奏折档》，档号：04—01—22—0055—048，《吉林将军保昌吉林副都统倭楞泰奏为本年移驻京旗闲散已抵双城堡妥为安置屯田事》，道光十五年四月十六日，24 户。《朱批奏折档》，档号：04—01—22—0056—051，《署理吉林将军祥康吉林副都统咸龄奏为京旗闲散已抵双城堡妥为安置屯田事》，道光十六年四月初一日，10 户。《军机处录副档》，档号：03—2837—040，《吉林将军祥康吉林副都统成龄奏为移驻京旗闲散已抵双城堡妥为安置事》，道光十八年四月初一日，11 户。

在镶黄旗属界东南，共20屯；正蓝旗在镶黄旗属界东北，共20屯；右翼四旗，正黄旗京旗与正红旗屯丁在城西，共20屯；镶红旗屯丁在正黄旗属界西北，共20屯；镶蓝旗屯丁在正黄旗属界西南，共20屯。据清政府规定，协领每员给地80垧，佐领每员给地50垧，防御每员给地40垧，骁骑校每员给地30垧，领催每员给地20垧。旗分内外，屯分陈新。新屯旗丁每名领地30垧。双城堡的镶黄、正黄二旗京旗1000户，每户丁给地35垧，其中陈屯京旗每名领地20垧，后由新屯苏拉丁地中拨给地15垧，共领地35000垧；正白、正红、镶白、镶红、正蓝、镶蓝六旗屯丁3000户，每户丁领地18垧3亩3分，其中陈屯苏拉领地10垧，后由新屯苏拉丁地中拨给地8垧3亩3分①，六旗共领地54999垧。② 宣统二年（1910年），双城堡额地总计是95315垧6亩。③

由于这些城镇原本是为京旗移屯设计的，先期进驻的旗丁为京旗修筑了大量房屋，但后来因为京旗移垦的数额远未达到预期规划，这样就浪费了很多木材。由此可见，清政府对迁移京旗至东北屯垦的举措并未取得预期效果。但这却使得盛京和吉林地区的旗丁以及民人获得了生产的新园地。拉林、阿勒楚喀和双城堡屯垦成为他们崭新的生活乐园。

（五）旗地的增加

东北的旗地，是民地之外另一个重要的农田类型。如上文所论，雍正五年（1727年）时的东北旗地已有一定规模。进入乾隆朝以后，东北旗地继续扩展。乾隆四十五年（1780年），奉天所属的盛京、兴京、辽阳、盖平、开原、复州、宁海、熊岳、牛庄、岫岩、凤凰城、锦县、宁远、广宁和义州十五个城界的旗地已经有2285716垧有余。④ 比雍正五年数额，新增了918912垧。乾隆元年（1736年），吉林所属官庄共有九十处，共有田地15604垧。⑤ 嘉庆二十一年（1816年），吉林所属官庄虽然总数不

① 参见中国第一历史档案馆《吉林荒务档案》，档号：J049—3—698，《荒务总局总理徐鼎康等为双城堡苏拉化春等请免注代种字样事给吉林全省旗务处移文》，宣统元年二月十二日，《吉林省档案馆藏清代档案史料选编》第30册，第538页。
② 参见中国第一历史档案馆《吉林荒务档案》，《双城堡原设八旗官兵京旗屯丁及承种已产纳租各项地亩等情折》，光绪三十四年十月初七日，《吉林省档案馆藏清代档案史料选编》第30册，第295—302页。
③ 参见中国第一历史档案馆《吉林荒务档案》，档号：J049—3—967，《吉林全省旗务处为查明双城堡册报旗户已产升科地亩与交租之地数不符事给双城堡承办处札稿》，宣统二年九月二十日。
④ 参见乾隆四十三年版《钦定盛京通志》卷38《田赋·旗地》。
⑤ 同上。

变，但其田地却增加至 20048 垧。① 此外，从乾隆元年至乾隆四十五年，吉林及鸟枪营旗地、吉林水师营旗地、吉林各属驿站旗地、吉林各边门旗地、宁古塔旗地、伯都讷旗地、三姓旗地、阿勒楚喀和拉林旗地、珲春旗地及打牲乌拉旗地等均有大幅增长。乾隆四十五年，上述各地区的旗地共计 365092 垧。② 光绪二十二年（1896 年），吉林全省旗田共有 735126 垧 9 亩。③ 具体如下：吉林本城八旗蒙古营鸟枪营旗地 184536 垧 2 亩，宁古塔八旗旗地 59125 垧，伯都讷八旗田 39472 垧，三姓八旗田 63392 垧，珲春八旗田 11593 垧，阿勒楚喀八旗田 98640 垧 3 亩，拉林八旗田 64912 垧，打牲乌拉四界旗地 12136 垧，双城堡八旗田 151145 垧 4 亩，五常堡旗田 3657 垧 8 亩，伊通旗田 13208 垧，额穆赫索旗田 7906 垧 5 亩，伊通边门所属七台旗田 13560 垧，赫尔苏边门所属八台旗田 17736 垧 6 亩，布尔图库边门所属七台旗田 5745 垧 1 亩，巴彦鄂佛罗边门所属七台旗田 11306 垧，金珠鄂佛罗管辖二十二站田地 48655 垧，乌拉额赫管辖二十站田地 63361 垧。

乾隆四十五年（1780 年），黑龙江地区的齐齐哈尔、黑龙江、墨尔根和呼兰等处共有官庄 136 处，旗地 172719 垧。④ 至嘉庆二十五年（1820 年），旗地新增至 250954 垧，有一定发展。⑤

二　官牧场及官荒的初步开垦

清政府在部署京旗移垦东北的同时，也开始把开垦的对象转向了原本封禁较严的官牧场和个别围场。

（一）养息牧牧场

乾隆年间，养息牧牧场已有少数内地流民进入，被当地蒙古人雇佣开垦草地，以收押荒银。嘉庆十年（1805 年），盛京将军查出，盛京养息牧牧厂蒙古人等垦地 24046 垧（一垧约六亩）。清政府经过商议，最终保留了无碍游牧的农田，其他农田则平毁。"除有碍游牧地九千四百四十六垧，全行平毁外，其无碍游牧地一万四千六百垧，按蒙古户口三千五百三十名，每名给地四垧，此内翼长四员，每员再给地二十垧；牧长牧丁四十员名，每员名再给地十垧，作为随缺地，永远定额，不准多垦，仍令该将军

① 参见《嘉庆重修大清一统志》卷 67《吉林·田赋》，第 2 册，第 147 页。
② 参见乾隆四十三年版《钦定盛京通志》卷 38《田赋·旗地》。
③ 参见《吉林通志》卷 30《食货志·田赋下》。
④ 参见乾隆四十三年版《钦定盛京通志》卷 38《田赋·旗地》。
⑤ 参见《嘉庆重修大清一统志》卷 71《黑龙江·田赋》，第 2 册，第 203 页。

饬翼长等随时查察，每年夏秋二季派协领查勘，取具并无增垦地亩印甘各结送部。"①

嘉庆十八年（1813年）四月，在养息牧牧场的空旷地带，经盛京将军等派员划定地界，招徕附近旗人进行试种。养息牧河迤西的旷地，当年就已经垦成熟地168顷，且收获颇为充足，对地方大有裨益。"若按此进度，计五年加垦可得熟地八千四百顷。"② 嘉庆二十年（1815年），嘉庆帝认为"此事既不糜国家经费，每年又增收租谷，竟以仍行开垦为是。着转交晋昌仍派和忠前往该处将界址、沟濠逐一覆勘。其应如何分给旗丁等照旧耕作，并经理妥善历久无弊之处。著晋昌详查妥议具奏。钦此"。经过清廷商议，决定将养息牧场荒地分给附近各地领荒垦殖，"养息牧场地亩，锦州属领荒三十二万亩，广宁属领荒十三万亩，义州属领荒六万亩，苏鲁克三营牧丁领荒十二万亩。设立总管官一员。由广宁、义州协领内拨派。界官二员，由省城八旗防御内选拨，一切事务界官呈报总管官，申详将军衙门复办。均以三年更替，三年内经理妥协"③。至嘉庆二十四年（1819年），经过四年的垦殖，"养息牧牧场原领荒地八千四十顷中，开垦成熟地仅有三千余顷，不堪开垦山岗、沙石并封禁风沙压盖地共计尚有四千余顷之多"④。

经过前期蒙古人招民自垦，以及清政府官府组织两次旗人招垦，养息牧牧场已经被开垦出大片农田。此后，吉林将军松筠还曾亲赴当地查勘旧日马厂闲地，看到当地土壤肥沃，地势平坦，可垦田二万余大坰（大坰为10亩），还提议"移驻京旗闲散"⑤。虽然这次松筠的建议未被清廷批准，但这却为咸丰、光绪年间的完全放垦做出了前期舆论准备。

（二）大凌河牧场

早在乾隆五十六年（1791年），清政府就开始了对大凌河牧场的开垦。当时，大凌河东西牧场荒地有310800余亩。清政府按地亩数目，分别肥瘠，设二等庄头38名，每名拨给地5100亩；三等庄头26名，每名拨

① 《钦定大清会典事例》卷161《户部·田赋三·盛京牧场》。
② 《盛京将军和宁嘉庆十八年九月十五日奏》，《清代奏折汇编——农业·环境》，商务印书馆2005年版，第376页。
③ 《钦定大清会典事例》卷161《户部·田赋三·盛京牧场》。
④ 《盛京将军赛冲阿、盛京副都统福祥嘉庆二十四年八月二十九日奏》，《清代奏折汇编——农业·环境》，第399页。
⑤ 参见《吉林将军松筠道光三年十一月二十八日奏》，《清代奏折汇编——农业·环境》，第415页。

给地 4500 亩，各令开垦，以备分赏出府王公之用。① 嘉庆十七年（1812年），松筠奏请开垦养息牧牧场的同时，也奏请大凌河牧场西厂东界一带，认为可以开垦数十顷农田。清政府同意试垦。② 经过试垦，至次年（1813年）七月，锦州协领和忠奏报，大凌河迤东大路两旁旷地，被锦州所属旗户垦成熟地 50 顷。计四年加垦，可得熟地 1000 顷。③ 四年后，大凌河马厂试垦取得很大成功。应招旗丁不仅开垦了十一万余亩的预定数额，还超出了 5800 余亩。④ 此后，松筠又奏请在盛京养息牧牧场和大凌河牧场开垦，以安置京旗。但道光帝认为马政关系紧要，而再三驳斥松筠，并最终把松筠降二级留任。⑤ 虽然此后清政府一度限制了养息牧牧场和大凌河牧场开垦的进程，但是牧场放垦已是大势所趋，即便清政府在道光年间可以限制旗人进入开垦，但是流民仍不断涌入，这迫使清政府在咸丰、光绪年间不得不改变过去的有限度开发，而变为全面放垦。

（三）伯都讷围场

伯都讷围场位于松花江和拉林河之间，土地平衍肥沃，且交通便利。早在嘉庆二十四年（1819 年），吉林将军富俊在查勘选择京旗移垦地点时，就看好了伯都讷围场。他认为可以开垦出二十余万垧的良田。⑥ 此后，富俊在道光元年（1821 年）先后两次上奏，恳请仿照双城堡垦务章程，招徕民人开垦伯都讷围场。⑦ 然而，次年（1822 年），清廷以愿往伯都讷垦殖的京旗仅有二十八户报名，人数太少而驳回松筠的奏请。道光四年（1824 年），富俊以双城堡京旗移屯已见成效，再次奏请开垦伯都讷围场，他还认为，若招徕民人屯垦"可敏于成功，俭于经费，较之双城堡事半功倍，自应及时筹办，俾旗人生计益裕"。此方案是在双城堡京旗移屯成功的背景下提出的，且松筠以招徕深谙农耕的民人垦种，这既有利于提高垦殖效率，又可节省政府安置经费，清政府终于赞同此方案。于是，松筠规

---

① 参见《钦定大清会典事例》卷 161《户部·田赋三·盛京牧场》。

② 参见《清仁宗实录》卷 260，嘉庆十七年八月乙丑，第 32839 页。

③ 参见《盛京将军和宁嘉庆十八年九月十五日奏》，载《清代奏折汇编——农业·环境》，第 376 页。

④ 参见《清仁宗实录》卷 338，嘉庆二十三年正月壬寅，第 33922 页。

⑤ 参见《清宣宗实录》卷 63，道光三年十二月甲寅，第 35507 页。《清宣宗实录》卷 63，道光三年十二月戊午，第 35512 页。

⑥ 参见《吉林将军富俊嘉庆二十四年五月初八日奏》，载《清代奏折汇编——农业·环境》，第 398 页。

⑦ 参见《吉林将军富俊道光元年五月二十六日、十二月奏》，载《清代奏折汇编——农业·环境》，第 408 页。《皇朝政典类纂》卷 13《官庄》。

划了伯都讷屯垦计划："名其地为新成屯，分八旗两翼，每旗立二十五屯，每屯设三十户，以治本于农务滋稼穑八个字为号，每一字各编为二十五号，共计二百屯。"此计划很快得到民人的积极响应。道光五年（1825年），民人认佃1127户。翌年（1826年），认佃917户。道光七年（1827年），认佃1556户。三年共有3600户汉人认佃，他们被分拨为120屯。① 因为道光七年及八年（1828年）两年招领官荒地凿井无水，且耕种不长庄稼，清政府只好将这两年未能开垦的20142垧荒地暂作禁荒。即便如此，到道光十一年（1831年），伯都讷民人还是垦出耕地20780垧。② 诚如萨英额所论：伯都讷新成屯"星罗棋布，与双城堡为表里。旗无征粮，民有恒产"③。富俊招民垦地之功，甚莫大矣！

（四）吉林地区马厂

吉林有八旗驻防，清政府在该区也设有八旗马厂。嘉庆年间，随着清政府对该区马匹的裁撤，该处马厂也开始放垦。

清朝在开国之初，按旗拨给荒厂作为养息官马之用。嘉庆年间，清政府将吉林官马陆续裁撤，原拨荒地遂准许招佃开垦，按垧输租。所收租赋有两类，一曰粮租，一曰钱租。所谓粮租，就是正红旗和厢红旗所属马厂内所收租赋，旧名二旗马厂。所收的粮租，按年输纳官仓，抵充文职的廪粮及在官人役的公食之用。所谓钱租，就是镶黄、正黄、正白、镶白、正蓝、镶蓝六旗马厂所收租赋，旧名六旗马厂，也是按年照额征收，抵充十旗制兵一切犒赏之用。④

三　农业生态的扩展与原始生态的缩小

纵观该时期东北的农业生态发展，我们不难发现，其扩展方向主要是草原、围场和牧场等封禁区。

先以草原为例。该时期的郭尔罗斯前旗原本是蒙古人民的游牧地，这里本是草原生态环境。大量内地流民进入后，通过租佃蒙古王公的游牧地开垦种植，把原本的草原生态改造成了农业生态环境。不仅郭尔罗斯前旗

---

① 参见《吉林将军富俊道光七年三月二十五日奏》，载《清代奏折汇编——农业·环境》，第425—426页。《吉林通志》卷31《食货志下·屯田下》。

② 参见《吉林将军宝兴吉林副都统倭楞泰道光十二年九月初二日奏》，载《清代奏折汇编——农业·环境》，第437页。

③ 《皇朝政典类纂》卷13《官庄》。

④ 参见中国第一历史档案馆《吉林荒务档案》，《吉林全省旗务处总理成沂等为拟清丈六旗马厂官地章程事给东三省总督徐世昌等呈文》，光绪三十四年十二月十四日，《吉林省档案馆藏清代吉林档案史料选编》第30册，第465页。

一个地区，哲里木盟的科尔沁部和昭乌达盟的翁牛特部和敖汉部等旗的草原牧区也开始被垦种，这在实际上已经开启了农田向草原扩展的势头。

再看围场。该时期被部分放垦的围场主要是伯都讷围场。虽然吉林将军富俊一再阐明"伯都讷空闲围场既无林木，又无牲畜"①，但是笔者认为，该围场虽无林木，但应该是有大范围所谓的"荒地"——草地。在伯都讷围场的周边，清政府还开辟了阿城、阿勒楚喀京旗屯垦区和双城子垦区，这三个地方原本均是榛莽荒原的自然原生态。随着前期试垦旗丁的到来，他们在荒野上破荆斩棘，犁地破土，开辟出数千顷的良田，这无疑就改变了当地自然的生态环境。不仅如此，为了实现安居，清政府专门组织了 600 名兵丁在拉林河源砍伐大量的树木以修建 5081 间房屋。② 这也在一定程度上影响了当地的森林环境。

与清政府组织部分放垦伯都讷围场的情形不同，鸭绿江右岸的盛京围场内则是被潜入的流民私自开垦。这里的环境更为恶劣，如要生存，必须砍伐树木搭盖房屋，开垦土地。实际上，流民不仅尽可能地开垦土地，还砍伐树木出卖以换取更多的生活物资。所有这些行为均在一定程度上改变了当地原有的生态环境。同时，随着人口繁衍，当地的聚落越来越大，人类对当地生态环境的影响范围也越来越大，影响强度也越来越大。

最后看牧场。因为清政府对养息牧牧场和大凌河牧场的部分放垦，无论附近的旗人还是应招的民人，均已取得了政府的合法开垦许可。经过数年努力，两大围场已经被开垦出数千余顷的农田，而这些农田原本均是牧场。值得注意的是，当地的牧场中并不全部是优良的草地，更有很多地区是山冈、沙石地甚至是封禁风沙压盖地。③ 这些荒地的存在说明了两点：一是牧场内土质并不完全适合土壤搅动，一旦经过农耕，地层表层之下的沙质土壤就被暴露出来，在风力作用下会形成沙地。二是牧场内凡能被开垦的土地均是地势平坦的优质地段，而这些地段同时也是优质牧场。一旦这些优质牧地被垦成农田，留下的劣质草地就会大大减少当地的牧场，从而影响到当地的畜牧业。诚如道光二年（1822 年）盛京工部侍郎裕泰所言："蒙古以游牧为主，民人以耕种为业，生计本各不同。似此任意私招，

---

① 《吉林将军富俊等道元年十月二十六日奏》，《清代奏折汇编——农业·环境》，第 408 页。
② 参见《军机处满文录副奏折》613 卷 11 号，转引自魏影《清代京旗回屯问题研究》，黑龙江大学出版社 2010 年版，第 55 页。
③ 参见《盛京将军赛冲阿、盛京副都统福祥嘉庆二十四年八月二十九日奏》，载《清代奏折汇编——农业·环境》，第 399 页。

则年复一年侵占日多，于蒙古牧养殊有关系。"①

总之，广大民众对草原、围场和牧场的垦殖，不仅改变了当地的原有生态环境，更会影响到当地原来的经济形态。人进林退，农田增加，牧场和草地减少的经济会在短期内取得粮食丰收的经济效益，但会在长时间内破坏当时的生态平衡，从而引发草地沙化、水土流失等一系列生态危害。

第六节　自然灾害频发与赈灾救济

一　自然灾害频发

经过百余年的经济开发，东北地区很多地方的草原和树林被垦成了农田，改变了原来的生态环境。天然植被的大幅减少，不利于水土涵养，容易暴发水灾和旱灾。为便于农田灌溉，人民的定居点也多选在靠近河流的低洼之处，这就存在遭遇水灾的潜在危险。这在一定程度上诱发了旱涝灾害的发生。不可否认，自然灾害的发生有着自然界本身的原因，但是人类的经济活动对当地自然生态的破坏，也与自然灾害，特别是旱涝灾害的发生存在一定联系。

该时期的东北自然灾害主要有水灾、旱灾、虫灾、狂风、严霜、冰雹、疾疫、海潮等类型。笔者通过梳理资料，认为东北地区从顺治元年（1644 年）到乾隆五年（1740 年），东北各地遭遇到了 30 次各类灾害，平均每 3.2 年遭遇一次自然灾害。就灾害类型来看，以水灾为主，有 11 次。饥荒，有 8 次。旱灾，有 4 次。虫灾有 3 次，地震、冰雹、大风、疾疫、霜灾各 1 次。从灾区地点来看，多数集中在大凌河和辽河流域，特别是宁远地区，先后受灾 11 次。

从乾隆五年（1740 年）到道光三十年（1850 年）的 110 年间总共遭遇了 150 次各类灾害，年均 1.4 次。其中，水灾 92 次，旱灾 17 次，霜灾 16 次，虫灾 11 次，冰雹 10 次，风灾 2 次，疾疫和海潮各 1 次，平均每年均遭受 1.4 次自然灾害，这均表明该时段内的自然灾害不仅类型多样，且暴发频率大增。

---

① 《盛京工部侍郎裕泰道光二年六月二十八日奏》，《清代奏折汇编——农业·环境》，第 437 页。

二 赈灾救济

面对诸多自然灾害的肆虐，清政府和东北社会民众也采取很多举措积极应对，大致可以分为灾前预防、灾时救助和灾后救助及重建等方面。这些救助举措在一定程度上缓解了自然灾害造成的诸多危害。

（一）建立并完善仓储制度

清政府在东北主要城镇中建立了各种仓储系统，如一般用于民用的常平仓和八旗中的旗仓。康熙二十九年（1690年），清廷令"奉天、锦州、开原、辽阳、盖州等处，应积蓄米谷"[1]。由于盛京地区在政治上具有特殊地位，故清廷对此尤为重视。雍正十二年（1734），清廷规定，"奉天、锦县、宁远州，户口殷繁，且系沿海地方，米石接济邻省，令各贮米十万石。盖平、复州、海城等处，滨海潮湿，难以久储，各存米四万石。金州现存米六千余石，毋庸议增。其不沿海之承德、铁岭、开原三县，各存米四万石；辽阳州、广宁县，各贮米五万石……永吉州存仓谷一万石，仍令照旧收贮。义州新设，每年征收地米，陆续盖仓，俟有成数……长宁县，虽地僻民稀，未便并无积贮，酌令建仓贮谷五千石以上。凡现存米石不足议存之数，饬令买补易换一并贮仓"[2]。吉林则建有太平仓（公仓）和义仓。太平仓始建于康熙二十八年（1689年），经过康熙三十九年（1700年）和四十三年（1704年）两次扩建，最终拥有仓房四十间，额存粮70000石，规模较大。义仓，始建于雍正五年（1727年），后经过数次扩建，到雍正末年，已有仓房六十间，额存粮34000石。[3] 至同治十三年（1874年），吉林、宁古塔、珲春、伯都讷、三姓、阿勒楚喀、拉林等七处义仓共存谷125500石。[4]

此外，清廷还在东北设立旗仓。如在奉天地区的盛京、锦州、盖平、牛庄、宁远、广宁、辽阳、义州、熊岳、复州、金州（宁海）、岫岩、凤凰城、开原等城，在吉林地区的吉林城、宁古塔城、伯都讷城、三姓城、拉林城、乌拉城、阿勒楚喀城，在黑龙江地区的黑龙江城、齐齐哈尔城、墨尔根城、呼兰城，均建立了旗仓。旗仓，建于各地满城，由城守尉直接管理；常平仓则建于州县治所所在地，由州县政府管理。两者互不统属，独立存在。旗仓存储的粮食来源于清政府对东北旗地及部分民地的额征赋

---

① 席裕福、沈师徐辑：《皇朝政典类纂》卷142《仓庚·稽查仓务》。
② 同上书，卷149《仓库·积储·常平仓》。
③ 参见长顺等《吉林通志》卷39《经制志四·仓储》。
④ 参见清官修《钦定户部则例》卷17《仓庚》，同治十三年刻本。

粮，"其额征地亩曰草豆地、米地、银米兼征加赋地。草豆、米地两项，由各城协领城守尉督饬各旗界承催。银米兼征加赋地由民员承催，银留民署，米交旗仓"①。清政府规定，奉天地区的盛京及 13 满城额储米 20 万石，黑龙江各城旗仓额储谷 33 万石。② 吉林旗仓贮粮 206845 石。③ 然而现实中受到诸多因素影响，实际贮粮往往并没有达到额定规模。乾隆五十五年（1790 年），盛京旗仓仅贮粮 24000 石有奇④，仅为政府额定的 12%，差距甚大。

除上述政府设立的常平仓、太平仓、义仓和旗仓外，民间还设有社仓。清政府最早于康熙十八年（1679 年）倡导各地乡村广立社仓，但限于当时条件，收效甚微。⑤ 康熙四十三年（1704 年）后，全国推广社仓之法。⑥ 清政府规定，社仓出借粮食，须报地方政府备案。州县官定期对所辖地区内之社仓存储粮食的情况进行检查。⑦ 清政府规定盛京地区民仓额定贮谷应是 52 万石⑧，然而受诸多因素影响，实际贮粮往往没有达到额定标准。如乾隆三十一年（1766 年），盛京的社仓所储豆谷杂粮共有 93614 石有奇。⑨ 虽然乾隆五十五年（1790 年），盛京民仓的贮粮已增至 281000 石有奇⑩，但这也仅为政府额定的 54%，差距较大。

热河地区主要是建立常平仓。乾隆五年（1740 年），时任知州的李钰始建热河地区的常平仓。此后，经过热河同知等官员的扩建、修葺，至道光四年（1824 年），热河有常平仓四座，可以储藏 26819 石。此外，滦平县在乾隆八年（1743 年）始建常平仓，储藏 428 石。丰宁县乾隆十三年（1748 年）始建常平仓十三座，至道光七年（1827 年）仅有南北中三仓，

---

① 徐世昌：《东三省政略》卷 7《财政》，文海出版社 1965 年版。
② 参见清官修《钦定户部则例》卷 18《仓庾》，同治十三年刻本。另，乾隆五十五年盛京将军嵩椿在奏折中也提道："盛京所属各城旗仓，原额储谷二十万石"，参见《清高宗实录》卷 1363，乾隆五十五年九月下甲辰，第 27208 页。
③ 参见清官修《钦定户部则例》卷 17《仓庾》，同治十三年刻本。《吉林通志》卷 39《经制志四·仓储》。
④ 参见清官修《清高宗实录》卷 1363，乾隆五十五年九月下甲辰，第 27208 页。
⑤ 参见席裕福、沈师徐辑《皇朝政典类纂》卷 151《仓库·积储·社仓》。
⑥ 参见陈桦《清代防灾减灾的政策与措施》，《清史研究》2004 年第 3 期。
⑦ 参见席裕福、沈师徐辑《皇朝政典类纂》卷 151《仓库·积储·社仓》。
⑧ 乾隆五十五年盛京将军嵩椿在奏折中提到："盛京所属各城旗仓，原额贮谷二十万石，民仓原贮谷五十二万石"，参见《清高宗实录》卷 1363，乾隆五十五年九月下甲辰，第 27208 页。
⑨ 参见席裕福、沈师徐辑《皇朝政典类纂》卷 150《仓库·积储·常平仓》。
⑩ 参见清官修《清高宗实录》卷 1363，乾隆五十五年九月下甲辰，第 27208 页。

实际储藏4284石；另于道光七年新建义仓，储量1024石。平泉州有常平仓和广裕仓。①

　　东三盟地区在清初并没有建立仓储制度，但面对日益严峻的自然灾害，建立仓储以备荒赈济已非常必要。乾隆三十七年（1772年），清政府下令在东蒙古三盟各旗建立仓储，并规定了仓储额数及相应的管理措施。"各旗仓存谷石，每岁终，该扎萨克声明仓储数目，及有无霉变之处，分析报院查核。各旗如遇偏灾歉收之年，该扎萨克查验情形，将仓存谷石酌量出陈出新，借给众人，立限完缴入仓，声明报院，俟复准到日再行遵办，不得先支后报。各旗借出之仓谷，遵照院定限期，完缴入仓，按限报院查核。其借用邻旗者，依限完缴，不得推故展现，仍依限完缴入仓，报院查核。"此后，鉴于蒙古王公擅自把所设仓廒改为官仓，不能发挥建仓之本意，致使蒙古贫乏失业之民不能得到救济，乾隆四十九年（1784年）清政府特令各旗王公"不得缮写官仓字样，均改书本处公仓"②。

表4-8　　　　　　　乾隆三十七年东三盟地区仓储额数统计表　　　　（单位：石）

盟名	旗名	仓储额数
哲里木盟十旗	科尔沁达尔汉亲王旗	18465
	科尔沁图什业图亲王旗	12408.4
	科尔沁宾图郡王旗	2306.2
	科尔沁郡王旗	18372.7
	科尔沁扎萨克图郡王旗	3804.4
	扎赉特郡王旗	10786.5
	杜伯特贝子旗	13095.4
	科尔沁镇国公旗	1004.3
	郭尔罗斯镇国公旗	18188.9
	郭尔罗斯辅国公旗	9171
卓索图盟五旗	喀喇沁都楞郡王旗	44821.4
	土默特达尔汉贝勒旗	63912.3
	土默特贝子旗	74516.6
	喀喇沁辅国公旗	22229.2
	喀喇沁一等塔布囊旗	49657.3

---

① 参见《承德府志》卷23《田赋·仓储》。
② 光绪朝《钦定大清会典事例》卷977《理藩院·仓储》。

续表

盟名	旗名	仓储额数
昭乌达盟十一旗	巴林郡王旗	4443.6
	翁牛特都楞郡王旗	10385.8
	敖汉郡王旗	21344.2
	奈曼达尔汉郡王旗	18370.1
	翁牛特岱青贝勒旗	1979.6
	扎鲁特贝勒旗	10153
	扎鲁特达尔汉贝勒旗	9335.6
	阿鲁科尔沁贝勒旗	17542.1
	喀尔喀贝勒旗	374.8
	巴林贝子旗	2815.7
	克什克腾一等台吉旗	1036.7

资料来源：光绪朝《钦定大清会典事例》卷977《理藩院·仓储》。

（二）发放救灾粮食和房屋重建费用

灾害过后，庄稼、房屋被毁，灾民不但无处栖身，更无粮食可食，清政府如能及时提供一定数量的粮食和重建房屋的资金，不仅能满足灾民的应时之需，更可以尽快稳定社会秩序。长期以来，东北各地赈济灾民一般是按照盛京定例进行救灾。其定例具体内容是："被灾十分者，旗地官庄地加赈五个月，站丁加赈九个月；被灾八分者，旗地加赈四个月，大口每月给仓米二斗五升，小口减半。被灾十分民户极贫，加赈四个月，次贫加赈三个月，大口日给仓米五合，小口减半，扣除小建，每米一石例折价银六钱。又被水全冲房屋每间给修费银三两八钱，尚有木料者，每间给银二两，有上盖者，每间给银八钱，淹毙人口，每口给仓米五石，又旗民禾稼颗粒无收应纳银谷全行蠲免。"[1]

清政府在确定灾情后，一般会按照不同灾情发给灾民不同的赈济粮食和房屋重建费用。如遇到春季青黄不接时，清政府还会展赈一个月左右，以帮助灾民渡过难关。乾隆五十四年（1789年），奉天所属广宁、锦州等七城遭遇水灾。清政府不仅及时给以赈济，同时考虑到来年青黄不接时，米价昂贵，而展赈一个月。[2] 再如，乾隆五十七年（1792年），热河遭遇洪水，沙堤一带官兵居民房屋间被冲塌，灾民损失惨重。乾隆帝及时派遣

---

① 中国第一历史档案馆：《赈灾档》，档号：0052—016。
② 参见《清高宗实录》卷1324，乾隆五十四年三月戊辰，第26595—26596页。

大臣前往查看灾情并给予赈济。"将被水较重之东四旗蒙古协领等八员，每员各赏三月口俸银、两月俸米；兵一百六十七名，每名赏三月钱粮，两月甲米。被水稍重之正白旗满洲佐领一员，著赏两月俸米；兵三十二名，每名各赏两月钱粮。被水居民大口各赏两月口粮，小口各赏一月口粮，以资口食。其官兵被冲房屋呈交工程处动项修盖沾补。至居民铺户坍塌房屋……瓦房赏银二两，草房赏银一两属照例办理，现在朕于热河驻跸，自宜格外施恩，所有被冲瓦房著赏银四两，土草房著赏银二两，交该道府等查明发给，令其自行修改，俾各安栖止，不致稍有拮据。"① 类似记载，比比皆是，此不一一援引赘述。

（三）展缓甚至蠲免赋税的征收

广大人民在惨遭灾害之后，不仅生计极为困难，而且根本无法继续完成原来的赋税。如果政府强令灾民按时交纳赋税，势必会引起民愤，引发社会动荡。故而，在灾歉之年，清政府一般能按照灾情给予一定展缓，甚至是蠲免。嘉庆二十四年（1819年），奉天承德等六州县洼地被水，宁海民地、金州旗地歉收。嘉庆帝对此甚为关心，"经该省奏到，朕加恩分别蠲缓赈恤小民，谅可无虞所失。为年来春青黄不接之时，民力或不免拮据，着传谕该将军府尹等勘察情形，如有应需接济之处，即查明据实覆奏，务于封印前奏到，候朕于新正降旨加恩等"②。

（四）组织人员及时捕捉蝗虫和蝗蝻

蝗虫对于农业生产的威胁不亚于水旱之灾，蝗害一旦形成，短期内不易扑灭，危害极大，因此，清政府特别重视对蝗虫的防治。清代将捕蝗作为各级地方政府的重要职责，地方一旦出现蝗虫，各级政府职能部门必须迅速捕灭蝗虫和蝗蝻，任何玩忽职守的行为，均会受到严惩。早在康熙四十八年（1709年），清政府就制定了地方官捕蝗违禁惩处条例："州县卫所官员，遇蝗蝻生发不亲身力行扑捕，藉口邻境飞来，希图卸罪者，革职拿问；该管道府不速催扑捕者，降三级留任；布政使不行查访扑捕者，降二级留任；督抚不行查访严饬催捕者，降一级留任。协捕官不实力协捕，以致养成羽翼，为害禾稼者，将所委协捕各官革职。该管州县地方遇有蝗蝻生发不申报上司者，革职；道府不详报上司，降二级调用；布政使司不详报上司，降一级调用；布政使司详报督抚，督抚不行题参，降一级

① 《承德府志》卷24《赈恤》。
② 中国第一历史档案馆：《赈灾档》，档号：0086—003。

留任。"①

乾隆二十九年（1764年）六月，盛京宁远中前所、中后所两处，广宁属小黑山界内高山子等处渐起蝗蝻，盛京将军舍图肯接到报告后，派员全力扑杀。后又发现南路各城一带也有蝗蝻，他又派兵二百名赶赴扑灭。对此，乾隆帝甚为高兴，并谕令："勉力捕尽，不可稍留余孽"②。乾隆三十八年（1773年）七月，齐齐哈尔城南第三台等处发现有蝗蝻。乾隆帝传谕黑龙江将军傅玉，"所有齐齐哈尔附近起蝗之处，务须率领官员兵丁，尽力扑除，其蝻子亦必搜除净尽，不可稍留余孽"③。次年（1774年），盛京辽阳河、广宁城属的坡台子和热河东部的扎鲁特、东土默特等地均发现蝗蝻。乾隆帝严令各地方"速派贤能官员率官兵好生扑灭，务期殄绝，不可存有推诿之心。仍将如何扑灭尽绝之处，即行奏闻"④。

总之，清政府在防灾救灾过程中担当了领导角色，发挥了主导作用；地方社会各界也多能积极参与，出资出力，为最大限度减轻灾害和稳定灾区社会秩序发挥了重要作用。

由于东北在清代较为特殊的政治地位和地理区位，清政府在东北的救灾呈现出两个鲜明特点。

第一是清政府把灾民分为旗人和民人，从而实行不同的救助标准。清政府对旗人灾民施行相对优厚的救助政策。首先是同灾区内旗人粮税的缓交年限比民人要多一年。"八旗兵丁、官庄壮丁等本年应交公、义二仓额谷请于前项积欠谷石全完后自十六年起分限三年完交；民户等应交本年应纳地丁米折银两请自次年起分限二年完交。"⑤其次是遭受同样的灾情，旗人受赈济的时间比民人长一个月，且每月补助要多些。"被灾十分者，旗地、官庄地加赈五个月，站丁加赈九个月；被灾八分者，旗地加赈四个月，大口每月给仓米二斗五升，小口减半。被灾十分户民极贫，加赈四个

①　杨景仁：《筹济篇》卷首《蠲恤功令》，转引自陈桦《清代防灾减灾的政策与措施》，《清史研究》2004年第3期。
②　《清高宗实录》卷712，乾隆二十九年六月辛卯，第17699—17700页。
③　《清高宗实录》卷938，乾隆三十八年七月丙寅，第20855页。中国第一历史档案馆编：《乾隆朝满文寄信档译编》第10册，第637页。
④　《清高宗实录》卷960，乾隆三十九年六月庚寅，第21220页。中国第一历史档案馆编：《乾隆朝满文寄信档译编》第11册，第647、648页。
⑤　中国第一历史档案馆：《朱批奏折》，档号：0067—010，《吉林将军宝兴等奏为三姓地方连年被灾请分别缓征旧欠谷石折》，道光十一年十一月二十日。

月，次贫加赈三个月，大口日给仓米五合，小口减半。"①

　　第二是清政府在东北西部的草原游牧地区鼓励发展农业，试图以此弥补游牧经济在自然灾害面前的脆弱性，这在一定程度上发挥了抵御自然灾害的效果，也促进该区经济从游牧到农耕的转变。

　　虽然如此，通过上述诸多举措，清政府在一定程度上还是实现了对灾民的多方救助，大大缓解了自然灾害带来的不利影响，稳定了社会秩序，使之尽快恢复正常的生产和生活。

---

① 中国第一历史档案馆：《朱批奏折》，档号：0087—045，《吉林将军富明阿等奏为查明双城堡被淹地亩请蠲免租银抚恤口粮折》，同治七年十月十五日。

第五章　弛禁时期的东北生态环境

第一节　清朝弛禁与移民的拥入

一　从严禁到弛禁

19世纪前，清朝边疆政策的最主要理念是维护边疆稳定，"宁辑边疆"①，边疆发展则居次要地位。清政府长期以来实行的虚边治理，其最主要举措就是实行封禁，主要体现在东北边疆有大量的禁山、禁河，范围辽阔的围场，旗民分治等；蒙古地区实行禁垦、禁商、禁矿、禁止蒙汉通婚；新疆地区禁止通婚、禁民开垦、各民族分而治之等具体措施。清政府通过区域封禁和民族隔离等政策，达到控制边疆的目的。这是以牺牲边疆发展为代价的消极的边疆管理政策，导致边疆地区长期处于人烟稀少、交通相对不便、边防力量虚弱等诸多弊端。就全国而言，清政府是注重中原腹地，轻视边疆开发；就边疆地区而言，清政府则重视边疆地区的腹地，而忽视边界地区的开发和管理。就东北地区而言，则具体表现为东北腹地人口相对较多，城镇较多，而边界地区则是实行封禁，一些地方不仅禁止内地民人进入，甚至连旗人也不许入内。

道光二十年（1840年），英国军舰在中国南方发出的隆隆炮声震撼了清政府天朝上国的迷梦，中国惨遭资本主义列强的侵略和瓜分，而中国沿海和内陆边疆地区更是首当其冲。同样，东北地区也在道光晚期被俄国侵略。道光三十年（1850年）八月，沙俄侵略军占领中国黑龙江口的庙街，并逐渐完全控制了包括库页岛在内的黑龙江下游地区。咸丰八年（1858年），清政府被迫签订《瑷珲条约》，黑龙江以北、外兴安岭以南六十余万

---

① 《清圣祖实录》卷199，康熙三十九年五月癸丑，中华书局2008年版，第4967页。

平方公里的土地被割让。此后，沙俄势力不断向乌苏里江以东的中国领土进行渗透，并在咸丰十年（1860年），强迫清政府签订中俄《北京条约》，割占乌苏里江以东四十余万平方公里的中国领土。与此同时，英国也在营口开设通商口岸，这样东北大地在南、北、东三个方向均受到资本主义列强的军事和经济侵略。面对外敌入侵，边疆地区就变成了国防斗争的最前沿，一旦抵御失败，就会造成割地失民的危险。上述东北边疆割土丧地的惨痛教训，促使清政府中一些开明官员开始反思原来的边疆治理政策。

此后，随着列强对中国侵略的进一步加深，清政府也被迫进一步割地赔款，财政危机和边疆危机迫使清政府不得不改变以往的封禁政策，主要表现为：默许流民进入东北，允许民人从事垦殖和采矿；加强边境边防军的建设和训练；强化对边疆地区的行政管理，陆续建立州县管理体制。除了上述因素影响外，内地人口压力也促使边疆管理难度加大。经过长期发展，中原内地的人口已经有了大规模发展。咸丰元年（1851年）全国人口已经超过四亿三千万。① 内地人口大量增加，而耕地面积扩展有限，人地关系日渐紧张，加之自然灾害和社会动荡的出现，给中原内地人民的生活带来了巨大生存压力。与内地人多地少的情况不同，边疆地区，特别是东北、北部和西北边疆依然是地旷人稀的状况，这就成为缓解内地人口压力的泄洪区。总之，晚清时期，清政府对边疆进入弛禁阶段。

清政府弛禁的目的有二：一是通过招垦的形式以收取押荒银来缓解财政危机，即所谓的"辟利源""尽地利"；二是通过移民实边，以加强对边疆的实际管理和增强边防力量，即所谓"实边防""养贫民"。康有为等有识之士在《公车上书》中提出"移民垦荒"之策："西北诸省，土旷人稀，东三省、蒙古、新疆疏旷益甚，人迹既少，地利益不开，则谋移徙，可以辟利源，可以实边防，非止养贫民而已。"② 东北地区作为中国边疆之一隅，自然也在晚清时期的国际与国内变动的大背景下发生着重大变化。总之，晚清时期，由于国际和国内形势大环境的改变，清政府面临着内外交困的境地，这迫使清政府开始从挽救国家边疆安全和解决财政危机的角度出发重新审视原来的东北治理政策，从而逐步改变并最终放弃了原来狭隘的旗民有别的边疆民族观和厉行封禁的边疆管理观，由封禁东北转向开发东北。

---

① 参见曹树基《中国人口史》第5卷《清时期》，复旦大学出版社2001年版，第832页。
② 《中国近代史料丛刊》之《戊戌变法》第2册，上海人民出版社1957年版，第146—147页。

　　清政府转变经营东北的方式最早是由东北地方官员和清政府的中下级官员提出，并首先在中国东北边境的最前沿——黑龙江和吉林实施。咸丰七年（1857 年），御史吴焯奏请政府允许招民开垦黑龙江呼兰城迤北蒙古尔山地方，用收取来的租钱粮以充俸饷之需。"黑龙江呼兰城迤北蒙古尔山地方，有荒原百余万垧，平坦肥腴，毗连吉林境界，并非参貂禁地，亦与夷船经由之路无涉。咸丰四年，该处将军曾派员查勘，出票招佃。嗣因俄夷下驶，事遂中止。并称招佃时不收押租，按垧只收公用京钱数百文。开垦之初，山林木石，听民伐用，樵采渔猎，一概不禁，以广招徕，所得钱粮可充俸饷。"①

　　咸丰帝以是否有碍采捕东珠和人参为由，命令黑龙江地方官员实地详查。吉林将军景淳和黑龙江将军奕山经过实地详查，上奏认为"蒙古尔山一带，向有产生参、珠之名，惟自绰罗河至通肯河，以及呼兰河等处，水浅山微，参苗甚稀，蚌蛤不殖，卡伦荒原，地僻人稀，从未议及开垦，此外并无深意。拘泥封禁，殊为可惜"②。然而，中央户部却坚持认为，虽然"该处既有荒地一百二十万余垧之多，自于度支有裨，但弛禁开垦，必期有利无弊，应请饬下该将军等详细妥筹，若于参务、珠务、屯务、边务一有妨碍，仍请严行封禁"，而最终咸丰帝则同意了户部意见。③ 咸丰七年（1857 年）的弛禁之议，最终被户部和咸丰帝以妨碍"参务、珠务、屯务、边务"否决了。虽然清朝中央政府没有允许，但呼兰地方的旗人却开始私自招徕内地民人进行开垦。清政府于咸丰九年（1859 年）查知，旗丁招垦民户 2500 余名，垦地计 80000 余亩。清政府虽然查出流民违禁进行垦殖，但是考虑到当地流民人数众多，一旦强行驱逐，"恐生枝节，奏准就地安插"④。

　　清政府此时还以保护东珠和参山为由而拒绝了黑龙江的招民开垦，但随着沙俄不断对松花江和乌苏里江的渗透和入侵，威胁到清朝在东北的采参重地乌苏里等处山场的安全，这个新形势的变化就迫使清政府不得不改变以往的封禁政策，而允许东北地方官招徕内地流民合法进入东北以巩固边防和保护参山。

　　咸丰九年（1859 年）六月，黑龙江将军特普钦奏报，沙俄从水陆分

---

① 《清文宗实录》卷 219，咸丰七年二月甲午，第 45763—45764 页。

② 《清文宗实录》卷 229，咸丰七年六月癸丑，第 45899 页。

③ 同上。

④ 张伯英纂，万福麟修：《黑龙江志稿》卷 8《经政志·丈垦》，黑龙江人民出版社 1992 年版。

赴珲春，进入兴凯湖查勘地界，并在乌苏里江一带建房垦殖。虽经黑龙江将军在黑龙江地区极力阻止，仍无法阻止沙俄向乌苏里江侵略的脚步。① 清政府接到奏报后，大为吃惊。乌苏里江地区的崇山峻岭向来是清政府最重要的产参之地，一旦沙俄侵占该处，就会断绝清政府的人参主要来源，这无疑深深刺痛咸丰帝和清政府中央官员的神经。清廷一面严饬吉林地方官员，一面积极组织吉林地方团练严密设防。② 是年九月，吉林将军景淳和黑龙江将军特普钦联衔奏上《会筹保护参山藉杜夷人侵越》一折。两位将军认为"绥芬、乌苏里等处山场，向禁居民潜往，地方空旷，以致俄夷人船得以闯入"。他们进而提出开发参山的建议：官府经营"需费较繁，惟令揽头招募人夫前往保护，听其自谋生计。该处地广山深，伐木、打牲、采菜、捕鱼均可获利，明春并可布种口粮以资接济。似此厚集人力，渐壮声威，夷人当不俟驱逐而自退"③。这实际上提出了官府凭借民力以保卫东北边疆的政策，这与咸丰七年（1857年）御史吴焯提议招民垦殖以获地利，并弥补官府俸饷的目的不同，而是更多从保护国家疆土安全的考虑出发。

不惟如此，景淳和特普钦进一步提出了更加富有远见的主张，"以中国之旷土，居中国之民人，利之所在，自必群相保卫，可杜夷人强占之计，不烦兵力而足御外侮"④。这个主张在当时是非常明智而富有卓越见识的。这在本质上就否定了清政府长期以来实行的封禁东北的政策，认为封禁政策导致了东北边疆地区旷土人稀，有国土无国防的窘境给沙俄的侵略以可乘之机。唯有把中国的民人安居在中国的国土，特别是边疆的旷土上，才能凭借强大的人民力量抵御外敌入侵，保卫国家主权和领土，这实则是寓兵于民、移民固边、以民御敌的先进理念，同时也是后来"移民实边"之雏形。清政府接到奏报后，虽然依然担心招募的民人是否驯良，但是考虑到并无其他良策，只好基本同意了该建策。

咸丰十年（1860年），黑龙江将军特普钦再次上奏，强调"黑龙江地处极边"，"地方情形，今昔不同"，沙俄不断窥觊边地，迫使黑龙江成为抵御外敌的战争最前沿。如果"前因招垦恐为防务有碍，今因防务不能不亟筹招垦"。此外，黑龙江地区已经聚集了大量从事私垦的流民，一时难以驱逐，"与其拘泥照前封禁，致有用之地抛弃如遗，而仍不免于偷种；

① 参见《清文宗实录》卷286，咸丰九年六月丁巳，第46760页。
② 参见《清文宗实录》卷294，咸丰九年九月癸未，第46875页。
③ 《清文宗实录》卷294，咸丰九年九月己卯，第46870页。
④ 同上。

莫如据实陈明，招民试种，得一分租钱，即可裕一分度支；且旷土既有居民，防俄人窥伺，并可借资抵御，亦免临时周章"。总之，弛禁招民开垦可以达到四个有益的目标，"充实边陲，以御俄人""安插流民，以杜私垦""招垦征租，以裕俸饷""封禁参珠，不若放垦之有益民生"①。黑龙江将军特普钦对东北边疆形势切实深入的分析，使得清政府不得不认识到今昔形势之不同，而依然沿袭前代封禁的政策，不但会影响到皇室对东北人参和东珠的占有，更会影响到其"龙兴之地"的安危。清政府出于利弊分析，最终同意了特普钦的请求，相继在黑龙江和吉林的局部地区实行开禁放荒，招民开垦，东北边疆的历史进入一个发展新时期。

二 移民大量涌入

（一）盛京地区

咸丰以后，关内移民前往盛京地区的最主要地点是原本封禁较严的柳条边外的鸭绿江右岸地区，多从事垦地和伐木等经济活动。

清政府由于第二次鸦片战争、镇压太平天国和捻军起义，大量抽调盛京地区八旗官兵入关作战，无暇维护鸭绿江流域的封禁，这为流民大量拥入鸭绿江流域提供了有利时机。"东沟（今东港市）、通沟（今集安市）诸处，私垦之豪据为己地，敛财编户，自成风气。"② 同治二年（1863年），御史吴台寿奏请开垦奉天荒地，清政府因对流民大量进入鸭绿江流域的情况"早有所闻"，故没有轻率否定吴台寿的奏请，而是派员进行实地调查。是年四月，盛京八旗副都统恩合奏报："盛京东边一带，旷闲山场，林木稠密，奸民流民聚众私垦，历年既久，人数过多，经理稍失其宜，即恐激成事端，利未兴而害立见，于根本重地殊有关系。"③ 我们从清政府官员奏报中"聚众私垦，历年既久，人数过多"的既成事实中已看到，关内流民潜入该区已经很长时间，很可能是咸丰朝甚至更早就已经开始了。经过实地调查后，同年十一月，盛京将军玉明再次上奏更为详细的调查结果。"自东边门外至浑江，东西宽百余里至二三百里不等，南北斜长约一千多里，多有垦田、建房、栽参，伐木等事。自浑江至瑷江，东西宽数十里至三四百里不等，南北斜长约二千余里，其间各项营生与前略同。然人皆流徒，聚集甚众，已有建庙、演戏、立会、团练、通传、转

① 《黑龙江志稿》卷8《经政志·丈垦》。
② 徐世昌：《东三省政略》卷6《奉天省民治》，吉林文史出版社1989年版。
③ 《清穆宗实录》卷64，同治二年四月辛卯，第49576页。

牌。"① 这说明鸭绿江流域的流民不仅人数众多，而且物质生产和文化生活都已发展到一定程度，驱逐已不可能而只能给予默认。

同治六年（1867年），鸭绿江流域的民人推举何名庆等人为代表，前往盛京"呈请升科"，要求清政府在法律上承认流民开垦土地的所有权，通过"升科"形式成为清政府的编户齐民。何名庆等人称他们在奉天旺清门外六道河等处，聚集数十万众，垦地数百万垧（盛京地区的一垧约折合六亩）。清政府认为"与其守例而谕禁两穷，何如就势而抚绥较便"②。于是，清朝中央政府派遣侍郎延煦和盛京将军都兴阿协调处理此事。

次年（1868年）闰七月，都兴阿派员出边巡查，仅在浑江以西的部分地区就查出窝棚7400余所，男妇流民44300余名口，已垦熟地42000余垧。③ 此后，侍郎延煦又对浑江以东地区进行了实地调查。"江东开垦人户众多，历年已久，界系东省各境游民，大都不携眷属，其中掺杂伐木之人，尤为不少。统计周历边外七百余里……其居处则星罗棋布，村堡为未成，编木为垣，茅苫屋名窝棚。……问其原籍，大半自称海南人者居多。查山东省之登莱青三府与奉天之岫岩等处，南北遥遥相对，中隔大海，水路可通，盖其所为海南者，即山东也。"④ 盛京东部柳条边外的流民多是山东人。"凤凰城乃极边，而山之隈，水之涯，草屋数间，荒田数亩，问之，无非齐人所葺所垦者。"⑤

此外，山东地区的社会动荡也迫使当地居民为躲避匪乱，渡过渤海逃亡到盛京地区。史载："凤城边外，先是固无居民，即间有一二家，亦在旗之失业者耳。徐匪窜扰山东，遂令民等扶老携幼，奔逃海北，始嗷嗷待哺于旷野，继仆仆于荒山，与木石居，与鹿豕游，虽有仁贤，乌知其憔悴耶？湍湍于王化之外，既畏威，复畏兵。"⑥ 到同治八年（1869年）八月，都兴阿奏称："自凤凰门迄南至旺清门北，查得已垦熟地九万六千余垧，男妇十万余人。"⑦ 到同治十一年（1872年）底，盛京地方官员又对旺清门外浑江迤西地段进行巡查。"西自边栅，东至浑江，南接前查地段，北至哈尔敏河口二蜜等处，共查出坐落六十九处，已垦熟地十万三千一百余

①　《清穆宗实录》卷85，同治二年十一月丙辰，第50080页。
②　佚名辑：《盛京奏议》，《奏为遵旨会议事》，文海出版社1975年版，第6页。
③　参见《盛京奏议》，《奏为派员查勘瑷阳等三边门外大概情形折》，第90页。
④　《盛京奏议》，《延熙奏为遵查边外地势民情绘图帖说并酌拟章程折》，第127—130页。
⑤　（清）博明撰：《凤城琐录》，辽海丛书，第3册，辽海书社1934年版。
⑥　王介公修：《安东县志》卷8《人物》，成文出版社1974年影印本。
⑦　《清穆宗实录》卷264，同治八年八月癸卯，第53364页。

亩。"① 该处既然有众多村落，当地聚集大量人口亦应可知。

盛京边外流民聚集之地以大东沟为最。大东沟（今丹东市），位于鸭绿江入海口。该区位于盛京柳条边外，长期处于封禁状态，虽间有人烟，但相当稀少。同治年间，与辽东半岛隔海相望的山东半岛爆发了捻军起义，社会动荡，齐鲁居民为避兵灾而纷纷渡海北上，海航便利的大东沟便成为流民落脚之地。史载："（安东）县境在昔，属边外荒土，禁止居人。同治中，山东因捻匪之乱，人民避难，东来者潜于其中，于是县境始有居人。"② 聚集于大东沟的流民多以垦地和伐木为生，逐渐形成了以高希田和宋三好为首的村屯。

光绪元年（1875 年）五月，清政府以大东沟宋三好等人"结党横行"，"抽木砍苇垦荒诸利各费任意收厘，民不堪其扰"为由进行围剿。结果，清军平毁了 200 余间房屋，杀害 800 余名所谓"匪徒"。由此可见，大东沟已经聚集了大量人口。经过此次武装平定后，清政府开始把大东沟地区纳入政府行政管理轨道。盛京将军崇实在当地设局开办升科、纳税事务，编定户籍。③ 至当年十月，已经有 6000 余户民人呈报升科，而这还不是全部人口，仅"占今已垦未报之家十之六七"④。按此比例计算，大东沟应该至少有一万户。经过设治开垦，大东沟不断吸引内地民人前来垦殖和经商。"洎光绪元年开放设治，人民之来者始众，故今日土著之民皆自他境迁徙而来。世家既无可稽，勋阀又不概见。考其族属，惟汉族最多。"⑤

此外，奉天西北部的昌图地区是吸纳内地流民的另一个去处。如前文所述，昌图厅原本是蒙古人游牧区，因为当地王公私自招垦而聚集大量内地流民，清政府为管理流民而设立了昌图厅，并严令当地不得再增加民人。虽然清政府一再严令禁止，但是民人进入该区的脚步并没有因此而停止。很多已经在当地定居的民人仍不断招徕内地民众，即所谓"民招民佃，人户日繁"，"该处民户等户口较旧增至十倍"。同治六年（1867 年），盛京将军都兴阿发现昌图厅的内地民人仍不断增长。经过清理，"查出续行增添之户共有五十二社，较从前奏留佃民原数，已添至六万二千余户之多"⑥。对此，清政府也只好就地安置，增设乡长等基层官员，以加强人口

---

① 《清穆宗实录》卷 347，同治十一年十二月庚午，第 54430 页。
② 《安东县志》卷 6《人事志》。
③ 参见崇厚辑《盛京典制备考》卷 7《东边外开垦升科设官事宜》。
④ 《崇实筹办大东沟善后事宜疏》，载《皇朝道咸同光奏议》卷 29《户政类·屯垦》。
⑤ 《安东县志》卷 6《人事志》。
⑥ 《清穆宗实录》卷 220，同治六年十二月乙巳，第 52673 页。

管理而已。

　　以上我们对内地民人为逃避当地灾荒或兵灾而主动逃亡盛京的情况进行了论述，除此之外，清政府为加强对边界地区的兵防，多收地租，还在一定地区实行招垦。政府的积极鼓励和招徕政策也在很大程度上吸引了内地民人前往东北。这部分内容在下面招垦部分再详细论述之。

　　以下是笔者依据清朝《户部清册》记载，整理出的盛京地区人口从道光三十年（1850 年）至光绪二十四年（1898 年）的增长数据。

表 5 - 1　　　　　　道咸同光年间盛京地区人口增长统计表　　　　（单位：人）

年代	人口
道光三十年	2571346
咸丰元年	2582000
咸丰二年	2725000
咸丰三年	2737000
咸丰四年	2751000
咸丰五年	2764000
咸丰六年	2776000
咸丰七年	2787000
咸丰八年	2798000
咸丰九年	2808000
咸丰十年	2818469
咸丰十一年	2827000
同治元年	2835000
同治二年	—
同治三年	2858000
同治四年	2874000
同治五年	2886000
同治六年	2902000
同治七年	2952479
同治八年	2937000
同治九年	2952000
同治十年	2969000
同治十一年	2982000
同治十二年	3003000
同治十三年	3019000
光绪元年	3037000

续表

年代	人口
光绪二年	3054000
光绪三年	3793000
光绪四年	4068000
光绪五年	4134000
光绪六年	4176000
光绪七年	4208404
光绪八年	4243000
光绪九年	4284000
光绪十年	4323000
光绪十一年	4369000
光绪十二年	4409000
光绪十三年	4451000
光绪十四年	4490000
光绪十五年	4538000
光绪十六年	4566898
光绪十七年	4617000
光绪十八年	4665000
光绪十九年	4725000
光绪二十年	3082000
光绪二十一年	2404000
光绪二十二年	—
光绪二十三年	4957190
光绪二十四年	4643000

资料来源：严中平等编：《中国近代经济史统计资料选辑附录》（《中国近代经济史参考资料丛刊》第一种），科学出版社 1995 年版，第 362—374 页，该书统计到千位数。路遇等编著：《中国人口通史》，山东人民出版社 2000 年版，第 867 页，该书统计到个位数。

下图显而易见，盛京地区人口呈现相对稳定的增长趋势，其中道光、咸丰、同治年间的增长为稳步上升阶段，光绪三年（1877 年）开始为迅猛增长阶段，光绪二十年（1894 年）至光绪二十三年（1897 年）间略有下降，可能是受甲午战争影响，光绪年间其他年份的人口增长均较为平稳。

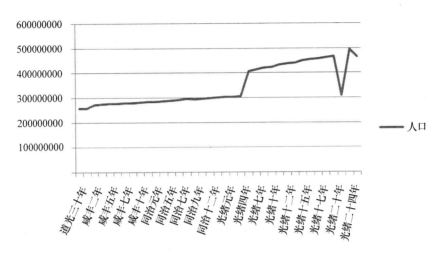

图 5　道咸同光年间盛京地区人口增长统计图

注：本图数据来源于表 5-1。

（二）吉林地区

咸丰初年，内地民人已经大量进入吉林地区，其中很多人没有领取政府的过关票卡即进入吉林。① 内地民人进入吉林地区的情形与盛京地区相似，其原因一个是内地民人为躲避当地自然灾害和社会动荡或者为东北木材、金矿等丰富资源所吸引而主动前往；另一个则是清政府为了增加边境防守而采用移民实边的策略，通过招垦边境地区来鼓励吸引内地民人前往，这在光绪年间尤为典型。

吉林地区的流民进入地区主要有两个，一是东部长白山区，二是西部的蒙汉居住交接地，两者均是清政府控制较为薄弱的地方。东部山区虽然是封禁区，但是流民仍可绕过封禁哨卡进入。长白山区山高林密，便于隐藏，他们多是从事垦殖和挖取砂金等活动。西部为哲里木盟地区，清政府主要通过理藩院管辖，吉林地方政府对其管理并不像对待吉林、宁古塔那样严密，所以很多流民多进入该区租佃蒙古人的牧场和田地进行垦殖。

首先看东部山区的流民情况。东部山区山高林密、河流纵横，当地不仅孕育了人参等珍贵药物资源，更是产有砂金等宝贵的矿物资源和木植资源。康熙、雍正和乾隆三朝，内地民人为获取人参的高额利润而不惜冒杀头危险深入其间。咸丰、同治和光绪年间，内地民人则为了当地的砂金矿藏和木植资源而再次深入当地。

_____

① 参见《清文宗实录》卷 59，咸丰二年四月乙未，第 43075 页。

咸丰九年（1859 年）九月，吉林将军景淳和黑龙江将军特普钦联衔上奏，疏请允许招徕民人进入绥芬和乌苏里等处山场，伐木打牲或者垦田，以壮声威，抵御沙俄对上述地区的渗透和入侵。在奏报的同时，两位将军实际上已经开始下令揽头招募人夫前往上述地区。清廷虽最后同意奏请，但要求地方官员钤束而已，以防民人勾结沙俄。① 至当年十二月，景淳已经召集揽头，发给印照、腰牌，分头入山，择要屯扎，并添设台卡 14 处，以资侦探。② 自此以后，大量内地民人开始得到官方允许进入原来封禁的地区。

除政府允许之外，大量内地流民也私自迁入山场，或是伐木垦地，或是偷挖砂金。同治五年（1866 年）六月，吉林将军富明阿率兵在辉发河一带搜捕流民，击毙 100 余名，烧毁住所 20 余处，搜获大量在山内垦地的浮户和挖金流民。由于人数实在众多，以至于当地官员不敢强力驱逐，而是将人众安置在穆奇河、漂河、桦皮甸子等处沿边的未垦荒地，进行垦殖守边。③ 此次搜山所获人数，史料中没有确切记载，仅在老金场一处，就"人数较多，难以驱逐"④。从后来的奏报来看，当地应是聚集了人数众多的流民，因为富明阿随后奏报称"金场散出流民现复聚集千余人在珲春界北淘金"⑤。

珲春地处东北长白山区，与朝鲜交界，一向是清政府的封禁之区。该处不仅禁止民人进入，也禁止旗人私入。道光二十二年（1842 年），宁古塔官兵奏报，在珲春地界的英安河、密占等地发现旗人在此建房垦地，遂将数十所房屋全行拆毁，还将 1000 余垧田地平弃。道光帝要求地方官兵不时对该地严查，永远封禁。⑥ 同治年间，中原动乱频发，清政府不断从东北调派官兵入关作战，造成东北官兵垦务缺乏劳动力，一些官兵家属便招民垦种。比如珲春地方"近来征调频仍，官兵死亡相继，其孤寡人等无力耕种，全赖招民纳租"。加之在珲春地方发现金场的传闻，东北腹地的民众不断向该处迁移。光绪元年（1875 年）三月，珲春的额穆赫索罗守卡官员向珲春协领报称："自去年冬起，至今以来，竟有西来流民，或三

① 参见《清文宗实录》卷 294，咸丰九年九月己卯，第 46870 页。
② 参见《清文宗实录》卷 304，咸丰九年十二月庚申，第 47013 页。
③ 参见《清穆宗实录》卷 178，同治五年六月壬寅，第 51998 页。参见《清穆宗实录》卷 187，同治五年十月辛丑，第 52126 页。
④ 参见《清穆宗实录》卷 181，同治五年九月癸未，第 52039 页。
⑤ 《清穆宗实录》卷 199，同治六年三月辛未，第 52336 页。
⑥ 参见《宁古塔副都统为珲春界英安河等处无复行偷种地亩事的咨文》，同治六年十一月初五日，《珲春副都统衙门档案选编》（上册），吉林文史出版社 1991 年版，第 409 页。

五成群，数十成伙，及弊处居民偕眷搬移，见日由各卡经过滔滔不绝。盘诘其情，均称珲春界南岗等处，或务挖金，或闻招佃开荒之语。"虽然珲春所属各卡一体认真禁阻，但由别路远绕潜入者仍为数不少，以至于"游民集聚，竟将禁荒垦田者不少"①。

虽然东北地方官员已经开始了招民开垦，但是招民安置地点距离边界线较远；与中国相反，俄国则把该国移民安置在边界地方，不断暗中侵蚀我国边界。"俄人经营防垦专意于沿边地方，竭力布置空旷无人之地，犬牙相错，不免暗中侵占；中国招垦多就腹地推广，而置边圉于不问。"②

另外，自光绪初年开始，大量朝鲜北部流民非法越过图们江到我国境内进行垦殖活动，这不仅威胁到国家边防，且给此后边界纠纷带来隐患。为加强东北边防，清政府起用吴大澂来整顿东北边疆防务。光绪七年（1881年）六月，吴大澂经实地考察发现，"宁古塔、珲春所辖境内旗、户军属寥寥，招垦新荒难求速效，即如蜜蜂山一带木楞河南北两岸多系平原沃壤，约可垦地二十余万垧，如无距城太远，四无人居，虎狼麋鹿出入之乡，素为人迹罕所不到。须节节搭盖窝棚招民居住，庶人马往来有投宿之地，路径渐通，行旅不致裹足，方可设法招徕渐推渐广"③。他奏请应改变以往图们江封禁的做法，在与俄境毗连的宁古塔、三姓和珲春等地"招屯户以实边土"④，"广开垦而实边圉"⑤，获得清廷批准。⑥

为尽快增加珲春地区的人口，增强边防力量，吉林地方政府派人前往山东招徕人口。光绪八年（1882年），吴大澂委派副将吴永毅前往山东招民。四月，吴永毅从山东登州、莱州、青州等地招募来吉的务农乡民200名。当民众抵达吉林地界时，吉林地方官员派车辆迎接，以示欢迎。⑦光绪十年（1884年），翰林院编修朱一新上奏，东三省筹办边防所需，应就地筹饷。为此，在珲春地区应"仿汉时募民实塞下之制，徙淮、徐、

---

① 《珲春协领为驱逐西来流民严防朝鲜难民越境的呈文》，光绪元年，《珲春副都统衙门档案选编》上册，第338—339页。
② 《吴大澂手书信稿·复张振轩制军书》，光绪六年六月十三日，转引自佟冬《沙俄与东北》，吉林文史出版社1985年版，第259页。
③ 《吉林将军为奏请招垦新荒免收押荒钱文的咨文及奏片》，光绪七年六月初一日，《珲春副都统衙门档案选编》上册，第411—412页。
④ 《吴大澂手书信稿·复张振轩制军书》。
⑤ 《清德宗实录》卷136，光绪七年九月戊戌，第56676页。《清德宗实录》卷141，光绪七年十二月丙子，第56734页。
⑥ 参见《清德宗实录》卷154，光绪八年十一月甲申，第56921页。
⑦ 参见《吉林将军衙门为山东移民入境事的咨文》，光绪八年四月二十四日，《珲春副都统衙门档案选编》上册，第412页。

登、莱、青穷民无业者携眷前往开垦，数年后升科。……绥芬河等处皆有金矿，令戍卒淘金以自赡，官取其赢以赡军"①。此后，放垦土地、移民实边以巩固边圉成为吉林地方官员的主要治理理念，吉林将军先后在珲春黑顶子、宁古塔三岔口、穆棱河、五道沟、南岗、三姓等处设立屯田，招民开垦。在政府政策感召下，大量民人不断进入吉林，辟荒垦地，戍守边疆，三岔口有5个社，珲春有6个社，五道沟有5个社，南岗有6个社。②这些移居边疆的内地移民为促进吉林经济发展和边疆守卫做出了积极贡献。

如果说宋三好是盛京地区柳条边外流民的典型，那么"韩边外"就是吉林地区柳条边外流民的代表，两者一南一北，构成了晚清东北封禁区内流民生活的主要内容。前者以大东沟为中心，主要从事伐木活动；后者以夹皮沟为中心，主要从事挖取砂金活动。

"韩边外"，原名韩显忠，原籍山东，移居复州。道光年间，"韩边外"迁入吉林的柳条边外主要从事偷挖金砂活动。随着势力不断增强，其活动范围也逐渐扩大，逐渐形成了以夹皮沟为中心的统治区域，其范围东以古洞河（敦化县内）为界，南以头道沟江南山为界，西以那尔轰大鹰沟为界，北以牡丹岭为界，东西长二百余里、南北广百里，面积约二万平方里的广大地区，当地也汇集约五万人的庞大人口。③这些居民皆汉人，其中以山东人为多，其"产业以矿业、林业、猎业、人参业为重，农业、渔业次之，工商业无足称者。矿业多砂金，领内到处皆有，而以夹皮沟、古洞河、大沙河、金银别为最。林产多松、桦、柞、椴、楸、榆等，由松花江输出于吉林。猎产多虎、熊、狍子、野狐、灰鼠、麝等，各处有窝棚，从事狩猎。人参多在那尔轰附近一带，为领内最贵重之物。农产多玉蜀黍、豆、高粱、粟。渔产多鲤、鲫，产额均不少"④。虽然经过清政府多次清剿，"韩边外"在夹皮沟等地的势力并没有因此而被削弱。光绪十三年（1887年），吴大澂微服入其境，经过劝说收抚"韩边外"，书"安分务农"一匾相赠。经过吴大澂的晓明大义，"韩边外"及其所辖地区被纳入清地方政府行政管辖范围。"韩边外"一事说明，晚清时期的吉林东部隐藏着为数众多的内地流民，他们在荒山野岭间，披荆斩棘，开辟出一片新天地。

其次看西部郭尔罗斯公旗蒙地的流民情况。如前文所述，郭尔罗斯公

① 《清德宗实录》卷191，光绪十年八月乙酉，第57456页。
② 参见《吉林通志》卷31《食货志四·屯垦》。
③ 参见《韩边外》，载《吉林纪略》，吉林文史出版社1993年版，第2页。
④ 《韩边外》，载《吉林纪略》，第3页。

旗很早就私自招徕民人垦种，清政府为了便于管理，还特地设立了长春厅，与此同时，还一再严令不得再添民户。虽然如此，当地蒙古王公依然私自招募蒙汉人等进行开垦。同治七年（1868年）九月，清政府查出郭尔罗斯公旗私自招募蒙古人和汉人进行垦殖，蒙古人中竟然还包括了喀喇沁旗、阿鲁科尔沁、库里拉吗三旗的民户。经过清查，清政府严令上述蒙古三旗委员带回各自人户，并严令郭尔罗斯公旗"嗣后不得再行招募蒙汉各民任意开垦，致碍游牧"①。当地人口从光绪七年（1881年）至光绪九年（1883年），就新增民户8705户，新增丁口27952口。② 可见，当地人口增长迅速。此后，随着吉林将军对吉林治理理念的转变，光绪十九年（1893年）十月，吉林将军长顺奏请蒙古郭尔罗斯沿边开荒招垦。③ 由于政府允许开垦，大量民人不断进入吉林各地，促进了吉林经济发展。兹据《吉林通志》中关于吉林地区人口的记载，略作梳理如下表所示。

表 5-2　　　　　《吉林通志》中吉林地区人口数量统计表

地区	光绪九年	光绪十五年	光绪十六年	光绪十七年	光绪十九年
吉林府				39964 户，224534 丁口	
伊通州					27827 户，123285 丁口
敦化县			1413 户，9620 丁口	1413 户，9388 丁口	
长春府	23975 户，92125 丁口				
农安县		7735 户，28210 丁口			
伯都讷厅				14476 户，138868 丁口	
五常厅				11161 户，99940 丁口	
宾州厅			4882 户，27449 丁口	5019 户，31648	
双城厅			1831 户，26237 丁口		
合 计	23975 户，92125 丁口	7735 户，28210 丁口	8126 户，63306 丁口	72033 户，504378 丁口	27827 户，123285 丁口

---

① 《清穆宗实录》卷243，同治七年九月戊戌，第53060页。
② 参见《吉林通志》卷28《食货志一·户口》。
③ 参见《清德宗实录》卷329，光绪十九年十月壬子，第59145页。

以上是笔者查到的方志记载中的原始数据。记载有同一地区不同年份的人口数字，仅有两个地区。一是敦化县，二是宾州厅。敦化县在光绪十七年（1891 年）虽然与上一年户数一致，但是丁口减少了 232 人。这或许说明了此处记载存在失误之处。宾州厅在光绪十七年不仅户数增加了 137 户，人丁也增加了 4199 人，平均每户居然多达 31 人，这似乎也不太正常。笔者假定上述各地人口一致保持光绪十七年的水平，那么到光绪十九年（1893 年）时，吉林地区的人口数字将会是 133401 户，774235 人，户均 5.8 人。当然，这均是假定上述地区人口一致保持光绪十七年的水平，统计得出的结论，实际上上述地区肯定会增加人口。所以保守估计，截止到光绪十九年，吉林地区的总人口将会超过 774235 人。

然而，笔者查阅《户部清册》时，却发现《户部清册》中的数字远远低于笔者统计的数字。笔者进行统计，如表 5 - 3 所示。

表 5 - 3　　　　　　《户部清册》中吉林地区人口数量统计表　　　　（单位：人）

年　代	人　口
道光三十年	326792
咸丰十年	329376
同治七年	334348
光绪七年	341999
光绪十六年	480314
光绪十九年	626000
光绪二十三年	778570

显而易见，《户部清册》中记载吉林地区在光绪十九年（1893 年）的总人口是 626000 人。而笔者统计《吉林通志》中在光绪十九年中不会低于 774235 人，可见，清政府《户部清册》中的数据比《吉林通志》中的数据要偏低。

（三）黑龙江、热河及东蒙地区

随着黑龙江部分地区的弛禁，关内民人和盛京、吉林地区的流民不断涌入，黑龙江地区的人口增长也较快。史载"咸丰以后，直隶、山东游民出关谋生者，日以众多。而呼兰官屯各庄，时加开辟，利其工勤值贱，收为赁佣，浸假而私售以地，岁课其税，该管官若有伺察，略予规利，亦遂不加诘禁。又其地脉厚土腴，得支河长流足资灌溉，岁收所入，较内省事半功倍，闻风景附，日益至蚁聚蜂屯，势难禁遏"①。诚所谓，民垦既兴，商贩佣工，寄居各城，人口辐辏。至光绪十三年（1887 年），黑龙江地区的旗、民人口已经达到了 382893 人。而在嘉庆二十五年（1820 年），黑龙江人口只有 167616 人。② 不难看出，短短 67 年间，黑龙江人口已经增加了 215277 人，年均增长 3213 人。

表 5 - 4　　　　　《黑龙江述略》中黑龙江地区人口数量统计表

地　区	户　数	人口数
齐齐哈尔城旗户	18413	115499
呼伦贝尔旗户	3930	31358
呼兰旗户	4015	28250
呼兰厅旗户	972	6425
绥化厅旗户	468	3793
墨尔根旗户	1952	9354
黑龙江城旗户	4326	29029
兴安旗户	1031	4540
呼兰八界民户	10509	52545③
呼兰厅七段民户	10550	52750
绥化厅五段民户	9570	47850
北团林子武营	300	1500
总计	66036	382893

资料来源：《黑龙江述略》卷 4《贡赋》。

　　限于资料缺乏，我们对此阶段热河和东蒙地区的流民增长情况不能做全面了解。咸丰三年（1853 年），清政府查出敖汉旗所属的吗呢土、三棵树和昭合土三个牧场的蒙古人私自招徕内地民人从事垦殖。由于民人已经向蒙古人缴纳了地租，最终清政府也只好让该旗官员会同塔子沟司员和建昌县知县详细查勘，造册上报而已。④

---

① 《黑龙江述略》卷 4《贡赋》。
② 参见梁方仲编著《梁方仲文集·中国历代户口、田地、田赋统计》，中华书局 2008 年版，第 376 页。
③ 由于史籍中只记载户数，没有人口数，以下兹以民户按照每户 5 人计算得知，嘉庆十三年时的黑龙江人口平均每户约 5.3 人。
④ 参见《清文宗实录》卷 93，咸丰三年五月丙午，第 43650 页。

　　道咸以降，进入科尔沁旗境内垦地者日渐增多。至咸丰时期，科尔沁左中旗又招垦了吉兰呼图和郑家屯辽河西岸一带荒地。[①] 同治五年（1866年），在科尔沁左翼中旗东北部的八家子设昌图厅分防经历，管理该处垦地及邻近的科尔沁左翼前旗商民事务。光绪初年，科尔沁蒙地招垦进入了渐盛阶段。由于农地扩大，人口增多，遂于光绪三年（1877年），移梨树分防照磨至科尔沁左翼后旗的八面城，在原梨树城地方置奉化县，管理科尔沁左翼中旗东南部地区。同年，于八家镇设置怀德县；光绪六年（1880年），于康家镇设置康平县。光绪四年（1878年），奉化县境内共有16858户，男女口数160614口。至光绪十年（1884年）户数共计16912户，大小男丁妇女161963名口。[②] 六年间，奉化县人口仅仅新增1349人，这说明当地人口已经从原来的输入性增长转为土著自然增长。科尔沁右旗中旗与此情形相似，"自光绪初年迄今招集佃户开辟已多"，以至于出现"驱之则穷黎失所，不驱则蒙众无以为生，事属两难"的窘境。[③]

第二节　官荒局部丈放与森林、草原生态的破坏

　　时至近代，东北边疆面临着愈加严重的边疆危机，为抵御列强的窥伺和缓解清廷财政困难，开发荒芜的东北大地，实现东北土地的价值，以尽地利，逐渐成为清政府中贤明人士之共识。在此背景下，清朝中央政府的一些官员和东北地方官员积极要求丈放荒地，招民开垦。然而清廷并不愿意完全开放，只是允许部分开禁，实现局部丈放，甚至出现一些反复，毕竟把满洲贵族自己的"龙兴之地"对内地民人开放是需要很大勇气和智慧的。光绪八年（1882年），吴大澂奏请在宁古塔三岔口放垦时，光绪帝朱批："吉林系右武之地，射猎为先，牧放为次，而耕种则其末也。开垦之弊有二：一则召集游民，恐成逋逃渊薮；一则尽力南亩，浸失骑射旧风。"为此，光绪帝饬令吴大澂等人要深思反省。[④] 由此可见，清廷最高决策者依然不忘东北骑射旧风习，并试图保留固民于乡的政策来保持稳定。东北虽然放垦，但绝非清廷由衷赞许，而是被逼无奈之举，这也就决定了该时

　　① 参见《东三省政略》卷2《蒙务上·蒙旗篇》。
　　② 参见钱开震《奉化县志》卷3《地理·户口》，光绪十一年刻本。
　　③ 参见（清）佚名辑《谕折汇存》，光绪二十五年十一月六日，撷华书局光绪铅印本。
　　④ 参见《督办宁古塔等处事宜太仆寺卿吴大澂光绪八年五月初二日奏》，载《清代奏折汇编——农业·环境》，第543—544页。

段的放垦只能是局部进行。

一　奉天官荒的部分丈放

经过长期开发，奉天地区的土地，除了官府封禁重地，如西部的官牧场和东部的围场及盛京内务府所辖个别土地外，其他地区基本上已经被开垦成熟地了。奉天地方政府在该时段的土地丈放，主要是对上述三者中的荒地进行局部放垦。

（一）大凌河官牧场的局部放垦

咸丰六年（1856年），工部侍郎书元奏请准令大凌河马场附近的旗民人等垦种输租，以筹划经费。同时，锦县民人穆亭扬径自向地方政府讨种地亩，实情是已经私垦8000亩之多。对此，清廷户部认为大凌河牧场为"历年牧放官马之区，孳生蕃庶，利益无穷，而一旦渐次开垦，势必侵占牧养，有碍马政，不许开垦"。民人私垦之地，则进行平毁。① 不过这并没有阻止该区的放垦。经过实地查勘，盘蛇驿牧场已经被当地旗民人丁垦种了252000余亩，除了种地窝棚200余外，还有旗民佃户1500余家。次年（1857年），鉴于东岸牧场久已废弃，不碍牧马，盛京将军庆祺奏请开垦大凌河东岸牧场。另外，当地已经有大片荒地被民人私垦，与其久旷地利，徒使民人私垦争利，不如概行入官，一律升科，这样政府还可以获取赋税，以裕经费。② 鉴于当地实际情况和方案的可行性，清廷最终同意庆祺的奏请，准令锦州所属八旗五边四路甲兵及牧群衙门牧丁掣签分领，仍令原租垦种，照例升科，同时还明令"大凌河西岸马厂正身，仍不准开垦，以示限制"③。

（二）盘蛇驿官牧场的局部放垦

同治二年（1863年）二月，御史吴台寿奏请进一步放垦盘蛇驿牧场。他根据直隶、山西西口和北口边外马场荒地放垦后成效颇丰的经验，认为奉天诸多闲旷之地也应设法变通，奏请清廷严令地方"实力覆勘，以开利源"。清廷也认为"近来库款支绌，奉省饷需不敷拨解，仅借厘捐、日捐权宜济饷。如果荒地可以开垦，则各项可渐次裁撤，裕课便民，洵属妥善"④，于是盘蛇驿牧场再次被开发招垦。经过两个月的实地勘察，锦州副

---

① 参见《清文宗实录》卷195，咸丰六年四月壬辰，第45441页。
② 参见《盛京将军庆祺等咸丰七年十月二十八日奏》，载《清代奏折汇编——农业·环境》，第492页。
③ 《清文宗实录》卷239，咸丰七年十一月甲申，第46038页。
④ 《清穆宗实录》卷59，同治二年二月壬寅，第49451页。

都统恩合奏请将东厂裁撤，一律开垦，可得田地1000000亩。四月，清廷正式同意开垦盘蛇驿牧场，由当地旗丁招佃取租。① 迨至十一月，当地牧场已经招垦荒地220000余亩，其中上则地42000余亩，中则地95000余亩，下则地88000余亩，另有私开地2000余亩，共收取押荒银20400余两。② 随着盘蛇驿牧场的放垦，与牧场毗连的牧场东北一隅闲荒数万亩地也被纳入牧场，进行招佃征租。此外，义州教场的闲荒地约一万亩土地也被招佃起租。③

（三）养息牧牧场的局部丈放

咸丰八年（1858年），盛京将军庆祺等对牧场开垦的耕地进行查勘，"查丈得养息牧东、西两界堪种熟地土脉丰瘠不一，除原剩征租地八万七千三百六十七亩之外，净浮多地十三万二千一百六十一亩，内计上地六万六十九亩，询系各佃户陆续带犁垦复，堪保钱粮，可与原剩之地一律征租；又计中地七万二千九十二亩，多系沙洼，土脉较歉，若照上地征租未免稍形苦累。所有查出浮多连原剩征租之地，共计二十一万九千五百二十八亩，应请分别等则办理，方期经久。此外又查出下地九万余亩，皆系沙洼碱片，实系不堪升科"④。经过数次放垦，养息牧牧场垦地较多，牧地所剩无几。

（四）柳条边外封禁区的放垦

柳条边外封禁区位于奉天省东南的凤凰城、安东、柳河、恒仁、宽甸、集安、临江等地区，"奉省东边外南北延袤千有余里，东西相距亦数百里至数十里不等"⑤。该区的正式放垦是在光绪元年（1875年）六月。直隶候补道陈本植、候补知县张云祥到鞍子山设局，进行放垦的准备工作。同年，清政府在镇压大东沟宋三好的势力后，采取就地安置的措施，在该处设置安东县，以招徕民人垦种。光绪二年（1876年），清廷在边门外东沟一带已经丈放升科地五十三万余亩。翌年（1877年），"旗民各户赴局报者约增至七十余万亩"⑥。光绪四年（1878年），边外升科熟地就已多达1803000余亩，新丈之地也多达1298000余亩。⑦ 据谘议局调查报告

① 参见《清穆宗实录》卷64，同治二年四月辛卯，第49575—49576页。
② 参见《锦州副都统恩合同治二年十一月十三日奏》，载《清代奏折汇编——农业·环境》，第506页。《清穆宗实录》卷86，同治二年十一月丁卯，第50120页。
③ 参见《清穆宗实录》卷147，同治四年七月乙丑，第51415页。
④ 《盛京将军庆祺等咸丰八年二月二十七日奏》，《清代奏折汇编——农业·环境》，第493页。
⑤ 《清穆宗实录》卷347，同治十一年十二月庚午，第54430页。
⑥ 《盛京典志备考》卷8《奏陈筹办东边事宜折》。
⑦ 参见《盛京典志备考》卷8《奏陈详定东边章程折》。

资料显示，光绪四年凤城县耕地面积是 321008 亩，安东县耕地面积是 572382 亩，宽甸县耕地面积是 580257 亩，桓仁县耕地面积是 327103 亩，通化县耕地面积是 167423 亩，柳河县耕地面积是 284309 亩，辑安县耕地面积是 118495 亩，临江县耕地面积是 36168 亩。[①]

（五）盛京围场的部分丈放

随着盛京围场东部边界的放垦，民人私自进入相互毗连的盛京围场应是可以想见。光绪五年（1879 年），盛京将军歧元奏称："因围地辽阔，防范难周，陈民潜入私垦为时既久，人户众多，如那丹伯、土口子、梅河等处以及大沙河一带，垦地居民阡陌相连，并有直、东难民陆续前来，搭盖窝棚者，若概行驱逐，铤而走险，所关甚重，不得不急思安插。"所以，他恳请朝廷允许，将已垦者概予查丈升科，未垦者划清界限，应拨迁者拨迁，零星散户择地安插，并"宽留大围场，以便讲武"[②]。在就地安置围场内移民的同时，歧元划定了 1000 余里的盛京围场核心区，并把范围内的流民迁出，沿着核心区的边界挑挖长濠，设立封推，并增加驻防兵力，以限制民人进入。这实际上是对盛京围场的部分放垦，通过对周边地区放垦，而保留核心区，从而实现既安置流民以收取地租的目的，又保护了盛京围场的核心区存在，以图达到民人和政府的双赢。为加强对当地民人的管理和保护围场，清政府还在海龙城设立盛京围场总管和抚民通判。至光绪八年（1882 年），海龙城"右翼丈出余地八万零五百七十亩零九分，连续垦荒地三万四千四百九十八亩五分；左翼丈出余地十三万五千九百八十九亩五分……招佃认领，均于九年起科"[③]。此次盛京围场的放垦，大大缩小了围场的范围，使得原本是山林荒原的围场变成了农田，随着招垦的进展，当地人烟也日渐稠密，生态环境改变很大。

除了上述面积较大的封禁官荒被放垦外，盛京内务府所属的模柜废林、马厂、鱼泡等处小范围的闲荒也在该时期被丈放招垦。咸丰八年（1858 年）盛京将军庆祺奏请将模柜废林 12 处 3600 余亩闲荒开放。[④]

---

① 参见南满洲铁道株式会社调查课《满洲旧惯调查报告书》之《一般民地》中卷，1914 年，第 136 页。

② 中国第一历史档案馆：《录副奏折》，档号：03—6074—008，《署理盛京将军歧元等奏为奉天围场防范拟请设官添兵以杜侵恳并详议善后事宜事》，光绪五年三月初一日。

③ 《盛京将军庆裕等光绪十年十一月二十日奏》，《清代奏折汇编——农业·环境》，第 547 页。

④ 参见《盛京将军庆祺等咸丰八年六月十三日奏》，载《清代奏折汇编——农业·环境》，第 493 页。

二　吉林官荒的局部丈放

清代吉林地区一般是指吉林将军所辖的广大地区，而不是仅仅指吉林一地的狭小范围。自乌苏里江以东地区和黑龙江以北地区被沙俄霸占后，吉林将军的辖区主要是指柳条边以北、黑龙江以南、松花江以东和乌苏里江以西的广大地区。道光朝后，除了已经垦殖的吉林、阿勒楚喀、伯都讷、三姓、双城堡等个别地区外，其余大范围的地区被统称为官荒或者闲荒，其中围场地区被称为围荒，东部参山被称为禁山，处在围场和已放垦区之间的闲荒被称为夹荒。咸丰朝至光绪朝中期，吉林地区的官荒丈放主要是对上述三种土地的部分丈放。

（一）围场的部分丈放

吉林围场主要由吉林西围场、伯都讷围场、蜚克图围场和吉林南围场等部分组成。吉林围场放垦的原因主要有两点。一是流民潜入围场已经很久，他们长期在围场内狩猎伐木私垦，使得围场名存实亡；二是吉林地方财政窘迫，通过招垦放荒收取押荒钱，以资办公。

1. 吉林西围场的放垦

早在道光七年（1827 年），吉林将军富俊就奏报称，吉林西围场内有流民潜居活动。清廷命富俊派员前往驱逐，不许流民潜入。[1] 然而，流民潜入该区的趋势依然未能被有效禁止。迨至咸丰十年（1860 年），为解决该省官兵俸饷困乏的问题，吉林将军景淳奏请开垦吉林地方凉水泉附近、吉林西围场、蜚克图围场和双城堡剩荒等，其中吉林西围场边 30 万余垧地亩被招垦。清廷规定，前述各地所得押租钱共 20 余万吊，及五年后升科所得钱文，除借给查边界费用外，其余抵充该省官兵俸饷。[2]

值得注意的是，虽然景淳奏请开垦围场边界地区，但是在实际执行中，却不断把围场封堆向围场深处挪移，不断侵食围场地亩，咸丰十一年（1861 年），清廷也敏锐地察觉到："吉林围场内外，自有一定地址。既在围场以外垦荒，何以又将封堆向内挪移？其中显有弊混。"[3] 由此可知，此次围场实际放垦地亩是大于地方官员上报地亩的。

同治三年（1864 年），吉林将军景纶奏请再次放垦吉林围场边荒。"东从伊勒们河起，西至伊通河止，并其间裁撤伊巴丹等五处废围，除留

① 参见《吉林通志》卷 3《圣训志三》。
② 参见《清文宗实录》卷 339，咸丰十年十二月壬午，第 47608—47609 页。
③ 《清穆宗实录》卷 2，咸丰十一年八月丁巳，第 47926 页。

建公所外，净可垦地二万八千六百六十五垧。又东自庙岭起，至一座毛地方，复由该处南面，折至迤西之钓鱼台止，西以伊勒们河为界，北以旧设卡堆为界，并其间裁撤之孤拉库等二处废围，除留建公所外，净可垦地八千二百三垧五亩。"此外，还将"倒木河之北旧有佛斯亨、海兰两围挪移，并将萨伦河等处各围一并移设，所有空旷闲荒地亩一并开垦"①。此次丈放，共放垦了7个废围的36868垧零5亩的土地，还挪移了多处围场，进一步缩小了吉林西围场的范围，把大量荒原垦成田地，改变了原有生态环境。

经过四年的开垦，吉林西围场整体上已经面目全非。同治七年（1868年），清廷在谕令中指出："吉林围场原为长养牲畜以备狩猎之用，设堆置卡，封禁甚严。乃该处游民借开荒之名，偷越禁地，私猎藏牲，斩伐树木，迨林木牲畜既尽，又复窜而之他，有招佃之名，无征租之实效，数百年封禁之地利遂至荡然无存。即如景纶前于咸丰十一年奏称，尚有围场二十一处，而此次富明阿奏称，该处南北十七八里，东西八十余里皆无树藏牲，其为游佃偷越已可概见。"鉴于该处"既系光山无树藏牲"，清廷只好在荒沟河南原有围场附近处所另觅围场，以不碍虞猎。同时，吉林地方把已经被破坏的围场约二万垧土地放垦，以安插直隶、山东等省逃亡吉林的难民。② 至此，吉林西围场已经被大范围放垦。

光绪十二年（1886年），吉林西围场已经设立了8个牌的居民点，其中东四牌的博文、笃行、诚忠、允信四社共有纳租地2305垧有余，光绪十七年（1891年），当地又丈出浮多地11816垧有余。光绪二十年（1894年）时，西四牌的耕读、勤俭、敦厚、崇礼四社共有纳租地29574垧有余，至光绪十七年，当地丈出浮多地23628垧有余，八年升科；后又续行丈出允信社浮多地188垧有余，八年升科；博文社丈出浮多地507垧有余，九年升科；笃行社丈出浮多地25垧有余，十一年升科；笃行社生荒地则是51垧有余，十五年升科。③ 经过历次放垦，日本人认为吉林西围场共放垦112797.993垧土地。④

---

① 《清穆宗实录》卷101，同治三年四月乙未，第50434页。
② 参见《吉林将军富明阿等同治七年六月二十日奏》，载《清代奏折汇编——农业·环境》，第522页。《清穆宗实录》卷236，同治七年六月丙寅，第52944页。《清穆宗实录》卷241，同治七年八月戊辰，第53027页。
③ 参见《吉林通志》卷31《食货志四·屯垦》。
④ 参见南满洲铁道株式会社调查课《满洲旧惯调查报告书》之《一般民地》中卷，第122页。

2. 伯都讷围场

该围场因为伯都讷屯垦的实施而较早被开垦。道光四年（1824 年），清廷准奏开垦伯都讷围场间荒，共计 108000 坰。光绪十三年（1887 年），勘明当地纳租地共 128378 坰 1 亩。四年后（1891 年），伯都讷新城局八号荒垦地丈出浮多地 32292 坰，共有 160670 坰。珠尔山地，原本是围场中的禁山。道光二十七年（1847 年），清政府在这里查出民人私垦 8000 余坰。同治六年（1867 年），清政府放垦珠尔山闲荒，至光绪十四年（1888 年），当地纳租地已有 14719 坰 6 亩分。光绪十七年（1891 年），丈出浮多地 6599 坰 7 亩，当地田亩增至 21319 坰 4 亩。蕴梨场也是伯都讷围场中是一座禁山。道光二十七年（1847 年），蕴梨场以西代吉屯一带地 11000 余坰。咸丰十年（1860 年），清政府开始允许这里的闲荒。至光绪十四年（1888 年），当地的纳租地已有 9938 坰 4 亩。至光绪十七年，丈出浮多地 2548 坰 1 亩，当地已经垦地 12486 坰 6 亩。

北坎下，位于伯都讷城东北，该地放垦始于咸丰十年（1860 年）。至光绪十四年（1888 年），当地已垦 2312 坰 8 亩，至光绪十七年（1891 年），丈出浮多地 948 坰，共 3260 坰 8 亩。八里荒，原本是北路驿站地，道光十九年（1839 年），驿站人员私自开垦。至光绪十四年，已有纳租地 27676 坰 2 亩，至光绪十七年，丈出浮多地 6323 坰，总共达 34000 坰。隆科城，位于伯都讷东部的围场内。同治五年（1866 年），清政府允许招徕流民开垦。至光绪十四年，当地有纳租地 37642 坰有奇。经过两次清丈，当地不断新增田亩，至光绪十七年，当地已经垦地 44347 坰有余。[1] 经过历次放垦，日本人认为伯都讷围场共放垦 160670.14 坰土地。[2]

3. 蜚克图围场

蜚克图围场位于阿勒楚喀附近，属于阿勒楚喀。该处围场于咸丰十一年（1861 年）开始丈放开垦，当时的丈放面积是 8 万余坰[3]。经过一段时间的放垦，该区的农垦区主要集中在柳树河子、甬子沟、三清宫、二道河、大石头河、晾纲等处。同治七年（1868 年），吉林将军富明阿奏请开垦上述地方，"虽云藉地利以安游民，实冀筹饷糈以养精蓄锐"。为此，他

---

① 参见《吉林通志》卷 31《食货志四·屯垦》。
② 参见南满洲铁道株式会社调查课《满洲旧惯调查报告书》之《一般民地》中卷，1914 年，第 122 页。
③ 参见《清文宗实录》卷 339，咸丰十年十二月壬午，第 47608 页。

决定以每荒一垧先收押荒市钱二吊一百文，收取押荒钱。① 光绪十一年（1885 年），上述地方已经开垦并有纳租地共 84035 垧 8 亩有余。日本人认为蜚克图围场共放垦 175594.14 垧土地。② 光绪十七年（1891 年），当地又丈出浮多地 91558 垧 3 亩有奇，总共有 176255 垧 3 亩有余。③

随着流民不断进入蜚克图围场的中西部，围场东部的玛延河流域也被纳入招垦放荒的范围。玛延河流域，与宁古塔、三姓毗邻，是政府管控力较弱的地区，所以流民多潜入该地。光绪四年（1878 年），鉴于当地已经聚居了大量流民，而该区土地沃饶且开垦便捷，吉林将军铭安奏请对当地逐段进行勘丈，"熟地给原垦认领，荒地招民承垦，均即编造户口清册，以凭查核"。当年，当地共放出生、聚、教、养四牌，内佃户垦成熟地 2755 垧 5 亩，当年升科。又放出生荒内垦熟地 4359 垧九 9 亩，十年升科。未垦生荒有 206 垧 4 亩，十三年升科。④ 次年（1879 年），当地有流民男妇共 5700 余名口，已垦熟地 25000 余垧。

另外，经实地勘察，清政府发现，方正泡地方，地势平坦，水利便捷，可垦 200000 余垧，已有部分民人和旗人开垦。清廷也允许放垦方正地方荒地，收取押荒钱，编造户口。⑤

4. 吉林南围场

吉林南围场主要是伊通以南的吉林围场，这里毗邻奉天围场。自从奉天围场放荒后，人烟日稠，山兽远避，吉林南围场内已经很难捕获牲畜。光绪七年（1881 年），吉林将军铭安奏请开垦，以"安民业而裕饷源"。"南荒东自苏密，西至青顶子，其间高原平壤错立山中者，计有二十七处，约可垦地十余万垧。"⑥ 次年（1882 年），"领地民众所报辉发河南北两岸荒地共计六万三千余垧，内除河南苏家等处三千六百余垧外，其河北一带共计报领五万九千余垧，除已丈给予民两万七千余垧外，尚有未丈之三万

---

① 参见《吉林将军富明阿等同治七年六月初一日奏》，载《清代奏折汇编——农业·环境》，第 516 页。
② 参见南满洲铁道株式会社调查课《满洲旧惯调查报告书》之《一般民地》中卷，第 123 页。
③ 参见《吉林通志》卷 31《食货志四·屯垦》。
④ 参见中国第一历史档案馆《吉林垦务档》，档号：J066—6—301，《吉林户司为请放围场荒地以安民业而裕饷源事给兵司移文》，光绪七年闰七月初一日。《吉林通志》卷 31《食货志四·屯垦》。
⑤ 参见中国第一历史档案馆《吉林垦务档》，档号：J006—4—174，《吉林户司为阿勒楚喀所属玛延河地方久经流民私垦请编查户口就地升科事给兵司移文》，光绪五年五月二十三日。
⑥ 《吉林通志》卷 31《食货志四·屯垦》。

二三千垧"。鉴于报领荒地的流民人多，而放丈的绳员不足，负责丈放的荒务局官员奏请再增添十名绳员，以加快放垦的速度。① 不过，吉林省南围场介于奉、吉两省交接，当地山高林密，宽平之地较少，并非膏腴之壤，民间以该区往来便捷缘故而承领荒地，但是并非为土地之肥美，故而，自放垦一年多来，当地仅放生荒地 7 万余垧。光绪九年（1883 年），报领者已不甚踊跃。为扭转此不利局面，吉林将军铭安改变了起初按照奉天放荒的收费标准而改为按吉林放荒收费标准，从而降低原来收费的三分之一，以吸引民人领垦。② 对此，清廷也予许可。③

（二）吉林东部封禁区的招垦

长期以来，吉林东部地区素为封禁重地。随着沙俄对中国东北侵略的深入，中俄边界已经划定到乌苏里江畔，这使得原本是内地的吉林东部突然间变成了边界前沿，东部边防压力骤增。与此同时，朝鲜流民不断迁入图们江以北的我国境内，长此以往，这些流寓的朝鲜民人已经具有一定规模。为增进东部边防力量，加强对该区的管理，势必要改变以往的封禁政策，改为招徕民众，开垦土地，通过移民实边，方可稳定吉林东部边界形势。从光绪七年（1881 年）开始，图们江北岸地区和珲春地区开始了招垦进程。是年，清政府在珲春设立招垦总局以及分局。从光绪七年至光绪十一年（1885 年），珲春地区有 1133 户报领垦地，共放垦地亩 24104 垧。光绪十五年（1889 年），又招徕流民 1000 余家，放出荒地 1 万余垧。

珲春南岗（今延吉市）招垦，始于光绪六年（1880 年）。七月，吉林将军铭安以当地土厚全甘，东北三百余里，南北二百余里，约可出荒十万垧，而奏请招户承领。④ 光绪十三年（1887 年），南岗有垦民 579 户，垦有纳租属地 4040 垧。⑤ 光绪十七年（1891 年），南岗地方已经垦成纳租熟地 14221 垧 5 亩⑥，分设志仁、尚义、崇礼、勇智、守信、明新等社。光

---

① 参见中国第一历史档案馆《吉林垦务档》，档号：J001—8—181，《吉林将军衙门为伊通围荒委员刘维桢禀请添充绳员事给荒务局札稿》，光绪八年八月十三日。

② 参见中国第一历史档案馆《吉林垦务档》，档号：J001—9—1325，《吉林将军铭安为新放围荒拟请均照本省钱粮章程征收事片稿》，光绪九年三月二十三日。

③ 参见中国第一历史档案馆《吉林垦务档》，档号：J001—9—1325，《户部为吉林将军奏省南围荒照奉省围场租赋征收一折奉旨依议事咨文》，光绪九年五月初二日。

④ 参见《吉林将军铭安等光绪六年七月二十九日奏》，载《清代奏折汇编——农业·环境》，第 539 页。

⑤ 参见《珲春副都统衙门为将垦民划入站地免去原租事的咨文》，光绪十三年，《珲春副都统衙门档案选编》（中册），第 483 页。

⑥ 参见《珲春副都统衙门造报旗民应纳银谷租赋数目》，光绪十七年，《珲春副都统衙门档案选编》（中册），第 431 页。

绪二十年（1894 年），已招垦升科地 27740 垧。五道沟地方，光绪七年
（1881 年）时已经垦成熟地 3073 垧 9 亩，设立春仁、春义、春礼、春智、
春信等社。黑顶子地方，位于珲春城南四十里，北为珲春屏蔽，南瞰岩杆
河海口，光绪十三年收回后，清廷调靖边营官兵在此试办垦务，达到"以
兵养兵"之目的。[①] 光绪十五年（1889 年），黑顶子已有垦民 378 户，垦
地 11 垧 7 亩。[②] 光绪十七年，清政府撤兵，以地给民，当地已垦田 144 垧
3 亩。[③] 另外，安远堡属韩民垦地有 4245 垧 9 亩，宁远堡属韩民垦地 5281
垧 5 亩，镇远堡属韩民垦地 2214 垧 3 亩。[④]

　　上述珲春和延吉地区是靠近边界的地方。除此之外，清政府开始在距
离边界稍远的三姓和宁古塔招徕民人进行垦种实边。光绪六年（1880
年），吉林将军铭安奏请三姓荒地试办招垦。"三姓东南百余里封堆外尚有
荒地可垦，派委妥员详细查勘，划清界址，明定章程，试办招垦。……封
堆内荒地请援照双城堡成案，拨为三姓各官随缺地亩及驿站笔帖式等，请
酌给荒地。"[⑤] 经派员实地勘察可知，"南至巴胡力河，又南至奇胡力河，
均有可垦荒地；自嘎什哈岭以南有平川一段，南北约三四十里，东西约七
八十里……小鹏翎甸子、大鹏翎甸子中有荒地一段，南北约三十余里，东
西约二十余里，以上各段荒地土性均尚膏腴，除去山冈陡嘴河洼水甸，约
略核计不下三十万垧，向无游民私垦，无与东路赫哲人等捕猎围场，相去
尚远，亦与产参山场无碍"。经过商议，吉林地方政府决定"即就倭肯河
南北两岸先行试垦"[⑥]。次年（1881 年）六月，吉林开始正式招垦三姓荒
地。[⑦] 至光绪八年（1882 年），当地已经放出荒地 6700 余垧，熟地 700 余

①　参见中国第一历史档案馆《吉林垦务档》，档号：J009—2—1297，《吉林将军衙门为黑顶
子地方关系紧要派员拨兵试办屯垦事给吉林分巡道札稿》，光绪十三年正月二十八日。档
号：J009—4—285，《吉林道户房为奏准黑顶子地方关系紧要拟派员拨兵试办屯垦事给兵
房付文》，光绪十三年二月十四日。

②　参见《珲春副都统衙门造报黑顶子户口地籍清册的咨文及附册》，光绪十六年，《珲春副
都统衙门档案选编》（中册），第 429 页。

③　参见中国第一历史档案馆《吉林垦务档》，档号：J001—17—1902，《吉林将军衙门为裁
撤黑顶子屯垦以原垦熟地分给有业旗民事给珲春副都统咨稿》，光绪十七年七月二十八
日。

④　参见《吉林通志》卷 31《食货志四·屯垦》。

⑤　《清德宗实录》卷 122，光绪六年十月癸亥，第 56487 页。

⑥　中国第一历史档案馆：《吉林垦务档》，档号：J001—6—1012，《差委道员顾肇熙为会同
三姓委员查勘姓城东南荒地情形给吉林将军禀文》，光绪六年十月初十日。

⑦　参见《三姓副都统衙门右司为张贴招垦三姓荒地告示事移左司》，载《清代三姓副都统衙
门满汉文档案选编》，第 206—207 页。

垧；自五站至二站，先后共丈生熟地约 27000 垧。① 光绪十五年（1889年），当地共放生荒 31285 垧有余，熟地 5916 垧 6 亩。② 迨至光绪二十年（1894 年），三姓江北勘放五站荒地，其中佛斯亨、富拉浑、崇古尔库、鄂勒国木索四站余荒共计招民承领，"陆续刨垦成熟地一万二千三百十七垧二亩四分，勘放生荒一万九千八百八十垧零三亩七分，现已一律招佃勘放完竣"③。鉴于三姓五站一带气候寒冷，当地垦民积蓄较少，故将熟地自光绪十九年（1893 年）起租，生荒则展缓至光绪十九年起算，定限五年后，在第六年一律升科。④

光绪八年（1882 年），吴大澂在宁古塔三岔口（今东宁县）招民垦荒，旋设威远、居仁、由义、讲礼、兴让五社。当年三岔口可垦荒地约 6000 垧，已领垦民户约 600 户。⑤ 光绪十八年（1892 年），当地已垦地 12400 余垧。⑥ 穆棱河地区在光绪十一年（1885 年）招民开垦，至光绪十八年，当地已经垦地 600 余垧。再至光绪二十年（1894 年），宁古塔所属的三岔口所设五社居民已"开垦成熟地一万二千一百三十三垧二亩一分。穆棱河招垦民户共垦成熟地三百三十五垧七亩二分，穆棱河屯垦招募屯户共垦成熟地九百三十一垧三亩七分，共计开垦熟地一万三千四百垧零三亩，均自八年（1882 年）招垦之年起，扣至十七年（1891 年）止，已满十年升科定限，应请于光绪十八年（1892 年）升科"⑦。

经过招民开垦，吉林东部地区人烟稀少，土地荒芜的荒凉局面得到一定程度的改观，开始出现一些居民聚居村落，促进了当地经济开发和社会发展。

（三）官荒的部分丈放

该时期吉林官荒丈放主要集中在吉林周边、双城堡周边和伊通州三个

① 参见中国第一历史档案馆《吉林垦务档》，档号：J001—8—899，《吉林将军衙门为三姓放荒委员禀报停绳日期及分局请拨弁兵等情给钦差督办咨稿》，光绪八年八月十三日。

② 参见《三姓副都统衙门右司为造报领荒花名册事札各驿站》，载《清代三姓副都统衙门满汉文档案选编》，第 210 页。

③ 《吉林将军长顺等光绪二十年四月初三日奏》，载《清代奏折汇编——农业·环境》，第 569—570 页。

④ 参见《三姓副都统衙门右司为将军衙门片奏各驿站放荒及延缓起租和升科等情形札各驿站》，载《清代三姓副都统衙门满汉文档案选编》，第 211—213 页。

⑤ 参见《督办宁古塔等处事宜太仆寺卿吴大澂光绪八年五月初二日奏》，载《清代奏折汇编——农业·环境》，第 543 页。

⑥ 参见《吉林通志》卷 31《食货志四·屯垦》。

⑦ 《吉林将军长顺等光绪二十年四月初三日奏》，载《清代奏折汇编——农业·环境》，第 569 页。

地区。

1. 吉林周边官荒的丈放

该区丈放最早的地区是桦皮甸子和漂河（今吉林省桦甸市）。同治五年（1866 年），清军在平定辉发山内的挖金流民后，把大量俘获的流民安插在桦皮甸子、穆奇河及漂河等处沿边未垦荒地，其中被安插在桦皮甸子半拉窝集地方的流民，经过辛勤劳作，已经垦出熟地 800 余垧①，是为当地移民招垦之始。同治七年（1868 年），吉林将军富明阿奏请将吉林的桦皮甸子、漂河、穆奇河、乌林沟、肚带河等地一并招民开垦，按照每荒一垧收取押荒市钱二吊一百文的标准公开招徕民人垦种。经过招募，肚带河南岸十五里的地方招垦荒地 2729 垧有奇，并规定五年后升科。② 至光绪三年（1877 年），漂河及桦皮甸子共垦纳租地 5723 垧 4 亩有余。光绪十七年（1891 年），当地又丈出浮多地 4039 垧 2 亩有奇，当地总共开垦了 9762 垧 6 亩多地。乌林沟（今吉林蛟河市）在光绪十二年（1886 年），已垦成纳租地 1515 垧 3 亩，光绪十七年，当地又增加 395 垧 8 亩 9 分，总共已垦成熟地 1911 垧 1 亩 9 分。

咸丰十年（1860 年），吉林将军景淳等奏请开垦吉林凉水泉南界舒兰迤北的土门子一带禁荒，经勘察，当地可垦地 10 万垧。③ 次年（1861 年），清廷批准该建议。④ 至光绪十二年（1886 年），当地已经垦成纳租地 39783 垧 6 亩 3 分。光绪十七年（1891 年），当地又新增纳租地 16652 垧 9 亩 5 分。至此，当地已经垦成熟地 56436 垧 5 亩 8 分。

光绪四年（1878 年），吉林东北阿克敦城一带私垦的旗民各户请求升科。吉林将军派员前往阿克敦城一带查明私垦地亩，造册上报，并限年升科，同时成立阿克敦荒务局，招徕民人垦种。次年（1879 年），放出生熟地 2774 垧 8 亩 9 分，其中熟地约 25000 亩，当年升科。⑤ 光绪六年（1880 年），又放出熟地 170 垧，当年升科。鉴于当地人口日臻繁盛，田亩也日

---

① 参见《吉林将军衙门为安置金场流民及查办私垦浮民事咨三姓副都统衙门》，载辽宁省档案馆《清代三姓副都统衙门满汉文档案选编》，第 186—187 页。《清穆宗实录》卷 187，同治五年十月辛巳，第 52126 页。

② 参见《吉林将军富明阿等同治五年六月初一日奏》，载《清代奏折汇编——农业·环境》第 516 页。

③ 参见《清文宗实录》卷 339，咸丰十年十二月壬午，第 47608—47609 页。

④ 参见《吉林将军衙门为奏准放荒收租以济急需事咨三姓副都统衙门》，载《清代三姓副都统衙门满汉文档案选编》，第 180—182 页。

⑤ 参见中国第一历史档案馆《吉林垦务档》，档号：J066—6—23，《吉林户司为将勘丈玛延河阿克敦城旗民私垦地查照具册事给文案处移文》，光绪五年十二月十四日。档号：J066—6—19，《吉林将军行营文案处为将勘放玛延河阿克敦城旗民私垦地造具丁佃花名收过租钱数目册事给该处地局委员移文》，光绪五年十二月十五日。

趋增多,光绪七年(1881年),放出熟地14垧5亩,当年升科。原放生荒内已垦熟地9977垧3亩9分,光绪十三年(1887年)升科;未垦荒地19598垧8亩8分,于光绪十五年(1889年)升科。同时,新放敖东、怀德城山、沙镇四乡的荒地493垧4亩,于光绪十八年(1892年)升科。①光绪八年(1882年),清政府在当地设立敦化县。光绪十九年(1893年),敦化县知县奏请放垦该县二道沟地方。二道沟地方,"东西二百里,南北一百五十里,南窄北宽,周围五六百里,土脉尚腴,可垦之荒约有二万余垧,现已开垦成熟者十之二三,人民一千七八百户,住家者十之三四均愿呈交荒价领照"②。最终,二道沟地方也被招民放垦。

2. 双城堡周边官荒的招垦

咸丰五年(1855年),清政府允许开垦夹信沟凉水泉荒地。至光绪十四年(1888年),当地纳租地已有100389垧7亩有奇。光绪十七年(1891年),新增17019垧6亩,当地共有垦地117409垧4亩有余。

咸丰十一年(1861年),清政府开始对双城堡剩荒的开垦。至光绪十四年(1888年),当地纳租地有44544垧7亩。光绪十七年(1891年),新增浮多地1407垧3亩。毛荒地区,开垦时间无考,光绪十四年,当地有纳租地7865垧7亩,光绪十七年,丈出新增地296垧2亩,当地共有田地8161垧9亩。八千晌地区,清政府于道光二十四年(1844年)允许流民开垦双城堡近屯荒地,当年丈放荒地8000垧。光绪十四年,当地纳租地有8773垧3亩。光绪十七年(1891年),新增178垧2亩,共有田地8952垧有奇。

恒产夹界荒地,于咸丰元年(1851年)奏准放垦,当年放垦9000余垧,均拨给原佃陈民输租。至光绪十四年(1888年),又在当地堪明纳租地8760垧9亩。光绪十七年(1891年),丈出新增881垧,至此,当地已有耕地9642垧。此外,当地另有民人周荣滋先后垦地990垧6亩。咸丰十一年(1861年),拉林剩存圈荒地被允许丈放。光绪十四年,已垦成17299垧5亩。光绪十七年,新增6591垧6亩,至此,当地剩荒已经垦成农田23891垧2亩。拉林原本的屯垦区也在不断新垦荒地。光绪十四年,当地已有纳租地28751垧3亩。光绪十七年,新增189垧,共有垦地28940垧9亩。此外,拉林所属的板子房地方,在光绪十四年,已有纳租

① 参见《吉林通志》卷31《食货志四·屯垦》。
② 中国第一历史档案馆:《吉林垦务档》,档号:J001—19—1896,《吉林分巡道道员讷钦为敦化县禀请出放二道江荒地情形事给吉林将军详文》,光绪十九年六月二十二日。

地 2532 垧 6 亩。光绪十七年，新增 1476 垧 3 亩，共有农田 4008 垧 9 亩。①

3. 伊通州官荒的放垦

光绪七年（1881 年），伊通州放出熟地 23 垧 9 亩，当年升科。开垦生荒地 2711 垧 7 亩 2 分。光绪八年（1882 年），又放出熟地 2031 垧 6 亩 1 分，当年升科。开垦生荒地 52412 垧 8 亩 8 分，后又续拨生荒地 1303 亩 1 分。光绪九年（1883 年），伊通州放出熟地 27 垧 1 亩 9 分，当年升科。生荒 5366 垧 2 亩 8 分，续拨生荒 7205 垧 5 亩 2 分。光绪十年（1884 年），放出熟地 27 垧 1 亩 9 分，当年升科，放出生荒 5366 垧 2 亩 8 分。②

三　黑龙江官荒的局部丈放

黑龙江地区的官荒放垦，以呼兰地区的规模为最。从呼兰城东七十里的绰罗河口起，向北至驽敏河口止，清政府在此设立四个封堆，设立哨道，以分内外。哨道以内，为封禁官荒，不准开垦；哨道以外，为公中闲荒，向准旗丁耕种但禁止民户进入私垦。早在咸丰四年（1854 年），黑龙江将军奕山议办在呼兰地区招垦，并派员查勘，出示招佃。嗣因沙俄兵船下驶，此事遂被中止。咸丰七年（1857 年），御史吴焯上奏开垦呼兰城迤北蒙古尔山地方，并奏请在"开垦之初，山林木石听民伐用，樵采渔猎一概不禁，以广招徕"③。四个月后，黑龙江将军奕山协同吉林将军景淳进行查勘后，认为当地有荒地 120 万余垧，于度支有裨，但遭清廷驳回。④

虽然政府态度极为谨慎，但邻省居民则闻风趋至。旗丁更是将哨道内外及城之远近公中闲荒争相圈占，收取私租。旗户自垦之地转租给民或者自垦自种之地，谓之"老圈地"；旗招民垦之地，谓之"牛力地"。迨至咸丰季年，黑龙江地方政府清查"老圈地"及"牛力地"，"查出旗丁自垦租给民户之地四千五百余垧，旗营、屯、站界内历年旗照民垦地八千余垧，民户二千五百余名"⑤。旗人为获租利，而民人为了生存，也积极应招承租，总之，呼兰地方已经聚集了大量民人。民人和旗人已经形成了密不可分、利益攸关的共同体。故此，当清政府拟将旗户私招徕佃民驱逐时，旗人和民人均不愿意，最终，清政府只好就地安插这些民户，并于当年升

---

① 参见《吉林通志》卷 31《食货志四·屯垦》。
② 同上。
③ 《清文宗实录》卷 219，咸丰七年二月甲午，第 45764 页。
④ 参见《清文宗实录》卷 229，咸丰七年六月癸丑，第 45899 页。
⑤ 《黑龙江志稿》卷 8《经政志·垦丈》。

科；旗人垦户自垦之地，则令旗户收回自种，不准再租。

　　咸丰十年（1860 年），清政府终于允许出放民荒。是年，黑龙江将军特普钦奏称，仿照吉林夹信沟章程，每垧收取押荒租钱二吊一百文、现租钱六百六十文，招徕民人开垦，这样既可"裕度支"，又可"资抵御"。此为黑龙江出放民荒之始。计自咸丰十一年（1861 年）起至同治七年（1868 年）止，共放毛荒 21 万余垧，佃民不下 1 万余户，佣工散民更是不可胜数，这些呼兰佃户大半从吉林转徙而来。此后，黑龙江将军德英以佃民甚多，流弊日增，需旗丁生计为由裕，奏请暂行停止。① 此后，黑龙江呼兰地方屡放屡停，直至光绪二十三年（1897 年），但历年均有一定规模的荒地放垦。

　　值得注意的是，放垦面积只是清政府收取押荒钱的依据，并不是实际上已经被开垦的数额。至光绪二年（1876 年），经查，呼兰各界新垦熟地共 128990 余垧，生荒 115330 余垧。总之，从咸丰七年（1857 年）至光绪三年（1877 年），呼兰所属蒙古尔山荒地 120 万垧中，"已报升科地仅四十八万余垧，未升科地计尚有七十一万余垧"②。此后，黑龙江将军几乎每年派员前往呼兰属界清查开垦地亩。"六年查出浮多熟地九百一垧零，生荒三百七十垧零。七年丈出浮多熟地一万三千七百七十五垧零，生荒一万二千五百一十九垧零。八年丈出浮多熟地九千七百八十六垧零，生荒一万一千三百九垧零。九年，年终呼兰界内丈出浮多熟地四千四百六十四垧四亩三分六厘，生荒一千二十一垧三分。巴彦苏苏属界内丈出浮多熟地五千八百六十八垧一亩五分，生荒二万六千一百一十二垧九亩五分。"③ 其中光绪七年（1881 年），"巴彦苏苏、大木兰达、小木兰达、阿力罕、甘沐林子、拉三泰等段内浮多熟地七千七百四十九垧八亩八厘，生荒一万一千四百八十八垧四亩三分六厘。并查出呼兰所属黍、稷、稻、粱、麦等字界内浮多熟地六千二十六垧一亩三分二厘，生荒一千三十一垧一亩"④。

　　至光绪十三年（1887 年），呼兰城八界赋地有 327857 垧，呼兰厅城七段赋地有 224025 垧 3 亩，绥化厅城五段赋地有 207509 垧 2 亩，北团林子

① 参见《黑龙江将军德英同治七年十二月十八日奏》，载《清代奏折汇编——农业·环境》，第 518 页。

② 《黑龙江将军定安等光绪七年三月初一日奏》，载《清代奏折汇编——农业·环境》，第 541—542 页。

③ 《署黑龙江将军文绪等光绪十年正月二十七日奏》，载《清代奏折汇编——农业·环境》，第 546 页。

④ 《黑龙江将军定安等光绪七年十二月初七日奏》，载《清代奏折汇编——农业·环境》，第 543 页。

武营代垦京旗赋地有 16185 坰。以上三城四区赋地共有 78 万坰。①

总体观之，黑龙江在光绪二十年（1894 年）前，主要放垦了呼兰地区。虽然黑龙江地方官员一再恳请把放垦范围扩展至通肯地区，但被清廷否决。② 直至甲午中日战争后，清廷面临更加严峻的财政困难和东北边疆危机，才允许大范围招垦。

四 热河及东三蒙地区的局部丈放

（一）热河围场的部分丈放

自康熙朝以后，内地民人不断进入热河地区，通过租佃蒙古人牧场来垦殖。至乾隆朝，人口已经达到相当大的规模。此后，内地民人仍不断进入当地。经过长期开发，除木兰围场外，热河所属各处已开垦较多，只有木兰围场及其边界地区向因封禁而未得垦种。然而，至同治二年（1863年），这种状况也开始发生转变。二月，热河都统瑞麟奏请开垦围场边界荒地。"热河所属各邑与蒙古犬牙相错，土瘠民贫，闲田甚少，惟围场边界地多闲旷，尽可开垦。"经过勘察，围场周边的喀喇沁左旗所属四旗有地 2300 余顷，右翼所属四旗则有地 6100 余顷，此项地亩总共 8000 余顷，除正黄、正红二旗 5000 余顷地多浮沙外，"其余土脉较肥，介于红桩内外，与正围毫不妨碍"③。

因为热河围场边缘的内海萨什巴尔台地方设蒙古驿站，同年十一月，接任的热河都统麒庆奏请将围场周边的荒地拨给驿站兵丁开种。最终清廷同意把围场边界荒地拨出 80 顷给喀喇沁旗垦种，拨给梅伦沟驿站 40 顷，给西尔嘎驿站 30 顷。清廷还考虑到木兰围场哨地驻守的 200 名蒙古人生计，拨给闲荒地 200 顷。④

同治四年（1865 年），热河木兰围场边界地区，已放出边荒地 1492 余顷，已垦熟地 270 余顷，自三年为始，一律升科。⑤ 此次招垦不仅垦殖了围场的边荒，也开始侵垦了正围，出现了"招佃展垦乃日久展放，漫无限

---

① 参见《黑龙江述略》卷 4《贡赋》。
② 参见《皇清道咸同光奏议》卷 39《户政类·屯垦·恭镗筹办开垦呼兰所属封禁荒地疏》，光绪十三年。
③ 《热河都统瑞麟同治二年二月二十九日奏》，载《清代奏折汇编——农业·环境》，第 505 页。
④ 参见《清穆宗实录》卷 84，同治二年十一月庚戌，第 50066 页。
⑤ 参见《清穆宗实录》卷 131，同治四年二月乙未，第 51084—51085 页。

制，以致侵占正围"的危急态势。① 对此，清廷谕令禁止在围座伊逊川一带开垦荒地，且河东、河西已佃垦、私垦地亩，一律封禁，并饬令督修卡伦，建立红桩，不得任意展垦，侵入山坡沟岔的私垦户也一律驱逐。尽管清政府限制随意开垦，但经同治二年（1863 年）至同治八年（1869 年）的限地开围，木兰围场仍有 31 处变为农田，并且这种开垦的趋势还将继续进行下去。

同治九年（1870 年），经木兰围场官员库克吉泰实地查丈，垦荒已大面积侵占正围，其中，旗佃侵围内地 600 余顷，民佃侵围内地 800 余顷。鉴于此，清廷开始对围场内的民人实施清围，以保护旗人利益。谕令"务将正围以内民户，尽数迁出，以清围地"，并利用围外的六百余顷土地安插被迁移出围的民人，妥为安置，毋令一人失所。② 经一年的清围，木兰围场的正围基本肃清。"围场八处，及跸路经过之所，均已一律腾清封禁。其应补民佃之地，亦陆续补足，并于各要路总口立界设卡，以免侵越。"③

虽然清政府把民人从正围迁移出来，但是围场内还有大量旗人地亩，他们需要众多民人为其耕种。同时，肥沃的土壤对农民的吸引力远超过了政府的法规禁令。闲置的土地资源一直吸引着不断增多的流民。清廷一厢情愿的清围结束后不久，即有民众"擅入正围各佃"。同治十一年（1872 年）底，这些进入正围的人甚至与前来强行征租的清军发生严重冲突，仅参与的民人就多达二百余名。④ 残酷镇压后，清政府不仅清除了进入围场的民人，还严惩了私自招徕民人的旗人。

总体而言，"自同治初年热河都统瑞麟奏准设立裕稑局，招佃开垦围场边荒，是为放围之始，亦即为蕃殖稼穑之始。近而关内，远而山东之民，襁负子来，荷锸云屯，耕氓萃集，而羽猎之场一变而为畎亩耕锄之境，诚所谓筚路蓝缕，以启山林者矣"⑤。迨至光绪初年，移民日众，当地户口渐繁滋，加之清廷也急需开发围场的土地资源，以收取押荒银，故而全面开发已是势在必行。光绪六年（1880 年），热河都统崇绮奏请改变原来的管理政策，认为围场已垦，即使腾清，也剩空围，"树木一空，牲兽四散"，且"垦种有年，地皆成，树木将何日而蕃昌？牲畜更何时而萃止？

---

①　参见查美荫《围场厅志》卷 6《田赋·地亩》，全国图书馆缩微文献复制中心，胶片，1992 年。

②　参见《清穆宗实录》卷 297，同治九年十一月丁未，第 53802—53803 页。

③　《清穆宗实录》卷 313，同治十年六月癸亥，第 53997 页。

④　参见《清穆宗实录》卷 347，同治十一年十二月戊寅，第 54437 页。

⑤　《围场厅志》卷 6《田赋》。

空空围座，何所用之?"对此，清廷不得不停止清围，谕令："所有威逊格尔等处围场著照所请，免其腾移。"① 至此，围场全面放垦已是大势所趋。光绪七年（1881 年）九月，清政府为加强对该地管理，设立围场厅于二道沟。② 光绪十二年（1886 年），围场已被流民开垦 4959 顷 73 亩有余。③

（二）东三盟蒙地的部分丈放

吉林西部的郭尔罗斯前旗很早就吸引内地流民前往垦种，清政府为加强对其管理，设立了长春厅。自此以后，当地在实际上已经开始了招垦进程。光绪九年（1883 年），清政府再次对该地清查，发现新增垦地 208100 余亩，遂按照每垧收取押荒钱二吊一百文的标准，收取了 437000 余吊钱。④ 光绪十五年（1889 年），郭尔罗斯前旗蒙古王公奏请丈垦农安所属的夹荒木石河地方。⑤ 光绪十九年（1893 年），吉林将军长顺奏请，蒙古郭尔罗斯沿边开荒招垦，得到清廷许可。自此，吉林西部的蒙地开始了招垦进程。⑥

黑龙江松花江北有部分地区属于郭尔罗斯后旗辖地，并与呼兰地界相连。自呼兰招民开垦后，流民逐渐迁入郭尔罗斯后旗境内私垦。同时，呼兰城西的黑龙江驿站第五台站的站丁也擅自将台站附近荒地招垦。至光绪七年（1881 年），站丁已经私自招徕了 100 余户流民，开垦出 4000 余垧的土地。⑦ 清政府进一步调查后得知，五台站的旗丁和站丁共招民人 155 户，又经此民户内传招民人 92 户。历年已垦熟地已经多达 5578 垧 5 亩。另外，站丁和旗丁在郭尔罗斯后旗蒙古界内招徕民人 64 户，又经民户内转招民人 67 户，历年已垦熟地 1095 垧 5 亩，盖草房 23 所。民人不仅在蒙古界内私垦土地，更有甚者，一些民户还搭盖房屋，开设旅店。⑧ 可见，民人已在郭尔罗斯后旗聚集到一定规模。

① 《围场厅志》卷 6 《田赋》。

② 参见《围场厅志》卷 5 《建置》。

③ 参见《围场厅志》卷 6 《田赋》。

④ 参见中国第一历史档案馆《吉林垦务档》，档号：J001—9—256，《吉林将军希元为勘办蒙古地亩一律完竣在事出力人员援案请奖事奏稿》，光绪九年十一月二十九日。

⑤ 参见中国第一历史档案馆《吉林垦务档》，档号：J009—2—2058，《吉林将军衙门为勘丈蒙古夹荒农安木石河等处佃民联名请愿等情给吉林分巡道札文》，光绪十五年九月二十一日。

⑥ 参见《清德宗实录》卷 329，光绪十九年十月壬子，第 59145 页。

⑦ 参见《呼兰副都统博为接受禁押违例私招民户之站丁事咨将军衙门文》，光绪七年八月初五日，《光绪朝黑龙江将军奏折》，第 415—416 页。

⑧ 参见《管理茂兴等站站官西凌阿为查报五台站内外私招民户及垦地数目等事呈将军衙门文》，《光绪朝黑龙江将军奏折》，第 416—417 页。

总之，该段时期内，上述一些垦种也在零星出现，东三盟的蒙古旗地并没有大范围招垦。蒙地大范围放垦的状况也只是到清末才开始出现。

五　森林和草原生态的破坏

咸丰朝以前，奉天东部边地尚未开辟，地广人稀，山深林密。但自同治朝以后，内地民人不断涌入，特别是大量潜入清政府管理较弱的长白山区，从事垦殖和伐木活动，造成森林面积急剧减少。同治七年（1868年），延煦对浑江东岸地区进行实地调查时就发现，"江东开垦人户众多，历年已久，界系东省各境游民，大都不携眷属，其中掺杂伐木之人，尤为不少。统计周历边外七百余里，近边一带树木较少，二三十里之外，皆系茂林峻岭，重叠连绵，除未垦荒田尚有十分之一二，至十之七八不等外，其成熟之地，平原甚少，大率削伐树株，栽植禾稼，断木横地，长垄连山，其居处则星罗棋布，村堡为未成，编木为垣，茅苫屋名窝棚"①。仅浑江流域，流民就在荒山莽岭之中，披荆斩棘，伐木垦地，开辟出九万六千余垧的土地。这些原本葱葱郁郁的原始丛林，经过流民开发，变成了薮薮良田，固然是人类改造自然的成功，却是以毁坏原始生态为代价的。

不唯盛京一地如此，吉林地区的山林也是被侵占较多。同治七年（1868年），同治帝在上谕中就说："吉林围场原为长养牲畜以备狩猎之用，设堆置卡，封禁甚严。乃该处游民借开荒之名偷越禁地，私猎藏牲，斩伐树木，迨林木牲畜既尽，又复窜而之他，有招佃之虚名，无征租之实效，数百年封禁之地利遂至荡然无存。即如景纶前于咸丰十一年奏称，尚有围场二十一处，而此次富明阿奏称，该处南北十七八里，东西八十余里皆无树藏牲，其为游佃偷越已可概见。"②另外，在实际丈放荒地中，很多放垦区已经侵占了原来的围场。对此，清政府为了收取押荒钱，而被迫采取让步，另择其他荒地设立围场。如光绪六年（1880年）吉林放垦阿勒楚喀柳树河、甬子沟的荒地，实际上侵占了围场，但清廷还是饬令吉林地方"请勘丈升科，另择围猎处所"③。这实际上是清廷为垦荒做出了巨大

① 《盛京奏议》之《延熙奏为遵查边外地势民情绘图帖说并酌拟章程折》，第123—125页。
② 中国第一历史档案馆：《吉林垦务档》，档号：J001—38—560，《吉林将军富毓为报历垦各荒次第清理升科年限及收支租钱数目事奏稿》，同治七年十二月十八日。《清穆宗实录》卷241，同治七年八月戊辰，第53027页。
③ 中国第一历史档案馆：《吉林垦务档》，档号：J001—6—1084，《户部为吉林将军奏阿界甬子沟原放荒地侵碍围场一折奉旨依议事咨文》，光绪六年七月二十日。

让步。

宣统元年（1909 年）档案记载："吉省天产森林素称极盛……惟数十年来，户口渐多，农田日辟，铁路交通工商日盛，木植之为用多，销路广，因之森林砍伐殆尽。"① 黑龙江省，在"人烟辐辏之区"，也"每苦山林无多，民间只求需用，罔识保存。广漠童山，所在多有"②。

以上是山林地区的生态变化。在草原地区，伴随着农垦地区的不断扩展，草原面积不断减少，呈现出田进草退、草尽沙现的生态演变景象。随着大量汉族流民的移入，蒙地的开放，大量移民迁入草原地区开辟垦区，使东北的草原面积趋于萎缩，造成了草原沙化和盐渍化，致使东北西部草原的退化。如"原设锦州大凌河、广宁盘蛇驿牧厂二处，系为此厂草枯，改牧彼厂，马匹得以肥壮，孳息蕃昌，迨同治二年前任副都统恩合奏准盘蛇驿开垦升科，仅留大凌河一处，无论天时旱涝，水草枯薄，限于偏隅，不可移易，似至近来膘壮缺歉，草生日渐短少……自同治二年开垦以后，大凌河一厂已不足三十四群之牧养，又加海风严厉，一遇风雨，伤病居多"③。东北各蒙旗"自开边禁以来，垦辟渐多，凡水草利便之区，悉为稼穑丰盈之地，牧场既登，畜养又复无方，以故雄骏之材日就稀少"④。可见，牧场的缩小，已经威胁到东北畜牧业的正常发展。

第三节　城镇繁荣与生态环境的改变

一　城镇的增加与繁荣

如前文所述，清政府从国家战略考虑，在东北设立诸多军事重镇和行政中心城镇。这些城镇多是位于军事要地、交通要道和传统统治中心区域。从地理上看，城镇主要位于东北中部的平原地带，呈现出自南向北逐渐稀疏的特点。东北东部山区和西部的蒙古草原地带多保存着原始自然的生态景观。

随着清政府逐渐弛禁并最终开禁，放垦土地，招徕人民以充实边疆，大量内地人口进入东北，很多原本杳无人烟的荒野山林开始出现了人烟。

---

① 吉林行省档案，档号：1（6—1）—231。
② 黑龙江省文报总局档案，档号：25—1—16。
③ 《谕折汇存・依克唐阿奏请开放养息牧大凌河牧场折》，光绪二十二年七月五日。
④ 《奉天通志》卷 120《实业・牧畜》。

到来的人民砍伐树木，开辟农田，修建房舍，在荆棘中开辟出一片新天地，随之而来的就是诸多新兴城镇的崛起，比如拉林、双城堡、呼兰、延吉、宾州等。这些新兴城镇均是在新开辟的农业区基础上建立的。在这一时期，奉天省设有八府、八厅、六州、三十三县。吉林省也从最初的吉林、宁古塔和三姓等少数城镇扩展到十一府、五厅、三州和十八县。黑龙江省也由最初的齐齐哈尔、墨尔根、黑龙江城和瑷珲等少数城镇增加为十府、六厅、一州和七县。① 总之，晚清时期，东北大地上的城镇已经从清初的寥若晨星逐渐变成了星罗棋布。

晚清东北城镇的发展不仅仅体现在城镇数量的增多和分布的拓展，更体现在城镇人口的增长和经济的繁荣。受到地理、交通和传统思维的影响，东北人口较多的大城镇多是传统老城镇、新垦区城镇和交通要道上的新城镇。以黑龙江省为例，光绪三十三年（1907 年）时，呼兰府有人口202600 余人。②

清前期的东北城镇多是军事和行政中心，八旗兵丁占据相当大成分，而一般民众和商人的成分较少，商业气息较为淡薄。随着城镇发展和社会进步，东北城镇人口不仅有大幅增加，且城镇手工业和商业日渐活跃，商业气息日臻浓厚。吉林城内街衢纵横，市廛繁富。哈尔滨城内既有汉人聚集区也有俄罗斯人聚集区，在汉人居住区内，"其执职业者亦皆小买卖之商人。与露人交易最适宜者，如谷类、布帛类、陶瓷器类、其余则买卖小杂货也"，而俄罗斯人聚集区内"市场皆从露西亚风俗，呼之为巴楂鲁。此处贩卖日用之诸物品，如野菜、牛肉、猪肉、鱼、鸟之类，皆列于店头。又有饮食店，有喝茶馆、有杂货铺、有讲谈师招人听讲，有理发师待客理发，百般之事，不能概辨"③。呼兰府，"虽一隅之地，其民庶，其土沃，其财赋厚，其交通便利，实黑龙江一大都会"④。

郑家屯地处吉林、辽宁、内蒙古三省区交界处和东、西辽河汇流处，坐落在西辽河的西岸上，为东北通往蒙古驿道的必经之路。嘉庆年间，当地始设旅店，接待过往商旅，人口渐聚。同治年间，开始放荒，始有许多内地汉人来此屯垦，或开设商店、旅店、牛马市，人口日增，渐成边外西辽河流域物资集散地，民户有万余家。其"旅寓之大，视内省数倍。冬季

① 参见《东三省政略》卷 6《行政官制篇》。
② 参见《黑龙江志稿》卷 12《经政志·户籍》。
③ 〔日〕小越平隆：《满洲旅行记》卷上《露西亚人之新都会》，克斋译，上海广智印书馆印制，光绪二十八年版。
④ 黄维翰修：《呼兰府志》卷 1《地理略》。

之夕，每停车数百乘，宿人千余辈，不觉其扰"①。其商业繁盛，由此可见一斑。光绪二十八年（1902年），清廷新设辽源州，以郑家屯为州治所，隶昌图府。

此外，位于黄海北岸的大连和安东，由于地理区位条件优越而逐渐发展成大港，当地商业也极为繁盛。大连"美国运销东三省之纱布、面粉向归华商之手经理，日人恃其海道之便利，即承运美货直由横滨而向大连"②。大连后来成为东北地区最大的贸易港口。安东"开埠以来，国内则津沪各地，国外则英日诸邦，富商大贾纷至沓来……商业极称繁盛"③。

二　资源需求量的增加与生态环境的改变

东北地区位于我国高纬度地区，气候寒冷，冬季严寒且时间较长是其气候最大特点。人口大量流入东北，修建房屋、取暖和炊饮用材对木料消耗极大，对森林滥砍滥伐也十分严重。"宁古塔薪不须买，然二十年前门外即是，今（康熙初年）且在五十里外，必三四鼓薄食往，健者日致两车，弱者致一车。每年冰雪中，运一年之薪，积于舍南若山。"④每年去远山采伐柴薪更是成为当地人民的一项苦差事。随着周边林木被砍伐殆尽，原本葱葱郁郁、生机盎然的山岭也成为荒山秃岭，百兽匿迹。"惜四山树木，为居人所伐，郁葱佳气不似昔年耳！"⑤另外，"每年官处给票砍运，修造船只，及八旗官兵盖房、烧柴。承领票头，谓之木头老鸦；砍存过冬，谓之打冻；乘冰雪拉运及开河至江口，谓之赶洋。总由拉发河、蛟河赶至拉发口凳厂，穿排入松花江，到城江边"⑥。官方组织的伐木活动也大量消耗了木材。

嘉庆中期，齐齐哈尔用木"较二十年前，贵已三倍，伐木日多，入山渐远故也"⑦。同治七年（1868年），延煦对浑江东岸地区进行实地调查时就发现，"江东开垦人户众多，历年已久，界系东省各境游民，大都不携眷属，其中掺杂伐木之人，尤为不少。统计周历边外七百余里，近边一带树木较少"⑧。吉林东北山区生产木材，长期以来，人民对各种木材的属性

---

①　《黑龙江述略》卷6。
②　《东三省政略》卷11《实业》。
③　王介公修：《安东县志》卷6《商业》。
④　《柳边纪略》卷4。
⑤　同上书，卷1。
⑥　《吉林外记》。
⑦　《黑龙江外记》卷8。
⑧　《盛京奏议·延煦奏为遵查边外地势民情绘图帖说并酌拟章程折》。

已经熟知。"如桉木、柞木、红纽劲子、女儿木、青冈柳等，谓之硬木，炼火成炭。至沙松、黄木松、紫椵木、榆木、秋木、杨木皆谓之软木，可作器具、盖房之用，烧无火劲。各随木性，利用咸宜。……吉林为产木之区，家家柴薪堆积成垛。不但盖房所用梁柱、椽檩、炕沿、窗棂，一切大小木植，即街道围墙，无不悉资板片。近来生齿日繁，庶民云集，产木山场愈伐愈远。"① 将军富俊念及旗民日用柴价昂贵，生计拮据，前后奏请，"于营盘沟、荒山子、三道沟、二台及西南山坡等处，开采煤窑，以济旗民炊翼，价廉于柴"②。清代中叶以前，长白山一带属封禁之地。"迨同治年间，山东大饥，因将一部饥民移住于此，从事开拓。其后移来者日伙，开拓之业日盛，封于森林祈伐焚烧，莫或禁止，所存者，为荒僻之区，人迹罕到者而已。"③

热河原本是山野荒村，自从被清政府选中作为塞外行宫后，皇帝和大臣们经常前往，随之而来的有驻防兵丁和服务人员，当地逐渐聚集了大量人口。这导致当地木柴需求量大增，并引起了木柴价格的上升。为遏制价格上涨，清政府也只好改变燃料的使用，开采煤炭。乾隆二十六年（1761年），乾隆帝在上谕中指出："口外热河地方人烟辐辏，日用浩繁，比来柴薪一项，采购既多，时值颇贵，闻附近山场多有产煤之处"，谕令直隶总督方观承查勘热河附近产煤地方，试行开采。④

另外，东三盟蒙地的烧山、樵采和烧炭等活动也大大消耗了当地的森林。史载："蒙古于冬间或春仲放火烧山，以资壅田之粪料，往往昼夜，远不可嚮迩，而林木颇遭殃及；且蒙古口衔烟管，亦多延烧。"除了烧山外，蒙古人日常采薪也是一项巨大消耗。"蒙古吹爨，除牛粪外，一以野树做薪，常见带花之果木，嫩叶之榆柳，积堆穿下。"⑤ 东三盟中喀喇沁部向来有烧制木炭的活动。其所产木炭，"上供杨树林等炼矿之用，下流行于翁牛特部"。"土默特之桃山，朝阳全郡之炭品取资焉。"由于蒙古东三盟毗连京师，后者所需的木植也有部分来自上述地区。"入关之白木柄、木板，岁由驼运入都，皆近畿蒙古所产。"对上述蒙古人的活动，陈祖墘

---

① 《吉林外记》卷8。
② 同上。
③ 《奉天通志》卷118《实业·林业》。
④ 参见中国第一历史档案馆、承德市文物局合编《清宫热河档》第1册，中国档案出版社2003年版，第423页。
⑤ 《经营蒙古条议·森林之培植》，载内蒙古图书馆编《内蒙古历史文献丛书》之四，远方出版社2008年版，第270—271页。

曾亲眼所见。光绪三十二年（1906 年），陈祖墇曾受理藩部委派调查东四盟。他见到毛金坝山"前后多产榛树，土人伐之，以供柴薪"。"出热河后，沿路所经诸山多有放野烧者。询其何意，盖将树木烧枯，以供薪炭也。"对此，他不禁感慨："则牛山无怪濯濯矣。种植学之不讲，遂至于此，可为浩叹。且沿山杏花盛开，悉付一炬，如此杀风景事，实所罕见也。"①

总之，东三盟蒙古地区，"第戕伐不时，冬间烧山，故林木日少。惟深山穷谷之中，人迹罕到，稍有乔木。逼近府第之山，为扎萨克游猎之所，例禁樵苏，然听其自生自灭，故无数百年巨材"。经过实地调查，上述地区仅有茅荆坝（一作毛金坝）、骆驼山、下瓦房、乌尔吉山、公主林、哈克图山、额尔登、格格诺尔、阿奥脱苏等处尚有一些林木。② 经过多年开垦，东三盟地区的山林消耗很大，"蒙古已开辟之区，几年牛山之濯濯，即依近扎萨克驻所及山坳水边，虽间有天然林木，亦皆拱把之材，民人器具原料，颇有告匮之虞"③。

同样，黑龙江地区的城镇发展也不断消耗着大量森林资源。以晚清时期开垦的呼兰为例。呼兰全境在未开垦之前，皆为森林，巴彦苏苏即"富有林"之意。然而，这种森林密布的状况在垦荒后，发生巨大改变。史载"开垦以来，不及数十年，腹地之木，芟夷尽矣。所补植者，杨、柳、槐、榆，以供炊爨，尚不足用，筑屋制器以及木桩炭料，必购之青、黑二山，或远至呼兰河上游之伊吉密，道远运艰，价值日益增长"④。光绪年间，"瑷珲及邻近村庄的居民需要很多木材，但他们早已将城郊的林木几乎砍伐殆尽，现在只好从比较遥远的地方取得烧柴和建筑用材了"⑤。

奉天地区各处森林也因开辟日久，而渐被砍伐。兴京、本溪、凤凰城、岫岩一带，"群山连亘，地鲜有平原，土质赤殖，沙石中含水分，天然宜于产林。惟设治较早，各县境居民伐木垦地，种艺五谷，遂无复林相"。"至于辽、海、铁、开以西，平原旷野，属太子河、浑河、辽河各流域，早已任垦成熟，芟尽荆榛。"⑥ 总体观之，奉天地区的森林资源处于不

---

① 《东蒙古纪程》，载内蒙古图书馆编《内蒙古历史文献丛书》之四，第 131 页。
② 参见《东四盟蒙古实纪·蒙人之森林》，载内蒙古图书馆编《内蒙古历史文献丛书》之四，第 222 页。
③ 《经营蒙古条议·森林之培植》，载内蒙古图书馆编《内蒙古历史文献丛书》之四，第 270 页。
④ 《黑龙江志稿》卷 22《财赋志·森林》。
⑤ 马克：《黑龙江旅行记》，商务印书馆 1977 年版，第 147 页。
⑥ 《奉天通志》卷 118《实业·林业》。

断消减的发展态势。道光之前，"除凤、岫等境外，其余东北边地尚未开辟，山深林密，土旷人稀，生产之数多，需要之数少，故森林为最盛。道光初置奉化，同治五年设怀德分防，光绪三年置通化、怀仁、宽甸，光绪二十六七八年，开放鲜围场，增置柳河、东丰、西丰、西安及临江、辑安，招徕垦户，大启山林，辽东森林芟除殆半矣，故为渐衰时期"①。自光绪三十一年（1905 年）与日本采木公司订立合同，鸭绿江一带成材林木，日日砍伐，是为森林大幅消减期。

第四节　清政府管理下的森林采伐

一　政府建筑工程对森林的采伐

清政府定都北京后，都城宫殿和附近军营以及王室陵寝的建筑均需要大量且符合一定规格的木材，这些木材除了从南方采伐外（如楠木），更多的木材是从京师附近的森林中砍伐而来。

木兰围场不仅是清皇室的游猎官地，还是清政府重要的官府木材采伐地，因为在乾隆、嘉庆年间，热河、京师及其附近的建筑工程所需木材多是从木兰围场采伐而来。关于清政府在木兰围场采伐树木的研究，学术界尚不多见，随着《清宫热河档》的颁布，我们从档案中发现很多这方面的记载，笔者就依据该档案试对此进行论述。

乾隆十三年（1748 年），清政府修建京师宫殿。当年十二月至次年（1749 年）五月，清政府派出 394 名砍山人夫在木兰围场的英里哈拉沁、顿头沟、噶哈图、卜古图四处砍木山场采伐树木，总共砍伐了 20250 件木材。② 这是档案中记载的清政府对木兰围场木材首次进行大规模砍伐。此后，木兰围场更是多次遭到官方的大规模采伐。

乾隆三十二年（1767 年）十一月，热河副都统玛常奉旨在木兰围场内的永阿柏至他里雅图等二十二围砍伐大小黄红松木 34729 件。③ 其中对特大型松木的砍伐值得注意。此次砍伐的树木中有直径二尺（约 0.7 米）、长三丈五尺（约 11.7 米）的黄松木 2 件，红松木 4 件，长三丈（约 10 米）的黄松木 2 件、红松木 8 件，长二丈（约 6.7 米）的黄松木 3 件、红

---

①　《奉天通志》卷 118《实业·林业》。

②　参见《清宫热河档》第 1 册，第 292 页。

③　参见《清宫热河档》第 2 册，第 46 页。

松木 5 件，直径一尺九寸（约 0.63 米）、长二丈四尺（约 8 米）的黄松木 1 件、红松木 3 件。

　　乾隆三十三年（1768 年）十一月，热和副都统胡什图又奉旨在围场北面都呼岱、莫多图至陀官谷隆货赍等四围六处，砍伐黄红松木共计 120615 件。其中黄松木 1910 件，红松木 118705 件。直径二尺、长三丈五尺的红松木 16 件，长三丈四尺的红松木 16 件、长三丈二尺的红松木 7 件，直径一尺九寸、长三丈五尺的红松木 12 件，长三丈四尺的红松木 38 件，长三丈三尺的红松木 3 件。①

　　乾隆三十六年（1771 年）五月，清政府修建布达拉庙，其所需木料俱由木兰围场及喀喇河屯等处采伐。② 当年十月，木兰围场总管奏报，已经在英图、巴彦穆敦等围砍伐大小木植 75285 件。其中，布达拉庙等工程已经使用 29051 件木料。③ 殊像寺、文园等工程使用木植 18610 件。④

　　乾隆三十七年（1772 年）三月，清政府修建京师火器营房及右翼营房，又命令热河副都统在木兰围场的莫多图等围内砍伐树木，运抵京师以供营房之用。⑤ 至次年（1773 年）十月，热和副都统三全奏报，已经为京师火器营房及右翼营房准备了 127136 件木料，仅在都呼岱等围场就砍伐了 123191 件。⑥ 其中的 4718 件被修建淳化轩、万佛楼等工程所截用，另有 29051 件为其他的热河工程使用。⑦ 总之，至乾隆四十年（1775 年）十月，清政府已经在木兰围场的英图围、莫多图围和都呼岱围三个围场内砍伐了 365549 件各类大小木植。其使用情况如下：京城内万佛楼、万善殿并宁寿宫、雍和宫、大光明殿等工程及修理八旗营房、九门兵房等四十二项，用过木植 53297 件；圆明园、长春园等处粘修殿座、房间并添建狮子林、正觉寺等五十项，用过木植 16374 件；清漪园、静明园、静宜园等处粘修殿座、房间并修理望蟾阁、三世佛殿、观音阁等二十三项，使用木植 4334 件；长春园粘修殿座、房屋并西马场修理桥梁等三项，使用木植 917 件；火器营盖造营房，使用木植 37996 件；盘山园内粘修殿座、房屋，使用木植 414 件；西路黄新庄、半壁店、秋澜村、良各庄四处行宫添盖垂花

① 参见《清宫热河档》第 2 册，第 74—75 页。
② 同上书，第 329—330 页。
③ 同上书，第 398—399 页。
④ 参见《清宫热河档》第 3 册，第 407 页。
⑤ 参见《清宫热河档》第 2 册，第 465—467 页。
⑥ 参见《清宫热河档》第 3 册，第 64—65 页。
⑦ 同上书，第 400 页。

门八座，使用木植 130 件；热河围内外粘修殿座、房间并添建布达拉庙、罗汉堂、戒台、殊像寺、文园等十七项，使用木植 47219 件，以上一百三十八项工程，共使用了从木兰围场砍伐的木植 160681 件。京师右翼营房修建，用木植则多达 127136 件。①

乾隆四十一年（1776 年），热河修建文庙并补盖张三营、中关、波洛河等处行宫，两处工程共使用木植 26245 件，这些木料又是从都呼岱、半多吐、哈萨克图、固尔班拜察等围砍伐。② 其中，砍伐的大件木植有直径二尺三寸（约 0.77 米）、长三丈（约 10 米）的圆木 11 件，直径二尺九寸（约 0.97 米）、长四丈（约 13.3 米）的圆木 4 件，直径二尺二寸（约 0.73 米）、长三丈九尺（约 13 米）的圆木 4 件。③

乾隆四十三年（1778 年），清政府准备在热河修建考棚、密云县添建兵房、在宣武门外修建土地庙并在斜街修建官房，而这些工程所需大小木料 116368 件仍由木兰围场的莫多图、哈萨克图、都呼岱等围采伐。④ 另外，热河行宫松鹤斋添建殿宇房间所需大件 16846 件及小件 1594 件木料俱在哈萨克图围场砍办。⑤ 乾隆五十一年（1786 年）七月，清政府在黑龙山、小西沟等处砍伐 103329 件。⑥ 乾隆五十三年（1788 年），又在黑龙山、小西沟等处砍伐 118116 件。⑦

长期的大量砍伐，木兰围场中的树木消耗迅速，特别是用于宏大建筑的坚实而长大的圆木极为缺乏。嘉庆五年（1800 年），清政府修建裕陵中路的隆恩殿、隆恩门、配殿、明楼和牌亭等六座建筑。此次工程所需木料主要在木兰围场中的永安拜、都呼岱等围砍伐。此次工程所需木料甚多，大致有 59884 件。⑧ 其中，所需直径二尺以上、长一丈六尺以上的大木料 976 件，而莫多图、哈萨克图、都呼岱、巴彦穆敦四围符合要求的仅有 233 件。⑨ 最后，只好在按巴鸠、森吉查罕扎布、永安湃、博里沟四围里寻找适宜木料。而为了将这些巨大而笨重的木料大件运出围场，又需要砍伐大量树木开辟道路，这无疑又进一步破坏了森林资源。

---

① 参见《清宫热河档》第 3 册，第 408—410 页。
② 参见《清宫热河档》第 4 册，第 68—71 页。
③ 同上书，第 103 页。
④ 同上书，第 187—188 页。
⑤ 参见《清宫热河档》第 6 册，第 71—72 页。
⑥ 同上书，第 64 页。
⑦ 同上书，第 227 页。
⑧ 参见《清宫热河档》第 10 册，第 4—5 页。
⑨ 参见《清宫热河档》第 9 册，第 174 页。

嘉庆七年（1802年），为保证官方伐树工作的顺利进行，在围场内安设山局，搭设窝棚。是年，在都呼岱、英格川、努呼岱、长林子、固尔班、拜查六处围场共砍伐118000余件，其中仅努呼岱一地就砍树19100余件。①

随着都呼岱等小围场树木的砍伐日甚，上述地势平坦、运输便捷的围场中已经林木稀少，但是清政府修建官方建筑的木料用材依然采自木兰围场。嘉庆二十二年（1817年）十月，清政府在木兰围场附近修建山神庙，其所需黄松等木料亦在不妨碍正围的其他小围场内砍伐。②同年十二月，清政府又修建昭灵神祠，工程所需木料1299件亦由木兰围场提供。此次木料采伐主要在博里沟、布都尔沟、托霍奈等七处，上述七处皆是北面夹沟之处，与正围无碍。③次年（1818年）正月，清政府在多伦诺尔建造并修葺庙宇，其所需木料依然取自木兰围场。鉴于前述围场内树木已经稀少，此次只好在木兰围场的北哨门内采伐，共砍伐285件。④

清政府采伐木植的活动，多是由地方官员承包给木料商人，再由木料商人招募采伐人夫具体砍伐树木。这种利益链的延伸，就给链条中的不法地方官员和木材商提供了假公济私的空间。所以，在木兰围场的木材采伐中，一些地方官员和木料商人往往趁机私自多采树木。乾隆十四年（1749年），承办木兰围场木植砍伐的内务府员外郎善宝，因私自放任承办木商越界砍伐并多砍树木而被革职，发往热河工程效力赎罪。⑤乾隆三十五年（1770年）清政府查得，乾隆三十三年（1768年）所上报的砍伐树木与乾隆三十五年实际拉出围场的树木数量不一致，拉出围场的树木比实际上报的数字120615件多出2576件，也就是说实际砍伐了123191件。⑥另外，自乾隆三十三年起至乾隆三十九年（1774年）止，所有后围、英图围、莫多图围三围，原估计共砍伐346256件，后又续砍了19293件。故此，实际共砍365549件。⑦

总之，木兰围场中的诸多小围场，在乾隆和嘉庆年间，是京师及其附近地区、热河等处官府工程建筑木料的重要采伐地。经过数十年的超限度

---

① 参见《清宫热河档》第10册，第187页。
② 参见《清宫热河档》第13册，第265—266页。
③ 同上书，第272页。
④ 同上书，第459、499—500页。
⑤ 参见《清宫热河档》第1册，第281页。
⑥ 参见《清宫热河档》第2册，第208页。
⑦ 参见《清宫热河档》第3册，第406页。

采伐，除了正围外，其余小围场中的树木已经被破坏得相当严重。迨至道光年间，清政府对木兰围场的官方采伐活动，已经基本停止。围场周边垦地民众为垦地和樵采的活动则是对小围场内林木破坏的主要因素，木兰围场的正围场还基本保持了林木原貌。但到了晚清，清政府为吸纳社会资金，招徕垦民，放垦围场。最终，木兰围场正围的林木也难逃被破坏的厄运。光绪三十一年（1905 年），清政府"设屯垦木植总局以经理之木植"，以管理正围的森林和屯垦事务。该局大肆滥施砍伐，以兜售木材获利，木兰围场正围中的林木最终也是惨遭破坏。

以上主要论述了清政府的官方建筑工程对木兰围场的采伐活动。奉天省三陵的建筑和修葺所用木料，与前者不甚一致。盛京三陵所需木料一方面由官方派员在口内采伐，"惟三陵应用木植，仍著千丁人等置办。不许出口，于口内砍伐"①；另一方面则通过在关卡抽税的方式，收取一定木料，以满足建筑需要。史料记载："盛京浑河、即呼纳呼河、大凌河、小凌河、六周河、太子河、清河、莺纳河、大庄河、碧赫河、归河、辽河、艾河、曹河、各项木植，十五取一，以备三陵陆续取用。"乾隆三十年（1765 年），清廷明确规定盛京抽存木植。乾隆三十七年（1772 年）规定，浑河税口征收陆运板片等项木植。乾隆五十六年（1791 年），清廷再次重申，浑河税口征收陆运木板。②

二　政府管理下的商业采伐

（一）伐木山场制度

早在清初，清政府便允许政府官员带领居民砍伐树木。康熙四年（1665 年）题准，广宁、锦州、宁远、前中等处居民边外采伐木植，责令吏目、典史等官带领出入，但规定该府尹需将人畜数目并采伐处所，报部转行该管官稽查。这是清政府对辽西地区林木的官方允许开发行为。

康熙二十二年（1683 年），清政府规定由盛京工部统一管理盛京地区的木材采伐，并发给执照。"盛京佟家江地方所产大木，有愿采伐贸易者，听工部盛京工部发给执照，令沿海运至天津贸易。"同时，还命令不许夹带禁物、窃捕貂鼠、私采人参。康熙五十九年（1720 年），清政府鉴于口内马前寨等处木植甚多，便由盛京工部发给木商头领十人执照，准其在口内砍木、纳税，但已经禁止本处人砍伐木植。唯三陵应用

---

① 光绪朝《钦定大清会典事例》卷 962《盛京工部五·收支款项·木税》。

② 参见光绪朝《钦定大清会典事例》卷 941《盛京工部八·关税·盛京木税》。

木植，仍著千丁人等置办，不许出口，于口内砍伐。由此可见，清政府已经把山林的采伐权交给了木商，而不再允许当地人从事山林采伐活动。不过到了雍正年间，这一法令又有所改动。雍正元年（1723年），清廷议准，盛京本处人民，有自备资本，采伐木植者，亦准于盛京工部领取执照。雍正八年（1730年），盛京地区已有英讷河、大庄河、老虎峪三处砍木地方，向有官票二十张至三四十张不等，俱系盛京工部历年发商承领。

为加强对上述伐木地方的管理，乾隆二十一年（1756年），清政府规定：木商每年砍伐木植，令盛京工部以二十一年为始，于造报人夫山场册内，将每票一张，该商共砍木植若干，交过抽分税银若干，并木植长圆尺寸，逐一查明，造册送部。至各商交回旧票，自二十二年起，一并按年汇总转送工部查核。[①]

乾隆二十四年（1759年），清政府又允许盛京九处山场拨给沿边站丁承办砍伐。"盛京所属汪清边厂等处边内，大那录等九处山场，拨给台丁，令每年赴工部领取照票，砍木纳税。如台丁内有不愿领票砍伐之人，仍照例招商承领输税，倘遇紧要公务，临期酌量办理。"[②]

次年（1760年），清政府为加强对山场的管理，收回了把山场招募给木材商人的办法，改为由守护柳条边的台丁和殷实旗民承领，并对柳条边内外的伐木山场采取区别管理之策。对内沿边九场，先经将军奏请拨给台丁领票，照例一同纳税。对其余十二处，原本采用招商领票上税，但商人领票之后，每致生事误公，于是清政府取消了招募，改由盛京工部会同将军、府尹，令各该地方官于山场附近旗民内，拣选家道殷实者，保送呈领，统一办理。同时，清廷严令该将军等仍不时稽查，"倘有诈骗等事，即行革退究治。另选殷实旗民，保领接办，毋令课税虚悬。至各税口所征银木数目，仍遵原议汇总报部查核，如有征多报少侵欺等弊，查明所处"[③]。

然而，清政府对此进行的改革并没有收到多大实效，因为台丁们不善于经营伐木，以致政府的木税税额大幅减少。清政府只好再次允许商人领领山林的采伐。乾隆三十一年（1766年），清政府规定："盛京所属大那录等九处山场内莺窝背山场，前因台丁因循二载不行砍木，误公革退。准

---

① 参见光绪朝《钦定大清会典事例》卷941《盛京工部八·关税·盛京木税》。
② 光绪朝《钦定大清会典事例》卷962《盛京工部·收支款项·木税》。
③ 同上。

六边衙门查明台丁内无人承领，招商领票办课。旋因台丁复欲承领，将商人无故革退，恐将来出有山场，商人等虑及徒费工本，裹足不前，必致税额课无著。应令盛京将军、工部侍郎及管理六边等衙门，将莺窝背山场仍令商人领票砍木，毋庸更换。至嗣后出有山场在台丁六处内者，仍令台丁承领。如台丁内无承领之人，即行招商领办。在商人三处内者，仍令商人承领。如商人内无接办之人，令六边衙门保送殷实台丁，领票砍木，照例纳税"①。

　　经过长期发展，盛京地区终于形成了 22 处伐木山场。② 值得注意的是，清政府对盛京 22 处伐木山场的确定是在乾隆三十五年（1770 年），而不是目前学界所说的嘉庆二十三年（1818 年）。③ 因为史料明确记载，"乾隆三十五年勘定"，而非其他年份。④ 清政府对盛京地区 22 处伐木山场的管理，主要是由盛京工部侍郎掌管。此 22 处伐木山场的具体情况如下表所示。

表 5 - 5　　　　　　　　　　盛京地区伐木山场状况表

山场所属地区	山场名称	范围四至	伐木人丁数
兴京所属	小夹河地方山场	东至短沟 18 里，西至旧边 7 里，南至转乡湖 30 里，北至李麻子岭 30 里	砍木台丁 30 名
	那尔吽地方山场	东至歪头砬子 20 里，西至旧边 15 里，南至营房沟 20 里，北至大呼狼 15 里	砍木台丁 40 名
	梨树沟地方山场	东至木头和老 20 里，西至对头石砬子 50 里，南至洛阳沟 6 里，北至旧边 12 里	砍木台丁 16 名
	莺窝背地方山场	东至庙儿岭 8 里，西至秋木林子 5 里，南至边沟 10 里，北至汪清河源 20 里	砍木人夫 16 名
	东昌沟地方山场	东至四道沟 10 里，西至马鸭子沟 8 里，南至乌湖阳 10 里，北至红日山砬子 5 里	砍木人夫 15 名

① 光绪朝《钦定大清会典事例》卷 962《盛京工部·收支款项·木税》。
② 参见光绪朝《钦定大清会典事例》卷 962《盛京工部·收支款项·木税》中记载为"盛京所属砍木山场共二十一处"，但实际是二十二处。
③ 参见王长富编著《东北近代林业经济史》，中国林业出版社 1991 年版，第 30 页。王长富《从"清朝双绝"看今日东北林区主战场》，《林业经济问题》2000 年第 6 期。樊宝敏等《试论清代前期的林业政策和法规》，《中国农史》2004 年第 1 期。
④ 参见光绪朝《钦定大清会典事例》卷 962《盛京工部·收支款项·木税》。

续表

山场所属地区	山场名称	范围四至	伐木人丁数
	木奇台沟地方山场	东至黑磨后沟15里，西至木奇后沟15里，南至大河15里，北至老岭10里	砍木人夫20名
	大那录西南岔地方山场	东至本沟掌7里，西至苏儿河东岔20里，南至东土门10里，北至砍船沟岭4里	砍木人夫25名
	小那录地方山场	东至风折树沟10里，西至九道河10里，南至小红树沟北岭7里，北至旧边岭10里	砍木人夫16名
	大那录东南岔内砍船沟地方山场	东至滚马岭10里，西至苏儿河山岔40里，南至本沟掌5里，北至细腰子岭15里	砍木人夫24名
凤凰城所属	松树咀子地方山场	东至台子山11里，西至豹子山13里，南至艾河屯9里，北至草河15里	砍木人夫8名
	交家峪帽盔山地方山场	东至双岔沟25里，西至庙儿岭25里，南至石头城30里，北至清亮山15里	砍木人夫10名
	套岫峪地方山场	东至大山15里，西至白水寺沟掌15里，南至弟兄山20里，北至沟掌35里	砍木人夫10名
	凤凰城界南大石湖地方山场	东至车轮峪15里，西至襭襪峪20里，南至梨树甸子20里，北至獾子沟15里	砍木人夫32名
	锅铁峪地方山场	东至新边20里，西至旧边10里，南至帽盔山20里，北至大罗汉沟30里	砍木人夫17名
	安阳车头峪大西三道沟等处地方山场	东至佟家窝棚15里，西至草河10里，南至宣羊岭10里，北至分水岭5里	砍木人夫20名
开原所属	转乡湖地方山场	东至破槽子沟15里，西至庙岭5里，南至大岭10里，北至大河3里	砍木人夫5名
	夹砬子沟地方山场	东至二道沟7里，西至张大沟3里，南至砬丁沟3里，北至朝阳沟5里	砍木人夫6名
	英额河砬子大石头地方山场	东至磐儿岭10里，西至猴儿石10里，南至二道河15里，北至沟口3里	砍木人夫20名
辽阳所属	乱石沟榆树沟等处地方山场	东至大河20里，西至黑山背10里，南至大岭8里，北至滑皮顶10里	砍木人夫20名
	白石山砬子地方山场	东至秦椒沟25里，西至响水峪7里，南至黑山10里，北至猫儿沟5里	砍木人夫20名
岫岩所属	一面山地方山场	东至洋河25里，西至红岭25里，南至斗沟子20里，北至乌喇撒袋30里	砍木人夫20名
	岔沟地方山场	东至转乡湖10里，西至砬子山前阳12里，南至鸡冠子山18里，北至黑峪前阳25里	砍木人夫12名
合计	22处		402

注：本表据光绪朝《钦定大清会典事例》卷962《盛京工部·收支款项·木税》记载制。

从表5-5可见，由政府台丁砍伐的伐木山场仅仅是兴京所属的小夹河地方、那尔吙地方和梨树沟地方三处，这占到总数的14%；这三处山场的伐木台丁也仅有86名，仅占总数的21%。总之，承包的木商是盛京森林采伐的主体。光绪十二年（1886年），清政府在下令允许奉天府所属的家境殷实民人也可以承领官票，伐木输税。"奉天府所属边内山场附近殷实居人，有情愿砍木者，具呈盛京工部给票，砍木输税。给票之时，即知会盛京将军，饬令兴京、凤凰城等处城守尉不时稽查，如有违禁生事，及砍伐木植以多报少情弊，将领票商人，照例治罪；失察之城守尉监督等，一并题奏。"①

有清一代，清政府从盛京输送木材的路线是变化的。嘉庆十一年（1806年）之前，清政府采办木植是在柳条边外的百铃川山场，所伐木植从附近的太子河运至牛庄海口再转运为海运。道光二年（1822年）十二月，晋昌奏请盛京起运的木植改由岫岩大孤山海口转运。因为此次所办木植系在边外红土崖等处，附近外江不通内河，必须由浑、艾两江下运，经高丽沟，运至岫岩大孤山海口，再船载转运，方无窒碍。"若由山场运至牛庄海口，其中山岭间隔，沟涧甚多，实属纡绕难行。"他认为嘉庆十八年（1813年）的酌拨粟米运津，就是拨派天津宁河二县船只，驶至岫岩大孤山海口装载出口的，该条航线比较成熟。故此，他建议"此项木植，丈尺较大，由江运至海口，须俟水势深涌时，方可顺流挽运。请于明年春夏间，陆续赶运"。道光帝认为"奉天边外，天气偏寒，江河凝冻坚实，春融冰消较迟。若于河开时，即令商船来东守候载运木植，未免耽延时日。著晋昌于明年春夏间，察看浑、艾两江水势情形，随时严催，将木植陆续赶紧起运，不必拘定数目，先将运到若干根件，知照直隶。著颜检、委员分起拨船，仍由岫岩大孤山海口载运，以归简易。将此各谕令知之"②。

（二）木材市场和木税局

1. 清前中期东北地区的木税征收

清政府对东北地区森林资源收取木税主要有四个地区，分别是东三盟蒙地、盛京地区、吉林地区和黑龙江地区。

东三盟蒙地处蒙古高原、燕山山脉和大兴安岭山脉的交界处，从植被上看，该处为典型的林木—草地过渡带。在热河、克什克腾、乌兰布通等

<hr/>

① 光绪朝《钦定大清会典事例》卷942《盛京工部·关税·禁令》。
② 《清宣宗实录》卷47，道光二年十二月辛酉。

处，分布大片森林，产有黄松、红松、椴木、杨木、柏木等优良木材。早在顺治九年（1652年），清政府就允许商人自备资金，出古北、潘家、桃林等口前往东三盟蒙地采伐木植，并通过河流运往通州张湾地方，以满足京师工程用料。商人若要出口采伐木植，需先期到兵部呈报姓名、住址、邻居等信息，并要各商人联名甘结，方可获得采伐木植的批文。出关时，守关兵丁按批文详查出关人数；入关时，守关兵丁还须将入关木植数目报送兵部。"俟木植到日，部委官至通州张湾确估时价，部征三分，商给七分。"顺治十三年（1656年），改为"部征四分，商给六分"。顺治十六年（1659年），清政府还允许满汉官民人等均可出关采伐树木，但依然要到兵部备案，并由兵部给出长径尺寸。入关时，守关的兵丁依然要按照尺寸验收木植。等到木材运至通州后，官府还有按照十分抽取二分的比例收取税钱，并造册报部。顺治十八年（1661年），清政府又把税率改为"十一征收"。

康熙年间，清政府又把科尔沁蒙古地方、大青山和龙井口等处盛产木料地方纳入开发范围，并加大对喜峰口、蟠桃口、古北口等关口的木税管理。

雍正七年（1729年），清政府将大滦河和小滦河的税口移于潘家、桃林二处，统称潘桃口。该处木植多为黄松、红松等质地坚硬的优良大料，所收木税自然较多。至乾隆二十七年（1762年），该年经过潘桃口的木植共有516550根。[①]经过六十余年的采伐，到乾隆年间，东三盟蒙地的森林已经是"大小渐少，近处皆剩存细小木植"，蟠桃口收取的木税亦随之减少。乾隆五十二年（1787年），通过蟠桃口的木材仅有67000余根。至嘉庆元年（1796年），更是锐减至12000余根。[②]

古北口外的蒙地森林主要是松木。雍正八年（1730年）以前，该关口每年额征税银多达40341两。随着当地森林多年大规模砍伐，森林资源已经开始锐减，反映在该关口的木税，就是税钱的减少，即雍正八年"古北口一路，近年木植进关甚少，额征银一千十又二两五钱一分"[③]。这仅仅是以前税额的2.5%。至嘉庆七年（1802年），"该处商贩寥寥，无人领票办课，山场砍伐既久，近年以来，止有小民在附近各山采取柴薪。照例熟课，每

---

① 乾隆二十八年十一月二十一日大学士兆惠等奏折，参见《明清档案》台湾"中央研究院"历史语言研究所现存清代内阁大库原藏明清档案，档号：A204—84，B113917—113919，转引自邓亦兵《清代前期竹木运输量》，《清史研究》2005年第2期。
② 参见邓亦兵《清代前期竹木运输量》，《清史研究》2005年第2期。
③ 光绪朝《钦定大清会典事例》卷942《工部·关税·共关考复》。

年不过三四十两至五六十两等"。清政府只好自嘉庆七年起，将古北口的木税尽收尽解，不再定以额数。同时撤销了中央监督，改归地方管理。①

盛京地区的木税，始于康熙四年（1665年）。该年，清政府允许广宁、锦州、宁远、前卫等处居民边外采伐木植，这些地点位于辽西的大凌河和小凌河及辽河入海口处。这些河流的上游流经蒙古昭乌达、卓所图和哲里木盟。康熙二十二年（1683年），清政府开放了盛京佟家江地方的木植采伐。清政府对盛京地区木税的关卡多是设在重要的河流上。对"盛京浑河、即呼纳呼河、大凌河、小凌河、六周（股）河、太子河、清河、莺纳河、大庄河、碧赫河、归河、辽河、艾河、曹河"的各项木植，采取"十五取一"的征收税率。具体而言，即"大木每根征山分银六分，小木计价一两二钱，征山分银六分"。

乾隆三十七年（1772年），清政府调整了浑河征收木税的标准。改为"凡长七尺、厚一寸、宽五寸至九寸松木板片，每块酌定价银二分二厘；杂木板片，每块酌定价银一分二厘；长七尺、厚一寸、宽一尺至一尺九寸杉松杂木板片，每块酌定价银六分；长七尺、厚一寸、宽二尺至三尺板片，每块酌定价银一钱二分；车辕，每副酌定价银一钱六分；槽料，每副酌定价银一钱四分，俱照例每十五件抽分一件，按照定价折征银两。其余板料等项，按价复计。每银一两二钱，征山分银六分。其板片每厚一寸，递加一倍，复计征收"②。乾隆五十六年（1791年）奏准，浑河税口征收陆运木板，照依水运抽分之例，每十五块抽分一块。至道光十五年（1835年），浑河及辽阳、岫岩、凤凰、开原等四城木税，均征银二千余两。③

由于浑河是盛京地区最主要的木税征收关卡，我们考察其所征木料，便可由此窥测盛京地区的木材砍伐状况。据邓亦兵的统计可知乾隆年间浑河每年过关木料数额。

表5-6　　　　　乾隆年间浑河关卡过关木料数额统计表　　　（单位：根）

年代	数额
乾隆元年	114450
乾隆五年至七年	142500—50500
乾隆六年	251475

---

① 光绪朝《钦定大清会典事例》卷942《工部·关税·共关考复》。
② 光绪朝《钦定大清会典事例》卷941《工部·关税·盛京木税》。
③ 同上。

续表

年代	数额
乾隆八年	44370
乾隆十四年	70215
乾隆十五年	58545
乾隆二十四年	9096
乾隆二十七年	32700
乾隆三十一年	25215
乾隆三十二年	24150

资料来源：邓亦兵：《清代前期竹木运输量》，《清史研究》2005 年第 2 期。

从表 5 - 6 可见，浑河关卡在乾隆中期以前，几乎每年均通过 2 万根木料，特别是乾隆六年，更是达到 251475 余根的巨大数额。这些数字表明了清政府在盛京地区每年所砍伐的木料是相当巨大的。

吉林地区的木税，始自雍正十三年（1735 年）。是年，清政府在松花江上游的辉发、穆钦等处设立关卡，管理过往运输的木植，收取木税，税率为“十取其一”，并免征山分银，具体征收事宜，则交与地方官征收。乾隆十六年（1751 年）议准，辉发和穆钦等处木税，以 370 两作为定额。乾隆三十年（1765 年）议准，由吉林理事同知征收辉发河上游税银，每年仍以 370 两作为定额，如遇多收之年，俱令尽收尽解。同时，又议准，宁古塔征收木税，每年以 158 两作为定额。由此可知，宁古塔征收木税，始自乾隆三十年。迨至乾隆三十五年（1770 年），清廷再次议准，三姓地方开始征收木税，每年以 128 两作为定额。[1] 至此，吉林地区的辉发、穆钦、宁古塔和三姓四大木税征收关卡已经全部设立完毕。上述四处木税关卡的木税税率长期以来一直保持不变，但至同治初年，清政府突然大幅增加了辉发、穆钦等处木税的税额，甚至高达原来的十倍。同治四年（1865 年）奏准，“吉林所属辉发、穆钦等处木税，照定额三百七十两酌加十倍，以三千七百两为定额，盈余尽征尽解”。光绪四年（1878 年）奏准，吉林所属辉发、穆钦等处木税，是年征收盈余银 49 两，俟三年后再行定额。[2]

---

[1] 参见光绪朝《钦定大清会典事例》卷 942《工部·关税·共关考复》。

[2] 参见光绪朝《钦定大清会典事例》卷 941《工部·关税·吉林木税》。

表5-7　　　乾隆年间宁古塔、辉发、穆钦等关卡过关木料数额统计表　　（单位：根）

年代	数额
乾隆元年	27200
乾隆二年	28930
乾隆八年	23580
乾隆九年	23390
乾隆十二年	24010
乾隆十四年	29830
乾隆二十三年	22890

资料来源：邓亦兵：《清代前期竹木运输量》，《清史研究》2005年第2期。

　　上述各关征收的木植中，还不包括细小的木料。从表5-7可见，吉林地区的宁古塔、辉发、穆钦等关卡在乾隆年间，几乎每年的过关木料数额都保持在22000件以上。通过数据，我们可见，吉林地区每年采伐木料的数额相对稳定，其数量也较大。

　　与前面三个地区相比，黑龙江地区的木税征收则相对较晚。黑龙江地区的木税开始于同治二年（1863年），由呼兰旗署负责征收。该区木税的征收，与蒙古尔山的招垦密切相关。在招垦初期，黑龙江地方政府给开垦者以诸多优惠政策，其中一点就是不限制伐木。后经黑龙江将军奏准，伐木人领票入山而交一定税收。其税率是"木十根税木一根；十五根以上至二十根者，税二银；木数递增，税亦随之"。这种征收实物税的方式，到晚清时被改为税银。光绪二十一年（1895年），改为按木估值，量收银款，"每两加火耗二钱，为委员津贴费"。光绪二十七年（1901年），因庚子之乱，百姓生计困顿，暂停征税。光绪三十年（1904年），恢复木税征收，以浚饷源，并改为按价每吊征税钱一百文，由买主报纳。[①]

　　2. 晚清时期东北木材市场与木税局的设立

　　经过长期发展，东北逐渐形成了三大木料市场：一是距离浑河口岸较近的奉天府（沈阳）；二是鸭绿江出海口的大东沟；三是松花江畔的吉林。在铁路兴建之前，东北的河流是木料运输的主要途径，故此，连接山区林区和出海口的河流就成为木材运输的主要通道，而位于这些河流的主要城镇则成为木材聚集市场。

　　奉天府（沈阳）木材市场，分为城区市场和郊区市场，还有一些规模

———————————

　　① 参见《黑龙江志稿》卷22《财赋志·森林》。

较小的乡村市场。奉天府（沈阳）木材市场的主要供给范围是奉天府本地以及辽东半岛和辽西的锦州、山海关，甚至南至天津等地。该木材市场的木材主要是杉松（亦名白松）和红松两大树种。按照材质不同，木材分为上、中、下三等。一般而言，红松的价格要比杉松高出许多，就光绪二十四年（1898 年）城外市场价格而论，红松上、中、下三等价格依次为 350文、300 文和 200 文；而杉松的上、中、下三等价格则为 140 文、120 文和 100 文。至于城内的木材市场，则不分等级，采取均数，每寸红松的价格为 45 文，杉松每寸则为 350 文。从《东省林业》中的记载可知，1898年、1899 年和 1900 年三年，奉天府的输入木材分别为 7000 排、3500 排和 3200 排，而上述三年的输出外销木材则分别是 4000 排、3000 排和 2000排，由此可见，奉天府木料市场中大部分木材是外销的。①

大东沟和附近的安东木材市场亦为外销型市场，主要通过海运销售给烟台、营口、上海、青岛和威海等地。大东沟木材品种较多，主要是方材、板料和原木三种。方材，主要是红松（亦名果松），单位是付，每付为 11 根木材。每付为 9 料，一料为 60 寸，长 8 尺，木材的横截面为 60 平方寸。板料，红松每付（11 根）为银子 30 两，杉松的价格则为 15 两，柞木的价格为 30 两。板料的规格是，1 料为 70 寸，10 料为 1 付，11 付为 1联，5 联为 1 节吊，5 节吊为 1 木排。1 料的规格是横截面为 60 平方寸，长 8 尺。原木，主要是杉松，红松和其他树种较少。按照王长富的统计，安东每年约输入 120 个排，大东沟则是 2000 个排。②

松花江畔的吉林，是吉林省内的木料聚集地，这里接收的木料主要来自松花江上游林木。松花江上游采伐和运输而来的木料均是原木，运至吉林后，改锯成材，再由当地的木店和各地木商人在吉林设立的收购木植分店转运其他地方销售。具体而言，即每年夏秋之交，木商向木把购买大量原木，雇人用锯改成材，再行转贩。松花江上游下来的原木，除了新城和小城子有水运可以直达境外，其余大部分原木必须经由吉林一地改成木材，方能转而销售哈尔滨和长春等处。总之，松花江上游运至吉林的木材主要销售吉林、长春、哈尔滨、新城等地，再远则为奉天的朝阳镇、杨子哨等处。③

为加强管理，清政府在奉天府（沈阳）设立了木税总局，另在安东设

①　参见王长富编著《东北近代林业经济史》，第 43—44 页。
②　同上。
③　参见余树桓等撰《调查松花江上游森林报告》，载中国社会科学院中国边疆史地研究中心主编《清代边疆史料抄稿本汇编》第 6 册，线装书局 2003 年版，第 120 页。

立木税局。光绪四年（1878年），清政府又在大东沟设立木税局。木税局的作用主要是收税，税率是按照不同木料分为上、中、下三等，即楸木、椴木、柞木和榆木（亦名山榆）为下等木，每料收税1吊440文；红松、杉松和楚榆（亦名檀木）为中等木，每料收税1吊920文；黄花松（亦名落叶松）、赤柏松和雪松为上等木，每料收税3吊480文。① 清政府从东北林业开发中获得了大量税银。木税已经成为晚清政府重要的税收来源，所以清政府不仅对东北森林实行开禁，而且积极鼓励伐木事业。光绪三十年（1904年），员外郎魏震在长白山考察林业时就在日记中写道："东边木植税为奉省入款第一大宗。"②

此外，吉林省也在吉林城内设立木税总局，并在伊通河、岔路河、双阳河和发特哈门四处交通要地设立分局。鉴于以前的木税管理较为混乱，吉林将军铭安于光绪四年（1878年）奏请，改由吉林将军派员经征。③ 具体的征收税率则以买卖价格收取百分之一点五的税费。光绪三十三年（1907年）、三十四年（1908年）时，每年可收取吉钱三十余万吊，此后的三年有所减少，每年仅十余万吊。④

（三）木植公司

光绪年间，为加强对东北森林资源的管理以及防御沙俄和日本对东北森林的掠夺性采伐，清政府前后设立一些木植公司。光绪十八年（1892年），清政府创立鸭绿江木植公司，开发鸭绿江沿岸的森林。光绪二十四年（1898年）⑤，黑龙江将军恩泽鉴于俄人入山伐木威胁到旗民围猎生计，便采纳屠寄的建议，在齐齐哈尔创办黑龙江木植总局，开发大小兴安岭一带的森林。⑥ 光绪二十八年（1902年），东边道袁大化在安东创建东边道木植公司。该木植公司系官商合办，额定资本20万两，隶属东边道管理。

① 参见《鸭绿江林叶志》，转引自王长富编著《东北近代林业经济史》，第45页。
② 庄建平主编：《近代史资料文库》第3卷《南满洲旅行日记》，上海书店出版社2009年版，第489页。
③ 参见《吉林通志》卷43《经制志·征榷》。
④ 参见余树桓等撰《调查松花江上游森林报告》，《清代边疆史料抄稿本汇编》第6册，第118—119页。
⑤ 关于黑龙江首次设立木植公司的时间，仅在《黑龙江志稿》一书中就记载不一，在《外交关系》中记载为光绪二十七年，在《木税沿之革》中则记载为光绪二十一年，而在《附录》中又记载为光绪二十四年。三者中以第三个时间最为详细，即光绪二十四年十月十四日，且《黑龙江志稿》中注明此时间来自《抚政略》。笔者认为，在这三个时间中，以光绪二十四年的时间最为精确，且表明了具体而详细的文献来源，故采用光绪二十四年之说。
⑥ 参见《黑龙江志稿》卷22《财赋志·森林》。

其管理办法为公司以资金借贷给伐木人夫和木把头，木商则予以保护和监督；对买卖木材者，公司则收取一定税收。为争夺森林资源，沙俄违背国际公法，派员驻浑江流域的通化，设立森林会社以采伐森林。翌年（1903年），中国商人还与日本人合作，在朝鲜京城设立义盛公司，以对抗沙俄设立的森林会社。①

光绪三十一年（1905年），黑龙江地方政府又在索伦山之阳的绰尔河成立祥裕木植公司，采伐布特哈西界绰尔河及索伦山一带森林。② 次年（1905年），又在黑龙江成立扎兰屯森林木植公司。光绪三十三年（1907年），吉林地方政府设立吉林勤业道，创办了吉林林业公司，下设土龙山和四合川（五常、穆棱境内）两个分局，以开发松花江上游的森林。③ 宣统元年（1909年），奉天省又成立了通原、朝阳、铁嫩、茂源、通森、兴东等木植公司。④

三　森林资源的减少

清政府为了满足官府建筑的修筑需要，以及征收更多的木税，以增加财政收入，而放任采伐森林资源，造成森林采伐区的林木大幅减少。东三盟蒙地及热河地区的森林减少，已经在蟠桃口和古北口所征收木税的大幅减少中反映出来。辽西诸多山脉上原来郁郁森森的林木，也已变成荒山秃岭。乾隆三十九年（1774年），高朴从沈阳返回京师看到当地百姓随意砍伐树木，不注意栽植树木，奏请政府约束百姓肆意采伐树木，珍惜山场。他指出，"沈阳以西，广有崇山，不生树木，是以闾阎甚乏柴薪。自沈阳以南至岫岩，一路峰密竞秀，桢干成林，气象甚为丰厚，但居民过恃木植之有余，遂至烧秸粪田，不知爱惜，而斧斤任意伐树连根，以致间有空山"。经过询问得知，主要是随着近年来当地人口增多而致。鉴于当地百姓肆意砍伐之风"相沿日久，林木萧疏，则南城缺少柴薪，渐与西城无异，不可不再行严禁"。高朴建议"嗣后树木茂密之区，除领有官票者砍伐在所不禁外，其余樵采柴薪，只准削取枝柯已堪敷用，毋许连根伐树顿绝滋生，并令该管官严行查禁，不时稽查，如仍蹈前辙，立即严拿治罪。

---

① 参见《奉天通志》卷118《实业·林业》。
② 参见《黑龙江志稿》卷22《财赋志·森林》。
③ 参见日本产业调查会满洲总局编《满洲产业经济大观》，载吉林省图书馆特藏部编《伪满洲国史料》第4册，全国图书馆缩微文献复制中心2002年版，第284页。
④ 参见张文涛《清代东北地区林业管理的变化及其影响》，《北京林业大学学报》（社会科学版）2010年第2期。

倘别经指出，惟该管官是问"。以此"预为限制，则旗、民俱知撙节而山木亦愈丰盈"①。光绪三十一年（1905年），魏震在前往奉天调查长白山森林资源时路过辽西，他就看到："远山迤逦不断，皆童山无树木。"②

奉天地区自兴京以东，多是采伐山木之地，光绪三十一年（1905年），魏震在调查中发现，"自兴京来沿路堆积木植，随在而有。询系由老岭一带砍下，候浑河水涨运至辽阳"。而他还见到沿途乡民房屋、燃料、垣墙，甚至"鸡栖豚栅界树木为之"③。奉天东部山区林木采伐之巨大，由此可见一斑。清代中叶以前，长白山一带属封禁之地。"相传道光二十五年（1845年）间，有山东某有力者，在瑷河与鸭绿江合流处马市台（安东上流三里）附近，征收从上流输出之木枕，惟于记载无征。其时，采木尚无专业，木把尚无团体，一般农民于收获之闲，偶有采伐，以供薪而已。至光绪三四年间，政府始于鸭绿江口大东沟择地设立木祝局，征一定之税，因而奖励伐木事业。"④

随着对森林采伐日多，伐木人夫进沟采伐的距离越远，如临江县头道沟，"现时（光绪三十一年），沟内已砍至深处"⑤。魏震经过实地调查发现，由于长期采伐，鸭绿江右岸长白山各山沟内的伐木地点已经距离沟口有数十里之遥。"三道沟至蚂蚁河迤北产木处，距沟百余里；四道沟产木处，距沟口二十余里；五道沟梨树沟上产木处，距沟口四十里；六道沟老虎洞沟产木处，距沟口四十余两；七道沟大碱场北产松木处，距沟口五十余里；八道沟漏河盖产松木处，距沟口六十里；十二道沟产松木处，距沟口四十余里；十三道沟产松木处，距沟口三十余里；十四道沟产小木料处，距沟口三十里；十五道沟产松木处，距沟口五十余里；十六道沟产松木处，距沟口四十里；十七道沟产松木处，距沟口七十余里；十八道沟产松木处，距沟口六七十里；十九道沟产松木处，距沟口五十余里；二十道沟产红松、黄花松处，距沟口三四十余里；二十一道沟产黄花松处，距沟口二十余里；二十二三道沟产黄花松处，距沟口二十里。"⑥ 不仅如此，由于沟深路远，伐木人夫为了采伐和运输尺寸较大的木料，而肆意将大树周

---

① 中国第一历史档案馆：《朱批奏折》，档号：04—01—24—0063—030，《高朴奏为珍惜山场请禁伐树连根情形事》，乾隆三十九年十二月十五日。

② 庄建平主编：《近代史资料文库》第3卷《南满洲旅行日记》，第485页。

③ 同上书，第498页。

④ 《奉天通志》卷118《实业·林业》。

⑤ 庄建平主编：《近代史资料文库》第3卷《南满洲旅行日记》，第508页。

⑥ 同上书，第523—524页。

边的小树砍倒，任其腐烂于道旁。对此，目睹伐木民夫采伐过程的魏震不禁感叹道："从兹纵其斧斤，数十年后必至如牛山之濯濯矣。"① 总之，清政府管理下的采伐活动，也在很大程度上消耗了大量森林资源，尤其是伐木人夫的不科学砍伐方式，不仅砍伐了大件树木，更是破坏了很多幼小的树木，不利于森林的正常成长。

这种状况不局限于奉天东部的长白山一地，吉林省东部松花江上游的森林状况也是如此。清末民初，余树桓在实地调查松花江上游的森林资源时就亲见这种情况。"滨河及陆运交通便利的斜野林木半砍伐殆尽。凡现在木把从事砍伐之林，陆运至远者约七八十里，近者一二十里。至于距水较近之地，大都远在上游。"② 长白山脉余脉的小白山区，"运道较便，浓绿蔽野之杉棵松早被砍伐，行将相继告尽矣"③。锦漫两江地区，"因历经参户择优砍伐，现在殆尽属阔叶类之椴、榆、白桦等。针叶类之残余者，仅臭松冈纵横之臭松林而已"。"汤河、松香河为头道江，运道较便之地，适用之材久为木把砍伐，各沟岔之针叶林木几如凤毛麟角，不可多得，惟有柞、椴、榆、杨散见于陀陀起伏间而已。"娘娘库河流域的"二道沟开垦已久，森林稀疏，惟近老岭三十里许，渐有森林之存在，但不繁密"。富尔河"沿河平壤渐经开垦，附近之林任其砍伐，即阔叶林无多，矮小参差，大有通神濯濯之概……至蒲苓诸河，向称松木密茂之区，近已砍伐净尽，更越岭而采及牡丹江流域之木矣"。葛顺河流域的五道阳岔距二道沟二十里之间，"已被木把砍伐，余者仅臭松、鱼鳞松及他种阔叶树耳"。④总而言之，清政府管理下的森林砍伐，特别是对黄花松和红松等优质木材的砍伐，造成上述树种的分布范围大幅减缩。

第五节　珍稀生态资源的锐减

在大规模和大范围放垦前，东北地区，特别是奉天东部、吉林和黑龙江多有茂密森林。栖息在密林中的动物不仅种类繁多，数量也较大，其中的一些珍稀动植物更是成为贡品。然而，随着围场和官荒的开禁，人民砍

① 庄建平主编：《近代史资料文库》第3卷《南满洲旅行日记》，第519页。
② 余树桓等撰：《调查松花江上游森林报告》，载《清代边疆史料抄稿本汇编》第6册，第56页。
③ 同上书，第67页。
④ 同上书，第70、74、82、84页。

伐树木，开垦土地，极大改变了原来的生态环境，造成很多动植物的消失，改变其栖息地是动植物和珍稀鱼类资源消失的主要原因之一。另外，人类对诸多野生动物的狩猎、对鱼类的捕捞以及对珍稀植物的采挖，则对其生存带来了最直接的威胁。以吉林省为例，"本省既多森林，故动物亦伙。惟自开辟以来，斧斤不时入山林，猎犬不时而奔驰。网罟频施，牧业不讲。鸟兽随森林以渐稀，渔牧几将绝无而仅有"①。应当指出，这里所说的生物资源锐减，并不是指东北所有地区全都出现这种现象，而是指在一些人类活动增强的地区。

一　虎、貂等动物资源

清初，东北虎的分布几乎遍布东北地区的山林。曾有学者认为"历史上，东北虎曾广泛分布于亚洲东北隅的黑龙江、松花江和乌苏里江两岸各林区"②。笔者认为，迟至乾隆时期，蒙古东南部的木兰围场就有一定数量的东北虎分布。综合各种记载和学界研究③，笔者认为，清初时期的东北虎活动范围极广，东至黑龙江下游，南至朝鲜半岛北部，西至贝加尔的雅布洛诺夫山麓，北至黑龙江北岸的外兴安岭。

清代东北虎数量的减少，一是由于人类的猎杀；二是人类对山林的采伐和开垦，破坏了东北虎的栖息地；三是人类对东北虎食物的狩猎，破坏了东北虎的食物链。原本是东北虎活动地区，现已很难发现东北虎的踪迹，这说明东北虎的数量或许已经大为减少，或者是其分布地区已经大大退缩。东北虎数量的减少，我们目前很难能从资料来具体说明，但是史料中有很多东北虎被猎杀的记载。前文已对康熙、乾隆帝以及清朝贵族在木兰围场和盛京、吉林等地狩猎中，猎杀大量东北虎进行了详细论述，笔者在此不再赘述。这里主要对学界着墨较少的俄国人猎杀东北虎做一些论述。

随着中东铁路的修建，众多俄国筑路职员和所谓二万五千余名俄国护路军沿着铁路一线不断深入东北各地，他们自满洲里开始猎杀东北虎。俄军军官尼·阿·巴依科夫曾在《在满州里的深山密森中》一书中记载："受俄罗斯科学院的指派和命令，在对远东二十年的考察时间里，我花费了大量时间在这一荒凉的地区追猎大型猛兽。当然，首当其冲的就是满洲里原

---

①　《吉林新志》，第70—71页。
②　赫俊峰等：《东北虎分布区的历史变迁及种群变动》，《林业科技》1997年第1期。
③　参见马逸清《东北虎分布区的历史变迁》，《国土与自然资源研究》1983年第4期。

始森林之王——老虎，而且猎虎还是在各种条件、各种形势下进行的。"①

俄国人通常使用现代化猎枪和军用步枪，甚至毒药来猎杀东北虎，再把虎骨卖给当地药材店，虎皮流入宁古塔、吉林、齐齐哈尔等地的皮货市场。当时，一张虎皮的价值通常在 200 元至 300 元（华俄银行发行的纸币）之间，而黑虎皮更贵。成年雄虎要比母虎及幼虎价值更高。另外，雄虎的胡须、心、血、骨头、眼睛，甚至是虎鞭均可单独出售。俄罗斯猎人每年通常会在吉林省宁安及珲春等地猎杀五六十只东北虎。俄国人对东北虎的疯狂猎杀，导致了东北虎数量锐减。迨至 1912 年，俄国猎手仅能打到约六十只东北虎。②

另外，人类大规模采伐森林和猎杀其他动物，也严重影响了东北虎的栖息地和食物。在人类活动的强力干扰下，东北虎的数量已大大减少，分布区也大幅缩小。东北史籍中的记载比比皆是，"千山中昔年有之，今不见"③。"旧记呼兰多虎……在昔田野未辟，林木蓊蔚，固宜有之，自放荒后人烟渐密，阡陌互连，村屯相望，于呼兰境内亦俱绝迹。"④"虎，猛烈之兽，质斑，尾长，纵跃数丈，鸣震山谷，古有而今不概见。"⑤吉林"山地各县偶一见之"⑥。

不仅东北虎的命运多舛，其他野生动物也是如此。清初，奉天东部山区盛产貂，但在人类的捕杀下，并随着山林渐被人民砍伐，貂鼠失去了栖息地，很多原本产貂之区已不见貂的踪迹。凤凰城地区在"光绪初，山林尚有此种，今无矣"⑦。向来为产貂重地的黑龙江西部山区自清中叶开始"招垦，山荒榛芜日辟，岁虞岁产遂日以稀，搜猎既穷，购索匪易"，貂鼠"捕猎愈难，爰辗转购自邻省以求足额，较之内地采办腾贵倍之"⑧。"布特哈、墨尔根各城，荒芜渐辟，貂兽绝迹。"⑨野生动物数量锐减已成为清末黑龙江省不得不面对的现实。

晚清时期的吉林各地，豹子，"森林中偶有之"，狼和狐狸也是"不

---

① 转引自郭宣《中东铁路：东北虎的死亡轨迹》，《看历史》2010 年 7 月刊。
② 同上。
③ 《奉天通志》卷 111《物产·动物·兽属》。
④ 廖飞鹏修：《呼兰县志》卷 6《物产》。
⑤ 侯锡爵修，罗明述纂：《桓仁县志》卷 8《物产志·动物》，成文出版社 1929 年版，第 159—160 页。
⑥ 《吉林新志》，《长白丛书》第 2 集，第 71 页。
⑦ 《奉天通志》卷 111《物产·动物·兽属》。
⑧ 《东三省政略》卷 8《旗务·黑龙江省·纪贡貂请缓》。
⑨ 《清德宗实录》卷 568，光绪三十二年十二月乙丑，第 62443 页。

多"，猞猁狲更是"现已不常有"①。吉林"各处荒地招放开垦后，山林伐尽，遍处人烟，野牲逃匿，以致鹿茸及各色皮张递见少出"②。随着人烟日盛，东三盟蒙地的大片牧场和林地被放垦，栖息于此的野生动物也日渐稀少。以往蒙古人有在春夏秋间弋猎的习惯。然而，随着野生动物的减少，蒙古人弋猎的习惯也只好中止。"狼鹿非集多人不能弋猎，虎豹近亦稀少，冬则闭户闲嬉而已。"③总之，在人类的强力干扰下，东北地区的一些野生动物濒临绝迹或者陷入急剧减少的状态。

二　人参、甘草等野生药用资源

在东北莽莽山林中和广袤无垠的大草原上，生长着很多野生药用植物，如人参、甘草等。这些药材对人类的健康大有裨益，野生药材的药性则更好，吸引了政府官方和普通民人的大量采挖。

野生人参对生长环境要求很严。它适于生长在林间岩下的腐殖土层较厚的地方，要求含水和排水条件较好，气温较低，不超过30摄氏度，每天要求三至五小时的弱光照射。如此严格的生长条件，决定了野生人参的生长范围最适宜在东北的长白山区、张广才岭、千山山脉、小兴安岭、伊勒呼里山和锡赫特山等地。一般而言，野生人参需要生长几十年乃至上百年才能入药，而年数越多，人参体格越大，药性越高。④清政府多次组织官方大规模采挖野生人参，而东北地方政府更是担负沉重的贡参任务。在巨大利益刺激下，很多勇闯东北的内地流人不惜冒险，潜入深山老林，偷采人参。在政府官方和民间私人的双重采挖下，盛京东北部产参区的野生人参资源首先告罄。

康熙、雍正年间，东北南部的野生人参资源基本无存，官府采参地区已经向北延伸至乌苏里江和绥芬河流域的长白山深处。虽然长白山和黑龙江的蒙古尔山地区尚存一定数量野生人参，但这种巨大的采挖规模和快速的采挖速度，超出了野生人参的正常生长。清政府曾一度停止采挖，实行歇山制度。虽然官方采挖行为受到一定限制，而民间私采行为却不能得到有效制止。高额的利润对流民的刺激是巨大的，很多流民还是冒着清政府

---

① 《吉林新志》，《长白丛书》第2集，第71页。
② 水电部水管司科技司、水电部研究院编：《清代辽河、松花江、黑龙江流域洪涝档案史料》，中华书局1998年版，第126页。
③ 《东四盟蒙古实纪》之《蒙人之生计》，载内蒙古图书馆编《内蒙古历史文献丛书》之四，第180页。
④ 参见丛佩远《东北三宝经济简史》，农业出版社1989年版，第6页。

的严厉封禁，潜入参山，私采偷挖。乾隆四十七年（1782 年）七月，乾隆帝曾下令东北参山封山停采。不过次年（1783 年）七月二十二日，吉林将军庆桂就奏称拿获私行挖参之人多名。乾隆帝对此甚为震怒，"吉林乌拉等处私行挖参之人拿获如许之多，则盛京等地，亦必有似此偷行挖参之人，何不严加缉拿？"他指出，"封山停采，盖为使参生长粗大。今吉林乌拉等处拿获私行挖参之人百余，恐深山之内，官兵查缉未至之处，仍有偷挖者。倘若如此，岂非徒有封山之名而无实效，反令不肖之徒得以侥幸耶？尚不如仍发放参票也。著自明年始，仍行开采。除另行饬谕该部外，其发放参票事宜，今起即行传令，方及办理。著将此寄信永玮、庆桂，一面严行查拿私行偷挖之人，一面将明年采参之事，妥办具奏"①。这样，封山停采仅有短短一年，便因民人私采而迫使清政府改变政策，政府放任采挖。此外，很多山林被开垦成农田，也破坏了野生人参的生存环境，造成野生人参的灭绝。黑龙江"蒙古尔山南北次第开放，垦为熟地，无参可采，惟木兰所属之青山、玉皇阁山有之"②。

随着野生人参的不断消亡，人工栽培人参便应运而生。最初是把不堪药用的野生人参幼苗移栽，俟年久取出，是为"秧参"，又称为移山参、蹲树、秧移、海货等。这种人参需要"五六十年后始取之，其六七年取者为秧子参，品最逊亦"③。这种集中栽培的地方，一般叫作棒槌营。还有一种方式则是把野生人参的种子在人工模拟野生环境中培育，即"但莳其籽"培育而成，是为"籽参"，又称种参、养参、园参。这种纯人工育苗和培植生长的方式，技术要求较高。经过长期探索和总结，参农形成了一套比较科学的栽培方法。"种植时，先于森林中择土性相宜处，刊木起土尺许，搅之松细，阔五尺，长三丈为一畦，预将参子窖地一年，名曰发参子。次年将子漫散畦中，覆以土。出苗后三四年，至秋九十月，又移植他畦，成垄排列。插时复用七尺五寸高之板棚，盖其上，往时多有用布者，今鲜矣。每年择春秋两季，揭板三五次，并当连绵细雨时，放雨一二次，皆有程期，过则倒烂。"④ 这些人工栽培的人参，也往往在远离城镇的深山之中，主要在汤河、通化城南大小庙沟和安图县境内。人工栽培人参，是广大参农勤劳和智慧的结晶，但更是东北野生人参资源不断匮乏导致的无奈之策。

①　中国第一历史档案馆编：《乾隆朝满文寄信档译编》第 16 册，第 625 页。
②　《黑龙江志稿》卷 14《物产志·植物》。
③　同上。
④　《奉天通志》卷 110《物产·植物下·药属》。

甘草，叶为羽状，复叶，夏日开淡红花，花冠如碟形，簇聚成穗，其地下根及茎皆可入药①。其"根大者重八、七斤不等"②。甘草的药效主要是止咳。外国人除了提取其精华制成止咳药外，还将之掺入口香糖、烟草、酒等物品中，作为调味制剂。近代以来，欧美国家对甘草的需求量很大。晚清时期，东蒙古地区的甘草就早已出口，史载"甘草为洮南、靖安、开通、瞻榆等县大宗特产，辽源县为运销中心"③。

甘草多生长在干旱、半干旱的荒漠草原、沙漠边缘和黄土丘陵地带。东蒙及热河北部赤峰一带所产尤其旺盛。另外，昭乌达盟的敖汉旗中北部、赤峰东部、奈曼旗南部，哲里木盟的科尔沁左翼和库伦旗，也盛产甘草。由于国际市场对甘草的需求甚旺，很多人聚集在东三盟大肆采挖，使得当地甘草资源很快被挖掘殆尽。"甘草既皆野生，近年采掘过多，故产额渐减，而采掘之区乃愈推愈广。"据1917年蒙藏院的实地调查，扎鲁特右旗的"土产甜草（即甘草）现已采尽"④。扎鲁特右旗在赤峰所属的翁牛特旗以北，既然当地甘草资源已经如此，那么赤峰以南、以东广大地区的甘草资源就可想而知。

东蒙地区的甘草采挖，不仅造成了甘草资源的锐减，更造成两地草原沙漠化。因为甘草的药用部分是根部，而根部因为生长在干旱环境中，向下生长得特别深，一般有一米左右，有的甚至达三四米。采挖甘草人员为采挖到完整的甘草根，必须挖掘又深又大的土坑。这样，每采挖一根甘草，就必须把甘草附近的植被和土层翻掘出来，从而大大破坏了当地的草原生态环境。更有甚者，一些采挖人员先挖取一个土层界面，然后依此向前掘进，这样就把甘草周边的土层完全搅动了⑤。当地地质特点是上部为土层，下面便是沙砾层。如此大范围的土层搅动，就把下层的沙砾层暴露出来，在风力的作用下，沙地便逐渐形成。所以，东蒙地区的甘草采挖对生态环境危害极大。

三 东珠、鲟鳇鱼等珍稀水产资源

东珠，主要产自东北江河水系中的蚌和蛤两种贝类，前者为椎状，稍

---

① 参见《黑龙江志稿》卷14《物产志·植物》。
② 《奉天通志》卷110《物产·植物下·药属》。
③ 同上。
④ 蒙藏院总务厅统计科编印：《蒙藏院调查内蒙古沿边统计报告书》之《扎鲁特旗》，1919年版。
⑤ 参见闫天灵《汉族移民与近代内蒙古社会变迁研究》，民族出版社2004年版，第432页。

长；后者为马蹄状，稍圆。蚌和蛤的自然产珠，非一朝一夕之事，需要长年生长，方可生产东珠，而颗粒较大、形态较圆的上好东珠，更是不易多得。康熙、乾隆年间采捕活动较多，严重破坏了蚌、蛤的正常生长，导致东珠的质量和数量均大幅下降。乾隆四十五年（1780 年）十一月初八日，乾隆帝指出，吉林将军和隆武进呈所采东珠内无上乘者。从前福康安奋勉办理，所采进东珠，亦无上乘其大者，较先年逊色。他认为，这或许是因为每年无休止采猎，不能生成所致。"若今暂停采猎，使之生成数年，此间彼处不肖之徒私行偷采，官采虽停止，仍不能生成。"他谕令和隆武："暂停采猎，于事有无裨益，其生成期间，如何杜绝彼处人等偷采，著由和隆武处核定，具奏请旨。"①

自乾隆四十六年（1781 年）开始，清廷开始暂停采捕的规定，这与人参暂停采挖类似，此次停采历时五年之久。自乾隆五十一年（1786 年）又开始了采捕。不过，乾隆六十年（1795 年），乾隆帝对所贡东珠质量又不满意。"近几年所进之东珠、珍珠，乃一年不及一年，本年所进之东珠、珍珠尤次，全属不堪。"他要求吉林将军秀林"将近年所采获之东珠、珍珠，何故如此质次，或未留心查办之处，据实奏明"②。其主要原因并不是乾隆帝认为的民人私自采捕东珠，而是官方连续不断大规模采捕。至嘉庆四年（1799 年），这次采捕活动已经持续了十五年之久。经过持续不断采捕，东珠资源再次陷入锐减的境地。为此，嘉庆帝谕令，自嘉庆五年（1800 年）开始停采三年，"以资长养"③。经过一段时间的采捕后，清廷发现吉林所贡东珠仍然颗粒甚小，多不堪用。道光七年（1827 年），清廷谕令再行停止采捕三年，"俾蛤蚌得以长大"④。虽然清政府采取了一段时间的"休捕"行为，但是"休捕期"过后的采捕依然过量，或者因为珠粒太小或成色不好而将蚌、蛤杀死，这无疑就大大影响了蚌、蛤的生长速度，故而，到光绪年间，东北已经出现了无蚌可捕、无珠可贡的地步。

光绪二十一年（1895 年），吉林地区已没有鲟鳇鱼，其采捕地点已经向北转移到阿城、三姓地区。⑤ 自光绪二十九年（1903 年）开始，打牲乌拉

---

① 中国第一历史档案馆编：《乾隆朝满文寄信档译编》第 14 册，第 710 页。
② 中国第一历史档案馆编：《乾隆朝满文寄信档译编》第 24 册，第 473 页。
③ 《吉林通志》卷 2《圣训志二》。
④ 《吉林通志》卷 3《圣训志三》。
⑤ 参见中国第一历史档案馆《吉林打牲乌拉档》，档号：J001—21—2020—1，《吉林将军为乌拉总管派员前往阿姓等界采办鲟鳇等鱼勿任阻挠事给三姓等副都统咨文》，光绪二十一年九月二十日。

已经不能在吉林省境内捕捉到足额的鲟鳇鱼了。① 此后，更不能足额完成任务。② 宣统三年（1911 年），打牲乌拉衙门只好派员到黑龙江购买鲟鳇鱼以充贡品。③ 鲟鳇鱼采捕地点不断向北转移，充分说明东北地区河流内的鲟鳇鱼资源已经不断萎缩。"今距海较远之河流中，是鱼已将绝矣。"④ 此外，由于流民采金、开荒等活动严重干扰了细鳞鱼的栖息环境，河流污染加剧，导致一些原本出产细鳞鱼的河流不能生产细鳞鱼。史载"同治五年因出荒，上江沿河两岸，招聚佃民开垦，并被金匪刨挖河底，不产细鳞鱼尾"⑤。采捕细鳞鱼的人员也只好向人烟稀少的牡丹江、舒兰河等地转移。

四　禁山的维护与最终解禁

随着东北垦荒的逐步开展，原本荒芜之地变成农田，而垦荒之地也日渐逼近禁山。为保护禁山，清政府曾划定保护范围，并一再严令东北地方官员加强巡守，驱逐潜入禁山的民众，甚至对违禁的官员、驿站站丁、旗人也严加惩处。

道光九年（1829 年），盛京官兵在陵寝照山的烟囱山山坡上发现有居民居住并开垦地亩，遂将其平毁。道光帝谕令盛京地方官在烟囱山周围安设红桩，以定界线，禁止樵采。盛京地方经过勘定，将烟囱山北面自姜徒伙洛东山角起，至白旗沟西山角止的十里之境化为禁山边界，将山坡上下所开田地 2853 亩一概平毁，另筹官地拨给；将山坡上旗民住房 52 间及山下旗民住房 208 间全部拆毁，给银补偿择别处另建。拆迁完毕后，在山脚下安设红桩，以清界线。虽然划定了禁山界限，但仍有民人不断潜入。道光三十年（1850 年）三月，清军在巡查中就抓获砍树垦地的民人迟文洪、于洪等若干人，并将农田平毁。在严惩抓获的民人后，还将该处失察的兴京城守尉、通判、界官等官员议处。⑥

① 参见中国第一历史档案馆《吉林打牲乌拉档》，档号：J001—29—1628—1，《打牲乌拉总管衙门为报亏短鳇鱼无处采办事给吉林将军呈文》，光绪二十九年十一月初一日。

② 参见中国第一历史档案馆《吉林打牲乌拉档》，档号：J001—33—5969—1，《乌拉翼领为报亏捕贡鱼事给吉林巡抚部院呈文》，光绪三十三年九月十一日。

③ 参见中国第一历史档案馆《吉林打牲乌拉档》，档号：J001—37—5239—1，《吉林行省为打牲乌拉派员赴沿江一带采买进上鳇鱼札各处勿阻挠事给黑龙江行省衙门咨文》，宣统三年九月二十四日。

④ 刘爽：《吉林新志》，吉林文史出版社 1990 年版，第 127 页。

⑤ 《打牲乌拉典志全书》，《长白丛书》第 2 集，第 97 页。

⑥ 参见中国第一历史档案馆《朱批奏折》，档号：04—01—01—0845—007，《盛京将军奕兴盛京户部侍郎兼管奉天府尹书元奏为在禁山界内拿获偷木开地人犯迟文洪等送部严审治罪请旨将失察各官交部议处事》，道光三十年四月二十二日。

　　不仅盛京如此，吉林也是这样。道光二十一年（1841年），吉林官兵在卡伦外舒兰等六处禁山拿获刨地、种菜、挖窖、烧炭之民人3名。虽未在凉水泉附近53000余垧禁荒界内发现人员潜入，但清廷认为吉林所属封禁山地难保无外来游民潜入偷垦，遂要求吉林将军每年年终奏报一次，可是往往变成年例具文虚应。经此事件，道光帝要求吉林将军经额布到任后要随时严查，不必拘定日期，务必据实办理。经额布一面派遣理事同知常山前往凉水泉荒地查勘，一面派协领富尼雅前往卡伦外舒兰、霍伦、杉松背、乾棒子河、荒沟、土门子六处禁山巡查搜捕。不久，富尼雅奏报，在霍伦、杉松背两处发现旧草窝棚、鹿窖，抓获砍木偷垦地亩的民人马连富等10名。在此次巡查中，清军还发现距离舒兰等六处禁山六十七里的额赫穆拉法退博驿站北界冷风口、头道沟、二道沟、乱插顶子、威虎河、苇塘沟、额勒赫北沟、平底沟八处有183户流民在此搭盖窝棚、砍树、垦地。鉴于该地毗邻禁山山场，官兵欲将民众驱逐。可是驿站笔帖式恒山却声称这些民众是站丁旗人招垦而来。清廷认为，虽然道光十八年（1838年）前任吉林将军祥康准令该站站丁在大道两旁附近不碍禁山之处耕种随缺地亩，却不准砍伐木植越界开地，遂将这八处民众强行驱逐，烧毁其所住窝棚，并将违例招佃的站丁旗人查明严惩。①

　　清政府加强对禁山维护的过程中，一些巡山官兵往往草营人命，酿起事端。光绪元年（1875年）九月，佐领成林在巡查舒兰禁山过程中，索要钱财，强行驱逐潜入的民众，将民人董九弼殴打致死。虽然清政府将成林治罪，但也严惩了潜入禁山的众多民众。②

　　阿勒楚喀所属玛延河东岸之流黄泥河迤南至东亮子河地方，早年是阿勒楚喀采参山场，自咸丰年间停票以来，挖参刨夫遂就地垦荒谋生。光绪五年（1879年），清政府对该地区清查时发现该地已聚集男女5700余口，开垦熟地25000余亩。山外鲟头泡地方也有大量荒地可以放垦，可垦地20余万亩。然而，三姓副都统长龄认为，玛延河东岸原系三姓副都统管理地界，与采取贡品桦皮的二吉力楚山、草皮沟、罗拉密山均属毗连，如若招

① 参见中国第一历史档案馆《朱批奏折》，档号：04—01—01—0805—039，《吉林将军经额布奏为遵旨委员查明舒兰等六处禁山据实办理事》，道光二十二年十二月初七日。
② 参见中国第一历史档案馆《朱批奏折》，档号：04—01—26—0075—005，《署理吉林将军古尼音布吉林副都统玉亮奏为审明佐领成林娈赃逃后投回并私占禁山垦地各犯按律定拟事》，光绪二年八月十一日。

佃垦荒，唯恐妨碍贡品采取和旗丁生计，奏请严行封禁，以示慎重。[①] 最终，鳊头泡一带放垦被停止。

不过在东北更大范围内放垦的大趋势下，很多地方日渐放荒，维护禁山与放垦之争由此产生。放荒筹款的一方坚持应将山荒尽量多放，以筹集更多资金，而采捕贡品的机构则尽可能维护原来的禁山范围，或将树木茂密之处也纳入禁山。光绪三十二年（1906 年），吉林荒务局放荒委员盛文瀚认为拉法站的西侧土山红松已被砍伐殆尽，应被放垦。东侧土山虽经多次砍伐，尚存树林，可以保留。不过拉法驿站官员认为东土山距离驿站过远，应将西土山作为该站的采贡山场。[②]

由于放垦之地日渐与禁山靠近，居民往往暗地越过封堆进入禁山之内砍伐树木，将其变卖谋生。光绪九年（1883 年）十二月，清政府发现五常厅一带民人迁入禁砍伐红松多达 18000 余株。在严惩之后，为杜绝以后再犯此事，吉林将军认为五常厅佃户刑国珍所领荒地与禁山连脉，将附近大小山场重新划归吉林打牲乌拉衙门所管。因为原本放荒之地是出放闲荒，打牲乌拉衙门所管的禁山不在招垦之内，自应将产禁山场仍划归打牲乌拉衙门，以清山界。

为落实此事，吉林将军派协领庆云会同打牲乌拉衙门官员和五常厅同知到实地查勘，最终选择禁山外围的马当沟、雷击砑子、青顶子、柳树河四处要隘之地设卡防守。同时，清政府在禁山附近的居民点张贴告示，要求自公示之日起，不许进入产贡的帽儿山、烟囱砑子、珠奇山、棒槌砑子、雷击砑子、杉松岭西背、八台岭七处山场砍伐大小树木，不得在禁山河道私设渔网。鉴于纸质告示易坏，清政府还特地在禁山南北两端竖立贡山界碑，以示永远封禁。[③]

光绪十年（1884 年）十月，清政府已在霍伦河东石头河川内修设营房一座，为镶黄旗捕贡营所；八台岭东修设营房一所，为正黄旗捕贡营所；柳树河口修设营房一所，为正白旗正黄旗捕贡营所；珠奇河东七道沟塔以南的五旗协捕贡营所尚需等次年春季方能修建完毕。贡山南端的界石位于大王砾子迤西路东，顺道以艮山坤向竖立。北端界石位于龙台山下路

① 参见中国第一历史档案馆《吉林垦务档》，档号：J066—6—23，《吉林户部为奏会查玛延河东鳊头泡一带毗连贡山未便开垦等情文案处移文》，光绪五年六月二十日。
② 参见中国第一历史档案馆《吉林荒务档》，档号：J030—1—179，《关防处为拉法站请将佐近西土山划归贡山等情给荒务总局移稿》，光绪三十二年六月二十六日。
③ 参见中国第一历史档案馆《吉林打牲乌拉档》，档号：J049—03—1762—6，《吉林将军为划分贡山范围并出示晓谕事给打牲乌拉总管衙门照会》，光绪十年正月二十四日。

东，顺道向西，对着帽儿山，坐甲向庚竖立。碑文详述了竖立贡山界石的缘由和禁令内容。"本衙门管下产贡山河，历年采捕松子、松塔、蜂蜜、细鳞鱼，腊以备上用。嗣由咸丰年间岁祲吉林省奏请放荒，又于同知九年间，复经五常堡协领假以无碍闲荒，出放随缺官地，几乎随山刊木，尺土皆耕。本衙门即欲折达天听，原具为军民年切，今据省员会议，拟将贡山北面挖立封堆为界，安设内卡外营，两署分派官兵巡守。其南面由平底沟起，向西至松蓬会冷风口，东至土山自为界。其北至威虎岭。以前虽系吉林禁山，亦该站采捕之区，未便分拨两处。自此以后，南由该站看护，北归乌拉稽查。所有树株、河口，除封禁条示外，犹恐凌邈刁民公私阅识，家国不分，数罟斧斤，仍前盗取，是以教谕已申之后，特勒丰碑，皦然昭示，务期家喻户晓，一体遵循。……同治年间，经五常堡报请假以无碍闲荒，藉作随缺地亩，然北界大王砑子，西界以邢国珍所领之地，南界以老黑沟、大青顶子至宋维坤所领之地，东至拉林河上。当出荒时，准开其土地，未及指以山河也。执意不法，愚民冯才等藐视王章，勾通监守，盗砍贡红松不下三四万棵。又，其党拦河设网甬，不特网取祭鱼。……自此示后，所有八台岭、帽儿山、雷击砑子、烟囱砑子、棒槌砑子、杉松岭西背一概大小树株不宜盗砍，沿山地亩不准再垦，更有山内拉林、霍伦、舒兰、珠奇、石头、柳树、黄泥、三叉河等口大小鳞族亦不宜肆行偷摸。今特立石碑，永远遵照。"[1]

虽然清政府在禁山周围设立卡伦，营建军房，加强巡守保护，可是随着时间推移，一些守卡官兵却和民人一起盗砍树木，禁山不能禁，已是大势所趋。光绪二十九年（1903年），吉林广开垦务，吉林办理荒务总局申请将禁山附近的荒地放垦，并将山场内木植变卖，抽取木税，以增放荒筹饷。打牲乌拉衙门官员得知后前往巡查，发现该处伐木把头有五十六人之多，他们在土山、嵩岭、磬岭、老爷岭、乌林沟、义气沟、河叉等处私砍大小树木已有多年，无论禁山、官山、民山，均有索要山分者。以刘令为首的伐木把头表示愿意按二八比例缴纳山分，以济军饷。打牲乌拉衙门认为上述伐木山场和放垦之地与贡山南界至威虎岭毗连，请求封禁。[2]

吉林垦务局官员协领富兴认为封禁具体范围是，"凡系大小川、原、河沟、山湾，若有树木，即由山根平坦处起至一里长为度，准其价领，去

---

① 中国第一历史档案馆：《吉林打牲乌拉档》，档号：J049—03—1762—7，《打牲乌拉衙门为将南北两界石碑运至贡山界内事给吉林将军咨呈文》，光绪十年十月二十五日。

② 参见中国第一历史档案馆《吉林打牲乌拉档》，档号：J049—03—1762—7，《打牲乌拉衙门为派员会办划拨贡山接界事给兵司移文》，光绪二十九年四月十八日。

树垦地；其以上至山巅树木概行封禁，以为贡山"。打牲乌拉衙门官员认
为"惟留山巅以上，虽有红松，半多枯干，风吹日晒，势必秀而不实。凡
产塔松树，皆生山峦，川岗连脉，脱脚阴阳，偏坡始能丰盛，北山如遇歉
收，即向他山轮捕，若照所禀，一律量为出放，周围自山根直至半山之中
均行去树开垦，如此拟办，本署碍艰照准而官丁登往山顶采捕为艰，竭力
难行，徒有留树之名，而无产塔之实，则将来应进要贡无处采取，何所图
维？"① 他们建议应将禁山界址照光绪十年（1884 年）的范围划定保留。
此建议得到批准。次年，民人李春芳申请报垦三大阿山林荒甸。不过，经
实地勘察，其所报三处山荒位于贡山界内，吉林将军决定不予勘放，照旧
封禁。②

　　清政府为维护禁山而努力，可是在放垦筹饷的大背景下，禁山范围不
断减缩。清末，旗人生计日渐窘困，打牲乌拉衙门只好将禁山向旗丁开
放，禁山最终完全解禁。宣统二年（1910 年），打牲乌拉衙门翼领乌音保
在奏文中就详细阐述了东北禁山设立的原因，禁山范围日渐减缩的历史和
具体范围。他指出："所贡之品，采于山者，松子、松塔、红白蜂蜜、蜜
脾、蜜尖；捕于河者，东珠、鳇鱼、鲟鱼、鲇鱼，各有例数，但松子、松
塔非山山树树皆产，风虫伤其华，雨旱毁其实，皆为歉收；蜂蜜自非依山
傍水，人迹罕到之处不能酿；鲇鱼虽产于河，亦必深山背阴之处。此划拨
贡山宽阔之原因也。原领贡山，东至拉林河，西至煤窑厂，宽一百余里，
南至横道河子，北至边外二道河源，东北至古井子，径二百余里。嗣后，
即经放垦，渐渍裁缩至今。由东北拉林、石头河子起，循河而东，由三大
阿岭向南至小白石砑子，而西至霍伦岭止，是为贡山之东界。由霍伦岭向
西至土山，向北经庙岭、柳树河子、五道沟达拉林石头河子止，是为贡山
西界。南北径一百五六十里，东西或三十里、五十里，宽窄不等。此贡山
历史之大概情形。现今之全境也，山之中夹霍伦川，有拨给五常堡协领衙
门津贴地，当初虽经挖立封推，而招垦多年，居民所在，斧斤盗伐，牛羊
放牧，势所难免。是放一里荒，须割弃十里山也。此弃彼垦，日月相将，
无时可已。故，现今之采捕较昔日为实难，若不设法保护，将现童山濯
濯，后日之难，更有不堪设想者矣。近虽派丁看护而界阔人少，终属无
济。"他认为，当下旗丁生计困苦，加之又遇水灾，亟待安插，建议将闲

① 中国第一历史档案馆：《吉林打牲乌拉档》，档号：J049—03—1762—8，《吉林将军为贡
山连脉照旧封禁以利采捕事给打牲乌拉总管衙门照会》，光绪三十年四月初八日。
② 参见中国第一历史档案馆《吉林打牲乌拉档》，档号：J049—03—1762—9，《吉林将军为
贡山界内免予勘放照旧封禁事给打牲乌拉总管衙门照会》，光绪三十一年二月十四日。

散旗人"开垦贡山夹荒,既可保护贡山,又可纳租输赋,既不失牲丁之义务,兼可划生计之筹"①。

经实地勘察,四合、霍伦两河均在禁山界内,沿那林河绕山一带的石头河、鹰嘴砑子、将军砑子、棺材砑子、小磨盘山、三岔河、双顶子、四方顶子、杨树河子、背阴汀、杨木顶子、黄花松甸子、夹信子、黄泥河子等大小十五处均为四合川地,山坡平坦、松树稀少,已有私垦之户。从西北山口循霍伦河进山,夹有石头河子、柳树河子、老黑沟、埋台顶子、三大阿、马当沟、黄山岭子、东西膘草沟、威虎岭等十一处均为霍伦川地,山岭环亘,红松稠密,皆是采捕保护之区。霍伦河谷内虽有空隙之处,早被五常堡协领衙门招垦,作为津贴地。经商议,四合川归勘招贡荒委员会赵宗延承办,霍伦川归旗务署承办。至于拨丁看山垦种纳租等具体章程待批准后拟定颁行。吉林劝业道民政司旗务处认为,四合川可以招佃纳租,霍伦川凡有红松稠密之处,应挖立封堆,仍做采捕之区;山洼岭角可垦之地可拨给无业旗人垦种纳租。两川之内民户私垦地亩,仍照放荒章程归原垦承领。②

同年十月,吉林全省旗务处认为,凡系无业旗丁如能开垦者,尽可向放荒处承领。"两川地段亦不必拘分界限,总期地无旷土,佃尽力农。"实际上,"霍伦川延边夹荒放出一千九百余垧,将上柳树河子、大石头河子、三大阿、蔡家沟、梨树沟并溪浪川内车家幔子等七处红松稠密应作捕贡之区永为封禁,其老黑沟、东西高台子、鸭子园、东西威虎岭六处红松尚觉星稀凡有可垦之处,准令乌署旗丁价领。……四合川夹荒除钓鱼台、三岔河二处租放四百余垧,其余可垦荒段亦准乌署旗丁价领"③。

可是随着禁山界内的部分放荒,民人进入后不仅开地垦荒,而且越过封堆砍伐树木建造房屋或运往山外。宣统二年(1910年)七月初,看守禁山的人员发现留作禁山内的多年老松已被承垦民户肆意砍伐,甚至原本留作正黄旗三处捕贡山场的营房地基和菜地也被包揽头李世堂、曹永茂、杨继善三人售卖。十月初,看守禁山的人员又发现揽头杨继善、李世堂带

① 中国第一历史档案馆:《吉林荒务档》,档号:J049—3—1841,《打牲乌拉翼领乌音保为四合等川贡山夹荒招佃纳租等情给旗务处呈文》,宣统二年二月十六日。

② 参见中国第一历史档案馆《吉林荒务档》,档号:J049—3—1841,《吉林全省旗务处为乌拉详请贡山夹荒划留霍伦川养松殖丁看护奉批事给民政司移稿》,宣统二年三月。档号:J049—3—1841,《吉林劝业道为四合等川拨丁垦种保护贡山等情给旗务处移文》,宣统二年三月二十七日。

③ 中国第一历史档案馆:《吉林荒务档》,档号:J049—3—1840,《吉林全省旗务处为请派员会同前往贡山照租放垧数地址加挖封堆等情给民政司移文》,宣统二年十月二十一日。

领各户承租民户在三大阿南沟搭盖房屋六处，在西沟山腰搭盖房屋五处，召集多人进行开垦。李世堂则在八台岭搭盖房屋数处，招垦的民人还砍伐红松一百余株。①

东北禁山自顺治年间设立，历经二百余年的维护最终在东北解禁放荒的大潮中走向解禁。随着贡山的被迫解禁，东北的农业开发进入全面发展时期，同时也是东北原始生态逐步让位于农业生态的开始。

五　资源锐减与采贡制度的名存实亡

随着围场和封禁区的逐渐开放，人类进入定居，生产生活，砍伐树木，开垦土地，这些均打破了原来的生态环境，侵占了野生动物的栖息空间，影响了它们的正常生活。很多野生动物或被人类捕猎或远遁他处，原本各种动物生机盎然之地，变成兽迹绝无的地方。由于野生动物资源的锐减，与之相适应的采贡制度也只好被废除。光绪七年（1881 年），吉林将军铭安等奏，"吉林伊通以南为围场，再南为奉天围场，又南始为山兽滋生之所。自奉天放荒后，人烟日稠，山兽远避，断不能越境而至，吉林围场每逢捕打贡鲜，惊无所获"②。不仅吉林围场如此，盛京围场的贡鲜制度也随着围场的开禁而名存实亡。③

围场的开垦已经影响到了围场内贡品的采捕，而诸多封禁区和官荒的丈放，也影响到河流中东珠和鲟鳇鱼的正常生产繁殖，很多东珠和鲟鳇鱼到了清末也很难在河流中采捕到。自同治五年（1866 年），打牲乌拉进行过一次采捕东珠活动以后，打牲乌拉衙门已经很少再进行过采捕东珠的活动。④ 此后，除光绪二十年（1894 年）再次尝试采捕一次后，清廷已经停止了采捕东珠的活动。⑤ 迨至清末，原本盛产东珠的河流已是资源接近枯竭，"皆不多见矣"⑥。

上述情况不惟吉林一地，向产貂皮的布特哈地区，迨至清末也因为当

---

① 中国第一历史档案馆：《吉林荒务档案》，档号：J049—3—1840，《吉林全省旗务处为请派员会同前往贡山照租放垧数地址加挖封堆等情给民政司移文》，宣统二年十月二十一日。
② 《吉林通志》卷 31，《食货志四·屯垦》。
③ 参见赵珍《光绪时期盛京围场捕牲定制的困境》，《中国边疆史地研究》2011 年第 3 期。
④ 参见中国第一历史档案馆《吉林将军档》，档号：J001—11—1051，《吉林将军希元为明年应否采捕东珠事奏稿》，光绪十一年八月初七日。
⑤ 参见中国第一历史档案馆《吉林将军档》，档号：J001—33—6122，《署吉林将军达桂为明年应否采捕东珠事奏稿》，光绪三十三年九月十八日。
⑥ 《吉林新志》，《长白丛书》第 2 集，第 125 页。

地的开垦和人类定居增多，貂鼠已经绝迹多年，布特哈上贡貂皮制度到了清末，也已是名存实亡。光绪二十年（1894 年），黑龙江将军鉴于布特哈地区貂鼠甚少，曾一度奏请停止进贡貂皮。[①] 光绪三十二年（1906 年），黑龙江巡抚程德全奏请豁免贡貂。[②] 次年，程德全奏请再次展缓贡貂。他解释道："各处打牲山场如依兰哈拉、蒙古尔山、青黑山、观音山、通肯、北团林子、绥楞额等处皆系向来捕貂处所，现在均已放荒采矿，开辟多年，人烟渐渐稠，貂兽益复绝迹。二十年来，即不能捕获，进贡仅只设法购买。旋值俄乱，牲丁枪械被搜，猎政概属废弛。现在布特哈制并又经奏改巡防，每年官兵应纳貂皮本属无多，惟捕打维艰，采买更属不易，虽经屡次声明确切情形，奏蒙允准展缓年限。"其实，此次展缓并不是第一次，而是一如既往地奏请展缓。清廷对此也是无奈，只好批准"再缓一年"而已[③]。实际上，贡貂制度已是名存实亡。

---

① 参见《署黑龙江将军增祺奏报布特哈处鄂伦春等牲丁交纳貂皮等第数目折》，光绪二十一年八月初十日，见《清代鄂伦春族满汉文档案汇编》，第 678 页。
② 参见《清德宗实录》卷 568，光绪三十二年十二月乙丑，第 62443 页。
③ 参见《黑龙江省奏稿》之《贡貂请缓折》，载全国图书馆文献缩微复制中心《中国边疆史志集成》之《东北史志》第五部，第 13 册，第 116—117 页。

第六章　解禁后的东北生态环境

光绪二十一年（1895年），清政府在内外交困下，终于解除了对东北地区150余年的封禁令，实行全面招垦。在此背景下，内地民人大量拥入东北，当地人口骤增，迨至清末，已经增至2000余万人，这是清初东北人口的百倍。从东北腹地到边界地区，广大人民辛勤劳作，砍伐树木，开垦草地，开荒辟壤，开垦出片片农田，大大促进东北的经济发展，充实了我国在东北的实力，但也大大改变了原生态环境，造成了林地的水土流失和草地的沙漠化。此外，大量朝鲜民人也进入东北，并向东北腹地扩展，他们主要从事农耕，故而也对该时期的东北生态环境变迁带来了影响。更为重要的是，俄国和日本对东北的侵略和资源掠夺，尤其是对森林资源的掠夺，造成了东北森林资源的大幅消减，严重破坏了森林环境。随着水土流失的加剧，辽河和大、小凌河等河洪涝频发，下游居民惨遭厄运。同时，水土流失也造成了辽河航道的淤浅，一定程度上导致了辽河航运的衰败。总体观之，清末东北地区的生态环境在总体上呈现出退化势态。

第一节　解除封禁与人口剧增

一　清末东北局势新变化

19世纪末和20世纪初的中国东北边疆，又面临了新的变化。光绪二十年（1894年），中日甲午战争爆发。清政府战败，被迫签订《马关条约》。虽然在俄、法、德三国干涉下，清政府以赔偿3000万两白银为代价赎回了辽东半岛，但日本开始染指东北南部地区。光绪二十二年（1896年），李鸿章与俄国签订了《中俄密约》。俄国攫取了在我国东北的铁路权，为进占整个东北打开了大门。此后俄国在东北修建横贯东西的"东清铁路"以及从哈尔滨至大连的支线，加快了对我国东北资源的掠夺。光绪二十六年（1900 年），俄国出兵占领了中国东北。而日本则完全兼并朝鲜，并以此为跳板进一步侵略中国。随着俄、日势力在中国东北的碰撞和冲突，日俄矛盾开始不断激化。光绪三十年（1904 年），俄、日两国在中国东北大地上展开了对中国东北的争夺。最终日胜俄败，日本占据了长春以南的中国领土，而俄国依然占据了长春以北的我国领土。

我国东北边疆作为中国领土的一部分，已沦为俄、日两大列强的势力范围，而中国作为主权国家却不能实现对自己疆土的有效管理。如何能保护"龙兴之地"？如何能保护这片土地上的人民和资源？这已成为清朝有识之士深思和亟待解决的问题。东北边疆大吏经过实地考察，发现东北地区虽经前期的局部放垦，但仍未改变东北地旷人稀、边防废弛的局面。所以，治理东北边疆的当务之急应是完全解除封禁，移民实边。通过向东北大量移民，开发东北边疆，守卫东北边疆，唯有如此，才能实现中国政府对东北的有效管理，维护中国领土和主权完整。

二　解除封禁与移民实边

（一）解除封禁

面对国内外局势新变化，清政府自咸丰十年（1860 年）开始在黑龙江招民开垦，这标志着东北局部开禁的肇始。虽然清政府把开禁的范围逐渐扩展至吉林、盛京和热河地区，但总体而言，东北仍是处于封禁状态。不仅如此，清政府在东北开禁问题上依然是犹豫不决，时开时停，徘徊往复，且朝廷官员对东北开禁仍是争论不休，尚未形成统一意见。光绪十年（1884 年），黑龙江将军奏请开垦舒兰所属荒地，遭到清廷否决。三年后（1887 年），清廷再次否决了黑龙江的奏请，并颁布了"永远封禁之旨"。光绪十五年（1889 年），黑龙江将军再次奏请放垦通肯荒地，而御史杨晨也奏请将山东灾民资送东北垦荒，而光绪帝仍坚持封禁，以维持东北旗人生计。他谕令："东三省山场荒地，系旗丁游牧围猎之区，乾隆、嘉庆、道光、同治年间，历奉谕旨，严禁流民开垦，深恐有碍旗人生计。"通肯为历来封禁之地，"该处荒地一经开垦，势必将牧猎之场渐行侵占，旗丁生计日蹙，流弊不可胜言，岂容轻议，显违圣训。所有通肯荒地，著依克唐阿仍遵光绪十年、十三年两次永远封禁之旨，实力奉行，毋任奸民潜往私垦"。不惟通肯一隅，"嗣后该省无论何处，断不可招民垦荒，致滋后患"。同时，杨晨的奏议也被清廷否决。① 这表明，清廷决策层内部在封禁

---

① 参见《清德宗实录》卷 279，光绪十五年十二月丁亥，第 58589—58590 页。

与开禁问题上仍有分歧，此时的开禁也只是局部放垦而言。这表明清政府还是更多考虑到维护皇室和满族的利益，而不允许一般民众，特别是内地汉人进入东北进行开发。这导致东北长期处于人口稀少，国家资源得不到充分开发，边防力量较为薄弱的窘状。但是，面对日渐严峻的现实，清廷也不得不站在维护国家领土主权的角度，实行全面解禁，让广大民众进入东北，开发东北，保护东北。

此外，通过放垦收取一定费用，以增加政府财政也是清末东北全面解禁的动因之一。光绪二十一年（1895 年）四月，清政府与日本签订了丧权辱国的《马关条约》。巨额的赔偿让财政本已极为困顿的清政府更加困苦。如何搜敛钱财，满足赔偿和维持政府日常消耗，已经成为清政府中央和地方官员亟待解决的难题。通过放垦来收取押荒银，无疑是一剂良方。六月，齐齐哈尔副都统增祺奏请开垦东三省闲荒，可筹巨款。[①] 七月，光绪帝宣布解禁："东三省为根本重地，山林川泽之利，当留有余以养民，是以虽有闲荒，尚多封禁。今强邻逼处，军食空虚，揆度时宜，不得不以垦辟为筹边之策。"清朝随即废除封禁，全面放垦。"黑龙江之通肯河一段，著即开禁，与克音、汤旺河、观音山等处，准旗、民人等一律垦种，每年所得租银，即留备军饷之用……至青山木税，前往户部议驳，今著一体试办。漠河金厂，据户部片奏，近年办理有名无实，并著密加查访，实力整顿。至蒙古杜尔伯特诸部闲荒，事涉藩部，毋庸置议。其奉天大围场及大凌河牧地，吉林宁古塔、三姓等处，均有闲荒可垦，并著盛京、吉林各将军查看情形，实力兴办，详细覆奏。"[②]

此后不久，清廷还开放了东北矿务，允许商民开采。"荒务矿务，一律设局，派员经理。"[③] 从清廷的一系列谕令，我们不难看出，清政府已经在实际操作层面放弃了原来的封禁政策，改为全面开禁，主要表现为两点。其一，开禁的范围不仅仅是东北的局部地区而是涉及东北全部地区；其二，开禁的行业，不仅是荒务，还包括矿务。清政府通过开禁，招民垦荒开矿等实际行动宣告了封禁政策的结束和开禁政策的实施。

（二）设局放荒与移民实边

清政府对东北解禁实边的政策主要是通过设立垦务局和蒙务局的形式来实现的。垦务局和蒙务局一般下设若干分局，负责荒地的调查与丈量，

---

① 参见《清德宗实录》卷 371，光绪二十一年六月癸巳，第 59786 页。
② 《清德宗实录》卷 372，光绪二十一年七月己未，第 59805 页。
③ 《清德宗实录》卷 373，光绪二十一年七月壬戌，第 59808 页。

拟定和颁布垦务章程，通过丈放荒地，招徕移民，达到"辟利源而固疆圉"之目的。①

各地垦务章程有同有异，"盖因地制宜，以期上下交益"②。一般而言，垦务局和蒙务局用绳计量荒地，荒地分为生荒、熟荒两种。清政府按照放垦土地的肥沃贫瘠、距城远近、分别等次以收取荒价，另收经费银以资办公。荒地的起科，有当年、三年和六年之别，俱因土地生熟程度不同。一般清政府禁止地户包领大段荒地，但鼓励包领大片生荒。边界附近的荒地，因为地处边陲，人烟较少，开垦不便，清政府则鼓励移民开垦。《黑龙江省沿边招民垦荒章程》中就对前往黑龙江边地垦荒的内地贫民以各种优惠。黑龙江省在汉口、上海、天津、烟台、营口和长春等处设立招待处，凡有上述各地贫民愿意前往黑龙江务垦，黑龙江招待处沿途减免车船票价，并对前往毕拉尔路领垦的贫民暂行免收经费，以资鼓励。③

东北各地放垦的荒地的计量因地而异，一般是奉天以六亩为一垧，吉林、黑龙江和东三盟蒙地则以十亩为一垧。其中蒙地征收的荒价一半归国家，一半归盟旗。归盟旗部分，则又四成归王公，三成五归台吉、壮丁，二成五归庙仓人等。蒙地荒地一般为六年起科，按垧收钱660文，其中240文归国家，称为"小租"，420文归蒙旗，称为"大租"。此外，为确保蒙民的生计，清政府还规定每名台吉保留四方（每方45垧）的土地，每名壮丁保留二方的土地。④晚清东北全面放垦和招徕人口，吸引了大量内地民人到东北各地定居，东北人口剧增，随着人口的增加，东北大地上大片的围场、山场、牧地、荒地也渐次被垦成农田，东北农业获得迅猛发展。东北人口的增加和经济的发展，促进了东北边疆发展，增加了政府财政收入。

三　全面放垦与人口剧增

（一）全面放垦

1. 奉天省官荒的开禁

经过前期的丈放，奉天省的官荒也只剩下围场和官牧场，故此，此次

---

① 参见《黑龙江省边垦案》之《黑龙江省沿边荒芜变通办法折》，载全国图书馆文献缩微复制中心《中国边疆史志集成》之《东北史志》第五部，第14册，第23页。

② 《东三省政略》卷6《财政·奉天省垦务篇》。

③ 参见《黑龙江省沿边招民垦荒章程》，载全国图书馆文献缩微复制中心《中国边疆史志集成》之《东北史志》第五部，第14册，第27—28页。

④ 参见《东三省政略》卷6《财政·奉天省垦务篇》。

全面放垦就是针对围场和官牧场。光绪二十二年（1896 年）三月，盛京将军依克唐阿奏请派遣盛京户部侍郎良弼和兵部侍郎浦顾办理盛京大围场、养息牧、大凌河群牧等处垦荒事宜，得到清廷批准。[①] 这标志着奉天省全面放垦拉开了大幕。

（1）盛京围场。盛京围场原有 105 个围，经过前期放垦，海龙城鲜围场的 20 围已经放垦[②]，还剩下核心围场的 85 围仍处于封禁状态。此次放垦的地区就是这剩下的 85 围，具体又分为西流水围和东流水围两个部分。

首先放垦的是西流水围场。光绪二十二年（1896 年）三月，盛京将军依克唐阿奏请在海龙西界出放 45 围。清廷派盛京户部侍郎良弼兼任垦务大臣，具体负责放垦事宜，制定放荒章程十条。其中对有照无地之户，熟田每亩补交库平银 3 钱 3 分；有地无照之户，熟田每亩补交库平银 1 两 2 钱，准其开垦；对一律丈放的熟地，每亩收荒价库平银 6 钱，生荒则每亩收荒价 3 钱，三年后升科。[③] 至光绪三十年（1904 年）九月，西流水围场共放垦 2985000 余亩，收取荒价银约 100 万两。[④] 此后，清政府在西流水围设立西丰和西安两县以管理当地垦民并收取赋税。

东流水围场于光绪二十五年（1899 年）放垦。是年，沙俄入侵辽东半岛，清政府把金州人口迁移到东流水围场，开始了东流水围场的放垦。盛京副都统晋昌负责放垦事宜，订立章程，旋因兵燹而停办。[⑤] 迨光绪二十七年（1901 年），盛京将军增祺改定章程，地不分上下，每亩荒 1 两 2 钱，每方 240 亩收取荒价库平银、经费银等 345 两。[⑥] 次年（1902 年），在东流水围场设立东平县。至光绪三十年（1904 年）九月底，东流水围

① 参见《清德宗实录》卷 387，光绪二十二年三月丙申，第 59981 页。
② 日本人认为清末鲜围场放垦面积是 1407326 亩有余。参见南满洲铁道株式会社调查课《满洲旧惯调查报告书》之《一般民地》（中卷），1914 年，第 119 页。
③ 参见中国第一历史档案馆《录副奏折》，档号：03—6732—015，《盛京将军增祺，廷杰呈酌拟勘办西流水围荒章程十条清单》，光绪二十九年七月二十五日。
④ 参见《盛京将军增祺奉天府尹廷杰光绪三十年九月初六日奏》，载《清代奏折汇编——农业·环境》，第 602 页。中国第一历史档案馆《朱批奏折》，档号：04—01—22—0066—154，《盛京将军增祺，奉天府府尹廷杰奏为西流水全围垦务丈放完竣事》，光绪三十年九月初六日。《奉天通志》卷 108《田亩下·垦丈》记载的放垦数字和收价数字与之不同，该书记载放垦生熟地三百零二万二千余亩，收价至一百一十八万余两。日本人认为清末西流水围场放垦面积合计是 4534385 亩有余。参见南满洲铁道株式会社调查课《满洲旧惯调查报告书》之《一般民地》（中卷），1914 年，第 122 页。
⑤ 参见中国第一历史档案馆《朱批奏折》，档号：04—01—23—0215—012，《署理盛京副都统晋昌奏为奉旨办理东流水围荒并帮办矿务谢恩事》，光绪二十五年八月初一日。
⑥ 参见《奉天府尹廷杰光绪三十年八月初七日奏》，载《清代奏折汇编——农业·环境》，第 600 页。

荒全部丈放完毕。该处 22 围共放出荒地 1167270 亩，收取荒价库平银 1451029 两，经费库平银 217654 两有余。[①] 至光绪三十三年（1907 年），东三省总督徐世昌和奉天巡抚唐绍仪呈清丈东流水围地试办章程九条，在东平县设立清丈行局，负责清丈前期已垦荒地，并收取赋税。[②] 经查丈，当地已垦荒地 200 万亩有奇。[③]

（2）养息牧牧场。光绪二十二年（1896 年）六月，盛京将军与盛京兵部侍郎实地调查养息牧和大凌河牧场的情况，发现两处牧群稀少，牧丁已经定居成屯，牧场实已废弛，于是奏请开垦上述牧场，开启了盛京各大牧场全面放垦的历程。[④] 九月，养息牧牧场开始全面丈放。起初，该处放垦仿照盛京大围场招垦章程，其熟地按照每亩收荒价三钱四分，并以三年升科。后考虑到此次放垦地区均多沙且地势低洼，遂改为每亩三钱三分征收荒价。[⑤] 此次放垦并不顺利，其原因一是当地多为剩荒，土质贫瘠；二是当地已有蒙古人私垦之地，夺其私利改收为官垦，遭当地蒙古牧丁强烈反对；三是当地为穷乡僻壤，汉民不敢贸然前往。[⑥] 后经变通，至光绪二十四年（1898 年）五月，该牧场荒地丈放终于结束。除留为场甸以放牧外，其余牧场全部放垦。具体而言，"新陈苏鲁克八十四村屯所留草牧厂段六十五万余亩，牧丁排地十四万六千亩，前后共放生熟各地五十八万余亩。……自开办以来，共收荒价正款银十七万余两"[⑦]。光绪二十八年

---

① 参见中国第一历史档案馆《朱批奏折》，档号：04—01—22—0066—045，《盛京将军增祺奏为东流水围荒地亩已经丈放完竣事》，光绪三十一年三月十五日。录副奏折，档号：03—6734—037，《盛京将军增祺奏报东流水围荒地现丈围数情形事》，光绪三十一年四月初一日。日本人认为清末东流水围场放垦面积合计是 1230788 亩有余。参见南满洲铁道株式会社调查课《满洲旧惯调查报告书》之《一般民地》中卷，1914 年，第 122 页。

② 参见中国第一历史档案馆《录副奏折》，档号：03—6738—121，《东三省总督徐世昌奉天巡抚唐绍仪呈清丈东流水围地试办章程》，光绪三十三年十二月初六日。

③ 参见《奉天通志》卷 108《田亩下·垦丈》。

④ 参见中国第一历史档案馆《朱批奏折》，档号：04—01—23—0212—013，《盛京将军依克唐阿、盛京兵部侍郎溥顾奏为复勘养息牧大凌河两处开荒地段会商变通办理情形事》，光绪二十二年六月二十三日。

⑤ 参见中国第一历史档案馆《朱批奏折》，档号：04—01—30—0206—035，《盛京将军依克唐阿、盛京兵部侍郎溥顾奏为会商养息牧荒务稍事变通并换关防事》，光绪二十二年十一月初六日。

⑥ 参见中国第一历史档案馆《朱批奏折》，档号：04—01—23—0213—028，《盛京将军依克唐阿、盛京兵部侍郎溥顾奏为详陈勘办养息牧荒务情形并请俟秋后再行接办事》，光绪二十三年六月二十一日。

⑦ 中国第一历史档案馆：《朱批奏折》，档号：04—01—22—0065—102，《盛京将军依克唐阿、盛京兵部侍郎溥顾奏为养息牧垦务勘放就绪及报明回省日期事》，光绪二十四年五月二十六日。

（1902年），清廷以养息牧牧场垦地设置彰武。光绪三十三年（1907年）三月，盛京将军赵尔巽奏请重新拟办章程十条并续垦养息牧剩余的土地。[①]当年，共清丈出生、熟地2637000余亩。[②] 清政府在十余年的短时间内将200余万亩的牧场丈放。鉴于养息牧牧场已经全部实现放垦，当地改租为粮，归属彰武县征收，原设的养息牧牧场总管和东西两界官已经是形同虚设，四月，清政府将上述官员裁撤，养息牧牧场彻底消失。[③]

（3）大凌河牧场。甲午战争后，清政府亟须筹款，加之受战争损害，马群伤夷殆尽，地多被流民占垦，大凌河牧场已经名存实亡。光绪二十七年（1901年）六月，盛京将军增祺奏请裁撤马政，将大凌河牧场地亩放垦升科，"裕饷源而增课赋"[④]。经批准，增祺在省城设立清丈总局，在牧场设行局一处，订立《丈放大凌河牧场地亩酌定章程》，把大凌河牧场平地分为四等，山荒另分为三等，招民开荒，并令附近牧场私自展垦的地亩从实上报。按此章程，大凌河牧场于光绪二十八年（1902年）全部放竣，共出放升科荒地599300余亩，收取价银583000余两，"颇济目前之急"[⑤]。同时，清廷还把大凌河牧场划归锦州地方官管理。

（4）盘蛇驿牧场。光绪二十九年（1903年）九月，盛京将军增祺见盘蛇驿牧场已经日渐涸复，而营榆铁路也取道其间，当地已经聚集了一些垦户，遂奏请将盘蛇驿牧场"下余闲荒亦即按地之高下以定价之等差，一律招户认领，缓限升科"[⑥]。经过三年丈放，至光绪三十二年（1906年），该围场共放出"生熟各地五十七万四千二百余亩，收价三十二万余两"[⑦]。同年，清廷以盘蛇驿牧场地界设置盘山厅。与养息牧牧场相似，随着盘蛇驿牧场实现全面放垦，牧场改征粮钱，归盘山厅抚民通判征收，盘蛇驿牧

① 参见中国第一历史档案馆《朱批奏折》，档号：04—01—23—0223—017，《盛京将军赵尔巽奏为议拟章程派员请文彰武县属及养息牧试垦续垦地亩事》，光绪三十三年三月二十七日。
② 参见《奉天通志》108《田亩下·垦丈》。
③ 参见中国第一历史档案馆《朱批奏折》，档号：04—01—35—0616—042，《奏请裁撤养息牧总管界官事》，光绪年间。《清德宗实录》卷572，光绪三十三年四月丙寅，第62498页。
④ 《奉天通志》卷108《田亩下·垦丈》。《皇清道咸同光奏议》卷39《户政类·屯垦》之《丈放大凌河牧场地亩章程疏》。
⑤ 《奉天通志》卷108《田亩下·垦丈》。《盛京将军增祺光绪二十八年正月十九日奏》，载《清代奏折汇编——农业·环境》，第589页。
⑥ 《盛京将军增祺光绪二十九年九月十六日奏》，载《清代奏折汇编——农业·环境》，第598页。
⑦ 《奉天通志》卷108《田亩下·垦丈》。

场总管和界官也失去了存在的意义。光绪三十三年（1907年），清政府也将上述官员裁撤。①

除上述官荒丈放外，奉天省还把东边的凤凰城、岫岩、安东、宽甸、恒仁、通化、柳河、临江等地沿河沿海水退河淤地及山荒、闲荒进行了放垦。至光绪三十三年（1907年），仅凤城、岫岩、安东三处的明滩地就放垦十余万亩。②经过此次丈放，奉天省的官荒已经基本被放垦完毕。

需要指出的是，上述放垦多是放垦统计，并不代表实际上被耕种成农田的面积。笔者认为，清末的放垦面积实际上是征收荒价银和经费银的依据，而并不是垦民实际领垦的面积，一些丈放的官员往往假公济私，中饱私囊。这也就是清廷一再发现收取押荒银和实际领垦面积不一致的关键所在。一般而言，经过垦民的辛勤耕耘，领垦农户后来则增加了放垦地亩，如东流水围场放垦面积为116万余亩，而至光绪三十三年（1907年），当地则实际有垦地200余万亩，两者悬殊甚大。光绪二十八年（1902年），奉天、锦州、新民三府、承德等县及兴京、凤凰二厅额征民人余地是489337亩有余，额征加赋余地是15309亩，额征首报私开地145611亩，额征续增首报私开地56884亩。额征民典旗人余地253938亩。③宣统三年（1911年），奉天省实有耕地有40758937亩。④

2. 吉林省官荒的丈放

吉林省官荒的丈放主要集中在三个地区，分别是原来城镇周边的荒地、东部和东南部沿边地区的荒地。"未经间放者，腹地则有伯都讷之欧梨场、宾州之方正泡皆称膏腴，尚在未开。沿边一带如南荒之那尔轰，宁古塔属之蜂蜜山，上至珲春老岭，下至三姓之红土崖、富克锦等处，上下千数百里，虽山势层接而其中可垦之地，为数不少。"⑤吉林将军恩泽认为"欲收实边之效，惟有因陋就简，逐渐扩充一法"，应因地制宜，实事求是。具体而言，因宁古塔、三岔口、穆棱河、珲春本城，及烟集岗均设有招垦总、分局，故"拟请将珲春、宁古塔沿边各荒即归各垦局经理，由近

① 参见中国第一历史档案馆《朱批奏折》，档号：04—01—35—0616—042，《奏请裁撤养息牧总管界官事》，光绪年间。
② 参见《盛京将军赵尔巽光绪三十三年三月二十七日奏》，载《清代奏折汇编——农业·环境》，第608页。
③ 参见南满洲铁道株式会社调查课《满洲旧惯调查报告书》之《一般民地》上卷，1914年，第35—36页。
④ 参见南满洲铁道株式会社调查课《南满洲农业概要》，1911年，第17页。
⑤ 中国第一历史档案馆：《吉林垦务档》，档号：J001—22—2935，《吉林将军延茂为吉林垦务拟办大概情形事奏稿》，光绪二十二年九月二十日。

及远逐渐推广。仍令三里一屯，五里一堡，每屯、每保房屋，务必栉比起造，不许零散，此屯放齐，再行挨放彼屯。凡图们江沿及老岭、蜂蜜山、红土崖等处，可饬各该局员现行分认界限，详细复勘究竟"。富克锦地方，"能否招民垦荒，拟咨三姓副都统就近派员往勘体察情形，再行分别办理"。位于吉林腹地的那尔轰、方正泡各处，"应由该地方各官勘明筹办，毋庸另行委员，以节靡费"①。在吉林将军的总体安排下，吉林的放垦工作逐步开展。

（1）原来城镇周边的荒地

上述城镇自清初以来不断发展，其周边已经开垦一些农田，仍尚存在一定规模的荒地。甲午战争后，吉林腹地各城镇开始了大规模放垦。至宣统元年（1909 年），吉林总局放出荒地 15084.946 垧，伊通分局出放荒地 2198.28 垧，磐石分局放垦 11.22 垧，敦化分局放垦 10332.75 垧，新城分局放垦 15982.73 垧，榆树分局丈放 11477.71 垧，双城分局丈放 13502.91 垧，拉林分局出放荒地 1134.022 垧，五常分局放出荒地 1767.73 垧。② 光绪三十四年（1908 年），吉林打牲乌拉衙门所属两段马厂已放垦熟荒 41 垧，生荒 147 垧。③

（2）吉林东部荒地的全面放垦

方正县，原为大通县，因其有方正泡而改名，其周围多沃土，遂成为主要垦区。宣统元年（1909 年），方正县正式设立，至第二年（1910 年），当地共出放 10 万余垧。光绪三十一年（1905 年），清政府在三姓设立依兰府。光绪三十三年（1907 年）出放依兰东部倭肯河南岸地方生荒 4000 余垧。宣统元年，再次出放生荒 10 万余垧，依兰府总共出放 147534 垧生荒。④ 此外，光绪三十四年（1908 年），吉林全省旗务处还在三姓各旗界内查的未垦荒地 61225 垧，以每垧收荒价钱二吊的价格进行招垦。⑤

---

① 《吉林将军拟请将珲春宁古塔沿边各荒归各垦局经理的奏片》，光绪二十三年十一月，《珲春副都统衙门档案选编》下册，第 431—432 页。
② 参见南满洲铁道株式会社调查课《满洲旧惯调查报告书》之《一般民地》下卷，第 93—94 页。
③ 参见中国第一历史档案馆《吉林荒务档案》，《荒务总局为东哈什玛屯前后马厂两段作速交价领回照章升科事给乌拉协领衙门移稿、勘放零荒委员札稿》，《吉林省档案馆藏清代吉林档案史料选编》第 30 册，第 410 页。
④ 参见南满洲铁道株式会社调查课《满洲旧惯调查报告书》之《一般民地》下卷，第 95 页。
⑤ 参见中国第一历史档案馆《吉林荒务档案》，《吉林全省旗务处总理成沂等为三姓旗界内荒地准无地旗庄各户承领请饬劝业道转饬荒务总局核议事给吉林巡抚呈文》，光绪三十四年十一月，《吉林省档案馆藏清代吉林档案史料选编》第 30 册，第 421—422 页。

光绪三十年（1904 年），清政府在密山、虎林和穆棱一带的蜂蜜山设立招垦局，出放该处山荒。至宣统二年（1910 年），当地共放垦398505.353 坰生荒。[①] 密山县招垦局自宣统元年（1909 年）至宣统三年（1911 年），共放垦生荒 599000 余坰，熟荒 5380 余坰。虎林县，设立于宣统二年，次年，复州移民迁入开始放荒进程。当年即放垦 4600 余坰。退博拉法尔分局（穆棱县）至宣统三年，共放垦 15173.64 坰。[②]

光绪三十二年（1906 年），清政府在富锦和宝清地区设立临江州，放荒招垦，以实边疆。至宣统二年（1910 年），当地共放垦 91 万余坰生荒。富克锦地方放垦是赫哲四旗旗丁所领，至宣统元年（1909 年），已垦熟地787 坰 5 亩有余。[③] 此外，宣统元年设立的饶河县先后丈放生荒和熟荒共计17 万余坰。[④]

（3）吉林东南部的放垦

在吉林东部地区大规模放垦的同时，吉林东南部的珲春和延吉地区的土地丈放也进展迅速。光绪二十三年（1897 年），清政府已经在珲春和三岔口各设招垦总局，在穆棱河、五道沟和南岗等处设立招垦分局，招垦工作取得了良好效果。[⑤] 光绪二十四年（1898 年），珲春招垦局共放荒、熟地 40920 坰 2 亩，和龙峪越垦局共放荒、熟地 17504 坰 4 亩，三岔口招垦局共放荒、熟地 13400 坰 3 亩。[⑥] 次年（1899 年），珲春招垦局又放荒11034 坰 7 亩，已垦熟地 2030 坰 1 亩。[⑦] 随着珲春地区垦民渐众和垦地日增，为加强管理，清政府在光绪二十八年（1902 年）设立延吉厅，下设和龙峪分防经历。宣统元年（1909 年）延吉厅升为府，在密江以东设立

---

① 参见南满洲铁道株式会社调查课《满洲旧惯调查报告书》之《一般民地》下卷，第 94页。日本人合计总数为 398405.353 坰，有误。

② 参见南满洲铁道株式会社调查课《满洲旧惯调查报告书》之《一般民地》下卷，第 94页。

③ 参见中国第一历史档案馆《吉林荒务档案》，《富克锦协领衙门为查明富克锦四旗赫哲兵丁开垦熟地请免升科事给吉林全省旗务处移文》，宣统元年二月二十五日，《吉林省档案馆藏清代吉林档案史料选编》第 30 册，第 568 页。

④ 参见中国第一历史档案馆《吉林垦务档》，档号：J023—4—27，《饶河县为报送预算放荒经费给吉林民政司呈文》，宣统三年二月十五日。

⑤ 参见《皇清道咸同光奏议》卷 39《户政类·屯垦》之《延茂珲春三岔口招垦总分各局拟难迟议裁并疏》，光绪二十六年。

⑥ 参见《珲春副都统衙门饬催将续垦续开地亩查明报省的札文》，光绪二十四年，《珲春副都统衙门档案选编》下册，第 432 页。

⑦ 参见《珲春副都统衙门为续放荒地限年升科事的札文》，光绪二十五年，《珲春副都统衙门档案选编》下册，第 437 页。

珲春厅，和龙峪分防经历升为和龙县。同年，清廷在长白山北麓设立长白府、安图和抚松两县，以招徕移民，放垦官荒，并给予免收地价和宽限升科等优惠举措。[1] 长白山北麓地区获得初步开发。

为开发濛江地区，清政府在光绪二十七年（1901 年）设立濛江招垦局。至光绪三十三年（1907 年），当地共放生荒 12800 余垧，熟地 900 垧。鉴于当地放垦成绩显著，光绪三十四年（1908 年）清政府设立濛江州。宣统三年（1911 年），当地再次放垦 9 万余垧荒地。[2]

总之，吉林省的官荒丈放，不仅深化了原来屯垦城镇周边的荒地利用方式，更把吉林农垦地区不断向东、西、南三个方向拓展，从而大大促进吉林省的农业发展。同时，也改变了放垦地区的生态状态，自然生态逐渐过渡为人文环境。

（二）黑龙江省官荒的放垦

较之奉天、吉林和热河，黑龙江省在弛禁阶段的丈放最晚。但进入全面放垦阶段后，黑龙江却是最早和最迅速的，且规模都比前面三个地区要大，这是黑龙江省全面放荒的特点。

光绪二十一年（1895 年），黑龙江将军恩泽奏请开禁，放垦通肯地区，获得批准。当年，黑龙江地方便派员实地丈垦并颁布招垦章程，采取先放通肯、再放克音、最后丈放汤旺的策略，依次放垦。光绪二十二年（1896 年），黑龙江在齐齐哈尔成立通肯招垦局，在通肯和汤旺二地各设行局一所，具体负责放垦和移民安置事务。至光绪三十年（1904 年），通肯、克音、巴拜、柞树冈等地共计放垦 614063 垧。同时，清政府还在通肯和柞树冈两地设立海伦厅和青冈厅，以进一步招徕民人。[3]

为保证黑龙江荒地的丈放，光绪三十年（1904 年），黑龙江在齐齐哈尔设立黑龙江全省垦务总局，统一管理全省的荒地丈放，并把黑龙江全省官荒大致分成了十余个荒段，分设行局。

呼兰、巴彦苏苏及绥化地方，至光绪三十二年（1906 年），共放垦610876.18 垧。[4]

通肯、克音和柞树冈段，光绪三十一年（1905 年）和三十二年

① 参见张凤台《长白征汇录》卷 7《文牍》。
② 参见李治亭《东北通史》，第 618 页。
③ 参见（民国）张伯英纂《黑龙江志稿》卷 8《经政志·垦丈》，黑龙江人民出版社 1992年版，第 376—383 页。
④ 参见南满洲铁道株式会社调查课《满洲旧惯调查报告书》之《一般民地》下卷，1914 年版，第 198 页。

（1906 年）间，共放垦夹荒 182398 垧 9 亩，收取押租钱 1054500 余两，经费银 158000 余两。光绪三十三年（1907 年），清政府又丈放了通肯段零荒 12524 垧，巴拜和柞树冈两段共放垦 16045 垧。其中，通肯地方（海伦县）至宣统三年（1911 年）共放垦 811254.078 垧。① 克音地方（绥化县）至光绪三十二年，共放垦 119314.06 垧。柞树冈地方（青冈县）至宣统元年（1909 年）共放垦 296461.124 垧。②

为加强黑龙江的防御，清政府于光绪三十二年（1906 年）将绥兰海兵备道移驻小兴安岭以东，改设兴东兵备道（今萝北县境），全称为"黑龙江兴东分守绥兰海兵备道"。为充实该区人口，增强防务，光绪三十四年（1908 年），兴东道道员庆山以该区草昧初辟，人烟未集，招徕不易，奏请以每垧收经费钱五钱的低价放垦小兴安岭东西两侧荒地。小兴安岭西两侧荒地放垦 20303 垧，收取经费银 10151 两有余。③ 因岭东之地与俄罗斯界仅一江之隔，地处极边，尚无人认领。宣统元年（1909 年），兴东道降低价格，以每垧地收钱三钱放垦，但仍未有成效。

巴拜段（今拜泉县境），从光绪三十一年（1906 年）开始，经多次放垦，至光绪三十二年，共放垦 504319.373 垧。④

汤旺河段（今汤原、鹤岗地区），地处吉林三姓以下，松花江北岸，松花江上轮船出入吉林和黑龙江二省，必取道于此，是两省的东边要隘之地。光绪三十一年（1905 年）四月开始放垦，无奈该地距离省城太远，道路艰险，股实之民视为畏途而不愿前往。九月，黑龙江将军程德全决定在该地设立汤原县，经理荒务事宜，并改变原来的放垦章程，表示无论土地肥瘠，一概收取经费钱四百文。经过两年放垦，至光绪三十三年（1907 年）底，当地共丈放毛荒 639803 垧，收取经费银 255000 余吊，并查出熟地 704 垧 9 亩⑤，共计 6405088 垧 8 亩。⑥

讷谟尔河段（今讷河一带），先后经过黑龙江将军恩泽、寿山和萨保

① 参见南满洲铁道株式会社调查课《满洲旧惯调查报告书》之《一般民地》下卷，1914 年版，第 198 页。

② 同上。

③ 参见（民国）张伯英纂《黑龙江志稿》卷 8《经政志·垦丈》，第 405 页。

④ 参见南满洲铁道株式会社调查课《满洲旧惯调查报告书》之《一般民地》下卷，第 199 页。《黑龙江志稿》卷 8《经政志·垦丈》记载数据与日方调查的不同。认为光绪三十一年放垦荒 812900 垧，光绪三十三年（1906 年）又丈放 12524 垧，共计 82524 垧。

⑤ 参见（民国）张伯英纂《黑龙江志稿》卷 8《经政志·垦丈》，第 389 页。

⑥ 参见南满洲铁道株式会社调查课《满洲旧惯调查报告书》之《一般民地》下卷，第 200 页。

三定章程放垦，不过由于民户不愿前往，加之庚子变乱，当地放垦暂时停顿。光绪三十一年（1905 年）四月，黑龙江将军程德全认为通肯及蒙荒各处放垦即将告竣，讷谟尔河段荒地也应推广办理。因该处为布特哈所属，他决定由布特哈总管福龄设局丈放，每垧地收押租钱四吊二百文。至光绪三十三年（1907 年）十一月，讷谟尔河南北两岸共丈放 666780 垧有余。① 由于丈放过快，其押租银和经费银推迟至光绪三十九年（1913 年）升科。不过该地区民户不多，加之无力开垦，故至宣统元年（1909 年）东布特哈总管纯德奏请扯佃另放，数量有二十余万垧之多。清政府于宣统二年（1910 年）设立讷河厅，统筹放垦事宜。

绰勒河段（属西布特哈），早在光绪三十一年（1905 年）就试办荒务，但该处山林密集且多马贼，几无垦户愿往，故此该处丈放较缓。在清军保护下，蒙员阜海才赴此地勘办，后又减价招徕，以每垧地收银七钱的低价丈放。至光绪三十三年（1907 年）十二月，共放毛荒 43000 垧，收银 24000 余两。②

铁山包段（今庆安县境），当地系光绪二十一年（1895 年）奏准划拨，但因旗丁不致而停止。光绪三十四年（1908 年），清政府再次招放，名为安插旗兵，实多放给揽头，弃置多年，此次丈放结果仍不理想。迨至清末，当时实际只有 2004 垧荒地被佃民认领。③

甘井子荒地（今龙江县境），位于齐齐哈尔西北一百余里，光绪三十一年（1905 年）于当地设立招垦局，开始放垦。至光绪三十四年（1908 年）三月，共放垦毛荒 3169270.5 垧。④

白杨河及大碴子段（今木兰县境），光绪三十二年（1906 年）黑龙江将军派员调查发现，两处尚有山荒，便按每垧收银 7 分，经费银 1 分 5 厘的比例丈放。至光绪三十四年（1908 年）三月，白杨河丈放毛荒 95132 垧，加上熟地 2912 垧 7 亩，共计 98044 垧有余⑤，大碴子则放出 64012 垧 5 亩。⑥

齐齐哈尔附郭（今齐齐哈尔），光绪三十二年（1906 年）四月，黑龙

---

① 参见张伯英纂《黑龙江志稿》卷 8《经政志·垦丈》，第 393 页。
② 同上书，第 400 页。
③ 同上书，第 474—475 页。
④ 同上书，第 390 页。日本人合计总数为 345096.5 垧，有误。见南满洲铁道株式会社调查课《满洲旧惯调查报告书》之《一般民地》下卷，1914 年版，第 198 页。
⑤ 参见南满洲铁道株式会社调查课《满洲旧惯调查报告书》之《一般民地》下卷，第 200页。
⑥ 参见（民国）张伯英纂《黑龙江志稿》卷 8《经政志·垦丈》，第 396 页。

江将军程德全认为该地长期弃置，未免可惜，遂奏请派员清查，一律丈放，获允后开始招民放垦。至宣统二年（1910年），其中齐齐哈尔附郭放出旗、民、屯、站毛荒112274垧，每垧按三钱五分收取押租银，共收取27500余两，经费银4126两。[①]

墨尔根荒地（今嫩江县境），光绪三十二年（1906年）九月，黑龙江将军程德全认为墨尔根城附近有可垦荒地，在奏请获允后，派候选同知何永智前往查勘办理，以每垧地收取银一两四钱价格放垦。至宣统元年（1909年）放垦完竣，共放出毛荒76225垧，并查出熟地17910垧6亩。[②]

瑷珲荒地（今黑河市瑷珲区），光绪三十四年（1908年）九月，黑龙江将军程德全认为"庚子之变，江省被难各地方以瑷珲为最甚，所有江左各屯悉被俄占据，至今尚未交还。……而江左各屯先后归业者，亦均麇集江右，未能即返故土"。为安置这些百姓，瑷珲副都统姚福升奏报将聚集在瑷珲地区的百姓按照各屯人数另划区域，拟每人拨地2垧，作为永业；另将生荒按照本清旗丁生计办理。获得允许后，当地放垦顺利进行，后至民国六年（1917年）呈报得知，当地共放荒47641垧9亩。[③]

光绪三十四年（1908年）之前的黑龙江放垦地段多是集中在黑龙江省的腹地，如苏、兰、林、庆一带，当地土地肥腴，距离省城较劲，故"直、东、奉、吉之户频年麇集，成邑成都"，而黑龙江南岸的沿边地区尚处荒芜状态，领户裹足不前。"沿边一带，自呼伦贝尔起，越瑷珲、兴东辖境，皆与俄界毗连，弥望榛芜，无人过问。"鉴于此，光绪三十四年，黑龙江省决定"拟改收经费，以广招徕，另订奖章，以示鼓励"，后拟定《黑龙江沿边招民垦荒章程》五章二十四条，在汉口、上海、天津、烟台、营口和长春等处设立边垦招待处，采取减免车船费用等优惠，吸引垦民前往。然而，上述各款多未实行，加之清廷不同意免收押租和经费银，上述招垦成效甚微。

光绪三十二年（1906年）十一月，长江中游北岸地区发生水灾，清朝部分官员奏请将水灾难民迁往黑龙江，既可安置灾民，又可充实边防。不过清廷和东北地方官员认为财政窘困，无力承担灾民迁移的费用，此事遂暂停下来。不过宣统元年（1909年），此事出现转机。是年，锡良出任东三省总督，他在黑龙江视察时发现"俄人于沿海州，岁移民数十万，分屯开垦，千里相望，以荒废之区，经营十余年，遂成繁盛部落；一入我

---

① 参见（民国）张伯英纂《黑龙江志稿》卷8《经政志·垦丈》，第396页。
② 同上书，第397页。
③ 同上书，第401页。日本人认为放荒是11089垧，见南满洲铁道株式会社调查课《满洲旧惯调查报告书》之《一般民地》下卷，1914年版，第198页。

境，荒芜满目"。他认为只有"内力渐充，方可抵制外力"①。锡良明确指出："非实边不能守土，非兴垦不能实边，非移民不能兴垦，非保安不能移民，既非因循苟且所可图功，尤非省劳惜费所克为力。"② 他与黑龙江巡抚周树模数次奏请政府拨款招民，无奈一直被拒。于是二人提出"因灾移民"之办，即"令被灾省分就赈款项下拨给用资，到江以后一切垦荒费用，均由江省垫给，酌分年限收还"③。恰在此时，湖北水灾严重，湖北地方虽多方救济，然仍有大量灾民无法安身。这样，湖北地方官直接联系黑龙江巡抚，商议迁移灾民前往黑龙江移垦之事。宣统二年（1910 年）五月，一千余名湖北灾民抵达营口，此后虽有八百余名愿意前往黑龙江，但到后又因鼠疫爆发而返回故里。至此，鄂、黑两省办理的移难民实边一事既未收移民实边之效，亦无救济难民之功。④

实际上，从宣统二年（1910 年）六月至民国三年（1914 年），仅有兴东道（今萝北县境）出放毛荒 28350 而已，其他地方均无人认领。⑤ 另外，光绪三十四年（1908 年）黑龙江巡抚周树模和呼伦贝尔副都统宋小濂奏请以当地伦卡守兵垦荒，每七十里设一卡伦，每卡设卡弁一名，卡兵三十名。每卡以十名巡查边境，以二十名开垦荒田，以期务农约讲武二者交资，在满洲里和海伦城各设边垦总局，虽初有成效，但不久因蒙乱而废弃。⑥

总之，黑龙江省的官荒放垦，自光绪三十一年（1905 年）进入快速发展阶段，不仅在较短时间内，更是在黑龙江的大部分地区实现了丈放。虽然黑龙江南岸的沿边地区应垦者较少，但这些丈放工作吸引了大量内地民人前往，黑龙江省大量荒地得到不同程度的开发，在一定程度上改变了黑龙江昔日人迹罕至、土地榛莽的荒凉景象。

（三）木兰围场及东北蒙地的放荒

1. 木兰围场的放荒

光绪二十六年（1900 年），热河都统色楞额以热河兵饷难筹为由，奏

---

① 《东省大局益危密陈管见折》（宣统二年七月十二日），中国科学院历史研究第三所主编《锡良遗稿》第 2 册，中华书局 1959 年版，第 1185 页。

② 《具陈吉林密山府垦务筹办方法折》（宣统元年五月二十一日），《锡良遗稿》第 2 册，第 906 页。

③ 《黑龙江省奏移民垦荒酌定特别办法并陈现在办理情形折》，《东北史志》第 5 部，全国图书馆缩微复制中心 2003 年版，第 4 页。

④ 参见杜丽红《宣统年间鄂黑两省"移难民实边"始末》，《近代史研究》2013 年第 5 期。

⑤ 参见张伯英纂《黑龙江志稿》卷 8 《经政志·垦丈》，第 406—408 页。

⑥ 同上书，第 403 页。

请将木兰围场荒地招佃开垦，以所得押荒银备热河兵饷之需。经查东围场的伊逊川、布敦川和西围场的孟奎川、卜格川和牌楼川尚有荒地2300余顷，决定先移京旗人口前往垦种，但终因经费无着而罢。此后，清廷放垦五川的意图越加明晰。光绪二十九年（1903年），热河都统锡良请奏设立垦务局，开垦五川所余35围可垦无碍围座之处，得到清廷许可。锡良制定章程，将土地分为四则，每地一顷，上上则收押荒银120两，上则收取押荒银100两，中则收取押荒银80两，下则收取押荒银40两，每户领地一顷。又规定每交100两荒价银收取一成五的耗银，作为办公经费，同时派员之围场设局招佃承领，开垦生科。① 至同年五月，围场荒地以丈放完竣，东西二围，除留围基外，共放荒地2327顷20亩2分，其中已将山坡地堪以耕种者酌分中下则一律丈放。②

光绪三十一年（1905年），经练兵处奏请，开放屯垦围场，设立屯垦木植总局以经理木材，因"新围一带，弥望界松林，伐木垦田而置司以总其成"③。宣统元年（1909年），经屯垦木植总局派员查丈余地发现，围场经过陆续招垦，"东围共丈出地四千四百七十八顷六十二亩，招垦四千一百七十八顷六十二亩；西围共丈出地五千七百九十一顷三十五亩，招垦一千二百八十一顷三十五亩，共计丈地一万二百六十九顷九十七亩，已佃出地五千四百五十九顷九十七亩，未佃出地四千八百一十顷"④。由此可知，木兰围场已垦面积已经占到全部面积的53%，这大大改变了木兰围场原有的生态环境，而且剩余的土地还在继续被招垦。

2. 东北蒙地的放荒

东北蒙地的全面放垦，始于光绪二十八年（1902年），这主要是当时形势变化的结果。首先，甲午中日战争、八国联军侵华、日俄战争造成大量难民从北方省区逃难出关者与辽南地区流离失所者相会合，沿着奉吉官道向吉黑两省流动。在这些难民中，相当多的人进入松嫩平原中部和科尔沁右翼三旗。

其次，俄国修筑东清铁路后，特别是日俄战争后，哲盟东部诸旗领土

---

① 参见《热河都统锡良光绪二十九年正月十七日奏》，载《清代奏折汇编——农业·环境》，第595—596页。
② 参见《热河都统锡良光绪二十九年五月初十日奏》，载《清代奏折汇编——农业·环境》，第596页。
③ 《围场厅志》卷6《田赋》。
④ 《直隶总督那桐宣统元年六月二十日奏》，载《清代奏折汇编——农业·环境》，第612页。

处于俄国窥视之下，某些蒙旗王公喇嘛受其诱惑。东三省蒙务督办朱启钤视察蒙地后指出，"西伯利亚铁道成，俄之谋蒙古始迫，日俄战定，日之谋蒙又迫，哲里木十旗情形日益危急"①。东北边疆大吏和全国有识之士，对此都十分忧虑，纷呈实边之策，主张改善蒙边空虚现状。蒙藏局官员姚锡光在奏议中指出，欲保东北三省，"当极力经营内外蒙古荒地"②。开发蒙荒，充实蒙边，成为清政府迫切的政治要求。

再次，光绪朝以后，东蒙各旗牧业日渐凋敝，"牧不蕃息，蔓草平原，一望靡际，闲置殊觉可惜"。且"本地所出之粮，向即不敷本地之用，近更为外人搜买一空，粮价愈形奇昂，究苦小民有皆有不能糊口之势，势非多开荒地，奚以救此燃眉"③。同时，各旗王公多债务累累，把放荒视为解决困窘的一条重要途径。

最后，战后清政府库储一空如洗，上下交困，要求各省就地筹饷。东北一些地方官员把开放官荒蒙地视作解决饷源的重要出路，一再呈请朝廷解除蒙禁。"若照寻常荒价加倍订拟，以一半归之蒙古，既可救其艰窘，以一半归之国家，复可益我度支。"④

针对清政府注重筹款而不重实民的陋端，署理吉林巡抚朱家宝在光绪三十三年（1907年）对东北蒙地开发及筹办有具体论述。他认为："欲经营蒙地，使之成部落谋生聚，为东三省之声援，必以殖民为入手，而殖民尤以垦荒为始基。……垦务之宗旨，在殖民固边而不在于筹款。"⑤ 他指出，内蒙东四蒙地，除在直隶热河界内及土默特各旗均早经开垦，人民繁聚外，潢河以北，索岳尔济山以南，南北八九百里，东西千余里，空旷荒芜，寸土未垦，"综考其地，允宜一气招垦，次第开通"。上述地区，"论形势，则南为京畿之屏蔽，东北为奉黑之后援，弃此不图，一旦有事，日人渡辽河而西，包围山海关谷口；俄人从海拉尔而南，东省腹背受敌，且俄如不得志，于奉天必将从海拉尔筑一铁路以达蒙古，进张家口而入腹地，是不独江省西北之边防可虑，即北京之锁钥尽失矣"。他还具体指明了移民开垦蒙地的办法。"论办法，西南宜从

---

① 朱启钤编：《东三省蒙务公牍汇编》序言，文海出版社1985年版，第1页。
② 姚锡光：《筹蒙刍议》卷下《奏请拣大员专办内蒙垦务折》，载内蒙古图书馆编《内蒙古历史文献丛书》之四，第118页。
③ 张伯英纂：《黑龙江志稿》卷8《经政志·垦丈》，第383页。
④ 同上。
⑤ 《署吉林巡抚朱家宝为东三省总督徐世昌具奏复陈东三省内蒙垦务情形并预筹办法一折奉朱批饬遵照事给吉林分巡道札文》，《吉林省档案馆藏清代档案史料选编》第29册，第44—47页。

巴林办起，东北宜从图什业图办起。盖因巴林与赤峰相近，潢河以南之住民可由此而北；图什业图与洮南府相近，辽河以东之住民可由此而南也。"① 移民实边的过程应该是"经营之始，视人民所集，设局以督理之，绘其山川，区其道路，编其户民，施建筑以安其居，给籽种以谋其业，联守望以卫身产，设公司以通有无，每距数十里辄筑庐浚井以便行旅。蒙、民一律相待，俾可自存暇，则立学堂，先使蒙汉言语相通而后渐近于教育"②。

必须指出，光绪年间清政府放垦的并不仅仅是东北一隅的蒙地，而是对内蒙古较大范围蒙地的放垦，这在姚锡光和朱家宝的奏折中已有体现。早在光绪二十七年（1901年）十月，光绪帝已经批准了山西巡抚岑春煊关于开垦蒙旗土地的奏章，并任命兵部左侍郎贻谷为督办蒙旗圣务大臣，统辖东起察哈尔左右两翼，西至乌兰察布、伊克昭两盟，南到长城，北抵外蒙古，这一广阔区域的开垦事宜。③ 清政府已经优先开垦了内蒙古西部地区，这也为内蒙古东部地区提供了成功的放垦经验。

东北蒙地的放垦始于黑龙江所属的扎赉特等部。该旗于光绪二十五年（1899年）开始放垦。当年黑龙江将军恩泽认为俄国修建的铁路贯穿扎赉特、杜尔伯特和郭尔罗斯后旗三旗之地，如果俄国人"横出旁溢，未必不有侵占之虞"。为"慎固封守之义，应先事预防"，他奏请将三旗之地招民放垦。此后，黑龙江副都统寿山也奏请放垦蒙古各旗荒地。此次招垦范围位于该旗的南部，南接郭尔罗斯前旗的他虎城，东靠嫩江，西接图什业图旗，北至玛尼图迤南，南北约长三百里，东西宽或三四十里、或五六十里、或百余里不等，毛荒约一百万垧。④ 荒价是"每垧收中钱四千二百文（合银一两四钱），以二千一百文归之国家，作为报效；以二千一百文归之蒙旗"⑤。此次放垦，后因庚子之乱而停顿未办。光绪二十八年（1902年）清廷宣布蒙地开禁，允许蒙地在盛京、吉林、黑龙江将军的主持下设局丈

① 《署吉林巡抚朱家宝为东三省总督徐世昌具奏复陈东三省内蒙垦务情形并预筹办法一折奉朱批札饬遵照事给吉林分巡道札文》，《吉林省档案馆藏清代档案史料选编》第29册，第45—47页。
② 同上书，第47—48页。
③ 参见内蒙古自治区档案馆《蒙旗垦务档案史料选编》（上、下），分载《历史档案》1985年第4期、1986年第1期。
④ 参见张伯英纂《黑龙江志稿》卷8《经政志·垦丈》，第385页。
⑤ 《钦差奏为查办扎萨克图君王乌泰选被参控各节并拟具该旗开垦章程十条由》，《蒙荒案卷》之《办理扎萨克图蒙荒案卷》，第7页。

放。同年六月，总理黑龙江扎赍特等部蒙古蒙务总局率先设立，负责办理诸旗蒙地丈放事宜。

光绪三十年（1904）十二月，清政府在嫩江右岸莫勒红冈子置设大赉直隶厅。经过四年丈放，至光绪三十一年（1905 年），扎赍特蒙地共放垦毛荒456981 垧，共收取押租银447000 余两。① 虽然当地放垦甚多，领垦者多为富商巨户，揽荒渔利，但已垦者甚少，既妨碍垦务又损害边防。光绪三十四年（1908 年），黑龙江巡抚周树模认为"实边之方，必以辟地聚民为先务"②，遂奏请变通原来章程，改为招募各镇陆军退伍者。鉴于嫩江、西安、扎赍特盟旗所属哈拉火烧地是黑龙江省蒙旗与奉天洮南各属往来冲要，黑龙江署民政司使倪嗣冲申请先放垦该区。不过在花费白银二十余万两之后，办无成效而止。

宣统元年（1909 年），清政府查处倪嗣冲徇私舞弊，改派赵渊继续筹办屯垦事宜。赵渊经实地调查发现，哈拉火烧一带地势低洼，上腴土地较少；应招的退伍士兵游惰自安，不善耕耘，耕作收获甚少。另外，应拨退伍兵丁一千名，实到仅有二百余名，后因潜逃及因事革除，实际只有百余名。鉴于当地实情，宣统二年（1910 年）二月，黑龙江巡抚周树模奏请变更原来的屯垦模式，改为招民承佃，所需耕牛、籽种、器具由官府提供。将扎赍特荒务行局撤销，当地放垦事宜改为屯垦局总办。最终，该处照搬杜尔伯特旗沿江办法，分三等收取押荒银，除八里屯田外，所余荒地一律丈放。

继扎赍特旗之后，杜尔伯特旗在光绪三十年（1904 年）开始丈放。当年黑龙江将军达桂主要是放垦该旗铁道两旁的荒地。光绪三十二年（1906 年），黑龙江将军程德全奏请丈放该旗沿江的闲荒。经过两次放垦，该旗共丈放330553 垧，收取押荒银323000 余两。③ 当年，程德全奏准于蒙属杜尔伯特旗和黑龙江将军属地交界处，设置安达厅，厅署驻双安镇（今安达市任民镇），隶属黑龙江分巡道。

郭尔罗斯后旗土地肥沃，即"三蒙之荒，以郭为最腴"④。光绪二十七年（1901 年），郭尔罗斯后旗王公因借债纠葛而决定于当年放荒还债，黑龙江将军萨保派道员周冕办理，共放毛荒 29 万余垧。⑤ 光绪三十一年

① 参见《黑龙江志稿》卷 8《经政志·垦丈》，第 393 页。
② 同上书，第 401 页。
③ 同上书，第 398 页。
④ 同上。
⑤ 同上书，第 387 页。

（1905 年）黑龙江省再次丈放郭尔罗斯后旗铁道迤西蒙荒 152865 垧 2 亩，收押租银 22 万余两、经费 33000 余两。翌年三月，黑龙江将军程德权认为郭尔罗斯后旗幅员辽阔，地处水陆要冲，特别是沿松花江一带，与吉林仅隔一水，为商船必经之地。鉴于近年来哈尔滨开埠，俄国轮船往来日增，已成反客为主之势。为保利权和固疆圉，他奏请将沿江紧要处设立商埠，其周边荒地一并放垦。经与蒙旗协商，出放该旗沿松花江边荒地 13 万余垧，收银 46 万余两。光绪三十三年（1907 年）二月，再次放垦铁路两侧的余荒 29 万余垧，收取押荒银和经费银共计 488262 两余。三月，清政府将该旗西北界内余荒以每垧收押租银二两一钱的价格出放，共计 44910 垧。此外，该旗南界的莲花泡、老虎背及马蹬泡等处 14580 垧毛荒也被丈放。① 该垦区后设置肇州厅，设抚民同知管理当地民人。② 以上三厅皆直隶于黑龙江将军。

依克明安旗荒地。依克明安是依克明安旗的创始人巴桑与阿卜达什之姓。依克明安部原隶属额鲁特部，乾隆十九年（1754 年），依克明安台吉阿卜达什率众归服清朝，被授扎萨克一等台吉。次年，巴桑率众降，被封为辅国公。清廷命阿卜达什、巴桑所部由新疆徙于黑龙江通肯河与乌裕尔河流域游牧。巴桑率部北徙期间，黑龙江将军派员做向导，途经科布多、呼伦贝尔，驻牧于乌裕尔河畔大泉子、小泉子一带，未划定界址，编为一旗，定名依克明安旗，隶黑龙江将军节制。当时该旗下辖依和、鄂吉格斯、特楞古德、杜尔布德四部约 90 余户 300 余人。光绪二十四年（1898 年），黑龙江将军恩泽奏准出放巴拜段荒地，因与该旗所居之地接壤，遂派员前往查勘，最终确定该旗属界为自该公府南三十里长冈子起，斜向东南，至通肯河西岸八道沟北、九道沟南止。不久，该旗王公巴勒济呢玛呈报，鉴于扎赉特等蒙旗荒地均次第放竣，请将该旗荒地除乌裕尔河北岸留生计牧场外，其余荒地愿意招民开放。光绪三十三年（1907 年），清政府设置依克明安公荒务行局。光绪三十四年（1908 年）三月，该旗放垦事竣，留该旗生计牧场 106742 垧外，放垦毛荒 91350 垧。③ 清末东北蒙地放垦最多者主要是黑龙江省所属蒙地，据《黑龙江省垦务要览》可

---

① 参见《黑龙江志稿》卷 8《经政志·垦丈》，第 399 页。
② 参见中国第一历史档案馆《朱批奏折》，档号：04—01—01—1072—004，《署理黑龙江将军程德全奏请在郭尔罗斯后旗等处添设厅县正佐各官事》，光绪三十一年十二月二十二日。
③ 参见《黑龙江志稿》卷 8《经政志·垦丈》，第 396—397 页。

知，共放垦 6355161 垧有余。①

郭尔罗斯前旗的全面放垦，始于光绪三十三年（1907 年）。该年五月，吉林巡抚派遣平、正两局司员划分井段，开始放垦。两局共勘得 154 井，毛荒 278254 垧。清政府把上述荒地按照地势和土质的不同分为上、中、下三则。其中地势平坦且沙土较黑为上则，共 57900 余垧；土性虽薄但尚能耕种者为中则，有 117300 余垧；沙碱地为下则，共 102900 余垧。②当年十一月，又丈放剩下荒地 56649。③第二年（1908 年）在荒段置设长岭县，宣统二年（1910 年），增设德惠县，皆归长春府属。

科尔沁右翼地区由盛京将军增祺督办荒务。扎萨克图旗早在光绪十七年（1891 年）就已经招民垦荒。荒界是南北长 300 余里，东西宽 100 余里，招徕客民 1260 余户。由于郡王乌泰不谙放荒章程，每户不问垦地多寡，只交押荒银 20 两即可，以至于垦荒范围长度增加 300 余里，宽增加 100 余里，户口实际增加数千家。

光绪二十八年（1902 年）十一月设行局，盛京将军增祺制定章程首先丈放科尔沁右前旗扎萨克图旗的荒地。放荒地区位于扎萨克图旗南境，自巴彦招分界，南接达尔罕王，东至郭尔罗斯公，西至图谢图旗，北至涛浪河，毛荒六七十万垧。涛浪河北至哥根庙前还有毛荒一段，二三十万垧。经与郡王乌泰商议，先行放垦涛浪河南的毛荒。其北境山冈、平原及河泡兼具，水草丰茂，留作本旗牧场。清政府在十七道岭、莲花图及野马图山三处添设封推若干处，作为牧场和荒界的标识。在莲花图设立新村镇，名为双流镇，作为将来该区行政中心。④

至光绪三十年（1904 年），该旗共放地 625000 余垧，收库平银 806000 余两，经费库平银 12 万余两。⑤清政府在双流镇置设洮南府（今洮南县），在白城子置设靖安县（今白城市），在七井子置设开通县（今通榆县）。一府二县俱隶于盛京。宣统元年（1909 年），当地又续放蒙荒

---

① 参见南满洲铁道株式会社调查课《满洲旧惯调查报告书》之《一般民地》下卷，第 111 页。

② 参见中国第一历史档案馆《吉林垦务档》，档号：J001—33—3371，《双城厅通判为勘清郭尔罗斯前旗蒙荒拟定等次出示招领事给吉林巡抚呈文》，光绪三十三年六月初三日。

③ 参见中国第一历史档案馆《吉林垦务档》，档号：J001—33—4272，《蒙荒行局为报郭尔罗斯前旗放剩新安镇北荒地勘放完竣事给吉林巡抚呈文》，光绪三十三年十一月初四日。

④ 参见《禀为办蒙荒大概情形并拟具章程十二条告示二纸请核由》，《蒙荒案卷》之《办理扎萨克图蒙荒案卷》，第 10—13 页。

⑤ 参见《盛京将军增祺光绪三十一年正月十八日奏》，载《清代奏折汇编——农业·环境》，第 603 页。

194000 余垧。① 次年（1910 年），该旗郡王乌泰因无法偿还借款而奏请愿将该旗王府荒地 2000 余方一律开放。②

办理镇国公旗荒务是清政府应对日俄战争期间东北局势变化的举措之一。科尔沁是日本和俄国争夺的要冲，形势岌岌可危。清政府为固圉实边，力图在该区实行屯垦，加强防务。此时的札萨克镇国公喇什敏珠尔比较开明，看到蒙荒放垦势在必行，对放垦事宜比较积极。光绪三十年（1904 年）五月，科尔沁右翼后旗镇国公主动请求放垦，并表示愿意先借给一万两白银，以济办公急需。③ 经与扎萨克蒙荒局总办张心田会商丈放蒙荒事宜，制定丈放章程十条，规定荒价一半归旗，一半归政府，每垧价银一两四钱。至次年（1905 年），扣除沙碱地、水洼地，该旗放垦毛荒 241458 垧 7 亩④，收库平银 327037 两有余⑤。清政府在当地设立广安县，以资治理。

日俄战争后，两大列强加紧对东北的争夺，哲里木盟是争夺的焦点之一。科尔沁右翼中旗（图什业图旗）地处洮南府和开通县的西南，是北拒俄国向南侵略，南阻日本向北深入的军事门户。为扶绥藩服和南蔽京畿，清政府决定加速对该区的开发、建制甚至筹建防卫力量。虽然该旗南部一带地质贫瘠，荒务起色颇微，但其地处要地，荒务局经费紧张，该区放垦亦坚持三年之久，最终取得成功。

该旗的大规模丈放，始于光绪三十二年（1906 年）。是年，奉天将军赵尔巽派遣张心田劝说该旗图什业图亲王放垦成功。该旗东界闲荒一段，北至茂土等山，南至得力四台、巴冷西拉等处，南北长 360 里，东西宽 140 里⑥，约有 648000 垧的毛荒得到放垦⑦。宣统元年（1909 年），清政府在当地设立醴泉县，归洮南府管辖。

与科尔沁其他旗相比，科尔沁左翼中旗（达尔汉王旗）的放垦较晚。宣统元年（1909 年）二月，在东三省蒙务局主持下，制定《允放采哈新

① 参见《宣统政纪》卷 10，宣统元年闰二月丙午，第 63052 页。
② 参见《宣统政纪》卷 41，宣统二年八月乙未，第 63578 页。
③ 参见《奏为派员勘办镇国公旗荒地情形由》，《蒙荒案卷》之《办理札萨克镇国公旗蒙荒案卷》，第 1 页。
④ 参见《盛京将军赵尔巽光绪三十二年正月二十日奏》，载《清代奏折汇编——农业·环境》，第 605—606 页。
⑤ 参见《呈为全荒丈竣具报荒地街基垧亩丈数暨经收正价经费银两数目由》，《蒙荒案卷》之《办理札萨克镇国公旗蒙荒案卷》，第 80 页。
⑥ 参见《呈为恭报启用行省关防日期伏乞宪鉴由》，《蒙荒案卷》之《办理图什业图蒙荒案卷》，第 13 页，记载为宽 40 里，似有误。
⑦ 参见《盛京将军赵尔巽光绪三十二年正月二十日奏》，载《清代奏折汇编——农业·环境》，第 606 页。

甸等荒地抵还债办法》，当地开始放垦。同年八月，共放生荒 60259 垧 5 亩，收取荒价银 291200 余两。[1]

除上述科尔沁诸旗外，晚清时期昭乌达盟的阿鲁科尔沁旗和东、西扎鲁特旗也开始了全面丈放。光绪三十二年（1906 年），办理奉天垦务的热河都统廷杰奏请丈放上述三旗，并拟定了招垦章程。经过勘定，三旗共有生荒 13300 余垧，除去沙窝、水坎外，可放垦土地约 8000 垧。鉴于当地偏僻，深处大漠，地瘠土寒，该章程便酌减荒价，以广招徕。同年，廷杰还奏请丈放巴林蒙荒，并拟定章程八条。[2]

经过上述放垦，东北西部的蒙地基本被放垦完竣，辽河上游、松辽平原西部、洮儿河流域及嫩江流域的广袤土地被迅速开发，原本榛莽的荒原一变为陇畔沃土。当地形成两大农业区域，一是以松嫩平原的三厅为中心，一是以洮儿河流域的洮南府为中心。在这两块区域内，清政府析蒙地置设一府三厅七县，东南隔松花江与长春府相望，西联辽源州与昌图府相通。自蒙地开禁后，各盟门户大开招民开荒，辟设府县成为普遍举措，光绪三十年（1904 年），卓索图盟领地增置朝阳府，领建昌县置建平县、阜新县。光绪三十三年（1907 年），昭乌达盟领地增置赤峰州、开鲁、林西、绥东等县。各盟彼此呼应，蒙地开发成了不可遏制的潮流。

清末民初，东蒙古地区哲理木蒙十旗及依克明安旗放垦耕地是 6586416.01 垧，未放耕地是 7062113.40 垧。[3] 放垦的耕地已经占到可耕地总面积的 48.3%。

（四）人口剧增

19 世纪末 20 世纪初，西方列强对我国的侵略加剧，并划分了各自势力范围。清政府日益加重的赋税，以及列强的侵略迫害，广大中国人民处于水深火热之中。加之该时期华北和齐鲁大地灾害频仍，特别是黄河在 1855 年从铜瓦厢决口北徙以来，长期在华北平原南部和鲁西北平原上肆虐横行，而清政府不是忙于镇压国内农民起义，就是徘徊于堵口与任流的争论之间。黄河泛滥及其他灾害给当地人民带来无尽的痛苦，他们只有携妻

① 参见《东三省总督锡良、奉天巡抚程德全宣统二年二月二十五日奏》，载《清代奏折汇编——农业·环境》，第 615 页。
② 参见《办理奉天垦务廷杰光绪三十二年十二月二十一日奏》，载《清代奏折汇编——农业·环境》，第 607 页。《清德宗实录》卷 575，光绪三十三年六月庚申，第 62534 页。《清德宗实录》卷 582，光绪三十三年十一月丁酉，第 62633 页。
③ 参见南满洲铁道株式会社调查课《满洲旧惯调查报告书》（蒙地）《附录二·蒙地一览表》，第 137 页。

带子，背井离乡，逃亡东北、塞外等地，以求生存。这是华北及山东地区
人民自发移民东北的内在动力。

　　另外，政府的号召也成为华北和山东人民前往东北的外在因素。清政府
面对日、俄对东北边疆侵略的加剧，也开始积极应对，其中一条就是移民实
边，为此，清政府还出台了诸多奖励措施，在内地省份，特别是灾区广募民
人前往东北。光绪三十三年（1907 年），黑龙江巡抚周树模还联合湖广总督
杨文渊在湘鄂灾区招募 1300 余名灾民前往黑龙江务垦。① 总之，19 世纪末
20 世纪初，华北和山东大地上掀起了又一次移居东北的浪潮。

　　此外，清末沙俄攫取了在中国东北的铁路修筑权，开始大规模修建东
清铁路。于是，沙俄当局在东北和内地广泛招募民工充当廉价筑路工人。
关内民众为图生计也多前往东北，参加筑路大军。"现在兴修铁路，所有
由山东关里等处募雇土工人数过众"，仅仅阿勒楚喀一地就有千余人之
多。② 有学者统计，铁路修筑的高潮时期，整个东北地区招募的内地民人
多达 65000 人。③ 这些民工在逐渐适用东北的气候后，很多人定居下来。
更有甚者，一些人还带来了家乡的家属和亲朋，这种迭相招引的行为进一
步增加东关内人民迁居东北的规模。

　　日本人小越平隆在光绪二十四年（1898 年）记载："旅行于满洲各
处，其与目相接者，皆山东店，为山东省移住之民所开设者也。于作（明
治）三十一年五月，由奉天入兴京，道上见一山东车，妇女拥坐其上，其
小儿啼号，侧卧辗转。弟挽于前，兄推于后，老妪倚杖，少女相扶，跄跄
踉踉，不可名状。有骂丈夫之少妇，有呼子女之老妪，逐队连群，惨声撼
野。有行于通化者，有行于怀仁者，有行于海龙城者，有行于朝阳镇者，
肩背相望焉。（明治）三十二年四月，由奉天至吉林，日日共寝食于客店
者，皆是山东之移住民，无非在浦盐耕稼之人群也。此等固无正确之统
计，人口之调查，又其行程之道路，有由汽船者，有由木船者，有由陆路
者，故其详细不得而知。大约年年有七八万或十万内外而已。"④ 上述栩栩
如生的记载，真实地展现当时关内人民迁居东北的情景。

　　光绪三十三年（1907 年），据民政部颁行清查户口的调查统计，该年的

①　参见《黑龙江省招民垦荒折》，全国图书馆文献缩微复制中心《中国边疆史志集成》之
　　《东北史志》第五部，第 14 册，第 1—6 页。
②　参见《吉林将军为阿拉楚喀筑铁路土工因俄兵枪杀工人酝酿罢工自当防范事咨三姓副都
　　统》，载《清代三姓副都统衙门满汉文档案选编》，第 426—427 页。
③　参见路遇等《中国人口通史》下册，山东人民出版社 2000 年版，第 865 页。
④　《满洲旅行记》卷下《满洲山东移民之状况》，上海广智书局 1902 年版。

奉天人口共有 1365260 户，8769744 人。吉林人口共有 515178 户，3827862 人。① 黑龙江省原来仅有八旗户口，但自咸同以后，民垦日兴，始设民官，于是汉民户口亦分年册报。及东清铁路通行后，关内民垦商贩、佣工络绎东来，不绝于道。故光绪三十年（1904 年）至光绪三十四年（1908 年）又先后添设民官，以招徕而安集之。光绪十三年（1887 年），"黑龙江有五万余户，人口约二十五万"②。光绪三十三年（1907 年），黑龙江省有 182351 户，1273391 人；光绪三十四年，有 1453383 人。宣统元年（1909 年），则有 1679510 人；宣统元年的人口总数比光绪三十三年增加了179992 人，比光绪三十四年增加了 226127 人，其中以呼兰、通肯一带最繁华，号称江省繁庶之区。③

另外，热河地区木兰围场的人口也日趋增加。围场放垦之前，除驻防兵丁外，绝无居民。"同治初年，始渐垦辟，起初垦户往往春至冬归，厥后渐有家室。迨光绪初年，来者日众，户口渐繁滋矣。"光绪二十八年（1902 年），围场各乡共 5965 户，男女 36399 名；至光绪三十四年（1908年），各乡共 12908 户，男女 75728 名。④ 短短六年间，人口就实现了翻倍，增速极快。

据日本在清末东北调查，宣统三年（1911 年），奉天省人口是10155680 人，光绪三十三年（1907 年），吉林省人口是 4222292 人，黑龙江省人口是 1455657 人⑤，共有 15833629 人。据清朝户部清册记载，宣统三年（1911 年），奉天人口有 12924779 人，吉林有 5580030 人，黑龙江有 3678625 人，三省总共有 22183434 人。⑥ 不过《清史稿》的记载则与之不同，奉天人口有 1650573 户，10696004 人；吉林有 739461 户，3735167人；黑龙江有 241011 户，1453382 人。⑦ 三省总共有 15884553 人。由此可见，《清史稿》中的记载明显比户部清朝中的数据要少 6298881 人，悬殊

① 参见《东三省政略》卷 4《奉天省民政》。
② 《黑龙江志稿》卷 12《经政志·户籍》。
③ 参见张国淦《黑龙江志略·户口》。
④ 参见查美荫《围场厅志》卷 6《田赋·户口》，全国图书馆缩微文献复制中心，胶片，1992 年。
⑤ 参见南满洲铁道株式会社调查课《南满洲农业概要》，1911 年，第 17 页。辽宁省档案馆《满铁调查报告》第 3 辑第 9 本，广西师范大学出版社 2008 年版。
⑥ 参见严中平等编《中国近代经济史统计资料选辑附录》（中国近代经济史参考资料丛刊，第一种），科学出版社 1995 年版，第 362—374 页。《清朝续文献通考》中载吉林、黑龙江两省共有 9258655 人。
⑦ 参见《清史稿》卷 55《地理志·奉天》、卷 56《地理志·吉林》、卷 57《地理志·黑龙江》。

太大。关于宣统三年的东北人口数字资料，还有俄国人 A. N. 鲍洛班的调查报告数字。他的调查表明，宣统三年的吉林有 5722639 人，黑龙江有 206 万余人。[①] 1911 年，东三省爆发鼠疫，清政府在统计死亡人员时也记载了东三省各省的人数，分别是黑龙江有 1305817 人，吉林省有 4579224 人，奉天有 6897848 人，总计为 12782889 人。[②] 此外，还有民国内务府公布的清末调查报告，此报告不仅记载了当时已经调查的数据，还记载了尚未上报的地区，如此翔实而实在的记载，笔者认为是最为准确的。宣统年间（1909—1911 年），民政部曾对东北进行户口调查，但未及完成，清朝便灭亡了。民国元年（1912 年）五月，内务部将清朝宣统年间的户口调查档案汇造成户籍表册，记载东北地区的人口如下表所示。

表 6 - 1　　　　　　　清末东北地区人口数量统计表

地　名	户　数	户　口		
		男	女	合　计
东三省	2777174	10262312	8153402	18415714
奉天全省	1707642	6093637	4924880	11018517
已报户口之五十属	1640373	5853488	4731143	10584631
未报之金州醴泉两属	65614	234023	189187	423210
未报口数之抚松县	1359	4847	3919	8766
未报户数之安图县	296	1279	631	1910
吉林全省	800099	3151611	2386794	5538405
三十七府州县	748082	3069304	2324440	5393744
全省各旗属	52017	82307	62354	144661
黑龙江省	269433	1017064	841728	1858792
热河	574432	1732031	1433939	3165970
承德朝阳两府、赤峰直隶州	502958	1563108	1261216	2824324
热河所属卓昭两盟蒙旗	71474	168923	172723	341646

资料来源：《中国经济年鉴》（1934 年）上册第 3 章《人口》第 1 节《清末以来各种人口统计之总分析》第 1 表《修正民国元年内务部汇造宣统年间民政部调查户口统计表》。

[①] 参见《鲍洛班的调查报告——1911 年考察中东铁路附近黑龙江省、吉林省河奉天的农业和粮食工业》，转引自马汝珩、成崇德主编《清代边疆开发》下册，山西人民出版社 1998 年版，第 409、416 页。

[②] 参见《东三省疫事报告书》，载《中国荒政书集成》第 12 册，天津古籍出版社 2010 年版，第 8534 页。

从上表可见，东北三省共有人口 18415714 人。再加上热河地区的人口，东北地区已经达到 21581684 人。另，许道夫先生统计，从道光三十年（1850 年）至宣统二年（1910 年），东北人口由 289.8 万人增长至 2158.22 万人。① 此两组数据最为接近。短短 60 年，东北地区的人口已经增长了 7 倍。

清末，关内人口大规模迁移东北地区，产生了巨大而深远的影响。首先，数量庞大的人口注入，大大改变了东北原来地广人稀的荒凉状况，而且该段时期的人口迁入地不仅是局限在东北南部和东北中部的平原地带，而是扩展到东北的全部地区，甚者是国界线附近。大量人口的输入性增长，使得东北各地出现了人烟兴盛的局面。

其次，大量人口进入，增加了东北的劳动力，也使得东北经济发展急需的劳动力资源得到了改观，这不仅体现在农业、矿业、一般性的商业等社会经济的主要行业，也体现在铁路贸易、港口贸易等近代意义的对外商业。劳动力市场的充足促进了东北社会、城镇和经济的发展，对开发东北边疆，发展东北边疆起到积极作用。

再次，东北人口的增加，极大增加了我国东北边疆的人口，这对保卫边疆安全，维护我国主权和领土完整起到了积极作用。随着我国东北边疆地区人口的增加，改变了东北原来有土无人、有边无守的窘况，广大人民在面对外敌入侵时，团结一致，一致对外，涌现出一批批可歌可泣的英雄人物，他们为保卫祖国做出了重要贡献。

最后，清末东北人口的进入是清末全国内地人口向边疆地区迁移浪潮中的组成部分，也是我国历史上内地人口向东北迁移历程中的一个重要时段。清末，内地掀起了向边疆地区迁移人口的浪潮，在这场规模宏大而波澜壮阔的迁移大潮中，东北地区成为一个主要迁入地。从历史发展纵向观之，我国历史上多次出现内地人民向东北边疆迁移的事件，如汉末、魏晋南北朝时、明初，一般而言，这些迁移的时间一是内地社会动荡时，人民为避兵乱而逃亡东北边疆，二是封建中央王朝为了加强对东北边疆的管理，开发边疆而移民东北。清末移民东北可以归为第二种情况。另外，清末时期向边疆地区的迁移人口还开启了民国时期中国内地人口向边疆迁移的序幕。②

---

① 参见许道夫《中国近代农业生产及贸易统计资料》，上海人民出版社 1988 年版，第 4 页。
② 参见路遇等《中国人口通史》（下册），山东人民出版社 2000 年版，第 869 页。

第二节　朝鲜流民对东北资源的开发

朝鲜与我国东北山水相连，地理上的毗连，便利了朝鲜流民进入我国东北地区。朝鲜流民进入我国东北的历史贯穿着有清一代。从清军入关前，朝鲜流民就已经进入我国东北。随着时间推移，清政府对待朝鲜流民的政策也不断变化，从最初的严禁，到后期的招垦，同时，对其管理力度也不断加大，最终规定其易服入籍，纳为中国的编户齐民。朝鲜流民进入东北的数量不断加大，范围不断扩展，对我国东北资源开发的力度不断加大，不断影响了我国东北地区的生态环境。

一　清朝前期朝鲜流民非法进入中国东北

（一）皇太极时期朝鲜人的越界盗参

有清一代，朝鲜流民非法越界到我国从事经济活动并未间断。学者孙春日认为这一现象始自康熙年间。[①] 笔者认为朝鲜人非法越界偷采人参和偷猎之事可以追溯到皇太极天聪五年（1631 年）。是年五月，10 个朝鲜人在布尔哈图河流域偷猎，被后金军队抓获 4 人，逃跑 6 人。九月，朝鲜流民越界在辉发地区盗参，被杀 5 人。同月，越界的朝鲜人在宽甸地区盗参时又被抓获。[②] 朝鲜流民多次非法越界盗参和偷猎行为，触怒了皇太极。天聪七年（1633 年）九月，皇太极派遣英俄尔岱、伊孙等前往朝鲜互市，并把在我国扎尔达库地方抓获的朝鲜盗参 2 人遣送回去。皇太极在给朝鲜国王的书信中对朝鲜流民非法越界到我国境内盗采行为进行了申斥。他说："贵国既言人参无用，乃每年出尔边界，入我疆土，不顾罪戾，采此无用之参，何为乎？辛未年（笔者按：即天聪五年，公元 1631 年），满蒲城人邦钮率众窃取，为我边人逐去。今又有满蒲城申景那吉，率十七人来入我境。又刚季、章土之人亦曾来此。此三城人皆出尔境，入我界，三路采参。予所知者止此，其不知者何可尽量耶？贵国违弃前盟，潜入我境猎兽、采参，如贵国地方多有虎豹，我国何曾有一越境猎取者乎？"[③] 这里所谓"前盟"是指丁卯之役时，《江华和约》中"各守封疆"的约定，后金

---

① 参见孙春日《中国朝鲜族移民史》，中华书局 2009 年版，第 61 页。
② 参见《朝鲜仁祖实录》，仁祖九年闰十一月辛酉。吴晗《朝鲜李朝实录中的中国史料》上编卷 55，中华书局 1980 年版，第 3486 页。
③ 《清太宗实录》卷 15，天聪七年九月癸卯，第 780 页。

指责朝鲜边民越境偷采人参违背了这一约定。

天聪九年（1635 年）六月，后金又抓获了 3 名越界偷参的朝鲜昌城人，并遣送回国。最后，朝鲜方面不仅查处其地方官员，还给皇太极修书一封以示歉意，并表示"谨遵约誓，各守封疆"①。虽然朝鲜国王表示严禁其民越境，但是七月间，后金守军在巡视边界时又先后三次遇到非法越界盗采人参的 30 余名朝鲜人，逃走 16 人，将抓获的 16 人送还朝鲜处理，均被朝鲜斩杀。② 此后，后金抗议朝鲜人在距兴京城五六十里的地方采参，指责这是其"大臣贪图利贿，蔽主聪明"所致。③ 八月间，后金军队在巡边时再次抓获了越界偷参的朝鲜人。该次抓获的朝鲜人不仅人数多达 49 人，更主要的是，这两拨朝鲜人竟然分别是由朝鲜千总崔遇尼和李大水率领④，这说明朝鲜流民已经和朝鲜官兵联合起来，非法越界盗采人参已经非常猖獗。十月，后金再次谴责朝鲜国王"毁渝前盟，纵民入我内地，采参捕鱼"⑤。

虽然后金多次要求朝鲜严格管理其国边界，不得非法越界到我国偷采人参，但是朝鲜流民越界偷采的现象不但没有遏制，反而更加猖獗⑥，甚至一些朝鲜地方官纵容朝鲜边民越界到中国境内非法盗人参。"北道民李有先等六十五名，谓称官采，由镇东云龙越江挖参。"在地方官的默许和唆使下，朝鲜边门数十人结成团伙携带武器越境采参，还不时与清朝官方的采参人员发生冲突。崇德七年（1642 年）二月，吉州牧使和甲山府使借口向户曹缴纳人参，唆使边民越境采参，其中有 65 人被清朝士兵抓获。⑦ 次年九月，朝鲜江界的 40 多人越过鸭绿江采参时被清军抓获。同年，江界又有 50 多人越界盗参，竟然杀伤清军二人。⑧

纵观皇太极统治时期，朝鲜流民越界到我国从事的非法经济活动，其地点主要是鸭绿江地区，经济类型主要是盗采人参。考察朝鲜流民的动因，既有合伙私自越界盗参，也有朝鲜官员带来流民越界盗采；其人数更是逐渐增多，从数人逐渐发展到数十人不等；其行为从私下盗采逐渐恶化

① 《清太宗实录》卷 23，天聪九年六月辛卯，第 882 页。
② 参见《清太宗实录》卷 24，天聪九年七月甲寅、庚申、丙寅，第 886、887 页。
③ 参见《清太宗实录》卷 24，天聪九年七月癸酉，第 888 页。
④ 参见《清太宗实录》卷 24，天聪九年八月戊寅，第 890 页。
⑤ 《清太宗实录》卷 24，天聪九年十月壬寅，第 904 页。
⑥ 参见《通文馆志》卷 9《纪年》，仁祖大王二十壬午。王崇实等《朝鲜文献中的中国东北史料》，吉林文史出版社 1991 年版，第 205 页。
⑦ 参见《同文汇考》别编卷 3《犯越》。
⑧ 参见《朝鲜仁祖实录》卷 44，仁祖二十一年闰九月壬子。吴晗《朝鲜李朝实录中的中国史料》上编卷 58，第 3717 页。

到公然反抗清军的搜捕，甚至杀伤搜捕的清军。总而言之，随着历史发展，朝鲜流民非法越界到我国境内从事非法经济活动的人数是越来越多，且性质越加恶劣，严重损害了我国的利益。

（二）顺、康、雍年间及乾隆初年朝鲜人的非法越界

顺治元年（1644年）八月，清朝迁都京师（今北京），盛京地区的众多民人和兵丁也随之内迁，辽阔的盛京大地出现人口锐减、经济残破、土地荒芜的荒凉景象。为了尽快恢复盛京地区社会经济，清政府颁布了"辽东招垦令"，以招民授官的形式鼓励内地民人依据辽东开发东北，同时也积极部署东北的军事防务，建立以盛京将军、吉林将军、黑龙江将军三将军分域管辖体制。此外，清政府还在明朝辽东边墙的基础上修建了柳条边。其中的东段部分把长白山区和辽东平原隔绝开来，形成了西起柳条边、东至鸭绿江之间以及图们江流域的封禁区域。这些区域不仅严格限制汉人进入，也限制一般的满人进入。作为我国领土的一部分，更是不允许朝鲜流民非法越界进入。然而，这个无人区的存在，为仅有一江之隔的朝鲜流人非法越境到我国盗采人参、偷猎、偷伐林木，提供了诸多便利条件。

李花子曾依据《同文汇考》《朝鲜王朝实录》的有关记载，把顺治年间朝鲜人非法越界交涉事件列表。[①] 笔者据此表把朝鲜流民非法越界到我国的非法经济活动列表如下。

表6-2　　　　　　　顺治年间朝鲜流民越界非法经济活动简表

时间 ＼ 内容	事　件	地　点
顺治二年二月	江界流民越界盗采人参	鸭绿江
顺治二年二月	美钱、训戒、昌城流民越界盗采人参	鸭绿江 图们江
顺治三年四月	甲山府云宠士兵10人越界偷猎	鸭绿江
顺治四年二月	茑下3人越界盗采人参	图们江
顺治五年正月	会宁12人越界偷猎，钟城11人越界偷猎	图们江
顺治九年十一月	碧洞23人在正白旗包下参山盗采人参被抓	鸭绿江
顺治十一年	庆源阿山90多人越界偷伐树木、盗采人参	图们江
顺治十七年十二月	满浦3人越界盗采人参	鸭绿江

----

① 参见李花子《清朝与朝鲜关系史研究：以越界交涉为中心》，延边大学出版社2006年版，第38页。

从该列表可见，顺治年间朝鲜流民越界到我国境地的地点不断扩大，已经从鸭绿江流域扩展到图们江流域。其非法经济活动类型也由原先的盗取人参扩大到偷伐树木。此外，其人数和规模也有扩大趋势，比如顺治十一年（1654年），竟有90多人越界到我国从事非法经济活动，可见其事态已经越加严重。

面对日益猖獗的朝鲜民众非法越界，清政府一方面严加防守边界，另一方面对朝鲜施压，要求其管束该国民众。顺治五年（1648年），清朝户部咨文朝鲜，表示抗议，"为照地方各有疆界，越境营利明有严禁，久已咨会。今该国人乃敢擅越边疆，私行捕猎，蔑法殊甚。既经捉获，相应发回查审，为此合咨贵国，烦为审明定罪施行"①。顺治九年（1652年），清政府再次就朝鲜流民非法越界而派出专使，并降谕斥责："朕思已定地界不许撞越采捕，禁令已久。今沈向义（越境采参者）等，违禁例而越境采参，殊不合理。盗参事小，封疆事大，若不禁约，后犯必多。今差内院学士苏纳海、梅勒章京胡俊、理事官谷儿马洪等，赍带被获之人至王前，讯明拟议具奏，故谕。"② "盗参事小，封疆事大，若不禁约，后犯必多。"一语道出清政府对中朝边界的重视，更是希望通过此次交涉，希望朝鲜严加防范本国流民，杜绝再犯。

虽然清政府一再要求朝鲜严厉控制该国流民，不得非法越界到中国境内从事经济活动，但是在康熙、雍正年间，朝鲜流民非法越界到我国境内的活动从未断绝。康熙元年（1662年），朝鲜义州2人越界到鸭绿江流域偷伐树木，被清军抓获。③ 康熙十九年（1680年），朝鲜稳城朴时雄等3人非法越过图们江到我国境内偷伐树木，被清军抓获。④ 康熙二十四年（1685年）二月，朝鲜咸镜道三水、江界、咸兴以及道熙川、安州等地边民和士兵28人非法越界，在我国鸭绿江流域的三道沟地方盗采人参，竟然袭击清朝查边绘画舆图人员，并抢去人参、衣服等物品。清军驻防协领勒楚等多人被创伤。⑤ 三道沟事件是一次性质极其恶劣的事件，引起了清政府的震撼和愤慨。九月，清朝礼部通告朝鲜："将犯人务要先期拿获，以待审理"，颁布谕令严饬朝鲜国王，并派遣使臣"前往同你将前项不法

① 《同文汇考》原编卷49《犯越》。
② 同上。
③ 参见《同文汇考》原编卷50《犯越》。
④ 同上。
⑤ 参见《同文汇考》原编卷51《犯越》。《清圣祖实录》卷124，康熙二十五年二月丁亥，第4179页。

之人与地方官疏纵情罪，严察究审，详确定拟具奏"①。虽然朝鲜严厉处理
了该案的罪犯和一些地方官，但是朝鲜流民越界到我国的不法现象不但没
有停止反而多是恶性事件。兹翻检《同文汇考》《朝鲜王朝实录》等资
料，对三道沟事件后及雍正年间的朝鲜流民越界到我国非法经济活动的事
件进行整理。康熙三十年（1691 年）八月，朝鲜边民林仁等数十人越界
渡过图们江到我国境内打死数名中国人，抢走人参和衣服等物品。② 康熙
三十二年（1693 年），朝鲜江界、满铺等数十名流民越界从鸭绿江到我国
盗采人参并杀害国人。康熙三十九年（1700 年），朝鲜三水数十人也是越
界渡过鸭绿江到我国盗采人参并杀人。康熙四十九年（1710 年），朝鲜平
安道渭源流民李万（或写作"玩"）枝等数人越界渡过鸭绿江到我国境内
盗取人参，并杀害国人 5 名，抢走人参等物品，这是震惊中朝两国的"李
万枝事件"。最后结果是朝鲜严厉处分了相关人员。③ 康熙五十三年（1714
年），宁古塔兵丁在图们江流域的我国境内发现了朝鲜山城地区的流民男
女 55 人偷垦土地，最后被逮捕和驱逐，这是清朝时朝鲜流民越界到我国
进行非法偷垦的较早记录。④ 雍正七年（1729 年），朝鲜稳城的 7 名流民
越界到我国的图们江境内非法狩猎。⑤ 雍正十一年（1733 年），朝鲜江界
的 20 多人越界，渡过鸭绿江盗采人参并杀人掠货。⑥ 上述诸多事件说明康
熙中晚期和雍正时期，朝鲜流民越界到我国从事非法经济活动已经是越来
越多，并且其类型已经从盗采人参、偷伐树木、偷猎扩展到偷垦，这些行
为严重损害了我国的利益，对长白山区和图们江流域内的生态资源造成了
损害。

　　由于朝鲜北部边疆地区的流民不断非法越界进入我国领土，清政府多
次向朝鲜施压，要求该国加强对其边民的管理。康熙四十九年（1710
年），在中朝两国使臣审理"李万枝事件"后，朝鲜官员提议"使清国不
得清幕于沿江近处，我民亦令撤移稍远处，则可无犯越之患"⑦。该官员把

① 《同文汇考》原编卷 51《犯越》。
② 参见《朝鲜肃宗实录》卷 23，肃宗十七年四月庚申。吴晗《朝鲜李朝实录中的中国史料》（下编）卷 4，第 4145 页。
③ 参见《清圣祖实录》卷 245，康熙五十年二月戊辰，第 5375 页。《清圣祖实录》卷 247，康熙五十年九月壬辰，第 5394 页。
④ 参见《同文汇考》原编卷 55《犯越》。
⑤ 参见《同文汇考》原编卷 54《犯越》。
⑥ 同上。
⑦ 《朝鲜肃宗实录》卷 50，肃宗三十七年三月壬寅。吴晗：《朝鲜李朝实录中的中国史料》下编卷 5，第 4267 页。

对其边民非法越界的主要原因归为我国流民在两国边界地区活动，不免偏颇，提出的两国通过协商在两国边界各划出一定范围地区作为隔离地带的建议正中清政府的下怀。于是清政府同意"特留一段闲荒，禁民耕种，原欲隔截中外，以免民物混杂"①。由此可见，清政府把鸭绿江和柳条边门之间的广大地区实行封禁，也含有为减少因越界引起的边民冲突，而实行睦邻友好政策的因素。对此，乾隆年间担任凤凰城守尉的博明希哲也有专论："凤凰城边栅北自石人子与瑷阳接界，南至海滨，亘百六十里有奇。出栅至与朝鲜分界之中江，北远而南近其地，皆弃同瓯脱，盖恐边民扰害属国，乃朝廷柔远之仁，设官置汛，立法甚严。"②

　　然而，清政府对本国境内行使管理权时，却遭到了朝鲜的反对，这对维护我国边界安全和保护边疆利益产生了非常不利的影响，为清中后期朝鲜边民大规模非法进入我国境内埋下了隐患。康熙五十三年（1714 年），清政府为加强对珲春地区的边防，设立了珲春协领，并驻扎 40 名士兵。次年（1715 年），清政府又增加 350 名士兵。③ 为安顿驻扎士兵的日常生活，珲春协领在距离图们江较近的地方修筑房屋，开垦土地。我国官兵在本国境内从事正常的边防和经济建设，与朝鲜并无关系，可是这却遭到了朝鲜的抗议。其理由就是担心将来我国境内一旦形成村落，会对朝鲜当地边民产生吸引力，从而引发不必要的边界纠纷。④ 清政府最后采纳了朝鲜的建议，将相关建筑拆除，并在距离图们江较远的珲春以西地方屯垦。这充分体现出清政府对待朝鲜"柔远之仁"的宽大胸怀。自此以后，清政府一直秉承这一传统，直到清朝末年放垦禁地时才开始在鸭绿江流域的我国境内设置行政建制和移驻人民进行垦殖。

　　清政府一直遵守严密禁止边民进入封禁区域的政策，但朝鲜方面并没有严格约束其国边民，其越界到我国境内非法盗采人参呈现越来越大的趋势。鉴于此，东北军队驻防官员建议政府在鸭绿江下游的中国境内设立边防哨卡，以加强边防。这本是我国行使正常的管辖权，却遭到朝鲜的干涉。这就是雍正九年（1731 年）的"莽牛哨事件"。莽牛哨位于鸭绿江下游北岸我国水域（今辽宁省宽甸县古楼乡）。雍正九年奉天将军那苏图因该地区"每年常有不肖匪类私乘小船，由水路偷运米粮……界连朝鲜，难以遍行查缉"，奏请清政府于莽牛哨地方设立水路防汛，添设船只，驻扎

① 朱寿朋：《光绪朝东华录》第 1 册，中华书局 1958 年版，第 372 页。
② 博明希哲：《凤城琐录》。
③ 参见光绪朝《钦定大清会典事例》卷 1127《八旗都统·兵制·吉林将军所属驻防兵制》。
④ 参见《同文汇考》原编卷 48《疆界》。

兵弁，以杜绝朝鲜边民越界非法盗采人参之弊。雍正帝以该处位于两国边界，指示礼部官员询问朝鲜政府"有无未便之处"①，朝鲜方面则再次重提中朝两国关于设立封禁地区以杜绝边民交涉之故事加以反对，并表示"惟愿慎其始而杜其萌，一遵旧例，俾绝小邦边氓犯科作奸"②。得到朝鲜"仍遵旧例"保证后，雍正帝遂中止设兵驻守。③

乾隆十一年（1746年），奉天将军达勒党阿为加强边界管辖，再次提议开垦凤凰城边外荒地以及在莽牛哨设兵以杜绝朝鲜"乘间偷越挖参者"。朝鲜方面闻知，立即上表清廷称："垦田设兵耕种，则中间界河，不能禁人往来，竟成通衢，将禁之难周，戒之弗从，臣国边孤获罪者自此始。"④盛京将军的建议得到了清政府部议通过。此后，朝鲜再次以"垦土设屯伊国未便"为由恳请乾隆帝中止设汛。乾隆再次交给部议。部议以"无庸议复奏"，仍允许哨添设汛哨。

鉴于该处地处两国交界，乾隆帝特地派遣熊岳副都统西尔们亲往查看设汛之处的实际情况，以示慎重处理。"今莽牛哨添设官兵巡查一事，既经西尔们查明，与该国界址无虑混杂滋扰，且于内外俱展有益。而该国王又陈奏其不便，请辞恳切，究未知该地实在情形如何"，为慎重起见，乾隆帝再次派"兵部尚书班第驰驿前往，率同西尔们将彼地情形，详加查勘。如果设汛之处，系中国界内，与该国好不相涉，则设兵置汛，以杜绝奸宄，以肃靖边防，自属应行之事。即该国王恳请，亦不便准行。若其地界或有犬牙相错，难免混淆之处，亦即据实奏闻，候朕另降谕旨"⑤。可知，清政府从盛京将军到兵部的各级官员均是同意设立莽牛哨的。乾隆的意见是，如果该处确实位于我国境内，可以不顾及朝鲜的态度，应当添设汛哨。由此观之，清政府设立莽牛哨似乎没有悬念。

但一个月后，乾隆帝却最终答应了朝鲜请求，停设汛哨。个中缘由，在乾隆的上谕中提到，"惟是该国世戴国恩，足属恭顺。若安设此汛，彼国之无知小民倘有违禁者，伊恐获罪，是以奏请其安设此汛之处。虽有江滩分界两岸，不过一二里之遥，相隔甚近，如伊属下人等不能遵奉该国王禁

---

① 《清世宗实录》卷106，雍正九年五月戊辰，第7393—7394页。《同文汇考》原编卷48《疆界》。

② 《朝鲜英祖实录》卷29，英祖七年六月辛亥。吴晗：《朝鲜李朝实录中的中国东北史料》下编卷6，第4442页。

③ 参见《清世宗实录》卷110，雍正九年九月辛酉，第7452页。

④ 《清高宗实录》卷270，乾隆十一年七月己酉，第11707页。

⑤ 《乾隆朝上谕档》第2册，乾隆十一年七月二十一日，广西师范大学出版社2008年版，第113—114页。

令，以致该国王得罪，朕心有所不忍。著照该国王所请，莽牛哨地方添设哨兵之处停止"①。虽然清政府念及朝鲜的恭顺而停设汛哨，但是仍严饬驻守边界官员"加意防察"，若朝鲜流民再偷越边界，妄滋事端，各兵弁应"不可姑息，亦不可轻率。无论有事无事，惟为当以防守边疆为务"②。与此同时，乾隆帝还"令该国王将伊所属人等严加约束"③。尽管清政府最高决策者出于仁慈之心，应朝鲜请求而没有加强边防，但是朝鲜方面却疏于对本国流民的管理，该国流民越界到我国境内从事非法经济活动依然如故。

二　清朝中期朝鲜流民非法进入中国东北

如前文所述，乾隆十一年（1746 年），盛京地方官员请求设立莽牛哨被乾隆帝否决，这主要是乾隆帝出于朝鲜国王向来恭顺而不忍设置军事设施做出的宽厚之举，但同时也要求朝鲜方面严格约束其国民，不得越过两国边界到中国。虽然朝鲜方面也做了一些努力，但朝鲜边民非法越界入中国境内从事非法经济活动的行径并没有停止，继续偷猎和偷采人参。乾隆二十二年（1757 年），朝鲜民人赵自永等数人越界到中国境内采参捕获鹿。④ 乾隆二十六年（1761 年），朝鲜民人金顺丁等七人越界到中国境内采参。⑤ 次年（1762 年）二月，乾隆帝寄信要求盛京和吉林将军将朝鲜国边民如何越界之处，查明具奏。⑥ 四月，乾隆帝寄信要礼部再次查办此事。⑦ 闰五月，礼部奏称："三水府之嘉义普正地方，距白山之西有三四日路程，与盛京所属地方相直。看来朝鲜国民人，系由盛京所属地方越界。"⑧ 乾隆二十七年（1762 年），清军抓获在鸭绿江边捕打貂鼠的朝鲜人金永宽等八人。⑨

① 《清高宗实录》卷 273，乾隆十一年八月下癸巳，第 11753 页。
② 《清高宗实录》卷 270，乾隆十一年七月己酉，第 11708 页。
③ 《乾隆朝上谕档》第 2 册，乾隆十一年八月三十日，第 124 页。
④ 参见《通文馆志》卷 10《英宗大王三十三年丁丑》，《朝鲜文献中的中国东北史料》，第 244—246 页。《同文汇考》原编卷 57《犯越》。
⑤ 参见《通文馆志》卷 10《英宗大王三十七年辛巳》，《朝鲜文献中的中国东北史料》，第 246—247 页。《同文汇考》原编卷 58《犯越》。
⑥ 参见中国第一历史档案馆编《乾隆朝满文寄信档译编》第 3 册，岳麓书社 2011 年版，第 73 页。
⑦ 同上书，第 486 页。
⑧ 同上书，第 503 页。
⑨ 参见《清高宗实录》卷 674，乾隆二十七年十一月上庚午，第 17292 页。《同文汇考》原编卷 58《犯越》。《通文馆志》卷 10《英宗大王三十七年辛巳》，《朝鲜文献中的中国东北史料》，第 248 页。

嘉庆十年（1805 年），清军帽儿山卡伦巡视兵丁在头道黄沟、二道阳岔地方抓获朝鲜人六名，系偷打水獭。① 嘉庆二十二年（1817 年），吉林官兵在额穆赫索罗地方抓获正在偷猎的朝鲜人一名。②

道光七年（1827 年），吉林长白山采取贡香的人员在松江河边抓获两名正在偷猎鹿茸的朝鲜人。③ 道光十一年（1831 年），两名朝鲜越界流民在吉林境内偷挖人参四棵、偷猎狍子两只、鹿二只和野猪两只，被清军抓住。④

以上是该段时间内清军查获朝鲜流民非法越境到中国境内的情况。由此可见，该时期内的朝鲜流民在中国境内的活动主要是偷采、偷猎等行径。

道光年间，随着内地流民不断潜入长白山封禁区，清政府也不断加大了对中朝边界的巡查力度，较为典型的就是道光二十六年（1846 年）开始的盛京与吉林统巡会哨制度。是年九月，盛京将军和奉天府尹为奉旨查办朝鲜国近江种地伐木之民，与吉林将军会商，协同巡查。按章程规定，盛京将军和吉林将军于每年春秋二季，派员分赴辉发、图们江二处上下周查。春季自二月初起，至四月底止；秋季自七月初起，至十月底止。当年九月十二日，吉林将军派遣宁古塔副都统的协领富升、防御和骁骑校率领兵丁若干前往辉发河一带参场巡查，宁古塔副都统衙门派员赴珲春，会同该处协领带领官兵分赴图们江一带巡查。要求巡查官兵每十日汇报一次，并将查获之人"解省审办"⑤。次年（1847 年），钦差大臣柏俊奏请加大对边外的巡查力度，在瑷江西岸增设三座卡伦，统巡官每年春、秋二季出边巡查。盛京副都统带兵于每三年春季巡查边界，每出边巡查，则先知照朝鲜地方官会哨，同时，吉林将军也派员参与巡

① 参见《同文汇考》原编续《犯越一》。《通文馆志》卷10《纯宗大王五年乙丑》，《朝鲜文献中的中国东北史料》，第266页。

② 参见《通文馆志》卷10《纯宗大王十七年丁丑》，《朝鲜文献中的中国东北史料》，第270页。

③ 参见《同文汇考》原编续《犯越一》。《通文馆志》卷10《纯宗大王二十七年丁亥》，《朝鲜文献中的中国东北史料》，第271页。

④ 参见《同文汇考》原编续《犯越一》。《通文馆志》卷10《纯宗大王三十二年壬辰》记载为道光十二年，《朝鲜文献中的中国东北史料》，第272页。

⑤ 参见《宁古塔副都统为查办朝鲜国近江种地伐木之奸民的札文》，道光二十六年十月二十九日，《珲春副都统衙门档案选编》上册，吉林文史出版社1991年版，第334—336页。

查，是为中朝统巡会哨制度。①

应当指出，中朝统巡会哨制度的目的是为了清查我国和朝鲜的民人进入中朝两国在鸭绿江边界附近的封禁区，而不是仅仅针对我国的流民，并且这种巡查的范围只是在鸭绿江地区，并不包括图们江地区。学者李花子认为统巡会哨制是自清初以来中朝两国在鸭绿江边实行共禁体制的延续和强化。② 笔者赞同此说。中朝统巡会哨制度的实行，不仅在一定程度上迟滞了内地流民对中国境内长白山和鸭绿江地区的进一步开发，同时也相对有效地保护了中国境内资源被朝鲜流民偷采偷猎。此后，同治年间，流民大量迁入长白山禁区，在当地已经形成了很多村落，清政府对待这些流民的态度也发生改变，即从原来的驱逐改为就地安置和纳赋升科。而朝鲜方面也默许其民人进入朝鲜一侧的封禁区，这样统巡会哨制已经是形同虚设。

虽然朝鲜方面是消极应对，但是清朝依然实行联合巡边。同治六年（1867 年），宁古塔副都统发布查禁朝鲜人越界的札文，要求各查界官兵"务在所属界内实力严查。遇有朝鲜人等私行越界在于各屯游历，即行拿获解交该国查办外，设有所属不肖之辈，希图做招引容留，不论旗民人等，一律拿送本衙门加等惩戒"。同时要求各巡查边界的官兵应尽心尽责，"倘若不实不尽，定将尔该界官等一并严参不贷"③。统巡会哨制度至同治八年（1869 年）就停止了。④

清政府在加强鸭绿江内侧巡逻的同时，也实施对图们江内侧的巡查。珲春副都统衙门档案显示，同治十二年（1873 年）七月初一日，宁古塔副都统派恩骑尉贵连带兵丁 6 名会同珲春官兵及边卡各官前往图们江一带巡查，"如有匪徒越界窜入垦田构舍，即行拿获，以备解省惩办"⑤。此外，宁古塔副都统还要求珲春协领遵照执行，完成任务时加盖关防印章，并将所派官兵衔名造册，一并上报吉林将军衙门。

---

① 参见《清宣宗实录》卷 442，道光二十七年五月癸卯，第 41832—41833 页。《清宣宗实录》卷 444，道光二十七年七月丁酉，第 41851 页。《通文馆志》卷 10《宪宗大王十三年丁未》，《朝鲜文献中的中国东北史料》，第 275—277 页。

② 参见李花子《清朝与朝鲜关系史研究——以越境交涉为中心》，亚洲出版社 2006 年版，第 154 页。

③ 《宁古塔副都统为查禁朝鲜人越界的札文》，同治六年，《珲春副都统衙门档案选编》上册，第 336 页。

④ 参见李花子《清朝与朝鲜关系史研究——以越境交涉为中心》，第 154 页。

⑤ 《宁古塔副都统为派员前往土门江巡查奸民越界垦田事的咨文》，同治十二年七月五日，《珲春副都统衙门档案选编》上册，第 337 页。

三　清朝晚期朝鲜流民大量进入中国东北

咸丰同治以后，朝鲜流民依然不断非法越境进入我国境内。虽然两国政府对非法越境采取严厉防范措施，但是朝鲜流民依然犯禁进入我国境内从事非法活动，并且这种活动变得更加严重，从以前的偶尔偷猎偷采偷伐，发展到越境到我国境内定居开垦。[①] 特别是光绪年间，朝鲜北部自然灾害频仍，社会动荡，造成朝鲜民人为求生活而自发越界到我国境内定居开垦；沙俄在侵占我国乌苏里江以东地区后，积极招徕朝鲜民人开发该地区。大批朝鲜民人在经过我国前往沙俄地区时，很多就留居在我国。总而言之，大批朝鲜民人在晚清时期已经并不断进入我国东北地区，并逐渐定居下来，从事垦殖活动。

朝鲜移民进入我国境内的地点主要有两处，一是鸭绿江流域，二是图们江流域。首先看鸭绿江流域。由于我国对 19 世纪后半期该地区社会经济情况缺乏记载，所以鸭绿江右岸中国境内朝鲜移民的分布状况，只好在朝鲜文献《江北日记》中略窥一斑。[②] 同治十一年（1872 年），崔宗范、金泰兴、林硕根三名朝鲜官员自五月三十日至七月十五日，受命进入鸭绿江北岸调查朝鲜流民，其所见所闻即是《江北日记》的主要内容，该书大体上反映了清同治年间中国内地流民与朝鲜流民流入鸭绿江北岸封禁地区的历史与当时的社会现状。[③] 当时，朝鲜流民的分布相对较为分散。具体情况如下表所示：

[①] 咸丰十年（1860 年）朝鲜民人偷挖人参 925 苗，还杀死两名巡查清军，《通文馆志》卷 10《哲宗大王十一年庚申》，载《朝鲜文献中的中国东北史料》，第 279—280 页。同治三年（1864 年），朝鲜民人越界到图们江北砍伐树木，《通文馆志》卷 10《高宗元年甲子》，载《朝鲜文献中的中国东北史料》，第 282—283 页。同治五年（1866 年），朝鲜民人 75 人迁入中国境内，《通文馆志》卷 10《高宗三年丙寅》，载《朝鲜文献中的中国东北史料》，第 283 页。

[②] 《江北日记》原为中文繁体字的手写本，收藏在韩国旧藏书阁，1977 年韩国弘益大学崔康贤教授在《国学资料》26 号上发文，揭示于世。1978 年，韩国高丽大学柳承宙教授在《亚细亚研究》第 59 号上发表《对朝鲜后期西间岛移住民的考察——〈江北日记〉解题》，转载了全文。1989 年，延边大学高永一主编《朝鲜族历史研究参考资料汇编》第一辑转载了《江北日记》全文内容。1994 年，韩国精神文化研究院郑求福发表《〈江北日记〉解题》一文，将《江北日记》全文影印收录在《江北日记·江左舆地记·俄国舆地图》一书中。2003 年，崔康贤译《江北日记》，并附《〈江北日记〉题解及其在文学史上的地位》一文，收录于《间岛开拓秘史》一书。

[③] 参见廉松心《清朝同治年间鸭绿江中上游地区的社会状况——以〈江北日记〉为中心》，《中国边疆史地研究》2010 年第 2 期。

表6-3　　　　　　　同治年间鸭绿江北岸朝鲜人数量统计表

地点	户数	人数
三水仁遮外至厚昌对面	193	1673
五道沟	20	
清金洞下三道沟至往绝路	277	1645
榆巨于子	27	
巴江（巴沸江，即浑江）	6	我人佣于胡者不可胜数
三千洞		胡幕20余处，我人之佣于胡者不可其数
巴沸坪（巴头江）	400多	
六头江	6户，又江界人400—500户	
四头江		300户，亦多我人佣者
巴江下流		胡幕21处，我人之佣者亦多有之
汤河水源头	茂山人4户	
始头河	3	
大营	茂山人3户，吉林唱鸡城边30户	
总计	约1450户	约6000人

　　上述朝鲜移民潜居我国的地方大致在今恒仁、通化、集安和帽儿山等地区。这些地区一是毗邻朝鲜北境，便于朝鲜流民私下潜入；二是当地山高林密，交通不便，清政府对当地的管理相对较弱，为朝鲜流民的潜入提供了管理空间。另外，上述朝鲜流民潜越的时间，是以1872年为始。其中有：十年前潜越者和七八年前潜越者、六年前潜越者、四年前潜越者、三年前潜越者，以及前年秋和冬、当年春和秋潜越者等不等。但三年前潜越者数量最多。可见，这些朝鲜流民均是在同治年间潜入我国境内的。另据《江北日记》所记，其潜越者的原籍，最多的是茂山，其次是厚昌、慈山、江界、义州、宁边、宣川等地。

　　光绪年间，特别是光绪晚年，上述地区已出现了大批朝鲜流民在当地居住和垦种的景象。经过长期发展，朝鲜流民在中国境内的鸭绿江流域逐渐形成了三个相对集中的聚居地。一是鸭绿江中游地区。这是鸭绿江和浑江汇流地区，至19世纪初，这里大致聚居了16000余名朝鲜流民，他们多在集安县通沟、麻线沟、太平沟和榆树林子至通合岭地区的山谷中，分散居住，进行垦殖活动。二是浑江流域，这主要包括怀仁和通化地区的各县。这里聚集了约6000名朝鲜人，主要居住在通化附近的江甸子至外寨沟的山谷中。三是鸭绿江上游地区，即今天临江县头道沟至二十一道沟地区。这里是帽儿山向长白山主脉过渡地区，长期以来几乎无人居住，从而成为朝鲜流民又一个主要的潜入地。这里大致聚居了5400人，多是沿江边滩地定居垦种，逐渐形成村落。[①]

清季时期，我国政府在东北实行全部开禁的政策，积极招徕民人垦殖，这对朝鲜贫困人民极具吸引力；随着日本对朝鲜的兼并和压迫的增加，朝鲜流民再次掀起移民中国的高潮。他们渡过鸭绿江和图们江进入中国东北，并向东北腹地扩展，其中，从鸭绿江地点进入我国东北后，又沿着通化方向，南满铁路方向，西丰、西安、东丰及海龙方向，吉林、农安方向和辽源、通辽五个方向向东北腹地深入。至于迁移的人数，据朝鲜总督府警务局调查资料显示，1909年至1912年，大约有49000名朝鲜人移居到我国东北，其中24000余名移居到图们江以北地区，19000余名移居到鸭绿江北岸地区。至宣统二年（1910年），鸭绿江右岸的长白、通化、临江、集安、抚松、安图、海龙等十一个府、县地区已经居住了朝鲜垦民8658户，共36548人，耕种田地73350亩。[②]当然，清朝灭亡后，朝鲜移民进入我国东北的步伐并没有停止，而是继续进行。[③]因本书论述时限所致，故暂不作论述。

除了鸭绿江中上游地区外，图们江北岸的延吉和珲春地区则是晚清时期朝鲜流民大量拥入的又一个地区。图们江中下游，河道虽然较宽，但是河中多沙洲，且水流平缓，极易潜渡。早在咸丰三年（1853年），朝鲜庆源人李东吉就率妻子女儿潜渡图们江。进入我国珲春地界的霍隆沟，剃发易服，依靠在我国居民葛姓人家。几年后，他又潜回朝鲜带领其家人。鉴于李东吉已经在我国境内盖屋垦地，同治九年（1870年），朝鲜以"李东吉逃往珲春地方盖屋垦田，啸聚无赖，该国民口时有犯越"为由，咨文中国，请求清政府缉拿。于是，清廷谕令吉林将军饬令珲春协领率兵搜捕了李东吉。[④]需要注意的是，李东吉开始潜入我国境内时，是依靠在我国人的名下，这说明当时的朝鲜流民在进入我国初期还不敢公开其真实身份，而当地我国居民则雇佣朝鲜人，所以正如朝鲜官方所说的"珲春人与之惯

① 参见孙春日《中国朝鲜族移民史》，中华书局2009年版，第136—137页。

② 参见《清季中日韩关系史料》，第7168页，转引自孙春日《中国朝鲜族移民史》，第172页。

③ 参见孙春日《中国朝鲜族移民史》，第250页。

④ 参见《同文汇考》原编续《犯越三》。《通文馆志》卷10《高宗八年甲子辛未》，载《朝鲜文献中的中国东北史料》，第287页。

熟，不肯举发"。可见，早在同治初年，已经有一定规模的朝鲜流民落户珲春地界，即所谓"同治年间，即有韩民越界，然其初皆为佣工，虽间有私垦者，为数尚少"①。

迨至光绪七年（1881年），吴大澂和铭安在加强吉林东部地区的防务时发现，朝鲜流民非法越界到我国境内已经有数千人之多，并垦地数万垧。吴大澂和铭安奏请总理衙门转告朝鲜方面将其民众收回，但是朝鲜方面一直借口拖延不理。② 鉴于当地朝鲜流民甚多，清政府只好把这些流民进行就地安置，领照纳租，归属中国国籍，分属珲春和敦化县管理。③ 由此可见，延吉和珲春地区的朝鲜越界流民到我国境内的活动，从佣奴而租种逐渐发展到租种而得有土地使用权。应当看到，清政府虽然收留了这些朝鲜流民，但已经把他们"归我版籍"，即纳入我国政府管理下的纳税民人，而不再属于朝鲜政府管理。④

光绪十一年（1885年），清政府在图们江以北的珲春设立越垦总局，在和龙峪、光霁峪和西步江三处设立三个分局，以促进当地经济发展，并兼理进入我国境内的朝鲜垦民的日常事务，而这些朝鲜垦民则被纳入我国管理系统。光绪十六年（1890年），吉林经将军长顺对招垦地区清丈地亩，编甲升科，并令当地朝鲜移民"遵我国章，去其旧俗"，剃发易服，与当地汉人一起"编籍为氓"，这本质上就把这些朝鲜流民纳入中国管理体系，这些朝鲜移民已经成为清政府的臣民，"韩民遂皆入我版籍，而受廛为氓矣"⑤。

光绪十七年（1891年），清政府在此基础上，开始了进一步强化管理，把当地汉人和已经纳入我国户籍管理系统的朝鲜流民一起，以资垦荒。经过清丈，珲春、南岗和东沟地方一共查获越界我国的朝鲜垦地民户1030户，分布在98个村屯，共垦地6890余垧。⑥ 至经过此次清丈，清政府发现，越界垦地的朝鲜流民已经遍布图们江、海兰河、布布尔哈通河及嘎呀河各流域，且其开垦地亩已经远远超出了珲春一地。为强化管理，光绪二十年（1894年），清政府将和龙峪的朝鲜和汉人民户编为镇远堡、宁

① 吴禄贞：《延吉边务报告》之《延吉厅建设之沿革》。
② 参见《吉林将军为敦化县报朝鲜流民越垦请派人妥办的咨文》，光绪十年十一月四日，载《珲春副都统衙门档案选编》上册，第347页。
③ 参见吴禄贞《延吉边务报告》之《附录·光绪十六年总理衙门奏稿》。
④ 参见《铭安吴大澂奏查朝鲜贫民占种边地拟请一律领照纳租疏》，光绪七年，载《皇清道咸同光奏议》卷39《户政类·屯垦》。
⑤ 吴禄贞：《延吉边务报告》之《延吉厅建设之沿革》。
⑥ 参见杨昭全等编著《中朝边界史》，吉林文史出版社1993年版，第380—381页。

远堡、安远堡和绥远堡 4 堡及所属的 39 社。在这 4 堡 39 社中，汉民有 264 户，朝鲜流民则多达 5990 户，汉族民户尚不及朝鲜流民的百分之五，上述汉、朝民户一共开垦了 25501 垧 5 亩 2 分。① 上述人口和耕地数据，只不过是和龙峪的一地，整个图们江北岸的朝鲜移民将是更大规模。

光绪二十五年（1899 年），日本人小越平隆在第二次前往东北刺探情报时，就特意对珲春地区的朝鲜移民进行了调查。"越汉人之江入清境，则从事耕作者甚多。局子街，图们江边之平野开垦就绪者，皆朝鲜人效力于其间也。"在光绪七年（1881 年）清政府清丈土地，加强管理，纳越界前来的朝鲜流民入中国户籍后，我国政府对待他们的政策向未改变。此后，"越图们江朝鲜人多从事于耕耘者"。小越平隆通过在局部地区的实地调查发现，朝鲜人民越界到我国境内大致有三种类型，即"第一样，渡图们江来清境，朝渡江来，夕渡江归，此类最多。第二为支那人雇来开垦耕作者，此类亦不寡。第三样，全家移住于开垦地者，此类较前二者为最寡少也"②。他还发现，这些朝鲜民人的耕作，多是使用牛，用马者甚少。他们使用的耕作器具与中国人使用的类似。除了耕作外，这些朝鲜人还在河里撒网捕鱼，以维持生计。小越平隆"足迹虽未遍吉林八道之野，而略涉其南北，见其村落之贫寒，其人民无一有生气者，其衰亡之象，令予偶然兴感"③。

至光绪三十三年（1907 年），延吉厅的汉人和朝鲜人共有 8925 户，开垦 56968 垧 8 亩 6 分的土地。④ 此后，朝鲜流民大规模移居我国境内，尤其是延吉地区。据日本人统计可知，宣统元年（1909 年）六月，延吉地区定居的朝鲜人是 15385 户，共 78158 人。至次年（1910 年）六月，当地迅速增至 18526 户，98137 人。宣统末年（1911 年），延吉地区的朝鲜人增至 22556 户，共 118004 人。而当地的汉人只不过 4312 户，35001 人。⑤ 汉族人口尚不及朝鲜人数的三成。

---

① 参见吴禄贞《延吉边务报告》之《韩民越垦之始末》。

② 〔日〕小越平隆：《满洲旅行记》卷上《高丽及图们江边之韩民》。

③ 同上。

④ 参见吴禄贞《边务报告》之《延吉厅之地理》。孙春日专著《中国朝鲜族移民史》第 161 页在引用该书数据时发生严重笔误，《延吉厅之地理》记载志仁社的户数是 1443 户，而孙著中则写为 13443 户，以至于总体户数发生错误，该书记载合计为 20925 户，实际上应该是 8925 户。另外，孙著中的土地合计数字对《延吉厅之地理》转载也有细微偏差。

⑤ 参见间岛日本领事馆《间岛在鲜人状态调查书》，第 1、3 页。转引自孙春日《中国朝鲜族移民史》，第 162 页。

总之，晚清以降，大量朝鲜流民进入中国境地先是受雇于我国居民从事租种，而后逐渐发展到自垦自种，其中很多流民接受了清政府的管理，成为我国的国民，为开发东北边疆做出了积极贡献。由于这些地区原本多是封禁重地，当地生态环境植被较好，而大量人口的拥入，在山林荒野间斩荆伐棘，砍伐树木开辟农田，这自然就影响并改变了当地原有生态环境，随着人居环境逐渐扩展，原本的山林原野则逐渐退缩。

第三节　俄国、日本对中国东北森林资源的掠夺

晚清时期，沙俄和日本相继侵入我国东北地区，对东北各种资源进行疯狂掠夺，特别是对森林资源的掠夺尤为引人注目。

一　俄国对东北森林资源的掠夺

俄国对我国东北森林资源的掠夺，可以上溯到咸丰八年（1858 年）。当年，俄国强迫清政府签订不平等条约《瑷珲条约》，侵占了中国外兴安岭以南、黑龙江以北 60 多万平方公里的广大地区。此后俄国又于咸丰十年（1860 年）趁火打劫，强迫清政府签订了中俄《北京条约》，侵占了我国乌苏里江以东直至鞑靼海峡和日本海，包括库页岛在内的 40 多万平方公里的领土。在这广袤的国土上，茂密而优良的森林资源就这样被俄国掠夺而去。清代学者何秋涛在《朔方备乘》中提到的 48 个窝集中有 20 个为俄占有。据《俄领远东的森林利权》一书记载，其林地面积约为 7211 万公顷，而森林面积约为 6820 万公顷。这些森林面积是 1927 年中国东北三省森林面积的 1.9 倍。[1]

如果说这种通过不平等条约霸占领土而掠夺土地上的森林资源是晚清时期俄国掠夺我国东北资源的一种方式，那么清末时期俄国则以各种手段进入东北腹地进疯狂掠夺。按照被掠夺地区划分，大致可以分为四个地区，一是鸭绿江流域，二是图们江流域，三是中东铁路沿线地区，四是长白山区。

首先，鸭绿江流域。俄国早在光绪二十一年（1895 年）就在鸭绿江流域乱砍滥伐，大肆掠夺我国的森林资源。[2] 次年（1896 年），俄国便利

---

[1] 参见王长富编著《东北近代林业经济史》，中国林业出版社 1991 年版，第 49 页。
[2] 同上书，第 48 页。

用兵力强行收没鸭绿江流域我国生产的约 400 万立方米木材，并运往驻扎在旅顺的俄军。此后，不断有俄国人进入鸭绿江地区，通过行贿地方官等手段，获取森林采伐权。光绪二十六年（1900 年）5 月，俄国的沃隆佐夫伯爵成立了东亚商业公司，其实质是一个林业公司，其采伐地点主要是在我国东北的鸭绿江和图们江流域。[①] 光绪二十八年（1902 年），俄国人在浑江流域的通化建立森林会社，大规模采伐当地森林。次年（1903 年），为了支持在鸭绿江流域的采伐行径，俄国还从旅顺派遣一支军队开往凤凰城，并溯江而上，占领了鸭绿江上游的沙河子。直至日俄战争中，俄国战败，俄国在鸭绿江的森林采伐才停止。

其次，图们江流域。图们江流域向来是人烟稀少之区，当地茂密的森林很少受到人类的采伐。在八国联军侵华期间，沙俄派兵侵占了我国东北，其中一支俄军侵占了珲春附近英额山和帽儿山地区。此后，俄军派遣士兵和采伐技术人员深入安图县二道江的花砬子和抚松县的五道砬子进行大规模采伐。另外，俄军还在图们江支流的嘎呀河流域采伐森林。俄军把从上述这些地区采伐的木材主要运往海参崴。日俄战争后，这一地区的森林采伐活动落入日本人之手。

再次，中东铁路沿线地区。为进一步加大对中国东北地区的侵占，沙俄在光绪二十二年（1896 年）与清政府官员签订了《中俄密约》，其主要内容是，清政府允许沙俄在我国东北境内修建铁路，同时还规定"用料免租"，这为沙俄侵占中国东北森林资源提供了条件。中东铁路在我国境内沿线经过大兴安岭林区、松花江和牡丹江林区、张广才岭和老爷岭林区、四合川和拉林河林区及东部的长白山林区，可以说，中东铁路沿线基本上把东北北部主要的森林地带贯穿了，而这些林区就成为沙俄肆意采伐和疯狂掠夺的对象。随着俄国人不断深入东北腹地和铁路的延伸，铁路枕木和机车燃料、俄国人的住房等诸多建筑木材用料，均来自我国东北的森林。不仅如此，光绪三十年（1904 年），沙俄还诱使黑龙江省铁路交涉总局总办、湖南候补道周冕私自与俄国签订《黑龙江省铁路公司订立伐木公司》。通过该合同，沙俄取得了"陆路自庆其斯汉站至雅克什站，铁路两侧各17.5 千米内的树木；水路在呼兰河内之诺敏河东岸之大呼兰河两岸中间一带树林，其界限自此二岔河至水源为止"广大范围内的森林采伐权。[②] 按

---

① 参见〔苏〕B. 阿瓦林《帝国主义在满洲》，北京对外贸易学院俄语教研室译，商务印书馆 1980 年版，第 71—74 页。

② 参见王长富编著《东北近代林业经济史》，第 57 页。

照该合同规定，我国就丧失了"陆路六百余里、宽六十余里，水路两段，一段系呼兰诺敏两河各至水源为止，长三百余里、宽一百余里，一段系浓浓权林两河各至水源为止，长一百六七十里、宽七十余里"，大致约"二十万垧木植"①。如此巨大的损失，让清政府极为震惊。清政府派遣宋小濂等人与沙俄谈判，要求废除该合同。经过两年的艰苦谈判，光绪三十二年（1906年），清政府与俄国签订新的合同。新合同规定，铁路公司在黑龙江省境内采伐树木的地段有三处，"第348岔道相近火燎沟地方，其地段长不过30华里，宽不过10华里；巴林车站相近皮洛等地方，其地段长不过30华里，宽不过10华里；沿岔林河流入松花江之河口起，自下流向上计算50华里，宽自河峰往右20华里，往左15华里"②。经过此次改定，沙俄攫取的范围从以前的二十万垧减少到十二万六千垧，减去了七万余垧。具体而言，陆路由"六百余里宽六十里，此次分为二段，各长三十里，宽十里，较前合同，长减十分之九，宽减十分之八有奇"；水路"此次仅指岔林一河，长五十里，宽三十五里，较前合同，长共减四百余里，宽共减百数十里"③。虽然谈判取得很大进展，但是俄国还是掠夺了我国范围巨大的森林资源。此后，俄国还要求另选采伐林场，经过谈判，俄国与我国政府在民国元年（1912年）签订了追加条款，取得了三处林场，即东线林场，位于东省铁路的东线；西线林场，又名绰尔林场，位于大兴安岭绰尔河旁；岔林河林场，位于松花江下游的通河县境内。这样，俄国又攫取了二十多万公顷的森林采伐权。

最后，长白山区。俄国人对长白山区森林的采伐，很早就已开始。光绪二十四年（1898年）日本人小越平隆就先后两次化装刺探沙俄修建中东铁路的情况。从他的记载来看，当时俄国修建铁路所需的大量枕木和建筑房屋所需木材主要是从铁路沿线和长白山砍伐而来。他说："如目下所需木材，由吉林成筏而下哈尔滨者，不知若干，然皆由长白山伐出者。"④哈尔滨是当时东北铁路网的中心，"由长白山斩伐而流下松花江之材木，亦由西伯利亚汽船输送而来"⑤。铁路敷设和哈尔滨建筑所用木材全来自长

① 《铁路展地伐木合同画押并请奖折》，《黑龙江省奏稿》，载《中国边疆史志集成》之《东北史志》第五部，第13册，全国图书馆文献缩微复制中心2004年版，第167页。
② 王长富编著：《东北近代林业经济史》，第59页。
③ 《铁路展地伐木合同画押并请奖折》，《黑龙江省奏稿》，载《中国边疆史志集成》之《东北史志》第五部，第13册，第169页。
④ 《满洲旅行记》卷上《满洲铁道之确定路线》，广智书局1902年版。
⑤ 《满洲旅行记》卷上《露西亚人之新都会》。

白山，并通过松花江水运而来。小越平隆还翔实地记载了他在东北所见俄国通过松花江水运来掠夺长白山森林资源的状况。"夫新都会之创建第一必要者，为建筑家屋之事。而家屋之建筑，必由材木之供应。而材木之供应，必由松花江之水运。余昨年有奉天经过盛京至吉林，道经朝阳镇。此镇者，位置海龙城、辉发城之中间，吉林土们（河名）之北岸距吉林三百余清里，由此处小舟通于吉林。余通过之际，见江岸小舟停泊有二十余双，该露人于此江之上游，即入长白山脉之大森林采伐材木，组合成筏流下江而至吉林者。又有数个组合之大筏流下哈拉宾以充建筑家屋及铁道枕木之用者。故本年开河以来，筏之下江，实为最多，不特于各要地为然。其见大筏之集合者，余于吉林见之，于伯都讷见之，于哈拉宾亦见之。其大筏之所组合组六七十间，横四五间之谱。在哈拉宾第一创设锯工场，即挽连此等材木。其他建筑，亦必需此也。故无此之大材木与松花江之水利，则在哈拉宾与上房之新市街大官舍与民屋之建筑，必不得如此迅速也。至此等之家屋，炼瓦建筑及枕木等皆不得不用此材木。其枕木则多用唐松之类，其质虽不能决其坚致。而得此枕木，全由松花江之水运。"甚至满洲铁道需要的枕木，也是来自长白山脉的大森林。[1]俄国对我国东北森林资源的掠夺不仅破坏了铁道沿线的森林，更深入长白山深处，这些掠夺行径已经真实地反映在日本人小越平隆的记载里。

就在沙俄于光绪三十年（1904年）在黑龙江省内签订伐木合同的同时，沙俄还与吉林省进行了伐木合同的议定，并报送清政府外务部批准。虽然清政府拖延到光绪三十三年（1907年）才予以批准，但是俄国人早就采取了采伐行动。该合同规定俄国在吉林省境内采伐地段共有三处，一是石河子附近，二是高岭子附近，此两段实际上系领富朗克地一段，长85华里，截分为二；另一处为一面坡附近，其地段的宽广均不得超过25华里，即625平方华里。[2]上述地区是合同中的规定，但是在实际中，俄国的采伐范围却大大超出了上述地区。因为俄国与吉林和黑龙江省还签订了煤矿合同，而该合同中明确规定了"煤矿应需木料在购定界内者，由公司随意砍伐"，如在界外民地和官地则按照木植章程办理。[3]这实际上就允许了俄国在合同规定之外的地区享有采伐权。所以，我们看到"上自塔拉干河，下及游温河镇各处，时有俄人越界刘伐"。"大通县呈报：岔林河俄人

---

① 参见《满洲旅行记》卷上《露人经营满洲与松花江水运》。
② 参见王长富编著《东北近代林业经济史》，第63页。
③ 同上书，第73页。

原设火锯地方，界限虽经划定，而附近山林，仍由俄队来往窥测。虽按约章，随时禁止，而天然之产殖既丰，外人之垂涎日甚。"①

二　日本对东北森林资源的掠夺

日本对中国东北的资源，早就垂涎三尺。光绪二十四年（1898 年），日本人小越平隆两次化装潜入东北，实地调查东北资源。通过调查，他发现我国东北资源的丰富程度远远超过他的想象，这更进一步刺激了日本侵略中国的野心。"满洲东三省之地，其广袤六万三千余平方里，二倍于日本。其田野则土壤肥沃、五谷丰熟；其营口互市贸易，于世上沛乎有余；其山岳则有长白山之险，兴安岭之大，磅礴于南北；其江河则有黑龙江、松花江、嫩江、乌苏里江、辽河、鸭绿江、图们江，纵横于原野；其大窝集（即森林）覆盖于长白山、小白山、东兴安岭、西兴安岭；其沙金丰富，且极纯良，迫为世界之冠。各地亦多产白炭云。"②

有清一代，日本对东北森林资源的掠夺大致可以分为三个阶段。

第一阶段为日俄战争前。在该阶段，日本人主要是通过与中国人合办义盛公司，来掠夺鸭绿江和松花江上游的森林资源。在此之前，沙俄已经派人在浑江流域的通化设立森林会社，疯狂掠夺鸭绿江流域的森林资源。为了对抗，中国商人和日本人联合成立了义盛公司，总部设于朝鲜的京城，分部设于大东沟。不过，当时日本人在中国东北的势力没有沙俄强大，所以，义盛公司在与沙俄的森林会社的竞争中处于劣势。③虽然如此，这表明日本人已经把掠夺的魔爪伸向了我国东北。

第二阶段为日俄战争期间。日俄战争期间，清政府管理下的木植公司受到很大影响，采木人夫采伐的大量木料被停运，大量木材被搁置在采伐山场和集散地。日本则趁机任命日本商人松增吉（原名松村秀雄）为首，招抚一些土匪，以"护守浑江一带俄人所伐之木植"为由，强取豪夺这些属于中国人的木材。④史载"自上年（光绪三十年）三月，日兵击退俄人，以致木把裹足，而日兵各处搜查木植，其势汹汹。最可惨者，木把赴山砍木，多系典田质物以为资本，及至运木出山入江，历尽千辛万苦，一旦凭空攘去，愁急自戕者比比皆是"。安东县有木把罗文举和王贵前与日本人论理，却被日本人杀害。宽甸县界安平河姓孙一家尚存有旧木数株，

---

① 《黑龙江志稿》卷22《财赋志·森林》。
② 〔日〕小越平隆：《满洲旅行记》之《序论及漫游之旅程》。
③ 参见《奉天通志》卷118《实业·林业》。
④ 参见庄建平主编《近代史资料文库》第3卷《南满洲旅行日记》，第500页。

被朝鲜人诬告盗军用木材。日本人欲绑走孙姓人家，结果气愤的村民奋起反抗，杀死日人两名，而宽甸县令却亲缚当地乡约和练长送给日本人，两人尽被杀害。日本人掠夺安东木植之劣迹，可见一斑。①据大东沟绅士王敬亭介绍，从光绪二十八年（1902年）开始，日本人把大东沟剩存的中国木植均标示为日本签号，至光绪三十一年（1905年），已经运走五十五万四千三百余件，剩下的三万余件木料也归日本签号。这些价值二百余万两白银的我国财产就这样被日本人抢掠而去。当我国木材商人前往论理时，日本军官却狂言："尔等皆亡国之民，得保尔躯命已属望外，乃复哓哓渎请，何不自量如此。"日本侵略者蛮横无理的态度和丑陋无耻的嘴脸显露无遗。不仅如此，日本人还将大孤山沿海一带遗散、本来就属于我国人的木料一千九百余件，强行卖给我国人，并不"论木材大小新旧，每件索银三元三角五分"②。

　　在占领东北南部后，日本为进一步加大对中国鸭绿江流域森林资源的掠夺，还于光绪三十一年（1905年）成立军用木材厂，其首领是工兵大佐小岛。魏震在安东调查森林资源时就记录下日军军用木材厂的告示。其文为："照得鸭绿江一带所有木材权属本厂管理，即派厂员于沿岸各地方踏查办理之时，定必给与后开公票；又遇有我国商民私拟上江买木者，亦给木厂所发之准票。除带安东县兵站司令部军政事务所所给护照外，为此仰尔木商人等知悉：自示之后，入山伐木，编筏下运，无论官民公私，苟不带公票、准票及护照者，神速控诉，即当处斩，诉者给赏，不报有罚，决不宽姑。各宜凛遵莫违。特示！切切。明治三十八年十二月二十六日。"后魏震又在大东沟看到了日本军用木材厂的告示，其文开始即为"大日本帝国木材厂长工兵大佐小岛为剀切晓谕事"。其文则记录了该厂拟于次年（1906年）四月设立"出张所"即卡伦之事。"拟于明年四月开设木厂出张所于浑江口、羊鱼头、帽儿山头道沟及韩国义州四处，分派厂员管理木筏一切事宜……嗣后清韩两国木把人等，欲入山砍木者，必先详注姓名、住址及所做各木山号、编筏若干等项，报知本厂，即随精查实情，见其不差，给予保护木筏之票，并盖用厂印之旗……明治三十八年十二月三十日。"③由上述日本军用木材厂的告示此可见，鸭绿江流域的森林资源已经完全落入日本人之手。另外，日本人还在安东设立木料公司，并试图召集

---

① 参见庄建平主编《近代史资料文库》第3卷《南满洲旅行日记》，第533页。
② 同上书，第537页。
③ 同上书，第536—537页。

我国木商入股，却遭到大东沟爱国绅士王敬亭和其他木商的坚决拒绝。[①]

第三阶段是日俄战争后。日俄战争后，日本掌握了更多的东北森林资源。[②]运输便捷的鸭绿江流域成为其掠夺的首要目标。光绪三十四年（1908年）四月十五日，日本与清政府签订了《中日合办鸭绿江采木公司章程》，成立中日合办"鸭绿江采木公司"。该公司接替了之前的军用木材厂，拥有鸭绿江上游木材的采伐权，控制了鸭绿江流域的林业，并由此相继控制奉天省、吉林省的所有森林地带。"鸭绿江采木公司"的成立是根据光绪三十一年（1905年）中日会议《东三省事宜条约》第十款的规定。其资金为北洋银圆300万元，中日两国各出一半，其实，清政府所负担的部分也是由日本政府借给的。这样，所谓的中日合办，实际上是由日本完全掌控。"鸭绿江采木公司"的采伐范围是鸭绿江右岸自帽儿山起，至二十四道沟止，距鸭绿江江面干流六十华里内为界[③]。鸭绿江采木公司组织机构：上设总局，总局下设5处分局，分别办理采伐、流筏监督及采木整理等业务。其分局位置、管区如下表所示：

表6-4　　　　　　　　鸭绿江采木公司组织机构分局简表

分局名称	位　置	距安东里程	管辖范围
通化	通化县	700华里	浑江五道沟以下
八道江	临江县八道江	800华里	浑江五道沟以上
帽儿山	临江县	1000华里	辑安县至临江县七道沟
十三道沟	长白县十三道沟	1400华里	由七道沟分水岭至十四道沟
长白	长白县	1500华里	由十四道沟分水岭至二十四道沟

注：饶野：《20世纪上半叶日本对鸭绿江右岸我国森林资源的掠夺》，《中国边疆史地研究》1997年第3期。

创办鸭绿江采木公司后，日本逐渐控制了"南满"地区的林业，大大削弱了当地木商的力量。该公司名义上为中日合办，而实权却掌握在日方之手。在经营中，屡次发生日本人强行"插旗打印、勒费抢捞、抑价增税"之事，造成鸭绿江流域"木把失业，时起龃龉"。"我之木商，能力薄弱，沿江料栈，狃于积习。浙江（铁路）公司，徒有虚名，浑江流域，

① 庄建平主编：《近代史资料文库》（第三卷）《南满洲旅行日记》，第37页。
② 参见日本产业调查会满洲总局编《满洲产业经济大观》，载吉林省图书馆编《伪满洲国史料》第4册，全国图书馆文献缩微复制中心影印本2002年版，第284页。
③ 参见王长富编著《东北近代林业经济史》，第83—85页。

未能竞争。"① 鸭绿江采木公司成立后，每年平均伐木 50 万立方米。当时的采伐方法是概不计较"何者可采，何者宜留，即便林相最密之处，亦不知间伐，遇有通直可材，估量价格合算，便肆意砍放，其损毁之甚，可以想见"②。

另外，日本还在吉林成立了吉林贸易公司进行采伐，不过因为在木材流放运输过程中流失严重而没有经营成功。图们江流域在日俄战争前由俄国控制，木材均运往海参崴；日俄战争后，日本取而代之。将木材转而输向日本和朝鲜，运往日本的更多。1917 年至 1918 年以来，日本木材商人在此投入很多资本，带动了此地木材事业的兴盛，年产额达到百数十万石。③

有清一代，日本对东北森林资源的掠夺，主要是在东北南部地区。应当说，日本对我国东北森林的掠夺，并没有因为清王朝的灭亡而停止。在清朝灭亡后，日本侵略者不断加大对东北的侵略，并相继占领了东北全境。日本人继续变本加厉地掠夺东北各种资源，直至抗日战争胜利才结束，日本对我国东北资源的掠夺已经进行了半个世纪，这造成了我国资源的巨大损失。

三　东北森林资源的消损

俄国和日本对我国东北森林的肆意砍伐，造成大片森林被毁。黑龙江省的森林资源被沙俄掠去甚多，史载："省东自铁路开通以来，逐年砍殆尽，亟待培养。"④ 经过多年采伐，黑龙江很多地方已经没有森林，或者森林面积大大减少。至民国初年，黑龙江省内的龙江、拜泉、讷河、呼兰、绥化、巴彦、望奎、安达、克山、大赉、肇州、青冈、肇东、泰来、林甸、依安、明水、绥滨、胪滨、乌云、奇克、景星等县，泰康、甘南、德都、东兴、富裕、克东等设治局辖境已无森林。据学者统计，至 1915 年，俄国已经侵占了黑龙江省内 17258 平方俄里的森林资源。⑤ 以上为黑龙江省内的情形。

吉林省境内的森林也遭到俄国严重破坏。《珠河县志》记载："珠河境

① （清）徐世昌：《东三省政略》卷 11《实业》，吉林文史出版社 1989 年版。
② 《奉天通志》卷 118《实业·林业》。
③ 参见日本产业调查会满洲总局编《满洲产业经济大观》，载吉林省图书馆编《伪满洲国史料》，第 4 册，第 285 页。
④ 何煜南：《黑龙江垦殖说略》，载《中国边疆史志集成》之《东北史志》第五部，第 14 册，第 90 页。
⑤ 参见韩麟凤主编《东北的林业》，中国林业出版社 1982 年版，第 119 页。

内遍地森林，自俄人敷设东路，所有成材木品砍伐净尽。"① 虎林厅"紧接俄疆……而该国则因防护边界，即下江堤河畔禁令甚严，无不取给于我。而我因欲收其税课，凡遇呈报，即填发票照，准其入山。不特如何砍伐，有无损害林区，向无一人问及，即盗砍偷运情事，亦在所多有……现在我边界沿江一带已等不毛，即距江稍远之区亦半被砍尽"②。总之，"庚子后日俄侵入，人日速增，交通机关已渐发达，木材之需用输出日以增加，斧斤丁丁时闻幽谷，昔时之葱郁者，今则秃裸矣"③。

　　鸭绿江流域的森林状况也相当悲惨。余安、抚顺、临江、辑安等县各森林"近年渐次砍伐，亦日渐减少"④。根据清政府的实地调查可知，鸭绿江流域的临江、辑安、通化、怀仁、宽甸和兴京六县森林大为减少。具体而论，临江县境内"自错草沟经头、二、三道沟至六道沟以及龙冈与南老岭一带，近江二十余里，亦有残木小树，冈峦散布，然地段零星，殊难尽规括，且成材亦少"。"自六道沟至十五道沟以及龙冈一带，近江十五里已不成林。""自十五道沟至十九道沟，近江十里，亦无森林；再深十里，其林相与前二段相似。至龙冈附近，树木始渐矮小。""自双顶子及林子头至三岔口一带，森林运搬容易，采伐较深，约计未施斧斤者，仅居二分之一。"辑安"森林富积之区，皆老冈附近，距鸭绿、浑两江较近之处，针叶树采伐已竭，所余界幼树"。通化境内，"自前后驴子沟经新开岭至金厂岭一带之森林，两面攻伐，大木及将净尽，间有运搬不易，采伐较难，未施斧斤之处，约其地段不过十分之一二"。"自哈密河及双驴子沟与浑江及西北岔以至库伦一带之森林。南半一段亦系两面攻伐，采伐稍深，北半一段，运搬较难，储蓄甚富。""自红土崖与老爷岭以西，欢喜岭与邯郸坡以东，及浑江左岸一带之森林，近二三年来，由大江岸逾岭而采伐者有之，未施斧斤者有十分之四。"怀仁"横道川以上漏河与裹岔沟之沟掌一带之森林，甲板料材早已净尽"。宽甸"自滚马岭经蜜蜂沟及白石砬子山一带之森林，皆系阔叶小树，林相亦颇稠密，而成材甚少，间有一尺以上之木，非树干矮小，即屈曲不正，人所蔑视"⑤。总体观之，鸭绿江右岸的原始森林靠近交通便捷之区的优良木材已经被砍伐较多，剩下的只是交通不便，搬运不容易之地尚且残存一些针叶树木。另外，很多采伐较早之区，

---

①　孙荃芳修，宋景文纂：《珠河县志》卷11《实业》，成文出版社1974年影印本。
②　《吉林行省档案》，档号：1（6—1）320。
③　《吉林行省档案》，档号：1（6—1）321。
④　《奉天通志》卷118《实业·林业》。
⑤　同上。

则残存阔叶类的幼小树木，而质量优良的松木等木材已经被砍伐净尽。

第四节　东北生态环境的严重退化

一　水土流失加剧与洪水泛滥

以生态学理论观之，森林地区积年落叶腐化，积累了较厚的腐殖层，具有涵养水分的作用。遇到大雨降临时，腐殖层先吸收部分雨水，缓解了雨水在地面的径流，避免了雨水顷刻间倾泻，以致淹涝平地。同时，森林还有促进降雨的作用。众所周知，植被的蒸腾作用十分明显。在森林地区，较大范围的植被蒸腾出大量水汽，会促进该地空气湿度，水汽上升促进降雨形成，足资农田灌溉，救济旱灾。总之，森林既可吸收雨水，延缓洪水暴发，又可在旱季蒸发水汽，利于成云下雨，救济旱灾。随着森林的大面积砍伐，森林的生态功能就会逐渐衰竭。没有了树木的庇护，地面沙石就直接暴露在洪水冲刷之下，造成水土流失。所以我们看到东北很多地区的森林被大肆砍伐后，在大雨过后往往是山骨露出，山坡坍塌，地表径流逐年枯涸等一系列水土流失的现象。①

这些水土流失的生态灾害景象也反映在来此地游历的外国人记载中。道光二十四年（1844年）秋，法国传教士古柏察就以生动的语言记载了翁牛特旗地区的水土流失状况。随着当地从牧场变为农田，"所有的树木都被连根除掉，山上的森林从视野中消失，烧荒的火焰把大草原燎得一干二净。新来的农夫开始忙碌起来，消耗着土壤的肥力。这里几乎每一处土地，现在都掌握在汉人手中。我们几乎可以断定，正是这种毁灭性的种植方式，使当地的季候变化无常，从而又致使这片不幸的土地在今天变得更为荒凉。旱灾连年不断。春天的风吹刮起来，抽干土壤中的水分。老天示以不祥的征兆，眼看着某种可怕的灾难就要降临头上，不幸的民众惶恐万分，而吹来的风则愈加肆虐，有时甚至会一直刮到夏天。尘土飞扬，高入云霄，使得大气变得厚重昏暗，常常在正午时分，你会觉得四周竟像夜晚一样令人恐惧；更确切地说，它会让你紧张，并体会到一种黑暗的感觉，比最黑暗的夜晚还要可怕上千倍。紧随着这些狂风，飘来了雨水，可是，人们对降下的雨水不仅毫不企

---

① 参见韩光辉《清初以来围场地区人地关系演变过程研究》，《北京大学学报》（哲学社会科学版）1998年第3期。

盼，而且还充满畏惧，因为它会倾盆而下，形成凶猛的洪流。有时就像天突然裂开了口子一样，一面巨大的瀑布直泻而下，流淌出这个季节里蓄积的所有雨水，田地连同上面生长的庄稼顷刻之间便淹没在一片泥海之中，凶猛的波涛沿着山谷奔腾，卷走前面的所有障碍。滚滚洪流一闪而过，短短几个小时之后，大地重又浮现，上面的庄稼却已经荡然无存，然而还有比这更为严重的恶果：适宜耕种的土壤也已随波而去。这里只留存有深深的冲沟，里面堆满了砾石，从今以后再也无法下犁耕种"①。这段文学色彩浓厚的描述，形象展现了当地水土流失的巨大破坏景象，特别是风沙和泥石流，令人深感恐怖，而这正是由当地农业垦殖对植被生态的严重破坏导致的。

　　另外，没有了森林的涵养雨水，大量降雨就会在较短时间冲击下游地区，形成洪灾。奉天地区的居民就有诸多切身体会。奉天"东部多山，天然产林，是以从前纵有水旱，不至太甚。据居民经验云：大雨时行之际，每迟至五六小时，山水始下，又减却数量甚多。近三十年来，凡经开辟各县境，山皆濯濯，遇大雨降，辄由山巅直下，势如建瓴。又分水岭以西，各山水下流，分如太子河、浑河，从前山中大雨需迟至三十六七小时，两河交会小北河处，始见涨头。今三十年来，不过二十小时即见暴涨。其比较之差殊如此"②。光绪十四年（1888 年）六月底七月初，当地连降大雨，东部山区的洪水突发，兴京城惨遭洪水冲击，"北门两旁城墙被水冲成濠渠，深至一丈"，城内多处房间被冲毁，淹毙百姓一百余名。兴京协领不禁惊呼："此次大水为灾，实系异常暴涨，为从来所未有。"③ 兴京东部山林长期的砍伐，已经造成了山区森林面积锐减，其蓄水能力大降，在一定程度上导致了山洪的暴发。

　　以上是辽东分水岭以西的状况，其分水岭以东地区也同样面临类似的威胁。随着鸭绿江上游的森林被大规模采伐，山区植被蓄水量大大减少，导致雨水直接下泻，危害下游地区。《安东县志》记载："昔年沿江上游森林甚多，尚能吸收水量。今岁采伐殆尽，以致两岸之水直泻而下，安埠地势低洼，形如釜底，历年每届秋汛，江流澎湃，海潮汹涌，直上全埠，商

---

① M. Hue，"Travels in Tartary, Thibet, and China, During the Years 1844 - 5 - 6"，translated from the Freneh by W. Hazlitt，London：Office of the National Illustrated Library，1852，pp. 11 - 12。转引自辛德勇《日本学者松本洪对中国历史植被变迁的开拓性研究》，《中国历史地理论丛》2012 年第 1 期。

② 《奉天通志》卷 118《实业·林业》。

③ 中国第一历史档案馆：《赈恤档》，档号：04—01—04—0004—005，《盛京将军庆裕奏为兴京地方自六月底至七月初山水泛滥永陵被水情形并妥为抚恤事》，光绪十四年七月十九日。

民靡不各怀其鱼之叹，而以民国所受水患为尤烈。"①

二　草原沙漠化出现

在东北平原的西部，自北向南依次分布着呼伦贝尔草原、松嫩草原和科尔沁草原，这些草原位于我国地理地势上第一阶梯和第二阶梯的交界处，是我国北方温带半湿润气候向半干旱气候的过渡带，还是我国北方山地丘陵森林带向蒙古高原草原区的毗连带。这种自然条件的多样性，决定了该区生态环境具有较大的可塑性和多变性，如果保持好当地生态环境，则会是草木繁茂、生物聚集之区；如果遭到破坏，则会变成荒沙遍野、生物绝迹的荒凉景象。

从地质学角度来看，东北西部的草原地带，属于大湖长期缓慢而稳定的沉积。② 即现在土壤的上层为栗钙土和草甸土，有机质含量稍高，适宜树木和矮草的生长。在土壤层的下面则为沙砾层，沉积着厚 20 米以上的第四纪松散沉积物，特别是上更新统海拉尔组的细沙层，覆盖于广大的高平原上。③

综合上述地质和气候条件来看，东北西部广大地区半干旱和干旱生态系统内生物有机体和当地环境处在较为脆弱且相互依存的平衡状态，这种脆弱的平衡极易遭到破坏，而一旦遭到破坏又很难得到恢复。另外，一旦人类活动把下层的沙砾层暴露在外，在当地干旱气候和大风频发的气候环境中，在干草原及荒漠草原地带出现斑点状分布的沙地，这些沙地就会在风力侵蚀和吹扬搬运下，逐渐扩散，从而形成沙地甚至沙漠。应当说，东北西部一些个别地区就存在轻微的沙化地段，这些地区是不适宜放牧和农垦的。

虽然上述三个草原的气候、土层相似，但是南部的科尔沁草原由于更接近渤海，当地降水量稍高于北部的两个草原。科尔沁草原在辽金时期曾因为人类的强力度垦殖和放牧而一度出现沙化现象，但在元明时期当地又恢复了游牧，减少了垦殖和樵采活动，当地生态又恢复到较好状态。所以，我们看到清初的科尔沁草原依然是游牧经济较好的生态环境。

然而，进入清朝中后期，随着大量人口进入东北西部的草原区，人们开始租佃牧场进行农垦，这不仅改变了当地的经济形态，更是影响了原本脆弱的生态平衡。当地人为了满足日常建筑、炊饮等生活需要，不断砍伐林木，造成附近林地不断减少。晚清时，北部的呼伦贝尔草原成为沙俄修建中东铁

---

① 王介公修：《安东县志》卷1《江堤》，成文出版社 1974 年影印本。

② 参见裘善文等《松辽平原更新世地层及其沉积环境的研究》，《中国科学》B 辑 1888 年第 4 期。

③ 参见汪佩芳《全新世呼伦贝尔沙地环境演变的初步研究》，《中国沙漠》1992 年第 4 期。

路的前沿，沙俄在当地砍伐了大量树木用于制造枕木、建筑和日常消耗，这就破坏了当地的生态平衡，从而导致脆弱的原生态系统的退化。

经过有清一代的开发，特别是晚清时期开启的大规模放荒招垦，砍伐森林，诱发了西部草原地区开始出现一些沙地，并逐渐扩大，主要是呼伦贝尔沙地、松嫩沙地和科尔沁沙地。

首先，北部的呼伦贝尔沙地。呼伦贝尔沙地主要分布在内蒙古东北部呼伦贝尔平原上，大致在海拉尔市和呼伦湖之间。该区沙丘大部分分布在冲击湖积平原上，均为固定、半固定的梁窝状和蜂窝状沙丘。该处沙地主要分布在南北两处，北部山区在海拉尔河南岸，沿着满洲里—海拉尔铁路线两侧，东西延伸八十余公里，东部宽三至五公里，西部宽三十五公里左右。南部沙区东起伊敏河上游，西至甘珠尔庙，为波状沙地。呼伦贝尔沙地的出现，主要是铁路沿线和伊敏河流域大量森林被砍伐的结果。[①]

其次，中部的松嫩沙地。该沙地包括黑龙江省嫩江及乌裕尔河下游及吉林省第二松花江以南长岭、通榆一带的散布零星沙地。该沙地以半固定、固定沙丘为主，流动沙丘占少数。

最后，南部的科尔沁沙地。科尔沁沙地是东北地区三大沙地中面积最大的沙地，主要分布在东北平原的西部，散布于西辽河下游干支流沿岸的冲积平原上，其北部有部分沙地分布在冲击—洪积台地平原上。行政区划上，该沙地属内蒙古哲里木盟和昭乌达盟、辽宁省西北部和吉林省西部。科尔沁沙地以固定、半固定沙丘为主，流沙的分布较少。这些沙地多是在当地的河流沿岸分布，这些地区原本是适宜林木生长和农耕地区，这说明科尔沁沙地的诱因主要是森林砍伐和农垦。[②]

三　河道淤浅与辽河水运的衰落

辽河是中国东北地区南部最大的河流，也是中国七大河流之一。它发源于河北平泉县，流经河北、内蒙古、吉林和辽宁4个省区，在辽宁盘山县注入渤海。全长1430公里，流域面积22.9万平方公里，是中华民族和中华文明的发源地之一。辽河全流域由两个水系组成：一为东、西辽河，在福德店附近汇流后为辽河干流，再经双台子河由盘山入海；另一为浑河、太子河于三岔河汇合后经大辽河由营口入海。

---

① 参见封建民、王涛《呼伦贝尔草原沙漠化现状及历史演变研究》，《干旱区地理》2004年第3期。

② 参见朱震达《中国沙漠概论》，科学出版社1974年版，第58—62页。景爱《科尔沁沙地考察》，《中国历史地理论丛》1990年第4期。

　　辽河的上游分东、西两支。东辽河源于吉林省辽源市哈达岭附近，经东部山地丘陵在三江口入辽宁省。西辽河有二源：一源来自河北省平泉县光头岭，流入内蒙古自治区宁城县，称老哈河；另一源来自内蒙古克什克腾旗白岔山，称西拉木伦河。老哈河、西拉木伦河在哲里木盟的苏家铺汇合后称西辽河。西辽河在吉林省双辽市内转向南流，在辽宁省昌图县福德店与东辽河汇合后，始称辽河。西辽河流经东蒙古地区的草原沙地，这些地区在地质上具有很大特殊性。西辽河流域，在全新世的第三纪末和第四纪初，沉积形成了河湖相的粉沙层。其后，在第四纪末气候转暖，降水增多，生物繁茂，便在粉沙层的上面形成了黑色的土壤层，将粉沙层覆盖。如果植被良好，黑土层不遭到破坏，地下的粉沙层就不会暴露出来，也就不会出现沙化。①

　　自清初以来，内地人口不断进入该区，采伐树木，开荒垦田，原来无垠的草原和山间林地逐渐变成了阡陌农田。晚清时期大规模的甘草采挖活动，也破坏了当地土层结构，这些土地利用方式的改变，影响了当地的生态系统稳定，造成上层土壤层的破坏，致使草皮下层的沙砾层直接暴露在外。在水流的搬运作用下，大量泥沙进入西辽河，进而被搬运到辽河下游。进入下游后，辽河水流变缓，大量随水而来的泥沙便淤积在河中，造成河床不断升高，形成众多大小不一的浅滩。1904 年，仅从主流上游通江口至营口这一区间就形成了 162 处浅滩②，个别浅滩流沙堆积之高竟超过两边河岸 2 米，成为河中的小洲。③ 通江子码头附近的一处浅滩，宽至 60 英尺，长 200 英尺。如此大的浅滩，严重影响了辽河的航运。浅滩和河心洲的大量出现造成了航道深浅不一、航行标志难设、加大行船危险，还迫使河流改道，在一些区段形成多条支汊，分割了主流水量，使其变浅，甚至上中游河道水深不足两米，无法满足载重船只的航行要求。

　　在西辽河流域草原沙化使河道增加泥沙的同时，东辽河沿岸的大量森林亦被砍伐。如前文所述，东部山区森林资源的削减，大大弱化了东辽河上游植被涵养水源、调节和平衡辽河水量的能力，导致辽河水量的旱涝季节相差悬殊。在每年春夏之交的旱季时，上游水深仅有 0.5 米，中游水深

---

① 参见景爱《科尔沁沙地考察》，《中国历史地理论丛》1990 年第 4 期。

② 参见《奉天通志》卷 108《田亩下·河工·水利》。

③ 参见《民呼日报》1909 年 7 月 22 日，转引自曲晓范、周春英《近代辽河航运业的衰落与沿岸早期城镇带的变迁》，《东北师范大学学报》（哲学社会科学版）1999 年第 4 期。

亦不过 2 米。① 辽河水量旱季时骤减，迫使辽河上中游通航的时间从 1904 年起已由每年 8 个月减少为 6 个月。

辽河自古就是一条重要航运通道，是古代内地从渤海进入东北平原腹地最便捷的航道，在历史时期发挥过重要作用。康熙准备反击沙俄侵占东北而发动收复雅克萨战役前，清政府就充分利用辽河水运把大量军用物资运往东北腹地，再转运至战斗前线。近代以来，辽河水运更是发挥了沟通东北各地经济联系，连接东北和内地甚至与国外的纽带作用。位于辽河入海口的营口，是大连港崛起前东北最重要的港口。光绪二十四年（1898 年），日本人小越平隆在实地考察中亲见，辽河通江子至营口之间，"有舳舻相接，帆影覆河之观。昨年（1897 年），英国比列士科多卿漫游营口时，算支那船之多寡，其数得二千云。余觉其往来于八百清里间者，或不止此数。会合于此的浑河与太子河，均有舟楫之利。浑河者，至奉天府之水路也。太子河者，至辽阳州之水路也。二处皆有小舟上下，以会合于辽河口，是以帆樯林立"②。虽然这充满文学色彩的描述，不免有夸大之嫌，但是辽河水运和营口港的繁荣则是无法否认的事实。

进入 20 世纪，辽河这条东北水运大动脉，逐渐失去了昔日的繁华。1905 年后辽河航运的衰退首先表现为载重船只数量锐减和船舶吨位下降。光绪三十年（1904 年），俄国人统计辽河上有各种船只约 4 万艘③，载重船总吨位在 60 万吨以上。④ 但到 1906 年，辽河上就锐减至 5000 艘船了，总吨位则减少了三分之二，仅为 20 万吨。"昔日帆影横满江心，汽笛遥闻海澨，云囤雾集，货如山积"之景已成记忆往事。⑤

其次，辽河的航程和航期缩短。日俄战争前，辽河的航程约为 2500 里，航线覆盖全流域的主要干支流。1910 年，郑家屯以上河段的载重船已经绝迹。郑家屯以下到通江口间的航段虽勉强维持，但一年里也仅可通航两个月，支流的退缩则更为明显。原通航条件较好的东辽河、蒲河因部分河段淤塞，载重船只也无法进入。1908 年，两河均已停止商业航运。1900 年，浑河、太子河两河的航道分别为 350 里和 450 里，航季时间保持 8 个月以

---

① 参见《明治四十三年（1910 年）营口日本领事馆报告》第 12 章，载日本外务省通商局编《满洲事情》第 2 辑，1923 年版。转引自曲晓范《近代辽河航运业的衰落与沿岸早期城镇带的变迁》，《东北师范大学学报》（哲学社会科学版）1999 年第 4 期。

② 《满洲旅行记》卷上《满洲之水运》。

③ 清政府统计为 22000 艘，载《奉天通志》卷 115《实业三·商业》。

④ 参见辽宁省档案馆《奉天省公署档案》，第 4068 号卷。

⑤ 参见《论营商困败原因》，载《满洲日报》（第 558 号）1907 年 6 月 20 日。

上。但到 1911 年，两河的航程则缩短了三分之一，航季时间也减少一半①。

清季的辽河，这一东北黄金水道已经衰亡。其原因很多，而最根本和最直接的则是辽河本身自然条件的改变，即辽河水流的减少、辽河河床的抬升以及大量浅滩甚至江心洲的出现。这些自然环境的改变，是辽河水运衰变的重要因素。诚如清政府官员所坦言："辽河淤浅，实为（营口）商务衰耗主因。"② 为重启辽河水运，光绪三十二年（1906 年），赵尔巽甚至计划雇佣英国工程师对辽河进行疏浚，但终未实现③。

四　辽泽的消失与辽东湾海岸线的扩展

随着东北南部地区的水土流失日益严重，大量泥沙不断在辽河、大凌河等河流的下游平原沉积下来，通过日积月累的堆积作用以及洪水泛滥改道，很多低洼的沼泽湿地萎缩渐，地势渐被抬升；同时，随着泥沙在河流入海口的沉淀、堆积，河口三角洲发育迅速，海岸线也不断向海洋扩展。

（一）辽泽的消失

东北地区有山地、平原、草原、沙漠、沼泽多种地貌，在河流汇聚的低洼地带，往往形成沼泽。在历史上较为有名的就是"辽泽"。顾名思义，"辽泽"就是辽河水系下游的沼泽。历史上对"辽泽"的记载，始于唐代。唐太宗在东北用兵时，就经过辽泽。史载："车驾至辽泽，泥淖二百余里，人马不可通，将作大匠阎立德布土作桥，军不留行。壬申，渡泽东……丁丑，车驾渡辽水，撤桥，以坚士卒之心，军于马首山。"④ 马首山，在今辽阳南。由此可见，当时的"辽泽"应该在辽河以西，范围大致在今天西起北镇、东至辽阳、北至沈阳、南至入海口，这一广大区域内的沼泽地。当然，唐朝时期的辽水并不是今天辽河的位置，因为历史时期的辽河不断向西摆动。历史上的辽河曾经夺今天蒲河和太子河的河道入海。⑤

迨至清初，辽泽依然是阻碍辽河东西交通的最大障碍。努尔哈赤和皇太极攻击明军，多是从沈阳出发，绕道西北的彰武台附近，再迁回东蒙古

---

① 参见曲晓范《近代辽河航运业的衰落与沿岸早期城镇带的变迁》，《东北师范大学学报》（哲学社会科学版）1999 年第 4 期。

② 《奉天通志》卷 108《田亩下·河工·水利》。

③ 参见《奉天通志》卷 108《田亩下·河工·水利》。卷 115《实业三·商业》。

④ 司马光：《资治通鉴》卷 197《唐纪十三》贞观十九年五月，中华书局 2005 年版，第 6220 页。

⑤ 参见林汀水《辽河水系的变迁与特点》，《厦门大学学报》（哲学社会版）1992 年第 4 期。

地区南下进攻。如果直接进攻辽河西岸的明军，也多是选择在冬季，在辽河和辽泽结冰后出击。顺治十三年（1656 年），朝鲜王子李㴭前往京师，在《燕途纪行》中写道："自牛庄抵广宁（今北镇）二百余里，大野泥浓，唐朝所谓辽泽。霖霾则陆地行舟，以是行旅不通。"① 康熙年间，高士奇《扈从东巡日录》的记载也证明此地区存在大片沼泽："先是从沈阳至辽河百余里间，地皆葑泥洼下，不受车马，故自广宁（今北镇）至沈阳向以辽阳为孔道。""自辽阳至此（牛庄）地多下，湿雨后泥潦，时困行旅。前史所载，唐太宗征高丽，车驾至辽泽，泥淖二百余里……此处是矣。时方晴霁，遂无泥淖之患。"② 故此，迨至清朝康熙年间，辽泽的范围依然很大。今天的城镇，如北镇、黑山、新民、辽中、台安、盘山等地尚处于沼泽地带。

辽泽导致的交通困难，迫使清政府不得不多次修建道路，以便利交通。"太祖高皇帝初定沈阳，命旗丁修除叠道，可三丈。由辽河一百二十里直达沈阳，平坦如砥，师旅出入便之。叠道外仍多葑泥。"③ 这条叠道的起点是沈阳，终点是辽河，可是具体在辽河的什么地方，显然没有具体明指。不过从上下文语义观之，当时指从沈阳南至辽阳，再南至牛庄再西至辽河这一路程。因为这是自明代以来东北与北京和内地的陆上交通主干道。

此后，随着西辽河上游的开垦，当地水土流失日益严重，辽河河床不断抬升，并多次泛滥，在此期间，原本低洼的辽泽开始逐渐淤积，地势也逐渐升高。清政府首先在今新民地区先后设立巨流河巡检、新民厅、新民府。这说明辽泽北部已经开始适宜人类定居和垦殖。同时，乾隆以后至道光时屡次在新民南、柳河下游之柳河沟等洼地开挖排水沟，修道路堤坝等，这些举措，加大了沼泽的水流排泄，加快了沼泽的平原化。经过人类长期努力和河流泥沙堆积的积累，迨至清末，原本是沼泽一片的荒地，变成了人民定居和垦殖的乐土。1906 年，清政府在辽泽中部建立辽中县。1913 年，国民政府又设置了台安县，说明此地区沼泽环境已有很大改观。出于生产和生活需要，人们对于沼泽的治理力度加大，沼泽面积逐渐缩小，"辽泽"成为历史名词。④

（二）辽东湾海岸线的扩展

伴随着河流含沙量的增加，河口三角洲的淤积速度大大增加，河流不断

① 李㴭:《燕途纪行》（中），转引自肖忠纯《古代"辽泽"地理范围的历史变迁》,《中国边疆史地研究》2010 年第 1 期。
② 高士奇:《扈从东巡日录》，第 99、122 页。
③ 同上书，第 99 页。
④ 参见肖忠纯《古代"辽泽"地理范围的历史变迁》,《中国边疆史地研究》2010 年第 1 期。

向海洋延伸，而海岸线也就不断扩展。渤海北岸有辽河、大凌河、饶阳河等诸多河流注入。清代渤海北岸的海岸线变化最大，主要是辽河、大凌河、饶阳河三角洲不断扩展的结果。该三角洲，东起盖县，西至四合屯，属渤海凹陷的组成部分。三角洲的两侧受到辽东、辽西山地丘陵所限制，辽河、绕阳河、大凌河贯穿其间。据《全辽志》的附图可知，明朝末年的海岸线，西起锦州东南的蚊子关，北上沿着东海堡至九间房，转而向南，沿着杜家台、双台子、田家沟一线，至太平山一带。在辽河三角洲和大、小凌河三角洲之间，还残存着盘锦湾。清朝末年，下辽河平原广泛垦殖，疏干沼泽，建立排水系统并分流辽河洪水，1896 年开挖减水河，分泄洪流进入盘锦湾，名为双台子河，促进了盘锦湾的淤积。① 经过清代二百多年的时间，该河口三角洲发育迅速，渤海北岸的海岸线已经向南扩展至天桥场、大沙沟、元宝底、七水井、坨子里、五岔沟一线，营口也由原来的海中岛屿变成陆地的一部分。②

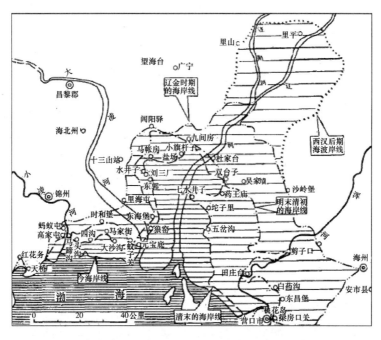

图 6　大小凌河、绕阳河及辽河三角洲外海岸线变迁图

资料来源：林汀水：《辽东湾海岸线的变迁》，《中国历史地理论丛》1991 年第 2 期。

---

① 参见中国科学院《中国自然地理》编委会《中国历史自然地理》，科学出版社 1982 年版，第 230 页。

② 参见林汀水《辽东湾海岸线的变迁》，《中国历史地理论丛》1991 年第 2 期。

第五节　鼠疫等自然灾疫的暴发与社会应对

一　清末黑龙江捕獭风行与鼠疫的暴发

清末的东北北部突然间暴发了令人震惊而极度恐惧的灾难——鼠疫。据当时地方政府报告，宣统二年（1910年）农历九月初十，满洲里的一个店铺发现两个工人突然死亡。此后不久，铁路沿线的黑龙江各城镇相继出现人员突然死亡的状况，并且这种恐惧很快在哈尔滨、长春和奉天蔓延，并波及华北和山东地区。这就是当时震惊中外的东北肺鼠疫。

凡研究中国鼠疫者，必然会提及这次暴发于东北的鼠疫，而这次鼠疫与中国以前的鼠疫大不相同，大致主要有三点。第一，这是中国境内首次暴发的鼠疫，不是由境外传染进来的，从首次疫情暴发地而言，这是内生型鼠疫①；第二，这次鼠疫的传染源不是人们常见的老鼠传播，而是由东北西北部草原上的旱獭传播；第三，这次鼠疫主要病变器官不是通常的淋巴，而是肺部。由于此次鼠疫具有上述三个特点，所以当此次鼠疫暴发时，很多人员对此并不了解，这在一定程度上延误了最佳控制和治疗时期，从而导致了鼠疫在东北大部的传播，并导致了约六万人的死亡。目前，学术界对此次鼠疫的研究主要关注在鼠疫描述阶段和对鼠疫传播前期路径的探讨②，缺乏从环境史角度的思考，另外学界对鼠疫暴发的确切时间，也存在分歧；还缺乏对鼠疫传播后期路径的研究。鉴于此，笔者在前人研究的基础上，依据最近公布的资料，对此进行论述。

---

① 东北在清代也曾暴发过一次鼠疫，这就是1899年营口的鼠疫，此次鼠疫疫情是经轮船由香港或汕头跨海带来的。这是典型的境外传入性类型。此次鼠疫为人们所常识的腺鼠疫，人类已经具有很多治疗措施。参见管书合《清末营口地区鼠疫流行与辽宁近代防疫之滥觞》，《兰台世界》2009年5月版。

② 相关研究主要有李祥麟《鼠疫之历史》，《中西医学报》1910年第8期。李健颐《鼠疫之研究》，《医药卫生月刊》1932年第5期。伍连德《中国之鼠疫病史》，《中华医学杂志》第22卷第11期，1936年11月。中国医学科学院流行病微生物学研究所《中国鼠疫流行史》上、下册，1981年内部印行。于永敏、刘进、王忠云《沈阳万国鼠疫研究会始末》，《中国科技史料》1995年第4期。陈雁《20世纪初中国对疾疫的应对——略论1910—1911年的东北鼠疫》，《档案与史学》2003年第4期。田阳《1910年吉林省鼠疫流行简述》，《社会科学战线》2004年第1期。曹树基、李玉尚在《鼠疫：战争与和平》（山东画报出版社2006年版）中提出此次鼠疫传播路径为铁路与城市模式等。

（一）鼠疫暴发的原因

在中国西部草原、蒙古草原及西伯利亚草原上生长旱獭。旱獭又名土拨鼠或草地獭，是陆生和穴居的草食性、冬眠性野生动物。旱獭和老鼠一样，身上有很多跳蚤，这是鼠疫最重要和最主要的传染源。旱獭毛皮的皮质较好，坚实耐磨，旱獭绒毛的色染性能较佳，加工后的毛色光亮鲜艳，工艺价值很高。旱獭皮虽逊于貂皮，但仍较为珍贵。黑龙江满洲里和呼伦贝尔地区盛产旱獭，为当地一大特产。"旱獭形如猫而大，产于岭内。春暖始出觅食，冬则蛰居，其皮用为御寒服饰品，大为世人所欢迎。"[1]

20世纪初，旱獭的毛皮在世界市场上十分热销。旱獭皮毛经过适当加工，其成色堪与貂皮媲美，一时成为世界皮革市场的新宠，市场需求激增。"这些年，土拨鼠的毛皮贸易增长很快，每年都有大量的毛皮出口欧洲。据称，每年有200万张毛皮经过外西伯利亚铁路发送莫斯科，然后从那里运到莱比锡和伦敦，再把其转变为仿制的貂鼠和紫貂毛皮。"由于贸易大增，旱獭的毛皮价格也是一路飙升，"从20戈比到1卢布20戈比，增长了6倍"[2]。旱獭毛皮需求量大幅增长和价格的飙升，吸引了大批流民加入浩大的捕獭队伍。"猎此者达万余人之多，每年市场借以融通之资金不下三、四十万金。"[3] 其中，外来人员多是来自吉林、奉天和内地山东、河北等地民众。作为呼伦贝尔草原捕獭重地的满洲里，更是聚集了大量人口，甚至有万人之多。

医学研究表明，旱獭在一定时期内会产生一种土拨鼠疾病。其病发生和流行的季节，就是从10月到次年4月冬眠期到来前的秋、冬季里，而这个季节恰恰又是旱獭毛皮质量最好和捕捉的最佳时节，这个时间的重叠，就为鼠疫从旱獭传播到人类身上，提供了时间上的巧合。

鼠疫从旱獭传播到人类身上的途径就是人类和病獭的亲密接触，包括人类触摸病獭的毛皮和食用病獭的肉。旱獭为避免内部传染，一般会将病獭驱逐出洞穴。健康的旱獭一般生活在洞穴中，非常机警，不易被捉，而病獭则被驱逐在外，走路摇摆，易被捕捉。虽然当地猎人也捕捉旱獭，但一般不接触病獭。可是，外来的捕獭人在高额利润的诱使下，铤而走险去

[1] 何煜南著：《黑龙江垦殖说略》，载全国图书馆文献缩微复制中心《中国边疆史志集成》之《东北史志》第五部，第14册，第89页。
[2] 国际会议编辑委员会编辑：《奉天国际鼠疫会议报告》，张士尊译，中央编译出版社2010年版，第509页。
[3] 何煜南著：《黑龙江垦殖说略》，载全国图书馆文献缩微复制中心《中国边疆史志集成》之《东北史志》第五部，第14册，第89页。

捕捉这些病獭。事实上，这些来自外地的捕獭人，不仅捕捉这些病獭，甚至还因为野外缺少食物，常把旱獭的肉烧煮吃掉，这就构成了鼠疫从病獭到人类之间的传播链条，鼠疫由此传播就从獭际传播转变成獭—人间传播。①

人类染上了鼠疫，也并不一定会大范围传播。如果在地广人稀的地方，染病的猎人不接触其他人，也不会实现人际间传播。在此次鼠疫之前，地广人稀的西伯利亚也曾多次发生过鼠疫，因为人口稀少，鼠疫便自生自灭，没有大范围传播。② 值得注意的是，此次鼠疫是典型的肺鼠疫，通过空气和唾液传播，故其传播速度很快，危害也极大。另外，此次鼠疫暴发的时间是东北的寒冷季节，很多猎人在捕猎回来后多是拥挤在封闭的空间里，一旦有一个人感染了鼠疫，就会通过空气传染给与其接触过的其他人，从而实现人际间传播，这正是这次鼠疫会大范围传播的关键原因。正如很多外国医生在经过调查后所发现的："这些猎捕者在开阔的野外期间，并没有感染疾病，只有当他们聚集在满洲里和海拉尔过度拥挤的客栈里的时候，才遭到鼠疫的袭击。"③

从当时史料显示的内容来看，此次鼠疫的首次暴发并不在满洲里，而是距离满洲里西部较近的俄国车站。据满洲里的官方医生全绍清的报告，在满洲里发现首例病人前，俄国境内已经出现了鼠疫，在俄国境内就业的中国木匠已经染病死亡。④ 这为当时官方所认可。但中国医生伍连德在此后的实地调查中却发现，事情并不是以前官方所认定的是从境外传染进来。直到1926年，他才收集到证据，认为在1910年时，捕猎旱獭的人群中已经发现有鼠疫患者，在当年夏季已开始在草原上传染，并且满洲里是猎獭者的集合之处，存贮大量的生獭皮，那里毫无疑义肯定有鼠疫的存在，但直到1个月之后，官方才有正式记录⑤。这一调查结论已经为学界所认可，这就说明清末的东北鼠疫是由境内暴发的，并非由境外传入。

总体来看，此次鼠疫的暴发原因是人类在旱獭毛皮高价利润的诱使下，铤而走险，捕捉甚至食用病鼠而染病的。东北气候的寒冷和建筑空间的封闭性，又使得染病的猎人把病毒传染给与其接触的人群，从而导致鼠疫的传播。这里面既有自然因素，也有人类自身原因。

---

① 参见国际会议编辑委员会编辑《奉天国际鼠疫会议报告》，张士尊译，第35页。
② 同上书，第511页。
③ 同上书，第510页。
④ 同上书，第33页。
⑤ 参见伍连德等《鼠疫概论》，卫生署海港检疫处上海海港检疫所1936年版，第25页。

（二）鼠疫传播的过程

纵观此次疫情暴发、传播和消亡的过程，大致分为四个阶段：

1. 疫情暴发期（从满洲里到哈尔滨，时间是 1910 年 10 月 12—27 日）

此次疫情首发于满洲里，这是已经确定无疑的，但是其暴发的时间尚存在疑问。目前，学界一般认为是 1910 年 10 月 10 日和 25 日两种说法①。笔者通过研究认为上述两者时间均不是准确时间，其精确时间应该是 1910 年 10 月 12。这是因为我们接触的史料最早是满洲里的官方医生全绍清的报告。他在《关于满洲里鼠疫起源的一些调查数据》一文中，时间上提到的鼠疫首发时间是农历的九月初十。这是一个最为重要的日期。他在该文中说："住在毗邻吴奎岭的一家客栈房子里的两名中国木匠于九月初十日死去，症状为痰中带血。"② 这是当时满洲里首次发现的鼠疫死亡病例。根据这一天是中国农历九月初十，我们可以推算，这一天为公历的 10 月 12 日。由于在农历九月十一日（10 月 13 日），又有七名中国工人死亡，西方学者便把（10 月 13 日）确定为首次暴发时间③，但这是不确切的。笔者认为，清末东北鼠疫的首次爆发精确时间应该是 1910 年 10 月 12 日，而不是目前学界认为的 10 月 10 日和 10 月 25 日两种说法。

1910 年 10 月 27 日，在俄国实际控制下的哈尔滨发现了从满洲里过来的第一例鼠疫患者，这表明鼠疫已经从满洲里扩展至哈尔滨。哈尔滨发现鼠疫病人对整个东北地区鼠疫的传播尤为重要，因为当时的哈尔滨是东北的交通枢纽，通过哈尔滨的铁路，可以到达当时东北主要的城市。哈尔滨地区的鼠疫疫情以哈尔滨南部的傅家甸为最惨烈，这个小镇共死亡 5000 余人。

2. 疫情传播期（从哈尔滨到奉天，时间是 1910 年 10 月 27 日—1911 年 1 月 2 日）

1910 年 12 月 31 日，哈尔滨之南约 150 英里的长春发现首例鼠疫病人，这标志着鼠疫在暴发 65 天后，已经传播到东北中部的另一个交通枢纽——长春。1911 年 1 月 2 日，奉天发现首例鼠疫感染者，鼠疫已经迅速传播到东北南部的交通枢纽。上述传播路径主要贯通东北的铁路，通过铁路运输，大量感染鼠疫病菌的工人乘坐火车把病毒带到了铁路沿线的一个

---

① 管书合认为是 10 月 10 日，参见《1910—1911 年东三省鼠疫之疫源问题》，《历史档案》2009 年第 3 期。焦润明认为是 10 月 25 日，参见《1910—1911 年的东北大鼠疫及朝野应对措施》，《近代史研究》2006 年第 3 期。

② 国际会议编辑委员会编辑：《奉天国际鼠疫会议报告》，张士尊译，第 33 页。

③ 同上书，第 518 页。

又一个城市。

3. 疫情扩散期（从奉天到华北地区，时间是 1911 年 1 月 13 日至 2 月 1 日）

疫情随着火车和轮船上感染病毒的乘客，不断向四周扩散。我们发现，感染病毒的乘客所到之处，便是鼠疫暴发之地。1911 年 1 月 4 日，大连发现首例患者；1 月 12 日，北京出现首例患者；1 月 13 日，天津出现首例患者；1 月 16 日，鸡冠山（奉天之安东铁路线上）出现患者；1 月 16 日，河北保定（当时直隶省省会）发现首位病例；1 月 20 日，旅顺发现首例患者；1 月 21 日，与旅顺隔海相望的烟台发现首例患者；2 月 1 日，山东省省会济南发现首例患者。① 至此，暴发于东北一隅的鼠疫已经蔓延至华北大部。

4. 疫情消退期（1911 年 4 月）

由于当时对肺鼠疫没有相应的药物治疗，所以只要是当时的人群感染上鼠疫病毒，最终基本上均是死亡。当时的应对措施就是预防和隔离，尽量远离病毒感染源。只要感染病毒的人群最终死亡而没有继续传播出去，这些染病人群死亡以后，鼠疫就会消退。资料显示，满洲里的鼠疫期是1910 年 10 月 12 日至 12 月 25 日。② 哈尔滨近郊的中国人居住区傅家甸，在染疫后迅速传播，死亡人数急剧攀升，至 1911 年 1 月 28 日，达到日死亡 173 人的最高峰。接着鼠疫便逐渐消退，至 3 月初，最后结束。在鼠疫流行的四个多月里，傅家甸共死亡 5138 人。③ 此后，长春、奉天等地的死亡病例不断攀升，1911 年 3 月，死亡人数开始陆续缓慢下降，到 4 月，奉天终于结束了鼠疫病人的死亡记录。另外，从 1911 年 3 月 11 日起，山东开始没有出现死亡病例。4 月 19 日开始，华北地区的直隶省开始没有出现死亡病例。而在此之前，热河等地报告鼠疫已经消退。④ 至此，肆虐一时的鼠疫终于最终消退。对鼠疫迅速消退的原因，当时的中外人士均认为，

---

① 参见国际会议编辑委员会编辑《奉天国际鼠疫会议报告》，张士尊译，第 519 页。〔英〕杜格尔德·克里斯蒂著，伊泽·英格利斯编《奉天三十年（1883—1913）——杜格尔德·克里斯蒂的经历与回忆》，张士尊译，湖北人民出版社 2007 年版，第 200 页。

② 参见国际会议编辑委员会编辑《奉天国际鼠疫会议报告》，张士尊译，第 32 页。

③ 同上书，第 522 页。焦润明认为是至 1911 年 3 月 11 日，哈尔滨共死亡 5693 人，但他没有说明这一日期和死亡数据的来源，详见《1910—1911 年的东北大鼠疫及朝野应对措施》，《近代史研究》2006 年第 3 期。

④ 参见《山东巡抚孙宝琦为陈善后事宜择尤保奖并请酌拨款项事奏折》，宣统三年四月十四日；《热河都统诚勋为报鼠疫防范情形并疫氛渐靖事片》，宣统三年三月初二日；《直隶总督陈夔龙为陈出力人员事迹请奖事奏折》，宣统三年五月十三日，参见中国第一历史档案馆《清末东北地区爆发鼠疫史料（下）》，《历史档案》2005 年第 2 期。

主要是采取了严厉的防疫措施,因为这些医学专家认为,"与正常情况相比(即在人有鼠疫传播而人类不干预的情况下),奉天鼠疫流行曲线可能显示出甚至更为严重的扭曲,因为在早期,那里就强制推行防疫措施"①。

此次鼠疫对中国东北和华北大地带来了巨大灾难,特别是大量人口死亡。关于此次鼠疫造成多少人员死亡,学界并未达成一致看法。晚清奉天防疫总局编纂之《东三省疫事报告书》中所提供的东北三省的疫死人数为46747人②。焦润明则认为,清末鼠疫共造成东北地区实际疫死51155人。此数为鼠疫中心地东北三省在此次鼠疫中疫死的总人数,不包括关内河北、山东、北京、天津等被波及之地。③ 另外,一些中日学者的著述都称此次鼠疫共疫死"六万余人"④。日本学者宇留野胜弥认为"在1910年满洲有六万人患肺百斯笃死亡"⑤。曹树基和李玉尚认为死亡60468人。⑥ 不过,曹、李二人在其合著并于2006年出版的《鼠疫:战争与和平》中则认为"东北三省及关内染疫地区仍然有大约6万人死于是疫"⑦。

笔者根据前人研究和重新统计各方资料认为,东北三省的死亡人数为51155人⑧,热河地区的朝阳、建昌等府的死亡人数为259人,山东死亡3052人⑨,天津死亡111人,北京死亡17人⑩。以上共计为54594人。不过这一数据,距离六万还有五千余人的差距,这里可能还有其他数据。

此次鼠疫不仅造成大量人员死亡,还直接导致了东北和华北广大地区的市井萧条,各行歇业,港口封闭、道路闭塞,商业不振,这次鼠疫对清

---

① 国际会议编辑委员会编辑:《奉天国际鼠疫会议报告》,张士尊译,第526页。

② 参见《东三省疫事报告书》,载李文海等整理《中国荒政集成书》(第12册),天津古籍出版社2010年版,第8534页。

③ 参见焦润明《1910—1911年的东北大鼠疫及朝野应对措施》,《近代史研究》2006年第3期。

④ 冼维逊编著:《鼠疫流行史》,第110页。《鼠疫预防法》,东北医学图书出版社1952年版,第2页。

⑤ 〔日〕宇留野胜弥:《满洲の地方病と传染病》,海南书房1943年版,第116页。

⑥ 参见曹树基、李玉尚《历史时期中国的鼠疫自然疫源地——兼论传统时代的"天人合一"观》,载《中国经济史上的天人关系》,中国农业出版社2002年版。

⑦ 曹树基、李玉尚:《鼠疫:战争与和平》,山东画报出版社2006年版,第242页。

⑧ 参见焦润明《1910—1911年的东北大鼠疫及朝野应对措施》,《近代史研究》2006年第3期。

⑨ 参见《山东巡抚孙宝琦为陈善后事宜择尤保奖并请酌拨款项事奏折》,宣统三年四月十四日;《热河都统诚勋为报鼠疫防范情形并疫氛渐靖事片》,宣统三年三月初二日;《直隶总督陈夔龙为陈出力人员事迹请奖事奏折》,宣统三年五月十三日,参见中国第一历史档案馆《清末东北地区爆发鼠疫史料(下)》,《历史档案》2005年第2期。

⑩ 参见国际会议编辑委员会编辑《奉天国际鼠疫会议报告》,张士尊译,第522页。

王朝本已非常脆弱的经济造成了雪上加霜的危害。

（三）鼠疫传播的路径

关于此次鼠疫的传播路径，曹树基和李玉尚认为，"就 1910—1911 年东北三省疫情传播的空间特征，我们可以掌握以下两点：其一，疫情沿着铁路传播；其二，疫情以大城市为扩散中心"①。这对鼠疫传播路径的研究有重要意义，但笔者认为，这还不能反映出此次鼠疫传播的全部路径，原因有两点：一是鼠疫并不仅仅限于东北三省，还扩展至华北大部分地方；二是除了大城市之间的传播外，还有从城市到村镇、从村镇到村镇之间的传播。纵观这次鼠疫的传播的路径，笔者认为，可以分为两个层次。第一层次：城市间传播，主要是通过铁路和轮船（连接大连和烟台港的轮船）。第二层次：城市向村镇及村镇之际的扩散，主要是通过乡村陆路传播，这一层的传播也非常关键，因为它把鼠疫从铁路沿线城市扩展到远离铁路的城镇，从城市扩散到广大的农村。

第一层次：城市间传播。城市间传播的主要途径是铁路，因为此次鼠疫爆发的时间是冬季，内河运输已经无法进行，这就使得铁路运输成为当时苦力回家过年的最主要交通工具，这样凡是山东和河北的苦力停留的城市，多发现有鼠疫的传播，如哈尔滨、长春、奉天、天津、北京、济南等城市。天津和北京两个城市因为流动的苦力没有停留很长时间，所以这两个城市的鼠疫危害较轻。当然，这也与两个城市采取严厉的预防措施有关。另外，当时的调查者也发现，位于奉天到京师（北京）之间的唐山却没有发现一个病例。原因是唐山的居民"均是受雇于大煤矿和工厂的工人，而不是流动性很强的苦力"②。

除铁路外，来自山东的苦力还从距离山东最近的大连港乘船南渡渤海至烟台港。这样，大连和烟台港也发现有大量鼠疫感染者，特别是烟台的死亡病例多达 1062 人，是山东省受灾最重的地方。③ 与大连和烟台不同的是，没有苦力经过和停留的秦皇岛港和营口港，则没有出现鼠疫。这主要是因为秦皇岛距离烟台没有大连便捷，而营口港在冬季处于封港状态，无法航运。这两个港口因此逃过了鼠疫的魔掌。④

第二层次：城市向村镇及村镇之间的扩散。在广大感染病毒的苦力从

① 曹树基、李玉尚：《鼠疫：战争与和平》，第 244 页。
② 国际会议编辑委员会编辑：《奉天国际鼠疫会议报告》，张士尊译，第 522 页。
③ 参见中国人民政治协商会议烟台市委员会文史资料研究委员会编《烟台文史资料》第 8 辑，1987 年，第 1 页。
④ 参见国际会议编辑委员会编辑《奉天国际鼠疫会议报告》，张士尊译，第 522 页。

大城市下火车和下轮船后，继续返乡过春节和躲避鼠疫，这就造成鼠疫沿着城镇道路、乡村道路从大城市向中小城镇和广大农村的扩散、蔓延。故此，"齐齐哈尔、伯都讷、吉林、法库门和永平府，虽然距离铁路相当遥远，但是，也成为被鼠疫传染的重要城镇"。齐齐哈尔在出现了鼠疫后，"接着鼠疫就很快从齐齐哈尔传播到了伯都讷，事实上，沿着两个城镇之间主干道不同规模的村庄里出现了鼠疫的死亡者"①。

不仅黑龙江和吉林如此，奉天省内也是这样。"起初，无知的人们没有防护意识，对鼠疫的传染非常轻视。一个小村庄里有个男人，从奉天赶回家来，病了，接着死去了，他的家人陪伴他，并且按照习俗进行埋葬。几天之后，除了一名婴儿在死去的母亲身旁哭嚎之外，24 小时之内，全家7 口人全部死去。"其邻居也被渐次感染，全村死去约 150 人。而且这种悲剧在远近各处村庄里都曾有过，巨大的恐怖使人惊魂落魄。于是各个村庄都开始自觉地拒绝接纳从城里回来的人，不管他或她是否感染病毒。其实那些心地善良的村民，在好心接收这些从城里返回的返乡人或者外乡人后，多是感染死去。②

当时大量到东北谋生的山东省人也饱受鼠疫灾害。"山东疫事发现于上年十二月间，维时正值东三省小工纷纷回籍度岁，递相传染，渐至蔓延。……此次疫线之来，北自德川（笔者按：应为德州），东自烟台，津济铁路与胶济衔接，行旅络绎，以致沿铁路等处不免随地发生。……迭据各处报告，以烟台为最重；济南之章邱县次之；黄县、蓬莱、乐陵、德州、莱阳、掖县、即墨次之；昌邑、胶州等州县则先后据报数十名或数名不等。通省有疫三十二州县，截至二月初十日共疫毙二千六百七十八名，均令按照防疫章程切实办理，如法消毒。至烟黄疫线一路由掖县、昌邑以至潍县，一路由平度以至胶州，尤应堵截来源，以防波及。"③

总之，清末东北鼠疫的传播路径是，通过铁路和轮船实现了铁路沿线的具有车站的大城市和当时苦力经过的港口之间的传播。在各大城市和港口城市出现鼠疫后，这些返乡或者逃避城市鼠疫到乡下避难的人群或者在城市经商的商人，则通过城镇之间和村镇之间的道路，沿途传播了鼠疫，从而使得暴发于满洲里一隅的鼠疫不断从满洲里扩展至整个东北，再进而

① 参见国际会议编辑委员会编辑《奉天国际鼠疫会议报告》，张士尊译，第 520 页。
② 参见〔英〕杜格尔德·克里斯蒂著，伊泽·英格利斯编《奉天三十年（1883—1913）——杜格尔德·克里斯蒂的经历与回忆》，张士尊译，第 210—212 页。
③ 《山东巡抚孙宝琦为报山东疫情及办理情形事奏折》，宣统三年二月十二日，参见中国第一历史档案馆《清末东北地区爆发鼠疫史料（上）》，《历史档案》2005 年第 1 期。

蔓延至华北的城市和农村。

（四）社会各界对鼠疫的应对

在鼠疫初期，清政府和社会对鼠疫危害的严重性，并没有给予充分重视，在一定程度上造成了很多损失，甚至前往调查的医生也殉职在哈尔滨。这震惊了当时的清政府和社会民众，于是一系列预防措施开始逐渐被实施。

1. 清朝中央政府

清朝中央政府主要采取以下几项举措：拨款给受灾省份，以备各项开支之需；饬令东北三省和直隶、山东、湖北等省督抚及各级地方官严厉防范疫情传播；在山海关设局严防，严密检查，防止漫延至关内；派遣军队参加山海关、各铁路的封锁检查；延请外国医生参加对鼠疫的治疗和预防；给做出了重要贡献的外国人员颁发勋章；提拔有功的地方官员；惩处治理鼠疫不力的地方官员；组织中国历史上第一次国际肺鼠疫会议，邀请英、法、美等 11 个国家的 33 位医学专家研究此次鼠疫的起源、传染途径、临床症状、细菌学和病理学的意义、抗击鼠疫的措施以及鼠疫对贸易的影响等诸多内容；在各省成立医院，以治疗鼠疫患者和预防下次鼠疫的爆发；在哈尔滨设立防疫总局，任命伍连德为领导，负责调查鼠疫的发生原理，努力做好把鼠疫发现和消灭在源头的准备工作。成立京师防疫局，并制定章程。①

2. 东北及华北诸省地方政府

东北及华北诸省地方政府是抗击这次鼠疫的主体，发挥了组织作用。鼠疫出现后，地方政府基本上能积极制定诸多举措以防御鼠疫灾害。这些举措大致有以下方面：筹集资金及个别官员捐献资金，以弥补中央政府拨款不足的缺额；建立防疫封锁线，限制居民区人口的流动，防止疫情扩散；建立隔离场地，主要有火车车厢、空置的仓库以及临时搭建的木板房；对铁路、内河航运和港口进行严格检疫，在山海关、黑龙江城和大连建立隔离营，进行为期 7 天以上的隔离观察；对城镇的房子、街道和往来的车辆等进行消毒；聘请医生和医护人员，建立医院和防疫所，治疗以及发病的感染病例；通过白话演说、发行"鼠疫公告"和传单等多种形式通

---

① 参见中国第一历史档案馆《清末东北地区爆发鼠疫史料（上、下）》，《历史档案》2005年第 1、2 期。〔英〕杜格尔德·克里斯蒂著，伊泽·英格利斯编《奉天三十年（1883—1913）——杜格尔德·克里斯蒂的经历与回忆》，张士尊译，第 210—214 页。国际会议编辑委员会编辑《奉天国际鼠疫会议报告》，张士尊译。

报疫情发展、宣传预防措施和此次鼠疫的严重危害①；建立巡查队清查鼠疫患者的死尸，建立和完善死亡登记制度，对不通报鼠疫患者的人进行重罚；用火化等方式处理鼠疫死亡者，以避免二次传染；组建一支由医生、卫生苦力、救护人员和警察构成的巡查治疗队，逐户巡查，消毒和搬运死尸；购买和大范围使用防毒面罩、防护服、橡胶手套和长筒靴子，使用杀菌剂洗澡和清洗衣服，以保护参与防御的人员；东三省总督和奉天省地方政府负责承建和组织"奉天国际鼠疫会议"的召开。②

3. 社会民众

广大社会民众是这次鼠疫的最大受害者，同时也是反击鼠疫的主力军。东北的《盛京时报》等当时著名报刊都曾开辟专栏或连续刊载预防鼠疫方面的内容，普及预防鼠疫的相关知识，在舆论和信息上大力支持政府的举措。另外，一些富有正义感和爱心的外国医生也积极投身到防疫和治疗病人的工作中，如英国医生杜格尔德·克里斯蒂，美国医士陆长乐、日本医士河合良朔、京奉铁路稽查英员摩尔和法员杜英等外国人。③ 英国医生亚瑟·杰克逊·弗雷姆在奉天为抢救鼠疫患者，不幸感染病毒而去世，献出了自己年仅26岁的生命。④ 这些外国人士为消灭此次鼠疫做出了重要贡献。

此外，一些地方绅士和商人也组织防疫小团体，配合地方政府把公共防疫工作落到实处。由于清朝中央政府和地方政府的拨款远远不够使用，很多社会民众，特别是商人和绅士进行了捐款。还有一些下层民众参加搬运尸体、火化尸体和消毒等工作。山东的"章邱、长山、黄县等处绅董已

---

① 据当时居住在奉天的外国人观察，各个城市和城镇里的布告起到了很重要的作用。这种布告用最简单的日常用语解释了鼠疫的危害，鼠疫的传播，以及应该采取的预防措施。这种"鼠疫公告"的小型报纸发布每天的官方消息，几乎每天都公布新消息，而且这种报纸发行量很大，流传很广。笔者认为这种信息公开透明的方式最大限度地令普通民众认识鼠疫的危害并教授如何预防鼠疫，这是较为明智和成功的措施之一。〔英〕杜格尔德·克里斯蒂著，伊泽·英格利斯编《奉天三十年（1883—1913）——杜格尔德·克里斯蒂的经历与回忆》，第210—211页。（清）延龄辑：《直隶省城办理临时防疫纪实》，载《中国荒政书集成》第12册，第8069—8092页。

② 参见中国第一历史档案馆《清末东北地区爆发鼠疫史料（上、下）》，《历史档案》2005年第1、2期。〔英〕杜格尔德·克里斯蒂著，伊泽·英格利斯编《奉天三十年（1883—1913）——杜格尔德·克里斯蒂的经历与回忆》，张士尊译，第210—214页。国际会议编辑委员会编辑《奉天国际鼠疫会议报告》。（清）延龄辑《直隶省城办理临时防疫纪实》，载《中国荒政书集成》第12册。

③ 参见《直隶总督陈夔龙为驻津各国领事及医生和衷共济防疫出力请奖宝星事奏折》，宣统三年五月十三日，《历史档案》2005年第2期。

④ 参见〔英〕杜格尔德·克里斯蒂著，伊泽·英格利斯编《奉天三十年（1883—1913）——杜格尔德·克里斯蒂的经历与回忆》，第202—205页。

设有卫生会,施舍药品,清理街道、沟渠,均各定有章程"①。广大农村的村民则在知道鼠疫的危害和预防措施后,多能"迅速行动起来,自己制定令人惊奇且非常有效的防疫措施。许多地方,客栈全部关闭,外来人员,就是亲朋好友也一律不准在村中过夜。不允许外人靠近村庄,大车也不允许外出。村民们经常合伙出车把农产品送到城里,然后由可靠的人购买消费品,并规定此人不能进入客栈,除绝对必要外,更不准和任何人接触,而且要在当天返回。就是用这些方法,奉天附近的村庄才免遭鼠疫的蹂躏"②。另外,广大人民还为了根绝鼠疫,而改变了土葬的传统习惯,实现了革命性的改变,开始对鼠疫患者的尸体进行火化,这就迅速而安全地避免了二次传染。虽然一些地方的人民还比较保守,但也还是通过在棺材里撒上石灰的方式来消灭鼠疫病毒。③

救助工作也存在一些不足,如中央政府的补助不过是杯水车薪的30万两白银,不得不依靠一些开明的官员和地方富商及社会大众的捐款。④还有试署吉林西北道于驷兴、试署吉林西南道李澍恩等一些地方官员在防疫过程中消极怠工,防疫不力。对此,清政府毫不留情地给予革职处分。⑤

虽然存在一些不尽如人意的地方,但正是在政府和社会的大力努力下,此次鼠疫才被较迅速地消灭下去,也没有像清政府最初猜测的会扩散到长江流域,而是止步在黄河以北。这一点是当时和现在的研究者均应该给予充分肯定的。如果没有政府和社会采取诸多有效的措施,可以断定此次鼠疫造成的危害将会更加惨烈。

二 生态灾害的增多

晚清以降,清政府逐渐放开了对东北的封禁。新政时期,更是在内地招徕民人前往东北垦荒实边。原来的山林和牧场被渐次丈放,树木被砍伐,草地被翻耕,东北的土地利用方式发生很大改变。这些经济活动,在

---

① 《山东巡抚孙宝琦为陈善后事宜择尤保奖并请酌拨款项事奏折》,宣统三年四月十四日,《历史档案》2005 年第 2 期。

② 《奉天三十年(1883—1913)——杜格尔德·克里斯蒂的经历与回忆》,第 211—212 页。

③ 参见《奉天国际鼠疫会议报告》,第 566 页。

④ 参见《东三省将开防疫赈捐》,宣统三年正月十七日,《申报》第 1 张第 4 版。"隆裕皇太后深悯疫症发生,拨发内帑十万两以济要用。闻两贝勒亦捐六万两。"《专电》,宣统三年正月初八日,《申报》第 1 张第 3 版,转引自焦润明《1910—1911 年的东北大鼠疫及朝野应对措施》,《近代史研究》2006 年第 3 期。

⑤ 参见《东三省总督锡良为防疫不力革职官员奉恩开复事片》,宣统三年三月十二日,《历史档案》2005 年第 2 期。

一定程度上打破了原来的生态系统，引发了一系列生态灾害，洪水、干旱、虫灾、海潮、疾疫的频发，而地震、严霜、冰雹、大雪和大风等气候灾害依然继续破坏着人类的劳动成果，影响着当地生态环境。

笔者通过梳理资料，认为东北地区从咸丰元年（1851 年）到宣统三年（1912 年）的 61 年间总共遭遇了 223 次各类自然灾害，年均 3.7 次。这是前一阶段的 2.8 倍。在这 223 次的各种灾害中，水灾 92 次，旱灾 28 次，霜灾 26 次，冰雹 19 次，虫灾 16 次，风灾 12 次，疾疫 11 次，雪灾 8 次，地震 7 次，海潮 4 次。这均表明该时段内的自然灾害不仅类型多样，且爆发频率大增。以下根据《奉天通志》《吉林通志》《黑龙江志稿》、中国第一历史档案馆的《赈恤档》和《内蒙古历代自然灾害史料》等资料，对各种自然灾害撮要论述之。

1. 水灾

奉天地区的水灾多发生在辽河、太子河和浑河流域以及大凌河、柳河流域。吉林地区的水灾主要发生在松花江流域，黑龙江地区主要是嫩江流域。

咸丰元年（1851 年）五月，奉天辽阳的九各州县发生洪水。咸丰六年（1856 年）六月间，松花江发生洪水，吉林玛延官庄壮丁三道喀隆里佃户承种地亩间有低洼被水冲淹。同治二年（1863 年）七月间，吉林省的吉林、三姓、宁古塔、珲春、萨勒楚喀、拉林、五常堡、凉水泉、夹信沟等地连降暴雨，山洪暴发，冲淹了大片的农田庐舍，大水还淹浸三姓城，城内水深四五尺许，当地百姓只好避居山上。此次水灾，对吉林省造成巨大损失。同治九年（1870 年），开原、辽阳、牛庄、海城、广宁、承德各州县大水，平地水深有丈余，当地受灾甚重，辽阳地区，冲倒旗房 4596 间，淹毙 3 人。辽阳州属大纸房等 115 村屯人民所种红余各地被淹致灾六分，冲倒民房 1411 间。牛庄地区，洪水冲倒旗房 1735 间，民房 1725 间。同治十二年（1873 年）五六月间，广宁、牛庄、辽阳、复州、凤凰城、金州、熊岳、岫岩、盖州、开原、新民厅、海城县等地淫雨连绵，河水暴涨，水淹沿河农田，此后，又遭虫灾，损失很重。

光绪元年（1875 年）七月间，拉林所属东山沿河一带及板子房等处遭遇山洪。当地被冲毁民房 25 间，淹毙 11 人，绝收地亩多达 1000 余垧。光绪四年（1878 年）七月间，广宁、岫岩、新民等连降暴雨，山洪暴发，河水漫溢，冲倒房屋 5845 间，冲毁农田，淹毙人口 106 人，损害极大。光绪七年（1881 年），昌图糜子厂河溢，淫雨数十日，河水涨发，田禾被涝。光绪九年（1883 年）六月中旬，赤峰县境连降暴雨，山洪暴发，河水漫溢，洪水进入赤峰县城，百姓在山上搭盖窝棚住了一月有余。此次洪水规模甚大，淹毙大量人口和家畜，造成巨大损失。光绪十二年（1886年）七月中下旬，奉天多地连降大雨，巨流河、辽河和大凌河诸河同时涨发，沿河田庐，间被冲淹。辽河下游的海城受灾尤为严重，平地水深数尺，"田庄台一带被灾尤甚，逃难灾民每皆攀树呼援，惨难言状，营口于潮退之际，棺木、浮尸、器物顺流而下"，惨状无以形容。光绪二十一年（1895年）五月底，奉天地区大雨连日，辽河、柳河、浑河、洋河、鹞鹰、大凌、台子、三岔等河同时泛溢出槽，所有附近各河之承德、新民、广宁、锦县、海城、牛庄、岫岩及地处下游之盖州、复州、熊岳各厅州县所属地区又一次惨遭洪水危害。

宣统元年（1909年），新民柳河突涨，冲倒房屋1900余间。同年，洮南府属镇东、靖安、安广、开通水灾淹民田三万余垧，约两万民众受灾。宣统二年（1910年），新民柳河、饶阳、辽河并涨，平地水深五尺。同年九月，嫩江府、布特哈、龙江府、大赉、肇州、甘井子、杜尔伯特、黑河府、呼兰、巴彦、木兰、兰西、绥化、安达、大通、汤原各府、厅、县被水成灾。宣统三年（1911年）夏，奉天广大地区又遭水灾，江河涨溢。同年九月，黑龙江省海伦、绥化、余庆、青冈、呼兰、兰西、汤原、大通、龙江、大赉、讷河等处大水成灾。

2. 冰雹

东北地区位于高纬度地区，气候寒冷，冰雹相对较多。冰雹灾害，对庄稼的损害极大，一般在冰雹经过区域，庄稼和植被多被打伤打死。嘉庆十四年（1809年），齐齐哈尔城西北地区突降冰雹，"小如胡桃，大如茄，苗尽死"[①]。同治元年（1862年）六月，宁古塔遭受冰雹袭击，庄稼被灾较重。同治二年（1863年）六月，昌图雨雹，大如燕卵，厚积厚达三尺。冰雹击毁房屋无数，禽畜死伤更多，庄稼更是几乎绝收，此次冰雹造成了巨大损失，该区当年发生饥荒。同治六年（1867年），吉林双城堡地区遭遇冰雹灾害，收成仅四分。同治七年（1868年），黑龙江巴彦苏苏等处被雹。同年五月十六、六月二十二等日，双城堡地区雨雹同降，河水涨泛，洪水冲倒草房66间，淹毙多人。同时，大雨夹杂着冰雹，造成由西北镶黄旗五屯，斜向东南至洼子二屯约有十里，宽有三四里，这一范围内的庄稼均被雹打，秸秆折头落叶，籽粒无存，损失惨重。

光绪三年（1877年）七月，奉化大雨雹，击死鸟兽，折断树木，伤

---

① 《黑龙江志稿》卷13《经政志·灾赈》。

毙人员。九月，吉林三姓突遭大雨冰雹天气，受灾严重。光绪四年（1878年）七月，昌图"大雨雹"。光绪七年（1881年），奉化"雨雹，大如卵"。光绪十三年、十四年（1887年、1888年），呼兰地区，迭遭冰雹灾害。光绪二十四年（1898年），宁古塔突遭冰雹，庄稼被严重打伤。光绪三十二年（1906年）六月间，宁远地区先雨后雹，禾稼损伤严重。宣统三年（1911年）秋，开原遭遇冰雹，树木尽折，受灾非常严重。

3. 虫灾

虫灾可以分为蝗虫灾害和腻虫灾害两种，前者主要发生在干旱季节，而后者则发生在雨季之后，东北地区以蝗灾为多，间有腻虫灾害。往往是旱灾与蝗灾叠加，危害极大。咸丰六年（1856年），宁远蝗灾。咸丰八年（1858年），奉天西北的昌图地区发生蝗灾。光绪八年（1882年），宁古塔和三姓两地，遭受虫灾。光绪十五年（1889年）六月间，三姓境内遭遇蝗灾，"二千三百十一晌五亩禾稼侵蚀，甚至露出赤地"[①]。光绪二十一年（1895年）五月间，宁古塔和珲春属界和龙峪等处田禾遭受虫灾，宁古塔地区农田中庄稼几乎被蝗虫食尽，露出空地。光绪二十五年（1899年）夏间，宁远遭遇腻虫灾害，收成约有五分。光绪三十一年（1905年），宁远再次遭受腻虫危害。

4. 疾疫

疾疫灾害以宁远和开原两地为多。咸丰七年（1857年），宁远大疫。同治元年（1862年）夏，辽阳、开原、宁远大疫，有阖家死者。光绪十五年（1889年）夏，宁远大疫。光绪二十年（1894年），开原大疫。光绪二十一年（1895年），辽阳霍乱盛行，疫死甚众。光绪二十八年（1902年），开原大疫。光绪三十一年（1905年），开原再次发生瘟疫。限于史料缺乏，上述疾疫的具体名称我们不可知道。但是从清史可知，有清一代京师附近盛行天花，以及光绪年间东北设立种痘局的记载可以推测，上述所谓的"瘟疫""霍乱"等疾疫，极有可能是天花。天花是世界上传染性最强的疾病之一，是由天花病毒引起的烈性传染病，这种病毒繁殖快，能在空气中以惊人的速度传播。天花病毒有高度传染性，没有患过天花或没有接种过天花疫苗的人，不分男女老幼包括新生儿在内，均能感染天花。宣统二年（1910年），昌图春夏疫，冬季鼠疫发生。东北鼠疫的大规模爆发造成了巨大损失。

---

① 中国第一历史档案馆：《赈恤档》，档号：0131—087，《署理吉林将军奏请展限缓征宁古塔三姓珲春三处新旧银谷片》，光绪十五年。

5. 地震

地震主要发生在奉天的金州、盖州和昌图地区。咸丰六年（1856年），金州地震，毁坏城垣，倒塌民房五百余间。咸丰九年（1859年）十月，盖州地震。咸丰十一年（1861年）九月，金州再次发生地震，毁坏房屋六百四十余间。同治十年（1871年）三月，昌图地震。光绪十年（1884年）二月，赤峰县地震，地震持续约一分钟，由于当地人民有所防备而受灾较轻。同年五月，昌图地区也发生地震。光绪十四年（1888年）五月间，奉天东南地区地震，同时还发生大水，平地水深丈余，人民流离失所。

6. 旱灾

旱灾主要发生在春、夏二季。同治六年（1867年），辽阳春旱。同治七年（1868年），黑龙江巴彦苏苏等处被旱。光绪三年（1877年），宁远春旱。光绪十五年（1889年），辽阳春旱，民乏食。光绪十九年（1893年）春季，黑龙江齐齐哈尔、墨尔根等地遭受罕见大旱，禾苗多是焦黄干枯，被灾严重。光绪二十五年（1899年），东盟蒙古地区发生罕见大旱，河川流水干枯，地上的草全都枯死，人员和家畜死亡甚多。光绪二十六年（1900年）夏季，赤峰县境高温干旱三十余日，连续无雨，庄稼干旱枯黄，秋季收成仅三四成。

7. 霜灾

霜灾主要是秋霜早降，冻死秋季农作物。霜灾的受灾地区主以吉林和黑龙江两省为多，奉天和热河北部间或被灾。同治元年（1862年），三姓地区遭受早霜，庄稼籽粒泡秕。同治十年（1871年），吉林宁古塔和三姓地区遭遇早霜，庄稼收成仅四分。次年（1872年），吉林三姓地区，又遭霜灾。光绪二年（1876年），宁远春旱后，又遭秋霜陨禾，当年发生饥荒。同年七月间，呼兰巴彦苏苏等地连遭霜降，庄稼受损严重，收成仅有三分。光绪十年（1884年）七月，呼兰、墨尔根和布特哈等地遭遇霜灾，收成仅三分。光绪十三年、十四年、十五年（1887年、1888年、1889年）连续三年，呼兰地区，迭遭秋霜早降，农业损失严重。光绪十四年八月初，吉林敦化也遭受霜灾，庄稼多被冻坏，受灾重则仅收一二分，轻者也仅仅三分。光绪十八年（1892年），吉林三姓地区，迭遭严霜和冰雹袭击，庄稼多被冻坏和打落，收成仅及四分。光绪二十四年（1898年），吉林、五常厅、宾州厅和三姓地方遭遇霜冻，庄稼多被冻死，被灾严重。光绪二十八年（1902年），围场厅遭遇霜灾，减产严重。光绪三十二年（1906年）七、八月间，彰武和柳河两县境内，迭遭严霜，庄稼多被冻死，收成无望。

8. 雪灾

雪灾主要在冬季、秋季甚至春季突然降雪特大且时间过长，造成积雪厚度过大，给人民生活带来危险。同治四年（1865 年），双城堡地区庄稼在即将收获之际，突遭雨雪，庄稼被冻在地上而无法收获，收成仅有四分。光绪十一年（1885 年）冬，辽阳大雪，人畜有冻死者。光绪二十四年（1898 年）八月间，宾州厅突降大雪，成灾较重。光绪二十八年（1902 年）二月十七日，东盟蒙古地区遭受二十多年未见的特大雪灾，地面雪厚四尺，造成很多牲畜饿死。次年（1903 年），赤峰县境普降大雪，一夜间，雪厚一米半，不仅造成大量牲畜死亡，山林鸟兽也冻死很多。宣统元年（1909 年）冬，呼兰地区大雪，深达五六尺，形成灾害。

9. 海啸

海啸主要发生在鸭绿江入海口的大东沟（丹东）和辽河入海口的海城附近。光绪二十二年（1896 年）六月，大东沟海潮漫溢出，淹毙人民，倒塌房屋。光绪三十二年（1906 年）闰四月，海城县属界赵家堡等处海水因风陡涨，堤坝被冲，旗民各地悉被淹没，尽成卤碱，不堪耕种。宣统元年（1909 年）六月，丹东淫雨，江水涨溢，房屋坍塌甚多。

10. 风灾

风灾主要是指庄稼在拔节扬花时节，大风吹倒庄稼，造成禾株折断或者伏地，减产严重。光绪八年（1882 年），宁古塔和三姓两地在庄稼拔节抽穗之际，遭到大风，庄稼间被折断。光绪九年（1883 年）秋季，赤峰县在夏季遭到史无前例的洪水后，又遭狂风袭击，大风狂刮了三昼夜，不仅使得气温骤降，还造成庄稼大量减产，这造成了次年（1883 年）赤峰历史上史无前例的饥荒。光绪二十二年（1896 年）夏间，拉林地方正值庄稼扬花秀穗之际，突遭狂风暴雨，洼瘠之田被水淹涝，颗粒无收；高阜之地遭风摧折，秀而不实。光绪二十四年（1898 年）秋季，宁远地区在连续干旱之后，突遭暴风，庄稼多被摧残折断，收成只有五分。光绪二十九年（1903 年）夏季，三姓庄稼在拔节秀穗之际，遭遇大雨狂风，庄稼多有折断，减产严重，收成仅有四分。光绪三十一年（1905 年）七月中旬，绥中地区突遭狂风暴雨，禾稼多被摧折，收成仅四五分。光绪三十三年（1907 年），三姓秋季突遭狂风袭击，庄稼籽粒多被吹落，收成仅及四分。

上述种类众多且分布较广的自然灾害，不仅造成了人类物质财富的巨大损失，也在很大程度上对当地生态环境造成损害。洪水过境，河流下游河道往往发生改道。干旱季节，草原上的草木也多是干枯致死，伴随着旱季的到来，往往发生蝗虫灾害，这对庄稼和植被的危害极大；狂风暴雨、冰雹严霜和雨雪霜冻气候，不仅对农业和畜牧业造成严重危害，对草原植被和山林树木以及鸟兽也造成严重灾害。另外，东北南部滨海地区的安东和牛庄附近频遭海潮袭击，海水漫灌，造成大量土地盐碱化，除非经过多年整改，盐碱地上基本上不会再生植被。地震的危害也是很大的，由于缺乏资料，我们无法复原每次地震的具体危害，但是地震的危害一般而言是较为严重的。此外，疾疫的危害主要是对人和动物，几乎每次疾疫出现都会致使一定的人员伤亡和家畜死亡，特别是清末的东北鼠疫大流行，更是造成大量人员死亡，危害巨大。总而言之，晚清时期，东北各地发生的自然灾害不仅种类较多，且次数比前期更多，这对东北的人文和自然生态环境造成一定影响。

三　政府与社会民众对灾疫的应对

面对诸多自然灾害的肆虐，清政府和东北社会民众也采取很多举措应对，大致可以分为灾前预防、灾时救助和灾后救助及重建等方面。这些救助举措在一定程度上缓解了自然灾害造成的社会危害。

（一）灾前预防的措施主要是建立仓储、修建堤坝、修建防疫所和医院等

1. 建立粮仓以应对灾害发生后出现的饥荒

如前文所述，清政府在东北主要城镇中建立了各种仓储系统，如八旗中的旗仓和一般用于民用的常平仓。不过，晚清时的东北各地仓储多是有名无实。以奉天为例，当地几乎没有常平仓和社仓；只有少数城镇建设的义仓，晚清以后，多已荒废；各地官仓在庚子之役后，多已坍塌，新设州县尚未建立官仓。黑龙江省在齐齐哈尔、呼兰、墨尔根和黑龙江城四地设立常平仓，共 397 所，但在庚子之役中，被俄军抢夺一空。[①] 故此，宣统元年（1909 年），清廷谕令各地要实行储积以备凶荒。奉天谘议局提议修建义仓，积储粮谷备荒，但不久，清朝就灭亡了。与奉天省相比，黑龙江则相对较好，从宣统元年开始，黑龙江龙江、呼兰、绥化、海伦、肇州、大通、青冈和拜泉八县先后重新建立常平仓，其中，龙江县存粮十万石。这些粮仓，均由各地方自治会经理。[②]

2. 修建堤坝是防御河流洪水的重要措施

晚清时东北修筑河堤的典型，就是对奉天西部柳河的整治。柳河，源

---

① 参见《黑龙江志稿》卷 13《经政志·灾赈》。

② 同上。

自蒙古，由热河经彰武大庙地方转向南流，再经过新民县境内注入辽河。柳河上游流经蒙古沙地，带有大量泥沙，由于新民境内地势较低，柳河至此，水流减缓，大量泥沙便沉积下来，造成河床不断淤积抬高。每遇汛期，柳河多泛滥成灾，泥沙淤积甚至淹没村庄，这对新民地区造成巨大危害。光绪三十年（1904年），新民府知府管凤龢聘请英国工程师实地测量，计划修筑堤坝。宣统元年及次年（1909—1910年），柳河淤积泥沙已逼近新民府20里处，对该城造成极大威胁。治理柳河已迫在眉睫。宣统三年（1911年），新民府知府荣凯带领民众堵塞决口40余处，植柳固沙20里余里，最终成功遏制了柳河肆意漫流和流沙淤积。① 此外，清政府还在沈阳境内修筑浑河河堤27段，新开河堤2段。辽阳县修建了浑河东岸河堤。锦县修筑了小凌河河堤。兴城修建了姜女河河堤，凤城县修建了阎家堡坝和龙熊河坝。洮南县修建了洮河河堤4段；镇东县修建洮河河堤1段。②

3. 建立防疫所和医院是防御疾疫的一项重要手段

奉天地区早在光绪七年（1881年），就设立牛痘局，接种牛痘。这是由著名将领左宝贵在牛庄筹建的。光绪二十二年（1896年），同善堂在牛庄设立，将牛痘局并入。光绪二十七年（1901年），同善堂设立医院。光绪三十一年（1905年），奉天省城设立巡警总局，兼管卫生事宜，故局内设立卫生科，掌管防疫；同时，下属巡警局也设立卫生股，主管地方卫生和防疫事宜。光绪三十三年（1907年），奉天复设立卫生医院，于春秋两季，施种牛痘。宣统元年（1909年），沈阳警务公所设立三处署兽医官和卫生队，负责屠宰场和街道的卫生。③ 宣统二年（1910年），东北三省鼠疫蔓延，东北各地均先后设立防疫总局和其分支机构，负责防疫工作，这些防疫局的设立为及早消除鼠疫做出了积极贡献。

（二）灾时救助

从目前资料来看，灾时救助主要是在洪水和疾疫漫延时的救助。前者的救助举措主要救助被困人员和财产以及转移相关人员；后者的救助举措主要是对染病人员的消毒、治疗，对其他人群的消毒和预防，对公共卫生的维护和对疾疫传播渠道的阻截等内容。

光绪十二年（1886年）七月间，辽河、巨流河等河流发生洪水，辽河下游的营口地势低洼，水势尤为迅猛，很多灾民被洪水冲走。"经奉军

---

① 参见《奉天通志》卷108《田亩下·水利》。

② 同上。

③ 参见《奉天通志》卷144《民治三·卫生》。

道标派拨兵夫前往上游捞救，陆续救出难民男女三百数十名口……牛庄被水围困，派拨弁兵先后救出灾民数百名。"[1] 光绪二十三年（1897年），安东发生海潮，大东沟西南一带尽成泽国，当地官员和已经逃出的百姓纷纷乘坐木筏，前往救助，"共救出男妇老幼五百余名口"[2]。宣统元年（1909年）六月十二日深夜，风暴潮突然暴发，潮水上涨，安东县沿江的民舍多被淹没，一些幸存的灾民在屋顶呼号，亟待救援。安东县知县陈艺立即亲率衙役和民众等人，分乘舢板船五十艘前往救助。他们乘坐"巡船昼夜梭巡分投，拯救人口"[3]。在救出被困灾民后，当地官员还派人分路查看四乡有无受灾。地方政府在救灾过程中，发挥了重要的作用。关于疾疫期间的社会救助，前文已经在清末东北鼠疫一节中有论述，此不赘述。

（三）灾后救助及重建

灾后救助及重建的主要内容是通过设立粥厂和收留所等机构为灾民提供饮食和居住条件；通过蠲免或者免除赋役的手段减轻政府对灾民的赋税征收；通过补偿的方式对死亡人员和被毁房屋建筑进行经济救助，以尽快实行灾后重新。另外，清政府往往在东北灾歉之年，停止东北粮食外运，并通过截留漕运的方式从外地调拨粮食救济灾区。光绪年间，官员左宝贵还开创了以工代赈的救灾新模式。

1. 设立粥厂，为灾民提供必要的饮食

光绪十四年（1888年），奉天多处发生水灾，广大灾民流离失所，清政府在承德县和辽阳等地设立粥厂十一处，海城、盖州等处也设立粥厂十余处，救济灾民。然而就食者日多，粥厂往往拥挤不堪，为此，清政府增加调拨五百石仓米。同时，一些官员还主动捐银，共捐献白银149200余两，以延续粥厂，接济更多灾民。[4] 光绪二十年（1894年），新民和宁远夏间遭遇洪水，秋季两地发生饥荒。江苏义赈局严作霖携巨款来新民赈济。[5] 清政府"盛京定例，被灾十分者，旗地官庄地加赈五个月，站丁加赈九个月；被灾八分者，旗地加赈四个月，大口每月给仓米二斗五升，小口减半，被灾十分户民极贫，加赈四个月，次贫加赈三个月，大口日给仓

① 中国第一历史档案馆：《朱批奏折》，档号：04—01—02—0087—008，《盛京将军庆裕奏为奉省秋雨成灾沿河田庐被淹最重村庄请抚恤事》，光绪十二年八月十六日。
② 水利电力部水管司科技司、水利水电科学研究院：《清代辽河、松花江、黑龙江流域洪涝档案史料》，中华书局1998年版，第138页。
③ 《安东县志》卷8《灾害志》，第1098页。
④ 参见《清代辽河、松花江、黑龙江流域洪涝档案史料》，第111—113页。
⑤ 参见《奉天通志》卷144《民俗三·灾赈》。

米五合，小口减半，扣除小建，每米一石例折价银六钱……又旗民禾稼颗粒无收应纳银谷全行蠲免"①。"（民户）定极贫赈给口粮两个月，次贫一个月，大口给米五合，小口减半。"② 另外，在来年青黄不接之时，清政府也会延续赈济。如宣统元年（1909 年），安东再次遭到风暴潮袭击，地方官将"拯救个人分拨城隍庙、天后宫两等小学堂、广仁医院居住，按口授食"③。宣统二年（1910 年），新民柳河、饶阳河、辽河并涨，平地水深五尺。总督拨款赈济，谘议局各界代表劝募赈款，设粥厂十余处。当地绅士王迺斌捐银一千两，赈余办贫民习艺所。④

2. 展缓或蠲免相关赋税

由于受灾，灾民本身就很难生存，当年或者来年需要上交国家的赋税自然也就无从着落，故此，政府不仅要设立粥厂来及时为灾民提供饮食，还要展缓或者蠲免相关赋税，以缓民力。在各种灾害中，以海潮灾害的危害持续时间更长，因为海潮带来的海水倒灌，造成"良田已成卤地，非三二年后不能耕种"，故而，农民对国家正常缴纳的赋税也就无法完成。政府在灾害发生后往往采取展缓或蠲免灾民赋税的方式来赈恤灾民。"安东小寺牌地方上年海水浸淹成灾，今年卤性未退，颗粒无收地七千八百九十六亩八分，应请将正赋钱粮全行蠲免。……被灾稍清之安东县属山城子等十三牌共九十九户，计地三万五千一百五十亩零九分六厘四毫应请将正赋钱粮蠲免十分之七，其余三分缓至二十四年秋后带征。"⑤

3. 发放房屋补助，尽快实现灾后重建

对倒塌的房屋，清政府按照规定给予灾民一定的补助。其补助标准是"民房全冲无存者，每间照例给修费三两；尚有木料者，每间二两；尚有上盖者，每间八钱，以二人核给房一间，如人数众多，所住房少，仍按实住间数核给"⑥。政府发放房屋补助，对尽快实现灾后重建，稳定社会秩序，具有积极意义。另外，地震和洪水过后，不幸遇难人员的尸体，需要掩埋，主要由遇难灾民的家属亲戚自行掩埋，但清政府给予"埋葬银两以

---

① 中国第一历史档案馆：《朱批奏折》，档号：0086—003，《吉林将军景纶等奏报吉林所属被灾情形请赈恤口粮蠲缓银谷等情形折》，同治二年十二月初三日。
② 中国第一历史档案馆：《朱批奏折》，档号：0111—023，《盛京将军依克唐阿等奏报奉天旗地被灾情形请蠲缓钱粮拨款赈恤折》，光绪二十二年十一月二十三日。
③ 《安东县志》卷 8《灾害志》，第 1098—1099 页。
④ 参见《奉天通志》卷 144《民俗三·灾赈》。
⑤ 中国第一历史档案馆：《朱批奏折》，档号：0113—052，《盛京将军依克唐阿等奏为查明奉天安东县被水成灾请蠲缓应征钱粮折》，光绪二十三年十二月初十日。
⑥ 同上。

纾农力，而资接济"①。其标准是"淹毙人口，每口照例给发埋葬仓米五石，小口减半"②。

4. 除了上述的诸多举措外，清政府还往往在东北灾歉之年，停止奉天粮食外运，甚至还通过截留漕运赈济

如光绪十八年（1892年），奉天府辽河一带被水，光绪帝谕令："截留漕粮赈济，并发京仓米四万石，着孙加鼐分饬核实散放。"此外，光绪十五年（1889年），"辽阳春旱，民乏食。官绅筹设栖流所，统领左宝贵奉委发放大麦种并以工代赈"③。左宝贵这种以工代赈的救灾方式，开创了清政府在东北地区救助的新模式。

5. 社会各界参加灾后救助，主要是参加政府组织的急赈、安置灾民等活动

宣统元年（1909年），安东风暴海潮后，当地富商和地方绅士积极响应政府号召，捐资救助。史载：逃过劫难的灾民，虽得以避难于高埠之地，但仍"累千盈万，露宿风餐"，甚是可怜。知县首倡捐献养廉银，并倡议社会各界救助。安东商会在蒙受灾害的情况下，仍能积极响应，"开办急赈"，从六月十三日到二十日，共放赈大洋1694元。另外商会还负责购买了大米、木柴、器具及雇用人夫等。④除捐资捐物外，红十字会、商会和仁义的富商还捐出庐舍或者厂房，作为安置灾民的场所。"八道沟红十字会前建之防疫隔离所定为男子收容所，由红十字会及商会与富商捐舍，饼粥三日，此外东坎子、德政大号等丝厂共三十家房屋坚固地基较高，难民避居该丝厂者有男女二千六百余人。"⑤

晚清时期，东北自然灾害频仍，东北地区的人民遭受了巨大损失和痛苦。面对凄惨的遭遇，政府和社会各界多能积极参与救助，帮助灾民渡过难关，以尽快恢复正常社会秩序，这为东北社会稳定和经济发展起到了一定程度的积极作用。

---

① 中国第一历史档案馆：《朱批奏折》档号：0092—023，《署理盛京将军歧元等奏为查明奉天旗地被水请蠲缓租赋抚恤口粮折》，光绪四年九月三十日。
② 中国第一历史档案馆：《朱批奏折》档号：0124—053，《盛京将军增祺奏为续查兴京被灾分别因缓钱粮酌给抚恤修费折》，光绪三十年正月二十八日。
③ 《奉天通志》卷144《民俗三·灾赈》。
④ 参见《安东县志》卷8《灾害志》，第1100页。
⑤ 同上书，第1118—1119页。

总　　结

　　边疆地区生态环境史研究是我国边疆学和生态环境史学研究的重要组成部分，然而长期以来，边疆学研究往往对边疆地区生态史的关照不够，而生态环境史学研究则对边疆地区的重视不如中原地区和黄土高原。这样，边疆地区生态环境史研究就成为亟须学界重视的区域。从生态环境史学的研究范式来看，多是从探求人类活动对生态的影响，特别是普通民众的经济活动，如何更好地探求民众的管理者——政府在资源开发和生态环境演变中的地位和作用，显然需要深入研究。另外，学界对农耕民族对生态环境影响的研究较多，而对渔猎及游牧民族的生态活动与环境思想的探究不如前者。在人类不科学活动影响下，生态系统会出现不良现象，引发一些自然灾害。面对生态危机，政府和民众如何调整原来的生态观，改变开发行为，这也是生态环境史学研究的要义之一。面对东北生态环境史上诸多点式研究，如何能从整体观上较为系统地展现清代东北地区生态环境演变的全貌，探求清代东北区域内生态环境演变的空间差异和时段波动以及影响因素，这些均纳入笔者的思考之中。

　　基于上述思考，本书以东北地区为范围，以清政府对东北地区管理政策的变化为阶段，从"自然生态—自然灾害—政府管理—民众开发"四个相关层面的研究视角，重点研究了清代东北地区人口迁移与增长、资源开发和生态环境变迁的演变，并对相关政策和机构进行具体论述与分析。笔者论述人类活动与自然环境、自然灾害三者之间相互作用的历史过程和动态机制，并试图揭示本地区生态环境演变的主要特点和相关因素，为本地区当前及今后社会经济发展和生态文明建设提供历史借鉴。

一　清代东北地区生态环境变迁的特点

（一）变迁的内容表现为生态资源的消耗和自然地貌的改变，并以前者为主

清代相对落后的生产力水平限制，清政府、人民大众和外国列强对东北生态环境的影响方式主要是对上述生态资源的消耗和索取。众多生态资源的过度消耗，造成东北森林面积大大缩小，珍贵的黄花松、赤松等木材大量消耗，东北虎、鹿、水獭等野生动物锐减甚至销声匿迹，野生人参等珍稀药用资源锐减，东珠贝类、细鳞鱼和鲟鳇鱼等珍贵水生物种的消失，这些物种数量的减少和分布的缩小，破坏了物种多样性，威胁了生态系统的平衡和稳定。自然地貌的改变，也是清代东北地区生态环境变迁的另一形式，具体表现为林地的水土流失严重、草原沙漠化、河流淤塞加剧、河流入海三角洲发育迅速并导致盘锦湾地区的海岸线缩减。东北南部辽河入海三角洲和东北西部草原区较为脆弱的生态系统在人类活动影响下受到的影响更为显著。

（二）演变历程表现为恢复中有变化但变化幅度逐渐增大

清初时的东北人口大幅度向辽东集中，此后再大量迁入关内，造成东北人口锐减，当时的东北生态环境恢复到近乎原始自然的状态。此后，出于战略考虑，充实东北已经成为清政府工作的一项重要内容。虽然时有招垦，时有封禁，但东北人口仍不断增长，农田面积大幅增加，林地和草地不断减少，东北城镇逐渐增多并日渐繁盛，这些均改变了东北的生态环境。迨至晚清，沙俄和日本侵略势力对东北资源大肆掠夺，造成严重的资源消耗。晚清时，为更好维护领土和主权，清政府解除封禁，大量内地人民不断涌入，在促进东北开发的同时，对当地生态环境的影响强度不断加大，特别是清末对山区围场和牧场的大规模放垦，更是大大改变了当时的生态环境。

（三）演变分布主要表现为从南向北推进与由中间向两边扩展相结合

人类活动是东北生态环境变迁的主要驱动力，特别是内地人民对东北的开发方式，变荒野为田园，改牧场为农田，这引起了东北生态环境的变化。囿于地理因素，内地人民前往东北开发，在空间上是先南后北，由近

及远，从东北腹地平原向边界扩展，所以，东北生态环境演变分布也呈现出从南向北推进与由中间向两边扩展相结合的特征。与中国人民对东北开发空间顺序不同，俄国和日本等国对我国东北资源的掠夺是先从边界开始的，呈现出从边界向腹地扩展的势态。

（四）演变的结果对人类生产生活利弊兼有

东北生态环境演变的结果对人类生产生活利弊兼有。东北生态环境变化的主要表现就是水土流失严重，草原沙漠化，河道淤塞，导致航道受阻。森林植被减少，导致森林生态功能的削弱甚至丧失，在一定程度上会加剧洪涝和干旱等自然灾害的发生，对人类带来严重危害。另外，大量珍稀生态资源物种数量的减少，也破坏了当地生态环境系统的平衡，引发了生物链的断裂和缺失。另外，水土流失带来的客观影响就是加速河流入海三角洲的发育以及河流下游沼泽地的成陆。前者以大凌河—辽河入海三角洲为典型，后者以辽泽为代表。由于辽河和大凌河上游的植被被破坏，河流的泥沙搬运和沉积作用加大，清末盘锦湾的面积已经大大缩小。沧海变桑田，增加了陆地面积，对人类经济发展起到积极作用。另外，东北南部长期困扰辽河东西交通的辽泽，经过有清一代的自然变化和人类疏通，至清末已经变成人类生产和生活的乐园，阻隔变通途，便捷了辽河东西两岸的交流和往来，有利于东北南部的经济发展。

（五）演变巨大而影响深远

清代东北生态环境是清代以前长期演变和积淀的结果，而清代的变化较以前，则更加剧烈，对后来的影响也深远。清代以前的生态环境由于人口的多次内迁，导致生态环境多次出现恢复与变化交织的特点。迄于清末，东北人口已经增至2100多万人，几乎是清军入关后东北人口的百倍。东北人口不仅数量大增，且人口分布也从南部扩展到中部和北部，从中间腹地扩展到边界地区，大量人口的持续进入和扩展对东北生态环境的影响力度和强度均是前所未有的。不仅如此，晚清时期，东北地区还遭受了外国列强的资源掠夺，这更加剧了东生态环境变化。所以，清代的东北生态环境变化是巨大的。

虽然清朝灭亡了，但自清朝开启的内地人口大规模进入东北，开发东北，影响东北生态环境的历史进程并没有停止。近现代时期，东北大地上人口进一步增加，人民对当地资源的利用更加广泛，影响也更加深入。不惟如此，外国列强对东北资源的掠夺和对生态环境的破坏，也没有因为清朝灭亡而得到遏制，反而更加剧烈。特别是日本侵占东北时期，对东北资源的掠夺尤为巨大。总之，人类活动对东北生态环境影响的不断增强，后者受到的破坏也更加严重，变化更加巨大。

二　影响清代东北地区生态环境变迁的主要因素

清代东北地区生态环境变迁的地区是逐渐扩大的，变化幅度也是逐渐增强，这受到了诸多因素的影响。

（一）政府资源管理政策

政府的资源管理政策是指政府出台一系列的制度，采取一定的举措来实现对资源的控制、开发和管理的行动准则，是政府对资源享有和开发问题的基本方针和原则的体现与运用。不同时代、不同性质的政府均要制定相应的资源管理政策，以缓解人类需求与资源短缺的矛盾，以实现社会经济和可持续发展。资源是生态环境系统中水体、土壤、植被、动物等诸要素成为了人类需求和开发的对象，它实质上是生态系统要素的人类使用化。人类对资源的开发和利用在本质上就是把生态资源转化为对人类有益的部分，为人类所用。从这个意义上说，资源管理政策对生态环境变化的影响举足轻重，这主要表现为：资源归谁所有？资源归谁使用？资源利益如何分配？资源管理的空间范围是多大？采取何种措施维护资源的享有权和使用权？

清政府对东北水体、土地、森林、动植物资源的管理政策内容主要有六点：一是从自然资源所有权的角度来看，东北大部分地区的自然资源归属国家所有，特别是清皇室所有，而东北蒙地（东三盟）的资源所有权主要归各旗蒙古王公所有。二是东北资源主要归清皇室和旗人使用，一部分归属内地汉人使用，但蒙地的使用权不归清皇室和旗人，而且进入蒙地的汉人也可取得蒙地的使用权，如仍在封禁期的乾隆、嘉庆年间，进入郭尔罗斯前旗辖地垦荒的汉人就取得了蒙地的永佃权。三是封禁范围时大时小。在清初封禁前，东北地区的诸多官牧场、围场和禁山、禁江、禁河以及参山均属于封禁范围。此外，东北南部的柳条边以北和以东的中国境内广大领土也是针对内地汉人的封禁区。在封禁时期，东北山海关至长城以北的广大地区均属于封禁范围。四是清初和晚清时期，清政府为充实东北而积极招徕内地民人前往东北，从而允许内地民人享受了资源使用权；但在清中期的封禁阶段，清政府则采取驱赶和禁止入内的方式加强对东北资源的管理。五是清朝前中期对非法越境潜入东北的朝鲜人给予严厉打击，以保护中国东北的资源。六是面对日俄的侵略，清政府被迫让渡出东北部分资源的使用权，从而造成晚清东北资源的急剧消耗。

东北地区在清初是特殊的区域，它既是满清王朝的"龙兴之地"，又是我国边疆重地，还是当时全国中为数不多的人少地多资源多的宝地。这种资源特殊性，使得清政府对东北资源管理尤为重视，也较为特殊，即长期实行政府独占管理。总体观之，清政府利用行政权力对东北地区荒地、草原、森林、动植物资源和水产资源享有占有权和使用权。如前文所述，即使在清初的招垦时期，清政府也严厉禁止内地人民和一般满洲人禁入围场、官牧场和柳条边外的封禁地。为此，清政府在这些封禁重地设立管理机构，在封禁区周边设立军事设施加以保护和管理。在清朝中期的封禁阶段，清政府对整个东北采取封禁措施，严厉限制内地人民前往东北，与此同时，则大力把京旗移居东北进行屯垦，以抢占满族对东北土地和森林资源的使用权。至于盛京内务府、打牲乌拉总管衙门、布特哈衙门和盛京围场、吉林围场以及黑龙江围场等禁地和管理机构在本质上则是清朝皇室对东北资源独占的表现。美国学者孟泽思先生鉴于东北地广人稀的特点，就把东北化为他所定义的"荒地"范畴。[①]虽然他这一划分不甚合理，但他认为清政府把东北地区视为战略空间的断定却是可信的。此外，他认为清政府为了保护战略空间而采用驱逐和安置这两种手段也适应于清政府对东北资源管理的实际。[②]

（二）人口变化

人口数量是影响生态环境的重要因素，而人口的迁移流动自然就会影响到人口迁入地和迁出地的生态环境。如前文所论，东北人口在清初时期大规模向辽东集中进而再迁移至京师附近，这就造成东北地区大部分区域

---

① 参见〔美〕孟泽思《清代森林与土地管理》附录1《战略空间：晚清中国荒地政策中的驱逐与安置》，赵珍译，中国人民大学出版社2009年版，第185页。他对"荒地"的定义为在人类定居之前处于一种原始未开垦状态的土地类型。其实，这一定义有一定狭隘性，未开垦只是对农业而言，这并不能代表当地人类没有对土地上的资源进行开发和利用，东北很多地方是渔猎和游牧经济，这种充分利用自然资源和循环使用的情况，就说明东北很多地方并不属于孟泽思所论述的"荒地"范畴。

② 参见《清代森林与土地管理》，第185—196页。

内人口数量锐减，人类活动对生态环境的影响力度和轻度大大减轻，生态
环境也就恢复到自然原始状态。自顺治朝后期开始，无论是清政府采取政
府鼓励移民还是禁止内地移民东北，都没有从根本上改变内地民众移居东
北的趋势。人民进入东北的方式，或是合法，或是非法，但都源源不断地
进入东北大地。随着东北人口数量的增加和人类在东北活动范围的扩展，
砍伐树木、开垦荒地和草原以从事农耕、采挖人参、从事渔猎等诸多类型
的人类活动，不断影响着东北地区的生态资源和自然地貌，导致东北生态
环境变化速度加快。

（三）资源开发

资源开发是人类对生态环境影响的主要驱动力和方式。人类对生态
环境中对人类有用的部分，加以开采和使用，为人类服务，从而形成对
生态资源的开发利用，这是人类为满足自身正常发展的必须手段。我国
民众对东北生态环境中的资源开发可以分为两种模式，一是在保持人民
生活水平相对不变的情况下，仅仅是因为人口数量增长而导致的对生态
资源的需求增长，这是刚性需求增长；还有一种是为了追求更加舒适的
生活而不断提高对资源要求的标准，从而导致加大对资源的消耗，这是
富裕型需求增长。前者主要表现为人均个体单位资源消耗量相对不变的
情况下，因为人口增多，导致人类对资源消耗总量的增加。后者则主要
表现为某些个体为了满足更加舒适和奢侈的生活，而引起单位消耗量的
增加，最终导致资源消耗总量的增加，如清皇室对貂皮、人参和东珠需
求量的增加等。上述两种方式一并贯穿于人民开发东北资源的始终。

（四）国际势力

东北地区地处边疆，与俄国、日本和朝鲜等国家在地理上或是紧密相
连或是一衣带水，距离较近。自晚清以来，俄国和日本不断侵略东北地
区，大肆掠夺东北资源，造成资源掠夺性消耗，从而造成东北森林、东北
虎等很多生态资源的锐减。由于两国毗连，朝鲜流民自清初开始就不断非
法越境到我国东北境内从事经济活动。晚清时期，由于种种因素，大量朝
鲜人拥入东北东部的长白山区和图们江流域定居，采伐树木，垦荒种地，
从而不断加大了对东北生态环境影响的力度和范围。总之，国际势力因素
的影响是东北地区生态环境变迁不容忽视的因素。

（五）自然灾害

自然灾害既是自然环境系统运行异常的表现，也对生态环境本身产生一定影响。如洪水会造成泥石流、水土流失等生态灾害，狂风、地震、严霜、冰雹、干旱和虫灾等灾害不仅威胁了农田稼穑，也会对当地植被带来严重危害，造出植被或者动物的死亡。

（六）战争行为

战争行为对生态环境的影响是多样的。战争期间，为战术需要而放火烧毁树木的行为比比皆是，这对生态环境而言，无疑是带来了危害。而战争造成大量人口外逃或者人员死亡，人口数量减少，则减少了人类对生态环境的影响力，从而有利于生态环境的恢复。

上述诸多因素，并不是单一对生态环境产生影响，更多则是多种因素综合作用，共同影响到生态环境的变迁，其影响的过程和机制也是复杂多样。

三　清代东北地区生态环境变迁的经验

史为今鉴。前文探讨清代东北地区生态环境的演变，主要是着眼于现实中的生态环境变迁，关心未来东北地区生态环境的演变发展。为此，深入系统研究，总结经验教训，为当今和未来东北地区生态环境发展提供借鉴，具有重要的现实意义。

（一）切实尊重自然，遵从自然规律

自然环境是生态环境系统的基础。自然环境主要是指除了人类以外的相对原始的生态环境，即指水、土壤、大气、动物、植物、微生物构成的相互影响和相互制约的平衡系统。但是从地球环境角度来看，人类也是地球生态系统的一部分。人类的生存和发展是建立在适应自然和改造自然环境的基础上的。没有自然环境提供的活动空间和食物来源，人类就无法生存下去。人类在适应自然和改造自然时必须牢记：人乃自然之子，人不是置身于地球自然环境之外，而是其中的一分子，自然环境是人类的家园。生态环境恶化的最终结果还是会影响到人类的生产生活甚至生存。所以，人类在开发自然时首先要切实尊重自然，遵从自然规律，不可盲目开发。

（二）政府应发挥对生态环境科学保护和资源合理开发的主导作用

政府管理是生态环境变迁的主导因素。政府通过手中权力实现对生态资源的管理和控制，它既可限定资源开发与保护的空间范围，也可划分资源使用者的类型，即所谓的"利益内部人"和"利益外部人"。具体而言，就是谁可以进入资源保护地界，谁则不可以进入该区域；谁可以享受资源，谁则不能享受；谁能享受高等级的资源，谁则只能享受中下等级的资源。这实际上是体现了权力和利益的博弈。政府既然手中享有管理权力，就应该发挥对生态环境科学保护和资源合理开发的主导作用。通过制定、颁布和执行科学合理可行的环境管理政策，把眼前利益与长远利益，经济价值和生态价值有机结合，积极引导社会各阶层对生态资源进行科学开发，创造更多财富；同时要注意环境的保护，维持可持续发展。

（三）广大民众应转变开发观念和方式，做到开发中有保护，以保护促开发

民众开发是生态环境变迁的主要因素。虽然政府凭借权力可以实现对生态资源的管理和享受，从而影响着生态环境，但是广大民众既可以在政府的允许下，取得合法的资源使用权利，也可以通过各种手段避开或利用政府管理及其漏洞实现对资源的实际占有。总之，广大民众通过这些行为也在深刻影响着生态环境。长期以来，东北地区的经济发展得益于资源高消耗型开发。虽然经济获得很大发展，但是这种建立在毁林、毁草基础上的粗放式开发，已经付出了生态环境恶化的沉重代价，必将不利于区域可持续的长期发展。故此，广大民众要树立科学生态观，调整资源开发观，革新开发方式，践行开发中有保护，以保护促开发的新模式，做到开发与保护的良性互动，维护好当地生态环境的平衡。

（四）全社会应积极应对自然灾害，以减少其对环境的破坏

自然灾害是生态环境变迁的重要因素。它可以分为气候灾害和生物灾害两大类型。气候灾害主要有干旱、洪水、地震、海潮、大风、大雪、冰雹和严霜等，这是自然灾害最主要的内容，也是对自然环境影响较大的部分。生物灾害主要是疾疫、虫灾等，这是自然灾害的内容之一，对自然环境的影响也比较大。故此，全社会应积极应对自然灾害，以减少其对人文环境和自然生态环境的破坏，努力扭转生态环境退化的趋势。

　　总之，自然环境、自然灾害、政府管理和民众开发构成生态环境系统密切联系的四个方面，在相互影响下，共同维持了生态环境系统的运转和发展。我们在当今及今后的东北地区经济开发和生态环境保护要从上面四个方面入手，在思想上重视环境保护，转变开发方式，积极探索经济发展新模式，开发与保护并重，最终塑造一个经济可持续发展、人居温馨舒适、环境优美的良好生态环境，建构生态文明体系。

参考文献

档案与资料汇编类

[1] 中国第一历史档案馆：《朱批奏折》，档号：04—01—24—0063—030，乾隆三十九年十二月十五日高朴折。

[2] 中国第一历史档案馆：《朱批奏折》，档号：04—01—22—0049—006，道光七年四月十六日富俊折。

[3] 中国第一历史档案馆：《朱批奏折》，档号：04—01—16—019—2577，道光八年四月初八日博启图倭楞泰折。

[4] 中国第一历史档案馆：《朱批奏折》，档号：04—01—01—0701—010，道光八年六月二十五日博启图折。

[5] 中国第一历史档案馆：《朱批奏折》，档号：04—01—01—0704—034，道光九年三月二十六日倭楞泰折。

[6] 中国第一历史档案馆：《朱批奏折》，档号：04—01—16—020—1558，道光十年闰四月初九日倭楞泰折。

[7] 中国第一历史档案馆：《朱批奏折》，档号：04—01—22—0053—079，道光十一年四月十六日福克精阿折。

[8] 中国第一历史档案馆：《朱批奏折》，档号：0067—010，道光十一年十一月二十日宝兴折。

[9] 中国第一历史档案馆：《朱批奏档》，档号：04—01—22—0054—101，道光十三年四月十五日宝兴折。

[10] 中国第一历史档案馆：《朱批奏折》，档号：04—01—01—0805—039，道光二十二年十二月初七日经额布折。

[11] 中国第一历史档案馆：《朱批奏折》，档号：04—01—01—0845—007，道光三十年四月二十二日奕兴折。

［12］中国第一历史档案馆：《朱批奏折》，档号：04—01—24—0131—037，道光十四年四月十五日保昌折。

［13］中国第一历史档案馆：《朱批奏折》，档号：04—01—22—0055—048，道光十五年四月十六日保昌折。

［14］中国第一历史档案馆：《朱批奏折》，档号：04—01—22—0056—051，道光十六年四月初一日祥康折。

［15］中国第一历史档案馆：《朱批奏折》，档号：0086—003，同治二年十二月初三日景纶折。

［16］中国第一历史档案馆：《朱批奏折》，档号：0087—045，同治七年十月十五日富明阿折。

［17］中国第一历史档案馆：《朱批奏折》，档号：04—01—26—0075—005，光绪二年八月十一日古尼音布折。

［18］中国第一历史档案馆：《朱批奏折》，档号：0092—023，光绪四年九月三十日歧元折。

［19］中国第一历史档案馆：《朱批奏折》，档号：04—01—02—0087—008，光绪十二年八月十六日庆裕折。

［20］中国第一历史档案馆：《朱批奏折》，档号：04—01—23—0212—013，光绪二十二年六月二十三日依克唐阿折。

［21］中国第一历史档案馆：《朱批奏折》，档号：04—01—30—0206—035，光绪二十二年十一月初六日依克唐阿折。

［22］中国第一历史档案馆：《朱批奏折》，档号：0111—023，光绪二十二年十一月二十三日依克唐阿折。

［23］中国第一历史档案馆：《朱批奏折》，档号：04—01—23—0213—028，光绪二十三年六月二十一日依克唐阿折。

［24］中国第一历史档案馆：《朱批奏折》，档号：0113—052，光绪二十三年十二月初十日依克唐阿折。

［25］中国第一历史档案馆：《朱批奏折》，档号：04—01—22—0065—102，光绪二十四年五月二十六日依克唐阿折。

［26］中国第一历史档案馆：《朱批奏折》，档号：04—01—23—0215—012，光绪二十五年八月初一日晋昌折。

［27］中国第一历史档案馆：《朱批奏折》，档号：0124—053，光绪三十年正月二十八日增祺折。

［28］中国第一历史档案馆：《朱批奏折》，档号：04—01—22—0066—154，光绪三十年九月初六日增祺折。

［29］中国第一历史档案馆：《朱批奏折》，档号：04—01—22—0066—045，光绪三十一年三月十五日增祺折。

［30］中国第一历史档案馆：《朱批奏折》，档号：04—01—35—0616—042，光绪朝佚名折。

［31］中国第一历史档案馆：《朱批奏折》，档号：04—01—01—1072—004，光绪三十一年十二月二十二日程德全折。

［32］中国第一历史档案馆：《朱批奏折》，档号：04—01—23—0223—017，光绪三十三年三月二十七日赵尔巽折。

［33］中国第一历史档案馆：《赈灾档》，档号：1132—006，乾隆九年十二月初六日霍备折。

［34］中国第一历史档案馆：《赈灾档》，档号：1145—043，乾隆十三年十二月初十日苏昌折。

［35］中国第一历史档案馆：《赈灾档》，档号：1150—020，乾隆十五年十一月二十九日图尔泰折。

［36］中国第一历史档案馆：《赈灾档》，档号：1161—013，乾隆二十六年十一月十七日通福寿折。

［37］中国第一历史档案馆：《赈灾档》，档号：1162—053，乾隆二十七年十一月二十四日欧阳瑾折。

［38］中国第一历史档案馆：《赈灾档》，档号：1164—006，乾隆三十一年十一月二十六日欧阳瑾折。

［39］中国第一历史档案馆：《赈灾档》，档号：1169—036，乾隆三十七年十一月二十二日朝铨折。

［40］中国第一历史档案馆：《赈灾档》，档号：1172—007，乾隆三十九年十一月二十八日盛京户部侍郎德风折。

［41］中国第一历史档案馆：《赈灾档》，档号：1173—030，乾隆四十年十一月二十八日富察善折。

［42］中国第一历史档案馆：《赈灾档》，档号：1175—020，乾隆四十一年十一月二十九日富察善折。

［43］中国第一历史档案馆：《赈灾档》，档号：1177—043，乾隆四十五年十一月二十一日全魁折。

［44］中国第一历史档案馆：《赈灾档》，档号：1179—032，乾隆四十九年十一月二十五日鄂宝折。

［45］中国第一历史档案馆：《赈灾档》，档号：1181—016，乾隆五十年十一月十六日鄂宝折。

［46］中国第一历史档案馆：《赈灾档》，档号：1181—016，乾隆五十二年十一月初八日宜兴折。

［47］中国第一历史档案馆：《赈恤档》，档号：04—01—04—0004—005，光绪十四年七月十九日庆裕折。

［48］中国第一历史档案馆：《军机处汉文录副奏折》，档号：03—9702—008，乾隆六年十月初八日查郎阿折。

［49］中国第一历史档案馆：《军机处汉文录副奏折》，档号：03—9702—009，乾隆六年十二月初一日查郎阿折。

［50］中国第一历史档案馆：《军机处汉文录副奏折》，档号：03—0812—035，乾隆七年二月二十日查郎阿折。

［51］中国第一历史档案馆：《军机处汉文录副奏折》，档号：03—3387—041，道光四年三月初七日容照折。

［52］中国第一历史档案馆：《军机处录副档》，档号：03—3387—035，道光三年十二月二十三日英和折。

［53］中国第一历史档案馆：《军机处录副档》，档号：03—3388—024，道光五年十月二十七日英和折。

［54］中国第一历史档案馆：《军机处录副档》，档号：03—2837—040，道光十八年四月初一日祥康折。

［55］中国第一历史档案馆：《录副奏折》，档号：03—6074—008，光绪五年三月初一日歧元折。

［56］中国第一历史档案馆：《录副奏折》，档号：03—6732—015，光绪二十九年七月二十五日增祺折。

［57］中国第一历史档案馆：《录副奏折》，档号：03—6734—037，光绪三十一年四月初一日增祺折。

［58］中国第一历史档案馆：《录副奏折》，档号：03—6738—121，光绪三十三年十二月初六日徐世昌折。

［59］中国第一历史档案馆：《吉林将军档》，档号：J001—11—1051，光绪十一年八月初七日希元折。

［60］中国第一历史档案馆：《吉林将军档》，档号：J001—33—6122，光绪三十三年九月十八日达桂折。

［61］中国第一历史档案馆：《吉林垦务档》，档号：J001—38—560，同治七年十二月十八日富毓折。

［62］中国第一历史档案馆：《吉林垦务档》，档号：J066—6—23，光绪五年六月二十日吉林户部移文。

［63］中国第一历史档案馆：《吉林垦务档》，档号：J066—6—23，光绪五年十二月十四日吉林户司移文。

［64］中国第一历史档案馆：《吉林垦务档》，档号：J066—6—19，光绪五年十二月十五日吉林将军行营文案处移文。

［65］中国第一历史档案馆：《吉林垦务档》，档号：J006—4—174，光绪五年五月二十三日吉林户司移文。

［66］中国第一历史档案馆：《吉林垦务档》，档号：J001—6—1084，光绪六年七月二十日户部咨文。

［67］中国第一历史档案馆：《吉林垦务档》，档号：J001—6—1012，光绪六年十月初十日顾肇熙禀文。

［68］中国第一历史档案馆：《吉林垦务档》，档号：J066—6—301，光绪七年闰七月初一日吉林户司移文。

［69］中国第一历史档案馆：《吉林垦务档》，档号：J001—8—181，光绪八年八月十三日吉林将军衙门札稿。

［70］中国第一历史档案馆：《吉林垦务档》，档号：J001—8—899，光绪八年八月十三日吉林将军衙门咨稿。

［71］中国第一历史档案馆：《吉林垦务档》，档号：J001—9—1325，光绪九年三月二十三日吉林将军铭安片稿。

［72］中国第一历史档案馆：《吉林垦务档》，档号：J001—9—1325，光绪九年五月初二日户部咨文。

［73］中国第一历史档案馆：《吉林垦务档》，档号：J001—9—256，光绪九年十一月二十九日希元折。

［74］中国第一历史档案馆：《吉林垦务档》，档号：J009—2—1297，光绪十三年正月二十八日吉林将军衙门札稿。

［75］中国第一历史档案馆：《吉林垦务档》，档号：J009—4—285，光绪十三年二月十四日吉林道户房付文。

［76］中国第一历史档案馆：《吉林垦务档》，档号：J009—2—2058，光绪十五年九月二十一日吉林将军衙门为札文。

［77］中国第一历史档案馆：《吉林垦务档》，档号：J001—17—1902，光绪十七年七月二十八日吉林将军衙门咨稿。

［78］中国第一历史档案馆：《吉林垦务档》，档号：J001—19—1896，光绪十九年六月二十二日吉林分巡道详文。

［79］中国第一历史档案馆：《吉林垦务档》，档号：J001—22—2935，光绪二十二年九月二十日延茂折。

［80］中国第一历史档案馆：《吉林垦务档》，档号：J030—1—179，光绪三十二年六月二十六日关防处移稿。

［81］中国第一历史档案馆：《吉林垦务档》，档号：J001—33—3371，光绪三十三年六月初三日双城厅通呈文。

［82］中国第一历史档案馆：《吉林垦务档》，档号：J001—33—4272，光绪三十三年十一月初四日蒙荒行局呈文。

［83］中国第一历史档案馆：《吉林垦务档》，档号：J049—3—1841，宣统二年二月十六日打牲乌拉翼领呈文。

［84］中国第一历史档案馆：《吉林垦务档》，档号：J049—3—967，宣统二年九月二十日吉林全省旗务处札稿。

［85］中国第一历史档案馆：《吉林垦务档》，档号：J049—3—1840，宣统二年十月二十一日吉林全省旗务处移文。

［86］中国第一历史档案馆：《吉林垦务档》，档号：J049—3—1841，宣统二年三月二十七日吉林劝业道移文。

［87］中国第一历史档案馆：《吉林垦务档》，档号：J023—4—27，宣统三年二月十五日饶河县呈文。

［88］中国第一历史档案馆：《吉林打牲乌拉档》，档号：J049—03—1762—6，光绪十年正月二十四日吉林将军照会。

［89］中国第一历史档案馆：《吉林打牲乌拉档》，档号：J049—03—1762—7，光绪十年十月二十五日打牲乌拉衙门呈文。

［90］中国第一历史档案馆：《吉林打牲乌拉档》，档号：J001—21—2020—1，光绪二十一年九月二十日吉林将军咨文。

［91］中国第一历史档案馆：《吉林打牲乌拉档》，档号：J049—03—1762—7，光绪二十九年四月十八日打牲乌拉衙门移文。

［92］中国第一历史档案馆：《吉林打牲乌拉档》，档号：J001—29—1628—1，光绪二十九年十一月初一日打牲乌拉总管衙门呈文。

［93］中国第一历史档案馆：《吉林打牲乌拉档》，档号：J049—03—1762—8，光绪三十年四月初八日吉林将军照会。

［94］中国第一历史档案馆：《吉林打牲乌拉档》，档号：J049—03—1762—9，光绪三十一年二月十四日吉林将军照会。

［95］中国第一历史档案馆：《吉林打牲乌拉档》，档号：J001—33—5969—1，光绪三十三年九月十一日乌拉翼领呈文。

［96］中国第一历史档案馆：《吉林打牲乌拉档》，档号：J001—37—5239—1，宣统三年九月二十四日吉林行省咨文。

［97］中国第一历史档案馆编：《雍正朝汉文朱批奏折汇编》，江苏古籍出版社 1991 年版。

［98］中国第一历史档案馆编：《光绪朝朱批奏折》，中华书局 1995 年版。

［99］中国第一历史档案馆编：《雍正朝汉文谕旨汇编》，广西师范大学出版社 1999 年版。

［100］中国第一历史档案馆编：《乾隆朝上谕档》，广西师范大学出版社 2008 年版。

［101］中国第一历史档案馆编：《嘉庆朝上谕档》，广西师范大学出版社 2008 年版。

［102］中国第一历史档案馆编：《道光朝上谕档》，广西师范大学出版社 2008 年版。

［103］中国第一历史档案馆编：《咸丰朝上谕档》，广西师范大学出版社 2008 年版。

［104］中国第一历史档案馆编：《同治朝上谕档》，广西师范大学出版社 2008 年版。

［105］中国第一历史档案馆编：《光绪朝上谕档》，广西师范大学出版社 2008 年版。

［106］中国第一历史档案馆编：《宣统朝上谕档》，广西师范大学出版社 2008 年版。

［107］吉林省档案馆、吉林省社会科学院历史所合编：《清代吉林档案史料选编（上谕奏折）》，吉林省档案馆 1981 年版。

［108］东北师范大学明清史研究所、中国第一历史档案馆合编：《清代东北阿城汉文档案选编》，中华书局 1994 年版。

［109］辽宁省档案馆整理：《清代三姓副都统衙门满汉文档案选编》，辽宁古籍出版社 1995 年版。

［110］中国第一历史档案馆、内蒙古鄂伦春民族研究会整理：《清代鄂伦春满汉文档案汇编》，民族出版社 2001 年版。

［111］中国第一历史档案馆、承德市文物局整理：《清宫热河档案》，中国人民大学出版社 2003 年版。

［112］吴元丰主编：《东北边疆历史档案选编·珲春衙门档汇编》，广西师范大学出版社 2006 年版。

［113］中国第一历史档案馆满文部、黑龙江社会科学院历史研究所合编：《清代黑龙江历史档案选编（光绪朝元年—七年）》，黑龙江人民出版社 1986 年版。

[114] 中国第一历史档案馆满文部、黑龙江社会科学院历史研究所合编：《清代黑龙江历史档案选编（光绪朝八年—十五年）》，黑龙江人民出版社 1986 年版。

[115] 中国第一历史档案馆满文部、黑龙江社会科学院历史研究所合编：《清代黑龙江历史档案选编（光绪朝十六年—二十一年）》，黑龙江人民出版社 1987 年版。

[116] 邢玉林主编：《光绪朝黑龙江将军奏稿》，全国图书馆文献缩微复制中心 1993 年版。

[117] 全国图书馆文献缩微复制中心编：《吉林省志略》，《中国边疆史志集成》，《东北史志》第 1 部，第 7 册，国家图书馆 2004 年版。

[118] 全国图书馆文献缩微复制中心编：《黑龙江省招民垦荒折》，《中国边疆史志集成》，《东北史志》第 5 部，第 14 册，国家图书馆 2004 年版。

[119] 蒙藏院编：《蒙藏院调查内蒙古及沿边各旗统计报告书》，全国图书馆文献缩微复制中心编《中国边疆史志集成》，《内蒙古史志》第 5 册，国家图书馆 2004 年版。

[120] 蒙藏院编：《理藩部第一次统计表（光绪三十三年）》，全国图书馆文献缩微复制中心编《中国边疆史志集成》，《内蒙古史志》第 22 册，国家图书馆 2004 年版。

[121] 佚名：《东北边防辑要》，国家图书馆分馆编《清代边疆史料抄稿本汇编》第 1 册，线装书局 2003 年版。

[122] 佚名：《调查松花江上流森林报告》，国家图书馆分馆编《清代边疆史料抄稿本汇编》第 6 册，线装书局 2003 年版。

[123] 佚名：《吉林各城每年应进贡各项数目手折》，国家图书馆分馆编《清代边疆史料抄稿本汇编》第 8 册，线装书局 2003 年版。

[124] 佚名：《吉林夹皮沟档》，国家图书馆分馆编《清代边疆史料抄稿本汇编》第 8 册，线装书局 2003 年版。

[125] 佚名：《每年出派各处卡伦名目及各项关使手折》，国家图书馆分馆编《清代边疆史料抄稿本汇编》第 8 册，线装书局 2003 年版。

[126] 佚名：《呼伦贝尔志书稿》，国家图书馆分馆编《清代边疆史料抄稿本汇编》第 10 册，线装书局 2003 年版。

[127] 徐曦：《东三省纪略》，全国图书馆文献缩微复制中心编《中国边疆史志集成》，《东北史志》第 1 部，第 13 册，国家图书馆 2004 年版。

［128］佚名：《黑龙江省奏稿》，全国图书馆文献缩微复制中心编《中国边疆史志集成》，《东北史志》第 5 部，第 13 册，国家图书馆 2004 年版。

［129］辽宁大学历史系主编：《重译满文老档》，辽宁大学历史系 1978 年版。

［130］康世爵等：《朝鲜族〈通州康氏世谱〉中的明满关系史料》，中华书局 1980 年版。

［131］关嘉录、王佩环译：《〈黑图档〉中有关庄园问题的满文档案文件汇编》，中华书局 1984 年版。

［132］刘厚生译：《清雍正朝镶红旗档》，东北师范大学出版社 1985 年版。

［133］季永海、刘景宪译编：《崇德三年满文档案译编》，辽沈书社 1988 年版。

［134］潘喆、孙方明、李鸿彬编：《清入关前史料选辑》第 2 辑，中国人民大学出版社 1989 年版。

［135］中国第一历史档案馆编：《盛京满文档》，《清代档案史料丛编》第 14 册，中华书局 1990 年版。

［136］中国第一历史档案馆编：《清代中俄关系档案史料选编》第三编，中华书局 1979 年版。

［137］中国第一历史档案馆编：《清代中俄关系档案史料选编》第一编，中华书局 1981 年版。

［138］刘民生、孟宪章、步平编：《十七世纪沙俄侵略黑龙江流域史料》，黑龙江教育出版社 1992 年版。

［139］辽宁省档案馆编译：《盛京内务府粮庄档案汇编》，辽沈书社 1993 年版。

［140］中国科学院地理科学与资源研究所、中国第一历史档案馆合编：《清代奏折汇编——农业·环境》，商务印书馆 2005 年版。

［141］郑毅主编：《东北农业经济史料集成》，吉林文史出版社 2005 年版。

［142］李文治主编：《中国近代农业史资料》，三联书店 1957 年版。

［143］梁方仲：《梁方仲文集·中国历代户口、田地、田赋统计》，中华书局 2008 年版。

［144］辽宁省档案馆编译：《盛京参务档案史料》，辽沈书社 2003 年版。

［145］（清）吴禄贞著，朴庆辉标注：《延吉边务报告》，吉林文史出版社

1986 年版。

［146］林涛图撰，李国芳点校：《启东录》，吉林文史出版社 1986 年版。

［147］李澍田、宋乔钊、胡维革主编：《韩边外》，吉林文史出版社 1986 年版。

［148］曹殿举标点：《吉林分巡道造送会典馆清册》，吉林文史出版社 1986 年版。

［149］尹郁山：《乌拉史略》，吉林文史出版社 1986 年版。

［150］（清）宋小濂：《呼伦贝尔边务调查报告书》，吉林文史出版社 1986 年版。

［151］（清）宋小濂：《抚东政略》，吉林文史出版社 1986 年版。

［152］赵东升：《打牲乌拉志典全书补佚》，吉林文史出版社 1986 年版。

［153］李澍田主编，张璇如、蒋秀松点校摘编：《清实录东北史料全辑》，吉林文史出版社 1988 年版。

［154］李澍田主编，马玉良、王婉玉选编：《东北农业史料·吉林农业经济档案》，吉林文史出版社 1990 年版。

［155］李澍田主编，宋抵、王秀华编著：《东北农业史料·清代东北参务提要》，吉林文史出版社 1990 年版。

［156］李澍田主编：《东北农业史料·双城堡屯田纪略、东北屯垦史料》，吉林文史出版社 1990 年版。

［157］张文喜等整理：《蒙荒案卷》，吉林文史出版社 1990 年版。

［158］佚名著，李东赫点校：《珲春琐记》，吉林文史出版社 1990 年版。

［159］王崇实等选编：《朝鲜文献中的中国东北史料》，吉林文史出版社 1991 年版。

［160］吉林师范学院古籍研究所、吉林省档案馆合编：《珲春副都统衙门档案选编》，吉林文史出版社 1992 年版。

［161］季永海、何溥滢译：《盛京内务府顺治年间档》，中华书局 1981 年版。

［162］中国科学院历史研究所第三所辑：《锡良遗稿》，中华书局 1959 年版。

［163］徐世昌：《退耕堂政书》，《清末民初史料丛书》第 15 种，成文出版社 1968 年版。

［164］佚名辑：《盛京奏议》，《近代中国史料丛编续编》第 52 辑，文海出版社 1975 年版。

［165］何煜：《龙江公牍存略》，《近代中国史料丛刊续编》第 52 辑，文

海出版社 1975 年版。

[166] 王延熙、王树敏辑：《皇朝道咸同光奏议》，《近代中国史料丛刊》第 34 辑，文海出版社 1985 年版。

[167] 朱启钤：《东三省蒙务公牍汇编》，《近代中国史料丛刊》（339—400），文海出版社 1985 年版。

[168] 丛佩远、赵鸣歧编：《曹廷杰集》，中华书局 1985 年版。

[169] 奉天全省防疫总局张元奇等编：《东三省疫事报告书》，《中国荒政书集成》第 12 册，天津古籍出版社 2010 年版。

[170] （清）延龄辑：《直隶省城办理临时防疫纪实》，《中国荒政书集成》第 12 册，天津古籍出版社 2010 年版。

[171] 国际会议编辑委员会编辑：《奉天国际鼠疫会议报告（1911）》，张士尊译，苑洁审校，中央编译出版社 2010 年版。

[172] 《内蒙古历代自然灾害史料》编辑组整理：《内蒙古历代自然灾害史料》，内部资料，1982 年版。

[173] 陈嵘：《中国森林史料》，中国林业出版社 1983 年版。

[174] 陆人骥主编：《中国历代灾害性海潮史料》，海洋出版社 1984 年版。

[175] 水利水电部水管司科技司、水利水电部研究院整理：《清代辽河、松花江、黑龙江流域洪涝档案史料》，中华书局 1998 年版。

[176] 吉林省档案馆编：《吉林省档案馆藏清代档案史料选编》，国家图书馆 2012 年版。

[177] 中国第一历史档案馆编：《乾隆朝满文寄信档译编》，岳麓书社 2011 年版。

[178] 吴丰培整理：《清代鄂伦春族满汉文档案汇编》，民族出版社 2001 年版。

[179] 〔日〕松本丰三编：《满洲旧惯调查报告》，南满洲铁路总务部事务局调查课 1915 年版。

[180] 〔日〕日本参谋本部编：《蒙古地志》，王宗琰译，启新书局 1903 年版。

[181] 〔日〕天海谦三郎：《旧热河蒙地开垦资料二则》，满铁调查局 1943 年版。

[182] 〔日〕町田咲吉编：《蒙古喀喇沁部农业调查报告》，出版社不明，1905 年版。

[183] 〔日〕伪满地籍管理局编：《锦热蒙地调查报告》，地籍整理局 1937

年版。

[184]〔日〕南满洲铁道株式会社编:《满铁调查报告书》第3辑,广西师范大学出版社2008年版。

[185]〔日〕南满洲铁道株式会社庶务部调查课编:《内外蒙古调查报告书》,内蒙古大学出版社2012年版。

典籍类

[1](西汉)司马迁:《史记》,中华书局1959年标点本。

[2](东汉)班固:《汉书》,中华书局1962年标点本。

[3](南朝)范晔:《后汉书》,中华书局1965年标点本。

[4](三国)陈寿:《三国志》,中华书局1969年标点本。

[5](唐)房玄龄等:《晋书》,中华书局1974年标点本。

[6](北朝)魏收:《魏书》,中华书局1974年标点本。

[7](唐)李延寿:《北史》,中华书局1974年标点本。

[8](唐)魏徵、令狐德棻等:《隋书》,中华书局1973年标点本。

[9](五代)刘昫:《旧唐书》,中华书局1975年标点本。

[10](宋)欧阳修、宋祁:《新唐书》,中华书局1975年标点本。

[11](宋)薛居正等:《旧五代史》,中华书局1976年标点本。

[12](宋)欧阳修:《新五代史》,中华书局1974年标点本。

[13](元)脱脱:《辽史》,中华书局1974年标点本。

[14](元)脱脱:《金史》,中华书局1974年标点本。

[15](明)宋濂:《元史》,中华书局1976年标点本。

[16](清)张廷玉:《明史》,中华书局1974年标点本。

[17](清)赵尔巽、柯劭忞:《清史稿》,中华书局1977年标点本。

[18](清)乾隆朝官修:《清朝文献通考》,浙江古籍出版社2000年版。

[19](清)昆冈等重修:《钦定大清会典事例》,中华书局1991年版。

[20](清)崇厚辑:《盛京典制备考》,光绪二十五年刻本。

[21](清)何秋涛:《朔方备乘》,文海出版社1964年版。

[22](清)刘锦藻编纂:《清朝续文献通考》,新兴书局1965年版。

[23](清)鄂尔泰等修:《八旗通志初集》,东北师范大学出版社1985年版。

[24](清)乾隆敕修:《钦定八旗通志》,台湾商务印书馆1986年版。

［25］（清）佚名撰：《平定罗刹方略》，中华书局 1991 年版。

［26］（清）乾隆朝官修：《清朝通志》，浙江古籍出版社 2000 年版。

［27］（清）蒋良骐撰：《东华录》，齐鲁书社 2005 年版。

［28］中国社会科学院中国边疆史地研究中心编：《清代理藩院资料辑录》，全国图书馆文献缩微复制中心 1988 年版。

［29］张荣铮等点校：《钦定理藩部则例》，天津古籍出版社 1998 年版。

［30］清朝官修：《清实录》，中华书局 2008 年版。

方志类

［1］（明）毕恭等修，任洛等重修：《辽东志》，明嘉靖十六年刻本。

［2］（明）李辅等修：《全辽志》，明嘉靖四十四年刻本。

［3］（清）穆彰阿、潘锡恩等纂修：《嘉庆朝大清一统志》，上海古籍出版社 2007 年版。

［4］（清）董秉忠等修：《盛京通志》，康熙二十三年刻本。

［5］（清）王河等修：《盛京通志》，乾隆元年刻本。

［6］（清）阿桂等修：《钦定盛京通志》，乾隆四十三年刻本。

［7］（清）长顺等修：《吉林通志》，光绪二十六年刻本。

［8］（清）哈达青格撰：《塔子沟纪略》，乾隆三十八年刻本。

［9］（清）王树楠、吴廷燮、金毓黻等纂：《奉天通志》，东北文史丛书编委会 1983 年版。

［10］（清）张伯英纂：《黑龙江志稿》，黑龙江人民出版社 1992 年版。

［11］（清）徐世昌：《东三省政略》，文海出版社 1965 年版。

［12］（清）姚锡光：《筹蒙刍议》，文海出版社 1965 年版。

［13］（清）徐宗亮等：《黑龙江述略》，黑龙江人民出版社 1985 年版。

［14］（清）和珅、梁国治等：《钦定热河志》，台湾商务印书馆 1986 年影印版。

［15］（清）海忠修、林从炯等：《承德府志》，成文出版社 1968 年影印版。

［16］（清）查美荫等修纂：《围场厅志》，光绪三十三年刻本。

［17］（清）周沆编著：《满洲编年纪要》，中国公共图书馆古籍文献珍本汇刊，全国图书馆文献微缩复制中心 1995 年版。

［18］（民国）东三省蒙务局编撰：《哲里木盟十旗调查报告书》，远方出版社 2007 年版。

[19]（民国）王士仁：《哲蒙实剂》，哲里木盟文化处印制（内部本）1987年版。

[20] 柳成栋整理：《清代黑龙江孤本方志考四种》，黑龙江人民出版社1989年版。

[21] 金恩晖、梁志忠著释：《吉林省地方志考论、校释与汇辑》，中国地方史志协会、吉林省图书馆学会1981年版。

[22] 内蒙古图书馆编：《筹蒙刍议》《东蒙古纪》《东四盟蒙古实记》《经营蒙古条议》《昭乌达盟纪略》《蒙事一斑》，远方出版社2008年版。

[23] 瞿杍郮：《鸡林风土纪闻》（民国抄本），《乡土志抄稿本选编》，线装书局2002年版。

[24] 赵丙南：《辽源县乡土志》（民国抄本），《乡土志抄稿本选编》，线装书局2002年版。

[25]（清）佚名：《东丰县乡土志》（清末抄本），《乡土志抄稿本选编》，线装书局2002年版。

[26]（清）张翼延修，张士达编：《柳河县乡土志》（清末抄本），《乡土志抄稿本选编》，线装书局2002年版。

[27]（清）孙长清修，刘熙春：《兴京乡土志》（光绪三十二年抄本），《乡土志抄稿本选编》，线装书局2002年版。

[28]（清）佚名：《奉天省岫岩县乡土志》（清末抄本），《乡土志抄稿本选编》，线装书局2002年版。

[29]（清）佚名：《凤凰厅乡土志》（光绪间抄本），《乡土志抄稿本选编》，线装书局2002年版。

[30] 刘鸣复：《法库厅乡土志》（民国间抄本），《乡土志抄稿本选编》，线装书局2002年版。

[31] 于凌霄：《锦西厅乡土志》（宣统年间抄本），《乡土志抄稿本选编》，线装书局2002年版。

[32]（清）陶应润、温广泰：《义州乡土志》（清末义州抄本），《乡土志抄稿本选编》，线装书局2002年版。

[33] 田徵葵：《奉天锦州府锦县乡土志》（宣统二年抄本），《乡土志抄稿本选编》，线装书局2002年版。

[34]（清）张凤台编撰：《长白汇征录》，黄甲元、李若迁点校，吉林文史出版社1986年版。

[35]（清）刘建封撰：《长白山江岗志略》，孙文采注，吉林文史出版社

1986 年版。

[36]（清）李廷玉等撰，安龙祯、高阁元整理：《长白设治兼勘分奉吉界限书》，吉林文史出版社 1986 年版。

[37] 李澍田、宋抵点校：《吉林志书》，吉林文史出版社 1986 年版。

[38] 袁昶撰，陈见微点校：《吉林志略》，吉林文史出版社 1986 年版。

[39]（清）萨英额撰，史吉祥、张羽点校：《吉林外记》，吉林文史出版社 1986 年版。

[40] 魏声和撰，高阁元、于泾、邢国志标注：《吉林地志》，吉林文史出版社 1986 年版。

[41] 魏声和撰，高阁元、于泾、邢国志标注：《吉林旧闻录》，吉林文史出版社 1986 年版。

[42] 伪满吉林省公署民生厅编，陈见微点校：《吉林乡土志》，吉林文史出版社 1986 年版。

[43] 金恩晖、梁志忠校释：《打牲乌拉地方乡土志》，吉林文史出版社 1986 年版。

[44] 刘爽：《吉林新志》，吉林文史出版社 1990 年版。

[45] 潘景隆等整理：《吉林公署政书》，吉林文史出版社 1990 年版。

[46] 魏声和等：《珲春县志》，吉林文史出版社 1990 年版。

[47] 佚名：《珲春地理志》，吉林文史出版社 1990 年版。

[48] 马冠群著，杨立新整理：《吉林地略》，吉林文史出版社 1993 年版。

[49] 朱一新著，杨立新整理：《吉林形势》，吉林文史出版社 1993 年版。

[50] 郭熙楞著，杨立新整理：《吉林汇徵》，吉林文史出版社 1993 年版。

[51] 林传甲撰，杨立新整理：《大中华吉林省地理志》，吉林文史出版社 1993 年版。

[52] 佚名著，韦庆媛整理：《吉林舆地图说》，吉林文史出版社 1993 年版。

[53] 魏声和编著，刘第谦整理：《吉林地理纪要》，吉林文史出版社 1993 年版。

[54] 程廷恒修，张素纂：《复县志略》，成文出版社 1970 年影印版。

[55] 万福麟修，张伯英等纂：《黑龙江大事志》，成文出版社 1974 年影印版。（下同）

[56] 黄世芳等修，陈德懿纂：《铁岭县志》，1931 年铅印本。

[57] 杨宇齐修，张嗣良等纂：《铁岭县续志》，1933 年铅印本。

[58] 王宝善修，张博惠纂：《新民县志》，1926 年石印本。

[59] 王文璞修，刘庆龄纂：《北镇县志》，1933 年石印本。

[60] 沈国冕修，苏民纂：《兴京县志》，1925 年铅印本。

[61] 赵恭寅修，曾有翼纂：《沈阳县志》，1917 年铅印本。

[62] 徐维淮修，李植嘉纂：《辽中县志》，1930 年铅印本。

[63] 斐焕星修，白永真纂：《辽阳县志》，1928 年铅印本

[64] 辛广瑞等修，王郁云纂：《盖平县志》，1930 年铅印本。

[65] 崔正峰等纂修：《盖平县乡土志》，1920 年石印本。

[66] 王文藻修，陆善格纂：《锦县志》，1920 年石印本。

[67] 赵兴德修，王鹤龄纂：《义县志》，1931 年铅印本。

[68]（清）管凤龢编辑：《新民府志》，1909 年铅印本。

[69] 王介公等修，于云峰纂：《安东县志》，1931 年铅印本。

[70] 白纯义修，于凤桐纂：《辉南县志》，1927 年铅印本。

[71] 张元俊修，车焕文纂：《抚松县志》，1930 年铅印本。

[72] 吴光国：《辑安县乡土志》，1915 年铅印本。

[73] 王世选修，敏文昭纂：《宁安县志》，1924 年铅印本。

[74] 刘天成等修，张拱坦纂：《辑安县志》，1930 年石印本。

[75] 牛尔裕等纂修：《双山县乡土志》，1914 年铅印本。

[76] 程道元修，续文金纂：《昌图县志》，1916 年铅印本。

[77]（清）钱闻震修，（清）陈文焯纂：《奉化县志》，清光绪十一年
刊本。

[78] 李毅修，王毓琪等纂：《开原县志》，1930 年铅印本。

[79] 孙蓉图修，徐希廉纂：《瑷珲县志》，1920 年铅印本。

[80] 梁岩修，何士举纂：《依安县志》，1930 年铅印本。

[81] 郭克兴撰：《黑龙江乡土录》，1926 年铅印本。

[82]（清）金梁撰：《黑龙江通志纲要》，1925 年铅印本。

[83] 佚名撰：《呼伦县志略》，民国年间抄本。

[84] 高文垣等修，张鼎铭等纂：《双城县志》，1926 年铅印本。

[85]（清）黄维翰纂修：《呼兰府志》，1915 年铅印本。

[86] 杨步墀纂修：《依兰县志》，1920 年铅印本。

[87] 郑土纯等修，朱衣点纂：《桦川县志》，1927 年铅印本

[88] 杨步墀纂修：《方正县志》，1929 年铅印本。

[89] 陈国钧修，孔广泉纂：《安图县志》，1929 年铅印本。

[90] 孙荃芳修，宋景文纂：《珠河县志》，1929 年铅印本。

考察、游记、笔记类

[1]（清）张缙彦著，李兴盛点校：《宁古塔山水记》《域外集》，黑龙江人民出版社1984年版。

[2]（清）西清：《黑龙江外记》，黑龙江人民出版社1984年版。

[3]（清）杨宾、方式济、吴桭臣：《龙江三纪》，黑龙江人民出版社1984年版。

[4]（清）宋小濂著，黄纪莲校标注释：《北徼纪游》，黑龙江人民出版社1984年版。

[5]（清）徐宗亮纂修，李兴盛、张杰点校：《龙江述略》，黑龙江人民出版社1985年版。

[6]（清）张穆著，何秋涛补：《蒙古游牧记》，上海古籍出版社2002年版。

[7]（清）高士奇撰，陈见微点校：《扈从东巡日录》，吉林文史出版社1986年版。

[8]（清）林寿图撰，李国芳点校：《启东录》，吉林文史出版社1986年版。

[9]（清）吴大澂：《皇华纪程》，吉林文史出版社1986年版。

[10]（清）吴大澂：《奉使吉林日记》，吉林文史出版社1986年版。

[11]佚名：《东陲纪闻》，吉林文史出版社1986年版。

[12]（清）彭孙贻：《山中闻见录》，吉林文史出版社1990年版。

[13]（清）方拱乾著，杨立新整理：《绝域纪略》，吉林文史出版社1993年版。

[14]（清）魏震等：《南满洲旅行日记》，《近代史资料文库》第3卷，上海书店出版社2009年版。

[15]（清）胡傅：《东三省海防札记》，《宧海伏波大事记（外五种）》，黑龙江人民出版社1994年版。

[16]（清）昭槤：《啸亭杂录》，中华书局1997年版。

[17]（清）吴振棫撰，童正伦点校：《养吉斋丛录》，中华书局2005年版。

[18]张诚著，张宝剑等译：《张诚日记》，中国社会科学院历史研究所清史研究室编《清史资料》第五、六辑，中华书局1984年版。

[19]〔俄〕P. 马克：《黑龙江旅行记》，郭燕顺译，商务印书馆 1977 年版。

[20]〔英〕拉文·斯坦因：《俄国人在黑龙江上》，陈霞飞译，商务印书馆 1974 年版。

[21]〔日〕小越平隆：《满洲旅行记》，克斋译，上海广智印书馆印制，光绪二十八年版。

[22]〔比利时〕南怀仁：《鞑靼旅行记》，薛虹译，吉林文史出版社 1986 年版。

[23]〔朝〕朴趾源：《热河日记》，书目文献出版社 1996 年版。

[24]〔英〕杜格尔德·克里斯蒂著，伊泽·英格利斯编：《奉天三十年（1883—1913）》，张士尊、信丹娜译，湖北人民出版社 2007 年版。

今人论著及译著

[1] 金毓黻：《东北通史》，年代出版社 1941 年版。

[2] 张博泉编：《东北地方史稿》，吉林大学出版社 1985 年版。

[3] 李健才：《明代东北》，辽宁人民出版社 1986 年版。

[4] 吴文衔等：《黑龙江古代简史》，北方文物杂志社 1987 年版。

[5] 恭虹、李澍田主编：《中国东北通史》，吉林文史社 1991 年版。

[6] 杨余练等编著：《清代东北史》，辽宁教育出版社 1991 年版。

[7] 朱诚如主编：《辽宁通史》，大连海事大学出版社 1997 年版。

[8] 程妮娜：《东北史》，吉林大学出版社 2001 年版。

[9] 李治亭主编：《东北通史》，中州古籍出版社 2003 年版。

[10] 佟冬主编：《中国东北史》，吉林文史出版社 2006 年修订版。

[11] 孙乃民主编：《吉林通史》，吉林人民出版社 2008 年版。

[12] 马汝衍、马大正主编：《清代边疆开发研究》，中国社会科学出版社 1990 年版。

[13] 马大正主编：《中国古代边疆政策研究》，中国社会科学出版社 1990 年版。

[14] 马汝衍、马大正主编：《清代的边疆政策》，中国社会科学出版社 1994 年版。

[15] 马大正、刘逖：《二十世纪的中国边疆研究》，黑龙江教育出版社 1997 年版。

［16］马大正：《中国边疆研究论稿》，黑龙江教育出版社 2002 年版。

［17］马大正主编：《中国东北边疆研究》，中国社会科学出版社 2003 年版。

［18］马大正主编：《中国边疆经略史》，中州古籍出版社 2003 年版。

［19］赵云田：《清末新政研究——20 世纪初的中国边疆》，黑龙江教育出版社 2004 年版。

［20］〔日〕田山茂早：《清代蒙古社会制度》，潘世宪译，商务印书馆 1987 年版。

［21］马汝珩、成崇德主编：《清代边疆开发》，山西人民出版社 1998 年版。

［22］杨旸：《明代辽东都司》，中州古籍出版社 1988 年版。

［23］李健才、衣保中编著：《东疆史略》，吉林文史出版社 1990 年版。

［24］张士尊：《明代辽东边疆研究》，吉林人民出版社 2002 年版。

［25］林荣贵主编：《中国古代疆域史》，黑龙江教育出版社 2007 年版。

［26］马钊主编：《1971—2006 年美国清史论著目录》，人民出版社 2007 年版。

［27］龙吟诗社编：《黑龙江历代诗词选》，黑龙江人民出版社 1990 年版。

［28］李治亭：《关东文化大辞典》，辽宁教育出版社 1993 年版。

［29］李治亭等：《关东文化》，辽宁教育出版社 1998 年版。

［30］杨树森主编：《清代柳条边》，辽宁人民出版社 1978 年版。

［31］王佩环主编：《清帝东巡》，辽宁大学出版社 1991 年版。

［32］从佩远：《东北三宝经济简史》，农业出版社 1989 年版。

［33］刘海源主编：《内蒙古垦务研究》第 1 辑，内蒙古人民出版社 1990 年版。

［34］孔经纬：《中国东北地区经济史》，黑龙江教育出版社 1990 年版。

［35］衣保中：《东北农业近代化研究》，吉林文史出版社 1990 年版。

［36］乌廷玉、张云樵、张占斌：《东北土地关系史研究》，吉林文史出版社 1990 年版。

［37］衣保中：《中国东北农业史》，吉林文史出版社 1993 年版。

［38］刁书仁：《东北旗地研究》，吉林文史出版社 1994 年版。

［39］刁书仁、衣兴国：《近三百年东北土地开发史》，吉林文史出版社 1994 年版。

［40］衣保中、乌廷玉、陈玉峰、李帆：《清代东北土地制度研究》，吉林文史出版社 1994 年版。

[41] 陈桦:《清代区域社会经济研究》,中国人民大学出版社 1996 年版。

[42] 韩茂莉:《辽金农业地理》,社会科学文献出版社 1999 年版。

[43] 王玉海:《发展与变革——清代内蒙古东部由牧向农的转型》,内蒙古大学出版社 2000 年版。

[44] 衣保中等:《区域开发与可持续发展——近代以来中国东北区域开发与生态环境变迁研究》,吉林大学出版社 2004 年版。

[45] 韩茂莉:《草原与田园——辽金时期西辽河流域农牧业与环境》,三联书店 2006 年版。

[46] 杨伟兵:《云贵高原的土地利用与生态变迁(1659—1912)》,上海人民出版社 2008 年版。

[47] 谢国桢:《清初流人开发东北史》,开明书店印行 1948 年版。

[48] 赵文林、谢淑君主编:《中国人口史》,人民出版社 1988 年版。

[49] 张玉兴:《清代东北流人诗选注》,辽沈书社 1988 年版。

[50] 曹树基:《中国移民史》第六卷(清、民国时期),福建人民出版社 1997 年版。

[51] 路遇、藤泽之主编:《中国人口通史》,山东人民出版社 2000 年版。

[52] 曹树基:《中国人口史》第 5 卷(清时期),复旦大学出版社 2001 年版。

[53] 石方:《黑龙江区域社会史研究》,黑龙江人民出版社 2002 年版。

[54] 张士尊:《清代东北移民与社会变迁(1644—1911)》,吉林人民出版社 2003 年版。

[55] 闰天灵:《汉族移民与近代内蒙古社会变迁研究》,民族出版社 2004 年版。

[56] 李兴盛主编:《东北流人史》(增订版),黑龙江人民出版社 2008 年版。

[57] 孙春日:《中国朝鲜族移民史》,中华书局 2009 年版。

[58] 中国科学院《中国自然地理》编写组编:《中国自然地理·历史自然地理》,科学出版社 1982 年版。

[59] 〔日〕梅棹忠夫:《文明的生态史观》,三联书店 1988 年版。

[60] 赵冈:《中国历史上生态环境之变迁》,中国环境科学出版社 1996 年版。

[61] 黄鼎成等编:《人与自然关系导论》,湖北科学技术出版社 1997 年版。

[62] 刘翠溶、伊懋可主编:《积渐所至:中国环境史论文集》(中文本),

"中央研究院"经济研究所 2000 年版。

[63] 中国地理学会自然地理专业委员会编:《土地覆被变化及其环境效应》,星球出版社 2002 年版。

[64] 孙成权等主编:《全球变化与人文社会科学问题》,气象出版社 2003 年版。

[65] 钞晓鸿:《生态环境与明清社会经济》,黄山书社 2004 年版。

[66] 赵珍:《清代西北生态变迁研究》,人民出版社 2005 年版。

[67] 文焕然等著,文榕生选编整理:《中国历史时期植物与动物变迁研究》,重庆出版社 2006 年版。

[68] 王利华主编:《中国历史上的环境与社会》,三联书店 2007 年版。

[69]〔美〕J. 唐纳德·休斯:《什么是环境史》,梅雪芹译,北京大学出版社 2008 年版。

[70]〔美〕孟泽思:《清代森林与土地管理》,赵珍译,中国人民大学出版社 2009 年版。

[71] 中国医学科学院流行病学微生物学研究所编著:《中国鼠疫流行史》,中国医学科学院流行病学微生物学研究所 1981 年版。

[72] 冼维逊编著:《鼠疫流行史》,广东省卫生防疫站(内部印行本)1988 年版。

[73] 方喜业:《中国鼠疫自然疫源地》,人民卫生出版社 1990 年版。

[74] 李文海等:《近代中国灾荒纪年》,湖南人民出版社 1990 年版。

[75] 李文海等:《灾荒与饥馑(1840—1919)》,高等教育出版社 1991 年版。

[76] 李文海等:《中国近代十大灾荒》,上海人民出版社 1994 年版。

[77] 朱殿英主编:《黑龙江省 240 年旱涝史》,黑龙江科技出版社 1991 年版。

[78] 中央气象局科学研究院编:《中国近五百年旱涝分布图集》,地图出版社 1981 年版。

[79] 刘云鹏主编:《中华人民共和国鼠疫与环境图集》,科学出版社 2000 年版。

[80] 曹树基、李玉尚:《鼠疫:战争与和平》,山东画报出版社 2006 年版。

[81] 赵济、徐振溥主编:《区域·环境·自然灾害地理研究》,科学出版社 1990 年版。

[82] 复旦大学历史地理研究中心编:《自然灾害与中国社会历史结构》,

复旦大学出版社 2001 年版。

[83] 刘明光主编:《中国自然地理图集》,中国地图出版社 1984 年版。

[84] 谭其骧主编:《中国历史地理图集》,中国地图出版社 1987 年版。

[85] 孙进己、冯永谦主编:《东北历史地理》,黑龙江人民出版社 1989 年版。

[86] 辛德勇:《古代交通与地理文献研究》,中华书局 1996 年版。

[87] 冯季昌:《东北历史地理研究》,香港同泽出版社 1996 年版。

[88] 侯甬坚:《区域历史地理的空间发展过程》,陕西人民教育出版社 1995 年版。

[89] 阙维民:《历史地理学的观念:叙述、复原、构想》,浙江大学出版社 2000 年版。

[90] 邹逸麟主编:《中国历史人文地理》,科学出版社 2001 年版。

[91] 鲁西奇:《区域历史地理研究:对象与方法——汉水流域的个案研究》,广西人民出版社 2000 年版。

[92] 李孝聪:《中国区域历史地理》,北京大学出版社 2004 年版。

[93] 华林甫:《中国历史地理学综述》,山东教育出版社 2009 年版。

[94] 陈尚胜等:《朝鲜王朝 (1392—1910) 对华观的演变》,山东大学出版社 1999 年版。

[95] 李花子:《清朝与朝鲜关系史研究——以越境交涉为中心》,亚洲出版社 2006 年版。

[96] 曲晓范:《近代东北城市的历史变迁》,东北师范大学出版社 2001 年版。

[97] 中国科学院黑龙江流域综合考察队编:《黑龙江流域及其毗邻地区自然条件》,科学出版社 1961 年版。

[98] 李祯等编著:《东北地区自然地理》,高等教育出版社 1993 年版。

[99] 孙儒泳等编:《普通生态学》,高等教育出版社 1993 年版。

[100] 李景文主编:《森林生态学》,中国林业出版社 1983 年版。

[101] 中国林学会林业史学会编:《林史文集》第 1 辑,中国林业出版社 1990 年版。

[102] 盛连喜等编:《环境生态学导论》,高等教育出版社 2002 年版。

[103] 陈百明等:《中国土地利用与生态特征区划》,气象出版社 2003 年版。

[104] 赵珍:《资源、环境与国家权力》,中国人民大学出版社 2012 年版。

[105] 蒋竹山:《人参帝国:清代人参的生产、消费与医疗》,浙江大学出

版社 2015 年版。

［106］〔苏〕弗·克·阿尔谢尼耶夫：《在乌苏里的莽林中》，黑龙江大学俄语系翻译组译，商务印书馆 1977 年版。

［107］〔苏〕П. Ө. 翁特尔别格：《滨海省 1856—1898 年》，黑龙江大学俄语系研究室译，商务印书馆 1980 年版。

［108］〔苏〕В. 阿瓦林：《帝国主义在满洲》，北京对外贸易学院俄语教研室译，商务印书馆 1980 年版。

［109］〔苏〕Е. И. 杰列维杨科：《黑龙江沿岸的部落》，林树山、姚凤译，吉林文史出版社 1987 年版。

［110］〔日〕稻叶君山：《满洲发达史》，杨成能译，奉天萃文斋书店 1940 年版。

［111］〔英〕罗德里克·弗拉德：《计量史学方法导论》，王小宽译，上海译文出版社 1997 年版。

论文类

［1］刘厚生：《亟待加强东北边疆史的研究》，《中国边疆史地研究》2001 年第 1 期。

［2］李治亭：《东北地方史研究的回顾与展望》，《中国边疆史地研究》2001 年第 4 期。

［3］马大正：《东北边疆历史研究的回顾与思考》，《北华大学学报》（社会科学版）2005 年第 1 期。

［4］刘信君：《改革开放三十年中国东北地方史研究述评》，《社会科学阵线》2008 年第 8 期。

［5］李治亭：《东北地方史研究的回顾与思考——写在建国 60 周年》，《云南师范大学学报》（哲学社会科学版）2009 年第 2 期。

［6］于逢春：《60 年来东北边疆研究论衡》，《中国边疆史地研究》2009 年第 3 期。

［7］杨旸、李治亭、傅朗云：《明代辽东都司及其卫的研究》，《社会科学辑刊》1980 年第 6 期。

［8］孙文良、李治亭：《论明与清松锦决战》，《辽宁大学学报》1982 年第 5 期。

［9］李治亭：《清初索伦人》，《社会科学阵线》1986 年第 4 期。

[10] 田志和：《简论清政府对朝鲜族的政策》，《东北师范大学学报》（哲学社会科学版）1990 年第 1 期。

[11] 李治亭：《关东文化论》，《社会科学阵线》1993 年第 1 期。

[12] 乌云格日勒：《清末内蒙古的地方建置与筹划建省"实边"》，《中国边疆史地研究》1998 年第 1 期。

[13] 赵云田：《清末新政期间东北边疆的政治改革》，《中国边疆史地研究》2002 年第 9 期。

[14] 李治亭：《论边疆问题与历代王朝的盛衰》，《东北史地》2009 年第 6 期。

[15] 郑川水：《元代辽河流域农业经济开发述论》，《辽宁大学学报》1991 年第 5 期。

[16] 李三谋：《明代辽东都司卫所的农经活动》，《中国边疆史地研究》1996 年第 1 期。

[17] 干志耿、李士良：《清代黑龙江地区的开发及其社会矛盾》，《求是学刊》1979 年第 4 期。

[18] 田志和：《清代科尔沁蒙地开发述略》，《社会科学战线》1982 年第 2 期。

[19] 景爱：《历史时期东北农业的分布与变迁》，《中国历史地理论丛》1987 年第 2 期。

[20] 陈伯霖：《黑龙江省满族移民旗屯建置述略》，《黑龙江民族丛刊》1990 年第 2 期。

[21] 李令福：《清代前期东北农耕区的恢复和扩展》，《中国历史地理论丛》1991 年第 2 期。

[22] 张杰：《清代辽东半岛的农业开发》，《社会科学辑刊》1992 年第 4 期。

[23] 李宾泓：《历史时期松花江流域的农业开发与变迁》，《历史地理》第 10 辑，1992 年 7 月。

[24] 张杰：《清代鸭绿江流域的封禁与开发》，《中国边疆史地研究》1994 年第 4 期。

[25] 陶勉：《清代鸭绿江右岸荒地开垦经过》，《中国边疆史地研究》1999 年第 1 期。

[26] 李令福：《清代黑龙江流域农耕区的形成与扩展》，《中国历史地理论丛》1999 年第 3 期。

[27] 何荣伟、赵丽艳：《清代双城堡八旗的设置》，《兰台世界》2001 年

第 2 期。

［28］李为、张平宇、宋玉祥：《清代东北地区土地开发及其动因分析》，《地理科学》2005 年第 1 期。

［29］特克寒：《清代热河蒙地的垦殖及影响》，《内蒙古社会科学》（汉文版）2005 年第 4 期。

［30］赵英兰：《有关清代东北地区封禁的几个问题》，《理论学刊》2008 年第 3 期。

［31］贺飞：《清代东北土地开发政策的演变及影响》，《东北史地》2009 年第 5 期。

［32］廉松心：《清朝同治年间鸭绿江中上游地区的社会状况》，《中国边疆史地研究》2010 年第 2 期。

［33］衣保中：《东北地区农业发展的历史线索》，《中国农史》1994 年第 1 期。

［34］衣保中：《近代东北地区林业开发及其对区域环境的影响》，《吉林大学社会科学学报》2000 年第 3 期。

［35］衣保中：《清代以来东北草原的开发及其生态环境代价》，《中国农史》2003 年第 4 期。

［36］衣保中：《近代以来东北平原黑土开发的生态环境代价》，《吉林大学社会科学学报》2003 年第 5 期。

［37］衣保中：《清末以来东北森林资源开发及其环境代价》，《中国农史》2004 年第 3 期。

［38］衣保中：《东北地区资源枯竭的成因及开发模式的转换》，《吉林大学社会科学学报》2007 年第 6 期。

［39］姜应贵：《清代柳条边"人字"形结合部的位置》，《辽宁师院学报》1983 年第 4 期。

［40］佟永功、关嘉禄：《清朝发遣三姓等地赏奴述略》，《社会科学辑刊》1983 年第 6 期。

［41］石光伟：《〈石氏家谱〉——对于清代打牲乌拉总管衙门史料的新补充》，《图书馆学研究》1985 年第 2 期。

［42］张晓光：《从〈付察哈拉象谱〉谈打牲乌拉总管衙门的形成》，《图书馆学研究》1989 年第 2 期。

［43］王革生：《清代东北的"贡江山""官河泡"》，《北方文物》1990 年第 3 期。

［44］佟永功、关嘉录：《乾隆朝盛京总管内务府的设立》，《故宫博物院院

刊》1994 年第 2 期。

[45] 祁美琴：《关于盛京内务府设立时间问题》，《清史研究》1995 年第 3 期。

[46] 任玉雪：《盛京内务府建立时间再探》，《历史档案》2003 年第 1 期。

[47] 叶志如：《从人参专采专卖看清宫廷的特供保障》，《故宫博物院院刊》1990 年第 1 期。

[48] 佟永功：《清代盛京参务活动述略》，《清史研究》2000 年第 1 期。

[49] 中国第一历史档案馆：《乾隆朝参务史料》，《历史档案》1991 年第 1 期。

[50] 中国第一历史档案馆：《嘉庆朝参务档案选编（上）》，《历史档案》2002 年第 3 期。

[51] 中国第一历史档案馆：《嘉庆朝参务档案选编（下）》，《历史档案》2002 年第 4 期。

[52] 邓亦兵：《清代前期竹木运输量》，《清史研究》2005 年第 2 期。

[53] 张景全：《清末及民国时期东北东部边疆城镇初探》，《东北亚论坛》1999 年第 2 期。

[54] 张丹卉：《论明清之际东北边疆城镇的衰落》，《中国边疆史地研究》2004 年第 1 期。

[55] 肖忠纯：《辽河平原主干交通线路的历史变迁》，《东北史地》2009 年第 6 期。

[56] 李兴盛：《清初流人及其对黑龙江地区开发的贡献》，《学习与探索》1980 年第 5 期。

[57] 梁志忠：《清前期发遣吉林地区的流人》，《史学集刊》1985 年第 4 期。

[58] 〔日〕川久保娣郎：《清代向边疆流放的罪犯——清朝的流刑政策与边疆（之一）》，郑毅、孔艳春摘译，《吉林师范学院学报》（哲学社会科学版）1986 年第 2 期。

[59] 张铁纲：《清代流放制度初探》，《历史档案》1989 年第 3 期。

[60] 周轩：《清代流放热河人物略谈》，《承德民族师专学报》1994 年第 4 期。

[61] 张永江：《试论清代的流人社会》，《中国社会科学院研究生院学报》2002 年第 6 期。

[62] 王云红：《清初流徙东北原因探析》，《学理论》2009 年第 5 期。

[63] 王云红：《清初流徙东北考》，《河南科技大学学报》（社会科学版）

2009 年第 6 期。

[64] 张璇如：《清初封禁与招民开垦》，《社会科学战线》1983 年第 1 期。

[65] 许淑明：《清末吉林省的移民和农业的开发》，《中国边疆史地研究》1992 年第 4 期。

[66] 孙喆：《清前期蒙古地区的人口迁入及清政府的封禁政策》，《清史研究》1998 年第 2 期。

[67] 李雨潼、王咏：《唐朝至清朝东北地区人口迁移》，《人口学刊》2004 年第 2 期。

[68] 张士尊：《清代东北南部地区移民与环境变迁》，《鞍山师范学院学报》2005 年第 3 期。

[69] 于春英：《近代移民与牡丹江区域经济变迁》，《北方文物》2007 年第 2 期。

[70] 李治亭：《"闯关东"与"走西口"的比较研究》，《东北史地》2010 年第 3 期。

[71] 赵英兰：《清代东北人口的统计分析》，《人口学刊》2004 年第 4 期。

[72] 任启平、陈才：《东北地区人地关系百年变迁研究——人口、城市与交通发展》，《人文地理》2004 年第 5 期。

[73] 赵英兰：《生态环境视域下清代东北地区人口状况解读》，《吉林大学社会科学学报》2009 年第 5 期。

[74] 衣保中、张立伟：《清代以来内蒙古地区的移民开垦及其对生态环境的影响》，《史学集刊》2011 年第 5 期。

[75] 钮仲勋、浦汉昕：《清代狩猎区木兰围场的兴衰和自然资源的保护与破坏》，《自然资源》1983 年第 1 期。

[76] 钮仲勋、浦汉昕：《历史时期承德、围场一带的农业开发与植被变迁》，《地理研究》1984 年第 1 期。

[77] 袁森坡：《塞外承德森林历史的变迁的反思》，《河北学刊》1986 年第 2 期。

[78] 孙果清：《木兰围场地图考》，《紫禁城》1992 年第 6 期。

[79] 崔海亭：《清代木兰围场的兴废与自然景观的变化》，《北京大学学报·历史地理学专刊》1992 年版。

[80] 邓辉：《清代木兰围场的环境变迁研究》，《北京大学学报·历史地理学专刊》1992 年版。

[81] 张宝秀：《清代开辟木兰围场的地理条件》，《北京大学学报·历史地理学专刊》1992 年版。

[82] 赵中枢:《从地名学角度管窥木兰围场的环境变迁》,《北京大学学报·历史地理学专刊》1992 年版。

[83] 景爱:《清代木兰围场的交通》,《中国历史地理论丛》1993 年第3 期。

[84] 景爱:《木兰围场建置考》,《传统文化与现代化》1994 年第 2 期。

[85] 景爱:《木兰围场的破坏与沙漠化》,《中国历史地理论丛》1995 年第 2 期。

[86] 韩光辉:《清初以来围场地区人地关系演变过程研究》,《北京大学学报》(哲学社会科学版) 1998 年第 3 期。

[87] 景爱:《从绿色皇苑到黄色沙场——木兰围场的历史变迁》,《科技潮》2001 年第 4 期。

[88] 颜廷真、陈喜波、韩光辉:《清代热河地区盟府厅州县交错格局的形成》,《北京大学学报》(哲学社会科学版) 2002 年第 6 期。

[89] 刁书仁:《清代东北围场论述》,《满族研究》1991 年第 4 期。

[90] 黄松筠:《清代吉林围场的设置与开放》,《东北史地》2007 年第3 期。

[91] 赵珍:《清代塞外围场土地资源环境变迁》,《中国人民大学学报》2007 年第 6 期。

[92] 赵珍:《清代塞外围场格局与动物资源盛衰》,《中国历史地理论丛》2009 年第 1 辑。

[93] 赵珍:《光绪时期盛京围场捕牲定制的困境》,《中国边疆史地研究》2011 年第 3 期。

[94] 赵珍:《清嘉道以来伯都讷围场土地资源再分配》,《历史研究》2011 年第 4 期。

[95] 乌兰图雅:《清代科尔沁的垦殖及其环境效应》,《干旱区资源与环境》1999 年 10 月增刊。

[96] 胡智育:《科尔沁南部草原沙漠化的演变过程及其整治途径》,《中国草原》1984 年第 2 期。

[97] 景爱:《平地松林的变迁与西拉木伦河上游的沙漠化》,《中国历史地理论丛》1988 年第 4 期。

[98] 胡孟春:《全新世科尔沁沙地环境演变的初步研究》,《干旱区资源与环境》1989 年第 3 期。

[99] 张柏忠:《北魏以前科尔沁沙地的变迁》,《中国沙漠》1989 年第4 期。

［100］张柏忠：《北魏至金代科尔沁沙地的变迁》，《中国沙漠》1991 年第 1 期。

［101］景爱：《科尔沁沙地考察》，《中国历史地理论丛》1990 年第 4 期。

［102］景爱：《科尔沁沙地的形成及影响》，《历史地理》第 7 辑，1990 年 6 月。

［103］景爱：《清代科尔沁的垦荒》，《中国历史地理论丛》1992 年第 3 期。

［104］任国玉：《科尔沁沙地东南缘近 3000 年来植被演化与人类活动》，《地理科学》1999 年第 1 期。

［105］王守春：《10 世纪末西辽河流域沙漠化的突进及其原因》，《中国沙漠》2000 年第 3 期。

［106］乌兰图雅：《科尔沁沙地近 50 年的垦殖与土地利用变化》，《地理科学进展》2000 年第 3 期。

［107］乌兰图雅：《科尔沁沙地风沙环境形成与演变研究进展》，《干旱区资源与环境》2002 年第 1 期。

［108］胡金明、崔海亭、李宜垠：《西辽河流域全新世以来人地系统演变历史的重建》，《地理科学》2002 年第 5 期。

［109］胡金明、崔海亭：《西辽河流域历史早期的文化景观格局》，《地理研究》2002 年第 6 期。

［110］李宜垠、崔海亭、胡金明：《西辽河流域古代文明的生态背景分析》，《第四纪研究》2003 年第 3 期。

［111］韩茂莉：《辽金时期西辽河流域农业开发核心区的转移与环境变迁》，《北京大学学报》（自然科学版）2003 年第 4 期。

［112］颜廷真、韩光辉：《清代以来西辽河流域人地关系的演变》，《中国历史地理论丛》2004 年第 1 辑。

［113］曹小曙、李平、颜廷真、韩光辉：《近百年来西辽河流域土地开垦及其对环境的影响》，《地理研究》2005 年第 6 期。

［114］颜廷真、白梅、田文祝：《清代西辽河流域人口增长及其对环境的影响》，《人文地理》2007 年第 2 期。

［115］景爱：《呼伦贝尔草原的地理变迁》，《历史地理》第 4 辑，1986 年 2 月。

［116］额尔敦布和：《草原荒漠化的一个重要成因——以呼伦贝尔草原荒漠化加剧为例》，《内蒙古大学学报》（人文社会科学版）2004 年第 2 期。

[117] 田志和：《清代东北皇家牧厂兴衰要略》，《黑龙江民族丛刊》1993年第1期。

[118] 关亚新：《试析清代东北养息牧牧场的变迁及影响》，《史学集刊》2008年第3期。

[119] 关亚新：《试论清代大凌河牧场的管理与功能》，《沈阳师范大学学报》（社会科学版）2008年第4期。

[120] 陈植、凌大燮：《近百年来我国森林破坏的原因初探》，《中国农史》1982年第2期。

[121] 凌大燮：《我国森林资源的变迁》，《中国农史》1983年第2期。

[122] 朱士光：《历史时期东北地区的植被变迁》，《中国历史地理论丛》1992年第4期。

[123] 张传杰、孙静丽：《日本对我国东北森林资源的掠夺》，《世界历史》1996年第6期。

[124] 饶野：《20世纪上半叶日本对鸭绿江右岸我国森林资源的掠夺》，《中国边疆史地研究》1997年第3期。

[125] 关亚新、张志坤：《辽西地区生态的历史变迁及影响》，《社会科学辑刊》2002年第1期。

[126] 刘彦威：《清代漠南蒙古及东北地区的森林砍伐》，《古今农业》2005年第4期。

[127] 何凡能、葛全胜、戴君虎：《近300年来中国森林的变迁》，《地理学报》2007年第1期。

[128] 伍启杰：《对近代黑龙江省森林面积和蓄积量变化的考释》，《林业经济》2007年第3期。

[129] 伍启杰：《近代黑龙江森林的变迁及原因探微——以森林面积和蓄积量的变化为视角》，《学习与探索》2007年第3期。

[130] 熊梅：《清代东北森林消减与环境效应》，《东北史地》2008年第4期。

[131] 叶瑜、方修琦、任玉玉：《东北地区过去300年耕地覆盖变化》，《中国科学》D辑《地球科学》2009年第3期。

[132] 叶瑜、方修琦、张学珍、曾早早：《过去300年东北地区林地和草地覆盖变化》，《北京林业大学学报》2009年第5期。

[133] 林汀水、陈连开：《辽河平原水系的变迁》，《历史地理》第2辑，1982年11月。

[134] 林汀水：《辽东湾海岸线的变迁》，《中国历史地理论丛》1991年第

2 期。

［135］林汀水：《辽河水系的变迁与特点》，《厦门大学学报》（哲学社会版）1992 年第 4 期。

［136］张士尊：《辽泽：影响东北南部历史的重要地理因素》，《鞍山师范学院学报》2009 年第 1 期。

［137］张士尊：《明清两代辽河下游流向考》，《东北史地》2009 年第 3 期。

［138］肖忠纯：《论古代"辽泽"的地理分界线作用》，《黑龙江民族丛刊》2009 年第 5 期。

［139］肖忠纯：《古代"辽泽"地理范围的历史变迁》，《中国边疆史地研究》2010 年第 3 期。

［140］陶炎：《营口开港与辽河航运》，《社会科学战线》1989 年第 1 期。

［141］郑川水、冯季昌：《历史时期辽河流域的开发与地理环境关系》，《历史地理》第 10 辑，1992 年 7 月。

［142］曲晓范、周春英：《近代辽河航运业的衰落与沿岸早期城镇带的变迁》，《东北师范大学学报》（哲学社会科学版）1999 年第 4 期。

［143］尹德涛：《环境演变与港口兴衰——以辽河下游和辽东湾沿岸港口为例》，《辽宁教育学院学报》2000 年第 5 期。

［144］张大伟：《营口开埠与晚清辽河流域城镇的发展》，《北方文物》2004 年第 4 期。

［145］穆兴民、高鹏、王双银、张晓萍、王飞：《东北三省人类活动与水土流失关系的演进》，《中国水土保持科学》2009 年第 5 期。

［146］李莉、梁明武：《明清时期东北地区生态环境演化初探》，《学术研究》2009 年第 10 期。

［147］关亚新：《清代柳条边对东北地区生态环境的作用及影响》，《史学集刊》2010 年第 6 期。

［148］吴彤、包红梅：《清后期内蒙古地区灾荒史研究初探》，《内蒙古社会科学》（汉文版）1999 年第 3 期。

［149］郭蕴深：《哈尔滨 1910—1911 年的大鼠疫》，《黑龙江史志》1996 年第 5 期。

［150］高勇、乌云毕力格：《清代天花的预防治疗及其社会影响》，《内蒙古大学学报》（人文社会科学版）2003 年第 4 期。

［151］李春华：《记黑龙江省一次特大鼠疫》，《黑龙江史志》2003 年第 4 期。

［152］陈雁：《20 世纪初中国对疾疫的应对——略论 1910—1911 年的东北鼠疫》，《档案与史学》2003 年第 4 期。

［153］窦应泰：《解放前吉林的四次鼠疫大流行》，《文史精华》2003 年第 7 期。

［154］田阳：《1910 年吉林省鼠疫流行简述》，《社会科学战线》2004 年第 1 期。

［155］中国第一历史档案馆：《清末东北地区爆发鼠疫史料（上）》，《历史档案》2005 年第 1 期。

［156］中国第一历史档案馆：《清末东北地区爆发鼠疫史料（下）》，《历史档案》2005 年第 2 期。

［157］焦润明：《1910—1911 年的东北大鼠疫及朝野应对措施》，《近代史研究》2006 年第 3 期。

［158］管书合：《1910—1911 年东三省鼠疫之疫源问题》，《历史档案》2009 年第 3 期。

［159］管书合：《清末营口地区鼠疫流行与近代辽宁防疫之殇滥》，《兰台世界》2009 年第 10 期。

［160］吴滔：《明清雹灾概述》，《古今农业》1997 年第 4 期。

［161］吴滔：《关于明清生态环境变化和农业灾荒发生的初步研究》，《古今农业》1997 年第 4 期。

［162］施和金：《论中国历史上的蝗灾及其社会影响》，《南京师范大学学报》（社会科学版）2002 年第 2 期。

［163］龚胜生：《中国疫灾的时空分布变迁规律》，《地理学报》2003 年第 6 期。

［164］陆人骥、宋正海：《中国古代的海啸灾害》，《灾害学》1988 年第 9 期。

［165］郎元智：《近代东北灾荒史研究：综述与展望》，《辽东学院学报》（社会科学版）2010 年第 2 期。

［166］包茂宏：《环境史：历史、理论与方法》，《史学理论研究》2000 年第 4 期。

［167］景爱：《环境史：定义、内容与方法》，《史学月刊》2004 年第 3 期。

［168］景爱：《环境史续论》，《中国历史地理论丛》2005 年第 4 辑。

［169］高国荣：《什么是环境史？》，《郑州大学学报》2005 年第 1 期。

［170］梅雪芹：《环境史学的历史批判思想》，《郑州大学学报》2005 年第

1 期。

[171] 刘翠溶：《中国环境史研究刍议》，《南开大学学报》（哲学社会科学版）2006 年第 2 期。

[172] 王利华：《中国生态史学的思想框架和研究理路》，《南开大学学报》（哲学社会科学版）2006 年第 2 期。

[173] 滕海键：《环境史学与西辽河流域的"环境史"研究》，《辽宁师范大学学报》（社会科学版）2006 年第 2 期。

[174] 梅雪芹：《论环境史对人的存在的认识及其意义》，《世界历史》2006 年第 6 期。

[175] 梅雪芹：《从环境的历史到环境史——关于环境史研究的一种认识》，《学术研究》2006 年第 6 期。

[176] 王利华：《生态环境史的学术界域与学科定位》，《学术研究》2006 年第 9 期。

[177] 朱士光：《清代生态环境研究刍论》，《陕西师范大学学报》（哲学社会科学版）2007 年第 1 期。

[178] 梅雪芹：《关于环境史研究意义的思考》，《学术研究》2007 年第 8 期。

[179] 梅雪芹：《历史学与环境问题研究》，《北京师范大学学报》（社会科学版）2008 年第 3 期。

[180] 赫俊峰、于孝臣、史玉明：《东北虎分布区的历史变迁及种群变动》，《林业科技》1997 年第 1 期。

[181] 杜丽红：《宣统年间鄂黑两省"移难民实边"始末》，《近代史研究》2013 年第 5 期。

[182] 聂有财：《清代珲春巡查南海问题初探》，《清史研究》2015 年第 4 期。

学位论文类

[1] 〔美〕帕特里克·卡佛莱：《中国东北的森林（1600—1953）：环境、政治和社会》，博士学位论文，乔治城大学，2002 年，国家图书馆微缩中心收藏。

[2] 林涓：《清代行政区划变迁研究》，博士学位论文，复旦大学，2004 年。

［3］赵英兰：《清代东北人口与群体社会研究》，博士学位论文，吉林大学，2006 年。

［4］王云红：《清代流放制度研究》，博士学位论文，北京师范大学，2006 年。

［5］伍启杰：《近代黑龙江林业经济若干问题研究》，博士学位论文，东北林业大学，2007 年。

［6］吴蓓：《近代松花江水利开发研究》，博士学位论文，吉林大学，2008 年。

［7］陈鹏：《清代东北地区"新满洲"研究（1644—1911）》，博士学位论文，东北师范大学，2008 年。

［8］金麾：《清代森林变迁史研究》，博士学位论文，中国林业大学，2008 年。

［9］赵奎淘：《明末清初以来大凌河流域人地关系与生态环境演变研究》，博士学位论文，中国地质大学，2010 年。

后　记

"宝剑锋从磨砺出，梅花香自苦寒来。"历经七年雕琢，研究课题终于杀青。提笔撰写后记，难免一番滋味涌上心头。

青葱年华时，我与同学们向孙红旗教授请教治学与治世，得知中国边疆史地的经世致用尤为突出，遂萌发学习边疆史地的愿望。研究生期间，师从西北大学西北历史研究所吕卓民教授学习中国历史地理，最终也选边疆史地方向。为继续圆梦，我鼓起勇气，报考中国边疆史研究大家马大正研究员的博士。承先生不弃，我忝列门墙，实乃三生有幸。我从僻壤山村出来，一路求学，虽愚钝有加，然幸得名师教诲，步履蹒跚，点点成长，最终步入学术殿堂。师恩似海，情意绵长，唯有勤奋钻研，方不辜负老师们对我的殷切希望。

本书是我在博士论文基础之上，再经四年多时间的修改、补充而成的。业师学术造诣深厚，视野宏大，曾指出需要从中国边疆发展大视野去研究东北边疆问题。受此启发，并得到国家清史编委会委员李治亭老师的热心帮助。在边疆学构建的学术背景下，边疆地区生态环境史无疑是边疆学研究的重要内容。鉴于边疆生态环境史的独特魅力，我最终确定以清代东北地区生态环境变迁为研究论目。在论文撰写与修改期间，业师从谋篇布局，到措辞用语，指导无微不至，不断鼓励，给我巨大动力，再次向恩师深表谢忱。

论文撰写期间，我的校内导师晁中辰老师提出若干修改意见。此后，承蒙程尼娜教授、陈尚胜教授、刘平教授、刘凤君教授、赵兴胜教授、姜生教授等诸位老师给予批评指正。感谢答辩老师陈其泰教授和于化民教授的中肯建议。感谢黄松筠教授、尚永祺教授、陈峰教授、吕卓民教授、邹建达教授、徐象平教授、赵红编辑、李成燕编辑的关照与鼓励。

2014年12月，我在修改博士论文的基础上，成功获得国家社科基金后期资助。在一年多的时间里，我按照五位匿名评审专家提出的宝贵意见，进一步修改完善。衷心感谢中国社会科学出版社副总编辑郭沂纹老师的亲切指导和编辑刘志兵先生的辛苦付出，正是在两位老师的大力帮助下，本书得以顺利出版。

寸心报春晖。感谢父母对我的辛苦养育与谆谆教诲，感谢家人对我学业和追梦的理解与支持。亲人们的关爱是我前进的最大动力。

清晰记得博士毕业时，校园里播放着歌曲《爱的供养》。歌词中有句："我用尽一生一世来将你供养，只期盼你停住流转的目光，请赐予我无限爱与被爱的力量。"我愿继续在学术研究的道路上，勤奋努力，用尽一生一世将中国边疆学供养。

2016 年 12 月于古都西安